汉译世界学术名著丛书

动物志

〔古希腊〕亚里士多德 著

吴寿彭 译

商務印書館

2019年·北京

’Αριστοτέλες

Περί τὰ Ζῶια Ἱστορίων

Aristotelis Opera, Tomus IV.

ex recensione I. Bekkeri

Oxonii E Typographes academica, 1837.

汉译世界学术名著丛书
出 版 说 明

我馆历来重视移译世界各国学术名著。从 20 世纪 50 年代起，更致力于翻译出版马克思主义诞生以前的古典学术著作，同时适当介绍当代具有定评的各派代表作品。我们确信只有用人类创造的全部知识财富来丰富自己的头脑，才能够建成现代化的社会主义社会。这些书籍所蕴藏的思想财富和学术价值，为学人所熟知，毋需赘述。这些译本过去以单行本印行，难见系统，汇编为丛书，才能相得益彰，蔚为大观，既便于研读查考，又利于文化积累。为此，我们从 1981 年着手分辑刊行，至 2004 年已先后分十辑印行名著 400 余种。现继续编印第十一辑。到 2010 年底出版至 460 种。今后在积累单本著作的基础上仍将陆续以名著版印行。希望海内外读书界、著译界给我们批评、建议，帮助我们把这套丛书出得更好。

商务印书馆编辑部

2009 年 10 月

目　　录

卷　　一

卷　　二

卷 三

卷　四

卷　五

卷　六

卷 七

卷　八

卷 九

附　录

卷　一

章一

486ª

构成动物的各个部分有些是单纯的，有些是复合的；单纯部 5
分，例如肌肉，加以分割时，各部分相同，仍还是肌肉；复合构造，例如手被分割时，各部分就不成为手，颜面被分割时各部分就不成为颜面，被割裂的各部分互不相同。①

---

① 亚里士多德生物构造理论，除本书本卷外，另详于《动物之构造》，亦见于《气象学》卷四，章十；《成坏论》卷二；《宇宙论》卷一。综合各书所述，显见生物构造具有三级组成：(一)宇宙间凡所实见的物质，绝非单纯物质而系四元素(στοιχεῖα)土、水、气、火，以不同比例分别混成的复合物，各具有或冷或热，或干或湿的性能。(二)由此类混合物组成"相同部分"(ὁμοιομερῆ)，此相同(同型，同质)部分于无生物而言，如，金、银、铜、铁皆是；将金、银等作任何微分，所区划开的部分各各相同。于植物而言，如树液、纤维等皆是；于动物而言，如血、肉、皮、骨皆是。(三)由此简单的相同部分再度构合则成复杂的"不同部分"(ἀνομοιομερῆ)，如植物的根、干、枝、叶，动物的消化器官等皆是。动植物之简单者，如海绵，如青苔，便止于此三级的简单构造而止。生物之较复杂者，则更当由若干不同(异型，异质)部分，即器官与内脏，合成一完备的个体。"相同部分"一词出于阿那克萨哥拉(Anaxagoras)，阿氏以此为万物构成之基本粒子(参看亚氏《形而上学》984ª14，"相似微分")，而亚氏则以此为生物构造程序中一级基本材料。参看卢克莱修：《物性论》(Lucretius: *de Rerum Natura*)i，830；西塞罗：《哲学诸问题》(Cicero: *Q. Acad.*)iv，57；加仑：《希朴克拉底医理》(Galen: *de Dogm. Hipp.*，库恩〔Kühn〕编《加仑全集》)v，450，673页。

相应于物质构造的级进观念，亚氏生物学于生命机能("灵魂")亦分三级：(1)"植物生命"(anima vegetativa)专主于生长与繁殖。(2)动物除上项机能外，又具有色声等"感觉生命"(anima sensitiva)，而飞、潜、跃、走之伦各有其行动机能。(3)动物的最高种属如人类，则另具有"精神生命"(anima spirituale)。

亚氏此项生物构造思想，传世甚久而甚广，欧洲中古自然学家几乎完全承袭其说。如法国别夏(Bichat)为十九世纪承先启后之大家，直至1801年，他的《解剖通论》(*Anat. générale*)犹谨守亚氏以及希腊医学的这种生理与解剖传统。

关于这些复合的部分，有些不仅称之为“部分”，亦复称之为“肢体”。凡由各个不同部分所构合，而可得成为一整件的，例如头、脚、手、臂、胸均为动物的肢体；这些都各成为一个整件，而各自
10 包含有若干相异的分件。①

所有那些部分作区分时，各可有若干异型部分，而组成肢体的那些异型部分本身却由匀和（同型）部分组成，例如手〈由指和掌组成而指和掌〉②是由肌肉，筋腱与骨组成的。

15 于各种动物而论，有些全身各个部分均属相同（同型），另有些则各具有不相同的（异型）部分。有时各部分于“形式”上（或“品种”上）③为相同，例如一人的鼻或眼与他人的鼻或眼相同，肌与肌，骨与骨亦相同；于马而论亦然，于我们所认为同种的其他动物亦莫不然：因为同一品种，既整体而论为相同，则这整体的各个部
20 分，分别而论，亦应一一相同。另有些动物，它们各个部分相同，但或增或减，有大小强弱的差异，这种差异，在同一类属的诸动物间，就可见到其实例。④我所谓“类属”就如鸟类或鱼类，群鸟与群鱼，

① 《动物之构造》卷一，645^b35。

Δ② 本译文中用〈〉符号处，标明其中文字系西方近代校勘家或各种译本所增加，为原本所无或缺漏；出处不一一注明。

Δ③ 此节及以下所用“类属”（γένος）与“品种”（εἶδος，形式）两名词，可参看《形上》卷五，“词类释义”，章九，章十，章二十八；卷十，章十，“于类属上及于品种上论同异”各条。“或增或减”“或多或少”等（486^a1 等）即“量变”，参看《范畴》卷六，《形上》卷一 992^b6 等节。“对照”（相对）（486^b15）参看《形上》卷五，章十，“相对”释义。“比拟”（486^b19），参看《形上》卷五，章六。亚氏在逻辑及哲学上应用“类属与品种”两名词是相对的，并普遍应用于各门学术中诸事物的分类。在生物学上这两词本应成为专用而狭义的名词。但当时在亚氏生物学中虽已显明了自然万物一体而等级相殊（scala natura）的演化观念，却还没有厘定足以逐级统摄的所有精审名词；因此读者当注意本书中各章节所译“类属”与“品种”的含义或广或狭，异于现行的严格分类名词。

Δ④ 亚氏分类方法的说明，参看《构造》卷二，章四。其中 644^a16 谓动物各个部

在其类属中各有所差异，[①] 鸟类与鱼类各有许多品种（型别）。

486b 在类属（纲目）范围以内，一般而论，动物各个部分于禀赋或属性[②] 的对照上，大多数显示有差异，例如颜色与结构，各动物之所 5 禀赋可以或强或弱；而于量度上也可以或增或减，亦即或多或少或大或小。这样，有些动物肌肉的组织松软，另些则坚韧；有些具有长喙，[③] 另些则为短嘴；有些羽毛丰厚，另些则颇为稀疏。又某些动物的某些部分，在另些动物的构造上没有：例如，某些有距，某些 10

分可相对照而仅有大小强弱之异者归于同类，若各个部分只可互为比拟而性质不同者归于别类。以实例言之，(1)一马之肢体、器官、脏腑与他马各皆相同，故诸马同隶于“马”种；哥里斯可与苏格拉底亦由是而同隶于“人”种。同种各动物，“形式”相同，只有“个体”之别。(2)倘动物构造虽相同，而各个部分的禀赋对照起来却各不相同，或有大小强弱的差别，这就“于种有别”而“同于类属”。这样鳗鲡与鳒鲽之形体或长或扁而同属“鱼”类，鹡鸰与鹌鹑的尾羽或长或短而同属“鸟”类。(3)倘动物构造的各个部分，实际已不能对照，便无法于属性上论其差别，或仅能于比拟上说有所类似，这就具有了“类属别性”。譬如鳞与毛，或鳃与肺就不能于黑白、大小、长短等“诸相对”(ἐναντιώσεις)上来进行比较，只是作为一个生体的表皮，或一个生体的呼吸作用，这些却可相比拟。这样的别异构造就使动物分离为“鱼”“鸟”两大类。这种分类法于逻辑上颇为明晰；在实际应用时，全书缺乏严格的等级名词，例如鳗与鳝同属“细长鱼”(504^b34)，相当于现代分类的鳗形目，鹑与鸡同称“重体鸟”(504^a24)，相当于现代鸡形目。本书中这样的“类”中之“分类”（纲或目）名词是很多的，亚氏仍称之为 γένος。因此西方近代译文，在不同章节中不能不用各别的名词，如“属类”、“大类”等，译此同一名词，又在鱼鸟等类之上，依胚胎方式，亚氏又综为卵生动物，以别于兽类鲸类之为胎生动物，更于卵生胎生动物之上综为有红血动物，以别于螺贝虫虾等之为无红血动物，于这些“总类”，亚氏也未立有近世所用之“门”或“界”这样的单位名词。

① 此处依贝刻尔校本（Bekker text）及汤伯逊英译本译。威尼斯的亚尔杜校印本（Aldine text）作：ἔχει διαφορὰν κατὰ τὸ γένος καὶ πρὸς τὸ γένος，“在类属上并在类属内各有所差异”。斯卡里葛（Scaliger）与施那得（Schneider）校译，奥培尔脱（Aubert）与文默尔（Wimmer）希德对照校译本均从亚尔杜本。贝校本附录各抄本之异文，见于每页下脚的“校订备考”（Apparatus criticus）。

② 贝本，τῶν παθημάτων 依斯与施译 affectionibus 作“属性”“禀赋”解。依 C^a 本 ποιοτήτων 应译为“素质”。

③ 依 A^a 本，此处有 ὥσπερ αἱ γέρανοι 一短语，应增“如玄鹤”三字。

却没有,某些有冠羽,某些没有;但一般的规律,构成动物躯体的大多数部分都各各相同,或其所互异者只在对照上或有所超逾,或有所缺损而已。所谓"较多"或"较少"(较大或较小)可以归属于"超15 逾"或"缺损"。

又,我们还得注意到若干动物的构成部分既不能在超逾或缺损之上求其所同,而且在形式上也实不相同;[①]但它们却可在比拟上见其所同,例如,骨就只在比拟上同于鱼刺,指甲之于蹄,手之于20 爪与鳞之于羽毛亦然;羽毛对于鸟的作用恰像鱼之有鳞。

动物所具有的各个部分,其为异为同,略如上述的诸方式。此外,动物各部分在各自躯体上的位置亦复时见异同:许多动物所具的器官相同,而其所在的位置却不相同;例如有些动物的乳头在胸487ª 部,而另有些却靠近股间。

构成那各个相同部分的物质,本身是通体匀和(相同)的,它们或软而湿或干而固。软湿者如血、血浆、脂肪、髓、精液、胆汁,在体内的乳、肌肉以及类此的其他事物;软湿物的另一类为分泌或溢5 液[②],如黏液以及胃肠与膀胱排泄,这些软湿物或在它们原来的自然状态中为软湿,或在任何情况中均属软湿。干固者如筋、皮、血管、毛、骨、指甲、角[这一名词可用以称道那组合成为一支成形的

① 动物之不仅异于品种更且异于属类者,全书可列为十二类,参看 490ᵇ7 注。

② περιττώματα,"剩余物",其限于软湿性状者英译本作 superfluities(溢液)或作 secretions(分泌液)。亚氏此字含义甚广。综括《动物之构造》,《动物之生殖》及本书中有关"剩余物"各节,此字实统概生体内三类"无感觉物质":动物饮食所得营养物质,经体热调炼后,(一)转成各种内部分泌,其高级者如血与精液;(二)其次级者如油脂、黏液、胆汁等皆是。生体中重要内脏如心与肝为高级分泌所由生;而次级分泌则可分别转成毛发、皮肤、爪甲等物;(三)其余无用物质通过肠胃而成粪,通过膀胱而成尿,最后转为体外排泄物。

全角，所以是一个含混的名词]①以及与这些可相比拟的其他各个部分。

各种动物于它们维持生活的方式，它们的行为，它们的性情，以及它们各部分的构造，各各相异，关于这些差异，我们将先作广泛而普遍的说明，嗣后再就各个类属分别论列。

差异之表现于生活方式、行为与性情者：例如有些动物生活于水中，另一些则在陆上。② 生活于水中的，其方式又各不相同：有些生活并饮食于水中，吸入并呼出水，譬如大部分的鱼，没有水就不能存活；③另些则从水中获得食物，消磨时日于水中，但并不吸水，而吸空气，它们也不在水中生育。许多这样的生物是有脚的，如水獭、水狸，与鳄；有些是有翼的，如凫与鸊鷉，有些无脚，如水蛇。有些生物只在水中维持其生命，不能在水外存活：但如刺冲水母与蠔蛎，虽在水内，却既不吸气也不吸水。水生生物，有的住在海里，有的在江河，有的在湖泊，有的在沼泽地，如蛙与水蜥蜴。④

关于海洋动物，有些游泳于大海，有些生活于岸边，有些则栖息于岩礁之间。⑤

△① 本书译文以[ ]为衍文记号，标明在原句或本节中不相符合，或是赘疣之语句。此类语句（一）可能为亚氏原有文句而后世流传的抄本错乱了章节，或（二）亚氏原文实无此语，后世诠疏家在本页上所作边注被抄入了正文。这里一行衍文，就是后世边注之一例。

全书的衍文括弧，一部分为贝本所加，大部分为奥-文校译本，狄脱梅伊（Dittmeyer）校译本，汤伯逊英译本等所加。本译文不一一注明所依何本。

② 本书卷八，章二 589a。

③ 一部分离水仍活的鱼类指鳗鳝等，鳗鳝能在旱地蜿蜒，见于亚氏《构造》卷四，696a5。参看色乌弗拉斯托“在湖溪干涸时仍能存活之鱼类”（περὶ ἰχθύων τῶν ἐν τῶι ξηρῶι διαμενόντων），《残篇》（文默尔编印本）171。

④ 参看本书卷八，589b26 注。

⑤ 依薛尔堡（Sylburg）与施那得校订，自下文移入此处。

487a 生活于旱陆上的动物,有些吸气又呼气,这一现象称为“吸”与30 “呼”;人和所有类此具肺的陆生动物都是这样的。另有些,并不吸进空气,却也在旱地上维持其生活,这些可以胡蜂、蜜蜂和其他所有虫类为例。所谓“虫”[①],我以指那些身上有节痕的生物,这些节痕或在腹部或是腹背俱有。

487b 在陆生动物中,如上所述,有许多种从水中猎取它们的生活资料;但生活于水中而需要吸水的动物,则全没有向旱地上觅取生活资料的。

有些动物先在水中生活,逐渐改变它们的形态而后出水营生,5 例如“淡水蠕虫”(孑孓)[②]随后发展成为“虻”[③](蚊蚋或水虻)。

又,有些动物固定,有些流荡(漂徙)。固定动物只见于水中,陆上没有这类动物。水中有许多生物紧粘于一个外物,有好几种10 蛎就是这样生活着的。还有,海绵,这动物似乎具有某些感觉:据说[④]采捞海绵的动作,若不隐蔽地进行,这就较难把海绵从它居停的地方剥离,这可为海绵有所感觉的证明。

其他生物,如一种所谓刺冲水母和一些贝类,一时期黏附于一

Δ① ἔντομα,依字义为“有节动物”,490a6,现代动物学译作 insects,汉文称“昆虫”;本书中此字包括除虾蟹外的各门节肢动物,故本译文常作“虫”或“虫豸”;有时亦取其狭义,译作“昆虫”。

② 贝本 ἐμπίδων,“蚊或蚋”;Aa pr. Ca ἀσπίδων,“盾”,均难解。加尔契(Karsch)与狄校揣为 ἀσκαρίδω,“淡水蠕虫”(孑孓)。

③ 奥-文认前一字(照贝本)为 ἐμπίδων(蚊蚋),则 γίνεται ... οἶστρος(随后……虻)这子句应删。依本书卷五,章十九 551b27 叙述由蠕虫(孑孓)发展为蚊蚋(摇蚊)一节,狄脱梅伊揣推 οἶστρος(虻)字为 ἐμπίς(蚊蚋)之误。

Δ 蚊科(Culicidae),蚋科(Simulidae),摇蚊科(Chironomidae)昆虫之幼虫(孑孓)均营水中生活,略如线形蠕虫(ἀσκαρίς)。οἶστρος 本义为“虻”,牛虻、马虻等幼虫均不在水中营生,惟作“水虻”(stratiomys)解,则此节可通。

④ 本书卷五,549a8。

事物，隔一时期又脱离了；这类动物有些在晚上浮游觅食是脱离了原黏着物的。许多生物例如蠔蛎与所谓“沙巽”（海参）[①]并不黏着它物，而不作行动。 15

有些生物能游泳，例如鱼类，软体类[②]与甲壳类（软甲类）如蝲蛄。甲壳类中，有些爬行如蟹，这类生物虽存活于水中，却有爬行的本性。

陆上动物，如鸟类与蜂类具有翼，而翼的样式则各不相同；另些具有足。有足诸动物有些趋走，有些爬行，〈无足诸动物有些蜿蜒，〉有些蠕行。[③] 但任何生物均不能专一于飞行，像鱼类之专于游泳那样；具有皮翼的动物，便兼能行走，蝙蝠就有〈完备的〉足；而海豹的足则是不完备的。[④] 20

有些鸟，其脚微弱，因而被称为“无足鸟”（岩燕）。[⑤] 这种小鸟 25

△① 《构造》卷四，章五，681^{a}18—20 谓沙巽（ὁ γοθεύρια，海参）类似不能脱离土壤而生存之植物。实际，沙巽白日静息，晚间蠕行，符合于本节上句之类属。本书内动物名，依所叙性状，于近代生物分类上往往只能确定为一科属名称，如此处所举棘皮动物，今认知地中海内约有百种，黑海则有管海参与蛇尾两种，但本节所言沙巽只可作为棘皮动物之一般生态。生物学家有时可凭其他章节或亚氏其他生物著作，以及希腊拉丁古籍中相符章节，指证该名称恰当为某一品种，而另一生物学家或又可指证之为另一品种。故各国译本先后所作译名，往往相异。汉文动物名称翻译又多一番分歧。本译文中（　）括弧标明为同物异译。读者于动物名称可随时注意注释与“动物分类名词”索引。

△② 在亚氏生物分类中，软体动物（μαγάκια）限于头足纲（Cephalopods）。

③ 《动物之行进》章九，709^{a}25－63，无足动物行进有两方式，蛇与蚕（螋）蜿蜒，蚓与蛭蠕行。“蜿蜒”（κύμανσιs）谓左右或上下摆动似波浪；“蠕行”（ἐγυπάσιs）谓后身缩向前身，前身伸长，后身再向前缩，于是移前了一个距离。依这一章节，这里当有〈　〉内阙文。

④ 本书卷二，章一；《构造》卷四，章十三。△海豹分句，疑其属于下文第 32 行。

⑤ 参看本书卷九，618^{a}31；又柏里尼：《自然统志》（Pliny：*Historia Naturalia*）x，39；xi，47。ἄποσεs，“无足鸟类”或“弱足鸟类”，今鸟纲分类Apodiformes，译

翼羽强健;照常例,凡足弱羽强的鸟类皆与之相似,例如燕与雨燕(叉尾雨燕)[①];所有这些鸟种均习性相似,羽毛相似[②],很难辨别,因此我们往往认错。[无足鸟(岩燕)四季可见到,但雨燕只在夏季

30 雨天可见;照常例论,这是一种稀有的鸟,但夏雨中瞥见时可得捕获。]

又,有些动物在陆上步行,也在水中游泳。

488[a] 又,在生活方式与它们的动作上,下列差别也是明显的。无论是有足或有翼动物,或适于水中生活的动物,均有群居与独居之分;有些动物兼具两种习性,既可独居,也会群聚。于群居动物而论,[③]有些趋向于社会性的联合营生,另一些仍各别营生。

群居动物,在鸟类中有鸽、鹤、鸿鹄(天鹅)之类;看来,凡具有

5 钩曲利爪的鸟都不群居。于水中生物而论,多种鱼类是群居的,所谓洄游鱼,如金枪鱼、贝拉米鱼[④]、弓鳍鱼(鰍)皆可举以为例。

至于人,他兼备群居与独处的混合习性。

凡社会性动物,在它们的社会中,必然存在有某一共同目的;这种社会性质,并不是一切群居动物所概有。只有人、蜜蜂、胡蜂、

作"雨燕目";此处统指燕科(Hirundinidae)如岩燕与砂燕与雨燕科(Cypselidae)的某种燕;燕于地上不会步行。

① δρεπανίs 原意为"镰形",犹中国称"燕剪",以尾羽状为鸟名;盖指针尾雨燕或普通捷燕。参看汤伯逊《希腊鸟谱》(*Glossary of Gr. Birds*)34 页。

② ὁ μοῖοπτερα,"羽毛相似"或"翼状相似"。

③ 原文 τῶν ἀγεγαίων καὶ τῶν μονοδικῶν,"于群居与独居动物而论"。英译本依施那得《后记》280 页校订意见删"与独居动物"数字。独居动物与下文"社会性"语不符;社会性动物可以合营或不合营,但均属群居。注意此处以"独居动物"与"联合营生动物"(πογιτικῖος,社会性动物)相对,本书卷九,617[b]21 与《政治学》卷一,章八,1256[a]23 以 σποραδικῖοs(散居动物)与 ἀγελαῖοs(群居动物)为对。

④ πηλαμύs,"贝拉米",即一岁以内之金枪鱼,参看 571[a]20,599[b]18 注。

蚁与玄鹤才是这样的社会性动物。　10

又，这些社会性动物，有些服从一个统治者，另些没有谁为之统治；例如玄鹤与某几种蜂是服从于一个统领的，至于蚁和其他许多生物[①]则各自为主。

还有，群居与独居动物的住处均各有固定与流荡(漂徙)之分。　15

又，动物有肉食与草食及全食(杂食)之分，还有些动物专食某一种食料，例如蜜蜂与蜘蛛，蜜蜂专取花蜜，而蜘蛛则捕捉蝇类为营养；还有些是专吃鱼的。又，某些生物当场捕捉它们的食物，另些会储藏食物；其他动物则不取这些方式。　20

有些生物营造宿处，另一些则不作此类经营：前者如鼹鼠、蚂蚁、蜜蜂；许多昆虫与四脚兽属于后者。又，于住处而论，有些生物如蜥蜴(石龙子)与蛇住在地下；另有些如马与狗则住在地上。[有些做成洞穴，另一些不营洞穴。][②]　25

有些动物，经营夜间生活，如鸮与蝙蝠，另有些则白日营生。

又，某些动物是驯顺的，另些是犷野的：有些如[人[③]与]骡，一向是驯顺的；另一些，如豹与狼一向是犷野的；而某些生物，如象，能在短期间被驯养。

我们于诸动物也可作另一种看法。当一个族类的动物被驯养　30
时，同族类的另一些却常留在野生状态中；[④]这样的情况，我们在

---

① μυρία，"许多生物"，威廉拉丁译本作 locustes(蝗)，所据原抄本当相异。奥-文校译本解作 μύρμηκεs 一字之变体，即其他"蚁类"。《旧约·箴言》vi，7："蚂蚁没有君王与官长，尚能各各在夏季收集粮食。"

② 依狄校本加[ ]。

③ 若干种抄本有 ἄνθρωποs(人)字，贝本，P，C^a，D^a 本均删。汤伯逊揣为"如驴马与骡"。

④ 《构造》卷一，643^b4，《集题》卷十，895^b23。又色乌弗拉斯托《植物志》iii，2，2，于植物方面亦有此语。

马、牛、猪、[人][①]、绵羊、山羊、与狗都可以见到。

又,有些动物能发声,而另些无声,有些有声动物赋有音调:于有音调动物而论,或能成言语,[②]或则不能;或是不绝的啁啾,或常持静默;或是合乎乐调,或则老是噪音;但动物在运用它的发声能488b 力,无论它竟然啭成清歌或只一阵喧哗,总由于追求异性而与发情有关,这是绝无例外的。

又,有些动物,如斑鸠乐于田野生活;如戴胜则习于山居;而鸽却时常飞入人类的住处。

5 又,有些动物如鹧鸪[③],家鸡和它们同属的诸禽特为淫荡;另6 有些,如乌鸦的全族均尚贞洁,鸦类在别方面颇为放纵,惟于性交独守节操。[④]

8 又,有些动物在被侵袭时勇于搏斗;另些则慎于防御。健斗者10 或习于攻击其他动物,或只在受到了侵犯而后奋起报复;慎防者仅具备某些自保的方法,以对付外物的侵袭。

照下述各种情况看来,动物的品德(性情)[⑤]也是各异的。有些动物如牛,温驯,迟缓,少有发狠的脾气;另些,如野彘则是暴躁15 凶猛,不可教训的;有些如赤鹿与野兔聪明而胆小;另些如蛇则卑鄙而阴狡;又有些如狮,出于优种,高傲而勇敢;另些如狼出于原种,犷野而阴狡;这里,于一动物之由良种嬗传的,便称之为优

① 璧哥洛(Piccolos)校本揣为 ὄνοι(驴)字之误。

② 本书卷四,535^a;《诗学》章二十,1456^b。

③ 《生殖》卷二,章七,746^b1。又埃里安《动物本性》(Aelianus: *De Natura Animalium*)iv, 1 等。

④ 《生殖》卷三,章六,756^b19。

⑤ "动物品德(性情)",参看本书卷八 588^a18,卷九 608^a12 等。

种①，倘保持着种族特性而无所偏离的，这就称之为原种。

又，有些动物，如狐，灵巧而多诈；有些如狗，高兴，亲昵，而擅作谄态；另有些如象，性情和顺，易于驯养；又有些如鹅，谨慎而警醒；又有些如雄孔雀，好自负而性嫉妒。但所有动物之中，惟有人能思虑与商量。 20

许多动物具有记忆，而可加以教诲；②但除了人以外任何动物均不能充分回想过去。 25

对于动物的某些类属，其生活习惯与方式的若干细节将随后作较详的论述。

章二③

进食的器官（部分）与受食的器官（部分），为一切动物所通备；④这些器官或是各各相同，或像上曾述及的那些方式有所别异；或异于形式，或有所损益，或于比拟为互似，或位置不同。 30

又，除了这些以外，大多数动物备有排泄食物残余的器官：因为这些器官不是一切动物所全备，所以我说大多数如此。又，进食器官通常都称为口，受食器官称为腹；营养系统其他部分的名称，则颇多别异。 **489**a

食物的残余为类有二，即干与湿，凡具有容受湿残余器官的动

① 优种（εὔγενες）参看《修辞学》卷二，章十五，1390b16。宾达尔抒情诗集：《璧茜亚节颂歌》（Pindar：*Pyth.*），viii，65："儿子的傲骨受之于父亲"句为古希腊生物遗传论之先启。

② 《形上》卷一，章一，980b22。

③ 此章开始叙述器官而及其功能；《构造》卷一，章五，等于此论题较详。

④ 《构造》卷二，章二十，655b30。

物亦必具有容受干残余[①]的器官；但具有容受干残余器官的动物
5　不必具有容受湿残余的器官。换一句话说，就是这样，凡动物之有膀胱者必有肠[②]，但动物之有肠者，可能没有膀胱（尿囊）。这里可以顺便注明，我即以“膀胱”称容受湿残余的器官，以“肠”称容受干残余的器官。

章三

10　动物[③]中，大多数在上述器官之外，另又具有分泌精液（籽液）的器官；凡能生殖的动物，有些，它的分泌注入另一动物，而另些则其分泌注在自体。[④] 后者被称为“雌”；前者为“雄”；但有些动物并无雌雄之别。当然，有关这种机能的器官形式各有不同，有些动物具有子宫，另一些具有可以与此相拟的器官。

15　于是，上述器官自应为动物最关重要的部分；一切动物绝无例外，必须有某些器官（营养与生殖器官），至于其他器官大多数的动物亦必具备。

〈诸感觉中〉只有一种感觉，即触觉，[⑤]为一切动物所通有。因此发生触觉所在的体部没有专门的器官名称；若干类属的动物这

---

① 参看本书卷六，590^a30 及《生殖》卷一，719^b34；干残余即粪秽。

② κοιλία，体内之“空洞”或“囊”，或以指胃，指大小肠，指鸟之膝囊，指人之胁窝，以及心之诸窍均可；此处当指“肠”或“大肠”。参看《亚氏全集》鲍尼兹（Bonitz）编《索引》本条。

③ 章二，章三于动物器官独重“食、色”两种性质的机能。本章开始：τῶν δὲ λοιπῶν，“其余的动物”，与上下文语意不符，删“其余的”。

④ 《生殖》卷一，章三，716^a17，叙雌雄器官之异，谓雄性在他体生殖，雌性则在自体生殖。

⑤ 《构造》卷二，章一；《灵魂（生命）》卷三，章十三。

种器官相同,另一些仅可相拟。

章四

每一动物均需有水分(液体)供应,倘由于自然或人为的缘因而失却水分(液体),这就会死亡:故每一动物又各有一含持液体的部分。这些就是血与血管。没有血与血管的动物另具有与之相应的事物;①但这些相应的部分总是不完全的,仅为伊丘尔液②(血清或体液)与纤维。 20

触觉都发生在相同的匀和部分,有如肌肉或类似的某些部分。③ 于有血动物而论,一般的触觉所在,是其中充血的部分;于其他动物,则触觉亦在相应于充血的部分;就动物界全体而论,触觉的所在应是其组织匀和的各个部分。 25

反之,主动的机能④却在异型组织所构成的各个部分(器官),例如食料的制备工作位在口腔,移动的职能在于脚、翼或与之相应的器官。 30

又,有些有血(红血)动物,如人、马,以及类此的动物,到长成

---

① 本书卷三,515^a23。

② ἰχώρ,“依丘尔”,见于荷马《伊利亚特》(Iliad)v,340;为诸神脉管中所流的液体,异于人血。拉丁音译 ichor。由本书及《构造》中有关章节寻绎,亚氏此字实指动物血液中之液体部分或体内尚未调炼完成的血液,故近代西方译文或作 serum(血清),或作 lymph(淋巴液)。无血动物,当指无红血动物如昆虫等,则此处之“依丘尔”亦可解作昆虫之白血。ἶς(纤维)此处当指 φλέβες ἰνώδεις(纤维血管),如肠间膜诸细小血管,见于下文 514^b26,515^a24。

③ 《灵魂》卷二,章十一,422^b20。

④ 亚氏以消化系统、行动器官等为“主动机能”(οἱ ποιητικοί),以与上节触觉机能相对。触觉机能容受外来刺激,而后发生感应,故为“被动机能”。但眼耳鼻等,亦异型组织所构成,其为主动抑为被动机能不明。

时或为无足，或两足，或四足；另些无血动物，如蜜蜂与胡蜂，以及海洋生物如乌贼、蝲蛄和类此的生物却具有比四更多的足。

章五

489b 又，有些动物胎生，另些卵生。一切被毛的动物，均属胎生，不被毛的，如人、马、海豹，亦为胎生；海洋动物中，鲸类如海豚和所谓“软骨鱼”（鲨或鲛类）亦为胎生。[这些海洋生物，如海豚与须鲸无鳃而有气管；[①]海豚的气管经过背部，[②]须鲸的气管位于头前部；另
5 一些，如软骨鱼之鲨与鳐（魟）具有无盖鳃[③]。]

我们所谓“卵”是完成了妊娠的产物，幼体由这卵发生，而原始的种胚只是卵中的一部分，其余部分在种胚发育过程中供为原料。[④] 另有一种所谓“蛆”[⑤]，则以整个蛆为种胚，经分化与生长，发
10 育成一个完全的动物。

于胎生动物中，有些像鲨类在自己体内孵卵；另些如人与马在体内孕成有生命的活胎。当妊娠完成时，有些动物诞生一活动物，

---

① 柏里尼：《自然统志》ix，7。

② διὰ τοῦ νώτου，“经过背部”，依施校应为“通至头部与背脊之间”。《构造》卷四，章十三，697^a25，《呼吸》章十二，476^b29 则言海豚气管“在脑前”（πρὸ τοῦ ἐγκεφάλου）。

③ τὰ ἀκάλυπτα βράγχια，“无盖鳃”，近代解剖学名为“板鳃”。参看《构造》卷四，章十三，696^b10。

④ 《生殖》卷三，章九，758 等页。

Δ⑤ 昆虫变态过程中各式幼虫，古希腊统称之为 σκώληξ（蛆），包括现代所谓 grub，maggot，larva，等，故本书在不同章节内分别译作幼虫、蛆、蛴螬、蠋等。亚氏把昆虫自籽卵至蛹的全部变态过程类之于鸟卵的发育过程；初生虫籽或蛆为一不完全卵（non-cleidoic，无壳卵），迨幼体长大，作茧成蛹，方为一完全卵（cleidoic，有壳卵）。破茧而羽化为成虫，犹破壳而出的雏鸟。此节“虫籽”或“蛆”与“卵”之界说甚为重要。参看《生殖》卷三，732^a29，785^b10。

另些诞生一卵，另些则诞生一蛆。于卵而论，如鸟卵者有壳，而其中物质有两种不同颜色，另些如鲨鱼卵者，软皮，其中物质只一色。有些蛆初生时便能运动，另些蛆（虫籽）则不动。①关于这些现象，我们当随后在有关生殖的论文中另行详述。

又，有些动物有足，有些缺少足。②有足动物中，或具二足如人与鸟类，这也可说只有人与鸟类为两脚动物；或具四足如蜥蜴与狗；或有多足如蜈蚣与蜜蜂；凡属有脚之生物，其所具足均为双数。

于无足的游泳生物中，有些，如鱼，具有“小翼”（即鳍）；于有鳍类中如金鲷，鲈鱼（鮨鱼）③者有四鳍，两鳍在背，两鳍在腹；④有些身体特长而光滑者如海鳝与海鳗（康吉）有二鳍；有些，如海鳗鲡，全无鳍，它们在水中的行动恰像蛇在陆地蜿蜒一样——而蛇到水中游泳也恰正像它们。⑤软骨鱼类中，有些，如体扁平而有长尾的鳐与刺魟没有鳍，这些鱼游泳时，实际是用它们的扁平体作波状运动而进行的。鮟鱇却是有鳍的；凡没有那扁平体向外展出薄边的

① 《生殖》卷三，$759^{a}3$—4。

② 《形上》卷六，章十二，1037^{b}。

③ χρύσοφρυς，chrysophry 当指 Sparus auratus，金鲷，俗名 gilthead，汉文或译“乌颊鱼”。（注意附图所示鳍之部位。）λάβραξ，应指隆头鱼科（Labraidae）诸鲈或鮨，如狼形鲈（labrax lupus）等。

④ 此节所举鳍数与其部位均不精确，盖此处亚氏叙述侧重于鱼鳍之可比拟于兽足者。参看《行进》章十八，$714^{b}3$。

⑤ 《行进》章八，$708^{a}1$；又《柏里尼》ix，73。

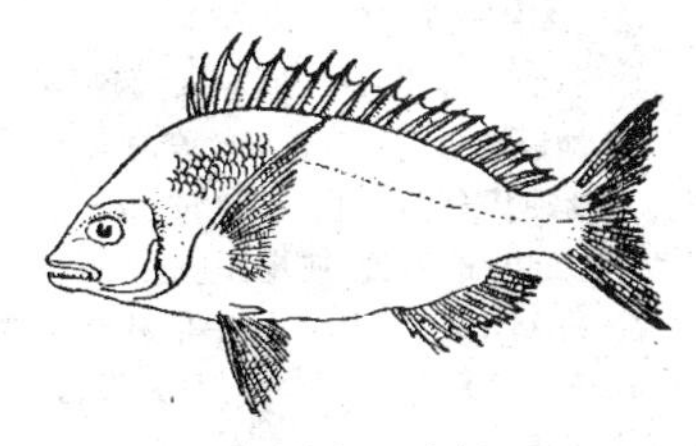

注释图 1. 金鲷

鱼都得有鳍。①

于那些游泳动物之显见有足(腕)者如软体动物一类,它们的游泳可借助于足(腕)而也会用鳍游泳;其中乌贼与枪鲗(鱿鱼)用这种方式游泳,躯体倒向,游泳极速;②这里顺便说到软体动物中,490a 这两种鱼均不能步行,章鱼则能用足匐行。

硬皮(甲壳类)动物,如蝲蛄,用它们的尾部作游泳工具;它们游泳时,尾在先,借助于尾节所生的鳍(尾桡),泳动极速。水蜥蜴 5 用它的脚与尾游泳;水蜥的尾类似鲶鱼的尾,只是大小悬殊而已。

那些能飞行的动物,有些如鹫与鹰具有羽翼,有些如蜜蜂与小金虫具有膜翼③(膜翅);另些如狐蝠④与蝙蝠具有皮翼,凡飞行动物之有血者,其翼为羽或皮翼;凡无血动物如昆虫之翼则为膜翼 10 (膜翅)。具有羽翼或皮翼之动物或备两足,〈或四足,〉⑤或竟无足;据说在埃塞俄比亚之飞蛇⑥是无足的。

具有羽翼的动物列于同一类目,称之为鸟,具有皮翼与膜翼的

---

① 参看《构造》卷四,章十三,695^b22。亚氏所称鳐(或魟)鱼之扁平外围薄边,今称胸鳍与腹鳍。βάτραχοs 依字义为捕鱼"蛙",实指"鮟鱇",属真口亚纲,硬骨固颚鱼鮟鱇目(Lophiformes),亚氏此节及 505^b3 均列之于横口软骨板鳃之鲨魟鱼类中。

② 本书卷四,章一,524^a13。

③ πτιλωτὰ,"膜翼动物"即"膜翅类"。《行进》章十,710^a4, 713^a4,又《睡醒》章二,456^a20 均以昆虫为 ὁ λόπτερα(全翅类),而以 σχιζόπτερα(歧翅类)称鸟,两相对举。全翅类包括现代分类之膜翅类(Hymenoptera)蜂蚁等与鞘翅类(Coleoptera)诸甲虫。鞘翅类用以飞行的后翅,亦属膜质,故亚氏于蜂蚁与甲虫两者或同称之为膜翅类。

④ ἀλώπηξ,"狐",此处指似狐之大蝙蝠,如狐蝠科之埃及犬蝠(Cynonycteris aegyptiaca)。犬蝠身长约六寸,两翼长约十八寸,古埃及甚多,多处石洞或墟墓之间,为葡萄园之害兽。

⑤ 依狄校本应增〈或四足〉(ἠ τετράποδα)。《行进》章十九,714^b12,《构造》卷四,697^b8 均言明蝙蝠四足。但照本章下文看来,原文或竟无此数字。

⑥ 见于希罗多德:《历史》(Herodotis: *Historioe*)ii, 75, 76。

另两类动物还没有类名。

无血而能飞的生物中，有些为鞘翅，它们的翼藏于鞘内，例如小金虫与粪甲虫（蜣螂）；另些无鞘，无鞘者或为二翅或为四翅；四翅者体较大，刺（螫刺）在尾部，二翅者较小，刺（刺吻）在前。鞘翅类皆无螫刺；无鞘二翅类如蝇、马虻、牛虻与蚋之刺皆在前。①　15　20

无血动物②，于体型而论，一般是小于有血动物；只在海中，例如某些软体类，偶亦发现有特大的。③ 这些无血类属最大的品种都住居于气候较温和地带，而住在海洋中的软体类又都较住在陆地或在淡水中的为大。　25

一切能运动的生物，凭四个动点④或更多的动点进行运动；有血动物只四点；例如人有二手二足，鸟类有二翼二足，兽类与鱼类各有四足或四鳍。生物之仅有二翼或二鳍者，或全无鳍与翼如蛇者，它们运动所凭亦不少于四点；它们在行动时身有四曲，或二鳍之外另有二曲。无血而多足的动物，无论其为翼或为足，它们的运动点总多于四点；例如蜉蝣⑤以四足与四翼运动：我可以顺便讲到，这动物朝生夕死，寿命短促，故有“一日虫”这样的特殊名称，　30　490b

① 本书卷四，532a9。

Δ② “有〈红〉血”与“无〈红〉血”动物分类略当于今“脊椎”与“无脊椎”动物分类。现代生物学于动物循环系统中的体液均称“血”。无脊椎动物中：(一)大部分昆虫均有无色素的白血；摇蚊(chironomus)之幼虫（孑孓）有红血；(二)环蠕虫，沙蠋(arenicola)有红血；一般沙砾蠕虫有绿血；(三)甲壳纲，虾蟹有蓝血；(四)软体动物大多有蓝血，扁卷螺等有红血。故以有无红血为分类基础不全符合各纲目之实况。依下文 516b23，“一切有〈红〉血动物均具备某一形式的一支脊骨”，亚氏实已言明有〈红〉血者即“脊椎动物”。

③ 本书卷四，524a26。

④ τέτταρσι σημείοις，“四个动点”，参看《行进》卷五，章五，706a31 释“足”为“动物身上的运动部分之与地面有一点相接触者”。

⑤ ἐφήμερον，“蜉蝣”，即“一日虫”，参看本书卷五，552b23 注。

而且它虽为四足生物却又有翼，这也是特殊的。

一切动物，无论为四足或多足，其运动皆相似；全都是点角行进的。一般动物皆两足先行前移，只有蟹是四足移动的。①

章六②

包括有很多动物的广大门类需要再为区分出若干类(目)，这些广大门类，其一为鸟，另一为鱼，又一为鲸。所有这些生物皆属有血动物。

另一有硬壳的门类，称为蠔蛎类(函皮类或介壳类)；另一为软壳门类，例如还没有一个统括的代表名称的多棘蝲蛄，以及各种蟹与龙虾；又一为软体类，例如枪鲫与乌贼两属都可归入这类；虫又是另一不同的门类。所有这些均属无血动物，这类动物若为有脚，则脚数就必有好多；在虫类中有些既有脚又有翼。

---

① 《行进》章十七，713^b32 文义含混，似以蟹的左右两侧脚爪为前后肢，蟹的左右横行为前进与后退。此节措辞为横移或前移，亦不明确。

Δ② 亚氏习用之 εἶδος (species)与 γένος (genus)现代假用为"种"与"属"。但现代的"种"为生物分类上历经辩论而订立的单位名称，与其他各级名称有严格区别。亚氏书中所举之"种"，常相当于今之"种"或"属"或"科"。所举之"类"(γένος)，相当现代分类之"纲"或"门"，有时相当于"目"。

亚氏之动物分类体系约略如下：(一)一级分类为有〈红〉血无〈红〉血之别。(二)二级，于有血动物为胎生卵生之别。(甲)有血胎生者，再作第三级分别：(i)人，(ii)鲸，(iii)四足兽，如反刍、奇蹄等。(乙)有血而卵生者，其卵有壳之动物，再分为(iv)鸟，(v)两栖类与(vi)蛇与爬虫。其卵无壳之动物，为(vii)鱼，如软骨鱼与硬骨鱼。(三)二级，于无血动物分为卵生，蛆生或自发生成。有全卵者再作第三级分别：(viii)头足类，(ix)甲壳类；不完全卵则为(x)昆虫，蜘蛛等。由生殖液，或"发芽"或"自发"而生成者为(xi)螺贝(今软体门除头足纲)。全由自发生成者，为(xii)动植间体类如海绵及腔肠动物。此种分类方法，在当初可称博约。现在我们于读本书时特须注意近代分类与之相歧处，俾不致名实相混。(参看罗斯〔Ross〕：《亚里士多德》117 页，1956 年印本。)参看本书"动物分类名词"和"动物名称"索引。

其他动物所属的门类均不广大。在这些类属中,“一个品种(类属)内并不包涵很多品种;”[①]人是一个特例,这品种单一而无变异,其他品种则容有变异,但那些变异了的形式缺乏专门的名称。

这样,以实例言之,动物之四足而无翼者,均属有血,全无例外,但它们于生殖而论,有胎生与卵生之别。凡胎生四脚动物,多属被毛,而被有硬棱甲者则多属卵生;这种棱块于构造部位而论,实际相当于鱼鳞。[②]　20

一种有血而本身无脚的动物,却能在旱地上行动者为蛇类;这类动物被有角质鳞甲。蛇类一般是卵生的;蝮蛇(蝰)为一例外,它是胎生的:[③]一切胎生动物也不都是被毛的,因为鱼类中有些便出于胎生。　25

可是一切被毛动物确乎悉属胎生。对于刺猬(篱獾)与豪猪身上的许多刺毛,我们正应看作是毛;这些刺在它们身上的作用与毛相同,而不同于海胆身上当作脚用的刺。[④]　30

在包括所有胎生四足动物的这门类中有许多品种,它们别无统属的名称,大家只是各别的指称,说这是人、狮、鹿、马、狗或其他;虽也有对一切具备蓬松的浓鬃与浓尾的动物题过一个类

---

① περιέχει μὴ πολλὰ εἴδη ἓν εἶδος,“一‘种’不包涵多‘种’”,另见于《宇宙》卷四,章四,312^a12,《物理》卷三,章七,207^b1,当为亚氏之术语。亚氏生物学中常有“种下再分为种”,“类上又综于类”之语,此类混涵之成句,只能于语意中求其实旨。

② 鸟羽龟板均与鱼鳞的部位相似,亦见于《构造》卷四,章十一。

③ 此处所举实例,不重于说明蝮蝰实况,重于说明分类困难,往往发生交错现象。参看本书卷五,558^a28。

④ ἀκανθώδεις τρίχας,“棘毛”或“刺毛”。贺拉修《狩猎篇》(Horatius:*Canidia*)亦谓“海胆站在棘毛(capillis)的尖端”。海胆移动由步带(ambulacral field)和口边叉棘辅助步行。参看本书 531^a5 注释图 4(4,8)。

491ª 名，[1]由这类名来综概马、驴、骡、蠃[2]，和那个在叙利亚被称为“半驴”[3]的动物，但这是偶尔仅见的。那半驴虽因形态似驴而被题有这样的名词，实际上“半驴”本种能互相匹配，而繁殖后代，这可证明它与驴品种相异。

5 由于上述这些缘由，我们只能依动物各别的品种，各别地研究它们的性质。以上这些说明，于我们行将加以叙述的若干论题及其性质已粗举其大意，我们当可由此先行认取其间共通而明显的要旨。我们将逐渐进行较详细的讨论。

10 此后我们将进而讨论生物的诸因。在各个细节业经完全查知以后，推求其原因（原理），自属正当而自然的方法，于此，大家便可明晓我们的论题与论据。

我们先当于构成动物的各个部分作一番考查。[4] 各个动物作15 一整体而论，它们之间的首要分别就在与这些构造相关的各个方面：诸动物可能或具备这部分而缺少那部分，或具备那部分而缺少这部分；或既同有此部分，而其位置（排列）则各殊；或如前曾述及，其形式各有所不同，或其中某些方面有所增减，或于整一个部分在比拟上而言，或于其属性上对照而言，因而显见有不同的形式。

---

① 《生殖》卷三，章五，755ᵇ16，卷四，777ᵇ5 等称马、驴、骡等为“丛尾动物”（τοῖs λοφοῦροιs）相当于修伊达《辞书》（Suidas：*Lexicon*）中之奇蹄类（μώνυχα）（又，本书499ᵇ11 等），或现代动物分类的马属（Equus）。

Δ② ὄρεῖ，骡；γίννω，蠃，均谓驴马之杂交种。现以牡马牝骡之子为“骡”，另以牝马牡驴之子为“蠃”。《尔雅翼》谓“蠃似骡而健于马”。俗于两者均混称为“骡”，骡体健而不能繁育。

③ ἡμίονοs ἐν Συρίᾳ，“叙利亚之半驴”，指“野驴”，异于《形上》卷八，1033ᵇ32 所云马驴杂交产物之“半驴”。参看本书卷六，580ᵇ1；《柏里尼》viii，69。

④ 库恩编《加仑全集》xiv，699：“关于动物的构造与各部分相应的名称，亚里士多德首先作成文字记录与图解，并以教导世人。”

开始，我们当考虑人的构造。倘以一个国家而言，人们常凭最熟悉的事物来认识一国家，例如它的货币标准，我们在其他问题上也正该如此。于人而言，我们大家所最熟悉的，恰正是他的动物性。 20

这里，人的各个部分是可以显明地目见的。为使人们注意到各个部分之间的排列与其序次使目睹的实况联系于合理的名称，25 我们将进而列举这些部分：先是器官部分①，次述单纯的或非复合（同型）各部分。

章七

整个人体所区分的主要部分②为头、颈、躯干（由头延伸至下体），包括胸廓，以及两臂两腿。

组成头的一个部分覆被有毛发的称为“头颅”，颅前部称为“前 30 头”，这一骨在人诞生以后才发育完成——在全身所有的骨骼中，这一骨最后硬化。③ ——颅后部称为“后头”，前头与后头的中间部分为“头顶”。脑在前头部骨盖之下，后头部是空的④。头颅全为

① ὀργανικά，于《构造》卷二，章二，647b22，泛指“器官”，即同型部分如骨、筋、肌等所组成的异型部分。本书卷四，章六，531a28 ὀργανικά 专指“行动器官”与“感觉器官”（αἰσθητήρια）及“排泄器官”（περιττωματικά）三者并举。

② 《构造》卷四，章十，685b29。

③ 本书卷七，587b13；《构造》卷二，章七，653a35；《生殖》卷二，章六，744a25 均言及婴儿前颅软，逐渐骨化。

④ 汤伯逊诠注：“后头部有空洞”实误。亚氏解剖时似误以听觉器官的内耳蜗孔联系于后脑，因此武断头盖内有空隙。参看桑能堡：《亚氏动物研究札记》（Sonnenberg：*Zool. Krit. Bemark. zu A.*）波恩 1857 年印本，12 页。

Δ 渥格尔（W. Ogle）《动物之构造》英译本卷二 656b13 注：亚氏此说盖得之于希朴克拉底，参看库恩（Kühn）辑《希氏医学全书》（*Hippocratic Collection*）ii，183 页，

491b 圆形薄骨，外被有无肌肉的头皮。

颅骨有合缝：女人的合缝为圆形；男人一般有三缝会合在一点。① 曾得知有一特例：男人的颅骨全无合缝。头颅中线，毛发旋
5 开处②称为颅顶（头顶）。有些实例，头顶上发旋有二，于这样的人就说他是"双头顶"，这不是他颅骨有二，只是因为他的头发分两处展开。③

章八

10 颅下的部分为"颜面"：颜面这名称，只用于人类；于鱼或牛均不用这名称。面部自前头至眼间称为额。人之前额大者，缓于行动；小者浮躁；额宽者可能思虑太多而人于烦乱；额圆而特出者果敢④。

章九

15 额下为两眉。眉平直者性情温和；眉向鼻际下弯者，其人苛

并有冷血动物的解剖为之佐证。拉马克《动物哲学》(Lamarck: *Phil. Zool.*)第一章，马丁(Martin)辑印本第 276 页，曾注意到鱼与爬虫之脑未完全充满脑壳，并指此为二者与哺乳类及鸟类相异的特征。亚氏《生殖》卷一，744a17 言动物幼年脑满，长大后渐虚。又言头足类脑壳内结节(ganglia)，即神经节，所在之空腔较结节为大。故亚氏所言脑壳有虚处，并非全出臆测，但不能概括一切动物，亦不能确言人脑有此空隙。亚氏于人体内部构造之研究常借助于动物解剖，可参看下文章十六，494b18—24。

① 参看本书卷三，章七，516a19 注。

② 贝本 λίσσωμα，梵蒂冈希腊抄本 1339 号本(即 P 抄本)ἀλίσσωμα，均费解，汤译本揣为 ἑλίσσωμα，"毛发旋开点"，即俗称"头顶"。

③ 浦吕克斯《词类汇编》(Pollux: *Onomasticon*) ii, 43："据说有些人双头顶(δικορύφος)，这被认为生命力丰富的征象。"

④ 贝本，P，Da(即梵蒂冈 262 号本)，三种抄本均为 θυμικοί，"果敢"；奥-文校本作 εὐήκοοι，"易动情"；狄校本作 εὐηθικοί，性善而"憨直"。

狭；向两鬓上弯者善于巧伪而好讥刺①；两眉紧接者重含妒意。②

眼在眉下。眼自然地为数有二。眼各有上下眼睑，睑边的毛称为“睫毛”。眼中央包括液体部分为视觉所感应的部位，这称“瞳子”③，瞳孔外围为“眼黑”，更外围为“眼白”。眼睑上下相接处有左右眼角或眼梢，其一向鼻际，另一向鬓间。眼梢长者脾气不佳，向鼻际的眼角，若肉厚④而阜起似鸢⑤者，为其人不诚实之征。 20 25

除介壳类（函皮类）与其他不完整生物外，所有动物，一般均具有眼睛；至少，这该可以这样说，除了鼹鼠之外，一切胎生动物都有眼。但这还得指明，鼹鼠虽无全称的眼，在另一意义上说，它仍是有眼的。鼹鼠确不能顾视，在外表上，人们也看不到它的眼睛，但在外皮剥离后，这就可找到眼膛，而眼黑与眼外层都恰在正常的位置；显见它原有眼的各个部分在发育过程中受到妨碍，于是表皮生长而蔽盖了眼膛。⑥ 30

① 《加仑全集》iv，796（库恩编）引及此节时，μωκοῦ（讥刺）作 μώνου（寡廉鲜耻）。

② 此节并见《相法》章六，812^{b}26，及《柏里尼》xi，114 所引特洛古（Trogus）旧文；安底戈诺：《异闻志》（Antigonus：*de Mirab*）114。

③ “瞳子”（κόρη）叙述可参看《感觉》章十二，437^{b}1，《集题》，卷三十一，958^{a}14，又《希氏医学全书》“肌肉篇”（de Carne）17，库恩编校本，i，439，里得勒（Littrè）编校本，viii，606。Δκόρη，本义为“女孩”，因眼中所映之微小人物而取名，犹汉文称“瞳人”，此处译“瞳子”。

④ κρεῶδεs 当指眼内角之肉阜（caruncula）。鹰鸢等眼特为灵活，其内角有瞬膜（nictating membrane），隆起如肉阜。《加仑全集》iv，796（K）引及亚氏此节，称此肉阜为 ἐγκανθὶs（肉瘤）。《柏里尼》xi，114 相符之章句中称 carnosos（肉阜）。

⑤ 依原文 οἷον κτέιεs 应译“似鸡冠”。依亚尔培脱（Albertus）译文 sicut accidit aculis milvi 则原文当为 οἷον ἰκτῖνεs（似鸢），威廉译本的一个古抄本亦作 milvi（鸢）。

⑥ 今南欧之盲鼹（Talpa caeca）确如此节所述。普通欧洲鼹，眼虽不佳，尚有视觉。参看《灵魂》卷三，章一，425^{a}10。又《柏里尼》xi，52；《加仑全集》iv，160（K）。

章十

492a　于眼[①]而论，各种生物的眼大都相同；但所说眼黑则各异。[②]有些动物睛有黑圈，有些碧蓝，有些灰蓝，有些淡绿[③]；眼色淡绿者视觉敏锐而性情驯良。

5　动物之中，人是惟一的，或几乎是惟一的，眼睛具有各种不同的颜色。各种动物，常例只有一种眼色。有些马有蓝眼。[④]

动物的眼有大中小之别；中等大小的眼为最佳。又，眼有些为外突；有些为凹陷，有些则不突亦不陷，具有末一种眼式的动物性

10　情最好；凹眼的动物是最锐敏的。[⑤] 又，眼睛在顾盼时，或多眨转，或则呆瞪，或则不瞪亦不瞬。开闭适度，既不瞬目亦不瞪视者，为性情平正之征；眼瞪者谨迂，目瞬者意绪不定而寡断。

章十一

又，头上有一个部分即"耳"，动物凭以听闻，不能凭以呼吸。

15　我要说明"不能凭以呼吸"，因为阿尔克梅翁[⑥]曾误述山羊从它们

---

① 参看《加仑全集》i，329，xvii A.，723(K)。

② 《生殖》卷五，章一，779b15。

③ αἰγωπόν，从汤译，作"淡绿"，亦有解作黄色者。依《柏里尼》viii，76，xi，51，应直译"羊眼"色状。参看《生殖》卷五，章一，779a33，b14；又雅典那俄：《硕学燕语》(Athenaeus：*Deipnosophistae*) viii，353。

④ 《生殖》卷五，章一，779a2—6 言动物中惟人与马之眼睛具有各种不同颜色。故施那得揣测末一字应为 ἑτερόγλαυκοι，"异色睛"。参看《柏里尼》xi，53；《马科医书》(*Hippiatrica*) 53 页；《农艺》(*Geoponica*) xvi，2。

⑤ 参看《生殖》卷五，章一，780b36 说明动物凹眼，因聚光而锐敏。又，参看色诺芬：《骑术》(Xenophon：*de Re Eq.*) i，9。

Δ⑥ 'Αλκμαίων，阿尔克梅翁，克罗顿人，为毕达哥拉斯学派，曾著有《解剖学》。毕达哥拉斯约在纪元前 529 年至意大利克罗顿。阿尔克梅翁盛年约在 510—480 间，当为毕氏及门弟子。

的耳孔吸气。[①] 耳的一部分没有名称，另一部分则称为耳朵[②]（外耳）；这部分全由软骨和肌肉组成。内耳骨与〈外〉耳相似[③]，耳的内部构造像螺贝，声音进入这底部就像进入了瓶底。这一听受器 20 与脑部并无管道相通，但上颌盖则与之相通，还有一血管与脑部相通。眼也有一血管与脑部相通，两眼各位置于一支小血管的末端。凡有听觉的动物，有些具耳，有些无耳，例如羽毛动物或被有角质棱甲的动物，只见有可当耳用的听孔。 25

除了海豹，海豚以及其他形态与这些相似的动物[④]，即鲸类，凡属胎生动物均具有耳；[提到软骨鱼类（鲨类），它们恰也胎生〈而无耳〉]。这里，海豹司听的听孔是可见到的；[⑤]但海豚能听，却既无耳，亦不见有何听孔。[⑥] 一切动物之中，只有人不能运动其两耳， 30 其他动物悉能转动其耳。[⑦] 人耳与目位在面部同一横线之上，不像其他动物，例如有些四脚兽的耳，不与眼平，而在眼上。[⑧] 耳的肌理或细或粗，或粗细适中；末一种耳听觉特佳，但这与性格无关。耳 **492[b]**

① 埃里安：《动物本性》i，53；奥璧安：《狩猎诗篇》（Oppian：*Cyn.*）ii，340；梵罗：《农事全书》（Varro：*de Re Rustica*）ii，3，5 等。

② 以弗所医学家卢夫斯（Rufus Ephes.）（《渥里巴修医学辑存》〔*Oribasius Collection*〕26 页）谓“亚里士多德称耳的下垂部分曰‘耳朵’（λοβὸς，耳瓣），其他部分未有名称”。未有名称之部分指蜗部（κόγχη）与鳍部（πτερύγιον）；参看浦吕克斯：《词类汇编》ii，85，8。

③ 原文 ὅμοιον τῷ ὠτί（与耳相似）不可通晓，汤揣为 ταὐτῷ（这些）之误，谓内耳骨与“耳朵”即“外耳”相似。

④ 原文 ὅσα οὕτω κητώδη（像这样的鲸）一短语，欠整饬，从汤译本参考 589^a33 补足。依璧哥洛校订末一鲨类分句为赘文，应加括弧。

⑤ 《构造》卷二，657^a22；《生殖》卷五，781^b23。

⑥ 本书卷四，533^b14；又《柏里尼》xi，50。

⑦ 492^a28 至此两句，依奥-文校本译。

⑧ 《构造》卷二，657^a13。

或大或小,或大小适中;又,或两耳高耸或两耳坦贴,或不耸不坦;中型而不耸不坦之耳显示其人性格最为善良,大耳而耸起的人往往唠叨而不切要。眼、耳与头顶之间的部分为"额角"(鬓)。

5 又,面上有一部分为气息所从出入者,即鼻。人凭此器官而呼吸,喷嚏是在鼻中发作的,郁积的气息忽然冲出,这一种方式的呼吸被认为超乎自然而具有异感,因此被看成为一种预兆,以卜休

10 咎。[①] 呼与吸均由鼻孔引入胸腔;[②]因为呼吸经由气管而在胸腔进行,并不在头部任何区域吐纳,所以鼻孔是不能分离而单独经营呼吸的;而且实际上,一个不用鼻呼吸的[③]动物仍还能存活。

15 又,嗅觉,即对于香臭的辨别,用鼻。[④] 鼻的内部不同于耳内部之不能活动,这是容许活动的。鼻内一部为软骨所组成之中膈,另一部分为孔洞之鼻腔;鼻孔内有两个分离的管道。象[⑤]鼻长而强有力,这种动物使鼻如使手;它凭这器官移动物件,握住物件,无

20 论液体或干硬食物均能用鼻摄取入口。在现代生物中,独有象能这样运用鼻器官。

又,有上下两颌;两颌之前部为颔,后部为颐。一切动物皆运用其下颌,惟鳄为例外;这动物只能运动其上颌。[⑥]

25 鼻之下为两唇,两唇全由肌肉组成,便于活动。口在唇与颌

---

① 《集题》卷九,897^a11 等。又参看荷马《奥德赛》(*Odessy*) xvii, 541;亚里斯托芳:《群鸟》(Aristophanes: *Avibus*) 720;雅典那俄:《硕学燕语》66c。

② 《呼吸》章七,474^a19。

③ 《呼吸》章一,470^b9;章九,475^a29。

④ 《构造》卷二,656^b31。

⑤ 《构造》卷二,658^b33。

⑥ 希罗多德:《历史》ii, 68。又本书卷三,516^a24;《构造》卷二,章十七,660^b27,卷四,章十一,691^b5。

间。上颌盖与咽各为口的部分。

具有味觉的部分是舌。这一感觉位在舌尖;①倘有味食物置放于舌的平面上,味觉的感应便较弱。正像辨味一样,舌的任何部 30 位又像一般肌肉能感觉软硬与冷暖。舌或阔或狭,或宽窄适度;末一型舌最佳,辨味最为敏利②。又,舌所系属或松或紧;③发音含糊或嗫嚅④均为松紧未得适度的示例。

舌由海绵状软肌组成,所谓会厌软骨是这器官的一个部分。

口腔部那分成两块的构造称为“喉头等体”(扁桃体),那分裂 **493a** 作许多小块的构造称为“龈”。扁桃体与龈均由肌肉组成,龈内排列着骨质的牙齿。

口腔内还有一个形似一束葡萄的部分是一支内中分布有小血管的结柱(小舌)。倘这结柱因发炎而弛垂,⑤这就称为“悬葡萄”;“悬葡萄炎”(悬雍垂炎)有引起窒塞的趋向。⑥

章十二

颜面与躯干之间为颈,⑦颈前部为喉[后部为食道]⑧。前部 5

① 味觉不限于舌尖,奥-文从加谟斯(Camus)校订,指出原文当有缺漏。

② 一般诠疏,都谓此短语应为“适于最清晰的发声”。但此句在论辨味,下句才及于发声,故照原文译。参看《构造》卷二,章十七,660a15—28。

③ 本书卷四,536b7;《构造》卷二,660a2。

④ ψελλίζειν 谓作语“含糊”,滑脱音节。τραυλίδειν 谓发言“嗫嚅”,不能清朗。参看亚里斯托芳剧本《胡蜂》(*Vesp.*)44,《残篇》(*Fr.*)536。

⑤ 原文 ἐξυγρανθεὶς 直译为“润湿”,从汤伯逊意译为“弛垂”。《希氏医学全书》“疾病篇”(de morb.)ii, 10(220, K):“脑中黏液下注,润湿小舌则肿胀发炎,发生悬葡萄病(σταφυλὴ)”,现代解剖学及病理学称小舌为“悬雍垂”(uvula),小舌炎为“悬雍垂炎”(uvularitis)。

⑥ 参看《医学辑存》28a 引卢夫斯语;浦吕克斯:《词类》ii, 99。

⑦ 《构造》卷三,章三,664a。

⑧ 依狄校加[ ]。

由软骨组成所谓“气管”,呼吸与言语均须经过这气管;那个由肌肉组成的部分则为食道,食道在颈内,位于脊骨肉的前面。颈后背为会肩①。

10 这些就是你在涉及胸部以前所见到的各个部分。

躯干有前后部。自颈部向下,在前面为胸膛,那里有两乳房。每一乳房各具一乳头,于妇女而言,乳汁便由乳头漉出;乳房是海绵状组织。男性有时偶一有乳;但男性之乳房肌肉粗韧,至于女性

15 乳房肌肉则柔软而多孔。

章十三

次于胸部为腹部,“脐”为腹部之“根”②。在这根以下两边分

20 开为胁腹(腰窝):脐下部的通腔③为下腹(小腹),最下端为阴私处;脐上为“腹”;腹与胁间之空处为腹腔。

作为后背部的一条围带,这就是骨盘,由于“对生而形状相称”(ἰσοφυές),骨盘称为“对束”(ὀσφύς 腰带);骨盘的基本部分,即人用此作坐姿的,称为“臀”,而大腿髀轴之所凭以窝承者则称为(髋臼)髀臼。

25 “子宫”为女性所特有;“阴茎”为男性所特有。这后述之器官见于体表,位在躯干之末端。这器官由两部分组成:一部分是肌肉

① ἐπομίs,“会肩”为后颈三角肌部分,见于《加仑全集》,iv, 136(K);参看《浦吕克斯》ii, 133。

② 《生殖》卷二,章四,740^{a}33 叙明脐为婴孩在子宫中由母体吸收养料之处,脐部血管如植物之“根”。

③ 贝本 μονοφυὲs,“合生整块”费解,从迦柴(Gaza)拉丁译本 cavum commune,奥-文揣原文应为 κοῖλον κοινόν,“通腔”。

组成的，形体不会胀缩，这称为阴茎头；外围有一层皮，没有专门的名称，这种包皮倘经切除，恰像割除脸皮或眼皮一样，[①]就不会再生。阴茎头与包皮的连接处名为系带。阴茎的另部分是弹性肌组 30 成的；这部分易于胀大；人体上这器官之伸缩方向与猫[②]体相同器官之方向相反。阴茎底部为两“睾丸”，包裹睾丸的一层皮称为阴囊。

493b 睾丸组织与肌肉不相同，却也不完全相异。于所有这些构造的各部分，以后我们当作详细研究。

章十四

女性阴私部分的性状与男性相反。这也就是说，异乎男性器官之外突，女阴是内陷的。又，子宫外有一“尿道”；这一器官为男 5 性精液所由引入的通道，也是女性液体分泌的出路。[③]

颈与胸膛相通处为喉，臂与肩在胸侧相接处为腋；腿与下腹相接处为“鼠蹊”。腿与尻间内相接处为“会阴”，外相接处为下臀。 10

兹已列举了躯干的前面各部。

章十五

胸膛的后面称为背。

背的各部分为成对的“肩胛骨”、“脊骨”、与其下的“腰”。腰部

---

① 本书卷三，518^{a}1，述及割除脸皮与眼睑皮。另见《构造》卷二，章十三 657^{b}3。又《希氏医学全书》“医疗要理篇”(Aphorism) vi, 19。

② 贝本及各抄本多作 λοφούροις，丛尾动物（马属），汤译本校订为 αἰλούροις，猫。

③ 依汤译“这一器官……出路”句应加[ ]。

在躯体中与腹部处于同一平面。① 躯体上下部均有肋骨，左右两边各八，据传里古人②为七肋，这并无可靠的证明。

于是，人体已分成上下部、前后部和左右边了。人的左右，在各个部分上悉属相似，而且除了左侧稍软弱外，也可说各部分完全相同；但上下部并不相似，前后部也不相似：若说这方面也有些似处，这只在这样的限度内相似：一人的面颊或肥或瘦往往与其下腹之或肥或瘦相符；臂腿也常相应，上肢短的人，下腿也必短，脚小的人手也相应的小。

四肢中，两"臂"成对为一组。臂（上肢）分为肩、肱（上臂）、肘关节、肘（下臂）、与手。"手"分为掌与五指。于指而言，能弯曲的部分称为"指关节"，不能弯曲的部分称为"指骨"。大指（拇指）只有一个关节，余指两关节。臂与指皆自外向内弯；臂在肘关节上折曲。手内面的部分为"掌"，掌为肌肉性组织，其上有纹理：长寿者有一条或二条贯通全掌的纹，寿短的人没有这种掌纹。③ 联结臂与手的为"腕关节"。手的外面即手背，是腱质的，手背并无专称。

另两肢亦为一组，即腿（下肢）。下肢的各部名称，双球节者为"股骨"，可以游动者为"膝盖骨"，具有双骨（胫骨与腓骨）的部分为小腿，这部分的前面为"胫"，后面为"腓"。腓的肌肉多腱与血管，髋大的人，腓腱向上面的膝弯拉伸，髋小的人腓腱向下拉伸。胫骨的下端为"踝"，两腿各有两踝。下肢之多骨部分为脚。脚后部为

---

① 此短语述腰之部位颇为迂拙。依璧校本 κατ' ἀντιπέραν τοῦ θώρακος 可改为"胸下后背部分"。

② λίγος，里古人，指意大利里古利（Liguria）地方的民族。

③ 《集题》卷九，896a38；卷十四 964a33；《柏里尼》xi，114。

"踵"，踵前分支者为"趾"，趾下多肉部分为"趾球"[1]；脚上面，即脚背，多腱，并无专称；趾有趾甲与趾关节；趾甲总是生在趾的末端，而脚趾全只一个关节。人们的脚底，即脚内面，粗臃而无弓者，行走时整个脚底着地，[2]其人趋向诡谲。股骨与胫骨相接处为"膝"。 10 15

这些部分男女两性相同。这些构造，凡在外面的，上下、前后、左右的位置一般都可目睹，而不至于谬误。但我们仍将像前曾说过的那样，叙述它们的位置；我们必须指明其间的序次，俾大家可由我们的说明，看到一些有规律的关系，而既经列举这些显而易见的实况之后，人们于涉及其他动物构造与人类相比较时，也可注意到其间种种的差异。 20 25

于人而论，超乎一切动物，他们身体的"上下"谐合于他们的自然位置；人的所谓上下与对全宇宙而言上下[3]意义不殊，"前后""左右"这些字样也可在符合自然的意义上应用于人类。但于其他动物而论，有些就没有这些分别，另些虽也可作上下、前后、左右之别，而不甚明确。例如一切动物的头，对于它们的躯体而言，也可说是在上的；但惟有一个长成了的人挺立在这物质宇宙之间，才确乎可说是头在上面。 30 **494^b**

次于头者为颈，接着是胸与背；一在前，一在后。再次为腹、腰（胁腹）、与生殖器官和臀；以下是股（大腿）与小腿，最末为脚。 5

① στῆθος，常指胸部隆起的乳房，此处别用作"趾球"，可参看《希氏医学全书》"骨关节篇"（Articulationen，iii，222页，库恩编印本）。浦吕克斯《词类》，"趾球"另称προστηθίς。

② 参看《柏里尼》，xi，105。

③ 《说青春与老年》章一，468^a5；《构造》卷二，656^a10。Δ古希腊以地球为宇宙中心，上下及左右前后（＝东西南北）为宇宙六向。"人的六向与宇宙六向相符合"，为希腊哲学家臆想人类赋有宇宙神性的一个理由。

腿向前弯，合乎实际行进的方向，脚的挠曲部分亦即活动最有力的部分，也是向前的；踵在后，踝则横出如耳[①]。臂分列于左右而向内弯曲：因此，以人为例，则双臂与双腿所作弯曲实际是内向相对的。[②]

至于各种感觉器官，眼、鼻、舌皆位置向前；司听觉的器官，即耳，在两侧，与眼在同一横面。人眼的大小与其体型之比例，较之任何其他动物，更为相称。

于诸感觉中，人的触觉较任何动物为精致，味觉稍逊而仍超乎其他动物；其他感觉的发展则许多动物超过了人类。

章十六

人类在外表可见的各个部分就像上述的情况安排着，一般都系有专门名词，这些部分既为人们所习用，大家都是熟知的；但于人体内部的构造，情况便不相同。实际上，其中绝大部分是大家不明了的，所以我们必须借助于其他动物体内构造的研究，其他动物的各个部分与人类构造相比总是或多或少地具有类似之处。

于是，第一，脑藏在头颅内的前部；[③]凡属有脑的动物都是这样。凡属有血动物都有脑，而软体动物间或也具有脑。但由体型的大小与脑的大小，在比例上论，人脑最大，[④]也最润湿。有两个

---

① 原文ἑκάτερον κατὰ τὸ οὖς(各横出如耳)，奥-文校本揣为ἑκάτερον ἑκατέρωθεν(两边各一)，依此校订可译作："两踝各别在脚的两侧"。

② 比较人类与动物四肢之弯曲与活动方式，参看《行进》章十二至十四，711^a—712^b。

③ 《希氏医学全书》"疾病篇"ii，8.（ii，219页，库恩编印本；vii，16页，里得勒编印本）。

④ 《构造》卷二，章十四，658^b7。

膜包裹着脑：贴近颅骨的膜较强韧；①围着脑的另一层内膜②较细致。脑均有左右对称的两叶③。紧靠着这脑的后面有所谓“小脑”，其形式与脑有异，这我们可以目睹并也可用触觉来分辨。

所有各种动物，头的后背部无论其大小如何，都是空洞的。有些生物，例如圆面庞的诸动物，头颅巨大而颅下的面庞却在比例上较小；有些动物如“项鬃帚尾”式（“丛尾动物”，即马属）诸品种都无例外地小头而长颌。

一切动物的脑皆无血④与血管，摸起来自然有冷感；⑤大多数的动物，脑中有小孔。脑周围的网膜遍布有网状血管；这网膜贴紧着脑，像一层皮膜。脑上是最薄最软的颅骨，即额骨（前头脑盖骨）。⑥

由每眼向脑，各通有三导管：最大一支与中型一支通至小脑，最小一支通至脑；小导管靠近鼻孔。由两眼引出的两支大导管并行而不汇合；中型的两支汇合——这于鱼类特为明显，——中导管较大导管于脑部更为贴近；小导管各自分行而不汇合，并且相互间分离得更远。

① 外层膜今称“硬脑膜”（dura mater）。参看本书卷三，519^{b}2；《希氏医学全书》（*de Loc. in Hom.*）2（vi，280，L）。

② 内层膜今称“软脑膜”（pia mater），即 μῆνιγξ（脑膜网，brain-caul），见下文495^{a}8。

③ 《希氏医学全书》“癫痫篇”（de morb. sacr.）i，595，K；vi，366，L。《构造》卷三，章七，669^{b}22 说明人及动物躯体，四肢及器官感觉多左右对称，故脑有左右两叶。

④ 《构造》卷二，章七，652^{a}35。

⑤ 《睡醒》章三，457^{b}30。

⑥ 《希氏医学全书》“头部创伤篇”（de capit. Vuln.）iii，348，K；iii，188，L。《构造》卷二，章七，653^{a}35；本书卷七，587^{b}13。

颈项内具有所谓“食道”[食道的另一名称[1]，取义于它的长狭
20 形]与“气管”。一切动物凡有气管的，其气管均位于食道之前，而一切凡有肺的动物，均有气管。气管由软骨组成，内部四周条布有细小的血管而内部流通的血很少；气管在颈内上部，近接口腔，在
25 那口鼻相通的小窍之下——人若在饮水时吸入了些水，这水就由此窍经鼻孔喷出。所谓会厌软骨[2]就在两个管道口之间，会厌能作延伸并屏蔽气管与口腔的交通，舌根系属于会厌。气管由另一
30 方向引向肺部，中途分支各与肺的两部分相通；一切具肺的动物，这种气管都有两叶分开的趋向。可是胎生动物中，这种分划不如
495^b 其他品种动物的肺那么明显，人肺的两分是最不明显的。又，人肺不像若干胎生动物的肺分裂成许多部分；也不像它们的肺那么光滑；人肺表面是不平整的。

5 在卵生动物如鸟类与一切卵生四脚动物的实例中，肺的两个部分互相隔离，看来像是具有两个肺；气管从开端的单支析成两分支而引向肺的两个部分。这也系属于大血管(静脉)与所谓挂脉(动脉)。气管充气后，气体引入肺的各个罅隙。肺的许多罅隙(气
10 泡)之区分，由弹性肌造成，都以锐角相交合；由这些区分，引出许多管道使气分为小而又小的微量，以散布于全肺。心脏也由脂肪、弹性肌、与腱相联结而系属于气管；在交接点上有一个洞眼。当气管充气时，空气之进入心脏虽在有些动物不可得见，在有些较大的
15 动物是可以见到的。这些就是气管的性能，它只吸进或呼出空气，

---

① 原文未言明这另一名称，汤译本注揣为 στόμαχος；此字可能是由 στενός(狭)与 μακρός(长)两字所组成的。

② 《构造》卷三，章三，664^{b}21 比较各种动物的“会厌”。

其他干物或液体均所不取，倘这些事物进入气管，这就使人苦痛，你必须咳出任何呛入的干或湿物。

食道在最上部分，靠近气管，与口腔相通，而凭膜质韧带联系 20 于脊骨与气管，最后经过膈膜进入腹腔。食道由类似肌肉的物质组成，纵向横向均能伸缩。

人的胃与狗胃相似；这种胃比肠大得不多，像是特别扩大了的 25 肠；胃以下便是一条不宽的盘绕的肠（大小肠合称）。这营养器官末一段与猪肠相似；这段较上段为宽，这段引至尻部，厚而短。胃中有网膜，[①]人与其他动物凡单胃而上下颌都有齿[②]的动物，这种 30 网膜都是脂肪组成的。

肠间膜被于肠上，这原也是膜质而颇宽厚，并且转成了脂肪。肠间膜系属于大血管（静脉）与挂脉（动脉），并有若干血管，自上至 **496ᵃ** 下紧密联结，通过这膜。

关于食道、气管与胃的性质就是这些。

章十七

心脏[③]有三窍，心脏的位置在肺上，恰当气管分支之处，它系 5 着于大血管（大静脉）与挂脉（大动脉），那里具有脂肪质的厚膜。心脏椎尖的部分依于挂脉，凡有胸膛的动物这一部分在胸膛中的相应位置均属相似。无论有胸膛或无胸膛的动物，心尖都是向前 10 的，因为在解剖时取出的心脏随便放置，人们便可能忽视了心脏有

① 参看《构造》卷四，章三，述各种动物之肠间膜与网膜脂肪之成因。

② 此处之齿指门牙(incisors)；参看卷二 499^a25 注。

③ 本书卷三，章三至四，及《构造》卷三，章四，666^b 以下详述心脏与血脉。

定向的事实。心脏的圆端(底部)位在上。心锥大体是肌肉质的,
15 组织紧密,心窍的内部是些腱。常例,有胸膛的动物,心位在胸膛的中央,人心则略偏于左方,位在胸膛上部,于两乳中分处,稍稍靠近左乳房那一边。①

心脏不大,一般形状不是拉长的;实际近乎圆球形:但这该记
20 住,心脏末端是尖的。上已言及,心有三窍:右窍最大,左窍最小,中窍的大小间于左右二窍。② 所有这些心窍,左中两小窍亦不例外,与肺有通道,这种通道的存在,于其中之一窍颇为明显。大窍
25 下端,即心脏所由以系属之处与大血管(大静脉)相连接[肠间膜就在这里附近]③;中窍与大动脉相通。

许多沟管由心脏引入肺部,④支分着恰像气管的支分一样,气管分支与血管分支相互平行地散布于全肺。从心脏引出的沟管在
30 最上面;这里气管与血管并无共同的通道,但它们的管壁是共同的,在这里吸入气可以进入心脏;自肺至心有一通道通入右窍,另一入左窍。

关于大血管(静脉)与挂脉(动脉)我们将于随后涉及它们的专题中另行并述。

496b 凡属内胎生又外胎生⑤而具有肺脏的动物,肺脏总是在一切

① 《柏里尼》xi, 69;赛尔修:《医药》(Celsius: *de Medicina*)iv, 1;参看朱味那尔:《讽刺诗集》(Juvenalis: *Sat.*)iii, 7. 160。

② 心有三窍之说出于传说或迷信,参看卷三,513a30 注。

③ 自 20 行至此全节依奥-文校本翻译。狄校本认为此节系后人依据卷三 513a30 一节文句编写而插入的,全节加[ ]。

④ 参看《呼吸》章二十二,478a26。

⑤ 即与卵生及卵胎生动物相对的"哺乳动物";参看《构造》卷二,章九,655a5 等节。

器官中血液供应最为充盈的器官；这因为肺通体都是海绵状组织，每一罅隙均有从大血管引来的分支小血管。有些人臆想肺内全空，这就全错了；他们所解剖的动物肺脏，在从动物死体中取出时，血液先已流失，这就引致错误的观察。 5

于其他内脏中，只有心脏含血。肺所有血只含在血管之中，并不在肺自身，但心脏则自身含血；心三窍中都有血，而中窍之血最稀。 10

肺下为胸膈膜，[①]系属于肋骨、上腹、与脊骨，中央为一层薄膜。膈膜中有血管通过；凭体型的比例而论，人的膈膜[②]较之其他动物的膈膜为厚。 15

膈膜之下，右边为"肝"，左边为"脾"，凡具有这些内脏的动物均照这种常例安排；有些四脚动物曾被发现有肝脾易位的[③]，这该算是超乎常例的。这些内脏由网膜与胃相联结。 20

人的脾脏外形狭长，与猪脾相似，大多数动物的肝脏附有"胆囊"；但有些不附胆囊。[④] 人肝圆形，与牛肝相似。上述关于缺失胆囊的事情，有时在巫卜中会得遭遇。例如欧卑亚岛上卡尔茜狄基某些地区有缺胆之绵羊；又在那克索岛[⑤]上，几乎所有的四脚动物都具有特大的胆囊；外邦人用这些动物作牺牲而占取休咎时，常因此而吃惊，他们想不到这是这地区动物的正常情况，便测度这种异 25

---

① 参看《构造》卷三，章十，672^b10。

② 梅第基抄本(Mediceus)，威廉拉丁译本，璧校本，奥-文校本均作 φρένες(膈膜)。亚尔杜本，贝本，均作 φλέβες(血管)。

③ 今称"内脏颠倒"(inversio viscerum)，另见卷二，507^a21。

④ 照原文应为"大多数动物的肝'不'附胆囊，有些附有胆囊"。兹依狄校本将'不'(οὐκ)移下，校正文与《构造》卷四，章二，676^b16句相符。

⑤ 那克索岛(Νάξος)今名那克西亚，在爱琴海中居克拉得(Cyclades)群岛间。

30 象对于他们是噩运的预兆。[①]

又，肝脏附着于大血管，但与挂脉(动脉)血管不相通；由大血管来的一支血管，在所谓"肝门"这地点贯通肝脏。脾脏也只与大血管相联结，一支血管伸进脾内，穿出脾外。

497[a] 在这些脏腑以次为"肾脏"，肾脏靠近脊骨，与牛肾性状相似。凡属有肾动物，右肾均比左肾位置略高。右肾的脂肪质与水分也较少。这在其他各种动物也都可见到相似情况。

5 又，大血管与挂脉(动脉)血管均有管道引至肾脏；但这些管道并不进达肾内空腔。这里还得说到，肾的中央有一洞孔，于有些生物，这孔较大，有些较小；但海豹的肾没有洞孔。[②] 海豹的肾形状与牛肾相似，而比任何生物的肾为硬实。引入肾的管道消失于肾体10 之中；肾组织[③]内不见有血，亦找不到任何血凝块，这事实可为血管不进入肾脏组织之证。可是，如上所述，肾脏是具有一个洞孔的。由这洞孔引出有两支相当大的管道(输尿管)到膀胱(尿囊)；另有些强韧而连续的管道，[④]则由挂脉血管引伸。两肾各在中部连属15 一支腱质血管，经由狭路沿着脊柱伸展。这些血管各别地渐渐消失于两边的腰部，以后又可于两胁各别见到它们重行延伸出来。这些歧出的血管终止于膀胱。膀胱位在末端，由肾脏来的一些管道(输尿管)把它系属在一定的部位，这些管道沿着干线延展到尿20 道；膀胱周遭束有细薄的腱质膜，这膜在某种程度上与胸膈膜相

① 《构造》卷四，章二，677[a]1。

② 《构造》卷三，章九，671[b]3。

③ 参看本书卷三，514[b]32；《构造》卷三，671[b]13。

④ 这种回肠动脉或髂动脉(iliac arteries)在人身上所见与所述略异，但在四脚动物体中恰可见到这些动脉管由大动脉引来。

似。人的膀胱在和他的体型作比例看来是相当大的。

25 生殖交接器官联属于膀胱干管，到这里向外出口处，两孔道已合并为一；但在稍内面一些，原有两孔，一孔输精，通于睾丸，另一孔输尿，通于膀胱。阴茎组织是弹性肌与腱质。这在男性（雄性）是与睾丸相联属的；这些器官将在后另行综述。[①]

30 所有这些器官，女性（雌性）全都相同；除了有关子宫部分之外，男女（雄雌）内脏并无差异；关于子宫的形状，读者可参考我的《解剖学图说[②]》。子宫位置在肠上面，而膀胱又位在子宫上面。但各种雌动物的子宫形状，既不一律，位置所在也不相符合，我们当俟统论一般雌动物的子宫时再来研究这些。

497^b 这些就是人的体内与其外表的各个部分（内脏与器官），它们的性质和位置就是这样。

---

① 参看本书卷三，章一；又《生殖》卷一，章十二，718^a。

Δ② 《生殖》卷一，章十一，719^a11；卷二，章七，746^a14 亦提及此《解剖学图说》（τῆs διαγραφῆs τῆs ἐν ταῖs ἀνατομαῖs）。《构造》中提示此书尤屡（ii，3，650^a32 等）。耶格尔(Jaeger)《亚里士多德》336 页，谓此系亚氏在讲堂中所用挂图。旧传第奥季尼《亚氏书目》中有《解剖学》七卷，今并此《图说》失传。（参看 509^b24 注。）

卷　二

497[b] 章一

5　　于动物一般而论，有些部分或器官，如上曾述及，为全部动物所通备，有些则只是某些类属所共有；又，各个部分相互间为异为同之比较方式业经屡次言明。[①] 作为一般的规律，一切动物，凡类

10　属有别者，它们大多数的部分或器官皆在形式（品种）上相异；又有些部分只于比拟上或同于类属[②]或异于类属，而另些部分，虽同于类属，却异于品种。许多部分或器官，有些动物具备，另些动物就不具备。

例如胎生四脚动物皆有一头一颈和头颈上应备的各个部分，

15　但它们所具各部分的形状便互相为异。狮的颈项不由几个脊椎而由一支独骨组成；[③]但当狮被解剖时，人们却发现它的内部完全与狗相似。

---

① 本卷旨在说明有血动物这大类，包括胎生与卵生四足动物以及鱼鸟等的概况，并涉及若干有关种属的实例。开卷两句回顾到前卷所叙，简括之为解剖学上的动物分类规律：（一）两动物之异于类属并品种者，其器官（构造）有类属之异并有品种之异；（二）同于类属或类属相近而异于品种者，其器官（构造）在类属上为相同或相似，而于品种（形式）有所差异。

② 本书卷一，486[b]19 等。

③ 《构造》卷四，章十，686[a]21 比较各种动物之颈项时亦有此误。该书渥格尔译本注云，亚里士多德时代希腊仅北部山林中有狮，为数极少，不易猎获，亚氏于狮未作实际解剖，所记实出传闻或录自旧籍。亚氏曾施行解剖而作成实录的，伦斯《亚里士多德的自然科学研究》（Lones，T. E.：*A's Researches in Nat. Sci.*）106 页（1912 年）列有五十个品种的动物名单。

四脚胎生动物，无臂而具有前肢[①]。这在一切四脚动物都该如此，但其中某些动物的前肢具有趾，这样的部分实际上便有类于手；在日常遭遇中，它们用这些前肢像手一样做许多动作。它们左右肢的差别没有人类那样显著。[②] 20

这里所说四脚兽的前肢多少可当作手用这常例，于象独为例外。象的脚趾分歧是不明晰的，[③]而且前肢较后肢大得多；象脚有五趾，后脚上有短踝。但象鼻却有这么大，而且具有这样的性能，它正好把鼻当手用。[④] 象于进食时用这器官汲起饮料，抓取食物而送之入于口中，它又用这器官举起一切物件，放到运送者的背上，它还能用这器官把大树连根拔起；当它涉过河沼时，它又用鼻喷水。[⑤]象鼻能从鼻端作卷曲，但不能像一个关节那样弯折，因为这 25 30

---

① 依奥-文揣拟，原文应为 ἀντὶ δε χειρῶν πόδας，“无手而代之以〈前〉脚”。

② 维格曼(Wiegmann)，璧校本，与狄校本均于此句加[　]。奥-文校本，以动物与人的四肢相较，不当为左右之异，而应为前后之异，故用 ὀπίσθια(后肢)一字置换 ἀριστερά(左肢)。按希腊旧传“生体尚右”观念而言，原文实不误。《行进》章四，706ᵃ18—24 详言人类右肢较左肢为强而便捷；705ᵇ30—706ᵃ9 又言人类以右肢为基点，具有主动能力。负重的牲畜皆平均驮载其重量于背部，人类则常置物左肩。并又明言人类构造优于其他动物，故有左右之别。古希腊重右轻左，由来甚久。其源可溯于毕达哥拉斯数论派哲学与迷信的混合思想。《形上》卷一，986ᵃ25 所举数论家十项对成原理即以“右左”相应于“光暗”、“善恶”、“正斜”诸对成。《宇宙》卷二，章二，284ᵇ6，以及《残篇》第 195 条 1513ᵃ15，均本数论家传统以上下前后左右为相应对成。希腊古哲由此类分别心所产生的“尚右”观念，相当普遍。阿那克萨哥拉有男婴孕于右侧，女婴孕于左侧之说(见于《生殖》卷四，章一，763ᵇ33)。亚氏于《生殖》卷四，章一，765ᵇ1 等节更言及人体右侧较左侧为暖；《集题》卷三十一，959ᵃ20 又云人类除耳目外，各器官及内脏均右强左弱。

③ 本书卷三，章九，517ᵃ32。

④ 《构造》卷二，章十六，658ᵇ33，卷四，章十二，692ᵇ17；《柏里尼》viii，10；xi，105；奥璧安诗《狩猎》ii，524。

⑤ 参看本书卷九，630ᵇ28。此处 ἀναφυσᾶι，用鼻“喷水”的实义相当于“用鼻在水中呼吸”，参看《构造》卷三，669ᵃ8 述在水中呼吸的鲸为“喷水动物”，ἐναφυσῶντα。

是弹性肌组成的。

在一切动物之中，惟有人能同样的习用双手。①

所有动物均有与人类胸部可相比拟的部分，只是与之并不相似；人类胸部宽广，而其他动物的胸部则狭隘。② 又，除了人以外

498a 的各种动物乳房均不位置在前胸；③象确乎也有两乳房，但不在胸部，而是在相近于胸部的位置。

又，各种动物所有前肢与后肢弯曲的方向互对，这与我们所见

5 到人类之臂与腿的弯曲方向恰正相反；于此，象亦属例外。④ 换句话说，胎生四脚动物前腿前弯，后腿后弯，这样，四肢的两对，其凹处⑤就成为相对的了。

象，并不像有些人所常说的，站着睡眠，它弯曲着四腿躺下；但

10 是由于躯体沉重的缘故，它不能两肢同时弯曲，只能挨次动作，欠身就息于左边或右边：它便在这样攲侧的姿态入睡。⑥ 它弯曲它的后肢时，恰如一个人弯曲他的腿一样。⑦

于卵生动物，如鳄与蜥蜴（石龙子）以及相类的动物，前肢与后

---

① ἀμφιδέξιον，“同样运用双手”（“两手俱利”或“左右同功”）另见《尼伦》卷五，章十，1134b34；《道德》卷一，章三十四，1194b34；《政治》卷二，章十二，1274b13。

② 《构造》卷四，章十，688a13。

③ 本书本卷 500a13；《构造》卷四，688a13；埃里安：《动物本性》iv，31。

④ 《行进》章九，709a10；章十二，712a11。

⑤ 贝本 κοίλα，“洞孔”，意译“凹处”，实即胁窝。有些抄本作 κῶλα，实误。

⑥ 《柏里尼》xi，101。

⑦ 参看《构造》卷四，687b25。《行进》章十三，712a11。象之肘与膝确乎与人相似，但其腕关节与踝关节的活动实与马相似。

Δ欧洲人自古相传象腿无关节，不能卧睡。英国多马·白朗：《常俗习误》（T. Browne：“*Vulgar errors*”）iii，1，谓当代（十七世纪间）的英吉利人与意大利人尤信此不疑。

肢两对均前弯，略作斜逸的姿势。[①] 多足类的弯曲也与此相似；只是在第一对与末对之间中部对肢的行动方式常常采取其前肢与后肢运动方式的中间姿态，因此中肢既不前弯亦不后弯而是横逸的。[②] 人行动时则臂向后弯，稍稍内倾[③]，腿向前弯：这样臂腿向同一点上弯曲，这便与其他动物相反。没有一个动物前肢后肢悉向后弯；而所有动物的肩弯曲总是与肘，即前腿，关节的弯曲方向相反，后腿的髋（股）弯曲总是与膝相反；既然人与其他动物的前后肢折曲相异，凡具有这些同样部分的其他动物行动时，它们这些部分的活动方式便与人类相反。[④]　15　20　25

鸟类四肢的弯曲与四脚动物相似；鸟类虽为两脚动物，它们的腿也向后弯，而相当于两臂或前腿的两翼则向前弯。　30

---

① 《行进》章十五，713ᵃ17—20：凡卵生四肢动物之生活于洞中者如鳄、蜥、龟等在地上爬行时，四肢皆斜出，其行动关节亦斜曲。《柏里尼》xi，102 谓爬虫四肢斜向弯曲如人类的拇指弯曲。

② 《柏里尼》xi，35(29)。

③ 奥-文本揣增〈καὶ ἐκτός〉，“并外倾”。

④ 此节有些细节不全符合动物界行动实况，或有些错字。末一分句，汤伯逊曾拟揣改为“人的上下肢作相反折曲而交错地行动着，四脚动物行动时与之相似而方向则相反”。《行进》章十三，712ᵃ1—13 述动物行进四肢可能的弯曲四式（见右图，从法瞿哈逊，Farquharson 译本作图）为：（一）A 式，前后肢皆后弯而膝关节向后凹；或 B 式，相反为前后肢皆前弯而膝关节向前凸。（二）Γ 式前肢前弯，后肢后弯，前后膝关节之凹处相对；或 Δ 式前肢后弯，后肢前弯，前后膝关节之凸处相对。两脚或四脚动物均不取 A 与 B 式而取 Γ 式。惟人与象取 Δ 式，四脚动物都取 Γ 式。依此节下句，鸟类亦取 Γ 式。参看《构造》卷四，章十二，693ᵇ3；《行进》章十二，711ᵃ16—18。

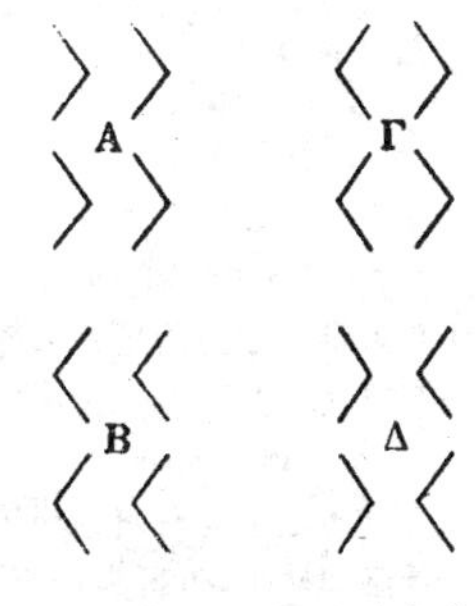

注释图 2. 动物四肢弯曲与行进方式

海豹是一种不完全或蹒跚的四脚兽;[①]它的前脚紧接在肩胛
498b 之下,有如人手,也像熊的前掌;海豹前脚具有五趾,每趾均有三关节,还有一个小小的趾甲。后脚也有五趾,其弯曲与趾甲如前脚,而形状则似鱼尾。

5 动物,四脚或多脚的,均作交叉或点角行进,它们立姿的平衡也是交叉地维持着的;而且这常是右肢先行动。[②] 可是,狮与两种骆驼,巴羯里驼与阿拉伯驼,均用溜步行进;所谓溜步(溜蹄)是说动物行进时前后左右四肢不作交互起落,而分在左右两边各紧接
10 着前移。[③]

相应于人在躯体前面的任何部分,四脚动物的这些部分位在腹部之下或在腹部之里外;相应于人在躯体后面的任何部分,四脚动物的这些部分位在背上。大多数的四脚动物各有一尾;虽海豹
15 也有像鹿样的一支小尾。关于猿猴类的尾巴,我们将随后另述其特殊性能。[④]

一切胎生四脚动物皆被毛,惟人类除了头发以外他处仅有少许短毛,[⑤]至于他头上却毛发蒙茸,比任何其他动物更多些。[⑥] 又,

---

① 本书卷一,487b23;《构造》卷二,657a22,卷四,697b4;《行进》章十九,714b12。

② 《行进》章十四,712a25 称:动物行进先出右前足,继以左后足,于是左前足,末移右后足。如两前足并举继以两后足则奔;两左肢或两右肢并举则倾;如欲稳步而行,必四肢交互方可。

③ κατὰ σκέλος βαδίζουσιν,"溜蹄"。《柏里尼》(xi, 105)译作 pedatim,该章释"溜蹄为左两足不与右两足交互前移而顺次前移"。后世在骑术上,"溜蹄"为重要步伐,使马行略如驼步,可得为长距离的急速行程。

④ 见于本卷章八。

⑤ 《构造》卷二,章十四,658a15;《柏里尼》xi, 47。

⑥ 《集题》卷十,898a20。

于被毛动物而论，背毛较腹毛为多，腹部或生些稀毛，或光滑而全不被毛。[①] 于人而论，情况恰正相反。 20

人又有上下睫毛，两腋与阴私处也有毛。其他动物在这两部伴均无毛，也没有下睫毛；只某些动物，在眼睑下生长有几根离散的毛。[②] 25

被毛四脚动物，有些如猪、熊、与狗全身被毛；另些颈间周遭蓬松，特为多毛，诸动物中项鬃长密如狮者便可为例；另又有些如马、骡以及未驯养的有角兽，野牛，具有盔式项鬃[③]的动物，其颈项背面自头部至肩骨隆起处特为多毛。 30

所称“马鹿”（鬣鹿）[④]也在肩骨隆起处具有项鬃，称为“巴尔第雄”[⑤]的动物亦然，两者均自头至肩隆生长着一些稀疏的长鬣；马鹿尤为别致，喉部飘有须髯。这两动物均有角而分趾（偶蹄）；可 499^a

① 《构造》卷二，658^a17—24，谓毛发为保护肌肤而生，人身直立，兽体横陈，因所须保护的部位不同，人与动物之被毛亦遂相异。参看《集题》卷十，896^b29；《柏里尼》xi，94。

② 《构造》卷二，章十四，658^a26。

③ 用“冠盔”（λοφιάν）形容“项鬃”（φρίξας）先见荷马《奥德赛》xix，446，所指兽为野彘。

④ ἱππέλαφος 直译为“马鹿”，当指具鬣之鹿，即羚羊，后世因而称此种羚羊为 cervus aristotelis，“亚氏鹿”。依《柏里尼》viii，50(33)与此节相符之章句所述 Tragelaphus（羊鹿）形态，后世考证为 Nylghau (Portex picta，花斑羚羊)；参看维格曼“旧笺”(Wiegmann：Obs. Crit.)21 页。

⑤ πάρθιον 音译“巴尔第雄”，有些抄本作 ἱππάρδιον，音译“希巴尔第雄”，未能确知为何兽。据孙得凡尔(Sundevall)考订，谓即长颈鹿(giraffe)。Δ 居维叶：《动物学史论文集》(L. C. F. D. Cuvier：*Pour servir a l'hist. nat. des Animaux*)i，137 页，154 页，称亚氏记载印度与波斯动物五种：骆驼与象的叙述皆详确；鬣鹿，希巴尔第雄与野水牛三种则简略不明。居维叶揣测亚氏这些记录得之于随从亚历山大远征亚洲的其侄加里斯叙尼(Callisthenes)的旅途书翰。居维叶又拟希巴尔第雄为印度波斯与非洲所产的契太(cheetah)。然契太(Acinonyx jubatus)属猫科而肢脚似狗，体型类豹，可驯养以行狩猎；这与此节所言有角，偶蹄，而列于羚羊类属者不合。

是，雌马鹿无角。马鹿体躯大小似鹿；这种动物生长在阿拉夸太①境内，那里另有野水牛。

5 野水牛与它同种的驯牛之别恰如野彘之与家猪。野水牛色黑而强健，鼻部带些弯曲，角稍稍伸向后背。马鹿的角与瞪羚的角相似。

象可说是一切四脚动物中毛最少的动物。这可作为动物一般10 的规律，尾巴上被毛的厚薄或稀密与躯体上被毛的情况相符；因为有些生物尾巴细小〈被毛的厚薄稀密不分明〉，所以这种规律于具有长尾巴的动物方为适用。

骆驼②具有一个特殊的构造，这与其他一切四脚动物相异的15 一个部分就是它背上的所谓“驼峰”(ὕβον)，巴羯里驼与阿拉伯驼③不同；前者有两峰，后者单峰，但后者也可说它在下面另有一个与背上相类的峰，当它跪伏时全身的重量就借此为依托。驼如牝牛，20 有四乳头，④有一尾，如驴尾，而雄驼的生殖器官是向后伸的。骆驼四肢并不像有些人所说可作许多弯曲，只是由于腹部紧缩⑤，看

① 阿拉夸太(Arachotae)在卑路芝斯坦(Beluchistan)境内；参看斯脱累波：《地理》(Strabo: *Geographia*)ix，8，9等。Δοἰ βόεs οἱ ἄγριοι 本义为“野牛”，汤伯逊拟为水牛(buffaloes)之野生种，异于 βόνασυs(上节 498^b30)之为“野牛”，故译野水牛。

② 参看本书卷五，章十四；卷六，章二十六；卷九，章四十七。

③ 《柏里尼》viii，26。Δ 驼属的双峰驼学名即称“巴羯里驼”(Camelus bactrianus)；单峰驼学名称“跑驼”(C. dromedarius)，俗名称“阿拉伯驼”。单峰驼在古代盛产于阿拉伯半岛与埃及等地。今西奈半岛山岩间石器时代先民石刻之驯驼像为单峰，埃及陶器时代以前石刻骆驼雕像，亦作单峰。双峰驼之驯养稍迟，纪元前十世纪，中亚细亚人与印度人最早饲之为家畜。现单峰驼野生种已绝迹，双峰驼野生种，在中亚沙漠仍有遗留。

④ 本书卷二，500^a29；《构造》卷四，章十，688^b23。

⑤ 多数抄本为 ὑπόστασιs，“支持”，此处讲不通；依施校应为 ὑπόσταλσιs，“紧缩”，亦不通畅。

起来似乎如此而已，它每肢只有一个膝关节。[①] 骆驼像牝牛一样具有一支无名骨，但这一支骨与它体型相比，看来颇为弱小。它是分趾（偶蹄）的，两颌齿列不全[②]。脚的分趾状如下：在脚背，各趾分叉至第二关节处而止，在第一趾关节的尖端有小蹄；[③]趾间开裂处有厚皮相连，类似鸭蹼，脚底多肌肉如熊蹠，因此军用骆驼在战争时，若受创伤，人们便给它穿上皮屣[④]，以资保护。 25 30

所有四脚动物的腿皆多骨多腱而无肉；实际上这种通例，除了人以外，凡属有脚动物全可适用。[⑤] 它们的臀亦无肉；这一情况于鸟类特为明显。于人类恰相反，其他部分都不像臀、腿（股）与腿上所称为“腓”的部分那样饶于肌肉。[⑥] 499b 5

于有血胎生动物而论，有些动物的脚如人的手脚有好多分趾（有些动物如狮、狗与豹是多趾的）；另些动物如绵羊、山羊、鹿、与河马[⑦]的脚分趾为二（偶蹄），趾上有蹄代替趾甲；另些动物，例如实蹄动物，马与骡，它们的脚无分趾（奇蹄）。豕脚或分趾，或不分 10

---

① 驼腿多关节之说出于《希罗多德》iii，103，驼之后肢有四段，四个关节。参看《埃里安》x，3。

② ἄμφωδον，“两颌齿列俱全”；οὐκ ἄμφωδον，“两颌齿列不全”：所全所缺之齿均指门牙。门牙或全或缺为食肉兽与反刍类的基本区别。骆驼下颌两边共有六门牙，上颌共只二大门牙。参看《构造》卷三，674a32。

③ 骆驼足第三第四趾发达，蹄不包蹠，仅被于趾表。蹠有厚皮如垫，而趾相连，故能行于沙漠。此处原句不甚明朗，并有差错，兹照“奥-文”校订本翻译，约略与实况相符。

④ καρβατίναι 为生皮所制粗鞋，依希茜溪《希腊辞书》（Hesychius：*Gr. Lexicon*）释为有底无皴，缚于脚上的廉价粗屣。参看色诺芬：《长征记》（*Anabasis*）iv，5，14；《柏里尼》xi，106。

⑤ 《柏里尼》xi，105。

⑥ 依璧校本译。

⑦ 河马的脚实有四趾。

趾:伊利里亚与贝雄尼亚和其他地方是有实蹄(奇蹄)豕的。[①] 分趾(偶蹄)动物脚后别有二叉枝;实蹄(奇蹄)动物的后跟是连绵不
15 分的。

又,有些动物有角,有些无角。有角动物大多数是偶蹄的,如牛、鹿、山羊皆然;世上迄未发现过具备两角的奇蹄动物。但少数独角独蹄的动物,如"印度驴"(犀)[②],确已为人所周知了;另一独
20 角兽奥猢克斯(非洲大羚)[③]则为偶蹄。

在所有实蹄(奇蹄)动物中,惟"印度驴"(犀)具有一支距骨(无名骨);猪,既然如上曾述及,或为实蹄或为偶蹄,这就不会有完备
25 的距骨。偶蹄动物许多是具备距骨的,[④]在多指或多趾的动物中从来没有发现具备距骨的,人既没有,此外的多趾兽也没有。可是

---

① 《构造》卷四,章六,774^{b}21;《异闻》卷六十八,835^{a}35;又安底戈诺:《异闻志》66(72);《柏里尼》ii,106;xi,44。埃里安:《动物本性》v,27,"据闻伊利里亚有实蹄之山羊。""实蹄(奇蹄)之豕"可参看林奈:《自然系统》(Linné: *Syst. nat.*)1740年本,49页。又贝忒孙:《变异》(Bateson: *Variations*)1894年本,第387页等。

② Ἰνδικος ὄνος,"印度驴",实指犀属(rhinoceros)。ῥῑνόκερως,"鼻角兽"(犀),名称见于埃里安:《动物本性》iv,52;福修斯:《书录》(Photius: *Bibliotheca*)lxxiv,153页,所引克蒂西亚:《印度志》(Ctesias: *India*)文。亚氏《构造》卷三,章二,663^{a}23涉及此兽时,仍称之为"印度驴"。

③ ὄρυξ,奥猢克斯为北非洲之白羚羊(leucoryx)或为常见于埃及古代壁画的阿比西尼大羚羊(Oryx beisa)。参看《构造》卷三,章二,663^{a}23;《柏里尼》viii,(79)214与ii(40)107。

④ 《构造》卷四,章十,690^{a}21,偶蹄动物以后脚蹴敌兽,距骨在后脚上为其防卫武器。《柏里尼》xi,106,"鼻角兽(犀)为惟一实蹄动物(solidipedum)之具有骰骨者,豕被认为是间体动物,所以有不成形的骰骨。或谓人类亦具骰骨,这是易于否定的。动物之多趾者惟林棲(lynx)具有类似的骰骨,而狮则有一较为曲旋的骰骨。"ἀστράγαλος(astragalus,阿斯脱拉加卢)原为建筑圆柱用的"模规",其上有小凸起,故取以为动物"距骨"名称。距骨于兽或称"骰骨"(pastern bone),或称"无名骨"(huckle bone),于人称"踝骨"(ankle bone: talus)。亚氏于多趾动物之有类似距骨者,仅及灵猫与狮;于人之踝骨,因无防卫与攻击作用,故不作距骨论。

林棣(猞猁狲)有一支类似的半距骨,而狮有一支骨则类似建筑与雕塑匠所用的曲线模规。① 凡动物之有距骨者均在后腿。这一骨又都直接生长在跗关节上面;上部向外,下部向内;称为夸亚的一边向内相对弯,外向的称为契亚②,距角在尖端。凡一切具有距骨的动物,这一骨的位置就是这样。 30

有些动物,如贝雄尼亚②与迈第卡之野牛,在这同一动物身上同时既有鬃,又有两支互向而内弯的角,但所有动物之具角者必为四脚动物,非四脚兽而具角的特例盖出于文人的藻饰或譬喻;埃及人描写忒拜附近发现的蛇③正是这样,实际只是这些动物头上有隆起的肉瘤,由此便引起这样的饰词。 500a 5

有角动物中惟独鹿角坚硬而内实。④ 其他动物的角靠近角根的一段中空,上端中实。空角部由皮衍生,但角底内围的硬固部分有一实芯,为骨所衍生;这种情况可以牛角为示例。鹿是惟一会蜕角的动物,年龄到达二周岁后,它每年蜕去旧角,另生新角。其他动物,若角不因事故而受创伤,它们均永久保持原角。 10

又,关于乳房与生殖器官,各种动物相互间差异甚大,与人类 15

---

① ἡμιαστράγαλιον,“半距骨”,亦即建筑工具之“半规”(semi-astragalus)。λαβυρνθώδη,“曲线模”,《柏里尼》书中作 tortuosius,“螺旋规”。

② “夸亚”和“契亚”取名于 κῷον(夸恩)和 χίον(契恩),原为爱琴海中两个毗邻的岛名,此处借以命名距骨的两个部分。色乌弗拉斯托(Theophrastus),卢基安(Lucian)等均言及瞪羚(gazelle)之距骨特为世人所珍重。

② 参看本书卷九,章四十五,630a18 及注;《构造》卷三,章二,663a13。迈第卡(Maedica)在马其顿北部。

③ 此蛇当为埃及角蝰(Cerastes aegyptiacus);参看《希罗多德》ii, 74。埃及尼罗河边有忒拜城,希腊人称“大第加浦里”(Dicaepolis magna),其后荒残,今仅存两大庙遗迹。

④ 本书卷九,611b13;《构造》卷三,663b12。

相比差异亦大。举例而言,有些动物的乳房位在前身胸部或相近于胸部,前曾述及人与象各有二乳房与二乳头,[①]便是这样。象之
20 二乳在腋下区域;雌象的乳房形状渺小,从侧面看去实际上是看不见的,这与它体型的巨大相较比,殊不相称;雄象如雌象亦有两乳房而特小。雌熊有四乳房。有些动物有两乳房而位近后腿,其中
25 如绵羊,则乳头亦为二;另一些如牝牛则有四乳头。有些动物,例如狗与猪的乳房不在胸部亦不在腿间,而在腹部;它们的乳房大小相殊而为数都很多。雌豹有四乳房在腹部,雌狮有二,他兽较多。雌驼,如牝牛,有二乳房四乳头。实蹄(奇蹄)动物中,雄性无乳头,
30 但偶或有例外,有些雄性像它母亲,这样的现象可在马群中见到。[②]

雄动物之生殖器官,有些外见,如人、马与大多数的动物都是
500ᵇ 这样,有些如海豚,则内在。生殖器官在外表的动物之中,有些如前已述及,位于前面,而这器官位于前面的动物之中,有些如人,阴
5 茎与睾丸皆可活动,另一些则这些器官或强或弱地紧系于腹部;野彘和马的这些器官(睾丸)就是这样,不易自由活动。

象的阴茎与马相似;与其体型相拟,在比例上颇为细小,睾丸
10 隐藏于体内肾脏附近,不能目见;因此,交配时雄象速于授精。[③] 绵

---

① 见于上文 497^b35;参看《构造》卷四,688^a18;《柏里尼》xi, 95。埃里安《动物本性》xvi, 33 札录亚氏文,除人与象外,并言里比亚山羊亦为二乳头。

② 《构造》卷四,688^b33;《加仑全集》"人体诸器官之功用"(de usu. part.)iii, 607 (K)。近代生物学家林奈(1707—1778)指称马属在群兽中,其牡马无乳头。其后,约翰·亨特(J. Hunter, 1728—1793)始发现牡马有退化了的乳器官痕迹。

③ 贝本与亚尔杜本此处有 καὶ τὰ μὲν ἀπολελυμένους ἔχες τοὺς ὄρχεις ὥσπερ ἵππος, τὰ δ' οὐκ ἀπολελυμένους ὥσπερ κάπρος(其睾丸有弛系者例如马,有紧系者例如野彘)句,第杜(Didot)巴黎校印本移入 500^b2。兹从奥-文校订本,删去。

羊的雌性生殖器官部位与乳房相靠近;当它发情时,这器官紧张而外露,开放到相当程度,便利于雄羊的交配活动。

大部分动物的生殖器官所处部位有如上述,但有些动物如林栧、狮、驼、与野兔射尿向后。① 雄动物在这方面如曾言及,往往各异,但一切雌动物都是后尿向的:虽雌象的阴私处位于腿间,输尿的方向亦复相同。② 15

雄性器官的形态也多差异。有些实例,如人的生殖器为肌肉与弹性肌所组成;这样的器官肌肉部分不适于充气③,但弹性肌部分可得扩大。在另些实例如驼与鹿,它们的生殖器由纤维性组织构成;在又一些实例中,如狐、狼、貂与伶鼬的生殖器是有骨质的;④伶鼬身上这一器官确有一骨。 20 25

当人生长到达成熟期,他的上部分(上身)小(短)于下部分(下身),但其他有血动物则反是。⑤ 所谓"上部分"是指自头起下至排泄部分,其余的称为"下部分"。在我们作体型的上下部分比较时,有脚动物以其后腿计量下部分,无脚动物以其尾和类似部分作计量。 30

动物到达了成熟期的体格,已叙明如上;但在它们生长过程中相互间甚多差异。以人为例,在幼年,上部分较下部为长,但逐渐长成之后,这长短的比例便倒转过来;就由于这种情况,它早年 501a

① 《构造》卷四,章十,689a31。

② 璧校本于此分句加[ ]。

③ 《构造》卷四,689a30;《集题》卷三十,章一,953b33,述男子生殖器官能胀缩,皆不谓充"血"而谓充"气"(πνεύματος)。参看本书卷七,586a15 注。

④ 《柏里尼》xi, 109 并谓此种骨可用以治疗人体内结石病。

⑤ 《构造》卷四,章十,686b12;《生殖》卷二,章六 741b25—36。

的行进方式与它成熟后的行进方式不同，——这可算是一个特例——婴儿是四肢爬行的；但有些动物，如狗在生长过程中，全身
5 上下部分的比例，先后约略相同。有些动物先是上部分小于下部分，在生长过程中，上部逐渐增长，这种情况可以丛尾动物如马为实例；马属于诞生以后，自蹄至后臀并不继续加长。[①]

10 又，关于牙齿，[②]各种动物相互间殊多别异，与人类亦相别异。凡动物之四脚、有血、而胎生者，均具齿牙。但这该首先注意到，有些具备双齿列(两颌齿牙俱全)，有些则不然。例如，有角四脚动物是不具备双齿列的；它们的上颌没有门牙；还有些无角动物，如骆
15 驼也不是双齿列的。有些动物如野彘有獠牙，[③]有些动物没有。又有些动物，如狮、豹与狗是锯齿的；有些动物如马与牛的牙齿并不锋锐交错，而是些两相对的扁平齿臼；所谓"锯齿的"是说那种动物一颌上的锐齿交错于另颌上的锐齿。既有獠牙又复具角的动物
20 世上是没有的，凡属锯齿的任何动物则既无獠牙亦必无角。[④] 门齿常常是锋锐的，后边的齿牙则多钝。海豹则两颌尽属锯齿，[⑤]这恰可把它作为鱼兽两类的联系间体；因为鱼类几乎全是满口锯齿的。

25 所有这些动物种类均无两重齿列。可是，克蒂西亚倘属可信，世上便当有这样一种动物。他告诉我们，印度的野兽中确有一种

① 参看色诺芬《骑术》i，16；《柏里尼》xi，108。

② 《构造》卷三，章一；《生殖》卷五，章八。

③ 本书卷四，538^b11；《柏里尼》xi，61。

④ 《构造》卷三，章一，661^b23："自然构造万物，既无虚废，亦不使过强。"此节所举例即"不使过强"之实证。

⑤ 《构造》卷四，章十三，697^b6。

名称“迈底戈拉”[①]的怪兽，上下颌各有三列牙齿；它的体型和狮一样大，也一样多长毛；面颊与耳像人，而脚爪又像狮；蓝眼，全身朱红；尾如蝎，有螯刺，还能像箭一样射出尾上所附有的锥棘；发声有 30 如箫管，亦似号筒；行时捷若奔鹿，这是一种犷悍的“吃人兽” 501b (ἀνθρωποφάγων)。

人类易齿，其他动物，如马、骡、与驴亦易齿。人更换他前排的齿牙；没有见到任何动物更换臼齿的。[②] 猪全不易齿。

章二

关于狗，这里有些疑惑，有些人认为狗类全不易齿，另些人则 5 谓它们只更换犬齿，而不易其余的齿牙；[③]实际上狗类易齿同人一样，但它们的旧齿，直待新齿在牙龈内长成后，始行脱落，因此大家往往失察。说是野兽一般地只更换犬齿；倘把这种情况当作一种 10 例规大致是不错的。狗可凭它们的齿牙互相为别，并别其老幼；青年期的狗齿皆白而锐利；老狗齿黑而钝。

章三

在这方面，马与其他动物绝异：一般说来，动物随年龄之增长 15

① “迈底戈拉”(μαρτιχόρας)在克蒂西亚《波斯志》(*Persica*)中原称“迈底耶戈拉”(martijaqâra 或 mard-khora)，照波斯语意译即为“吃人兽”。或云此兽实指猛虎。福修斯《书录》67 页，存有克蒂西亚《印度志》中所述此兽情况；另见《埃里安》iv，21 等书中。以“迅捷”与“犷悍”形容猛“虎”(tigris)，见于梵罗：《拉丁语》(Varro：*de lingue latina*)。近代著作可参看奥托·开勒：《古代动物》(Otto Keller：*Thiere des Altertums*)139 页及威尔逊(H. H. Wilson)《克蒂西亚研究》39 页。奥-文校本于此神话奇兽全节加[　]。

② 《构造》卷五，章八，788b7；《柏里尼》xi，63。

③ 本书卷六，579b13；《生殖》卷五，章八，788b17。《柏里尼》(xi，63)谓狮亦只易犬齿，不换门牙。

而齿愈黑，但马齿乃老而愈白。

所谓“犬齿”处于锐齿与钝齿或粗齿之间，兼有那两种齿式；犬齿的齿根粗大而其端锐利。

20 于人、绵羊、山羊与豕而言，雄性齿数均较雌性为多；其他动物雄雌的齿数之别尚未作实际观察：但有这样的规律，动物齿数愈多则寿愈长，比较寿短的则齿数较少，排列较稀。[①]

章四

25 人类最后生成的齿，是称为“智齿”[②]的臼齿；无论男女，智齿均在二十岁时茁生。[③] 曾见有些特例，八十高龄的老妇，在生命正将终了的时候却茁生了智齿，这茁齿的情况是很痛苦的；男人也曾有相似的实例。到晚年发生这种情况的人，他们的智齿都没有在早年及时长成。

章五

30 象，两边各有四齿，它以此咀嚼食物，很像磨砻麦粉；象另有它的大獠牙，獠牙为数二，与他齿相离。[④] 雄象的獠牙比较粗大，向上弯曲；雌象獠牙较小，弯曲方向相反，牙尖下指于地面。象于诞

502a 生时就具有齿牙，但象婴的獠牙那时还未外露。

---

① 《柏里尼》xi，114。

② κραντῆρας，依本义可译“后成齿”，依《希氏医学全书》此齿通称 σωφρονιστῆρες（智齿）。

③ 《柏里尼》xi，63。

④ 《柏里尼》xi，62；《埃里安》xiv，5。

章六

象舌特殊的小，位于口腔极后端，①因此不易被人看到。

章七

又，各种动物的口腔相对尺度大小互殊。有些动物的口腔开广，例如狗、狮，以及一切锯齿动物都是这样；另些动物，如人，则有小口腔；其他动物如猪与其同属的口腔是中型。 5

[埃及河马②具有项鬃如马，偶蹄如牛，而其鼻塌陷。它具有距骨（无名骨），这与偶蹄动物相似，所具獠牙则仅可得见，其尾似猪尾，嘶声如马，而体型略等于驴。河马之皮特厚实，可用以制渔叉。于它的内脏而言，这动物与马和驴相似。] 10 15

章八

有些动物如猿、猴、与狒狒③，兼具人与四脚兽的性格。猴是一支有尾的猿。狒狒（狗头猿）形状似猿，而体型较大，较强，面庞近似狗脸，而习性较为猛悍，它的齿牙也较近似于狗牙而有力。 20

猿背多毛，原与四脚兽性质相符，而腹也多毛则又与人类形态相符——上曾述及，人与四脚动物之毛式相反④——惟猿毛既粗

① 《柏里尼》xi，65；《埃里安》iv，31。

② 埃及河马见于《希罗多德》ii，71："尾似马……体型似最大的牛，"此节所述大体与《希罗多德》大同小异。参看《柏里尼》iii，39，xi，113；《埃里安》v，53。又参看施那得《历代鱼籍丛考》(*Hist. Litt. Piscium*)，317页(1789年)。

③ 《柏里尼》viii，80。πίθηκος，"猿"，指猩猩，长臂猿等；κῆβις，"猴"，指猕猴等。κυνοκέφαλος（依字义为"狗头"），Δ中国译作"狒狒"。参看《尔雅》释兽篇。狒狒多产于非洲。

④ 本卷 498^b17；《柏里尼》xi(44)100。

糙，腹背部皆浓密地被覆着。猿面在许多方面与人面相似，换句话说，它的鼻孔与耳都像人，而所有齿牙，前排的门齿、犬齿与后排的臼齿全与人类相同。又，四脚兽，一般于上下两个眼睑上有一个没有睫毛，可是这种生物却两个眼睑都具睫毛，只是生长得很稀，下眼睑上的毛尤少；实际上看来几乎像是没有下睫毛。我们心中该记住所有其他四脚兽全无下睫毛。①

猿在胸部发育不良的乳房上有两乳头。猿也有像人一样的臂，只是臂上被毛，而且猿在弯曲四肢时也同人一样，各肢的凹处相对。再说它的手与手指与指甲都像人，只是所有这些部分在外貌上还保留较多的兽相。它的两脚为状特殊。那两脚像是两只大手，脚趾像手指，所有五趾以中趾最长，脚底也像手〈掌〉而较长②，并像手掌一样伸向前端；这脚掌(蹠)的后端异常坚硬，粗拙而不全然像一个脚踵。这动物的脚可当手用，也可当脚用，脚像手掌一样可蜷曲成拳。肱(上臂)和股(大腿)对于肘(下臂)和胫(小腿)在比例上看来是短的。猿无突出的脐，仅见在脐的部位有硬块。它的上部分(上身)较下部分(下身)大得多，这与四脚兽的情况相同；确实说来，它上下身的比例约为五与三。由于这种情况以及脚像手而兼有脚与手的形态：在踵端上是脚的形态，在其他方面是手的形态，而且各趾也有所谓"趾掌"：——由于所有上列各种原因，我们可以见到这种动物，四肢爬行的时候多于两脚站立的时候。猿作四脚动物而论，几乎可说是没有臀髋，作为两脚动物而论又可说

① 《构造》卷二，章十四，658^a15。

② 原文 πλὴν ἐπὶ τὸ μῆκος，"除于长度而论外"造语累赘。依狄校作 ἐπιμηκέστερον(较为伸长)意译。

没有尾巴，它的尾巴小得无可再小，只能作为尾巴的示意而已。雌猿的生殖器官类似人种的女性器官；雄猿的生殖器官则与其说像人的，毋宁说像狗的生殖器官。

章九

上面曾已提及，猴有一尾。所有这类生物在解剖时均可见到其内脏与人类内脏相符。 25

这里，于诞生活婴儿的动物，它们各个部分（器官）的性质就是这样。[1]

章十

卵生有血四脚动物——这可顺便说明，陆上的[2]有血动物，除了四脚动物外，只有完全无足者才是卵生——具有一头，一颈，一 30 背，上部分与下部分，前肢与后肢，以及可相比拟的胸部，这些，一般与胎生四脚动物相似，还有一个尾巴，则一般都是大的，偶有些特例，才是小尾巴。所有这些生物均属多趾，各趾叉开。又，它们全部都具备通常的各种感觉器官，包括有舌，惟埃及鳄为例 **503a** 外。[3]

鳄，可说它像某些鱼。通例，鱼类具有一个不能自由活动而多

---

① A^a C^a 抄本 τὰ εἰς τὸ ἐκτὸς τῶν ζωιοτοκούντων μόρια，胎生动物的外表各个部分。贝本 τὰ τῶν εἶς τὸ ἐκτὸς ζωιοτοκούντων μόρια，外胎生动物的各个部分。施那得拉丁译文，奥-文德文译本均从 A^a C^a 本。汤伯逊英译本从贝本。（“诞生活婴”即“外胎生”。）

② χερσαῖον，“陆地动物”，原以别于“水生动物”，此处亦以别于空中动物（有翼动物，πτηνόν，即鸟）。

③ 《希罗多德》ii，68；《构造》卷四，690^b20；《柏里尼》viii，37，xi，65。

棘的舌[①]，但有些鱼在平常的舌位显有一个平滑而不分离的表面，你若不揭开它们的口腔，[②]使之张大而作仔细检查，这舌是看不见的。

又，卵生有血四脚动物无耳，只具有听道；既无乳房，也无交媾器官，无外现睾丸，但有内藏睾丸；它们也不被毛，但全都盖有棱状鳞片。又，它们，全无例外地具有锯齿。

河鳄具有猪样的眼，大齿与獠牙，坚锐的爪甲，以棱状鳞片组成的坚不可破的皮。它们在水面下，视觉不良，但在水面上则目光甚利。常例，它们消磨其白日于陆地，到夜间则生活于水中；这因为水在夜间比大气温和的缘故。

章十一

避役[③]全身一般形态有似石龙子（蜥蜴），但肋骨伸展向下至腹部相接，这与鱼类的肋骨相似，脊椎柱也像鱼的脊刺一样向上竖起。它的面庞像狒狒。[④] 它的尾巴特长，尾端尖细，常卷起一大段像一圈皮带。避役能从地上站起，站得较石龙子为高，但这两生物的四肢弯曲相同。它的四脚各分成两部分，这两部分相当于人的拇指与其余诸指间的关系。脚的这种区分就成为脚趾，各个趾节均不长；前脚内部分三趾，外部分二趾，后脚则内部分二趾，外部分

---

① 参看《构造》卷二，章十七，661^{a}2。ἀκανθώδη γλῶτταν，“棘舌”或“骨舌”，实指鱼之咽头。鱼有舌骨(hyoid)而无可以舒卷的舌；参看下文，505^{a}30，533^{a}26 等。

② 《构造》卷二，660^{b}22；卷四，690^{b}25。

③ 《柏里尼》viii，51。

④ 原文 χοιροπίθηκοs，依字义为“豕猿”，此字在亚氏文集其他卷章中未见。汤伯逊译本作“狒狒”。萨尔马修(C. Salmasius)校为 χοίρον ἤ πιθήκον，豕或猿。汤氏另又揣拟为 τῶι τοῦχοίρου · πιθήκον κέρκου，面像豕。尾似猿猴。

三趾;这些趾上,像猛禽一样有爪。避役全身粗糙如鳄,它的眼位于一个凹陷的眼眶中,圆而甚大;包围眼睛的皮与它全身的皮相似,[①]眼眶的中央留有一个小孔,以备顾视,这动物就经由这小孔向外探望,它永不用眼皮闭死这小孔。它尽是转动眼睛,移其视线于各个方向,俾能看到它所想看的任何事物。避役之变色[②],在它充气膨胀时发生;这时它变成黑色,那就未必不像鳄了,或转出绿色而肖似石龙子,但它具有黑点则又有些像豹纹。这种色变周遍于全身,眼睛和尾巴的颜色也跟着这同一影响发生色变。它的动作滞钝如龟。避役临死时作淡绿色,它的死体便保持这种颜色。它的食道与气管的位置有如石龙子。除了头部与两颌与尾巴的根部有几块肌肉以外,它全身没有肌肉。它只在心脏周围,眼睛周围与心脏以上区域和从这些部位伸展出去的血管中流有血液;即便在这些部分也只有少量的血液。[③] 眼稍上部分即为

图 1. 避役

① 色乌弗拉斯托:《残篇》,戴白纳(Teubner)印本 189 页;《柏里尼》viii, 51; xi, 55。

② χαμαιλέων,"避役"或称"变色龙",其变色特征久为古代生物学家所注意,迭见于色乌弗拉斯托:《残篇》189;安底戈诺:《异闻志》25;《埃里安》ii, 14;奥维得:《变形》(Ovidius: *Metamorphoses*)xv, 412;《柏里尼》xxviii, 29 等书。

③ 《构造》卷四,章十一,692[a]22:"陆上卵生动物中,避役最瘦。没有别的动物是

20 脑之所在,脑与两眼相连接。眼皮倘予拨开,可见有一物围着眼球,闪光如薄铜环。①全身几乎随处有膜②。在从头至尾切开之后,这动物还能继续呼吸相当长的时间;③心脏区域继续进行着轻25 微的脉动,全身也可察觉有或强或弱的相似脉动,在肋骨附近则有特为显著的抽搐。避役没有可见的脾脏。它像石龙子一样,冬眠。

章十二

鸟④于某些部分也像上述的动物,这就是说,它们都有一头,30 一颈,一背,一腹,以及可与胸相比拟的一个部分。于诸物中,这是可注意的,鸟像人样具有两足,但,它弯腿向后,这种活动形式,在上面已经提起,⑤正像四脚动物的弯其后腿。它与其他动物相较,504a 则既无手亦无前脚而有翼——一种特殊的构造。它的后臀骨长,有似一支股骨,这支骨属在上体之末而伸至腹中部,⑥这种后臀骨倘拆开来观察,正会误认是一支股骨,而真正的股骨却是在臀骨与5 胫骨之间的另一支骨⑦。一切鸟类凡有钩爪的,必股骨最大,胸部

这样少血的。"

① 梵伦茜恩:《解剖记录汇编》(Valenciennes *Theatr. Anatom.*)1720年本196页:"眼瞳围着类似黄金的小圈。"

② ὑμένες,"膜",加尔契(Karsch)拟为 πλεύμονες(气胞)之误,实指避役全身表皮的粒斑。

③ 施校本:… χρόνον ἰσχυρῶς, βραχείας ἔτι κινήσεως…,切开了,"过好久时间,四肢仍能动……"

④ 《构造》卷四,章十二。

⑤ 本书卷二,498a28。

⑥ 《行进》章十一,710b21。

⑦ 鸟的蹠骨(metatarsus)极长,亚氏误作胫骨(tibia,小腿骨),挨次将胫骨作股骨(femur,大腿骨),股骨作后臀骨(haunch bone)。施那得校注,iv,304页谓弗里特烈第二(Fridericus Ⅱ)于所著《猎艺》(放鹰技术)(*de Arte venandi*)一书中,第44页已指明此误。

最强。所有鸟类均具多爪，[①]趾在脚下均有不同程度的歧分；这是说大多数的鸟类趾间都是明显地分离的，即便是游水鸟类，虽属蹼足，它们的趾爪还是显然分化而各具各的关节。凡在空中高飞的鸟类均为四趾：其中大部分是三趾在前，而另一趾在后踵的部位；少数的鸟类如鵅鵼，二趾向前，二趾向后。 10

鵅鵼[②]较碛鹨略大，体有色斑。它的脚趾的分歧特异于他鸟，而舌的构造则似蛇；这生物能把舌伸出四指宽，再行缩回。又，它能保持躯体不动而扭转其头至背向，这也像蛇。鵅鵼有巨爪略如啄木鸟[③]它的叫声（禽言）是一个尖吭的啾鸣。[④] 15

鸟类皆有口，但这是一个特异的口，它既无唇亦无齿，只是一喙（嘴）。它们也无耳无鼻，但其有相应的管道，联系于这些感觉机能：亦即在嘴上有鼻孔，头上有听孔。像所有其他动物一样，鸟有两眼，而无睫毛。重体型（鸡形）鸟类用下眼睑闭眼。而所有鸟类瞬目时均牵动眼内角的睑包皮（瞬膜）；枭与其同属也会同上眼睑闭目。[⑤] 这于一切身有角质棱鳞保护的动物，有如石龙子与其同属也可见同样现象；它们全无例外地用下眼睑闭目，但它们不会像鸟类那样瞬目。[⑥] 20 25

又，鸟类既无棱鳞也无毛发，但有羽；[⑦]羽必然具有翮。它们 30

---

① 《柏里尼》xi，107。

② ἴυγξ，“鵅鵼”或“鵼”（属鴷形目），亦称“地啄木”（英译 wryneck，“歪颈鸟”）。另见《构造》卷四，695^a23：“鵅鵼脚趾，二前二后。”

③ 贝本 κολοιῶν，“乌鸦”，施校本改正为 κελεῶν，“啄木鸟”。

④ 依《埃里安》vi，19：“其鸣声如笛。”

⑤ 《构造》卷二，章十三，657^a28；《柏里尼》xi，57。

⑥ 《构造》卷四，691^a20。

⑦ 《生殖》卷五，章三，782^a17。

无尾，仅有上缀尾羽的一个臀(尾筒)[①]。凡属长腿而蹼足之鸟，这臀都短，其他鸟类臀长。长臀鸟类飞行时两脚折缩，靠紧腹部；短臀短尾的鸟类飞行时两腿挺直，伸出后方。所有鸟类都有一舌，但这器官各各不同，有些鸟舌长，另些舌阔。某些品种的鸟，具有发声清晰的器官，仅次于人类而超乎其他一切动物之上；这一机能主要是在阔舌鸟中发展着的。[②] 卵生动物气管之上均无会厌，[③]但这些动物善于运用它们气管的开闭，任何硬物皆不致漏入肺中。

鸟类某些品种脚上附加有距。凡有钩爪的鸟均善飞，而距却只在重体型的鸟中见到。

又，有些鸟类具有一个“冠”，常例鸟冠皆竖起，为羽毛所组成；但家鸡的冠为状特异，它的冠不能确切地说这是肌肉，同时却又难说它不是肌肉而是别的什么东西。

章十三

关于水生动物，鱼自成为一类，别于其他水生动物，而包含有许多不同的型式[④]。

先说，鱼有一头，一背，一腹，胃与内脏(肝胆)均在腹内与其附近，以下是一个连属而无分支的尾巴，但尾形并不一律。鱼皆无颈，亦无手足，无论在体内或体表均无睾丸，[⑤]亦无乳房。但这里，

---

① οὐροπύγιον，“臀”，于鸟而言，今称“尾筒”。此处成为包括“尾羽”的名词。参看《构造》卷四，697^b11。

② 本书卷八，597^b29；《构造》卷二，章十七，660^a23。

③ 《构造》卷三，章三，664^b22；《柏里尼》xi，66。

④ ἰδέα，亚氏习用字义为论理形式，不习用于生物型式。此处实用的词义却同于凭“形状”(μορφή)而分类之“诸品种”。

⑤ 本书卷五，540^b28 等。

该得预先说明,凡属非胎生的动物均无乳房;而事实上,胎生动物却并不一律备有乳房,只有不先产卵而直接胎生的动物才有乳房。20 这样,海豚既是直接胎生的,我们就可见到它具有两乳房;[①]这两乳房不在躯前部,而在生殖器官附近。这动物不像四脚兽一样具有可见的乳头,但两侧各有一个乳孔,乳由此流出;幼海豚要喝乳 25 液就得紧跟着母亲,这种授乳的方式实际上曾经看到。

这样,业经被注意到了的是鱼类没有乳房,也没有外表可见的生殖器官。但它们有一种特殊的器官,即鳃,它们从口吸进水后,再由鳃泄出;另一特殊的部分为鳍,大多数的鱼有四鳍,细长鱼,例 30 如鳝则有两鳍,这两鳍的位置近鳃。[②] 相似地,灰鲱鲤——例如雪菲湖[③]所见的鲱鲤——均只两鳍;称为鲦鱼[④]的,那种鱼也只有两鳍。有些细长鱼如海鳗鲡全无鳍,鳃也不像其他鱼类那样条理分明。[⑤]

那些有鳃的鱼,有些具备鳃盖,而所有软骨鱼类的鳃均无鳃盖 **505a**

① 本书卷三,521b23;《柏里尼》xi, 95。

② 本书卷一,489b28;《构造》卷四,696a4;《行进》章七,707b28;《柏里尼》ix, 37。

③ 雪菲(Siphae)湖在卑奥西亚(Boeotia)南海岸,邻近色斯比(Thespiae),参看宝萨尼亚斯:《希腊风土记》(Pausanias: *Descriptio Graeciae*),薛尔堡(Sylburg)校印本,ix, 32, 3。参看《构造》卷四,696a5;《行进》章七,708a5;《生殖》,741b1;"鲱鲤"(κεστρεύς)名称盖误,两鳍者当为鳗鳝科属之一种。

④ ταίνα,本义为"条"或"带",未能确指其为何种鱼。鱼类之以带形著称者,Cepola taenia(带鱼,赤刀鱼科)与 Cobitis taenia(带鳅,鳅科)均有两对鳍。鳗鲡亦有左右胸鳍各一,脊鳍与臀鳍各一。雅典那俄:《硕学燕语》329f 引述斯泮雪浦(Speusippus)语,举此鱼与 φῆττα(鳊鱼)及 βοίγλωσσος(牛舌鱼)相比,依该书所述似为一鲽科鱼(Pleuronectid)。

⑤ 原文 διηρθωρέμνα 义为"紧密安排"或"编织";鱼的鳃弓作丝状篦列,有如织物,此字实取意于此;这分句直译应为"鳃也不像其他鱼类那样编织的"。鳗鲡的鳃条松散而漂浮,确异于他鱼。

为之保护。那些具有鳃盖的鱼,它们的鳃均在两侧;至于软骨鱼类,则其体型阔大的如电鳐与魟鱼,鳃在腹下,狭长的如一切鲨属
5 则鳃均在两侧。

鮟鱇的鳃位于两侧,而它的鳃盖是皮质的,不同于除却软骨鱼外的一切鱼之刺骨质鳃盖。

又,具鳃的各种鱼,有些鳃单瓣,有些双瓣;末一鳃与躯干的纵
10 向顺行,这鳃总是单瓣的。又,有些鱼仅有少数鳃,另些鱼的鳃为数颇多;但无论为多为少;两边的鳃数必然相等。那些鳃最少的鱼,如豚鼻鱼,两边各具一鳃,这种鳃是双瓣的;另一些如海鳗(康
15 吉)与绿鲑[①]的鳃两边各二,其一单瓣,另一双瓣;另一些两边各具四个单瓣鳃,例如鳁鱼(海鲢)[②]、合齿鱼(辛那葛里)[③]、鳗鲡与海鳝都是这样的;另些如鲑[④]、鲈、大鲶鱼与鲤,所具四鳃,除末一鳃外,余鳃均作重列,鲨(鲛)两侧各具五鳃而各鳃均两瓣;剑鱼[⑤]有八个
20 双鳃(两边各四)。鱼类中的鳃数就发现有这么多差别。[⑥]

---

① σκάρος,现代希腊鱼类中常俗用此字题名的鱼,经确定为克里特岛种鲑鱼(scarus cretensis),即"绿鲑"(parrot-wrasse,属鹦嘴鱼科 Scaridae)。

② ἔλλοψ 究属何鱼,自古颇多争论。现译作鳁(海鲢科,Elopidae)。《柏里尼》ix, 27,谓 elops 古代以为佳肴,今人不复重视。柏里尼《自然统志》的腊克亨(rackham)英译作 sturgeon—鲟形目,鲟科(Acipenseridae)之"鳣鱼"。参看《雅典那俄》vii, 364; viii, 294;《埃里安》viii, 28。

③ σιναγρίδα,在现代希腊鱼名中,此字指普通合齿鱼(Synodon 或 Dentex vulgaris,Δ 汉文作狗母鱼)。但这里未能确断当今的普通合齿鱼即此书所称合齿鱼。

④ κίχλα 原意为"鸫",以鸟名为鱼名。今地中海鲑科鱼(wrasses)之意大利名称仍为 tordo 或 tourdou,"鸫鱼"。希腊现代鱼名中仍称鸫鲑的鱼为 Ctenilabrus rostratus (Heldreich)黑氏鹦嘴鲑。

⑤ ξιφίας,拉丁音译 xiphias(长剑)或译 gladius(短剑),属剑鱼科(Xiphiidae);Δ 此鱼上颚尖长为剑状。或以其脊鳍高张如旂,另取名为"旂鱼"(istiophorus)(商务印书馆,杜编《动物学大辞典》)。中国科学院编《脊椎动物名称》译"箭鱼"。

⑥ 《构造》卷四,章十三,696^b15 言及有关鱼鳃论题应参考《解剖学》与《动物研究》两书,后一书名即指本书。

再说，鱼与其他动物的分别还不止在鳍这一方面。它们体不被毛发，有异于胎生陆上动物；它们没有棱甲，有异于卵生四脚动物；它们无羽毛，有异于鸟类；但大多数的鱼类均覆有鳞片，仅少数鱼类体被粗皮，又极少数的鱼类外覆光滑的皮。软骨鱼类中有些 25 皮粗糙，也有些皮光滑；①而光皮鱼中包括鳗、鳝、与金枪鱼。

所有鱼类，除了绿鲀以外，全是锯齿鱼；②而且所有的齿都锋锐而具有多列，有些鱼的齿位在舌上。③舌硬而有棘，坚固地附着在舌骨上，所以许多鱼看来像是全没有这器官的。有些鱼的口开 30 阔，有如胎生四脚动物的口④……

关于诸感觉器官，除了眼以外，鱼类都不具备，它们既无耳，也无鼻孔；但所有鱼类都具有眼，它们的眼并不硬固，而无睑皮；⑤至于其他感觉，如听觉与嗅觉，它们就不具备这些器官，也没有足以表征其为司听与司嗅的管道。⑥ **505ᵇ**

鱼类，绝无例外，体内皆充有血液。其中有卵生与胎生之别；有鳞鱼必然都是卵生，而软骨鱼则全属胎生，惟一的例外为鮟鱇。⑦

---

① 《构造》卷四，697ª4。Δ金枪鱼体被细鳞，并非真正光皮鱼。

② 《构造》卷三，章一，662ª7。

③ 依璧校本揣拟：ὀδόντας, καὶ πολυστοίχους δ'ἔνιοι καὶ ἐν τῆι γλώττη，"有些鱼，其齿有许多行列，位于舌上。"

④ οἱ μὲν，"有些"分句，应下接"另些"分句，原文缺漏。依照《构造》卷四，696ᵇ34，阙文当为："另些鱼嘴尖小；阔嘴鱼多为食肉性，口内有利齿，上下颚强大；小尖嘴鱼多非食肉性鱼。"

⑤ 此处隐以蟹眼与鱼眼为比，蟹之眼硬而无睑皮。参看《构造》卷二，章二，648ª17。

Δ⑥ 鱼类确有听觉与嗅觉，详见本书卷四，章八，533ª30—534ᵇ11。

⑦ 《生殖》卷三，章三，754ª25。

章十四

有血动物之中，现在该说到余下的蛇类了。这一门类并见于地上与水中，组成这类的大多数品种是陆地动物，而少数品种，即水蛇，却在淡水中生活。也还有海蛇（游蛇），①形状大体肖似它们陆上的同属，只是海蛇的头，有些像海鳗的头；海蛇有好几种，品种不同者颜色各异；这些动物在很深的水中是找不到的。蛇类像鱼没有脚。

又，还有海蜈蚣②，形似陆上蜈蚣，但体型要小些。这些生物多栖息于岩石附近；与陆蜈蚣相较，它们颜色更红，脚更多，腿的结构较纤弱。这些生物不能在很深的水中找到，这一点和前已讲到的海蛇相同。

栖身在岩石附近的鱼类中有一种小小的鱼，有些人叫它“持舟”③（鲫），有些人把这生物用作巫蛊，在讼事或婚姻问题上凭以

---

① 参看本书卷九，621^a2 及注；《柏里尼》ix，67。

② σκολοπένδραι θαλάτται，“海蜈蚣”实指海中环节蠕虫（annelid worms）如沙蚕（nereis）等。参看本书卷九，621^a6；《行进》章七，707^a30；《柏里尼》ix，67（43）；奥璧安动物诗篇《渔捞》（Halieutica）ii，424；《埃里安》vii，35。

Δ③ ἐχε-νηΐς，义为“持舟”，谓其具有神秘能力，足以牵住舟楫。参看奥璧安《渔捞》i，213 等书。《柏里尼》ix，41，谓人们相信 echeneis 叮住船身，使船行迟缓，故有此称。古代用以为维持爱情之巫蛊。又谓以此鱼制药，可止流产。现代鱼学分类中，

a. “持舟”（鲫） b. 浅水锥齿鲨　　　　放大的鲫头吸盘

注释图 3. “持舟”吸附大鱼的形态

卜取幸运。这生物不堪食用。有些人认为它有脚;但这不是事实:可是,它的鳍类似步行用的器官,因此看来,像有脚。

这里,于有血动物的外表各个部分,有关数目、性能以及它们之间的各种差异,已说得这么多了。

章十五

关于内部器官的性质,我们必须先研究那些有血动物的情况。25 动物的基本类别就在这部分动物体内充有血液,异乎其余无血动物;前者包括人、胎生与卵生四脚动物、鸟、鱼、鲸、与所有其他不能成一门类,因此不列通用的类名,而仅可以“种”[①]名来指称的,如我们所说“蛇”、“鳄”。30

这里,所有胎生动物均具有一个食道与一个气管,其位置同于人的食道与气管;同样的叙述可应用于卵生四脚动物与鸟类,只是后两者这些器官的形状呈现各种变异。作为一个通例,凡吸进与呼出空气的动物均备有一肺、一气管、与一食道,气管与食道可以 506[a] 异于性能而不得异于位置,肺则在两方面均可有各种变异。又,一

此鱼属鲫形目鲫科(Echeneididae),俗称 remora 或 sucking fish,中国译“印头鱼”或“鲫”。鲫鱼的头及体前端有长椭圆形吸盘,系由背鳍变成,具 22—25 对软骨板,边缘有绒状小刺。鲫鱼以此吸盘附着大鱼(如鲨)体下,或船底,而漫游海洋,并获得大鱼残剩之食物。近代著作 1607 年罗马印行巴多罗缪·罗马诺《地中海航行者》(Bartol. Romano: *Nautica Mediterranea*)已有较翔实之记录。1904 年《南逊北极探险报告书》(*Reports of Nansen's N. Polar Expedition*)中艾克曼(V. W. Eckman)于鲫鱼之神秘生态已完全阐明。

① 迈耶尔:《亚氏动物分类》(J. B. Meyer: *Thierkl. de Arist.*),155 页,指明本书中蛇(ὄφις)为“类”名(γένος),包涵有许多品种(εἴδη)。但亚氏在这里以蛇类与四脚兽等大类并比时,又觉蛇之为“类”太窄,只能称之为“种”了。参看本书卷一 490[b]16,又 490[b]6 注。

切有血动物备有一心与一横膈膜，但在小动物中，由于它体型小
5 巧，横膈膜是不怎么明显的。

于心这方面，在牛属中可见到一个特殊现象。[①] 这里是说，某一品种的牛，虽不全是这样，可在它心脏内找到一支骨。[②] 而且，
10 顺便说起，在马的心脏内也有一支骨。

上所述及动物诸门类并非全都备有一肺：例如鱼是没有这器官的，就这样，凡具备了鳃的动物便不备有肺。一切有血动物均具有一肝。作为常例，凡属有血动物均具有一脾；但大多数非胎生而
15 是卵生的动物，其脾脏很小，以致人们于此往往失察；[③]这就是鸽、鸢、鹰、枭等的脾脏实况，而且几乎所有鸟类的脾脏莫不皆然；事实上"山羊头"[④]（角鸮）绝然无脾。卵生四脚动物的情况与卵生两脚者相同；它们的脾脏也特为微小，如龟、淡水龟、蟾蜍、石龙子、鳄、
20 蛙都是这样。

有些动物靠紧肝脏处具有胆囊，而另一些则无胆囊。胎生四脚动物中，鹿无此脏，[⑤]麇鹿[⑥]（麆）、马、驴、骡、海豹[⑦]，以及某些

---

① 此名原文似有缺漏，施那得依亚尔培脱拉丁译文校为 πλὴν ὅτι ἐν τῇ καρδίᾳ ἴδιόν τι ἐστίν，本句译文，从施校。奥-文德译本全节加[ ]，认为这三句是后人根据《构造》卷三，章四，666^b18 编撰而掺入的。

② 渥格尔诠释《构造》666^b18 句，谓大型哺乳动物常可在心脏的大动脉引出处发生十字形的骨化部分，在厚皮类与反刍类中颇为显著。牛与鹿的心脏有骨化十字形的实为正常组织。但厚皮类如马，则仅可在老马心脏内偶尔发现小部分骨化现象。

③ 《构造》卷三，章七，670^a32。

Δ④ αἰγοκέφαλος，"山羊头"，未能确指为何种鸟。里-斯《希英辞典》(L. and S.: *Gr.-Eng. Lexicon*)拟为 Strix otus，林鸮属角鸮。

⑤ 《构造》卷四，章二，676^b27。

Δ⑥ πρόξ，里-斯《辞典》拟为 Cervus capreolus，"麇鹿"即欧洲麆。麆体小，赤褐色，角小，无尾，臀有白斑。

⑦ 此处所举无胆动物，除海豹外，余均不误。海豹属（Phoca）中犊海豹(vitulina)种有胆，僧海豹（monochus）种无胆，见于居维叶：《动物界》（Cuvier：

品种的猪[①]也不具胆囊。于鹿族中，有称为“亚嘉奈鹿”[②]的，这种鹿在它尾上出现有胆，[③]这个所称为胆的物件并不全含液体，内部[④]像脾脏，只是外表颜色像胆而已。 25

[可是，牝鹿，例外地，头内发现有活着的蛆，这些蛆活于舌根下的空隙和头所系属的颈椎骨之中。它们像最大的蛴螬那么大；成团地生长着，为数大约常有二十只。][⑤] 30

这里，业已言明，鹿是没有胆囊的；可是它们的胃肠是苦味的，苦得猎狗都不吃这些，只有特肥的胃肠猎狗才吃。[⑥]于象而言，肝 **506ᵇ** 脏上也不附有胆囊，但若把象的内部，测定在一般有胆动物的胆囊部位加以切割，那里也泄出肖似胆液的流体，为量或多或少。于具肺而吸进海水之动物中，海豚不备胆囊。鱼鸟均有此物，[⑦]卵生四 5 脚动物也都有或大或小的胆囊。在鱼类中，有些如鲨、大鲶鱼、扁鲛、光滑魟、电鳐，以及细长鱼如鳝、管鱼(杨枝鱼)，[⑧]以及双髻

Règne An) i，169。亚氏所解剖者当为僧海豹。

① 依贝本 ὑῶν 译，依 P 本应为 μύων，“鼠”；依《构造》676^b28 应为“骆驼”。

② ’Αχα ἶναι ἔλαφοι，亚嘉奈鹿，参看本书卷九，611^b18 注。

△③ 《图经本草》：“淳化中(990—994)，宫囿内一象死，宋太宗(赵匡义)命取胆不获。徐铉云，象胆随四时而异其部位，春在前左足，夏在前右足，秋后左足，冬后右足。依以检前左足果得之。”这一记载是不确实的。徐铉于动物比较解剖学上所作异想与 506^a25 求鹿胆于尾部相似。这种记载或由中国宰牲的人们或猎户的传说所引发，或得之于唐宋间中西生物知识的流通，今无从推考。参看下文 506^b1。

④ 贝本 ἐκτός(外表)，实误；依狄校，应作“内部”。

⑤ 依圣提莱尔(St. Hilaire)校本及狄校本，加[ ]。参看《柏里尼》xi，49。此节所云蛆为一种虻蛆，例如 Oestrus rufibarbis (Meig.)，“红毛虻”；参看孙得凡尔：《亚氏动物品种》(Sundevall：*Thierarten des A.*)第 67 页。

⑥ 《柏里尼》xi，74. 尼梅修《人性论》(Nemesius：*de Nat. Hom.*)iv，116 页。

⑦ 《构造》卷四，章二。

⑧ βελόνη，“管鱼”，本书涉及两种，此处指杨枝鱼(Syngnathus)，参看本书卷六，567^b21 并注。又《生殖》卷三，章四，755^a33。

鲛①的胆靠近在肝边。䲗②也有胆并也靠近肝，与体型相较时，没
10 有其他的鱼胆比䲗胆为大。③ 其他鱼的胆囊都靠近胃，由一些极
细的管道系属于肝。弓鳍鱼（松花鱼）的胆囊沿着胃延伸，与胃长
略等，而且常见有倍于胃长者。其他的鱼胆位在胃部，而有些鱼胆
15 去胃稍远，有些稍近；例如鮟鱇、鳁（海鲢）、合齿鱼、海鳗鲡、与剑鱼
（旂鱼）都是这样的。同一品种的鱼常见有胆囊位置之差异；举例
来说，人们发现有些海鳗（康吉）的胆紧系于肝边，另一些却与肝相
20 离而位在肝下。鸟类的胆囊情况与鱼类大略相同：有些鸟的胆囊
靠近胃部，另些近肠，如鸽、大乌、鹌鹑、燕、与麻雀，就是这样的；有
些鸟如山羊头（角鸮）的胆囊既靠近于肝也靠近于胃，另些鸟如鹰
与鸢的胆囊则既靠近着肝也靠近于肠。

章十六

25 又，一切胎生四脚动物具有肾脏与一个尿囊（膀胱）。④ 非四
脚的卵生动物无论为鱼为鸟均不具备这些器官，四脚的卵生动物，
惟蠵龟具有这些器官，⑤其大小亦与这动物其他器官的尺度相称。

Δ① ζύγαινα，“双髻”鲛，林奈分类即取该字为种名 Sphyrna zygaena 称“双髻锤鲛”；其后 Schaw，分类称 Sphyrna malleus，锤头鲛（俗名 hanmerheaded shark）。中国以其鳍（鱼翅）为贵重食品。

② καλλιώνυμος，依居维叶，谓指 Uranoscopus scaber（粗皮螣，胆星鱼）。但《雅典那俄》书中（vii，282 页）引及杜里翁（Dorion）语，则与 κάλλιχθυς（美鮨），ἔλοψ（鳁），αὐλιοπίας（鲹）同列，当为鲈形目内的鱼。汤伯逊谓“似指较大之某种金枪鱼”。兹照现代鱼学分类译名 Callionymus 作“鼠䲗”（属螣总科）。

③ 参看《埃里安》xiii，4，引亚氏《残篇》等；《柏里尼》xxxii，7。居维叶：《比较解剖学教程》（*Leçons d'Anatomie comparée*）iii，296：“螣属鱼的胆囊颇为巨大，其形似一长颈瓶，颈管就有十二指肠那么粗。”

④ 《构造》卷三，章九。

⑤ 本书卷三，519^{b}15；卷五，541^{a}9；《构造》卷四，章一，676^{a}29；《生殖》卷一，章

蠵龟的肾与牛肾相似；这种肾好像由若干小肾组合成一个大肾。
[野牛所有内部脏腑与骨骼均与畜牛相似。] 30

章十七

具有这些部分的一切动物，各部分都安排在相似的位置，心皆居中，惟人有所不同；上曾述及，人心稍稍偏左。[①] 一切动物的心尖 **507**^{a} 均向前指；只有鱼类看来像是相反的，因为鱼心的尖端不指向前胸而指向头部与口腔。[②] 又，〈鱼的〉心尖系属在左右两鳃会合处的一 5 支管道。[③] 另有其他若干血管自心脏延伸向第一个鳃，较大的鱼血管亦较大，较小的鱼血管亦较小；在大鱼中，这心尖的管道是一个白色而特厚的圆管。

鱼类中有少数实例，如海鳗与鳝，具有一个食道；它们这些器 10 官均小。

凡鱼类之具有一个不分开的肝脏者，这肝全靠在右方；凡肝从底部支分者较大之肝叶必在右方：有些鱼如鲨，它的肝两叶互相析离，底部也不并合。又，布尔培湖[④]，所称无花果区及其他地区，有 15

十三，720^{a}6。龟肾多歧分，此节确见亚氏曾解剖龟类。但亚氏于鱼鸟解剖却忽视了肾脏。《构造》卷三，章八，671^{a}28 言及有些鸟类有扁平而似肾的内脏。渥格尔寻绎亚氏此一疏失发生之由来：(一)鱼鸟之肾扁小，形状随种属之别而相异，解剖时即便仔细察及，亦不易确断其为“肾”。(二)亚氏于肾与膀胱机能的分别尚不甚明了，均视为泌尿系统，既不见鱼鸟有膀胱，遂联想它们亦当无肾。

① 卷一，496^{a}15。

② 《柏里尼》xi，69。

③ 照奥-文校订，将 αὐτῶ改为 αὐλῶι，“管道”。参看《呼吸》章十六，478^{b}7，所述鱼类心脏与血管情况。

④ 依施注，布尔培(Bolbe)湖在马其顿阿克雪奥(Axios)河左岸。参看埃斯契卢剧本《波斯人》(Aeschylus：*Persae*)494 等书。

一种野兔，它的肝既支分为两个部分，其间联络管道[①]又相当长，这就可算它备具两个肝脏，与鸟类的肺脏构造相似。

20 在所有的实例中，脾脏的正常位置都在左方，而一切具有肾脏的动物中，肾脏位置也全相同。[②] 曾有四脚动物的解剖实例见到脾在右，肝在左，但所有这些事例都被认为是神怪性的。

在所有各种动物中，气管均延伸到肺脏，至于气管延伸的情况

25 怎样，我们将在后另述；还有食道，[③]凡属具有食道的动物，这器官均穿过横膈膜而引进胃部。上曾述及，大部分的鱼类原是没有食道的，胃直接连于口腔，因此有时大鱼追逐小鱼时，胃[④]竟然翻到口腔里。

30 所有上述动物都有一个胃，位置亦皆相似，都在横膈膜之下；它们还都有一个肠，与胃相连而终结于那一段称为直肠的末端，亦即粪便（食物残渣）之排出口。可是，各种动物于胃的结构显示各种差异。第一，于胎生四脚动物而言，上下颌齿数不相等的有角动

35 物具有四个这样的胃囊。[⑤] 这些动物恰正都是那些咀嚼反刍饲料

507b 的动物。[⑥] 它们的食道从口腔沿着肺向下延伸经过膈膜至大胃（瘤胃）；这胃内部粗糙而具有一个间隔。[⑦] 近于食道的进口处与大胃

5 相连者为“网胃”（蜂窠胃），这是由它的形态取名的；这在外表看来

① 原文 πόροις，“管道”；斯校作 μόρια，“部分”；施校拟为 λοβούς，“叶片”。

② 此子句偏仄，或有误失；或属错简。参看上文卷一，496^b17。

③ 本书卷三，513^b23。

④ 鱼自深水游向上层时，鳔常翻入口腔，所言“胃”实误。

⑤ 参看《构造》卷三，章十四，674^b13。

⑥ 本书卷九，632^b1。

⑦ διειλημμένη，施译 loculis disseptus，“分区间隔”。反刍类瘤胃中有些纽结，亚氏当作一个间隔组织。

像胃，但内部像一只网帽；网胃比大胃要小得多。与此相连的为“多棘胃”（重瓣胃），这与网胃大小略相等，内部粗糙而多层次。最后便来到所谓“皱胃”（第四胃），这比多棘胃较大较长，内部有许多大而光滑的折叠。在这些胃之下是肠。 10

那些四脚动物之有角而上下齿列不对称者，它们的胃就是这样；这些动物相互间，这些部分之形状与大小是各异的，于食道之引向胃部而言便多所不同，有些是倒向的而另些是横向的。动物之上下颌具有相等齿数者各有一胃；如人、猪、狗、熊、狮、狼都是这样。[香猫[①]，却说，所有的内脏全与狼相似。] 15

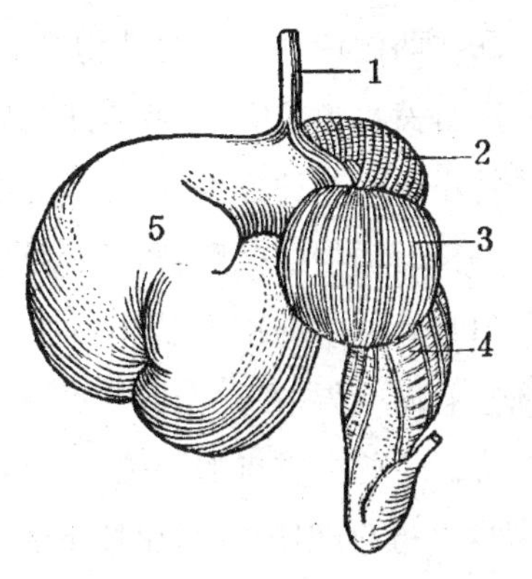

1. 食道 2. 蜂窠胃 3. 重瓣胃 4. 皱胃 5. 瘤胃

图 2. 反刍类的四胃（以牛胃制图）

所有这些动物均有一胃，[②]胃以下为肠；但有些动物如猪与狼的胃较大，而且猪胃有一个光滑的折叠；另些如狮、狗与人的胃比起来要小得多，比它们的肠只稍大一些。其他的胃形比较上述两类的典型，或向此型，或向彼型而为不同程度的变异；这就是说有些动物的胃像猪胃，另些则似狗胃，大型与小型动物的胃之为大为 20

△① θῶs，依“奥-文”与汤伯逊译注指为 Viverra civetta，灵猫属之香猫。参看《柏里尼》viii，52(34)。这种灵猫体长二尺许，状似鼬，肛门与生殖器间能分泌一种香油，故俗称香猫，今已用此油作镇静剂。参看卷六，580ᵃ30 注。

② 奥-文校本删 μίαν(一)字，俾“所有这些”可包括反刍类在内。或将“所有这些”解作 πάντα τά μφώδοντα(所有两颌齿列俱全动物)，亦可通。

25 小各从其类。于所有这些动物而论，胃的大小、形式、厚薄既各有不同，关于〈食道向〉[①]胃囊接合处也互为别异。

上述两组动物（“齿列上下相对称”与“不相对称”的动物）的肠，在结构上，其大小、厚薄与折叠也有所不同。

30 那些两颌齿列不等的动物既躯体较大于另一类型的动物，它们的肠自然也都较大；这些有角动物很少几种是躯体小巧的，至于躯体特小的则一种也没有。又，有些在肠部具有盲肠，但凡属两颌门牙不全的动物，它们的肠都不是笔直的。

35 象具有一个约束在若干空腔内的肠，[②]这样的安排使人看来好像它有四个胃；在这全肠中可找到食物，但并无明显地隔离的受 508^a 食区分。象的内脏肖似猪脏，只是象肝有牛肝四倍大，其他脏腑大小亦与之相称，但脾脏是比较小的。

在卵生动物中，如陆地龟、蠵龟、蜥蜴（石龙子）、两种鳄[③]，以及实 5 际上所有这一类（爬行纲）的动物，这里可得指明，它们胃肠的性质大略相同；这是说，它们只有一个简单的胃，有些似猪胃，另些似狗胃。

蛇类，在卵生陆地动物中与蜥蜴相似，而且几乎在各方面均具 10 备相似的构造，人们可以想象这些是失去了脚而加长了躯体的蜥蜴。这样，被覆着方格棱鳞的蛇，腹背均与蜥蜴相肖似；只是这该说到，蛇无睾丸，但备有两支管沟，凸曲而接合成一，有如鱼类，以及一个长而两叉的卵巢。其余的内部构造，蛇与蜥蜴全属相同，惟

① 参照璧校与奥-文校增〈τοῦ στομόχοι〉。

② 《柏里尼》xi，79。

③ 参看亚氏《残篇》(320)1532^{a}25。此节所列举动物相当于今爬行纲。两种鳄指陆地与水中两种。陆地鳄即较大之石龙子如“巨蜥”(Varranus, or Stellio)。

蛇身既然狭长,它的内脏便相应地也都狭长,这一情况往往转移了 15
人们的注意,由此忽视两者之间形式上的相似处。这样,蛇的气管特长,而食道甚且更长,这气管开端紧迫于口腔之上,看来竟像是舌在气管之下,或气管抛过了舌根;事实上是蛇舌不同于其他动物的舌,平常不留在舌的原位置而缩入一个舌鞘之中。蛇舌又长又 20
薄又黑,能吐出一段长长的距离。蛇与蜥蜴的舌还有一个共同的特性,它们的尖端是分叉的,①这一特性,于蛇更为奇异,它的舌尖细如发丝。顺便提起,海豹也有裂开的舌。② 25

蛇胃像是一个较宽的肠,有如狗胃;相接着的是肠,长而狭,单线直行至末梢。心脏小③,形似肾,位置靠近咽头;因此,在这些生物中,④心脏并无尖端向前胸的形态。以下是单叶的肺,装接很长 30
的膜质通道,与心脏颇相离隔。肝亦长而简单;脾形短圆;这两方 **508**[b]
面均与蜥蜴类相似。蛇胆与鱼相似;水蛇胆位在肝边,他种蛇胆常位在肠边。这些生物都是锯齿。它们的肋骨有每月的日数那么多;换句话说,它们有三十根肋骨。

有些人见到,蛇与燕雏两者有一共同现象:他们说将蛇眼挖去 5
时,它们会得再生。⑤ 又,蜥蜴与蛇的尾巴倘被切去,它们也都会再生。

于鱼类而言,肠与胃之性质相似;它们全都只有一个简单的

---

① 《构造》卷二,章十七,606[b]6。

② 《构造》卷四,章十一,691[a]8。

③ 奥-文校作 μακρά,"长"。多数抄本为 μικρὰ καὶ μακρά,"小而长"。

④ 原文 ἐνίοτε,"有些生物",兹照施校 ἐν τούτοις 译。

⑤ 本书卷六,563[a]14;《生殖》卷四,章六,774[b]31;《柏里尼》viii, 41;《安底戈诺》72,98。

10 胃,但随鱼类品种之异而形状亦各相异。在有些实例中,胃作肠形,[①]例如绿鲀(鹦鹉鱼);这种鱼,据说在鱼类中是惟一咀嚼反刍食料的鱼。[②] 一般鱼肠的全长是单线的,倘有时双折回(或作纽结),只要松开来便可褪成一条〈单直线〉[③]。

15 大部分鱼类与鸟类中,大多数具有"附肠"(盲囊)这特殊部分。鸟类的盲囊在低下处而为数少。鱼类的盲囊在高处,与胃靠近,有些鱼如虾虎(鮈)、狼鲨[④]、鲈、鲉、(海蝎)、鳕[⑤]、鲱鲤、鲷[⑥],盲囊为数颇多;灰鲱鲤腹中一边有数盲囊,另一边仅有一盲囊。有些鱼,例20 如希巴托(肝形鱼)与格劳哥(灰背鱼)[⑦],具有这些附肠而为数稀少;又,据说金鲷[⑧]的盲囊为数也少。这些鱼,在同一品种中,盲囊数也各不相同,例如各个金鲷的盲囊就有多有少。有些鱼如大多数的软骨鱼,绝无盲囊。[⑨] 其余的鱼类中,有些有少数盲囊,有些25 为数颇多。在所有的实例中,凡鱼类之发现有肠附属物者,均位在肠上端,靠近胃部。

---

① 贝本与璧校作 ἐντεροειδῆ,"肠形";大多数抄本作 ἑτεροειδῆ,"异形"。

② 本书卷八,591^{b}22;《构造》卷三,章十四,675^{a}4;《埃里安》ii, 54;《柏里尼》ix, 29;奥维得:《渔捞》119;奥璧安:《渔捞》i, 134。

③ 此分句照璧校 κἄν ἀναἰίπλωσιν ἔχῃ ἀναλύεται εἶs ἐν 译。

④ γαλεός,狼鲨或狗鲨,实无盲囊,故施校拟为 γαλῆ(即今 Lota vulgaris,江鳕)之误。

⑤ κίθαρος,"吉柴卢鱼",姑作"鳕"(bourbot),或海鳕。

⑥ σπάρος,现代分类学用作鲷科通名,地中海居克拉特岛现代渔民所称 οπάρος 为 sargus 沙尔古鱼,见于艾尔哈特:《居克拉特岛动物志》(Erhard: *Fauna de Cycladen*),88 页。

Δ⑦ ἥπατος 依字义为"肝形鱼";γλαῦκος 依字义为灰色或浅蓝色物,姑译"灰背鱼";均未能确指为何鱼。

⑧ "金鲷"见上文卷一,489^{b}26。

⑨ 真正的软骨鱼类皆无盲囊。亚氏包括在软骨类中的鲛鳙实属硬骨鱼类(Osteichthys)的棘鳍亚纲,鲛鳙有两盲孔。

关于内部构造，鸟类既与其他动物相异，在本类中亦复互异。有些鸟，例如家鸡、斑鸠、鸽与鹧鸪皆于胃前有一“膝囊”[①]（πρόλοβον）；膝囊为一个空洞的大皮袋，食物先进入膝囊，在那里存放着，不营消化作用。膝囊离开食道外稍狭隘；以后逐渐放宽，迨与胃部相接处，这又再行隘束。大多数鸟类体中的胃（或砂囊）是坚强而富于肌肉的，内部还有一层坚强的皮，贴着肌肉而不与肌肉相联结。另些鸟类不具膝囊，但其食道或是前段宽敞，或引向胃部那一段宽敞而饶有容量；这些可以慈鸦、大乌、山鸦（腐肉鸦）为例。**509ᵃ** 鹌鹑的食道也在下端放宽，而在山羊头（角鸮）与枭，则这一器官底部比顶部只稍大一些。凫、鹅、鸥、瀑鸥、大鸨的食道从上至下全段宽广而饶有容量，许多其他鸟类也有同样情况。有些鸟类，例如小隼[②]，它们的胃有一部分[③]如膝囊。至于小鸟如燕与麻雀，它们的食道与膝囊均不宽敞，但胃是长的。少数鸟类既没有膝囊，也没有扩张的食道，但食道却特别的长，长颈鸟类，红羽水鸟（紫鹬）[④]可为这一例示；——这里，可顺便说起，所有这些长颈鸟类的屎都是稀湿的。[⑤] 关于这些器官，鹌鹑，与其他鸟类相比，是特殊的；它有

---

① 《构造》卷三，章十四，674^{b}22。

△② κέγχρις，奥-文译本作 kestrel，认为这相同于柏里尼书中的 Falcon “tinnunculus”。里-斯《辞典》从希茜溪《希腊辞书》拼音，兼作 κερχνῆις。这是欧洲的常见小隼，雄性背羽蓝灰色，雌性红棕色，以鼠、虫、小鸟为食。欧洲俗鄙视之为鹰族的卑种，故译为小隼。中国与之相近品种因其褐羽而称“茶隼”。

③ 《构造》卷三，章十四，674^{b}25：“胃的一部分成为横扩构造”，横扩构造即鸟的前胃（proventricle）。鸟皆有前胃，无膝囊的猛禽的前胃较大（参看居维叶：《比较解剖学教程》iii 408）。

④ πορφυρίων，“紫鸟”或“红羽水禽”，可能指“紫鹬”（purple coot），亦可能为“火烈鸟”（flamingo）。火烈鸟较符合于此处所叙性状。依亚里斯托芳剧本所用鸟名，则 πορφυρίων 应为紫鹬；火烈鸟另称 φοινικόπτερος，“红翼”。

⑤ 参看《构造》卷三，章十四，674^{b}30 说明涉禽类（长腿长颈鸟）生活于沼泽地区，食物均属易拌和易消化的湿物，故无需大而复杂的消化器官。

一个膝囊而同时又食道宽敞，在胃前的一段容量巨大，又其膝囊与
15 食道间的距离，凭它体型而论，可算是远的。

又，大多数的鸟类肠是薄的，当弛放出来时，这是简单的。[①]
如上曾见到，鸟类附肠（盲囊）为数殊少，而且不同于鱼类盲囊之位
20 于肠部上端，鸟类盲囊位于肠的末梢。并非一切鸟类全具盲囊，而
是大多数有盲囊，例如家鸡、鹧鸪、凫、夜鸟、[洛加罗鸮][②]、阿斯加
拉夫鸮、[③]鹅、鸿鹄、大鸨与枭。有几种小鸟也有这些附肠；但在那
些实例中，譬如麻雀的盲囊，是异常微小的。

---

① 此句词意含糊。参看施那得校注后记（卷三，313 页）。

② λόκαλος，“洛加罗”，鸟名，不见于亚氏其他卷章及希腊其他典籍。A^a 抄本删去此字。伽柴拉丁译本作 ciconia，“鹳”。施那得校注引葛斯纳《动物志》（Gesner：*Hist. Anim.*）第 94 页 Alucone 条云，此字本为意大利鸮科一种鸟名（aluco，亚卢戈；或 aloco，亚洛戈；或 alucolo，亚卢戈洛），后人偶以笺注于原文页边，以释“阿斯加拉夫”，随后被误抄入本文内。

③ ἀσκάλαφος，“阿斯加拉夫”，未能确定为鸮之何种属。参看奥维得：《变形》v，539。

卷　三

章一

509a

我们既已陈述了其他内部器官的大小、性质与其相对差异，现在这里该讲到那专供生殖之用的器官了。这些器官，于雌性动物全在体内；于雄性则其位置显有多种差异。 30

在有血动物中，有些雄性全无睾丸，[①]有些有这器官而位在体内；在有睾丸而藏于体内的动物中，有些动物的睾丸靠紧在腰部（胁腹）肾脏附近，而另些则靠近于腹部。另些雄性动物的睾丸位在体表。在末一类动物中有些动物的生殖交接器系属于腹部，而另些则像睾丸一样弛垂于腹下；生殖器系属于腹部者，其系属方式随该动物之为前尿向或后尿向而互异。 35 509b

没有哪一条鱼是具有睾丸的，任何有鳃生物均无此器官，任何蛇类也没有：简捷地说，即除了那些本身是胎生的以外，[②]凡属无脚的动物也无睾丸。鸟类备有睾丸，其位置在体内靠近腰部。卵生四脚动物，如石龙子与龟、鳄，于此皆与之相似；至于在胎生动物中则仅有猬具此特点（睾丸位置与鸟类相似）。[③] 另些睾丸位于体内 5

---

① 《构造》卷四，章十三，697a9 言鱼类体内与体表均无睾丸。渥格尔译本注谓亚氏知雄鱼有输精管道，但因其非丸状或蛋形，不同于鸟兽之睾丸，故不称之为“睾丸”。《生殖》卷一，章三，716b15 亦言鱼蛇无睾丸，只有二支精管或精槽。柏拉脱英译本注指明软骨鱼类实具有一储精之蛋形体，应称之为睾丸，不称“管道”。参看《加仑全集》iv，556，575 等页（K）。

② 即“除了鲸类”。

③ 《生殖》卷一，章五，717b27；章十二，719b16。

10 靠紧腹部的动物中，于胎生无脚动物而论，海豚可以为例，于胎生四脚动物而论，则象可以为例。[①] 在其他的实例上，这些器官位在体表，是显而易见的。

我们业已述及，[②]这些器官系属于腹部及其附近区域的方式
15 有所不同；我们曾提到过，在有些实例中，如猪与其近属的睾丸向后[③]紧束，另有些，如人的睾丸是弛垂着的。

这样，如上已言明，鱼无睾丸，蛇亦然。[④] 可是鱼蛇均有两条管道与横膈膜相接，沿着背脊两侧下行，至排泄物出口处的上面会
20 合，并成一支管道，所称出口处的上面，我意指与脊刺相近处。这些管道，在发情季节充溢着精液，倘于这管道加以压挤，精液就渗出，其色白。至于各种雄鱼间在这方面所观察到的各种差异，读者应参考我的《解剖学》，[⑤]在后我们叙到每一实例的各别性质时这
25 论题将另行作较详细的研究。[⑥]

卵生动物的雄性，无论为两脚的或四脚的，都备有睾丸，位于横膈膜下，靠近腰部。在有些动物中；这一器官为白色，于另些动物则带些苍黄色；所有这些动物的睾丸均包围有纤巧的微小血管。

---

① 《柏里尼》xi，110："海豚的睾丸甚长，藏于腹内下端，象的睾丸也不能外见。"参看《生殖》卷一，章三，716^b27 等章节。

② 本书卷二，500^b3。

③ 依施那得照伽柴拉丁译文校订，应为 πρὸs τῆι ἕδραι καὶ σινε ειs，"向肛门边紧束"，这符合于《生殖》卷一，716^b29。

④ 上文，见于卷二，508^a12；下文见于卷五，540^b30 等句。

⑤ τῶν ἀνατομῶν，《解剖学》(或《解剖图说》)：本书先后七次提及这书名。有些人认为这书原文虽逸失，它的阿拉伯文译本仍流传于今；参看温里契：《希腊原抄本，阿拉伯文等译本》(Wenrich：*de Autogr. Gr. version, Arab. etc.*)，1842 年本，第 148 页。

⑥ 本书卷五，章五。

从两个睾丸各引出一条管道，有如鱼类的两管道一样，会合于排泄物出口处的上面。[①] 这里组成为生殖交接器，于卵生小动物而言，这器官是不明显的；但较大的卵生动物，如鹅以及与鹅相似的品种，这器官在才经交配之后是很易认明的。 30

于鱼类和在两脚与四脚卵生动物，这些生殖管道系属于腰部，位于胃下，而在肠与大血管（静脉）之间，[②] 从那血管引出了接向睾丸的血管，每丸各有一支。鱼类的雄精存在于储精管，这管道在发情季节胀大而易见，过了发情季节便不可得见，鸟类的睾丸恰正也是这样；有些鸟在繁殖季节之前，这器官是小的，另些更小得甚至看不见了，但正当繁殖季节来临，一切鸟类的睾丸均大大地扩大了。[③] 这一现象，于斑鸠与鹧鸪尤为显著，其胀萎之差是这么分明，有些人竟然认为这些鸟类在冬季是没有这器官的。 35 510a 5

于雄性动物之具有睾丸而且位置在前面者，有些如海豚，这器官在体内紧靠腹壁；有些在体表紧靠腹底，外露而可见到。这些动物的睾丸于位置方面有些相似，但在其他方面又有所互异，其中有些动物的睾丸两边分离，而另些动物的睾丸位置在体表者则包含于一个所谓"阴囊"之中。[④] 10

又在胎生有脚动物中，于睾丸方面见到有下列性状。从挂脉（动脉）伸出有血管样的管道到每一睾丸的头上，另有两支管 15

① 本书卷五，540^a30。

② 照狄校本译；依斯卡里葛（Scaliger，I. J.）校应无 τῆs μεγάλης φλεβόs（大血管）三字。

③ 本书卷六，564^b10；《生殖》卷一，章四，717^b8。

④ 参看《生殖》卷一，章十二，解释睾丸之在体内或体表，随动物皮层之软硬强弱弛张而为异。

道[1]自肾脏引来;这两支从肾脏来的管道中流通有血液,而那两支从挂脉来的则无血。从睾丸头沿着睾丸本身又有一支管道,比之
20 上一管道,肌腱较厚,——这管道由睾丸末端再弯绕至睾丸头部;这两管道从每一睾丸的头部引伸开去,直至它们在生殖交接器前会合而止。贴着睾丸折绕的管道包裹在同一膜[2]内,因此,你若不把包膜揭开,这看来就像是一条单行而不分化的管道。又,贴着睾
25 丸的管道中之液体沾染有血,但较之上面与挂脉相接的诸管道则所染较少;至于这折绕而引向生殖器内的管道(输精管)则其中液体为白色。还有从膀胱来的一支管道通向尿道的上端,而围着尿道的那个套管便是所谓生殖交接器。

30 所述这些细节可看附图而明了其实状:[3]图上 AA 标记从挂脉引来的管道之开端;KK 标记睾丸头以及从那里开始向下沿展的管道;这些沿着睾丸引伸的管道标记为 ΩΩ;折回来的那管道,其中所涵存者为白液,这些标记为 BB;Δ 为生殖交接器;E 为膀
35 胱;ΨΨ 为睾丸。

510b [顺便说起,当睾丸被切除,管道便收缩向上。[4] 又,雄动物的主人有时趁它们尚属幼小,便擦损而破坏这些器官;[5]有时俟动物稍大些再施行阉割。这里我还可以补充说明,曾有一只公牛在阉

① 即精囊动脉与静脉(spermatic arteries and veins)。精囊左静脉落入靠近肾脏处的肾静脉,精囊右静脉落入肾静脉附近的下腔静脉(inferior vena cava)。

② 《生殖》卷一,章四,717a33:"回绕管道形成为蟠结(ἐπαναδίπλωσις)",近代解剖学称这些蟠结管道为 epididymis,"副睾"。

③ 《生殖》卷一,717a33 言及睾丸图解见于《动物研究》,当是指这一节的附图。后世抄本已失原图,现代译本常各凭原文的叙述复制附图。

④ 参看本书卷九,章五十;《生殖》卷一,章四,717a35—b4 述"阉割"。

⑤ 本书卷九,632a15。

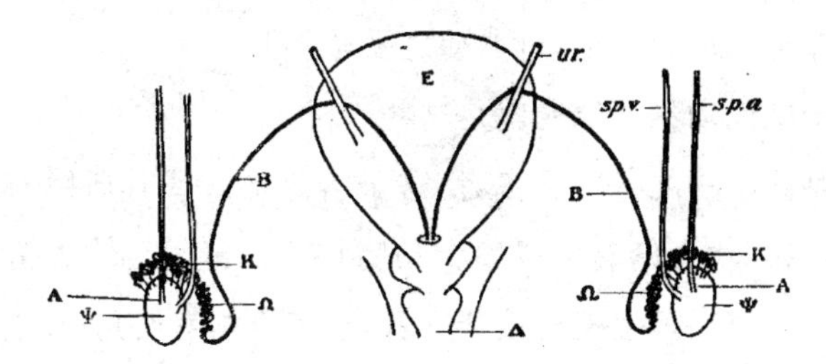

E 膀胱　ΨΨ 睾丸　Δ 生殖交接器

ΩΩ 沿睾丸引伸之管道　KK 睾丸头与由此开端之管道

AA　从动脉来管道　　BB 回折管道，其中液体为白色

（附注 *sp. v.* 精囊静脉　*sp. a.* 精囊动脉　*ur.* 输尿管）

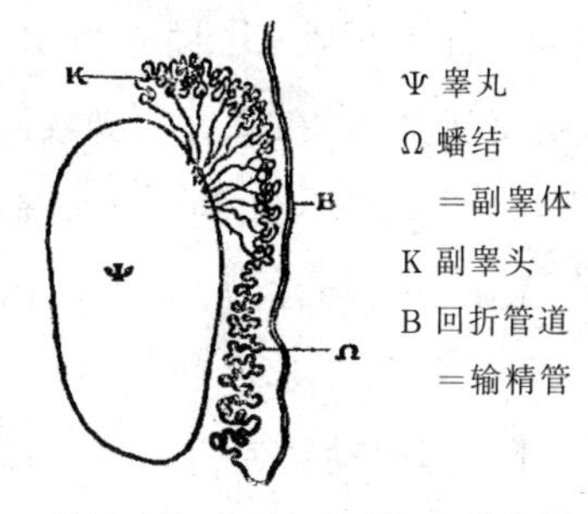

Ψ 睾丸

Ω 蟠结

＝副睾体

K 副睾头

B 回折管道

＝输精管

图 3. 雄性动物（胎生有脚动物，即兽类）生殖器官

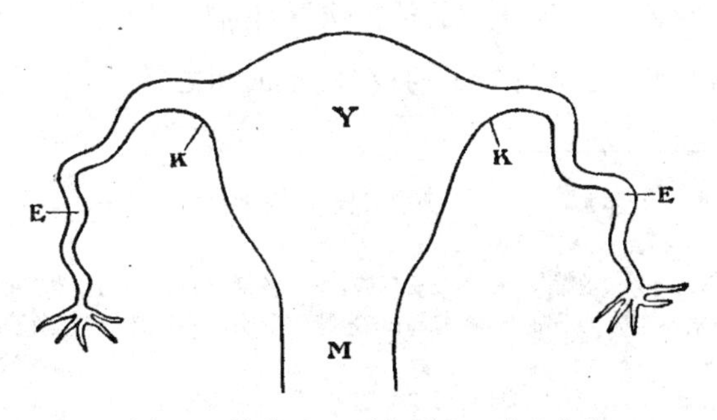

Y 子宫　M 阴道　KK 子宫"角"（＝输卵管峡）

EE 曲管（＝输卵管，今称法洛宾喇叭管）

图 4. 雌性动物（兽类）生殖器官——"子宫"

割后立即与一母牛交配,竟然使之受孕。][①]

5 关于雄性动物的睾丸就是这些。

于雌性动物之备有子宫者,这子宫之形式或其所赋有的性状并不一律相同,无论胎生或卵生动物均于此显见巨大差异。一切10 生物凡有子宫靠近生殖交接器官者,这子宫均有两角,左右各出一角;[②]但子宫本身只是一个,出口也只一个由弹性肌与好多肌肉组成的管道,这于大多数的动物与体型最大的动物均属相似。于这些部分中,其一称子宫或"台尔芙斯"(δελφύs),由此衍生有"亚台15 尔芙斯"(ἀδελφόs)这字(世人因此用"同子宫者"这词称同母兄弟);另一为管孔,称阴道(膣)[③]。在所有两脚或四脚胎生动物中,其子宫必在膈膜之下,[④]如人、狗、猪、马与牛都是这样的:一切有角兽于此亦复相同。在子宫底部称为"角"[⑤]的两处,大多数动物均有一个曲管[⑥]。

20 于那些产卵于外部的卵生动物而言,子宫(卵巢)的位置不尽相似。鸟类子宫(卵巢)靠近横膈膜,鱼类子宫(卵巢)在膈膜以下恰像两脚与四脚胎生动物的子宫位置,但两者别有所不同,即鱼的子宫纤薄有膜,而是引长了的;在极小的鱼之体腔内,子宫的两个

---

① 依奥-文校本加[ ]。公牛阉割后授孕,另见下文。

② 《生殖》卷一,章三,716^b32。

③ 原文 μήτρα(米特拉)在希朴克拉底、希罗多德等古籍中均以指"子宫",亚氏此处把雌性生殖器官分为前后部,称前部曰"米特拉"(阴道),后部曰"许斯特拉"(ὑστέρα,子宫)。

④ 《柏里尼》xi,84:"卵巢系属于横膈膜。"

⑤ κερατίων,"角",指子宫底部两角与输卵管之峡口。

⑥ ἑλιγμόs,"一个旋绕"或"蟠曲"。本书中如肠之扭曲处,导管之回折处,均用此字,此处实指输卵管。

枝分部分(卵巢两囊)看来竟像两个整卵,有人叙述那些鱼类体内有两个容易粉碎的卵,实际上两边各有〈薄膜包裹的〉一个卵块,其中是许多卵,不是一个卵,这就是人们所说鱼卵会破碎成那么多微粒的情况。

鸟类子宫(卵巢)的下端管状部分富于肌肉而且强韧,靠近横膈膜处的部分则为膜质而纤薄:这膜纤薄到这样程度,人们看来好像这些鸟卵是在子宫以外。在较大的鸟类中,这膜是较易见到的,倘由管状部分予以充气,这会膨胀而上长;在较小的鸟类中,所有这些部分较不明显。

卵生四脚动物,如龟、石龙子、蛙以及相似的诸动物,子宫的性状都相似;下部为肌肉质的单管,靠近横膈膜部分为分叉的卵巢。无脚动物之内卵生而外胎生者,例如狗鲨与另些所谓软骨鱼类——这名词我们用以指称胎生动物中那些无足而有鳃的生物,——这些动物的子宫是两叉的,从下端开始[1]向上延伸,直至横膈膜而止,这与鸟类的情况相似。这些动物的子宫两角间也有一个狭峡,直伸至横膈膜,[2]卵就在这狭峡与其上靠近横膈膜开始处发生;发生的卵子以后移入较宽的空腔,并由卵转成幼体。可是有关这些鱼类的子宫,在本属内比较以及与一般鱼类互相比较,所见的差异将在这些鱼的各式样品(各种标本)之解剖实例中作较详尽的研究。

---

① “从下端开始”,这短语照施与璧校本由下一行移入此句。

② 这一分句贝本原文有误,照璧校:ἔστι δὲ διὰ μέσον τῶν δικρόων μέχρι πρὸς τὸ ὑπόζωμα στενή 译。璧校与伽柴拉丁文译本大略相符。本书卷六,564^b18—23 述软骨鱼类的子宫情况,较此节为精审。参看下文 511^a18, 565^a14, ^{b}1 等节。

蛇类生殖，于各个品种间相互比较或与上述各类动物相比较也呈现若干偏异。常例，蛇是卵生的，蝰是这一类中惟一的胎生
15 种。[①] 蝰蛇诞育小蛇于体外，但在分娩之前先在体内产卵；由于这种特性，蝰蛇子宫的性状便与软骨鱼类(鲨类)相似。蛇类子宫，适合它的体型，是狭长的，从下端的单管起，沿着脊椎的两侧分叉向
20 上延伸，分支很明晰，可能有人因此而误会蛇在脊椎两侧有两个离立的管道；这两分叉直达横膈膜而止，就在那里发生有一列的卵；这些卵不是一个又一个的，而是一连串的生产下来。[一切胎生动物，包括体内胎生与体外胎生者在内，其子宫位置均在胃上，[②]而
25 一切卵生动物之子宫则均在胃下，近于腰部。动物之内卵生而兼又外胎生者，其子宫显见有中间性安排，子宫之靠近腰部[③]那一部分内有卵子，另有那阴道上的一部分则位于肠上。]

又，各种动物的子宫作相互比较时可见到下列差异：上下齿列
30 不全的有角动物之雌性在受孕以后，它们的子宫内具有胎盘，而上下齿列全备的动物如野兔、鼠与蝙蝠亦复如此；其他一切上下齿列全备的胎生有脚动物的子宫则内部颇为光滑，它们的胚胎不系属于任何胎盘而直接系属于子宫。

35 关于动物体内与外表，凡本非匀和，而由不同组织构成的各个
511b 部分(器官与脏腑)，这里已说明了它们的性状。

---

① 本书卷五，558^a25；《柏里尼》x，82 等章节。

② 一切胎生动物子宫均“在胃上”，与实况不符。施校揣想此节系后人杂取《生殖》卷一，章十二、十三中语句(如 719^b24，720^a21)插入此处之诠注。

③ 依《生殖》720^a20，此短语应为“躯体中段靠近腰的背部”。

章二[①]

在红血动物中，微分相似的各个匀和部分，以血和血所在的血管为最普遍；普遍程度稍次的为与血及血管可相比拟的血清与纤维，和组成动物体型的主要物质即肌肉及在各部分任何与肌肉相似的物质；再次为骨及与骨可相比拟的部分如鱼刺与软骨；再次为皮肤、膜、筋、腱、毛发、指甲以及与此类相符的各物；又次为脂肪、硬脂与分泌物（剩余）：而分泌物是粪便、黏液、黄胆汁与黑胆汁。 5 10

血与血管的性质，从各方面看来是生物的本原[②]，我们必须首先讨论这些本原物质的性状，鉴于前代的作者在这方面所述既多不翔实，于是，这种研究便更属重要了。这方面大家缺乏真知的缘故，在于观察过程中确曾经历了极度困难。动物体内除了心脏中留有少许外，血液均在血管之中，此外并无储血之处，〈它被切割时〉血液从血管中冲出，像一只水箱〈开孔〉放水一样；在动物的死体中，由于失血而皱瘪，主要的血管便不易找到。血管均藏在体内而不可得见，所以这些部分，于活动物是没法观察的。由于这一原因，在解剖室中进行死体研究的解剖学家便迄未找到血管的主要根源，那些在活人身上俟其消减至极度瘦瘠状态[③]时做过急促观察的人们，曾从他们所可见到的现象，于血管的渊源，获得了结 15 20

① 本卷以下各章陈述，“相似（同型）部分”，即简单组织，亦即各器官与内脏所由构成之各种生理组织（参看卷一，486^{a}5—10）。上一章述生殖器官属于卷二之论题。本卷实际应从本章开始。

② ἀρχή（原）之释义见《形上》卷五，章一。亚氏以生物胚胎始于心与血液循环，生命现象自摄食兆端，凡营养均转化为血液而供应全身各个部分，故以血液为生命基质与胚胎要素。参看《生殖》卷二，章四，740^{a}17；卷三，章十一，762^{b}25 等章节。

③ 《加仑全集》ii，500 页（库恩校印本）所述肋骨间肌腱情况也是由同样方法观察而记录的。

论。于这些研究家中，塞浦路斯医师辛内息斯所笔录者如下：——

25 “大血管的路径是这样的[①]：——从脐横过腰部[②]，沿着背，在胸下通进并经过肺；一条自右至左，另一条自左至右；从左引出的那条血管穿过肝到肾脏与睾丸，从右引出的那条血管通入脾脏与肾与睾丸，而后由此以达于生殖交接器官。”

30 亚浦罗尼亚人第奥根尼[③]则这样写着：——

“人的血管如下：——有两支血管特大。这些血管延伸过腹，沿着背脊骨，其一右行，另一左行；两支分别下引至右股与左股，又 512a 皆上引，经由锁骨，通过喉而至头部。从这些大血管分支出来的血管遍布全身，由右管所枝出者向右边分布，由左管所枝出者向左边分布；最重要的有两支，在背脊区域通入心脏；另两支稍高一些，通 5 过胸部各在腑下[④]分别伸入左右手：这两支其一称‘脾脉’（σπληνῖτις），另一称‘肝脉’（ἡπατῖτις）。这一对血管至末端而裂为两支，一枝伸入大拇指这方向，另一枝伸入手掌这方向；再从这些分 10 支展开若干微小血管歧出于各指以及全手各处。从主血管延伸还

---

① 《伪撰希氏医书》(*Ps. Hippocr.*)“骨的性质”(de Nat. Ossium) ix，174 页(L)；i，507 页(K)。

② 贝本与璧校本 ἐκ τοῦ ὀμφαλοῦ παρὰ τὴν ὀσφῦν···，“从脐过腰”云云，叙血脉根源始于“脐”。这与下引第奥根尼文，自“腹”部开始血脉之叙述相符。《柏里尼》xi，89：venarum in umbilico nodus ac coitus，足证原文无误。但此与库恩编及里得勒编《希氏医学全书》所存录者相异。故施校本采取 ἐκ τοῦ ὀφθαλμοῦ παρὰ τὴν ὀφρύν···“自眼经过眉”的文句，这样血脉便从头部的眼膛开始。现行校本多从施校。威廉译本 ab umbilico juxta supercilium，“从脐通联到上睫”，则兼及了两说。汤伯逊认为由胚胎学立场看来，以脐为血脉的起点实际是合宜的。

③ 参看里得勒编《希氏医学全书》i，220 页；ix，163 页。Δ 地中海周遭城市以“亚浦罗尼亚”命名者，伊利里，色雷基，息勒那伊等地约共有三十处，此处指克里特岛上之城市。第奥根尼，公元前第五世纪自然哲学家。

④ 即锁骨下动脉与静脉(subclavian artery and vein)。

有较小的其他血管；右边的伸向肝脏，左边的伸向脾与肾脏。下行至两腿的血管[①]，在腿与躯干会合处[②]，分支而延伸，直下于股。这些延伸血管的最大一支[③]，在股后背下行，这是易于辨识而追踪的一支大血管；第二支[④]没有上述一支那样大，是在股内下行的。15 以后这些血管沿着膝关节继续下行至胫与脚[与前述上身血管之通入手中者相似]，以抵达于脚底，再由那里继续延伸至脚趾。还有许多纤小的血管从大血管分离出来延向胃与各支肋骨。

"通过喉到头部的血管[⑤]，可得追踪并辨识为两支大血管；这 20 两支大血管在末梢枝分为若干小血管展布于头部；有些自右向左，有些自左向右；这两部分血管分别终止于左右两耳附近。颈间另有一对血管[⑥]，较上述两支略小，分别沿大血管两外侧上行，头部 25 内大多数的小血管与这一对血管相连。这另一对血管在喉内经行，各延展有若干血管到肩胛骨下[⑦]，而后引入臂手[⑧]；这些血管显示为与脾脉和肝脉并行的另一对较小的血管。[⑨] 医师在见到病人 30 体表有何痛楚时，便针刺[⑩]这后两血管；倘病痛是在体内或胃部，他

---

① 即髂动脉与静脉(iliacs)。

② 此处各抄本及贝本等原文 πρόσφυσιν，腿与躯干"会合处"，奥-文揣为 ὀσφύν，"腰部"之误。

③ 即诸股脉(femorals)。

④ 即腿内侧静脉(intra-saphenous vein)。

⑤ 即颈内侧诸脉(intra-jugulars)。

⑥ 即颈外侧诸脉(extra-jugulars)。

⑦ 即上肩胛脉(supra-scapular)。

⑧ 即头静脉(v. cephalicae)。

⑨ 原句不甚明晰，照狄校本标点。

⑩ ἀποσχάζειν，"针刺"为希腊古代医疗术语，即割破血管，使之放血；另见下文 514b3。此项疗法于弗里尼可：《雅典字语选录》(Phrynichus: *Eclogues*)，洛培克(Lobeck) 1820 年编印本，219 页作 κατασχάζειν；浦吕克斯：《词类》作 ἀποσχᾶν；色诺芬：《希腊志》(*Hell.*)v(4)58 作 σχάζειν。

便针刺脾脉与肝脉①。从这些血管另又分行其他血管于乳房之下。

“还有一对细薄精致的血管两边分开,通过脊髓,而下达睾丸,又有一对血管在表皮之下通过肌肉而至肾脏,这些血管于男人则终止于睾丸,于女人则终止于子宫。这些血管称为‘精囊脉’。② 从胃部引出的那些血管先端较宽厚;迨离胃渐远而变得渐渐细薄,直至最后它们交叉起来,在右方的引到了左方,在左方的引到了右方。

“血液在经肌肉部分浸润之后成为最稠的血液,当这些血液转移到上述血管之内,就变为稀薄,热而流动。”

章三

这些是辛内息斯与第奥根尼所作的记录。朴吕布③另有如下之叙述:——

“血管有四对。第一对从后头通过颈部外侧,分别在两边延伸过背脊骨,直至腰部而进入腿中,以后再通过胫到踝的外侧,更到脚。医师辨识了这样的脉络,所以当病人的痛楚在背部与腰部时,他就为病人在膝腘间④与踝外侧放血。另一对血管从头过耳,延伸经颈部;这对血管称为‘齐颈脉’⑤。这对血管继续在内侧沿背

① 此处实指贵要静脉(venae basilicae),在臂间。

② 依汤译本由下句(第9行)末一分句移来此。

③ 朴吕布为希朴克拉底女婿;参看“希氏书信”(Epist. Hippocr.),《全书》,iii,842,K;ix,418,L.。下引一节另见于“人体之性质”篇(de Nat. Hom.)vi,58,L;i,364,K;又见于“骨的性质”篇。此节异于上引两家之说,而以头部为血流渊源。依加仑评述,朴吕布之学得希氏真传。“人体之性质”篇似原为朴氏之作,今统编入《希氏医学全书》。

④ ἀπὸ当属有误,狄校拟为“膝腘‘间’”(μεταξύ)。

⑤ 即颈内侧静脉或称前总大静脉。

脊通过腰部肌肉而至睾丸，更向下行则至腿部，通过腘部内侧与胫而达踝内侧，更达于脚；因此，对于腰部肌肉与睾丸的病痛医师便在膝腘上与踝〈内侧〉[①]为之放血。第三对血管从前额延伸过颈，由肩胛骨下面进入肺部；那些从右至左的血管继续进行至乳房并至脾与肾；那些从左至右的血管，则由肺部引入乳房下面而至肝[②]与肾；两对均终止于臀部肛门。第四对从前头与眼延伸入颈与锁骨之下；由此继续延伸，通过上臂（肱）上面而至肘关节，于是经肘而至腕及指关节，另又有血管经上臂（肱）下面而至腋窝，并继续进行，保持在肋骨之上，其中之一支则旁达于脾，另一支旁达于肝；以后两支均横越胃而终止于生殖器官。”[③]

上所引录大体已综概了所有前代的作家[④]。又在自然史方面有些作家，关于血管，并不曾建立像上述那样精详的规律，但他们都公认头与脑[⑤]为血管的渊源。他们这种意见是错误的。

研究这样一个题目，如上已指明，是一个充满着困难的工作；倘有人对这问题急切地求得解决，他所采取的最好方法是让他的实验动物饿到憔悴状态，然后突然予以缢杀再施行解剖研究。

---

① 依狄校增〈ἴσωθεν〉。

② 贝本 ὑπὸ τὸν μαστὸν καὶ ἧπαρ，“乳房与肝下面”；依狄校…εἰς τὸ ἧπαρ，乳房下面“至肝”。

③ 参看《希氏医学全书》“生殖”篇（Gen.）i，371，K，“血管与筋络周绕全身而终止于生殖器官。”

④ 参看福修斯：《书录》219 页引述爱琴那岛第雄尼修：《脉络》（Dionysius Aeg.：Δικτυακά）。

⑤ 上文 511^b25 辛内息斯以脐，及 511^b32 第奥根尼以腹为血脉渊源，与此语不符。所云“有些作家”当指希朴克拉底学派。柏拉图学派与亚氏之生理学均以心脏为血脉渊源。参看本书 511^b25 注。

15 我们现在进而列述血管的性状与作用的细节。胸部背脊边有两支血管靠在内侧;这两支血管的较大一支位置在前,较小一支在其后;这毋宁说较大那支位置在体右边,较小那支在左;有些人称这血管为"挂脉"(大动脉)[①],在这一血管中,即便在动物死体中常20 见有一部分充满气体[②],这就是它命名的来由。这些血管的起源都在心脏[③],因为这两条血管一条在上,另一条在下,心脏在当中,由此引出的若干血管行经其他脏腑,不管它们进行的方向或上或25 下,或右或左,或前或后,它们总不变其为含血的管道,而心脏总是与之相通的一个部分——两者之中较大而在前的那一支[④],于这方面看来更属明显。

一切动物的心脏内有窍。[⑤]于较小的动物而言,诸窍中虽最大

Δ① φλέψ 本义为"血管",包括动脉与静脉之统称,有时专指静脉,如"大血管"(φλέβος τῆς μγάλης)即"大静脉"。下文 ἀορτή 即今"动脉"artery 一字所本,本字出于动词 αἴρω 上升,或悬挂。动脉中气体流通之说在希腊医学界流传四百余年。至加仑(公元后 131—201)始确言其中全部充血,不见气体;更历千百年至威廉·哈维(W. Harrey,1578—1657)然后完全阐明循环系统中静脉与动脉之实际分别与血液在其中运行的真相。至于血液供氧的实况更须待至氧气被分离而性质完全明了之后。本书仍取"挂 脉"译 ἀορτή,从左心房引出而看似悬挂于心脏之血管即大动脉。有如这句的汤伯逊校订文,历代往往有解 ἀορτή为"气脉"者,居维叶亦谓以动脉为"气脉"之误,始于亚里士多德。渥格尔:《构造》,1882 年译本,卷三章五注辩明亚氏有关动脉的叙述,确言其中有血液流通,并不全属气体。

② 原文 τεθυιῶσι [τὸ] νει ρώδεις,"充满肌腱",实误,汤伯逊校改为 τεθυιῶσιν ἀερώδεις,"充满气体"。

③ 心脏为血脉渊源另见于柏拉图:《蒂迈欧》(*Timaeus*),45,及亚氏著作《构造》卷四,665^b16 等卷章,《呼吸》章十四,474^b7。《希氏医学全书》中"癫痫"篇 vi,392 页(L)等亦有此说。但里得勒编该书 i,120 页云:凡希氏医书中持血脉起源于心脏之说诸篇章实出于亚里士多德以后医学家之手笔,并非希氏原著。

④ 即腔静脉(vena cava)。

⑤ 参看本书卷一,496^a4;《构造》卷三,章四,666^b21;《加仑》"器官之功用"iii480(K)等。

的一窍也难于辨认；于中型动物而论，次大的心窍仍难于辨认，但在最大的动物，则三窍皆属显见。① 于是，在心脏中（上曾言及，心尖端皆指向前面）最大的一窍②实在右侧最高处；最小的在左侧；中窍在两者之间；三窍中最大的一个比其他两个要大得好多。③ 可 30

---

① 拜占庭文学家亚里斯托芳（Aristophanes，盛年约公元后 270）《动物志略》（*Epit. H. An.*）i，111 页（朗伯洛〔Lambros〕编印本，1885 年，柏林）："人心有三窍，其他动物二窍。"

② 右大窍即右心耳（auricle）与右心房（ventricle）；中窍或为右心耳或为左心耳；左小窍应为左心耳与左心房。

③ 亚氏动物解剖学中脉管系统的叙述颇为精详，间有疏略及含糊处每为后世学者所聚讼。从许多精确处看来古希腊医家的解剖、观察及记录是十分勤敏的；其疏失处，有些可能是记录上的漏失或遗逸，也有些错误是出于生理学传统上若干迷信的影响。朴吕布、第奥根尼以至辛内息斯记录中所涉及左臂血脉与肝相通，右臂血脉与脾相通，便是古希腊医学迷信的一例。"心脏三窍"之说，亦可能出于柏拉图"肉体机能分三部"的附会。这一记录之由来，历代曾有各种不同的解释，可参看加仑、海勒（Haller）、霍夫曼（C. Hoffmann）、菲力伯孙（Philipson）（ὕλη ἀνθρωπίνη，《人体物质》，第 7 页）施那得、里得勒、奥培尔脱与文默尔、赫胥黎（Huxley）、宝歇（Pauchet）、渥格尔等诸家有关此题的议论。

这里章三、章四，于血液循环全部系统中，有关肺动脉者缺乏明晰叙述，这两条大小相等，在心脏上左右对出的腱质大血管，本应为一般解剖工作者所注意，而不至于疏失。亚氏所特别重视的是一条所谓"挂脉"（大动脉）和另一条"大血管"（腔静脉），似乎两支肺动脉就在叙述这两条血管中混过去了。赫胥黎和其他一切学者认为下文 513ᵇ2 所记，"大血管延伸穿过这（右）窍，再引出仍为血管"这语句中之"再引出血管"即肺动脉。我们倘 把下文 513ᵇ6－7[　]内含糊地述及的从心脏行进而入于挂脉（大动脉）的那支大血管解释为连接肺动脉与大动脉的暗沟（ductus arteriosus），这就可说亚氏确已见到了肺动脉。某些人曾假定亚氏所解剖而作观察的是一个胎盘心脏，上述这些解释对于胎盘心脏这种假设是颇为适合的。

另些人假设亚氏所解剖的都是死动物尸体，死体中无血的肺动脉与大动脉形状相似而与静脉显然不同，故亚氏所称挂脉（ἀορτὴ）就实际含混地统概了大动脉与肺动脉（参看《加仑全集》ii，780，K）。但肺动脉"两边对出"，亚氏言及动脉时始终没有"对出"字样。除了心脏与各大血管在心脏上开孔情况的叙述有这些缺漏之外，亚氏的脉络记载大体上可与现代循环系统符合。

希朴克拉底学派于心脏左右窍两分的实况比亚氏学派认识得较为明确（参看《希氏医学全书》"心脏篇"〔de Corde〕i，486，K；《加仑全集》ii，621，iii，442，K；拜占庭亚里斯

35 是所有三窍皆有管道引向肺部，但这些连接通道，除却一条[①]，全都微小，因此很难明辨。

513b 于是大血管系属于三窍中最大的一个，那是最上面[②]的一个，位在右边；大血管延伸穿过这窍，再引出仍为血管；这里心窍好像是血管的一部分，血流之由管道至此，恰如河渠放宽而成为湖泊。5 挂脉（大动脉）系属于中窍[③]；只是这该说，到这里，相连接的管道比较起来要狭窄得多。

于是这大血管通过心脏[从心脏行进而入于挂脉]。[④] 大血管看来像是膜或皮组成的，挂脉（动脉）则较狭小而富于筋腱；当它延伸到头部以及向下延伸到下体各部分时变得异常细狭而强韧。10

这里最先从心脏向上伸出的是一段引向肺部的大血管以及挂脉所系属着的导索，这一段血管粗大而不分枝。由此延展，就分为

托芳：《动物志略》ii,21）。至于右左心耳，附属在右左心房的实况当在较后一时期才清楚地了解；至加仑时他就解释亚氏所云第三心窍（中窍）应是右心房的一部分（“动脉解剖篇”〔de Diss. Art.〕ii,817,K），这可算已解决了亚氏心房三窍之谜。汤伯逊另又举出《睡醒》章三，459a5，亚氏所述心脏行文与此章稍异，该节内于中窍不与左右两窍并重，更谓中窍发生有分支（ἡ διάκρισις），这样倘将这“分支”看作今天我们所见的两边对出的“肺动脉”，则全章中两个重大疑点就可得阐明了。

汤伯逊还说到，肺动脉与静脉管本容易识别，但与大动脉相联结，古代解剖学家因此疏于检察。倘当初于心脏开孔情况完全明澈，就不致发生“静脉根株在肝，动脉（气脉，ἀρτηρίων）根株在心脏”的推论（《希氏医学全书》“营养篇”〔de Alim.〕31，—ii,22,K；ix,110,L。〔注意：这里用 ἀρτηρίων 言动脉，当译“气脉”异于本书以 ἀορτή“挂脉”称动脉。本书 ἀρτηρία 为“气管”，同于 βραγχία〕），并清楚地看到肝脏有动脉来的血管，也有静脉来的血管。这样动脉与静脉的血液在心脏内汇入汇出，即循环系统的真相也可能在二千余年前就揭晓了。

① 即肺动脉（pulmonary artery）。

② “最上面”为心脏安放在解剖桌上所见此心房之位置。

③ 依加仑所论，亚氏所云中窍实为右心房的附窍，即右心耳。

④ 此句与前后文不符，各家诠释互异，似原文有漏误。

两支；其一引向肺部，另一引向背脊骨与颈椎的最末一节。①　15

这里，肺部本身既是两开的，伸到肺部的血管也开始枝分为二；嗣后便沿着每一管道，每一孔隙枝分而延展，较大的血管沿着较大的气孔，较小的血管沿着较小的气孔，这样连绵不绝的延展终于使肺部任何一个角落无不满布有气孔与血管；这些血管的末梢　20 愈引愈细，终至不能辨认，而实际上整个肺部看来就处处充溢着血液。血管的枝分亘在从气管延伸入肺部的支气管之上。那一支延伸向颈椎与背脊的血管②继而沿着背脊骨折转；这里的脉络，荷马　25 的诗句③也曾涉及：——

〈当索洪转身的一霎，安底洛戈
的标枪〉直穿他的后背，
枪尖戳破了从脊梁到颈项的
血管，予以狠毒的创伤。

由这血管延伸若干小血管，行经每一肋骨与每一脊椎；这血管的本　30 支到了肾脏上面的那一节脊椎便两边分开。许多血管分支就像这样的方式从大血管散布开来。

但在所有这些血管的上面，那个与心脏相联系的血管本支又　35 向两个方向分枝而延伸。这些分支④引出体侧而至锁骨，继续进行，于人类则通过腋窝以入于臂，于四脚动物则入于前腿，于鸟则　**514**[a] 入于翼，于鱼则入于上鳍（胸鳍）。这些血管，在未分支前的那一

① 这里照原文直译。所叙不甚精审；似乎亚氏知肺部血管分布的概要而尚未详悉其分支的实况。

② 即腔静脉（vena cava）。

③ 荷马《伊利亚特》xiii，546。所戳破的血管为上腔与下腔静脉。

④ 即无名静脉（the innominate v.）与锁骨下静脉。

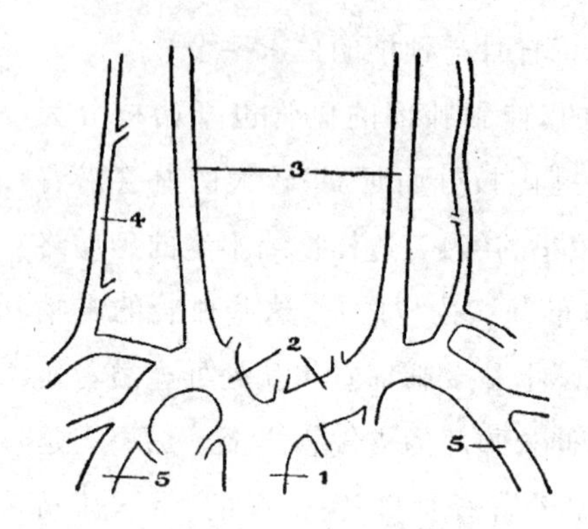

1. 上腔静脉　2. 无名静脉
3. 颈内侧静脉　4. 颈外侧静脉
5. 锁骨下静脉
图 5. 上腔静脉与其分支

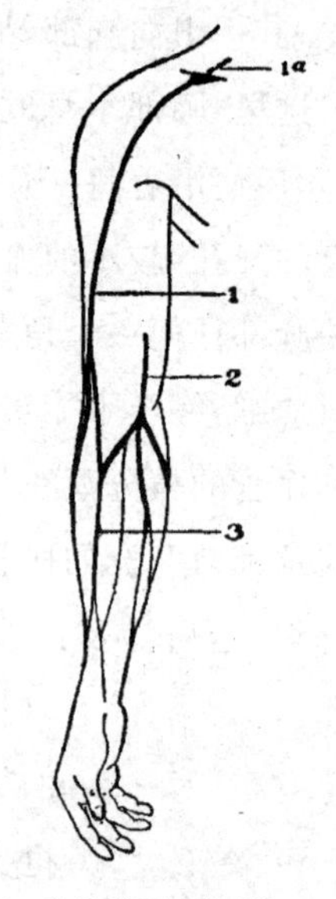

1. 头静脉(有时延长至 1a 而入颈外侧静脉)　2. 贵要静脉(即肝静脉,向上会合于腋静脉)3. 皮下静脉
图 6. 臂表面静脉

段干线称为“齐颈脉”①,而在[从大血管]②分支至颈项时,它们是与气管并行的;倘偶然有人,被在颈外扼住这些血管,虽气管并未完全窒塞,他也得失去知觉,闭拢眼睛,直躺于地。它们照上述方式夹着气管进行,直至下颌与头颅会合处而达于耳。由此它们另又分出四支③,其中之一④弯曲而下降过颈与肩⑤,与先行

① σφαγίτιδϵs 直译为“齐颈脉”,即现代解剖学上之颈内侧静脉(internal jugular v.),参看赛尔修:《医药》ix,1:“食道右左两边的大血管称为‘齐颈脉’及其间动脉之称为‘扼颈脉’(καρωτίδϵs)者分别进行至外耳而止。”

② 伽柴译本无此数字。

③ 右左各二。其一支包括面颊静脉(facial v.)与单独伸入锁骨下的颈外浅静脉(external jugular)。

④ 应为“两边各一”或“其中之一对”,实指颈外侧静脉。

⑤ 即“头静脉”。这一静脉通常多进入腋窝,但亦常有延越过锁骨而接通于颈外侧静脉者。

之枝分血管[①]在臂弯处相值,而其余分支血管则伸至手与指而终止。

另一对[②]血管从耳附近延伸于脑,再分支为若干精细的血管[③],进入包裹全脑的脑膜。在一切动物中,脑本身均无血,无论 15 大或小的血管都不进入脑中。从最后述及的那一对血管所析出的分支血管,还有些包围着头部,另些则绕转而汇合于头部诸感觉器官与牙根之间,这些屡经支分的血管是异常精微的。 20

章四

两条主要血管中的较小一条,即所称为挂脉(上腔大动脉)的那一条,支分亦如上述情况,并与那些从大血管(上腔大静脉)来的 25 枝分相并行;仅有的不同是从挂脉来的分枝血管皆较小,分枝数目也较少。在心脏以上部位所见的血管情况就是这些。

另在心脏下面引出的一段大血管(下腔大静脉)自由地下垂 30 着,穿出横膈膜,与挂脉一起在背脊骨间有松弛的膜为之联结。由此引出一支短而宽的血管通过肝,[④]从这血管支分有若干小血管进入肝内而消失。那通过肝的血管分开成两支,其一[⑤]终止于所 35 称为"横膈"的膜上,另一继续向上通过腋下而入右臂[⑥]与其他血 514b

① 头静脉与锁骨下静脉及贵要静脉有血管网线(anastomosis)相通。

② 指颈内侧静脉。

③ 当指脑外围各静脉以及脑膜上诸静脉窦,如横窦(the lateral sinus)、海绵窦(the spongial sinus)等。

④ 即肝静脉与门静脉(heptic and portal veins)。

⑤ 即横膈下静脉(the phrenic inferior)。

⑥ 这样的静脉,动物或人体内实际是没有的。这可能对奇静脉(vena azygos)的观察失实而误会了它与贵要静脉相通。下文所述左侧静脉入臂之误相似。

管在肘内汇合；正因为脉络在这里汇通之故，当医生切开一个病人肘上的血管而放血时，病人便觉肝部的痛楚顿减。由左边则引出一支短而厚的血管至脾脏，若干小血管从这支血管枝分出来，消失于脾脏之内。从大血管（下腔大静脉）在左侧分出了另一支，这支上升的情况与顷所述右侧的一支相似，而进入左臂；它们之间仅有的分别，只其一是通过肝，再引向上行，另一则到了脾脏处，便径折向上行，与进入脾脏的那些血管是相分离的。

又，大血管另有所枝分；其一至肠膜，另一至胰，从这一血管枝生有若干血管，经行于肠间膜中。所有这些血管汇合于一条单行的大血管，沿着整个肠与胃而至食道：在这些部分，树枝状的分蘖血管甚多。①

既经上述分枝之后，原挂脉（动脉）与大血管（静脉）干脉进伸至肾脏；在这里它们更相靠近而系属于背脊，于是各自分为两枝，作 Λ 字形，而大血管便落在挂脉的后边。但挂脉之系属于背脊却主要是在心脏附近区域开始的。这里有一些小而多腱的血管为两者之间的联结。挂脉正当它从心脏引出时是一支容量相当大的管道，但在前进的途中，这就逐渐缩小而愈益强韧。从挂脉延展于肠间膜若干血管②的情况与从大血管那里来的分枝相似，只是从挂脉来的分枝比起来要小得多，这些小动脉确实狭细而是纤维质的，它们的末梢终结为若干纤维质的微小圆血管③。

---

① 所言肠间静脉（the mesenteric veins）大体详确，惟肠间脉与门脉及肝脉相通之情况未经叙明。

② 即肠动脉（coeliac a.）与肠间膜动脉（mesenteric a.）。

③ 原文 κοίλοις，“洞孔的”；狄校本依梅第基抄本，A^a 抄本，C^a 抄本，与威廉拉丁译文“variis”，作 ποικίλοις，“杂色的”；依汤译本，校作 κυκλικοῖς，“圆而小的”。纤维质血管（φλέβες ἰνώδες）参看前文 489^a23。

从挂脉(动脉)来的血管没有一支进入肝脏或脾脏。[①]

这两路大血管各有枝分延展向两胁,[②]这些分枝皆约束在骨上。大血管与挂脉也均有管道[③]引至肾脏;但它们并不进入这器官的空腔,只是它们的树状分枝却透入了肾组织。从挂脉另出两条强固而连续的管道,[④]进行至膀胱。[由肾孔导出的其他管道也绝不与大血管相通。两肾的中央各有一腱质管道[⑤],沿背脊骨行进,通过腰部;]这两血管渐渐地各自消失于两胁而隔不多远又在相应的胁下分别再现。这些血管的末梢系属于膀胱,也[⑥]系属于雄性动物的阴茎,如为雌性则系属于子宫。从大血管来的血管均不延展至子宫,但从挂脉来的许多血管分枝则连接于子宫并且是紧密地结合的。

又,挂脉与大血管在它各自的分歧点上另还引出有其他的分支血管。其中有些大而空洞的血管,[⑦]先进行到鼠蹊部,再由此继续下行,通过腿而终止于趾。另又有一系血管经鼠蹊部与股间,作袜带交叉的形式,从左至右一行行的延展至膝腘部而与其他血管

30 35 515a 5 10

① 参看上文,513a32 注末节。

② 即髂总动脉与髂总静脉(the common iliac v. and a.)。

③ 此句曾见于本书卷一,章十七,497a4。

④ 这些管道似指精囊动脉(spermatic a.)。奥-文诠注为尿囊横韧带(ligamenta vesicae lateralia),并非血脉。

⑤ 原文 φλεβων,“血管”或“静脉血管”,此处不合。各家校订多互异,现译作“管道”。此处所实指当为输尿管,参看《构造》卷三,章九,671b16。《赛尔修》iv,1:“从肾脏延伸到尿囊的一条白色管道,希腊人称为输尿管(οὐρητῆρα)”。依奥-文译本加[ ]。

⑥ 狄校认为应删 τὴν κύστιν καὶ(“系属于膀胱,也”)数字。

⑦ 指髂总动脉与静脉及其分支血管。Δ 管道原应中空,原文 μγάλαι καὶ κοίλαι,“大而有空洞的”血管,当系与纤维血管中不能明识的管道对比而言。

相会合。①

上项叙述,于血管的行径以及它们各段发生分歧的要点已有 15 所阐明了。于所有有血动物,这里所陈说的主要血脉之分歧点和行径大体皆相符合。但于整个血脉系统而论,则所有动物并不一律相同。事实上各种动物的各个器官位置既不尽相同,而且有些动物所具备的器官另些动物却并不具备。同时,即便上项叙述尚 20 属合宜,这却不是任何动物均可用来证验其精确无误;但在体型相当巨大,内含有充分血液的动物而论,这些叙述确是极易证验的。至于小动物和血液稀少动物,或由于本身天赋的原因或由于体内脂肪充溢之故,这就不能同样达成完全精到的考察;血少的动物, 25 管道易被窒没,有如水渠为烂泥所淤塞一样;②另些小动物仅有细小的少数纤维管作为血脉。但在所有这些实例中,虽是小到渺不足道的动物,它的大血管总是可得明显地辨认的。

章五

动物的肌腱具有如下的性质。肌腱的起点亦在心脏;③心脏 30 内最大的窍便具有肌腱,而挂脉(动脉)则为一个类似腱质的血管,事实上动脉管的末梢简直就是一个腱,那延伸着的末梢不复是一个空洞的管,而恰像腱的末端约止在骨关节上一样。可是,这该记得,肌腱的延伸不像血管那样从起点开始后便连绵不断地进行。

515b 因为血管〈的勾勒〉可得全身的轮廓,像一个动物体型的素

① 盖指腿静脉(the saphenous veins)内血管网线。

② 柏拉图:《蒂迈欧》77G;《构造》卷三,章五 668a14,29;《加仑全集》"各种机能的性质"(de Nat. Fac.)ii,210,K。

③ 《构造》卷三,章四,666b17。

描[①],这样,于消瘦了的动物看来好像它整个体构充满着小血管[②]——因为肥胖动物周身充满脂肪之处便是瘦动物充满小血管之处。——至于肌腱只配属在骨骼的转折与关节之间。肌腱自某一共同的开始点延展以后,倘也是连绵不断的,那么这连续性便该在消瘦动物中认见了。 5

在跳跃时表现得十分紧张的构造,即膝腘部,是一个重要的肌腱系统;另有一个双腱,被人称为腓踵腱[③];在高度发挥体力的时刻,还有其他的肌腱各各会被运用;这些,有如后张肌[④]与肩肌[⑤]便是。其他没有专名的肌腱各各位置于骨端挠曲的区域;所有的骨,其互相结合全仗肌腱,一切骨骼附近全布满为数甚多的肌腱。只是,这里该顺便说明,头上无腱;头颅是凭颅骨合缝结合的。 10

肌腱的横向易于撕裂,纵向不易断,而能担负相当强大的拉伸。与肌腱相关处常发生有一种黏液,色白而似胶质,看来肌腱是由这种物质造成而予以维护的。血管可以施行烙炙,但烙炙若施之于腱筋,这就立即皱缩;倘在肌腱的底部施以切割,已切下的部 15

---

① τοῖs γραφομένους κανάβοιs,"〈动物〉体型的素描"。希茜溪《希腊辞书》中 κανάβοs 释为塑像所用的木制模型。依《生殖》卷二,章六,743^a2 柏拉脱译文,可作"解剖图"。

② 《柏里尼》xi,89。

③ (一)τένων,腓踵腱,依希茜溪《希腊辞书》τὸ ἐν τῶι τραχήλιοι νεῦρον 释为"在颈项间的筋",当即今所称 ligamentum nuchae,"后颈韧带"或"斜方肌"。(二)上一分句 ἰγνύα,"膝腘部",指大腿与膝后面的肌腱系(poples)如股二头肌等,亦可能为 tendo achilles(阿溪里腱)即连接腓骨与踵骨的肌腱(十字韧带);参看《医学辑存》43 页,卢夫斯语录。

④ ἐπίτονοs,"后张肌"一词,曾见于柏拉图:《蒂迈欧》84E。此处未能确定其所指之部位。

⑤ ὠμιαία,"肩肌"(可参看《加仑全集》xviii A.,386,K)即三角肌(δελτοειδήs)。

20 分便不会再行黏结于原处。[①] 全体构中凡有肌腱处只有某些部分是麻木的。[②]

于脚、手、肋骨、肩胛骨、颈与臂等联结处各有一个极广被的肌腱系统。一切动物之有血者,亦必有肌腱;但在那些肢体不作折曲的动物,实际上便可说是无手无脚的动物,肌腱就细薄而不显著;这25 样,人们应可预想,鱼类的肌腱基本上只有在鳍的连接处才能认见。

章六

"伊纳斯"[③](ἶνὲς,纤维联结组织)是一些介乎肌腱与血管的事物。这些纤维组织中有些充储液体,即清血浆(淋巴液);它们从肌腱通入血管,又由血管通入肌腱。[④] 另还有一种"伊纳斯"(纤维30 素),可在血液中发现。这种纤维素倘留存在血液中,这血液便能凝结;倘这被除去或抽出,血便不复能凝。可是,这种纤维性物质虽在很多动物血内找到了,却不是一切动物的血中都备有此物。举例言之,如鹿[⑤]、麇鹿(麏)、波巴洛羚[⑥]以及其他一切动物的血

---

① 《柏里尼》xi,88。

Δ② νεῦρα 原意为"弦索",在古希腊生理学中作"筋"或"腱"。在近代生理学中取此字为"神经"。亚氏已辨识动物体各部位有灵敏度不同的感觉,但未将感觉神经自肌腱析离。《柏里尼》,书中"nervi"亦指诸肌腱,xi,88:"肌腱倘经切割便不能重行联结,而奇怪的是肌腱被切开时……不感觉痛楚。"

③ 参看《构造》卷二,章四。

④ 此句原文费解。若依斯卡里葛的拉丁译文翻译,应为:有些伊纳斯异于肌腱而近似血管,又有些则不像血管而近似肌腱。

⑤ 参看下文 520^b24;又《构造》卷二,章四,650^b15;《气象》卷四,章七,384^a26。

⑥ βούβαλος,"波巴洛",《柏里尼》(viii,15)谓是"非洲那种类似犊与鹿的兽名"。居维叶考证为北非的"麇头羚羊"(alco-cephalus),学名便称Antelopebubalis,"波巴洛

中，我们就没能发现这纤维性物质；由于缺乏这物质，这些动物的血不能像其他动物的血那样作同等程度的凝结①。鹿血的凝结程（516a）度略等于野兔血：它们的血虽能沉凝，但不能像普通动物一样凝成硬块或冻胶状，只能凝到那种未曾在干胃膜中酪化的凝乳状。羚羊的凝血比鹿血凝块稍硬一些，略似绵羊血的凝块，仅仅稍软一（5）些。血管、肌腱与伊纳斯（纤维组织）就是这样的。

章七

在动物中，所有的骨均联结于一骨②，而又互相联结着，像血管一样，具有一个连续不断的程序；没有哪一支骨是分离而独立的。（10）

凡属有骨的动物，它们整套骨骼的起点是背脊骨。脊梁是由若干脊椎组成的，从头延伸到腰部。脊椎各有罅孔，脊梁上端，头部与最高一节脊椎相连接，头的骨质穹形称为“颅”，颅骨上的锯齿状线称为“合缝”。（15）

各种动物的头颅形式殊不相似。有些动物例如狗的头颅骨是无分划的独块；③另些动物例如人，这是若干块构成的；在人这品种中，女的合缝是圆的，男的合缝有三线作三角式的汇合；④曾闻（20）

羚”。参看《构造》卷三，章二，663a11；奥璧安《狩猎》iii，300；斯脱累波：《地理》xvii，3、4等。

① 参看《柏里尼》xi，90。据说狩猎中被追逐的野兽之血不能完全凝结，参看约翰·亨特《文集》(John Hunter's *Works*)i，239页。

② 即“脊骨”。参看《构造》卷二，章九，654b12。

③ 埃里安：《动物本性》iv，40。

④ 参看《希罗多德》ix，83；《医学辑存》34页。女人颅骨“合缝”(ρ ἁφή)实与男人无异。亚氏不可能遭逢一个特殊的女头颅。但渥格尔注释《构造》卷二，章七，653b1举

有某些特例，说是有人的颅骨全无合缝。颅骨不是四块而是六块组成的；在两耳附近的两块较其他四块为小。由颅骨延伸出颌骨而组成的为上下颌。[一般动物运动其下颌；河鳄是惟一运动其上

25 颌的动物。][①]牙齿排列在颌上，牙齿为骨质所成，下半有罅隙；这种骨是惟一的坚骨，施以刀锥时它不受刻划。

背脊骨[②]的上部延伸有锁骨与肋骨。胸部依凭于肋骨；这些

30 肋骨末梢相接触，另有些肋骨末梢不相接触；[③]各种动物的腹部都没有骨。[④]于是而及肩胛骨和与之相连的臂骨，臂骨又相连于手掌诸骨。动物之有前腿者，其前腿骨骼与人臂骨骼相似。

35 在背脊骨以下，跟着后臀骨的有髋臼窝；接着是股骨，包括在

516b 股部的那些骨；以下为腿骨称为"戈里内"[⑤]，凡属有踝的动物，这支骨的一部分即踝骨，还有一部分即所谓"伯里克羯隆"[⑥]与这些骨相连接的便是脚内诸骨。

5 于是，凡动物之有血有足而又为胎生者，其骨骼相互间无大区别，仅于软硬与大小相对地有所差异。这里，应当说到另一差异，

罗基坦斯基《病理解剖学》(Rokitansky：*Path. Anat.*)iii，205，谓孕妇头颅合缝发生不同程度的消失现象，并不稀奇。哈杜因(Harduin)诠释《柏里尼》xi，48与本书此处相符章节云，古人臆想头发螺纹的分披与合缝有关。

① 已见上文，492^b23。

② 原文 ἀπὸ δὲ τῆς ῥάχεως ἡ τε περόνη 中 περόνη 一字在亚氏书不作骨名解，在其他古籍中有解作腓骨(fibula)者，此处均不能通晓。依汤伯逊校改为 ἄνω δὲ τῆς ῥάχεως ἦπεραίνει 译。

③ 胸部末数肋骨较短，不于胸前合围。

④ 《构造》卷二，章九，655^a1。

⑤ "戈里内"(κωλῆνες)为包括胫骨与腓骨等小腿部骨骼之总名。

⑥ "伯里克羯隆"(πλῆκτρον)原意为"琴拨"，作骨名解应为鸟的距骨。但常例"距骨"，亦称"踝骨"。此处上文既言踝骨，"伯里克羯隆"或非鸟距。依希茜溪《希腊辞书》，伯里克羯隆可作股骨头部联于髋臼窝的部分。

即同一动物身上，某些骨内有髓而某些骨内无髓。这些动物，以狮[①]为例，由于它只有少量贫薄的髓存于少数骨中，在偶加检看时好像所有骨骼都无髓；实际上，在它的股骨与臂骨中找到了髓。狮骨硬得异乎寻常；倘把两狮骨用力相擦，它们会像燧石那样爆出火星，狮骨就有那么硬。海豚有骨而无鱼棘刺。

其他动物之有血者，如以鸟类为例〈与上述的骨骼相比较〉，相差甚少；另些，如鱼类的骨骼亦可与之相似；至于胎生鱼类，如软骨诸品种则具有软骨脊椎，[②]卵生鱼类的脊椎则与四脚动物的背脊骨相符应。鱼类骨骼有这样一个特质：有些鱼的肌肉中到处可以找到散布着的细棘刺。蛇的构造与鱼相似，它的背脊骨也有棘刺。[③] 于卵生四脚动物而言，凡较大的骼型或多或少地总是骨质的；其较小者或多或少地有棘刺。但一切有血动物均具备某一形式的一支脊骨：或由骨组成或由棘刺组成。

〈除脊椎骨外〉骼型的其他部分，则有些动物所具备者每不见于另些动物，这些部分骨骼或棘刺之备与不备当然是跟着那动物于这部分器官之备与不备而发生的。动物之无臂腿者便不会具有肢骨；相似地，动物之具有相同器官而其形式不同者，其骨骼亦必相异，这些动物的相应骨骼互较时便可见其相对地有增有减，有盈有缩，或不作同等的较量则在比拟上也可计论其间的差别。动物的骨骼体系或棘刺体系就是这样。

---

① 《构造》卷二，章六，651^{a}37；章九，655^{a}14；《柏里尼》xi，86。又，《希罗多德》iv，53；《安底戈诺》80；《埃里安》iv，34。

② 《构造》卷二，655^{a}24，谓软骨鱼体泳进时作摆动式，故其脊骨应需柔软。

③ 《构造》卷二，655^{a}21，谓蛇骨如鱼之棘刺，惟蛇之特大者，体特强，具有较硬固的脊椎。

章八

软骨[①]与骨性质相同，而有盈亏强弱之异。软骨性质之恰与
35 骨相同者，倘被割除便不能再生。陆地胎生有血动物的软骨造型
517^a 无罅孔，其中无髓，这与骨不同；可是，软骨鱼类——这该予以注意，它们是软骨而有棘刺的——可[于扁平诸品种的例中，]在背脊骨这区域内见有与骨相拟的软骨样的物质，而其中却有与髓相似的液体。[②] 于胎生动物之有脚者，可在耳鼻区域与某些骨端周遭
5 找到软骨构造。

章九

又，另有一些部分，其型式与上述者不同，而又非绝然相异，这些便是指或趾甲、蹄、爪、与角；顺便提到这还有像鸟类那样的嘴
10 (喙)，另有若干种动物也是具备着的。所有这些构造都易被切开而可挠曲；至于骨是既不能撕裂也不可挠曲的，但骨硬脆而可被压碎。

角与指甲与爪与蹄的颜色，随皮色发色而异。[③] 动物之皮为
15 黑为白或为中间色调，其角与爪或蹄亦依例为与之可相匹配的色调。指甲亦然。可是，齿色却与骨色相符。这样，黑人，如埃塞俄比亚等国人，齿与骨俱白，而指甲黝黑如其全身之皮肤。

20 角系属在头部突起的骨上，在系属处一般中空，上行至末端而

① 《构造》卷二，章九，655^a32；《柏里尼》xi，87。Δχόνδρος 英译作 gristle 或 cartilage，“软骨”。本译文中，(1)一般解作软骨；(2)于 493^a30，495^b10，12，497^a26，500^b21，510^b11 等处，χονδρῶδης(软骨样物体)解作“弹性肌”。

② 《构造》卷二，章六，652^a13。

③ 《生殖》卷二，章六，745^a22；卷五，章四，784^a42，章五，785^b3。

内实，又角皆单行而无分枝构造。惟牡鹿在一切动物中为例外，它的角通体全实，[①]具有枝状叉角。又，照我们所知，其他动物都不蜕角，惟鹿若未经阉割，每岁必蜕角；关于阉割所起的效应我们将在后详予陈叙。[②] 在苐里琪亚和其他地方可以见到牛类有能转动其角如转其耳朵的，[③]这样看来，〈它们的〉角与其说系属于骨，毋宁说是系属于皮上的。 25

于动物之具有指甲或趾甲者——这里还得顺便说起，一切动物之有趾者必有趾甲，凡有脚者必有趾，惟象为例外；象趾无显明分枝而隐约可见其关节，但绝无趾甲[④]——于动物所具的指甲或趾甲，有些如人是直指甲；另些，如走兽中之狮与飞禽中之鹫是弯指甲（钩爪）。 30 517[b]

章十

以下所述为毛发和与毛发可相比拟的部分以及肤或皮。一切胎生动物之有足者均有毛；[⑤]一切卵生动物之有〈四〉足者均有角质似的棱甲；鱼，惟独鱼，有鳞——这里是说卵生的鱼之具有粒团 5

---

① 本书卷二，500[a]6；《构造》卷三，章二，663[b]12；《柏里尼》xi，45。

② 下文卷九，章五十，631[b]20。

③ 动物之能转动其角者迭见古籍：奥璧安：《狩猎》ii，94；安底戈诺：《异闻志》81；埃里安《动物本性》ii，20；xvi，33 等；《柏里尼》xi，45；西西里岛第奥杜罗：《史存》（Diodorus：*Bibliotheca Historica*）i，201；福修斯：《书录》1363 页等。近代著作涉及此题者施那得曾引洛布斯《阿比西尼亚志》（Lobus：*Desc. de l'Abyssinie*）i，88 页："这里的牛，角软，两边下垂如两支断臂，这真不能算是角。"贝克曼：《古代旅行记事文学》（Beckmann：*Litteratur der Ältesten Reisebesbreibungen*）i，566 页保存有类似的记载。弗拉戈尔《马特伽斯加大岛志》（Flacourt：*Hist. de la grande ile Madagascar*，1661 年）记有类似的牛种。

④ 本书卷二，497[b]23 等节。

⑤ 《柏里尼》xi，94。

卵块者。至于细长鱼，海鳗〈康吉〉没有这样的卵，河鳗鲡也没有，而海鳝(鳗鳝)是全没有卵的，[1]这些鱼就没有鳞。

毛发因其生长所在位置的不同，而有粗细之异[2]及长短之异。常例，皮愈厚者，毛愈硬而愈粗；体之凹陷而润湿之处，如果适宜于毛的生长，此所在之毛当茂盛而特长。动物之被覆有鳞片或棱甲者事实上亦有相似的常例。软毛发动物倘饲养特加丰厚则其毛发增硬，而毛发粗硬的动物则因营养良好而毛发稀减并转软。毛发亦随动物生活区域的变迁而起性质之异：人类的头发便恰乎如此，在热带生活者其发粗硬，在寒带者细软。又，直发多柔顺，卷发多蓬松。

章十一

毛发是自然地可以扯断的，各种动物在这方面的程度各有差别。有些动物的毛发逐渐加硬而成为刚鬃，终至于不再像毛发而像棘刺，猬便可举以为例。[3] 于指甲或趾甲而言，情况也相似；于有些动物，趾甲的硬实程度之差别不殊于骨的情况。

于一切动物中，人的皮肤最为精细：这所谓精细是凭它与一切动物体型的相对大小而论的。[4] 一切动物的皮〈人肤或兽皮〉里都有一种黏液，有些动物较为涩少，有些动物较为丰富；例如牛皮便是富于这黏质的，人们用它制成凝胶——顺便说起，也有些胶是用

---

① 本书卷四，538^{a}3，卷六，567^{a}20 等节及注。

② 《生殖》卷五，章三，782^{a}1。

③ 本书卷一，490^{b}28；《生殖》卷五，章三，781^{b}33。

④ 《生殖》卷五，章五，785^{b}8。

鱼制成的。皮肤倘被切割,本身是没有感觉的;[1]这于头皮特为明显,因为在头皮与头颅之间,没有肌肉存在。凡皮独自存在之处, 518a 倘从底部予以切开,这就不能再生而愈合,颔之薄处[2],生殖器之包皮以及眼睑皮[3]都是这样的。一切动物之皮是各种连续而不断的构造之一种,[4]皮的延伸终止于原生诸管道的泄出口,[5]也在口腔与指甲或趾甲处终止。

于是,一切有血动物都有皮;但所有这样的动物,除了上述情况外,并不全有毛发。[6] 动物年老则毛发变改,[7]于人而言便转出白发或灰白发。[8] 于动物而言,一般都有毛色之变,但不甚明显,例如马毛随年变色便没有人发那么明显。[9] 毛发变为灰白,自发尖开始而下达于发根。但大多数的实例表明灰白发常在早年即便发白;有些人认为发之灰白色为衰朽或凋谢之征,实际上这是不确实的;毛发果真衰朽,便应脱落,因为凡物之已入衰朽者便不能获得其存在。

感染于一种突发的疫病,所谓"白色病"的人,发全变灰白;我们知道有些病例,病人染疫时变白的毛发在病愈后脱落而重生黑发。[常被覆盖的毛发较之暴露于外的毛发容易转变为灰色。][10]

---

① 《构造》卷二,章十,656b6。

② 指面颊。

③ 本书卷一,493a27。

④ 上文已言明血管及骨两者为连续的全身构造;肌腱则不是全身连续的。

⑤ 参看《构造》卷三,章十四,675b20。

⑥ 本书卷一,490b26;卷二,498b16。

⑦ 《生殖》卷五,章三至六;又《颜色》章五,章六。

⑧ 《集题》卷十,章六十三,898a31。

⑨ 《生殖》卷五,章五,785a11。

⑩ 依狄校本加[　]。

于人而言，两鬓的发最先变色，[①]后头的发比前额的发迟于转灰；阴毛变色最晚。

20　有些毛在动物诞生时俱生，另些毛则在长大(成年)后才茁生；但这样情况只见于人类。胎毛是在头、眼睑皮、与眉上；后生毛先茁长于阴私处，其次见于腋窝，再次见于下颌；这是足够诧异的，胎25毛与后生毛各在三处生长。年龄增高时，头发比于他处之毛萧疏更甚，脱落更多。但这一情况只可适用于前头的发；没有见过后头尽秃的人。头顶光滑称为"秃顶"，而鬓际光滑则别为"秃额"，两种秃发都须在人们受有性欲影响以后才会发生。小孩曾无发秃者，30女人亦然，阉人亦然。[②] 事实上，倘一个人在成年以前被阉割，后生毛便永不茁生；倘阉割手续在成年以后施行也只有这些后生毛脱落；或者说得确实些只有两种后生毛脱落，阴毛并不脱落。

35　女人下颌无须；偶有殊例，妇女在月经停止后会长出些稀零的须；加里亚的女巫[③]有时也曾发生相似的现象，但这样的变异被认518b为是灾难来临的预兆。其他后生毛则为女人所同有，但较男人为稀疏。男与女都有由于天赋而不茁长后生毛的；在阴私处缺乏后生毛的人被认为在天赋上缺乏生育能力。

5　常例，毛发与年而俱长；头发先见增长，其次胡须；发愈细者长得愈长，有些人到年老时眉毛长得愈浓，[④]以至于必需剃去一些；

---

① 参看亚里斯托芳剧本《骑士》520。

② 本书卷九，631b31；《生殖》卷五，章三，784a4；《集题》x(57)897b23。又，《希氏医学全书》"要理"vi，28(iv，571，L；iii，753，K)；卜费里：《汇要》(Porphyry：*de Abstr*.)233页；《柏里尼》xi，47；《安底戈诺》109，118。

③ 《希罗多德》i，175；viii，104。

④ 《构造》卷三，章十五，658b20。

眉毛生在两骨交接处，这些骨在年老时渐相脱离，而黏液的分泌逐渐增进，因此这里的毛也就逐渐茂盛。睫毛不与年俱长，但人在发生性欲行为后，睫毛会脱换，性欲行为愈增则脱换亦愈速；睫毛在各种毛发中最后才变灰白。

毛发在成年以前拔除者能重生；但在既成年后拔除者不〈易〉重生。每一毛发的根部均供应有一种黏液，新拔出的毛发倘与轻微物件相接触，它能黏着而提起这些物件。

动物之同种而毛色有异者，皮色与舌苔之色宜必有相应的差异，①以为此色差的根源。

有些人上唇多髭，下颌多须，丛生而密蔽，另些人唇颔光滑而两颊多胡；据说无须的人较少秃须，多须则易秃。

在某些疾病，尤显著的为痨瘵期间，毛发有长长的趋向，在年老和在死后，毛发也会长长；②在这些情况之下，毛发在生长中同时变得更粗硬，这种既长而又粗硬的现象，在指甲方面也可见到。

性欲强的人胎生毛脱落较早而后生毛则茁长较速。凡有血管(静脉)肿胀病③的人毛发比较的不易秃脱；即便在病时秃失，也有

---

① 本书卷六，574^{a}5；《生殖》卷五，章六，786^a，21。《柏里尼》viii，72：牧羊人注意公羊口腔，认为公羊舌下血管(sub lingua venas)颜色可决定所生羊羔的毛色。参看哥吕梅拉：《农艺宝鉴》(Columella：*De Re Rustica*)vii，3；《农艺》xviii，6。

Δ达尔文《动物驯养与植物栽培所引起的变异》(*Variations*)卷二，325页：大家都知道，动物毛色与皮色之变异常相符应，故魏尔吉尔奉劝牧人检看公羊的口舌是否有黑色，以免将来诞育非纯白的绵羔。达尔文所引魏尔吉尔语见于：《农歌》(Vergi lius：*Georgics*)iii，387。

② 公元后第四第五世纪间作家辛内修斯：《誉秃》(Synesius：*Encomium Calvitii*)75页，谓在埃及，凡经痨瘵而治愈的人，毛发皆疏落。有些死去的人在皮肤上遍生短毛；到下年，须发均增长。参看忒滔良：《生命(灵魂)》(Tertullian：*de Anima*)第51章。

③ ἰξία或κιρσὸς解作“血管(静脉)肿胀”(varicose veins)。参看浦吕克斯：《词类汇编》iv，196：下腹、阴囊、膝腘、胫、脚背等部血管肿胀称为“伊克雪亚”或“基尔索”病。

随后再生的趋向。

一株毛发,倘被剪断,它不从剪处生长而从根向上生长。于30 鱼类而言,鳞的生长随年龄而愈厚愈硬,[①]这类动物在消瘦及衰老时,鳞长得更硬。于四脚兽而言,在它们年老时有些种属的毛与另些种属的绒毳长得愈稀但愈长;蹄或爪则长得愈大;于鸟类35 而言,则喙的情况亦复如此。鸟兽的爪之增大类于人的指甲之增大。

章十二

519a 于有翼动物之如鸟类者,除玄鹤[②]以外,均不因年龄的缘故而至于羽毛变色。这种鸟的翼原先为灰白色,迨老寿则转黑。又,鸟类的全身羽毛之为一色者有时见到它受特殊气候的影响而发生色5 变;[③]例如在寒冬的严霜中,鸟类之羽毛黯黑或全黑者,如大乌、麻雀与燕转成白色或灰色;但白色变黑色的实例迄今还没有听到过。[又,好多鸟在每年的不同季节改变全身羽毛的颜色,[④]这种改变大到这样的程度,不知它们这种习性的人往往误当它们是另一种鸟了。]

10 有些动物因饮水的改变而转换毛色,[⑤]有些国内同一品种的动物在一区域为白色者,入另一区域而为黑色。于雌雄性的媾配上,某些地方的水也表现有特殊性质,凡公羊在饮这水后与母羊交

① 《生殖》卷五,章三,783b6。
② 《生殖》卷五,章五,785a21;《柏里尼》x,42。
③ 参看《颜色》章五,章六。
④ 《生殖》卷五,章六,786a29。
⑤ 《集题》x(7)891b13;《柏里尼》viii,72;梵罗:《农事全书》ii,2。

配,便生黑羔,这种水的实例可举示"柏须赫罗"(φυχρός)(由于这水特冷故名"寒水"),这条河在色雷基海岸卡尔茜狄基半岛上的亚叙里底地区;[①] 还有安当特里有两条河流,绵羊之饮于其中之一河者色白,饮于另一者色黑。[②] 斯加曼特河据说也是因为它使绵羊毛色变黄而著名的,所以荷马称之为"黄河"。[③] 15 20

常例,动物体内的表面无毛,而它们四肢的末梢总是上面有毛,底下无毛。"粗毛脚"(野兔)[④] 是大家所知的惟一例外,它口内与脚底有毛。又有所谓鼠鲸[⑤],口内代替齿的有像猪鬃那样的毛[⑥]。

毛发在被剪断后,不在断处生长,而由底部向上生长;羽翮倘被剪去,断处和底部均不生长,它便脱落而换羽。又,蜂翅倘被摘除,不复重生,任何具备无分叉(非羽翮)翅[⑦] 的动物,其翅亦复如此。蜂倘失去其螫刺亦不能重生,而这蜂以后便不能存活。[⑧] 25

△① 卡尔茜狄基(Καλκιδική)半岛,由欧卑亚岛卡尔茜狄基(496^b26 地名)移民在公元前第八、第七世纪间所拓植,故以取名。亚叙里底('Ασσυρῖτης),地名今不可考。安当特里('Αντανδρία),市镇名,在米细亚(Mysia)。

② 安底戈诺《异闻志》78(84);埃里安《动物本性》viii,21。

③ 《伊里埃》xx,74。斯加曼特河(Σκαμανδρός)在特洛亚地区,今仍旧名。

④ 参看《生殖》卷四,章五,774^a35;《柏里尼》xi,94。δασύ-πους 原意为粗毛脚,里-斯《希英辞典》指为"畏葸兔"(Lepus timidus)。柏拉脱译《生殖》774^a35 注:兔属(Lepus)各品种皆口缘有须,脚底有毛。依色诺芬《狩猎》(*Cynegeticus*)v. 22—24,希腊人当时所知野兔仅有两种:一为棕褐色毛兔,另一为地中海区域之常见小兔。家兔传殖尚未东逾意大利。野兔之畏葸种由北欧向南散布亦尚未至希腊。

⑤ 原文 μυστόκητος(鼠鲸)或作 μῦς τὸ κῆτος(鲸鼠),汤伯逊认为是 μυστακόκητος(mysticetus,须鲸)之误。关于"鲸鼠"之传说见于《柏里尼》ix,88:"鲸与海鼠为盟友,鲸视觉不良,海鼠为之先导,使不致搁上沙滩。"参看普卢塔克:《海陆动物智巧之比较》(Plutarch:*de Solertia Anim.*)980 页;奥璧安动物诗篇《渔捞》v,71 等。

⑥ 弗洛宛尔与吕台克尔:《哺乳动物》(Flower and Lydekker:*Mammals*),235 页,指说亚氏这一节所云鲸鱼口内的毛,实际应是一些骨纤维。

⑦ 见于下文卷四,532^a25。

⑧ 本书卷九,626^a17;《柏里尼》xi,19。魏尔吉尔《农歌》iv,237。

章十三

30 一切有血动物体内都可以找到膜。膜形似一张组织细密的薄皮，但其性质相异，这不耐伸张也不可有裂隙。无论是较大或较小

519b 动物，每一内脏，每一支骨均有膜包围在外；但较小动物体内之膜极为微小而单薄，不易辨识。在各种膜中，最大二膜为脑膜，[①]其一衬贴于颅骨者较那另一包裹着脑的内膜为厚而强韧；次大之膜

5 为包裹心脏的一膜。倘使膜与原附着物两者被切开而相隔离，这就不能重新生长在一起，而骨之被剥脱其膜者便归坏死。

章十四

挨次说到，网膜[②]也是一种膜。一切有血动物均具有此物；但有些动物在网膜上充塞着脂肪，有些动物则无脂肪。于双齿列胎

10 生动物，网膜的起点，亦即其所系属之处，在胃的中部，在这里胃壁像有一种合缝存在；于非双齿列胎生动物则其起点与系属之处便在反刍体系中的主胃上。[③]

章十五

膀胱也属于膜质，但这是特殊的一种，因为这有伸缩性。这器

15 官不是一切动物所通有，而为一切胎生动物所通有，于卵生动物中惟龟独具膀胱。[④] 膀胱如普通的膜一样，倘被切开，不能重行合生，

① 本书卷一，494^{b}29。

② 《构造》卷四，章三，677^{b}14；《柏里尼》xi，80。

③ 参看居维叶《比较解剖》iv，87，89页。此书中的“双齿列（上下颌门牙俱全）胎生动物”与“非双齿列动物”，在《构造》中常称“单胃动物”（μονοκοίλια）与“多胃动物”（πολυκοίλια）。

④ 本书卷二，506^{b}27。

只有在尿道口部分被切割时可得愈合:这虽有些例外,割破的膀胱竟然愈合,这种殊例总是极稀见的。动物死后膀胱不复泌尿;生前则膀胱在正常的液体分泌之外,另还有干固分泌物,患有这种疾病 20 的人,这种分泌物便在膀胱中结成石块。确实已知有这样的病例,膀胱中的结石形状很像鸟蛤。

于是,血管、肌腱与皮肤、纤维与膜、毛发、指甲、爪与蹄、角、齿、嘴(喙)、软骨(与弹性肌)与骨的性质,以及与上列各物可相比拟诸部分的性质就是这样。 25

章十六

于有血动物而言,肌肉[①]以及与肌肉性质相类的事物均位置于皮与骨或与骨可相比拟者〈如棘刺〉之间;棘刺既恰属与骨相对应的部分,那么动物在棘刺体系上所构成的类似肌肉物质便也与 30 动物在骨骼体系上所构成的肌肉部分相对应。

肌肉可在任何方向予以切割,惟肌腱与血管不可在纵线上切断。当动物在施行消瘦处理时,肌肉渐行消失,这生物便成为一堆 **520^a** 血管与纤维;[②]当它们被过度喂饲时,脂肪便代替肌肉。[③] 肌肉丰满的动物,其血管大率小而血液异常红鲜;内脏亦然,胃也减小;血管大的动物,血色大率有些黯黑,内脏与胃亦大,而肌肉更较稀 5 少。胃小的动物都趋向而适合于肉食。

① 《构造》卷二,章八。
② 本卷 515^b1。
③ 《生殖》卷一,章十八,726^a6。

章十七

又，软脂与硬脂互异。[①] 硬脂在各个方向都是脆弱的，倘受严寒能被冻硬；至于软脂则常在熔态，不会冻硬；由含有软脂的动物肌肉，如马肉与猪肉，所煮成的汤未见其凝冻时，由含有硬脂的动物肌肉，如绵羊肉与山羊肉的，却已见其凝冻了。又，软脂与硬脂随其在体内之位置而异：软脂可在皮与肌肉之间找到，但硬脂只能在肌肉部分以内找到。动物之内含油脂者，其网膜为油脂所充塞。又，双齿列动物内含软脂，非双齿列动物内含硬脂。

于诸内脏之中，有些动物的肝变成油脂质，例如鱼类中之软骨鱼，其肝经熬熔可以制出油来。这些软骨鱼本身在肌肉或胃中均不见有自由油脂。鱼中所含油是软脂性的，并不硬凝。一切动物皆有油脂，或混合于肌肉之内或分离存在。没有自由脂（分离脂）的动物如海鳝，胃与网膜中的油脂也较他鱼为少，这种动物只在网膜间供应少许硬脂。大多数动物腹内保持有脂肪，那些少运动的动物腹内尤富。

内有软脂供应的动物，如猪，它们的脑有油性；供应硬脂的动物则脑部干焦。[②] 在动物中，肾脏的周遭[③] 比其他脏腑较易于积持脂肪，而右肾所积持的常较左肾略少；但无论其所积持的脂肪多么丰厚，两肾间总留有一些空隙。内含硬脂的动物，肾脏附近尤易于积持此物，绵羊特甚；这种动物竟有因肾脏为硬脂所包围而致死

Δ① 本章及《构造》卷二，章五，πιμελή（软脂）与 στέαρ（硬脂）对举；动物油软（如豚脂）硬（如牛羊脂）之别为溶解度之别。

② 《构造》卷一，章七，谓脑与髓相通而性质相反。脑浆性冷，髓液性热；髓属油性物质。依该章论述，此句内所云“脑”应为“髓”。

③ 《构造》卷三，章九，672^a2；《柏里尼》xi，81。

的。羊肾之多脂肪起于饲食过度，这种情况曾发现于西西里之留雄底尼[①]；因此在这一区域的牧人为减少牧放时间以限制饲食起见，等到太阳业已升高，才把羊群赶入牧场。 520^b

章十八

一切动物眼睛的瞳子周围部分是脂肪质的[②]，凡动物眼睛之不属硬眼[③]而具有此周围部分者，这部分的脂肪均类似硬脂。 5

肥胖动物，无论其为雄性或雌性，总是不很适宜于繁殖之用的。[④] 动物年长时比幼时更趋向于积持脂肪，于生长到达十足的高度与宽度以后肥育的发展尤为显著，这时既不能向高阔的方向生长，便只能向内部加厚其肌体了。

章十九

现在，我们进而研究血液。于一切有血动物而言，血是最普遍，最不可缺少的部分；凡不是一个衰朽或死亡的动物，这一部分便不是从外部偶然获得的物质而是与活体一直共同存在的一个部分。[⑤] 所有血液均容持于一个脉络，即血管系统之中，除血管之外，只心中有血，别处便全不见血。任何动物的血液均无触觉，[⑥]不比 10 15

① 留雄底尼(Leontini)为西西里岛首府叙拉古邻近城市。

② 原文 κοινόν(共通的)与全句命意不合。依本书卷四，533^{a}9 及《感觉》章二，438^{a}20，应为 πῖον(脂肪质的)。斯各脱(Scotus)译文作 multi sebi(饶于脂肪)，可证他所据底本实为 πῖον。

③ σκληρόφθαλμα，“硬眼”；如蟹眼那样的眼。

④ 《生殖》卷一，章十八，726^{a}3；《柏里尼》xi，85。

⑤ 《柏里尼》xi，90。

⑥ 《构造》卷二，章三，650^{b}4。

肠胃分泌（排泄）为敏感；脑与髓的情况也相似。倘这动物是活的，而且它的肌肉也没生坏疽，那么当这肌肉被切开时血便涌出。在健康状态中，血液天然是甜味[①]而红色；由于自然朽败或由于疾病
20 而变坏的血多少带些黯黑，在未曾因自然朽败或疾病而变坏之前，良好的血总是既不稠亦不很稀。在活动物体中血必是热的流质，但在流出体外之后，这必然凝结，除了鹿、麋鹿以及类此的动物外，一切动物的血都是如此；因为血中的纤维素若不被抽除，照常例它
25 是会凝结的。[②] 牡牛的血凝结最速。[③]

内胎生或外胎生的动物其血储量较有血卵生动物为更充分。[④] 或由于天赋，或由于照顾周到，而保持在健康状态的动物，
30 其血液既不过多——有如动物在饱饮以后，体内充水那样——也不太少，例如特肥时的动物。特肥的动物血液净洁，但为量特少；因为脂肪中全没有血，所以，相对地动物增一分肥，便减一分血。

521a 油脂自身是不腐坏的，但血液及一切物质如含有油脂，则加速其腐坏，与骨相联的各个部分也显见有同样的性质。于胎生动物之中，人血最为净洁而鲜亮；牛与驴血最浓，色最深。[⑤] 体内上段
5 与下段各部分的血液较之中段各部分的血液为稠为黑。[⑥]

所有各种动物的血一例都在全身的脉管中搏动，而血实为活动物惟一周流达于全身的液体，这种周流（循环）自诞生至于死亡，

① 《构造》卷四，章二，677^{a}20。
② 上文，515^{b}34。
③ 《构造》卷二，章四，651^{a}1。
④ 原句似下有阙文。
⑤ 《柏里尼》xi，90。
⑥ 《构造》卷二，章二，647^{b}34。

没有一霎停息,也没一个动物可有例外。血在动物体(胚胎)未发育成形而分离之前最先在心脏中发生。[①] 动物倘失血或为之放血,而稍至过量,它们便会晕倒;倘失血或放血之量特大,它们便会死亡。倘血液过分稀释,动物当病;血液于是转为类似"依丘尔"[②](血清)那样的稀薄液体,据说曾偶有些实例,这种液体稀到从毛孔中像汗一样渗出。在有些实例中,自血管流出的血液不能全部凝聚,只在这一点那一点上有少许凝结。动物在睡眠时,体表附近血液供应较不充分,因此倘把针刺入睡眠中的动物体,血就不至于像在它醒着时流得那么多。血是由血清(依丘尔)经调炼[③]而生成的,脂肪也相似地由血经调炼而生成。倘血感染有疾患,鼻孔或肛门会发生血漏,否则血管也要肿胀。血倘在体内腐坏便将化脓,脓随后会凝结成块。

雌动物的血异于雄动物,倘雌雄年龄及健康均相当,雌动物的血常比雄性为稠而色深;雌性体内的血比较富足而有多余。在一切雌性动物中,女人最富于血液,[④]女人的经血排泄为量最大。[⑤]在患病中的经血排泄变成黏滞的流体(白带)。除了行经以外,女人在人这品种中,实较男人所患的血病为少。女人少有血管肿胀,血漏(鼻衄与痔漏)的疾苦,倘她染有这些病患 ,月经便失调。[⑥]

血的总量和形状随年龄而有差异;很幼稚的动物血有似血清

① 《构造》卷二,章四,666^a7 等节。

② 参看卷一,489^a23 注。

③ 参看卷一,487^a5 注。

④ 《生殖》卷四,章一,765^b18。

⑤ 《生殖》卷一,章十九等。

⑥ 本书卷七,587^b33;《生殖》卷一,章十九,727^a12 等。

(依丘尔)而为量甚充分,迨其年老则血稠而量少,色深;中年动物的血质介乎上述两者。老动物的血速凝,虽体表所得的血亦然;幼
521b 动物的血便不这样。"依丘尔"实际上只是没有调制完成的血;或者这是由血还原为未经调制的清浆。

章二十

我们现在进而研究髓的性状①;这是某些有血动物体内所有诸
5 液中的一种。体内一切天赋的液体均容持于器管之内:例如血在脉管中,髓在骨内[其他润湿物各在皮或膜质的含蓄构造里面]②。

在幼动物中,髓内含血特多,但当其年龄增高时,则多油脂动
10 物的髓便转变而似油脂质,多硬脂动物的髓则转变而似硬脂质。可是,并非一切骨均含髓,只有内空的骨才含髓,而且这又不是一切内空的骨都含髓。狮身骨骼既有些全然无髓,另有些只含少量
15 的髓;所以某些作家,如上曾言及③,便说狮全无髓。猪骨中所见之髓为量亦少;有些猪,其骨骼中全不见髓。

以上这些液体几乎是常随动物诞生而具备的,乳与精液则在较晚的时期才发生。在这两种后生液中,乳是预制而常储的,任何
20 时刻均可分泌;精液则不然,这不是一切动物随时可以分泌的,只有某些动物例如鱼类,它们的所谓"索里"④才可以随时分泌。

---

① 《构造》卷二,章六;《柏里尼》xi,86。

② 奥-文与狄校皆删此短语。

③ 上文,516b7。

④ θορή"索里",在他书中作一般雄性生殖液解,此处专作雄鱼精液解。《生殖》卷一,章五,717b23;章六,718a5,类别人兽为有睾丸动物,其精液须在交配前制造,经交配而分泌;鱼则为无睾丸动物,精液预储,可以随时洒精。

凡属有乳的动物,乳汁均在乳房[①]。一切内胎生与外胎生的动物都有乳房,以一切有毛动物为例则可举示人与马;〈以无毛动物为例〉则可举示海豚、豹形海豚[②]、与鲸——这些动物均有乳房并内含乳汁。凡属卵生动物或内卵生而后外胎生动物,如鸟与鱼〈以及软骨鱼〉便无乳房亦无乳汁。[③] 25

所有的乳均由一种水浆所谓"乳清"(ὀρρός)和一种与之相调和的物质所谓"乳酪"(τυρός)组成;乳愈稠者酪愈富。这样,非双齿列动物的乳汁会得凝结,[④]所以干酪(乳饼)由驯养的这类动物的乳汁制成;双齿列动物的乳汁则不会凝结,乳内的含脂亦不凝结,这种乳汁稀薄而味甘。驼乳最稀,次则人乳,驴乳又次之,而母牛乳为最稠。乳不因受冻而凝结,受冷时反而趋于清淡,于受热后则凝聚而转稠。[⑤] 常例,动物只在受孕后滋生乳汁。当动物在妊娠期有时孳生乳汁,但这种乳汁一时是不适于饮用的[⑥],随后适于哺儿,隔一时期后又不适于饮用了。曾有应用特殊的食料使未受孕的雌动物滋生少量的乳汁。又曾确知有年老的妇女应用挤乳的方法而竟然滋生了乳汁,有些例中所生乳汁竟然足够喂一个婴孩。 30 522a 5

① 《构造》卷四,章十一,692a12 释乳房为乳汁的容器。

② 贝本及各校订本都作 φώκη,"海豹",依加尔契校为 φώκαινα,海豚属之形似海豹者(即 Dolphinus phocaena)。参看卷六,566b9。Δ 中古生物学家仍往往误以鲸为"鱼"类,至十六世纪后始知亚氏这里的分类为确实,鲸与海豚等应是水生而无毛的"兽"类。

③ 《构造》卷四,章十一,692a10。

④ 《柏里尼》xi,96。

⑤ 《生殖》卷四,章四,772a22。《加仑全集》vi,694,K。

⑥ 母牛妊娠期所生乳汁,称 colostra,"初乳";《柏里尼》xi,96,又 xxviii,33,谓此乳味恶,不适于饮用。参看哥吕梅拉:《农艺宝鉴》vii,3;安底戈诺:《异闻志》26。

欧太山[①]上及其附近居民尝取不受孕的牝山羊,用多刺荨麻
10 着力摩擦其乳房,刺激之使痒痛;于是挤其乳房,先渗出似血的液体,继则液内含有脓浆,最后便来了羊乳,恰像曾受孕的牝羊之泌乳那样流畅。

常例,男人无乳,任何雄动物也都没有乳,虽则有时也可发现乳汁;利姆诺岛[②]上曾有这样的例,一只公山羊可由它的乳头——
15 公山羊有两乳头靠近生殖器——挤出乳来,而且挤得那么多的乳,人们便用来制成乳饼;这一公羊所繁殖的公羊也发生同样的现象[③]。可是这种遭遇总引起人们的惊奇,常恐这种怪异带来什么预兆,而事实上这只利姆诺山羊的主人真去神前虔诚祈问,“神”告
20 诉他说,这是一个发财的预兆。有些男人在成年后乳房也能挤出乳汁;已知道有这样的事例,在继续不断地进行挤乳时,这男人的乳房也导出相当容量的乳汁。

乳汁中存有一种油素,这于凝乳块中显见其与油相似[④]。在西西里山羊乳与绵羊乳掺和,凡在盛产绵羊乳[⑤]的地区都是这样的。
25 最好的干制用的乳汁不仅富于乳酪,并能由此制出最干的[⑥]乳饼。

---

① 欧太山在帖撒利与马其顿之间,即今古马伊太山(Kumayta)。

② 利姆诺(Λῆμνοs)即斯大里米尼岛(Stalimene),为爱琴海内大岛,七岛相属,在塔索(Tarsus)与得尼杜(Tenedos)之间。

③ 这一现象另见于安底戈诺《异闻志》26。贝克曼《古代旅行记事文学》亦载有此事例。

④ 通常指油性物质为 λιπαρόν,“利巴隆”;在《构造》卷二,章五,651^{a}24,章七,652^{a}29 用以指示含油物质中的油素。这里的 λιπαρί τηs,“利巴力忒”应实指乳脂(butter)。

⑤ 伽柴译本作“山羊乳”(αἴγειον)。

⑥ αὐχμηρότατον(最干的)一字这里只能解作硬脂最多,油脂最少。

现在有些动物所产乳不仅足供哺儿,还绰有余裕以供制酪、储藏及一般应用。这于绵羊与山羊而言尤为显著,其次为母牛乳。顺便提起,弗里琪亚乳饼中是混有母马与母驴乳的。牛乳中的干酪较 30 山羊乳为多;牧人向我们讲起,他们由一乳桶山羊乳制出每块值一个奥布洛(小银币)[①] 的乳饼十九块,同容量的牛乳则可得三十块。其他动物,例如所有乳房或乳头超过两个的动物,泌乳仅足哺儿,不 522[b] 复有余,也不适于制酪;它们乳既不丰,人们也不用以制酪。

无花果的酸汁与皱胃凝乳[②] 用于制酪。无花果汁先行榨入羊毛绒,然后浸洗毛绒,浸出液掺入少许乳汁,倘这样的物质混于其 5 他乳中,这便引起酪化。披埃替亚(皱胃凝乳)本是一种乳,这种乳得之于正在哺乳的幼稚动物的胃中。

章二十一

这样,"披埃替亚"是乳混合了火[③] 而组成的,火出于动物的天赋热能,乳汁便〈在胃中〉凭这火受到调炼。一切反刍动物均产生"披埃替亚"(凝乳素),双齿列动物中的野兔亦有之[④]。披埃替亚 10 保存时间愈久,则品质愈佳,牛和野兔的披埃替亚在久存后,可治泻痢,而最优良的凝乳素当属稚鹿的胃内凝乳。

Δ ① 一"乳桶"(ἀμφορεύs)约 35 公升。奥布洛(ὀβολόs),希腊小银币,兑八铜圆,约当现在的英币三便士余。

Δ ② 稚牛在哺乳期间,皱胃中之乳作凝结状,可用以引起鲜乳之凝结,称"披埃替亚"(πυετία)("凝乳素"coagulum)。参看《构造》卷三,15,676[a]6。

③ 奥-文依梅第基抄本,校改 πυρ(火)为 τυρόν(干酪)。《生殖》卷二,章四,739[b]22谓"披埃替亚"是内含有生命热的乳汁:足证"火"(代表"生命热")字不误。

④ 梵罗:《农事全书》ii,11。《柏里尼》xxviii,35;xi,96。

泌乳动物的乳产量的多少，随动物体型与饲料种类而有差异。
15 举例言之，费雪斯[①]的小牛固然能产相当多量的乳，而埃比罗的大母牛[②]却日产一乳桶之多，每日挤乳[③]两次，每次各得其半，挤乳时，挤乳者必得站着而略向前倾，他如果坐下便够不着这大母牛的
20 乳头了。除驴以外，埃比罗所有各种四脚兽[④]均属大型，而比较起来，则牛与狗是体型最大的。大动物自然需要富饶的牧地，这国度恰好草地丰美，沃野盛长各种饲料，适宜于全年各个季节的牧放。这里的牛体型特大，所谓"比洛种"的绵羊亦然，那里的牧民用这一
25 种名称纪念比洛王的光荣。

有些牧草会使乳汁消竭，波斯草(紫花苜蓿)[⑤]便是一例，此于反刍动物尤为显著；另些饲料例如可底苏苜蓿与豌豆则促进它们的泌乳；只是这里应该讲明，可底苏(金雀苜蓿)在开花期间有发热
30 性质，这不宜于饲养，而豌豆则增加分娩的困难，也就不合为母牛的饲料[⑥]。可是，获得优良饲养的牲畜不仅易于受孕，亦必饶于乳

① 费雪斯(Phasis)为欧亚间戈尔戛斯(Colchis，即今高加索乔治亚)的河渠名，流入欧克辛海(即今黑海)。

② 本书卷八，595^b18；《柏里尼》viii，70，《埃里安》iii，33 等；《雅典那俄》ix，376；《梵罗》ii，5；《哥吕梅拉》vi，1 等。现代乳牛日产约半乳桶，此处所述产量甚高。

③ 依汤伯逊揣拟，改原文 μαστούs(乳头)为 μαστεύσεις(挤乳)。

④ 参看亚氏《异闻志》卷七十五，835^b27 等。

⑤ 此例，古籍多与之相反：《农艺》17：πλέον γὰρ ἕξουσι γάλα αὔτω τραφεῖσαι，"以波斯草肥育使牛羊增多乳产量。"又《埃里安》xii，11，亦云埃及公牛食波斯豆即紫花苜蓿而增肥。

Δ⑥ 此节所述豆科牧草种类(一)Μηδικὴ πόα，波斯草(Medicago sativa)，苜蓿属，通称牧草。可参看第奥斯戈里特：《药物志》(Dioscorides：*Materia Medica*)2，177；《哥吕梅拉》：ii，10；《梵罗》：i，42 等。(二)κύτισος，可底苏苜蓿即"树本苜蓿"(Medicago arborea)，为古代欧洲畜牧主要饲料。参看第奥斯戈里特：《药物志》iv，113；《柏里尼》xiii，

量。有些荚科植物[①]，例如用豌豆，大量地喂给母绵羊、母山羊、母牛以及小雌山羊，可使它们滋生大量的乳汁；这种饲料会使它们的 523[a] 乳房下垂。又，这里顺便说起，在分娩以前乳房向地面下垂就是来日乳多的征象。

雌动物倘与雄动物隔离，并予适当的喂饲，泌乳可以长期延续，在四脚兽中，母绵羊于此尤为显著，它可以不断泌乳至八个月 5 之久。常例，反刍动物皆饶于乳量，其乳亦皆宜于制作乳饼。笃罗尼[②]附近的母牛只在产犊前断乳若干天，其余的日子都能泌乳。于妇女而言，乳色暗者较白色乳为宜于哺儿；肤色深的妇女所泌乳 10 汁又较艳色妇女的乳汁为健壮。乳内干酪多者最富于营养，但干酪稀少的淡乳较适合于小儿。

章二十二

一切有血动物均发输精液(种籽)[③]。至于精液对于生殖方面

47；魏尔吉尔：《牧歌选集》(*Eclogues*)i，79；《农歌》ii，430；宝勒：《魏尔吉尔诗中植物考》(Paulet：*Flore de Virg.*)33 页。可底苏原产欧洲，常绿灌木，高四五尺，掌状复叶，冠蝶形黄花。中国名金雀花，见于《群芳谱》及《本草纲目拾遗》。(三)ὄροβος，豌豆(vicia ervilia)，豌豆属，亦称苦豆。可参看色乌弗拉斯托：《植物志》(H. P.)ix，22；《第奥斯戈里特》ii，131 等。(四)下句又一饲料 κύαμος 为 vicia faba 亦豌豆属，原产里海沿岸，东传至我国，称之为"胡豆"或"佛豆"，又因在育蚕成茧时结实，而称蚕豆，见《食物本草》。参看色乌弗拉斯托：《植物志》viii，3。《柏里尼》xvii，7 等。

① τῶν φυσωδῶν προσφερόμενα 一般译作"引起肠胃气胀的饲料"，指扁豆花生等"荚科(豆科)植物"。豆类含油，富于营养，但于牛羊等亦可引起滞食。参看卷七，588[a]8，卷八，595[b]6。

② 笃罗尼(τορώνη)为卡尔茜狄基半岛上马其顿市镇，即今特里巴诺岬(Cap. Drepano)，濒临笃罗尼海湾。

△③ σπέρμα 于植物为"种籽"，于动物为"精液"。现代生理学则以此字称"精子"(sperm)。没有显微镜的古希腊人不能辨识精液中另有以微米计的精子。参看《生殖》卷二，章二至四。

有什么作用以及怎样发生作用，这些问题将在另一专篇中论述。
15 凭体型的大小而论，人所泌出的精液为量多于任何其他动物。被毛动物的精液颇为胶粘，其他动物的精液不这样胶粘。精液均作白色，希罗多德所说埃塞俄比亚黑人所出精液为黑色[①]，实际是误会。

20 倘身体健康则精液泌出时为白色，浓度适当，离体以后渐变稀薄，色亦转暗。冰霜天气中，精液并不因寒冷而凝聚，反变为稀释而色淡；受热则浓聚而凝结。倘精液在输出以前，久留于睾丸，这将异常地浓稠；有时竟然干而坚实。凡能使雌动物妊娠的精液入
25 水必沉；不会造成妊娠的精液入水便归消溶。但克蒂西亚关于象的精液所作记载殊属虚妄[②]。

---

① 《希罗多德》iii,101;《生殖》卷二，章二，736^a10。

② 此节记克蒂西亚(Ctesias)所言象精，另见《生殖》卷二，736^a4 谓："干结后坚如琥珀。"

卷　　四

章一

我们上已陈述了有血动物身体的各个部分，它们之间所共通的构造，各门类所各有的特殊构造，及其外表或体内各个部分的简单与复合构造。现在，我们进而研究无血动物。这些动物分列为几个门类。 523ᵃ 30 523ᵇ

其一类是名为软体的动物；所谓“软体”我们用以指称一种体内无血的动物，其外部则为肌肉类物质，它如有任何硬质构造则这硬物必在体内，这样的造型颇与红血动物相似，——乌贼（墨鱼）便是这类动物的一例。 5

另一类是名为“软甲”[①]的动物。这些动物的造型是硬性物质在外而软性或有如肌肉的物质在内，至于它们的硬质外壳虽不易破碎，却是易于压瘪的；蝲蛄与蟹便属于这一类。

第三类是名为介壳（函皮）的动物[②]。这些动物的造型也是硬性物质在外，有如肌肉的物质在内，但它们的硬质外壳虽可被击破却是耐压的；蜗螺与蠔蛎便属于这一类。 10

Δ ①　τὰ μαλα-όστρακα 本书译“甲壳类”或“软甲类”，卷一，490ᵃ2 称 τὰ σκληρό-δερμα，硬皮动物。相当于现代分类节肢动物（Arthropoda）有鳃亚门（Branchiata）甲壳纲（Crustacea）软甲亚纲（Malacostraca）。

Δ ②　τὰ ὀστρακόδερμα 译作“介壳类”或“函皮类”或“甲胄类”，本书于此类名下所举动物相当于今软体动物（Mollusca）腹足纲（Gastropoda）如蜗螺，及瓣鳃纲（Lamellibranchiata）如蠔蛎等。

第四类是名为"虫"的动物,这一门类包含许多不相似的品种。15 "虫"(有节动物)①,按照字义所指,便是那些腹或背上,或腹与背上,有"节痕"的生物,它们全身没有任何一个部分明显地为骨质,也没有任何一个部分明显地为肉质,但通体是介于骨肉间的一种物质;这样它们全身便内外俱硬。有些虫无翼,如"马陆"与蜈蚣;有些有翼,如蜜蜂,小金虫(黄蛂)与胡蜂;又有些实例,在同一种类 20 中,有翼与无翼者可以并存②,如蚁与萤,即所谓"小火炬"(πυγολαμπίδες)。

于软体动物③而言,其外表各部分如下:第一是所谓脚(腕);第二,连接在脚上的头;第三,外套膜囊,内藏脏腑,有些作者误称 25 之为"头"④;第四,膜囊边的鳍。一切软体动物的头均位置于脚与腹之间。一切软体动物均具八脚(腕);除了章鱼⑤属中某一品种

△① τὰἔντόμα,"有节动物"(拉丁译文 insecta,昆虫):本书于此类名下所举实例为节肢动物门有气管亚门(Tracheata)之(一)多足纲(Myriapoda)如蜈蚣等,(二)昆虫纲即六足纲(Hexapoda)如蜂萤等,与(三)蜘形纲(Arachnoidea)如蜘、蝎等。蜘形纲一向作为昆虫,至拉马克时(1800 年)才从昆虫纲分离出来。

② 《构造》卷一,章三,643^b2。

③ τὰ μαλακία,"软体类"。现代软体动物门包括双神经(Amphineura),腹足,瓣鳃,头足(Cephalopoda),掘足(Scaphopoda)五纲;本书所举软体类限于头足纲。参看《构造》卷四,章九;《生殖》卷一,章五等;《柏里尼》ix,44。又参看奥培脱:《亚氏头足类》(Aubert:*die Cephalopoden des Aristoteles*),1862 年;阿朴斯笃利特与第拉治:《按照亚氏论旨所述软体类的普通与实验动物学案汇录》(Apostolides and Delage:*Les mollusques d'après Aristote*,*Arch. Zool. exp. et gen.*)ix,305—420 页,1881 年。

④ κεφαλήν,"头",可能是 κελυφον,"鞘"("壳")之误:参看《生殖》卷一,章十五,720^b28;但《构造》卷四,章九,685^a5 亦称 κεφαλή,"头"。

△⑤ πολύπους 原义"多足",或以 octapus(八足)对译则为"章鱼",或译 poulpe 则是章鱼属中之"蛸"(或"鳟"),为章鱼原种。头足纲二鳃目(Dibranchia)内章鱼科(Octapodiae)触脚八(或八腕),通体肌肉,内无骨骼。乌贼科(Sepiae)触脚十,体内有艇形骨(《本草》称"海鳔蛸")。鱿鱼(calamary)属乌贼科,体内有针状骨。乌贼十脚中,二"脚"特长,亚氏另计之为"手"或"腕",故云软体动物"均具八脚"。

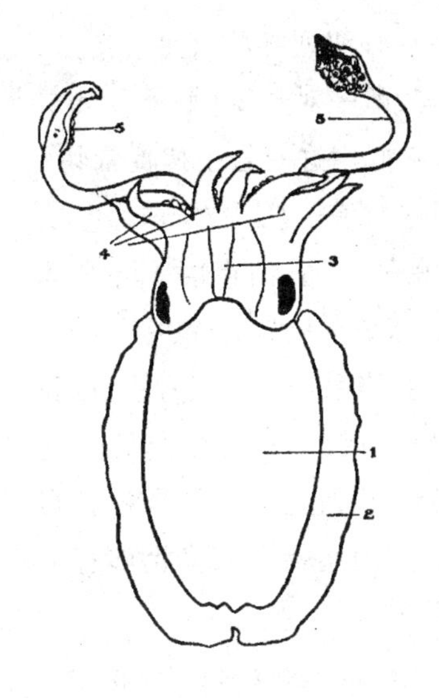

1. 外套囊
2. 鳍
3. 头
4. 脚
5. 长触手

图 7. 乌贼(以正乌贼〔Sepia officinalis〕作图)

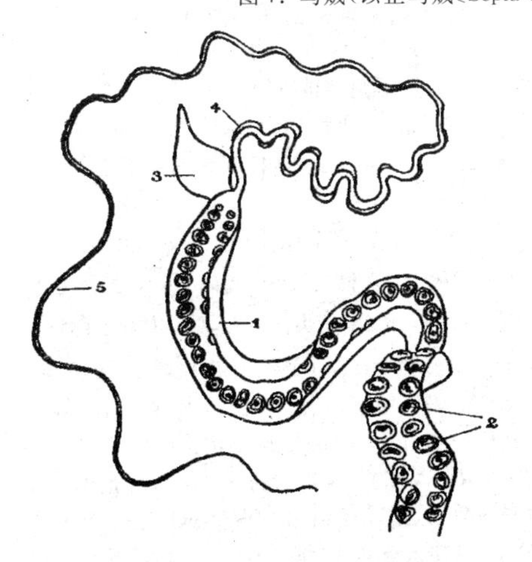

1. 腕背
2. 杯状吸盘
3. 腕背之附属物
4. 末梢分叉
5. 生殖交接器

图 8. 快蛸的交接脚(化茎腕)
(以细疣快蛸〔Philonexis catenulatus 即 Ocythoe tuberculata〕作图)

为殊例以外[①]，所有这类动物的脚上各具有两列杯状吸盘。乌贼、
30 多齐鱿与多苏鱿，具有一种特别的器官，即一对长腕(触手)，其末梢因生长着两列吸盘[②]而成为粗糙面，它们用这对触手捕捉食物[③]而纳之于口内，在大风暴中，它们又用这对触手抓住岩石，像抛了
524^a 锚的船一样，让自己的身体在狂涛中簸荡[④]。它们借助于外套囊边的鳍以为游泳。所有这类生物，脚上总是有吸盘的。

顺便讲到，章鱼(“八腕”)的“触肢”可当手用也可当脚用；口腔
5 上的两支它用以取食，而最后的[⑤]触肢(长腕)它用之于交媾；[⑥]这末一肢极细尖，色白，与他肢的颜色相异，而且这一肢的末梢具有两分叉；这所说分叉是指它的腕背上有些附属物[⑦]，而所谓腕背是

---

① 章鱼科之脚只一列吸盘者为埃勒屯尼(Eledone)属：参看里契：《动物杂俎》(Leach：*Zool. Misc.*)“头足类”iii，138 页(1817 年)。

② 乌贼等短脚(腕)上吸盘两列。长腕上吸盘排列甚密，不止两列。

③ 参看奥维得：《变形》iv，366。

④ 《构造》卷四，章九，685^b；《柏里尼》ix，28；《雅典那俄》vii(9)373。又荷马《奥德赛》v，432。这一生活状态，近代生物学家也曾观察到，参看上举《阿-第》著作 407 页。

⑤ τῆδ' ἐσχάτη，“而最后的”(或“极端的”)，于此含义不明，可能原文有误。参看《构造》卷四，章九，685^a16。

⑥ 本书卷五，541^b1；《生殖》卷一，章十五，721^a15 等卷章；《柏里尼》ix，74。

⑦ 原文 ἔστι δ' αὕτη ἐπὶ τῆι ῥάχει 不能索解；奥-文校为 ἔσχισται δ' αὕτη，“腕背上的分支”。《柏里尼》ix，46 称此交接脚为“尾”(cauda)，其末梢尖而有分叉，用以交尾而行生殖。汤伯逊校为 ἔστι δ' αὖ τὶ，“其上有些附属物”。此处亚氏所叙章鱼之“交接脚”(hectocotylized arm 或译“化茎腕”)形状不甚明确，故奥培脱认为亚氏所解剖的章鱼为今人所未习见之稀有品种。腕交接生殖(hectocotylization)之见于章鱼科船蛸(Argonauta)水孔蛸(Tremoctopus)与快蛸(Philonexis)三属者，各属的交接腕(右面第三触肢)形状大体相似。(见图 8)这腕先藏于一袋中，舒展开来，就可见其末端有一细长线条，中空，精筴(spermatophores)由此输出，以注入雌章鱼“漏斗孔”中。现代解剖学称此线条为外生殖器，其根部亦有一袋。参看上引奥培脱：《亚氏头足类》及维朗尼：《自然科学(博物)年鉴》(Vérany：*Ann. Sc. Nat.*)xvii，148—191 页等文。

Δ 亚氏得知头足类用触脚之一为交配，出于地中海渔民所述(参看《生殖》卷一，第

指它腕上与吸盘相背的另一光滑面。

外套囊前端，触手之外侧有一空管道①，凡摄食时由口中吸进　10
体内的海水悉由此排出。它们能移动这管道的位置，使之另行喷
出它所特有的黑汁。

它施展其脚以进行游泳②，随所称为“头”的斜向而前进，照这
样的方式泳进，头上的眼睛可以看到前方，而口则在后。当这生物　15
活着时，头是硬的，看来像是肿胀的③。它用它那些腕（脚）的底面
捕捉而握持物件，诸腕间的膜一直是紧张的；倘这动物搁上了沙
滩，它就失却握持的能力。

章鱼与上述其他的软体动物之间存在有一个差异：章鱼躯小　20
脚长，而其他软体动物则躯大脚短；它们那些脚短得不能用以走
路。互相比较起来，所称为多齐的鱿鱼为长形，乌贼为扁形；而鱿
鱼中则所称为“多苏”者较“多齐”大得多④；多苏曾发现有长至五　25

十五章）。腕交配的生殖方式为动物界一特异现象。章鱼腕端生殖器官与体内输精管（vasa deferentia）不通，精筴如何由体内移入腕端交接器官，迄今仍为动物学中之一谜。亚氏由此疑及雄章鱼之交接腕插入雌体为抱持作用，并非由此输精。近代胚胎学家至十九世纪下叶始得知船蛸诸属的腕交接情况；这里的记载常被列举为生物学史中亚氏先启作用诸端之一（参看腊戈维蔡《实验动物学诸学案》〔E. Racovitza：*Archives de zool. exp.*〕1894 年，巴黎；辛格尔《希腊生物学与近代生物学的兴起》〔C. Singer：*Gr. Biol. and the Rise of Modern Biol.*〕《科学史与科学方法研究》卷二，1921 年，牛津）。

① 由肌肉调节而使之喷水或喷墨的管道今称漏斗管（funnel），乌贼的漏斗管在腹侧，章鱼在腹面。参看《生殖》卷一，章十四，720^{b}27；《构造》卷四，章五，679^{a}3。

② 本书卷一，489^{b}35；《柏里尼》ix，74。

③ 《柏里尼》ix，46：“活章鱼的头偏斜，看来像是肿胀的。”希茜溪《希腊辞书》：“章鱼头部肿胀，有些扭转。”

④ “多苏”（τεῦθος）与“多齐”（τευθίς）两种近似的鱿鱼，迄今未能断然厘定其是何品种。奥-文德文译本注，以多齐为泥障鲗。泥障鲗形态与本节所述相似，本取名于亚氏此书，作“多齐乌贼”（sepioteuthis），但其体型长仅二三尺，为稀有品种，未必确实是

肘[①]者。有些乌贼长达二肘而章鱼的触手有时亦达二肘，甚或更长。多苏这品种的鱿鱼为数不多；形状与多齐有异；体的尖端，多苏较多齐为阔，又多苏的鳍周绕全躯，多齐则体缘的一部分无鳍；
30 两者均属远洋鱼类。

524[b] 这些动物的头一律与脚相连接，而诸脚的中间有所谓"触手"(腕)。口腔就位置在这里，[②]口内有二齿；〈头〉上有二大眼，两眼间有一小小的软骨体，包护着一个小脑；口内又有一个肉质的小器
5 官，这就是舌，它没有其他可当舌用的器官。挨接着头，在外面的一个部分，看来像是一个囊，构成这囊的肌肉不能在纵向撕开，但可一圈圈的剥离；又所有的软体动物，它们的肌肉之外都包裹着一层薄膜。[③]其次，由口腔背后引出一条长而狭的食道，紧接着是一
10 个大而圆形的膝囊与鸟类的膝囊相似；于是为胃，与反刍类的皱胃

亚氏的"多齐"。今地中海渔市上常见的墨鱼类有两种：(一)普通枪鲗(squid 即 Loligo vulgaris)和与之相近的品种；(二)各种转眼鲗(calamary，柔鱼即 Ommastrephini)。那坡里(Naples)渔人俗称"多大罗"(todaro，学名 Todaro sagittatus，箭鲗)者亦为转眼鲗的一种，其体型常见有极大者。汤伯逊认为"多苏"即多大罗枪鲗，"多齐"即普通枪鲗。多大罗的鳍为一周遍全躯的圆狭鳍；普通枪鲗有两较阔的鳍，分列在外套囊两边，两鳍在体中线处不相连接。两者肉鳍形状的这种分别与此节 30 行所述相符。《构造》卷四，章五，678[b] 于墨鱼类消化系统之比较解剖，谓"乌贼与章鱼相似，各具一膝囊与一胃，'多齐'体内所具两囊之一不似膝囊而与另一胃囊相似"。如此胃形与普通枪鲗相符。但该章未提及"多苏"。(参看《构造》卷四，章九，685[b]17—22。)居维叶：《软体动物头足纲札记》(*Mem. sur les mollusques, Cephalopods*)52 页："箭鲗(Calmar sagitté)第二胃蟠曲成短短的双螺旋，普通枪鲗(Calmar commun〔Loligo〕)第二胃则成一薄薄的长囊，直到腹底。"以上所举消化系统的区别颇有助于"多齐"之确定为普通枪鲗。参看《雅典那俄》vii，326 所存亚氏断片；《柏里尼》ix，30 所述大枪鲗。

Δ① πήχυς 读如"比契"，意译为"肘"；希腊量尺 24 指(δάκτυλοι)为一肘，约当中国一尺八寸。波斯肘与埃及肘较希腊肘为长，约当二尺。

② 参看《构造》卷四，章五，678[b]7；又《雅典那俄》，vii，323 页所引亚氏语，等书。

③ 《构造》卷二，章八，654[a]13；《柏里尼》xi，37(87)。

(第四胃)相似;胃的末梢又有形似法螺贝的螺旋①;由胃再引伸一单薄的肠,这肠较食道要厚②些,回折返向口部。

15

软体动物无内脏,但它们有一个称为"米底斯"的部分(拟肝)③,在这部分上面生长着一个囊,内含浓墨汁;乌贼的墨囊最大,储墨最丰。一切软体动物倘遇险受惊,便喷射这墨汁,而乌贼所喷出者为量尤多。"米底斯"位置在口下,食道通过其间;这下面,靠近肠管向外延伸处就是墨囊(墨胞)的所在,墨囊与肠包含在同一个薄膜之中,因此墨汁的泄出口亦即粪便的泄出口。这些动物的体内具有某种"毛发似的组织"(须状体)④。

20

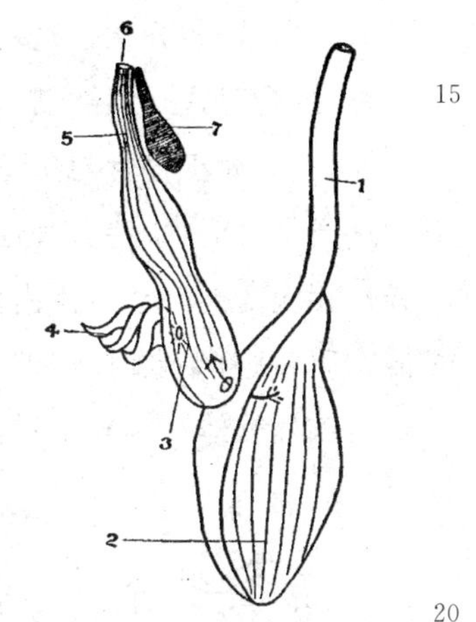

1. 食道 2. "膝囊"(胃) 3. "胃"(肠) 4. "形似法螺贝的螺旋"(盲囊) 5. "肠"(肠末段) 6. 肛门 7. 墨囊

图 9. 多苏鱿的消化系统
(以箭鲗〔Todarodes sagittatus〕作图)

---

① 此节所称"膝囊"(πρόλοβοs,或"前胃"),现代头足纲解剖称"胃"。所述第二胃囊(κοιλία)为现所称"肠"的前部。第二胃上的螺旋形物现称"盲囊"(caecum)。但章鱼属中确有些品种,其第一胃相应为膝囊。

② παχύτερον(较厚),斯校与璧校揣为 πλατύταρον(较宽)之误。

③ μύτιs(米底斯)A[a] 本作 μύστιs(米斯底斯)。福修斯《书录》存有亚氏头足类记述云:此类动物无肝(σπλάγχνα)而有与之相当的 ἀντὶ σπλάγχνων,"代肝"。该书下文与此节下文述墨囊情形相同,可知"米底斯"即"代肝",或译"拟肝"(pseudoliver)。《构造》卷四,章五,681[b]17—31:"头足类体内背面有所谓'米底斯',为一膜囊,其中所储液汁相当于有血动物的血液。食道通过其间。其地位恰当有血动物的心脏部分。甲壳类亦有此名称相同的类似内脏。米底斯味甘。"

④ τριχώδη,须状体即"鳃";参看下文 529[a]30 与卷九,620[b]19 所述海扇与蟹的鳃均用此名词。

于乌贼、多齐鱿、与多苏鱿，硬质部分均在体内，靠近背部；其
25 一称"鲗骨"另一称"鱿剑"①，两者可以互别，乌贼与多苏鱿的骨硬而扁，其质介于兽骨与鱼骨之间，为可压碎的疏松组织，但多齐鱿的这支骨薄弱，带些软骨性质。这些动物的骨质部分，随体型之变异作相应变异。章鱼体内没有这类硬质物，但头部周围有软骨似
30 的物质，章鱼年老时，这外围物质长得日渐坚硬。②

雌性软体动物异于雄性。雄性食道下有一管道，由外套囊③

525a

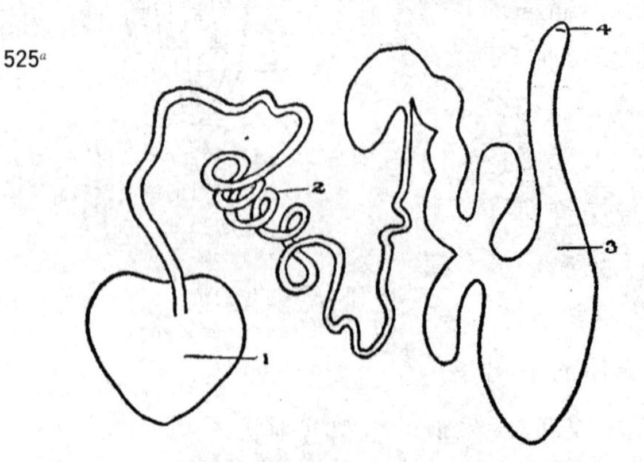

1."类似乳房器官"(睾丸)2.3.4.食道
5 下面的管道(输精管，摄护腺，储精囊)
图10. 雄乌贼生殖器官(以正乌贼作图)

孔延伸至囊底部，那里附着一个类似乳房的器官；雌性具备两个这样的器官，位置较高；雌性动物在这些器官下面均有某种红色体。章鱼卵④只一个，颇大，表面粗糙；卵内液体为匀净的白色物；倘把这卵充盈于一个容器，这容器便比它的头还大些。⑤ 乌贼有两膜囊，其中有若干卵，好像白

① 《构造》卷二，章八，654a20。

② 参看《雅典那俄》vii，326页所引亚氏文。

③ 原文ἐγκεφάλον(脑)盖误，拟为κελυφον，"壳"或"外套囊"。

④ "卵"应为鱼子未散开的"卵块"或"卵团"。

⑤ 《柏里尼》ix，51(74)："章鱼冬季交配，春季产卵，其卵簇聚成旋圈；章鱼卵特多，如将章鱼杀死，取出所孕卵，重行放入其'外套囊'(即'头')，这便盛不下了。"

的雹珠。[①] 关于这些部分的详细情况，必须参看我的《解剖图说》[②]。

所有这些动物的雄性均异于雌性[③]，而乌贼间的性别尤为显著；它们躯干的背部较腹部为黑，雄性的背部均较雌性为粗糙；雄性背部有条纹，尻端较尖。

章鱼有几个不同品种，其中之一常浮游于水面者，体型最大，其生活于近岸浅滩者常较在远洋深海者为大；另些品种体小而色多变异者不堪食用。还有两品种[④]，其一名为“希勒屯尼”，它们的肢（腕）长，与其他品种相异，而且肢上的吸盘只有一列——所有别的软体动物均具二列，——另一种有不同的绰号，或称之为“波里太那”（海葱）或称

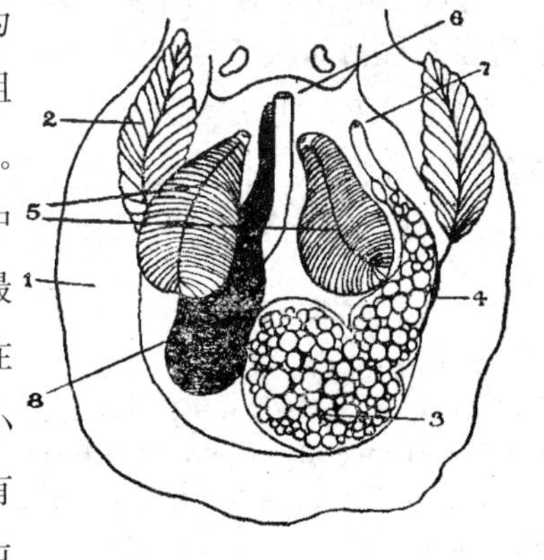

1. 外套囊　2.“须状体”（鳃）
3.4. “两个膜囊”（卵巢与输卵管）
5. “两个类似乳房器官”（摄护腺）
6. 肛门 7. 生殖孔 8. 墨囊
图 11. 雌乌贼内脏（以正乌贼解剖作图）

10

15

① 头足类雌性器官，可参看《生殖》卷一，章三，717^a3；章十四，720^b21；卷三，章八，758^a6。

② 见于上文，卷一，497^a32 注。

③ 参看卷五，章十二，544^a6。头足类雌雄可凭内部器官识别，但同一品种的雌与雄在外表颜色和形状上并无显著差异。此节所述雌雄外表之别，可能是由着色较深、体型较大的正乌贼（S. officinalis）与另一品种色浅体小的红圈乌贼（S. orbigniana）相比较而获得的错误论断。参看耶太：《头足类》（Jatta：*Cephalopods*）154 页。

④ 参看《柏里尼》ix，30(48)。

之为"奥查里斯"(臭章鱼)[①]。

20　另有两种软体动物生活于壳中,类似介壳动物。其中之一,有些人给以"船户"或"水手"[②]的绰号,另些人又别称之为"章鱼卵"[③];这些生物的壳有些像海扇[④]的一个深凹壳瓣。这种多足动
25 物通常总在海岸边生活,有时会被浪打上沙滩,干搁在那里;这样它便与壳脱离,渐渐枯涸而死。[⑤] 这些多足动物皆体小,而形似"海葱"。又有另一种多足动物,恰像一只蜗牛,置身壳中;它既定居壳中,便永不出壳,只时时伸出它的触手。[⑥]

---

① 奥查里斯(ὄζολις)应即普通希勒屯尼(ἐλεδώνη)属中,以麝香臭气著名的"麝香章鱼"(μοσχίτης,意大利名 pourpo muscariello,法国名 poulpe musqué)。同属的亚尔特洛梵第种(Eledone Aldrovandi,以意大利鱼学家名为种名)无臭而不堪食用。此句原文可疑,依奥-文校订。这种章鱼数名,后两名海葱(βολίταινα)与臭鳟皆希勒屯尼的别称。参看修伊达《辞书》:Δελεδώνη,ὁ μυλαῖος ἰχθύς,"特勒屯尼即臭鱼";希茜溪《希腊辞书》:ὀσμύναι,βολβιτίναι θαλάσσ οι,"臭鱼即海葱"。另见于《浦吕克斯》2,76;《雅典那俄》vii,318 等;《埃里安》v,44;奥璧安《渔捞》i,307 等。《柏里尼》ix,48:章鱼中之某属由于有强烈"葱"臭,故称"臭鱼"(ozaena)。《构造》卷四,章九,685^{b}13,渥格尔注:依奥温(Owen),吸盘只有一列的章鱼应为橙黄埃勒屯尼(Eledone cirrhosa)。

② "船户"(ναυτίλος)或"水手"(ποντίλος,△中国称"船蛸",在地质学上译"鹦鹉螺"),属于头足纲四鳃目(Tetrabranchia),体似章鱼,有壳而无墨汁。参看奥璧安:《渔捞》诗篇 i,338—59;《雅典那俄》,317;《柏里尼》ix,47。

③ "章鱼卵"分句系照贝本ὑπ' ἐνίων δ' ᾠὸν πολύποδος 翻译。另些抄本作ὑπ' ἐννίων. ἔστι δ' οἷον πολύπονς,"另些人称之为'水手';而这一生物实类似章鱼。"施那得(校注,iii,88 页)举《雅典那俄》vii,318 语为凭,谓"章鱼卵"(ᾠιὸν πολύποδος)可能为"翠鸟卵"(ᾠὸν ἀλκυόνος)之误。参看通贝尔:《鹦鹉螺》(Tümpel:*Die Muschel der Aphrodite*,见于语文学报〔Philologues〕第五十一期,3,1892 年)。

④ 贝本 συμφυής,依施那得解释作"海扇"(参看 528^{a}15)。海扇属瓣鳃纲,无管,单柱,海扇科(Pectinidae)。

⑤ 参看本书卷九,622^{a}32;奥璧安:《渔捞》i,338 等书。

⑥ 此句所涉及的头足类动物,依所叙生态而言,一般诠疏家均指为"珠光鞘船"(学名 Nautilus pompilius L. 华丽蛸船,△中国俗名"海螺盏")。但海螺盏盛产于印度洋,地中海未见此品种。参看费罗萨:《水陆软体动物自然史》(Férussac:*Hist. Nat.*

关于软体动物就说这些。 30

章二

关于软甲动物(甲壳动物)①,这类的诸种属之一为蝲蛄(螯虾);第二,为龙虾,与第一种相似;龙虾所以为别于蝲蛄②者,它有爪,并有其他方面的差异。另一属为斑节虾,又一属是蟹;斑节虾与蟹各有许多品种③。 525b

于斑节虾而言,有所谓"曲阜"("驼背虾")、"克朗根"(虾蛄)、与小虾④(褐虾)之别,体型小的品种不能长成为大体型虾。

关于蟹的品种未能确定,亦未能计数。最大的蟹,别称"昴女"⑤,第二为"巴蛄罗"⑥(寄居蟹)与赫拉克里特蟹,第三种为河蟹 5

---

des Mollusques, terr. et fluviat.)58 页;阿-第:《按照亚氏论旨所述软体类》414 页等。汤伯逊另举耶太《头足类》,200 页所述"细疣星鳟"(Ocythoe tuberculata,快蛸)之生态谓可与此处所述品种约略相符。

① 参看加伏里尼:《鱼蟹的生殖》(Cavolini: *Erzeugung der Fische und krebse*)1792 年;居维叶:《博物院年鉴》(*Ann. du Mus.*)xi,368—84 页;约翰·杨:《亚里士多德之软甲类》(John Young: *Malacostraca of A.*,见《自然史年报》〔*Ann. Mag. N. H.*〕1865 年,261 页)。

② καράβων(蝲蛄)似为 καρίδων(斑节虾)之误。蝲蛄亦有爪,见于下文。参看《构造》卷四,章八,684a15。狄本校 χηλὰς(爪)为 χηλὰς μεγάλας(大螯)。

Δ③ 虾蟹,现代分类属节肢动物甲壳纲,胸甲亚纲,长尾称虾,短尾称蟹。蝲蛄,蟹祖等属螯虾科(Astacidae)或蝲蛄科,多棘龙虾等属龙虾科(Palinuridae),斑节的褐虾、青虾、明虾等属斑节虾科(Carididae)。

④ κυφαὶ(驼背虾)当指长臂斑节虾(Palaemon sp.,或称大褐虾)。αἱ κράγγονες(虾蛄)一名琴虾,亦称管虾,体有鳞片,胸部与腹部连属,另属虾蛄科(Squillidae)。τὸ μικρὸν γένες(小虾)当指普通褐虾或小斑节虾。

⑤ 昴女蟹(Μαίας)俗称"蟹祖母"(grannie)学名 Maia squinado,中国称蜘蛛蟹。

⑥ "巴蛄罗"(πάγουρος)即食用之寄居蟹(C. pagurus),现代希腊人称 καβοῦρι。

(淡水蟹)[①];其他种属皆体型较小,尚缺少专门的名称。在腓尼基附近,可在海滩上找到某种称为“骑兵”[②]的蟹,这种蟹步行甚速,人们常难追及,因此获得这样的绰号;剥开这些蟹的甲壳,常见其中空虚,这可能是食料不足之故。[另有一个变种,形如龙虾而体小似蟹。][③]

所有这些动物,如曾言及,其硬壳部分均在外表,相当于其他动物的皮,而其肌肉部分则包在壳内;腹部具有或多或少的薄片,或小桡,雌性于此持藏其籽卵。

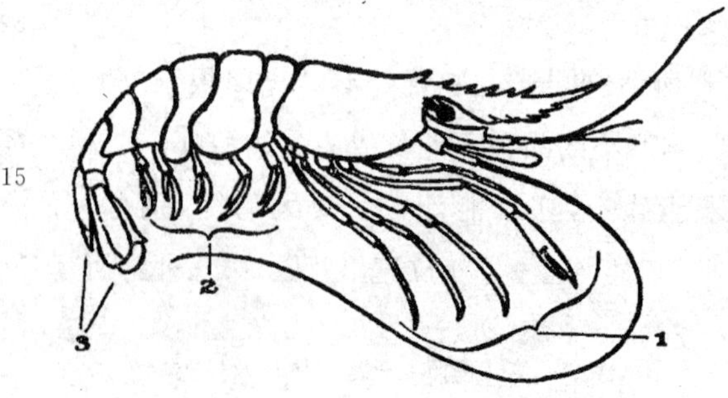

1. 靠近颈的脚末端尖细(胸肢或称步脚)
2. 腹部下面的脚末端扁平(腹肢,即游泳桡脚)
3. 尾与四鳍(尾节与末对桡脚)

图 12. 驼背虾(以长臂锯额虾〔Palaemon serratus〕作图)

蝲蛄(螯虾)两边各具五脚,末梢有爪;蟹亦共十脚,包括有螯的脚在

---

① 赫拉克里特(Ἡρακλεωτικοί)蟹另见下文 527b12。“河蟹”(οἱ ποτάμιοι)即常见于南欧及地中海各岛的色尔费撒属淡水蟹(Thelphusa fluviatalis),原出西亚洲,向西播殖,今遍布于南非与南欧。参看夏夫:《欧洲动物史》(Scharff: *History of European Fauna*),270 页。

② ἱππεῖς(骑兵)狄校本从 P,Da,Ca 本作 ἵππους(马)。参看《柏里尼》ix,51,列举蟹种有“蜘蛛”,“隐士”(寄居蟹),“狮”,“马”等名称。《埃里安》vii,24,δρομίαι(捷足蟹),似即此节所称“骑兵蟹”;相当于现代所称“捷足矶蟹”(Ocypoda cursor,沙蟹)。参看贝隆:《在希腊所见若干奇异事物》(Belon: *Obs. de plusieurs singularités trouvées en Grèce*),1553 年,ii,138 页。此蟹鳃腔特大,故壳内似空。

③ 汤伯逊注:μικρόν(小)字下应有 ποτάμου(河属)字,谓其体小似河蟹。[　]内语句似为后人于上文“淡水蟹”或其他蟹所作的注释。

内。于斑节虾而言，驼背虾靠近头部两边各有五脚，其末端尖细；腹部下面两边又各有五肢，末端扁平（游泳桡脚）；它们腹下没有螯虾那样的桡片，而腹背则酷似螯虾[①]。克朗根（虾蛄）颇不相同；它两边各有四前脚，随后两边又各有三只纤弱的脚，其余漫长的身段没有脚。所有这些动物的脚均向外弯而斜出如昆虫；凡脚之末梢有螯者，此螯均向内弯曲。[②] 蝲蛄（螯虾）有一尾，尾上有五鳍；驼背斑节虾有一尾，尾上有四鳍；虾蛄也有鳍，在尾的两边。驼背虾与虾蛄两者尾中央有棘：虾蛄之棘扁塌而斑节虾之棘尖利。所有这一类属的动物，唯蟹无尻；又斑节虾与蝲蛄的躯体为伸长形；蟹为浑圆形。[③]

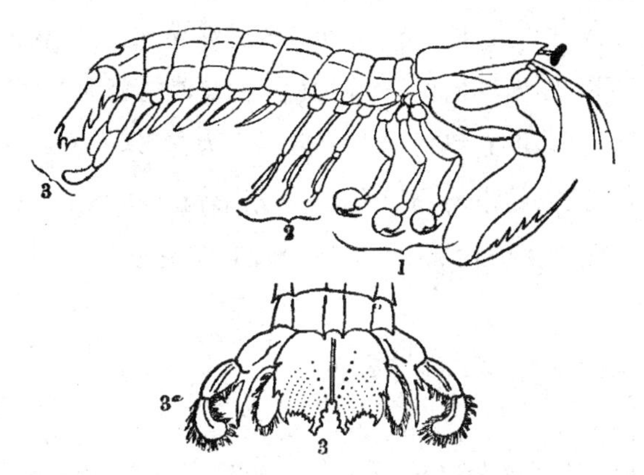

1. 四前脚（大螯与颚脚） 2. 三纤弱脚（末三胸脚）
3. 尾上的鳍（尾肢与桡脚）
图 13. 虾蛄

① 此处所述者当为斑节虾科之长臂锯额虾（Palaemon serratus），故本书取这品种作图。该科对虾属之 Penaeus caramote 与此节所记形态亦大体相符，惟其第三对鳃脚（maxilliped）颇长，有误作步脚的可能（成为六对步脚）；又其游泳桡脚近于桡片式而不似桡脚式。

② 参看《构造》卷四，章八，683^b35：螯爪为捕持食物之用，故向内弯曲。

③ 《构造》卷四，684^a2，述虾类游泳，以尾为鳍；蟹步行滩石间，故不需有尾鳍。

526a 蝲蛄的雄性有别于雌性：雌性的第一对脚[①]是分叉的，雄性的这一对脚无分叉；雌性腹肢（游泳桡脚）大，被覆着腹部狭节，雄性腹肢小，不相被覆；[②]又，雄性的末一对脚具有似距的突起，大而尖
5 锐，这种突起，在雌性是小而光滑的。雄雌在眼前面皆有两触须，大而粗糙，其他在眼后的触须则皆小而光滑。所有这些动物的眼皆硬而似珠，[③]能向内侧或外侧转动。大多数的蟹眼也能作相似
10 的灵活运动，或者毋宁说蟹眼的活动发展得更为灵敏。

龙虾[④]全身灰褐色，间有黑斑，它的后脚〈自末端向上点数〉共有八肢而至大脚（螯爪）；龙虾的大脚比蝲蛄大脚大得多，其尖端较
15 蝲蛄大脚的尖端为扁平；这些大脚（螯爪）构造殊异，右螯的扁平面长而薄，左螯的同一侧面厚而圆。[⑤] 两螯各在末梢歧分为两钳，上下两钳各有一列的齿：惟右螯两钳上的齿小而为锯形，左螯则在钳
20 端者为锯齿，向钳叉内的齿均作臼形，这些臼形齿在钳叉下面的为数四，排列紧密，在上面的为数三，排列较疏。左右螯均上钳可活

---

① 这里的 κάραβος（虾蛄）应指“有棘龙虾”（Palinurus vulgaris）（《柏里尼》ix，50 等作“蝗虾”，locusta）；所云第一对脚为从下身向上倒数的第一对。把虾翻身，点计其肢数时往往从下身向胸部进行。若从上身向下顺数的第一对便雌雄无别。白朗：《动物世界》，（Brown：*Thierreich*）“甲壳类”（Crustacea），1137 页，曾说明虾蛄这种性别，但一般自然学家或诠疏家均昧于此意而疑及原文。

② 参看《构造》卷四，章八，684a20：雌性藏卵于游泳肢（腹肢）间，故此肢较大而形扁圆。又，《生殖》卷三，章八，758a12。参看本书卷五，章十七，549a22。

③ 参看柏赖托剧本《米尼契密》（Plautus：*Menechmi*）v.（5）24。

④ ἀστακός 相当于现代分类中普通螯虾（Homarus vulgaris L）。《柏里尼》ix，51 音译作 astacus，俗称“龙虾”，xxxii，53 另作 elephantus，“象螯”。

⑤ 参看《构造》卷四，684a25—32。虾蟹左右两蟹一大一小，大螯或左或右，并不一律。有些螯虾与多数寄居蟹则常例是右螯较大而健悍。参看播切勃拉姆：《发生学案汇存》（Przibram：*Arch. f. Entwicklungmech*）xix，1905 年。参看下文 526b16，527b6 等。

动，能向下钳施加压力。两肢均如曲臂，可适应于捕捉与握紧之用。两大螯脚以上为另两被毛的脚[1]，位在口部稍下；毛脚之下为多毛的鳃状组织，位置于口腔区域。[2] 这种动物经常不息地运动着这些器官；两只毛脚则一会儿弯向口边〈一会儿又向外舒展〉。[3] 靠近口腔的脚并生长着一些纤巧的附件[4]与蝲蛄相似。龙虾也有两齿（咀嚼器），两齿之上就是它的两支长触须，较蝲蛄须虽长度远逊，但以纤美为胜，挨着还有另四触须[5]，较之上两须更短而更纤美。在这些触须以上为眼，眼短小，没有蝲蛄眼那么大。再以上为一个山峰似的粗糙突起，类似前额[6]，这较蝲蛄的突起为大；比之蝲蛄，龙虾实际上前额尖，胸部宽得多，全身一般是较光滑而富于肌肉。八脚中，四支的末梢有分叉，另四无分叉。所称为颈项（腹部）的一段外表上分为五节，至第六节而成为平扁的末梢，这部分（尾鳍或尾肢）具有五个桡片。这一身段的下面或说里面，分成四个部分，其上多毛，雌虾所产卵就留在这里面。每一部分各有一个向外突出的短棘。尤虾全身，尤其是胸部，颇为光滑，不像蝲蛄那样粗糙；[7]但在大螯脚的外部则龙虾具有较大的棘刺。雄雌无显著分别，两性均各有一只螯比另一只大，或左或右并无定例，[8]无

25 30 526b 5 10 15

① 即第三对“鳃脚”，或称“颚足”。

② 《构造》684a18 言此多毛组织吸水排水如鱼鳃。

③ 这一短语照狄校从 Aa 抄本与亚尔杜印本增加。

④ 即外肢节或外叶（exopodites）。

⑤ 即分叉的小触须（antennules）。

⑥ 这所谓“前额”（μέτωπον）即 rostrum，作甲壳类解剖名词，当为“眼间突起”。《埃里安》i，30 叙虾之突起“类似战舰前面突出的铜劈”。

⑦ 奥璧安：《渔捞》i，261：“蝲蛄较龙虾为锋锐（多棘刺）。”

⑧ 此语与上文 526a16 不符，与《构造》684a32 相符。

论是雄性或雌性都从没有见过两螯一样大的虾。

①所有甲壳动物都在紧靠口腔的附近吸进水。蟹排水时，关闭这进水口的一小部分，让水在其余部分泄出，②蝲蛄由鳃排水；顺便提到，蝲蛄的鳃状器官是为数很多的。

下列性状为一切甲壳动物所通有：它们全体都各有二齿（咀嚼器），[蝲蛄的前齿有二，]又口内全都各有一个肌肉小构造，用以为舌③；胃紧靠着口腔，惟蝲蛄在胃前有一小小的食道，和胃连结的有一长直的肠。于蝲蛄及其同属和斑节虾属而论，这肠直伸至尾，终于粪便排泄口与雌性的产卵处④；蟹肠终止于尾桡片的中部。[顺便提到，所有这些动物所产卵都受持于此。⑤]又，雌性，在沿着肠的附近储存其卵子。又，所有这些动物均或多或少地具有所谓“米底斯”或“罂粟体”这器官。

我们现在必须进而讨论它们之间的若干差异。

527a 这里，如已言及，虾蛄具有二齿，大而中空，内有类似米底斯的液汁，齿间有一肉质物，其状如舌。跟着口腔为一短短的食道，以下即膜质的胃，系属于食道，胃的入口处有三齿，二齿对向，一齿离立在二齿之下。由胃的弯折处引出一条单直的肠，通过全躯至肛门（排泄口）为止，自始至终同样粗细。

这些是蝲蛄、斑节虾与蟹所共有的性状。[蟹，这该记得，具有

① 狄本认为此节必非原著。

② 详见下文 527b18。《呼吸》章十二，477a3 所称经过“口边须毛组织的薄片”，即此处所言“鳃”或“鳃状器官”（βραγχιοειδῆ）。

③ 实为“上唇”。

④ 加伏里尼《鱼蟹之生殖》140 页，曾指明“产卵处”语有误。

⑤ 原句“产卵于外”语意不明；依奥-文及狄校改ἐκτὸς为ἐνταῦθα翻译。

二齿。][1]

又，蝲蛄有一管道，自胸部起延伸至肛门而止；[2]这一管道是沿着躯体的内凹面延伸的，这与四脚动物体内所见生殖管道的位置相符合，而肠则沿着那外凸面延伸，这样，肌肉便隔在肠与这管道的中间。这管道两性相同，均为白色的薄膜，系属于胸部，其中储满青灰色液汁。 15

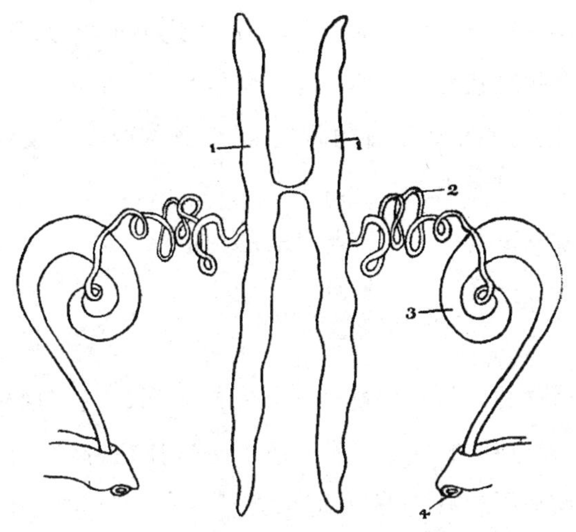

1."两块颗粒状储精体"(睾丸) 2."另一曲旋"(左输精管)
3."两块分立白色物"(射精管)
4."末节胸脚底部的杯状窝"(射精孔)
图14. 螯虾之雄性器官(以普通龙虾〔Palinurus vulgaris〕作图)

① 依狄本，应全节加[ ]。参看《构造》卷四，章五，679^{a}36。

② 加伏里尼认为此管道实即腹神经(ventral nerve cord)，不应与生殖系统相通。下文所述生殖体系则全符合实际情况。

以下是蝲蛄与龙虾[①]的卵及其螺旋体的性状。

20 这里要讲到雄性与雌性在肌体内的差异:雄性紧挨着胸部有两块分立的白色物,于形态和颜色上均与乌贼的触手相似,而它们却曲旋着有如法螺贝的罂粟体(拟肝)。这些器官是从那位置在末一节胸肢底部的"杯状窝"("乳头状小突起")开始的;这里的肌肉25 红似血色,触摸时有滑溜的感觉,这又不像是肌肉了。由这个在胸部的曲旋器官枝分为另一曲旋,与普通绞线大小相似;其下与肠交会处为两个颗粒状的储精体。这些是雄性器官的情况。雌性具有30 红色的卵,这些卵充塞于胃的附近,沿着肠的两边以至肌肉部分,包裹在一个薄膜之中。

这些就是斑节虾的内部与外表的构造。

章三[②]

527b 有血动物的内部器官业已各有专门名词;这些动物一律具备内脏,但于无血动物[③]而言,情况便不是这样,它们体内各部分之5 与红血动物相同者只有胃、食道与肠。

关于蟹,这业已说过,它有螯与脚,各肢的位置亦已叙明;还有,大多数的蟹右螯较左螯为大并较健强。这也曾经讲到,蟹眼一10 般是斜视的。又蟹体浑一而无所区分,头和它所可有的其他各部都笼统地团在一起。有些蟹眼位在壳背前端稍下处,两边斜出,相

① 原文 καρίδεs(斑节虾),但以下所述为"蝲蛄与龙虾"之生殖系统,依汤校所拟 οἱ καραβοι καὶ οἱ ἀστακοί译。

② 此章大部分与以前各节语句重复。

③ 有血无血之别参看上文 490a21 注。

离很远，有些蟹，两眼在前端中央，靠拢在一起，例如赫拉克里特蟹与昴女蟹(祖母蟹)就是这样。[①] 口在眼下，内有二齿与螯虾相同，惟蟹齿长而不圆，齿上有二盖[②]，两盖间的组织略如螯虾口边的组织。蟹在口腔附近吸入水，它用那盖调节进水量，随后由口腔上面的两支管道排出水，排水时它用那盖闸闭[③]着进水口；那两支排水管道恰在两眼下边。[蟹在吸水后随即用两盖闭住口腔，于是照上述方式排水。][④]齿以下为极短的食道，因为食道实际太短，看来好像胃就直接于口腔。挨次于食道者为胃，胃有两角，两角中间联结一支简单纤小的肠；肠最后延伸至泄出口厣盖而终止，这在先曾已说过了。[两盖间，口齿附近的各个部分，蟹与蝲蛄相似。]躯内有一种青灰色液汁和几个小体，有些长而白，另有些小体具红斑。[⑤]雄蟹，在体型之大小阔狭上，有别于雌性，腹下梡片[⑥]的形式亦相异；雌蟹梡片大于雄蟹的梡片，在躯干上也显得较为突出，毛也较多[这与蝲蛄的雌性情况相同]。

① 蟹类中，如四角蟹科之红蟹(Grapsus，或螃蟹)属色尔费撒科(Thelphusidae)色尔费撒属，两眼远隔；如圆蟹科(Callipidae)之滨蟹(Calappa，或馒头蟹)两眼靠拢，脚短而肥硕。

② ἐπικαλύμμασιν，“盖”或“厣”，此处实为末对“鳃脚”，下文所云用以闸闭进水口，实误。

③ ἀπωθῶν，“闸闭”，璧本校作 ἀπηθῶν，“滤过”。

④ 蟹与其他甲壳类均不从口中或口边吸水；水流实由头胸甲(carapace)边进入呼吸系统(鳃)而由口上的两管道泄出。施校与璧校均删去此句。

⑤ 此句与前章蝲蛄及龙虾解剖之精细叙述相较，显得颇为草率。将蟹壳(胸甲)揭开，可见鳃片、软肝等物，解剖记录者未加细察，遂统称之为“小体”。

⑥ 原文 τῶι πλάτει καὶ τῶι ἐπικαλύμματι，“梡片与腹盖”，依汤校作 πλάτει τοῦ ἐπικαλύμματος，“腹下梡片”(ventral flap)。此梡片应即 526^{b}29 所称 ἐπίπτυγμα，“尾梡片”，相当于现代解剖名词“生殖厣”(operculum genetalis)。参看《构造》，卷四，684^{a}22 所称 ἐπιπτύγματι δασύτερα 具有“较多毛附器的梡片”。

关于软甲动物(甲壳类)的器官就是这些。

章四

528a 关于介壳动物(函皮类),[①]有如陆蜗与海螺(海蜗)以及一切所谓蠔蛎,还有海胆这一属类,凡这些动物之具有肌肉者,其肌肉部分与甲壳动物的肌肉位置约略相似,这也就是说,它们都有外5 壳,而本身则藏在壳内,壳内就全无硬质物(骨)。各种介壳动物,在壳与其壳内的肉体两方面,显示有许多差异。这一门类中,例如海胆全无肌肉;另些则在壳内有肉,但除了头以外,余悉隐藏而不10 可得见,如陆蜗[②]与所谓郭加里螺[③](小玉黍螺)以及深海动物中的紫骨螺、法螺[④]、海蜗和一般螺旋形介壳类[⑤]都是这样的。其余的

---

① 参看《构造》卷四,章五,679b2 以下各节。"海胆"今另属棘皮动物门。本书所举这类的实例都属现代分类的腹足纲与瓣鳃纲。对于各章节每一介壳名实之考证可参看符屯堡(Würtemberg):《自然研究年刊》,1860 年,175—264 页所载;又洛加尔:《古代软体动物志》(Locard: *Hist. des mollusques dans l'antiquité*)里昂,1889 年。

② 关于古典著作中蜗或螺的记载,可参看费罗萨《水陆软体动物自然史》卷二,97 页以下。Δ 腹足纲有螺壳者通称螺,其无厣者称蜗。

③ κοκαλια(郭加里螺)今意大利所称 quecciolo(郭济洛螺),当为希腊名称之沿袭或讹转。此螺形似玉黍螺(periwinkle,亦称滨螺)而体小。

④ 参看本书卷五,544a15,卷八,599a12;《构造》卷四,章五;《雅典那俄》iii,32,44。Δκῆρυξ(启里克斯)本义为号筒或喇叭,用于贝类多指梭尾螺科(Tritoniidae)诸螺。该科螺环及壳口大,磨去壳顶而吹之,声甚大,可用为号筒。印度僧寺以为乐器,中国承袭梵文名称,故旧译"法螺"。地中海产法螺品种甚多;"赤斑结节白梭尾螺"(T. nodiferum)长八九寸,"大响螺"(Ranella gigantea)壳口卵形,长约九寸:两种最为著名。参看麦尔旦:《古介壳名实考》(Martens, E. von: *Die Classischen Conchylienamen*),215 页。

⑤ τὰ στρομβώδη,"螺"类通称;有时专指蟹守螺科,螺塔细长,螺旋甚多的"鬼蜷"(Cerithium vulgatum)。法布尔(Fabre)谓今地中海斯巴拉托(Spalato)鱼市上仍专称这一品种为 strombolo 螺。

介壳类有些壳作两瓣，有些单瓣；凡其躯体包含在两介壳内的，我称之为“双壳贝”，凡包含在一介壳内的，为“单壳贝”，这里的末一种类，例如蝛，它的肉质部便裸露在外。① 于双壳贝而言，有些可张开，例如海扇与贻贝，这些种属的介壳一边（壳背）合生，另一边（壳肚）两离而不相联结，故可任意开阖。② 另有些双壳贝两边都一样的闭紧，例如蛏③。还有些介壳动物，例如戴须亚（海鞘）④，全身包裹在壳内，没有任何肌肉外裸。

15

20

又，介壳类的壳相互比较时可见到若干差异。⑤ 有些壳光滑，蛏、贻贝和某些蛤贝（文蛤）⑥ 有如所谓“乳贝”者，都可引以为例，另些，壳粗糙，例如池蠔（食用蠔）、江珧、⑦ 与某些鸟蛤品种⑧ 以及

△① 单壳双壳或译单瓣双瓣。参看《构造》卷四，章五，679b23；“单瓣类背部有壳而下面无壳，着生于岩石，以岩石代替壳的另一瓣”。现代软体动物分类学中双瓣单瓣之命意稍异于亚氏：贝蛤等瓣鳃纲，介壳两瓣，称“bivalves”，蜗螺等腹足纲壳单一而不分瓣，称“monovalves”。此处所举之蝛（λεπάς），亚氏意谓贝之两瓣而缺其一瓣者，现代分类属之腹足纲前鳃亚纲的蝛科（Patellidae）。蝛壳作笠状，无螺旋，异于他螺。本书下文 528b1，以蝛列于螺形介壳动物之无厣者，则又与近代分类之义相符。

② 《构造》卷四，章七，683b16。

△③ σωλήν，依原意可译“管贝”，英吉利人称蛏为 razor shell，“剃刀贝”。亚得里亚海滨意大利人称“苇贝”（cannella）。中国称“竹蛏”。苇与竹皆取“管”义。蛏科介壳绞合在前端，因外套叶（mantle lobes）黏着有力，不能张开，但其足可在前端伸出，水管可从后端伸出。参看《雅典那俄》iii，32 页所引索弗隆（Sophron）文。

△④ τήθυα，“海鞘”，与螺贝大异，今分类为原索动物尾索亚门（Urochordata，或称被囊亚门 Tunicata）之海鞘纲（Ascidiacea）。

⑤ 《柏里尼》ix，33，(52)。

⑥ κόγχαι 相当于各种食用小贝，属瓣鳃纲之有管目。其弯缘者如文蛤科（Veneridae）之文蛤属（Cytherea），其凹缘者如马珂贝（Mactra）蛤仔（Tapes）与海螂（Mya）等，通称蛤贝或蛤蜊。此处举示的乳贝（γάλακες）当属马珂乳贝（Mactra lactea）。

⑦ πίννα 相当于拟瓣鳃目的江珧科（Pinnidae）江珧属。

⑧ κόγχων 相当于有管全缘的鸟蛤（或心蛤）科（Cardidae）各属。

25 法螺都是这样的。在壳面粗糙的诸种属间,有些有垄[①],例如海扇以及某些乌蛤品种,又有些无垄,例如江珧与文蛤的另一品种。介壳动物的壳,就全壳而论或就其部分如壳唇而论,在作相互比较时,也可见到有厚薄的差异;有些,如贻贝壳为薄唇,另些如蠔壳为

528a 厚唇。上述诸贝,实际也可说全部介壳类,具有一个共通的性质,
30
528b 即壳内必皆光滑[②]。有些贝如海扇,擅于运动,它们常从被捞获的
2
渔具内跳出,因此有些人竟然说海扇[③]能飞。另些不会运动,例如

528b 江珧,皆紧紧附着于某些物件之上[④]。所有的螺旋形介壳类都能
3
运动与爬行,蜮也能够弛脱它所凭附的地点(岩石)而外出寻食。

5 于双壳贝与单壳贝而言,其肉体强韧地黏着于介壳,要使用相当大的力量方能予以剥除;至于螺形类,则其肉体对螺壳的黏着便没有那么牢固。螺形类的壳都依相反于头部的方向旋转而缩合,这是它们的一个共同特性,它们在诞生时,便各具备一个厣。又,一切

10 螺形介壳类的壳均在右边,行动时不朝螺顶方向而朝相反方向前进。[⑤]这些动物外表所见的差异就是这样。

所有这些生物的内部构造几乎完全相同,螺形类更为显著;螺形类相互间只有大小之别,只在所禀赋的属性上有或强或弱或多

△① τὰ ῥαβδωτὰ原意为“肋”,指贝壳上凹凸条纹,即垄。乌蛤等壳外表均有垄。

② 此句依狄校本由下移此。奥-文本删去。

△③ 《柏里尼》ix, 33(52)。κτένεs,“海扇”,右壳深凹,左壳平扁如盖。常伏于沙面,能扇动其壳,扑水而斜跃。所传海扇能浮水面竖左壳为帆而乘风浮游则不实。但海扇外套叶缘有数单眼,具微弱视觉,故运动能力较一般无眼的瓣鳃类为强。

④ 本书卷八,588b15。

⑤ 此句不可通解。奥-文认为其原意在说明螺纹皆右旋。螺壳的实况是底环之壳孔或偏于左,或偏于右,偏左者左旋,偏右者右旋,并无定律。参看《行进》章五,706a12。

或少之别而已。大多数的双壳贝与单壳贝之间,差异不很大;而其 15
中壳能开阖的那些类属虽相互间差异殊小,但与那些不能运动的
属类比较时,就容易看出差异了。这将随后作较详尽的说明。

螺形介壳动物,如上曾言及,皆构造相似而相互间有大小强弱
或超过与不及之别——大种的各个部分(器官)较大较明显,小种 20
的各个部分便较小较不明晰。依这样的方式,螺形介壳动物又有
硬软之别和其他属性之别。举例言之,所有螺形类在壳口伸出的
那部分肌肉都是坚韧的,而坚韧的程度则有强弱之别。由这部分
的中央伸出头与两角,大螺的角长大,小螺的角殊为细小。这些动 25
物探头的方式全部相同;遇有危险,头就又缩入壳内。这些生物
中,有些如蜗,有一口与齿[①];齿尖小,颇为纤巧。它们还有一个小
长突出物恰如蝇吻;这突出物作舌状。法螺与紫骨螺的舌状突出
物[②]在这些介壳类中,是比较硬实锐利的;恰如马虻或牛虻的突 30
吻,能穿透四脚兽的皮,这两种螺的突吻能啮破它们所捕获的其他
贝类的壳。胃紧接于口;蜗或螺的胃类似鸟的膝囊。[③] 胃下有两 **529[a]**
块形如乳头状突起的白色硬固组织,乌贼体内也可找到相似的组
织,但乌贼体内这组织较之螺或蜗体内的更为坚实。跟着胃是一

① 汤伯逊译本注谓腹足类的舌上有齿带(lingual teeth)数条横列,但细小,非人目所能见。故此处所谓"齿"似应为颚。但近代生物学家如勃朗《软体生物》(Braun:*Malacozoa*,ii,950)与勒培尔脱《穆勒存稿》(Lebert:*Muller's Archiv.*,463页,1846年)均认为亚氏所言实指齿带。勒培尔脱竟推揣亚氏已有晶体放大镜一类观察工具。参看《构造》卷四,章五,679[b]5。

② προβόσκις,"舌状突出物"或"突吻"。参看《构造》卷二,章十七,661[a]21;《雅典那俄》iii,89;《埃里安》v,34;《柏里尼》ix,60。

③ 参看《构造》卷四,章五,679[b]9。这种记录可能是从解剖巨大蜗类如罗马食用蜗(Helix pomatia)得来的。

5 支简单的长食道，延伸至螺（或蜗）壳最深处的罂粟体（拟肝）。于紫骨螺与法螺的各层螺环内作实际观察可以证实这些记录。跟着食道为肠；[实际上肠与食道是连续的，]肠的全程并不复杂，一直
10 延伸至肛门口。肠的开始点就在所谓“罂粟体”的曲旋蟠管区域，在这区域，蟠管是比较宽大的[记住，在所有介壳动物中，这罂粟体①大部分是一些分泌物质]；由此折转，上行向肉质部分，终止于头边，这动物就在这里排泄粪便。这些情况于所有螺形类介壳动
15 物无论其为陆生或海生，都是如此。在较大的螺或蜗体内从胃部区域，与食道相平行，又伸展有一条包裹在一个膜中的白色长管道②，颜色类似其上的乳头状突起组织；管道内物质分有段落或节，有如螯虾的卵块，但这该注意，虾卵红色，而我们在这里所见到
20 的却是白色。这一生成体（生殖物质）包裹在一薄膜中，未见有出口，也别无管道，只内部有一狭小的洞孔。又，从肠部向下，延伸有粗糙的黑色生成体，很像龟类在同一部位的生成体，只是颜色没有那么黑。海螺（海蜗）也有白色体与这些黑色体，惟于较小的品种，
25 这些生成体也较小。

非螺旋的单壳和双壳贝与螺旋介壳类相较，有些方面相似，有些方面不相似。它们都有头与〈两〉角〈触角〉，与一口和那似舌的器官；但在较小的品种，因体型微小，这些器官不明晰，若已陈死或

Δ① μήκων 原为希朴克拉底所用药物名称，依希氏书中所叙性状，当为罂粟膏（鸦片），此处取作生物组织名词，译为“罂粟体”。《构造》卷四，679[b]11 渥格尔注：“罂粟体”或“米底斯”实际是肝。腹足类的肝脏甚大，完全包围着胃和肠的上段，因此看来像肠由此处开始。参看上文 526[b]31。

Δ② 腹足纲（蜗类或螺形类）之有肺目与后鳃目雌雄同体，前鳃目及翼足目雌雄异体。此处所言即雌雄同体生殖管道（hermaphrodite duct）。管道内物即卵体。

静定地活着而全无动作时，则虽在较大的品种中，某些器官也不能 30
辨认。它们都有那罂粟体（拟肝），但不必全在同一部位，也不必大
小相同，在外观上也不必相似；这样，蠔的罂粟体位于壳的深底（笠
状壳顶），而在双壳贝中这器官便位于两壳的铰合处[①]。它们又全
都有须状体（鳃），以海扇为例，须状体作圆周形。又，关于所谓 529b
“蛋”[②]，凡有此蛋者，当其正有此蛋时，位于贝壳的一边，有如螺蜗
的白色体；于螺蜗而言，它的白色体相当于这里所说的蛋。但所有
这些器官，如曾言及，只在较大的品种中可得检视，至于小螺小贝 5
体内则有些器官几乎不能辨识，另些便全不能辨识。因此，大海扇
体中最易辨识这些构造；这些海扇为双壳贝的一种，这种贝的两壳
之一平坦如锅盖。所有这些动物均有一管道以排泄其秽物，秽物
出口处均偏在一边——其例外将在后另叙。[又，记住，上曾述及， 10
所有这些动物的罂粟体是一些分泌物，包含在一个膜内的分泌
物。][③]这些生物的任何一种，其体内所谓“蛋”只是些肌肉赘疣，未
见有何出口处；这与肠不在同一部位，肠在左，这“蛋”则在右边。
这些动物大多数的肛门与其他部分的相关位置就是这样；但有些 15
人称为“海耳”的野蠔[④]，〈出乎例外〉它在壳上穿有出口，秽物可从

---

① 《构造》卷四，章五，680^{a}23；螺形类之“罂粟体”位于螺旋内，于单瓣贝如蠔，位于底部，于双瓣贝，位于铰合处，“卵巢”在其右，排泄物出口在其左。

② 这“蛋”（ὠὸν），实为“闭壳肌”（adductor muscle）的白色肉柱。渥格尔《构造》译本 680^{a}25 注：亚氏于螺贝的解剖未能精确说明其内部构造。

③ 依狄校本全句加[　]；依加谟斯校，末一复沓短语加[　]。

④ ἀγρίαι λεπάδι 直译为“野蠔”，一般疏证为“希腊钥孔蠔”（Fissurella graeca）。这种蠔壳作皿状或笠状，壳顶反曲而有孔。“海耳”（θαλάττιον οὖs），螺壳扁而椭圆，似耳，故名。（Δ 中国《本草》称“石决明”，俗称“鲍鱼”。）腹足纲前鳃目中蠔科（Patellidae）钥孔蠔科（Fissurellidae）与石决明科（Haliotidae 即海耳科）虽螺壳有异而皆无厣；故亚氏

壳孔泄出。在这种特别的蝛体内,胃是接在口腔的,蛋形生成物也可得辨识。关于这些部分的相对位置,你们可参看我的《解剖学》。

所谓寄居蟹[①]的动物是甲壳类与介壳类的间体。在本性上这与蝲蛄相似,它在诞生时为一单体[②],但它有随后蹿入空介壳而生活在其中的习性,这样就又像是一个介壳动物了,由此它显得兼具两者的性状。试举一简明的例,这种动物的本形类似蜘蛛,惟头以下与胸部较蜘蛛那些部分为大。它有两只纤薄的红角,其下为两只长眼,这两眼向外突出,不能内缩,也不像其他蟹眼能四面转动,两眼之下为口,口周遭为几个须状体;挨次而有两只分叉的大脚(螯),它用这两大脚(螯)捉取物件,两边又各有二脚,挨次为第三〈对〉[③]小脚。在胸部以下全柔软,解剖开来,其中有青灰色物。从口起,由一管道直引至胃,但其排泄管道未能辨识。脚与胸均硬,但较之蟹脚及蟹胸则稍逊。不像紫骨螺和法螺那样黏着在它们的壳上,寄居蟹是很容易脱出壳外的。在螺(蜗)壳中捡到的寄居蟹,体型较长,在蜒[④]壳中捡到的体短。

混举之为蝛属。汤译本注:ἀγρίαι(野)字疑为 ἄρρυγα 之误。ἄρρυγα,《伊利亚特》xvi,747 行中螺名。依此校改,则译文应为"于亚吕伽螺——有些人称之为'海耳'的那种蝛——"。

① 参看本书 548^a14;奥璧安:《渔捞》i,320—337;《埃里安》vii,31。καρκίνιον 原意小蟹,实指"寄居蟹",英语作 hermit-crab,"隐士蟹"。依另一名称 πάργουρος(Pagurus),意为"硬尾蟹"。Δ 中国名"巢螺",亦称"蛣蟳"(见于《尔雅》释鱼篇,郭注"似蟹而小"。郝懿行疏:"即寄居虫,如小螺")。寄居蟹实属甲壳类:胸甲,十脚,长尾,它拾螺之遗壳而寓处其中。多数品种右螯大于左螯。常以右螯捕食,退居螺壳中时亦以右螯掩护壳口。腹部末肢有钩,行走时钩携螺壳。

② 意谓只一本体,未加外壳。

③ 依狄校增〈ζεῦγος〉。

④ νηρείτης,"蜒"属前鳃亚纲蜒螺科。蜒螺壳为半球状,环层甚短,故亚氏以与螺形类对举。

又，说到在蜒壳中所捡到的这种动物虽与上述动物相似，而实际是寄居蟹的一个变种；其差别就在那分叉的脚（螯），它的右螯小而左螯大①，它行进时主要靠这大脚。[在这些动物以及其他某些动物的壳内，见到有一种寄生动物，称为居拉罗斯（蜷曲动物②）。]③

蜒类有一个光滑的大圆壳④，形似法螺，惟其罂粟体为红色，不作黑色。它用大力抓住〈壳的〉中部⑤。波静时蜒壳寄居蟹自由自在的行游于海滩，当风暴发生，它们便躲入岩石之间；蜒螺则像蝛那样都紧抓住〈岩石〉⑥；海漠螺（鹅足螺）⑦以及一切相似的诸种属，情况也都是这样的。还得讲到，它们抓住岩石时厣是翻转的，厣就像是一个盖；实际上螺形类的这一构造相当于双壳贝的一爿壳。⑧ 这种动物的内部均为肉质，口也缩在壳内。海漠螺（鹅足

① 米怜-爱德华(Milne-Edwards)于寄居蟹分类有“左螯”(Pagurus sinistres)“右螯”(P. dextres)“均螯”(P. aequimanes)等种别。

② κύλλαρος或作σκύλλαρος，加谟斯与施那得谓此名称本于κύλλος(蜷曲)一字，其意当为“蜷曲蟹”。《希茜溪辞书》中有κυλλοποδίων，“曲足蟹”，盖即此动物。

③ 全句含糊，各抄本有数处异文，兹依汤校英译本翻译。

④ 此处所云光滑大圆壳似为鹑螺属的盔鼓螺(Dolium galea)。《埃里安》xiv，28，νηρίται为小型而美好的螺，似属马蹄螺(Trogus)之各小品种。此处所称“蜒类”包括今日若干科属，不限于蜒螺一科。寄居蟹中左螯类之“条垄寄居蟹”(Pagurus striatus)常喜居鹑螺壳内；但各种寄居蟹均不专择某一种螺壳，故寄居蟹实际不能凭其所携之螺壳分类。

⑤ “抓住中部”，汤校，疑为κατὰ τὸ πέδον(抓住地面)之误。

⑥ 依《雅典那俄》iii，86 προσφὺς ὅκως τις χοιράδων ἀναρίτης(蜒螺立即抓住露出水面的一些岩石)，补〈岩石〉。

⑦ αἱμορροϊς，“海漠螺”或作ἀπορροϊδες，此名他章所不见。一般诠疏家均指证为鹅足螺科(Aporrhaidae)的“鹈鹕足螺”(A. pes-pelicani)。鹅足螺壳作塔状，壳口有鸟趾状外突。

⑧ 《构造》卷四，章五，679b17。

螺)、紫骨螺、与类此诸螺于这方面均属相同。

在蜒壳中找到的那种左脚(螯)大于右脚(螯)的小蟹不同于在螺壳中所能找到的寄居蟹。[有些蜗壳中住有形似淡水小虾的生物。可是这些生物在蜗壳内的部分却是柔软的。]至于它们的性状,你们可参看我的《解剖学》。

30

章五

海胆[1](“海猬”)无肉,这是它们所特有的一种性状。它们虽皆内空而缺乏任何肌肉,却都具有黑色生成体。海胆有数种,其一为那些常被食用的海胆[2];这种海胆,无论是大型或小型的,其体内都有大而可餐的所谓“卵”[3];即便还很幼小,它们也具有了卵。还有两种“斯巴坦戈”[4](猬团海胆)和“白吕苏”[5](仙饭海胆)海胆;这些动物营深海(海底)生活,较为稀见。又,还有“海胆母”[6]是海胆类中最大的品种。还有另外一种,体型虽小,却身具硬棘,它生

530b

5

① 参看《构造》卷四,章五;《柏里尼》ix,51。后口动物之棘皮门今分十纲,第九纲为海胆(Echinoidea)。Δἰχῖνος 原意为“猬”,应译“海猬”,兹从中国通称作“海胆”。

② 食用海胆有好几种。母海胆科(Echinometridae)内,含粒球胆(Sphaerechinus granularis)与蓝圆胆(Strongylocentrotus lividus)两种的卵如米,亚得里亚渔人往往称此类海胆为“海米”(rizzo di mare)。福培斯:《欧罗巴海》(Ed. Forbes: *European Seas*)151 页:西西里海中大海胆,“可食用金丝胆”(Echinus esculentus)称“胆王”;更大者“瓜胆”(E. melo),常俗谓是“海胆之母”。

③ 这些确乎是卵。亚氏于介壳类与海胆之卵常作此犹疑之词。

④ 另见《雅典那俄》iii,91;又《希茜溪辞书》释 σπατάγγοι(斯巴坦戈)为“海胆之大型者”。

⑤ 《希茜溪辞书》释 βρύσσος(白吕苏)即 ἄμβρυττοι(仙饭)。

⑥ “海胆母”(ἰχινομῆτρα)即今所称“瓜胆”。下文硬棘海胆即今头帕猬胆(Cidaris hystrix)。《柏里尼》ix,31 谓海胆母(Echinometrae)“其棘最长”,实误将两品种性状混述。

活在若干㖊[①]深的水底;有些人用这种海胆为医治尿滴沥症的特效药。[②] 在笃罗尼附近有一种白色海胆,较普通海胆为大,壳、棘、卵,以及全身通体白色。[③] 这一品种的棘不大,亦不强,也可说是软靡的;与口腔相连的黑色体为数特别多,这些黑色体互不相通而与外管道相通;事实上,这动物由这些黑色体形成了若干分隔。食用海胆能自由活动,而且确乎常在运动;因此,它们的叉棘(辅足)上老是带有这样那样的物件。[④]

一切海胆均有卵,但有些品种的卵异常地小,不适于食用。这真奇怪,海胆也有我们平常所谓头与口这些器官,但位于下面,而排泄秽物的出口却在上面[一切螺形类与蜮也具有同样的性状]。这种生物所凭以充饥的食料都在海底,因此头尾颠倒,恰正便于就食;上面的排泄口在壳(棘皮)背附近。海胆内部还有五个中空的齿,五齿的中央有一肉质体可当舌用。其次为食道,再次为胃,分作五褶,其中充满着分泌物;[⑤]五褶会合于肛门,在那里,壳上穿有一个出口。胃下另有膜,膜内所谓卵,无论是何品种,其数均属相同;这总是奇数,五。其上有黑色体[⑥],起端系属于齿,这些黑色体

---

① ὀργυιά等于四肘,即两臂横伸自指尖至指尖间距离,合中国五尺六寸;以言海水深度,故译“㖊”(fathom)。希腊量度四肘为“㖊”,百㖊为一“径”(斯丹第,即“跑道”)。

② 《生殖》卷五,章三,785^a20。

③ 这种特色海胆当为斯巴坦戈(spatangoid),即猬团海胆之一种。

④ 此分句照奥-文校本〈ὅτι〉ἀεί τι 译,这与《构造》卷四,章五,681^a8 相符。照伽柴译本应为“这样那样的海藻(algae)”。照《柏里尼》ix,51,则为“这样那样的残杂物(aculeis)”。

⑤ 海胆口下有迂曲的管道,胃与肠间无显著区别(参看注释图 4)。亚氏所云胃的五褶当为海胆的辐状体腔。参看《构造》卷四,680^a8。

⑥ 这里的黑色体(τὰ μέλανα)实际该是胃肠,异于上文所述许多动物的黑色体。

30 味苦，不适于食用。与之相似的黑色体，或至少是可相比拟的一种物体，可在许多动物中找到；例如龟、蟾蜍、蛙、螺形类，以及一般软

531[a] 体动物内均有之；但这种生成体，在各种动物中颜色不一，而均不堪食用，或者多少带些恶味。实际，海胆的口器①从一端扩展至另一端，外表看来殊不分明，在外观上，这像一个抽去角版的提灯

5 (λαμπτῆρι)。海胆用它的棘当脚；它全身的重量都放在棘上，它挪动这些棘，从一处移向别处。②

章六

在一切介壳动物中，所谓"戴须亚"(海鞘)③性状最为特别。

---

① 贝印本，D[a] 抄本，τὸ σῶμα τοῦ ἐχίνου，"海胆的躯体"；A[a]C[a] 抄本，梅第基抄本，作 τοῦ ἐχίνου τὸ στόμα，"海胆的口器"。原文上半句措辞含糊。近世生物学家已确定"亚氏灯"(Aristotle's lantern)为海胆口器，不指全身。居维叶《比较解剖学教程》(1805年)iii，329—35，于此题议论甚详。所用为比拟的灯为一种挂灯，底尖，不能平放。海胆口器由五块锥形石灰质齿合成，与十五世纪间荷兰大帆船舵楼挂灯确属相似。

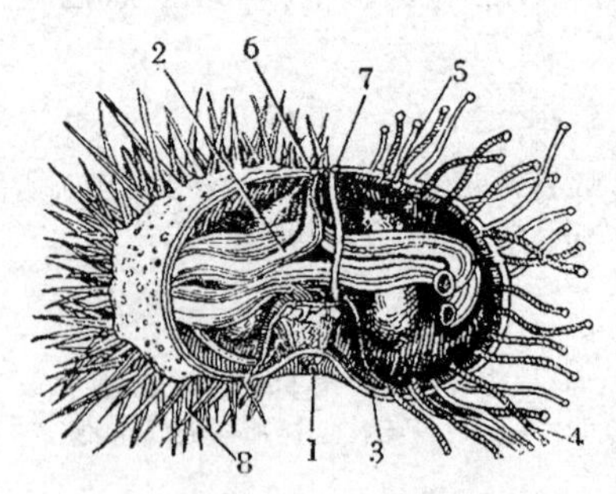

(左)海胆构造

1. 口
2. 肠
3. 水管
4. 管足
5. 卵巢
6. 肛门
7. 水管门筛板
8. 叉棘

(上)口器
即"亚氏提灯"

注释图 4. 海胆解剖模式(以球胆〔Strongylocentrotus〕作图)

② 海胆以管足与棘(辅足)相辅而作缓慢的行动。

③ 戴须亚(τήθυα，海鞘)为地中海通常的食用海产。今意大利称海鞘为tetinotti

这是惟一的介壳动物之全身藏于壳内者，[①]其壳(被囊)实为皮与介壳的间体，像一块硬皮那样，可用刀把它切开。它的壳固着于岩石，体中具有相隔离的两支管道，很细，不易辨识，它就在这里吸进又排出海水；它没有可目见的分泌物[至于贝介则一般地像海胆那样具有分泌物，而其余的种类更具有所谓罂粟膏]。剥开这动物，最先可见到那函皮体(被囊)[②]，内部周绕有一张肌质膜，膜内为海鞘所特有的似肉物质；这里所说的肉质，在一切海鞘种属的体内，全都相同，而与其他介壳动物体内的肉质则不相似。这种物质在两处斜向地系属于膜与函皮(被囊)；系属的两处原本相隔不远，这种似肉物质由此展开，趋于两个出口的管道；这两管道穿出壳(囊)外，海鞘在这里排泄并吸入食物与液体，恰像其一是口，另一是肛门；两支孔道，一支比另一支大些。体内有两个空腔，两边各一，中间有一块小间隔；两腔之一，其中含有液体。[③]这生物没有其他的运动或感觉器官，也没有像其他生物，例如贝类，所讲到的那些产生分泌物的器官。海鞘类的颜色有些是灰黄的，另些是红

(戴第诺底)。参看《构造》卷四，章五，680^{a}4；《柏里尼》xxxii，30，31，39。又，《伊利亚特》xvi，74；《雅典那俄》iii，85，92。齐诺克拉底《短篇集锦》(Xenocrates：*Anthologia*)，29谓海鞘可作药用。此处解剖记录可简括现代分类尾索亚门三纲，单海鞘(Simplices)复海鞘(Composites)与钟海鞘(Luciae)。所述固着生态只及独生海鞘，未及群体海鞘。

Δ① 海鞘幼体有脊索而营浮游生活；石勃卒属之蝌蚪与蛙之蝌蚪绝相似。长成时以口吸附于物，尾部萎缩，脊索消失，体成囊状，外被植物质的鞘套始营固着生活。故卷五，547^{b}21谓海鞘自泥中茁生，本卷528^{a}19列于"介壳"类内，卷八，588^{b}20与水母及海绵同列为"动植间体"，皆误。海鞘纲的发育至十八、十九世纪才得明了。

② ὀστρακῶδεs，"贝壳似的物质"，兹译作"函皮体"，即海鞘的被囊(tunica)。亚尔杜印本作 σαρκῶδεs，"似肉物质"。海鞘外皮实不似贝壳。

③ 参看《构造》卷四，章五，681^{a}28。两孔道确属一口，一肛门。两空腔今称围鳃腔(branchial sac)与排泄腔(cloacal chamber)。

的。[①]

又,还有水母[②],形态特殊而自成一个类属。水母像某些介壳531b类那样常紧附于岩石,但有时它会松开。水母无壳,全身为肉质。它具有触觉,你倘用手碰它,它会抓住你的手,恰像物件被章鱼用它的触手捉住那样,你的手会被水母紧握而致于肿胀。[③] 它的口5腔位于躯体中央,水母平常附着于岩石,有如蠔蛎之安处于其壳内那样。倘任何小鱼游进而偶一触及,它就被水母抓住;实际上,它恰像上述对付你的手那样,对付任何碰来而可吃的事物。就照这10样,它也吞噬着海胆与海扇。另一种水母自由地浮游于外海。[④]水母似乎全无排泄物,在这一方面它就类似植物[⑤]。水母有两属,一属较小而味较佳[⑥],另一属如在卡尔基附近所生长的那一种,较大而体硬。在冬季,水母的肉质是坚实的,因此它们都在这季节被15捞取作为食品,到了夏季这就消损,变得薄而多水。当你捕捉水母

① 单海鞘石勃卒属的 Cynthia papillosa(乳突石勃卒)为鲜红色。苍黄色者盖为 Phallusia mammillata(乳头状刺海茎)或其他常见的大海鞘。

② ἀκαλληφῶν“水母”属腔肠动物门。汤译本,依本节所述性状,作为 seanettle,“海荨麻”(刺冲水母),或 sea-anemone,“海葵”。参看本书卷五,548a23;《柏里尼》ix,68。

③ 参看《构造》卷四,681b4;《柏里尼》ix,45(68);《雅典那俄》iii,90。

④ 水母类之水螅形者为固定水母(Urtica fixa)即林奈分类之 Actinia,辐水母(红海葵);普通水母之钟形者或伞状者多为浮游水母(Urtica errans)即林奈分类之 Medusa,米杜萨。参看居维叶对于《柏里尼》ix,68 中水母的诠释。参看本书卷一,487b12,卷五,章十五。

⑤ 《柏里尼》ix,68:水母与海绵为动物与植物的间体。《构造》卷四,651a10—15:无生物至各种生物皆由级进。海鞘离植物稍远,若海绵则去草木无多。

⑥ 地中海常供食用的刺冲水母有多种,如原海葵(Actinia viridis)即可为一例。

Δ 卡尔基城(Χαλκίs,“铜矿城”),在欧卑亚岛上。希腊城市以卡尔基题名者甚多,欧卑亚的卡尔基城最古,见于荷马史诗。

时，水母常被扯成小块，你就不能整体的把它们从岩上取下。又，它们为暑热所逼时，会得滑移入岩石的隙缝。

关于软体动物，甲壳动物与介壳动物的内部与外部构造就是这些。

章七

现在我们以相似方式进而研究虫类（节体动物）。这一门类，包含许多种属，虽有几个种属明白地互相关联着，它们却没有被类列于一个共通的名称之下，例如蜜蜂、懒蜂、胡蜂，和所有这样的昆虫，以及另些，例如那些翅膀套在鞘内的小金虫、蚑（角甲虫）、蛂（发泡甲虫），和与之相类的昆虫，也没有类名。[①]　20　25

一切虫类，全身都有三个部分：头，躯干包括腹部在内，和第三部分，即两者之间的那一段肢体，相当于其他动物的胸背。于大多数的虫类而言，这中部就只一段；但在那些长而多足的虫类而言，这一中段实际具有许多分段，虫有多少分段就有多少节痕。

除了那些体型微小，冷却极速，或其体质天生是易于失热的种属之外，所有虫类，若被切为两段，能继续存活；至于胡蜂则体型虽小，被切断后仍能存活。倘与中段相连，则无论其为头或为腹，均能活着，但头不能单独存活；虫之体长而多足者能在切成两半后，　30　**532**[a]

△① 依现代昆虫分类，此节所举两类昆虫：（一）群蜂为膜翅类，Hymenopteroidea；（二）另一例为鞘翅类：（甲）μιλολό νθη，小金虫或黄蚑，属金龟子科（Scarabaeidae）；（乙）κάραβos，属蚑科（或称螓科）（Carabidae）；（丙）κανθαρί s，属萤科或蛂科（Cantharidae）。在本书中当为蛂，英译本作 blister beetle，发泡甲虫。此处虽云两类昆虫尚无类名，本书各章节所用膜翅与鞘翅等名称实际成了后世的类名。参看卷一，490[a]6—20 等节。

长时间内存活，被切开各段能各别向前或向后行动；这样人们确见到了那被切开的蜈蚣之后半身可朝尾端行进，亦可向另一端行进。[①]

所有虫类均有眼，其他感觉器官则不易辨识，但有些虫具备类似的舌，[②]这与一切介壳类相仿，这些虫便凭这种器官尝试并吸饮它们的食物。于有些虫，这似舌器官是软的，于另些，有如介壳类中紫骨螺的舌状突出物，这是硬的。于马虻与牛虻，这器官（刺吻）是硬的，实际上大多数虫类的似舌器官是硬的。凡虫类之无尾刺者实际就把这器官当武器。顺便说起，凡具有这种器官（刺吻）的虫类便不具备齿，只有少数例外。蝇类就用这器官接触它动物而吮吸其血液，蚊蚋[③]则以此到处叮刺。

某些虫有尾刺。有些虫，如蜜蜂与胡蜂，[④]这刺在内，另些如蝎则在外；说到蝎，这是虫类中螫刺独长的。[⑤] 又，蝎具爪，书卷中可以见到的“拟蝎”[⑥]也有爪。

---

① 参看《行进》章七，707^{a}31。尼康徒《有毒动物赋》（Nicander：*Theriaca*）812 称“蜈蚣”为“两头虫”。《希茜溪辞书》，ἀμφιδισφάγανον（两端进食虫）条释云：“某种多足生物，名蜈蚣。”

② 《构造》卷二，章十七，661^{a}15；卷四，章五，678^{b}13。

③ κώνωψ：（一）眼蝇，又名蜂蝇（conops），双翅，吻角质，细长而曲。头阔，复眼相离；腰细，似蜂。（二）此处似为蚊蚋通称，英译本作 gnat。

Δ 亚氏于昆虫口器在咀嚼方式之外，先注意到另有吮吸方式。直至十九世纪，昆虫学上口器分类仍沿袭为（甲）咀嚼型（Mandibulata）与（乙）吮吸型（Haustellata）二种。近代解剖学上，（甲）分为咀嚼型（如蝗）与咀舐型（如蜂），（乙）分为刺吸型（如蚊），绵吸型（如蝇）与吸管型（如蝶）等五种。

④ 《构造》卷四，章六，683^{a}8。

⑤ 贝本 μακρόκεντρον，“长螫刺”。璧校，奥-文校均作 μακρόκερκον，“长尾”。

⑥ σκορπιώδεις 应译“蝎属”，但此处有所专指，故别译“拟蝎”，即“书卷蝎”（book-scorpion），学名 Chelifer cancroides，“蟹形蚁”，属蜘形纲拟蝎目，恶蚁科（Chernelidae）。参看下文卷五，557^{b}10。

在其他各器官之外，飞虫另又有翅。有些虫如蝇为双翅类，另些如蜜蜂为四翅类；凡仅有二翅的虫均无尾刺。① 又，有些具翅的虫，如小金虫，其翅有鞘，另些如蜂翅无鞘。但这是全相同的：一切虫类之飞行，不凭尾巴转向，它们的翅也没有任何式样的分枝（羽翮构造）。 20 25

又，有些虫类在眼睛前面具有触角，例如蝴蝶（仙女）与蛄蝼（角甲虫）。凡能跳跃的虫类，后腿必较长；用以跳跃的那些长后腿②，像四脚动物的后腿那样，向后弯曲。一切虫类腹部皆与背异；事实上，其他一切动物无不如此。一只虫体的肌肉既不像介壳也不像介壳类内部的肉质，也不像通常所谓肌肉，而是这些物质的间体。③ 它们体内无棘刺，无骨，也无乌贼样的骨，也无介壳，但凭本身固有的硬度为护持，它们也就不需要另外的支架（骨骼）。可是虫类有一层皮（膜），这皮极薄。这些以及与这些相类的部分就是虫类的外部构造。 30 532b

于内部而论，紧接着口就是一支肠，大多数种类的虫肠是单一而直行的，终止于肛门，但少数例外，肠有蟠曲。④ 虫类皆无心肝这类内脏，也没有脂肪；一切无血动物于这些情况都相同。有些虫也具备一个胃，系属于胃下的肠或为单直，例如蝗虫（或蚱蜢），或作蟠曲〈例如蝉肠〉。⑤ 5 10

---

① 《构造》卷四，章六，683a13。

② 原文 πηδάλια 本义为划船所用的“长舵桨”。

③ 《构造》卷二，章八，654a26。

④ 《柏里尼》xi，4 言：昆虫内部构造简单，“只有少数品种为例外，具有曲绕的肠”。

⑤ 此处依奥-文校订译。依贝本：“或单直，或蟠曲如蝗肠”。蝗科（Acrididae）肠直，原文当有误。

蝉是虫类中(亦可说在一切动物中)惟一无口腔的动物,①但它像那些具备头刺(刺吻)②的虫类一样,具备有一个"舌状器官";蝉的这一器官长大完整而无分叉;它凭这器官吸取清露,蝉专以露水为食,它的胃内未找到过什么排泄秽物。蝉有数种,相互间有体型大小之别,又另有一差别,如所谓鸣蜩③的躯体中段④具有很易辨识的孔窍和膜,而于蛁(小蝉),则这膜便不易认取。⑤

又,海中有好些奇异生物,由于它们为数稀少,我们未能作成分类研究。老于海上的渔人确言曾见到海洋动物之如棒状者,色黑体圆,全身一样粗细;另些人又确言他们曾见到过生物之如盾状者,色红,有密接的鳍;另些人又曾见到过动物之如男性生殖器者,在睾丸部位生有两鳍,他们还申述有一次放夜钓时,在钓丝末端钓到了这样一只生物。⑥

---

① 本书卷五,章三十;《柏里尼》xi,26(32);《埃里安》i,20。Δ 同翅目蝉科等昆虫口器构造与异翅目相似,颚刺甚长,休息时卷藏于下唇所成之吻刺鞘(stylet sheath)中。

② 施校与贝校作 ὀπισθοκέντροις,"后刺"即"尾刺"或"螯"。璧校,奥-文校,狄校作 ἐμπροσθοκέντροις,"前刺"即"头刺"或"刺吻"。

③ ἀχέτης,依《希茜溪辞书》释为"唶唶不息之雄蝉"。一般能鸣之雄虫均可称此。此处举为蝉之别种,故译"鸣蜩"(chirper)。

④ ὑπόζωμα,"躯体中部",《呼吸》章九,475^{a}2,8,20,作 διάζωμα,"腰部"。

⑤ τέττιξ,"蝉",属蝉(蜩)科(Cicadidae),雄性腹面第一腹节间有鸣器,似二鼓。即此节所云孔窍与膜。鸣器有大小,"鸣蜩"当为具有大鸣器的蝉种。τεττιγόνια,意为小蝉,即"蛁",今属浮尘子科(Jassidae),有桑蛁、黄蛁等种,皆无鸣器。参看本书卷四535^{b}8,卷五 556^{a}18。近代著作可参看加罗斯:《杂录》(Carus:*Analekten*)1828 年,146页;兰杜亚:《昆虫之发声器官》(Landois:*Tonapparate der Insekten*)1867 年,48 页。

⑥ 此节所述三生物均难确定其种属。汤注,末种应为 Gastropteron meckelii,梅克里氏腹翼螺。第二种可能是 Pennatula,海鳃(珊瑚虫类),但所云盾状不全符合。格吕培(Grube)认为这可能是海参,如 Idalia laciniosa(伊达属拉齐尼岬参)或其他与之相近的种属。

这里于所有普通与稀有动物的内外构造已讲得这么多了。

章八

我们现在进而讲述感觉；关于感觉，动物间是有差别的，有些 30 动物具备所有各种感觉，而另些却只限于某几种感觉。因为我们缺乏在日常经验以外的任何特殊感觉的体会，这里所能列举的感觉种类为数就只有五项：视、听、嗅、味、触。

于此，人和一切有脚的胎生动物，以及一切红血的卵生动物[①] **533ᵃ** 都具五项感觉，只有某些曾经割截的或有所残缺的孤离种属，有如鼹鼠者，才是例外。[②]这一种动物是被褫夺了视觉的；从外表看来，它没有眼，但在它头上，若就通常眼睛所在的部位，剥除其外 5 皮——真是一张厚皮，——这便可在里面找到那被妨碍了发育的眼睛；那里我们可检查到眼黑与黑圈内所谓瞳子，以及外围的脂肪体[③]；这眼睛实际具备常眼的一切构造，但各部分均较常眼的相应 10 部分为小。由于厚皮的掩蔽，鼹鼠在外观上不见这些视觉构造的存在，因此这动物就好像天赋是盲废的[从脑[④]与脊髓交会处延伸有两条腱质管道通过眼窝而终止于眼齿(上犬齿)[⑤]]。上述类

△《动物志》这书在精审的记录之间，时而混有一些庞杂的文字。后世或推论这书是亚氏学生的笔札，经在亚氏学院中汇编而成；休脱(R. Shute)与赫胥黎等素持此说。此节就像是这类笔札错列于本章之内。但综览全书，参以亚氏为学的生平，耶格尔与罗斯等均确认这书大部分是亚氏的手稿。

① 贝本等原作 ζῳοτόκα，"胎生动物"，此从奥-文等校本译。

② 见上文卷一，章九，491ᵇ28。

③ 贝本等 κυκλώπιον，"圆脂体"。依奥-文与狄校本 κύκλωι πῖον，"外围的脂肪体"；这与《感觉》章二，438ᵃ20 语句相符。

④ 参看《感觉》章二，438ᵇ27；《构造》卷二，章十，656ᵇ17。

⑤ "眼齿"(χαυλιόδοντας)即上犬齿或獠牙。鼹鼠(Talpa)及其相近的鼢鼠(Spalax)

15 属的其他动物都有辨识色[①]与声，感觉臭与味的官能；至于第五项感觉即触，这是动物界全体个个都具备的。

于有些动物，感觉器官皆极易认取；而眼睛尤为显著，[②]因为20 动物的眼睛都有一定的部位。司听觉的器官也有一定的部位，这就是说有些动物有耳而另些动物有可辨认的受声孔道。[③]嗅觉亦然，有些动物有鼻孔，另些如鸟类只有受嗅孔道。关于味觉器官，25 即舌，亦复如此。在水生红血动物中，鱼类[④]有辨味的舌，但不完善而无定型，鱼舌是骨质的而且不能自由舒展。有些鱼，例如淡水鲤的上颌（口盖）是肉质的，疏略的观察家便因此误作为舌。[⑤]

30 鱼类具有味觉是无疑的，好多鱼往往特爱某味；倘用一片弓鳍鱼（鳚）肉或其他任何肥鱼的肉为钓饵，鱼便较易上钩，它们显然是533b 喜欢这类鲜味而是以此为食的。鱼类无显明的司听与司嗅的器官；[⑥]在鼻孔的部位似乎可以揣测其某处为嗅点，但这些点与脑部不相沟通。这些点像堵塞的衕一样不与他处相通，而另有些解剖5 实例则发现它们只与鳃相通；但不管所有这些情况，鱼类无疑地能听能嗅。人们注意到任何地点发生大声时群鱼便从那里逃散，这样，有如艇上划桨所作的声响也会使鱼类趋避，人们就可利

均无眼齿，此分句当属解剖另一动物的记录，各抄本误植于此。倘无眼齿字样则所言管道可解释为眼神经。

① 以“色”为视觉对象，可参看《感觉》章三，439a30；《灵魂》ii(7)418a29。

② 《生殖》卷二，章六，744a5。

③ 《构造》卷二，章十六，659b2。

④ 原文 καλουμένοις δὲ ἰχθύσι…，在水生动物中之“称为鱼类者……”，照奥-文校为 καὶ ἐναίμοις οἱ ἰχθ…，“在水生红血动物中，鱼类……”。

⑤ 参看《构造》卷三，章十七，660b13，34；661a1。Δ迄今中国及西方烹饪习俗仍误以鲤鱼之口盖为“舌”。

⑥ 《构造》卷二，章十六，659b13。

用声响把它们赶入鱼窟俾易于捕取；而且在空中一个很低的音响，在水下的生物听来，都成为可惊的大声。这里可以举示捕捉海豚的实例；当那些海上渔队用他们的独木舟围住了一群海豚，他们就在那包围圈内作出巨大的溅水声，把海豚驱赶到一个浅滩，并使之干搁在沙上，这些动物正当为声响所吓昏时，它们便已被捞获 15 了。[1] 虽然如此，海豚身上还是不见有可辨认的听觉器官。[2] 又，渔民正当进行捕鱼时，特别沉静，留心着不使桨或网发生声响；在已瞥见有一鱼群后，他们先在远处下网，估量在那里划船撒网的声响不致惊散那个鱼群，船上一应人众全都保持肃静，直到鱼群已被 20 围住才罢。到这时候他们就应用那围捕海豚的方法，逼使鱼群向内游集；他们用石块互击，鱼群为那几方面的击拍声所惊，便赶入某一方向，这样它们便进了渔民的张网。[这样，如上所述，他们在 25 围拢鱼群之前则保持肃静，迨鱼已入围，他们又叫全船人众大声吆喝，任何怪啸都可以；他们认为鱼类听到这样的吵闹，会被骇昏而乱窜，这就投入了网内。][3]又，当风和日暖，渔人看到远处有觅食 30 的鱼群，正嬉游于海面的晴澜，倘他们急想察知那鱼群的种类与大小，就该趁它们曝背而浮泳着的时候悄悄的驶近；任何人苟偶一作声，鱼群便仓皇四散了。又，有一种小小的河鱼，名为"扣托"(牛头 534a 鱼)；[4]这种鱼潜处岩石之下，渔夫用小石击此岩石作砰砰声，它诧

① 阿朴斯笃利特：《希腊渔捞》(*La Pêche en Grece*)33 页所述捕捞 συναγρίδεs(狗母鱼)方式与此相似。亚得里亚海渔民的发声器为一长柄空筒，用以拍水，水声甚大。参看法布尔：《亚得里亚海的渔业》(Faber：*Fish. of Adriatic*)133 页。

② 本书卷一，492^a29。

③ 依奥-文校，加[ ]。

④ 各抄本作 βαιτos 或 καιτos。薛尔堡依伽柴译文校为 κόττυs，"扣托"鱼；汤英译 bull-head，"牛头鱼"，为杜父鱼科(Cottidae)鱼名。若干诠疏家指为 Cottus gobio("虾虎䲗")。

异于这音响，就蹿出它的洞窟。由这些事例看来，鱼能听闻是很明确的了。实际上，有些住近海边，常见这些现象的人们直认，一切生物之中，鱼类对于声响最为敏感。至于在一切鱼类之中则鲱鲤，契伦伯斯，鲈，萨尔帕鲐，契洛鲍，[①]以及类此诸鱼，尤敏于声感。其他的鱼类声感较逊：这是可以推想到的，那些听觉呆钝的鱼总以栖息于海底者为多。

于嗅觉方面，情况相似。[②] 常例，鱼不吃腐朽的钓饵，也不能常用同一种饵来诱取鱼类，这必须引用几种投合它们胃口的钓饵来捕鱼，鱼类便凭嗅觉辨识这些钓饵；[③]也得提到，有些鱼是喜欢臭饵的，例如排泄秽物可惹引萨尔帕鲐。又，好多鱼潜居在洞窟中；渔夫想要诱出它们，便把有强烈气息的腌渍物弥散于洞口，[④]鱼立即引向这种气息。鳗鳝也是用相似方式捕获的；渔夫把一些腌渍物投入瓦罐，在那罐口嵌入一个"陷套"，然后把罐沉到水下；〈被诱入的鳗鳝便不能脱出〉。常例，鱼特喜香气。因此渔夫便把

① κεστρεύs，英译 mullet。Δ汉文或作"鲱鲤"（科学院编《脊椎动物名称》，1955年），或作鲱鲤科的"鲩鲣"（杜编《动物学大辞典》，1927年）。

κρέμψ（契伦伯斯），本义为马的嘶鸣，不似鱼名。有些抄本无此字；可能为下一鱼名契洛鲍一字之误而复出者。

λάβραξ，英译 basse，鲈形目中鲈科鱼名，或以专指 Labrax lupus，狼鲈或鮨鲈（上文 489^b25）。

σάλπε，萨尔帕鱼，另见《雅典那俄》vii，321。希腊现代鱼名有 σάλπα（萨尔巴），意大利鱼之 salpa，法兰西之 saupe 皆与之名实相同，学名 Box salpa（萨尔巴牛鲐）。

κρομίs，契洛鲍，当即今意大利琪诺亚与法国马赛港渔民所称 chro"契洛"鱼，学名 Sciaena aquila，鸢鲍，属黄花鱼科（或称石首鱼科）。参看居埃叶：《考古学院年报》（*Ann. Inst. Archeol.*）1842 年，73 页。

② 《感觉》章五，444^b8。

③ 今希腊渔民犹常用干酪为诱饵；法国渔民捕捞沙丁鱼时用鳖鱼卵。

④ 《柏里尼》xi，2(3)；奥璧安：《渔捞》iv，647。

乌贼肉加料炙烤，再投作钓饵；也有人把火熏过的章鱼用为渔篮及 25
陷圈全套渔具的诱饵，据说这些气息特别惹引鱼类。又当船上的洗
鱼水或舱底污水泼入海中时，人们便见到群聚鱼类[①]急速的游去远
处，它们显然是不爱那些气息的。鱼类能凭臭气感知它们自己族类 534^b
的血液；任何时刻，倘有鱼血倾入海中，它们总是迅速离开，要到好
远的地区才停下；由此看来，鱼类具有司嗅的官能显然是确实的。
又，还有一个常例，你若把惹厌的臭饵放入你的陷圈，鱼便拒不入 5
圈，甚至于不愿游近；倘另换上新鲜的香饵，它们会在顷刻之间从远
处来到，并泳进那陷圈。[这在海豚特为显著：如上所述，它外表无
耳，却为声音所扰乱而致于被捕获；同样，它外表无鼻而嗅觉特为锐 10
利。][②]因而，这是显然可知的，上述诸动物必全备五项感觉。

其他动物，除却少数例外，可概括之于四个门类：即软体，软
甲，介壳与虫（节体）。于这四类而言，软体动物，[③]介壳动物与节 15
体动物具备各项感觉，〈严格来说〉，它们总有视觉[④]、嗅觉与味
觉。至于虫，包括有翅与无翅的在内，都能察觉远处事物的香臭，
例如蜜蜂与克尼伯斯（树蜂）[⑤]能察知远处有蜜，它们是凭嗅觉侦
察出来的。许多虫豸死于硫黄烟气，蚁穴的进出口，倘散布以磨细 20

① 《埃里安》ix，46。

② 依奥-文校加[　]。

③ 《感觉》(5)444^{b}12。

④ 狄校，此处加〈ἀκοὴν καὶ，与听觉〉。奥-文校则认为这四类动物是否同具视觉与听觉器官，尚未确切说明，应删去“视觉”。

⑤ 克尼伯斯（κνιψ）于下文593^{a}4，614^{b}1为各种树虫之通名，此处专指树蜂（瘿蜂）。参看《柏里尼》xi，19；xxx，53；色乌弗拉斯托：《植物志》ix，17。

的[①]薄荷与硫黄,蚁群便离弃它们的巢穴;鹿角草的熏烟可以驱除大多数的虫豸,更有效是苏合香胶的熏烟。乌贼、章鱼与蝲蛄都可25 利用诱饵捕取。[②] 章鱼抓住岩石很难把它拉脱,即便用刀切割,它还是不肯轻易放松;可是你若应用毒虱草(烟草),章鱼才闻到这气息,立刻松弛它的抓脚。[③] 关于味觉的情况也与此相似。虫类所535ᵃ 追求的食物是多种多样的,它们的味嗜各不相同:譬如蜜蜂[④]老是萦绕于新鲜而甜蜜的花朵,从不栖止于凋萎的草卉;而郭奴伯斯(醋蝇)[⑤]便叮住辛辣的事物,并不追求甜味。至于触觉,前已言5 及,为一切动物所统备。介壳类具有嗅觉与味觉。关于嗅觉这可由诱饵为之证明,例如紫骨螺喜欢腥臭的肉,它感到腥气,会从老远的地方引来。它们的具有味觉当可跟着嗅觉的证明而为之论10 定;凡动物之闻香或闻臭而引来者,这必然因为那发生气息的事物,其味为它所素爱好。又,一切具有口器的动物,于接触有味的液汁时都会引起厌苦或愉悦。

关于视听,我们未能凭信实的证据,于介壳类作出完全可靠的15 论断。可是试以蛏为实验,你倘发出一声吆喝,它会潜入泥沙,而当你带着铁棒[⑥]走近时,它又会潜伏得更深些——这动物大部分

① 奥-文本删去 λείων,"磨细的(粉末)",字样。斯卡里葛查证第奥斯戈里特《药物志》等,谓应用两药当须研成粉末。

② 《柏里尼》x,90。

③ 这一捕鱼法,今希腊渔民仍沿袭应用。毒虱草(κόνυζα)即淡巴菰(烟草,Inula coryza),参看阿朴斯笃利特:《希腊渔捞》,1907 年,50 页。

④ 本书卷八,596ᵇ15 等。又《柏里尼》xi,8;梵罗:《农事全书》iii,16,6。

⑤ κώνωψ(郭奴伯斯),今 conops,作双翅目(Diptera)眼蝇科(Conopidae)通称。奥-文译本谓此处当指"醋蝇",oinopota(Mosillus cellarius)。

⑥ σιδήριον,铁器。今亚得里亚海渔民仍用一铁棒(末端有一圆锥体)捞蛏;当铁棒伸入剃刀蛏(cape lunghe)壳中时,蛏即夹紧圆锥,遂被拖出泥洞。(法布尔:《亚得里亚海的渔业》,89 页。)

身体缩入它的泥洞时还伸出少许于洞外；——还有海扇，你若把手指伸近它们张开的介壳时，它随即闭敛而紧阖起来，好像是见到了你的动作。又，渔夫放置诱饵以捕捞蜓螺时，他们常绕至蜓的下风，动作进行时绝不做声，他们深信这动物能嗅而又能听；他们也向我们说起，谁若高声讲话，蜓就力图逃脱。在介壳类中，能爬行或步行的种属，以海胆为最钝于嗅觉；于不能够动的种属，海鞘与藤壶[①]的嗅觉最不灵敏。　20　25

关于动物感觉器官的一般情况已讲了这些。我们现在进而叙述声音。

章九

“声音”(φωνή)与“声响”(ψόφos)互相有别；“言语”(διάλεκτos)又与声音与声响有别。事实是这样，动物必须有咽喉[②]方能运用之以发声音。因此，凡无肺的动物便不能有声音；至于言语则是用舌为工具，调节那些声音而造成的。这样，喉声可得元音(母音)，辅音(子音)是由舌与唇调成的；而言语就由这些元音与辅音组合起来。故而，动物之全无舌者，或仅有不能自由舒展的舌者，既不能发声音，也不能作言语；——虽则它们可能用舌以外的另些器官作出声响(吵声)。　30　535b

譬如昆虫并无声音与言语，但它们能在体内鼓气以发出声响；但昆虫既不能呼吸，这气当然不是向外吹出的。[③]有些昆虫如蜜蜂　5

△① 这里所谓“藤壶”(βάλανos)，这种属应是甲壳纲，切甲蔓脚的藤壶科(Balanidæ)之通称。所云海鞘亦类此，于亚氏为种属名，于今为一亚门的诸动物通称。

② 《构造》卷三，章三，664^{a}36。

③ 参看《柏里尼》xi，2(3)。

与其他有翅虫类常作嗡嗡声(蜂衙);另些如蝉,竟说它能唱歌。[①] 这里所说的虫类即那些具有这样躯段[鼓膜]的虫类,[②] 均凭躯体中段下面(腹面)的薄膜作出它们各自的特别声响;譬如蝉类的一种就由此薄膜与空气的激荡而成声。蝇、蜜蜂与类似的昆虫在飞行时由翅翼的开张与翕敛而发生它们所特有声响;运动中的翅翼激荡着空气遂有此不息的嗡嗡。蚱蜢用它们的长后腿摩擦作声。[③]

软体动物或软甲(甲壳)动物中,没有哪一种能发声音或声响。鱼不能作出声音,因为它们无肺,又无气管与咽;但它们有时发出不调叶的声响并作尖叫,这就说是"鱼音"[④] 例如琴鱼(魴鮄)[⑤] 与黄鮸[⑥](这些鱼会作咕噜声)与阿溪罗河中的豚鼻鱼[⑦] 以及嘉尔基

① 《呼吸》章九,475^a6;《醒睡》章二,456^a10,20;又本书卷五,556^a20。

② 参看《呼吸》章八,474^b31;又章九,475^a15-19 述儿童用一苇管,黏膜其中,便可吹啸做声。这说明了虫类腰腹间鼓膜的作用。

Δ ③ ἀκρίδες 包括蚱蜢或蠡螽与蝗科昆虫,参看卷五,章二十八。蚱蜢后腿有锯齿条(音锉,file),与沟垄面相擦则有声。蝗科(Acrididae)昆虫以后腿刮器(scraper)擦前翅(elytron)鼓膜(tympana)做声,有时蝗科与蟋蟀科(Gryllidae)以两前翅相擦做声。参看拉特来伊:《自然博物院回忆录》(Latreille:*Mem. Mus. de Hist. Nat.*)viii,1822 年。

④ 参看《埃里安》x,11。又,近代著作:约翰·谟勒"关于能发声的鱼类"《解剖实录》(J. Muller:*Arch. f. Anat.*)1857 年,249 页;索伦孙:《鱼之发声器官》(Sörensen:*Om Lydorganer hos Fiske*)哥本哈根,1884 年。

⑤ "琴鱼"(λύρα)与"鸤鸠鱼"(κόκκυξ,或杜鹃鱼)均属魴鮄科(Triglidae)。普通魴鮄(T. gurnardus)作咕噜声,故法文名 grondin,德文名 Knurrhahn,亦可译为"咕噜魴鮄"。琴魴鮄(T. lyra)英国渔人称为"吹箫者"(piper)。另一种勃洛赫(Bloch)所称比尼魴鮄(T. pini)盖即"鸤鸠魴鮄"。林奈分类中,两品种同称 T. cuculus,"咕咕鱼"(或鸤鸠魴鮄)。

⑥ 参看居维叶与梵伦茜恩:《鱼类自然史》(Cuvier et Valenciennes:*H. N. de Poissons*)iv,41 页;台:《不列颠鱼类》(Day:*Brit. Fishes*)i,151 页。Δ 李时珍《本草纲目》:"石首鱼(黄鮸)出水能鸣","每岁四月来自海洋,绵亘数里,其声如雷。渔人每以竹筒探水,测其声,乃下网截取之。"今中国东海渔民仍贴耳船舷,以占鮸声,为测候。黄花鱼在产卵洄游中先做沙沙、吱吱声;到达产卵场后作呜呜、哼哼声;产卵时做咯咯声。

⑦ κάπρος 英译 boar-fish "彘鱼",汉文名"豚鼻鱼"。通常所称"野彘鱼"(Capros

鱼[1]与鸬鸠鱼；嘉尔基鱼所做声音近乎吹箫声，而鸬鸠鱼叫酷似鸬鸠（杜鹃）的咕咕声，这鱼便由此得名。所有这些鱼类的声音，有些由于鳃[2]的摩擦动作——那些鱼的鳃多棘[3]——另些则起于它们的腹内；它们的腹内是有气的，[4]这部分的摩擦与活动也能发生声响。[5]有些软骨鱼似乎会啾鸣。　20　25

但在这些实例中，“声音”（“发音”）一词是不适当的；用“声响”（“发声”）这词较为确切。海扇在水面上漂浮时——即通常习称的海扇“飞行”——作嘘嘘声；“海燕”[6]（豹鲂）亦然；这种飞鱼备有长阔的鳍，能出水，在空中飞行。这恰如鸟飞时的振翼声，显然不能混作咽喉所发的声音，所有其他那些生物在这里所举各例亦复如此。　30

---

aper）为一海鱼；此处说明为河鱼，可能另指其叫声似猪的一种鲶科鱼（silurus）（见下文 568^a23，及 602^b22）。参看《灵魂》ii(8)420^b12；《埃里安》x，11；《柏里尼》xi，112。

① χαλκίς，嘉尔基鱼，好多诠释均指为“法布尔鲂”（Zeus fabre），俗名“约翰·杜里”（John Dory）。约翰·谟勒谓此处确指“鲂”，拼音应作 καλκεύς（嘉尔契奥），与嘉尔基鱼相异。参看《奥璧安》i，133；《雅典那俄》328c。现代希腊所称“嘉尔基”鱼为 Sargus vulgaris，普通鲷。

② 应为“鳃盖”。

③ 参看《构造》卷二，章十七，660^b25。鱼之发声有时出于鳍棘底部的摩擦。

④ 参看上举谟勒书 267 页。

⑤ 鲂鮄科鱼（商务印书馆《动物学大辞典》称“竹麦鱼”）鳔壁颇厚，伸缩时能发声。莫卢（Moreau）谓鮄属（Trigla）与鲂属（Zeus），鳔上空腔有横搭之膜圈，震动甚速，而成音响。

⑥ “海燕”（χελιδόνες αἱ θαλάττιαι），实指“飞行鲂鮄”（flying gouruads）为“燕鱼”属（Chelidonichthys），拉丁学名“Dactylopterus volitans”（翼鳍飞鲂）。Δ 中国称“豹鲂”，或称“鳐”。豹鲂胸鳍甚大，能飞，亦能爬行海底。现代希腊人称此鱼为 χελιδονό-ψαρον，“灰燕”。参看奥璧安：《渔捞》i，430。又，上述约翰·谟勒著作，253，273 页。本节所记鱼类用鳔，齿，鳍，鳃盖等发出的声音，近代鱼学称“生理声音”；因成群游泳而在水中造成的声音称“动水力学声音”。近代渔捞凭“听音器”识别此类声音以判断鱼群种属、约数、移动方向与距离，进行追踪，故于鱼音研究特为重视。

536a 海豚出水以后会发出叫声,并在空气中呻吟,这些吵声与上所列举者有所不同。这一生物是有声音的〈它能发元音〉,因为它具备肺与气管;但它舌僵,也没有唇,不能调成清晰的音节〈或把元音与辅音拼合成语音〉。

5 于具有舌与肺的动物,卵生四脚类能发音,但其音微弱;有些例,如蛇做尖锐的箫声;另些有如低弱的泣声[①];又另些,如龟,为轻嘘声。蛙舌的构造是特异的。在其他动物,舌的前端为可舒卷 10 的部分,这在蛙却是固着的,有如鱼舌一样;但其后端向咽头的那部分却又舒卷自如,而且竟能吐出[②],蛙就借这一部分发出那特殊的咯咯声(蛙鼓)。洼池中喧嚷无已的咯声是雄蛙在发情期[③]向雌 15 蛙的呼唤;这里,顺便说到,一切动物在这期间,为同样的作用,各有其特殊的鸣声,这些实例大家在豕、山羊与绵羊都可听到。[牛蛙(树蛙)作喧声时,把下颌附着于水面,竭力鼓起它的上颌。这样,上颌尽是紧张,几乎成为透明,眼睛也好像灯那么亮;[④]因为喧 20 蛙的交配常在夜间进行。]

鸟类能发喉音;其中舌呈扁平形的鸟发音特佳,纤薄[⑤]的舌也

---

① 奥-文校订谓应是“低弱的箫声”。

② 各抄本及贝本等为 πέπτυκται(?)。亚尔杜本,加谟斯本,狄本作ἐπί πτυκται,“卷起”。兹照奥-文校本ἐκπτύεται,译“吐出”。

③ 《埃里安》ix,13。

④ 奥-文认为全句内多错字,不可通解,加[ ]。《柏里尼》xi,65 述蛙鼓一节略如亚氏此节,似原文确有此句。亚尔培脱:《全集》xxvi,253 页句,与此节约略相符,无“眼如灯亮”语,而另有“ideo vesicas duas inflatas…”(于是两囊鼓胀……),则此句原文似在叙述蛙的“声囊”(vocal sac)。故汤伯逊揣测 ὥσπερ λύχνοι φαίνεσθαι οἱ ὀφθαλμοι(眼睛像灯亮)语可能为 ὥσπερ λίχανοι φωνεῖσθαι οἱ φθόγγοι(像一条紧张的弦发出应声)。参看奥维得:《变形》vi,377。

⑤ 原文 λεπτήν,纤薄;奥-文校为 μαλακωτέραν,校软。

善于发音。有些鸟，雄雌鸟声相同；另些不相同。小鸟的喉音比大鸟为畅顺，故常啁啾；但在交配季节，各种鸟一时都变成了鸣禽。25 鸟类中有些如鹌鹑，一面战斗，一面鸣叫，另些〈如鹧鸪〉[①]，挑战及应战前先啼，公鸡则斗胜后才啼。有些鸟，雄雌所啭之歌调相似，夜莺可举以为例，只是雌莺在孵卵与哺雏期间暂停其歌声；[②]另些鸟，雄性较雌性唱得多些；实际，像家鸡与鹌鹑，雄性会引吭长鸣，30 雌性是不啼的。

胎生四脚类能发出另一种喉音，但它们都没有讲话的能力。536b 实际，言语为人类所独擅。能言语者必能发喉音，但有喉音者不必能言语。孩童，其初于各个生理构造多不能自行控制，于舌也不善调转；但舌本不全完美，须随人之生长，逐渐灵活而舒卷自如，故人 5 在幼骇期皆嗫嚅而讷于言语。[③]

喉音(口音)与语调随地区而异。喉音的主要特征在于音响的轻重高低，同一种属范围以内的动物所能发的各种声音都相同，但 10 那经过调节而组合的，可能称之为“言语”的声音则不但随种属而异，即在同一品种之间，也随地区之变而各不相同；举例言之，如有些鹧鸪以咯咕鸣，有些则作较尖锐的啁啾。[④] 于小鸟而言，有些雏 15 鸟，倘由老窠远徙，听到别鸟的歌声，它们就会唱出不同于老鸟的

---

① 施、璧与奥-文均参照伽柴译本，及《柏里尼》xi，51 文句增入〈οἶον πέρδικες〉一短语。

② 本书卷九，632^b21。

③ 《构造》卷二，章十七，660^a26。参看亚里斯托芳剧本《云》(*Nubes*)862，1381。

④ 《雅典那俄》ix，390 引色乌弗拉斯托语；《埃里安》iii，35；《安底戈诺》vi。鹧鸪鸣声相异，不在地区之别而在种别，如希腊小鹧鸪(P. gracea)与齐奴赉鹧鸪(P. cinerea)。鸣声有异，实为两不同品种。

新调;曾见到一只母莺教导它的小莺怎样唱歌[①],我们由此得知鸟类的清歌并不像它原有的喉音一样本于天赋,这显然是经过教练
20 而得到了改进的。[②] 人的喉音(发声)相同,但各人的语调却各异。

像专用口腔所做的声音有似吹气声,若不用其鼻相助,此声低弱,恰如人之喘气或叹息;[③]但在用鼻为之辅助时,则所发声音就
25 像破喇叭的声音。

章十

关于"睡与醒",一切红血有脚生物的入睡,及其从睡眠中醒寤,均可确切地察知;[④]事实上,一切具有眼睑皮的动物,当它们入睡时,便可见其眼睑闭合。又,这可见到,不但人会做梦,马、狗、与
30 牛都会做梦;诚然,绵羊、山羊,以及一切胎生四脚兽类无不有梦;狗在睡眠中会吠,足见它正有所梦。关于〈陆地〉卵生动物,我们不能确断它们会做梦,但它们会入睡,当是无可置疑的。于水生动物
537a 亦然,有如鱼类软体类,甲壳类若螯虾和与之相似的生物均可取以为例。这些动物必也入睡,只是它们睡着的时间极短。这些生物均无眼睑皮,所以它们的入睡,不能凭眼睛的情况来判明——这可由它们全身不动的姿态为证。

---

① 普卢塔克:《动物智巧》973A;第雄:《群鸟》(Dion:*de Avib.*)i,20。

② 华德·富勒:《长夏学习录》(Warde Fowler:*Summer Studies*)以鸤鸠(杜鹃)为例,论鸟歌出于母教之说为不实。富勒未注意亚氏所作喉音(φωνή)与言语(διάλεκτος,于鸟类而言即"歌调")之分别。鸤鸠叫声出于喉音,本之天赋,莺歌则须教练或效学而后习得,两者不能并论。

③ 《生殖》卷五,章七;《柏里尼》xi,51。

④ 《睡醒》(1)454b15;《柏里尼》x,75。

[①]不为“虱”和别名为“跳蚤”[②]的生物所烦扰时，见到有些鱼完 5
全待在不动的情态，人们很容易用手把它捞住；实际上，这鱼倘尽在这一情况待久了，这些小生物便将成千上万的围住它，并把它吃了。这些寄生虫居处于海底，为数是那么多，倘作为诱饵的鱼肉在水底沉放得过久，渔夫们收钓时会拉起一簇蚤虱，四面叮住这鱼饵。 10

但我们另可由下列事实较合理地推论鱼的睡眠：常常可以在鱼失于察觉的时刻予以突击或径行捉住；正当你预备着一切来捕捉或打击它的前后，这鱼除了尾巴偶一轻掉外，总是完全静止的。 15
在它静息时，倘加以任何扰动，从鱼的反应动作看来，显然可见它原来已经入睡；它的动作恰像是一个动物被惊醒时的表现。又，由于睡眠的缘故，鱼可用火炬来进行捕捞。渔船上“金枪鱼群的守望者”[③]常趁金枪鱼在睡眠时把它们围入网圈之中；正当围捕进行之 20

① 奥-文校本认为以下两句不通，可删。汤译本注谓删去“ὥστε τῇ χειρὶ”(……用手……)分句，并改ἀλίσκονται(烦扰)为 ἁλίζονται(群聚)则此句可译成：“鱼在待着不动的情态中，虱与别称为跳蚤的生物便向它聚拢；实际上，这鱼倘……”这样全节可得通解。《柏里尼》ix,71 述海蚤：“海中无奇不有，如旅店中所见的白蚤以及人们身上的发虱，海里也常有，渔夫收钓时往往见其成团地附于鱼饵；据说这些蚤虱在海里烦扰鱼类的睡眠。”

② “蚤”(ψύλλος)，海中之蚤当为甲壳纲异脚类(Amphipoda)中的“沙滩跳虫”(sand loupers)，此种侧扁小虾的腹部最后三对肢为弹水及跳跃之用。阿拉伯人称此小虾为 barghut-el-bahr，其义亦为“海蚤”。

③ 海上夜间捕鱼，见于柏拉图：《诡辩家》v；《埃里安》xi,43；《浦吕克斯》vii,138；x,133。渔船队有一人居最高处侦察鱼群行动，称“θυννο-σκόπος”，各船渔人依其信号所示，协同进行围捕。参看色乌克里图：《渔牧诗集》(Theocritus：*Idylls*)iii,26；奥璧安：《渔捞》iv,637。又《柏里尼》x,75；《斯脱累波》v,(2)6,8,vii,(6)2 等，均有关于金枪鱼之围捕记载。近代著作可参看罗得：《金枪鱼之捕捞》(P. Rhode：*Thynnorum captura*)，1890 年，莱比锡，46 页；阿朴斯笃利特：《希腊渔业》32 页；法布尔：《亚得里亚海的渔业》100,114,137 页；后两书曾述及夜间渔船所用的“火炬”。

际，它们还躺着不动，白亮的肚皮朝天，因此大家可得远远望见，这样，它们显然都已入睡。它们在夜晚要比白天睡得多些；而且晚上
25 竟然睡得这样酣熟，你已在它们四围下着网罟，它们竟毫不警觉。[①] 鱼类，常例靠紧水底的沙或石或地面入睡，或潜入岩下以及地洞入睡。扁平鱼在沙中就眠；它们的形体在沙上映出一个轮廓，这样被人发现时，可用三齿渔叉叉取[②]。鲈、金鲷、鲱鲤，以及类此
30 诸鱼，由于入睡，常在白日被人叉获；它们若不入睡，当是绝难叉取的。软骨鱼偶亦熟睡，这时也能手捞。海豚与鲸，以及所有备具喷
537b 水孔的这一类动物入睡时，它们的喷水孔皆露出水面之上，鳍在静静地浮水，由喷水孔进行呼吸；有些老渔夫竟然说他们确实听到过海豚的鼾声。[③]

5 软体动物像鱼类一样睡眠，甲壳类亦然。虫豸也显然睡眠；它们那完全静止的休息状态必然是入睡。蜂之入睡，也有明白的实证；[④]它们在夜间安息后，停歇了嗡嗡声。一般白日活动的虫类之
10 睡眠是易于察识的；它们从夕阳将暝时起便一例就息，虽点燃烛光，为之照明，它们还是继续酣眠。[⑤] 这里，顺便说到，所有硬眼类生物的视觉都是朦胧的。[⑥]

15 在一切动物之中，人最易入梦。童稚与婴儿不梦，[⑦]但大多数

---

① 《希罗多德》i，62。

② τριώδοντι，用三刺鱼叉叉鱼。三齿或三刺叉拉丁名 fuscina，意大利名 fioscina；今仍有些意大利渔人用此叉叉取上述诸鱼。

③ 本书卷六，566b15；普卢塔克：《动物智巧》979 页；《柏里尼》x，75；《埃里安》xi，22。

④ 本书卷九，627a27。

⑤ 《睡醒》(1)454b20 所述与此相异。

⑥ 《构造》卷四，章六，683a27。

⑦ 《睡醒》(3)461a13；462b5 所述相同。本书卷七，587b10；《生殖》卷五，章一，779a12 所述略异。

的小孩到四五岁时便开始做梦。曾得知有某些成年男女竟全不知有梦境的实例;[①]在这类特例中,凡随后高龄而起寐梦,这便是身体萎谢的征象,预兆着或是沉疾或竟衰亡。 20

关于感觉与睡和醒的情况就是这些。

章十一

关于性别,有些动物有雄雌之分,但另些无此分别,只能说在含孕与繁殖上,其间具有差别。[②] 凡固着而不能移动的生物均无两性之别;实际上任何介壳类亦复如此。[③] 于软体类与甲壳类,我们发现有雄有雌:实际上凡有脚[④]——两脚或四脚——动物莫不皆然:也可这么说,凡须经交配而生幼体或卵或蛆者必有雄雌之分。在若干门类中尽可容许某些例外的种属,各个门类必然或具两性,或确乎不具两性。这样,于四脚动物而言,皆有雄雌,于介壳动物而言,皆无雄雌之分;介壳动物就只像植物那样有些能结果,有些不结果。[⑤] 25 30

538[a]

但于虫类与鱼类中,确发现有全无性别的种属。譬如鳗鳝便无雄雌之分而不能生育。有些人认为鳗鳝被发现过有毛发状或蠕虫状的子体附着在身边,实际上他们没有仔细察验过这种附着物的部位,却率尔认为子体。凡鳗鳝和与之类似的动物,若不先经卵 5

① 《睡醒》(3)462[a]31;《柏里尼》x,98。

② 《生殖》卷一,章一,715[a]20。

③ 《生殖》卷一,章十四,720[b]7;章二十三,731[a]24。

④ 狄校本增 καὶ ἐναίμοις(有血)两字。

⑤ 《生殖》卷一,章一,715[b]22。Δ介壳动物的腹足纲,有肺与后鳃两目雌雄同体,前鳃与翼足两目雌雄异体;瓣鳃纲均雌雄异体。但螺贝的生殖器官皆微小,对于那些雌雄异体的种属,在形态及解剖上,古人尚无显微工具,皆不易识别其雌雄。

生，便不该有小鳝胎体；而鳗鳝体内从没有发现过一个卵。① 至于胎生动物则幼儿必在子宫，不在腹内；倘胚胎保持在腹内，这将像
10 一般食物那样受到消化作用。又有人们认为雄鳗鳝的头较长大而雌性较小较扁短，这里他们是以品种之别当作了雄雌之分。②

---

① ἔγχελυς，"欧洲海鳝"(鳗鳝)，即鳗鲡目鳗鲡科的"常见鳗鲡"(Anguilla vulgaris)。参看本书卷五，570^{a}3 等，《生殖》卷二，741^{b}2；卷三，762^{b}24 等。Δ 鳗鳝的生殖问题自亚氏著录以来二千余年迄为生物学上一重大谜难。至十九世纪，意大利葛拉雪(G. B. Grassi)与加朗特罗济奥(Calandruccio)在地中海研究鱼类时，1896 年始发现所谓"细头鱼"(Leptocephalus)实即海鳝的幼体(英国皇家学会《汇报》〔Proc. Roy. Soc.〕，第六十期，1897 年，260—271 页)。本世纪丹麦希密特脱(J. Schmidt)专研此鱼，跟踪其发育与洄游，历涉地中海与大西洋多年；终得阐明其实况。亚氏所记生活于淡水的海鳝，生殖器官尚未发育完全，故彼找不到卵体。鳗鳝的发育成熟过程须历五年至二十年。成熟时通身发生金属光泽，眼增大，皮增厚，被称为"银鳝"(silver eel)。这时它们便离淡水而洄游，直至大西洋西部西印度群岛与百慕大(Bermuda)岛间马尾藻海 1000 公尺之深水处。这里就成为海鳝的产卵场。卵细小，在显微镜下计数，每鳝约有 500 万粒。卵向上浮；孵出幼体如鱼苗，作柳叶状，侧扁。长 5—7 毫米的幼体随大西洋流东游，经两年半至欧洲海岸外浅海时变态作鳝形，称"幼鳝"(elvers)。此类幼鳝在第三年已长至 75 毫米，第四年后便泳进欧洲西海岸各河流。鳝鳃能贮水；鳝能越湿地并潜行于地下微小伏流，故常发现于草泽或隔离之池沼。古时生物学家因此臆测鳝由马毛蠕虫(horsehair worms)变态育成。幼鳝生长至成熟期间，色黄绿，称"黄鳝"(yellow eel)。成熟后，"银鳝"入海，横越大西洋；产卵后即死亡。亚氏所记鳝在地中海各流域的情况大体皆确实。(希密特脱《鳗鳝之产卵场》载于英国皇家学会哲学通报 B 第二百四十期，1922 年，179—208 页。)参看培比：《自然学家名著选录》(W. Beebe: The Book of Naturalists)478—495 页，"鳗鳝远归记"(The Odssey of Eel)卡尔逊女士文。

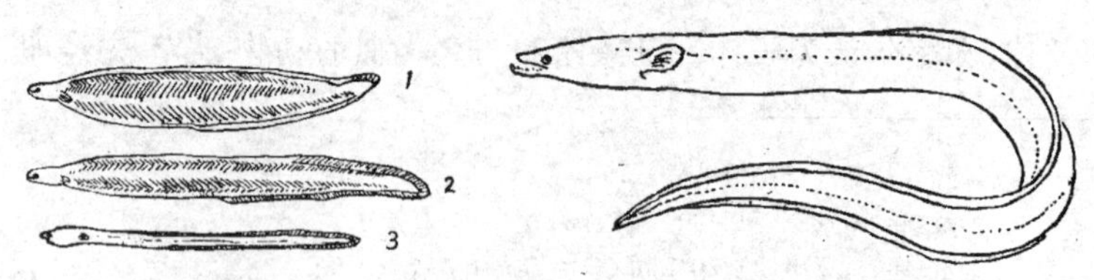

(左)初生小鳝 1. 初生小鳝作鱼形，头小(长约二寸) 2. 3. 生后逐渐缩小并变成长圆之鳗形(右)长成的鳗鳝(长约三尺)

注释图 5. 鳗鳝

② 参看本书卷八，608^{a}5。耶勒尔(Yarreu)根瑟(Gunther)等近代生物名家在葛

有一种鱼，绰号埃比脱拉基（ἐπιτραγίαι某种鲱鱼），还有与这种鱼形状相类的加伯里奴鲤（καπρῖνος）以及巴拉格罗鲤（βάλαγρος）[①] 15 可在淡水中见到。这类鱼从不曾见到有卵块或精液；但它们周身坚实，富于脂肪，并具有小肠；这些鱼特以鲜肥，著为珍品。

又，恰像介壳类和植物之不经授孕而都能繁育或结籽，鱼类中 20 如伯色大鱼（鳊鱼）、红鮨、康那鮨亦复如此；[②] 这些鱼类，凡见到的，每条体内都含有卵。[③]

常例，红血动物之有脚而非卵生者，雄性大于雌性，并较寿长，——惟骡为例外，雌骡较雄骡为大而寿长；——至于卵生与蛆 25 生动物有如鱼类与虫类[④] 皆雌大于雄；举例言之，如蛇与毒蜘，守宫与蛙都是这样。于体型上雌大雄小这样的性别表征亦见于鱼类，可举较小的软骨鱼类，大多数的群聚鱼类，以及栖息于岩洞内 30 或岩石附近的鱼类为例。雌性较雄性寿命为长，这一常例可由捕 538b

拉雪以前，于鳗鳝观察均与亚氏相同，认为此项头形之别为鳗鳝的种别。现今已知头宽大而似蛙口者实为雌鳝。据贝特逊：《渔业汇报》（G. J. G. Peterson: *Fiskeri Beretninger*），哥本哈根，1896 年。

① 现在亚得里亚海有鲤科鱼名“布尔培罗”（bulbero）者或即“巴拉格罗”鱼。隆得勒（Rondelet）认为“巴拉格罗”即“普通鲫鱼”（Carassius vulgaris）亦称普鲁士鲫鱼。Δ 此节三种鱼与下节三种鱼恰相反。本节三种中性胖鱼，古代或称之为“阉鱼”。

② 近代鱼学家加伏里尼（Cavolini）重又发现鮨属鱼（Serranus）为雌雄同体鱼（hermaphrodite）。埃尔哈特（Erhard）谓鮨属的 cabrilla 种称为“康那”鱼（χάννος）；另一种 scriba（文鮨）称“贝尔加”鱼（πέρκα）。《雅典那俄》vii，327b 所释“康尼”鱼（χάννη）则与文鮨种相符。“红色鱼”（ἐρυθρῖνος）与鮨属之 anthias 相符。ψῆττα（伯色大）意为“鳊鱼”（另见《埃里安》xiv，3，与《雅典那俄》vii，330b），与此节实不相关；倘改此字为 πέρκα（贝尔加鮨），则海鲈中鮨属三种雌雄同体鱼本节全已列举了。参看麦克斯·惠白尔（Max Weber）在《荷兰动物学研究汇报》（*Tijdsch. d. Ned. Dierk. Ver.*）（2）i，128 页（1885—87 年）所载“雌雄同体鱼详表”。

③ 本书卷六，567a27；《生殖》卷一，章五，卷二，章五，等章节。

④ 《生殖》卷一，章十六，721a18。

得的雌鱼常较雄鱼为老这些事实为之推论。又,一切动物的上身
5 与前身皆雄较雌强,构造得较好而较完备,至于后身或下身那些部
分则雌性为胜。[①] 这一通例可适用于人和一切胎生有脚动物。又
雌性较之雄性,筋腱较弱,关节稍弛,[②]——于有毛发之处而言,雌
10 性毛发较柔细;于无毛发之处而言则与毛发可相比拟的组织亦较
薄弱。雌性肌肉组织较松缓,膝关节较内向,胫骨较细,——于有
脚动物而言,脚拱较为隆起,脚底空窿较大。关于声音,一切有喉
15 音的动物,雌性皆较雄性为轻弱而尖吭;[③]应注意到牛为例外,母
牛叫声较公牛为深沉。[④] 关于防卫与攻击器官,齿牙、獠牙、角、
距,以及类此诸物,某些种属的雄性所具备者,雌性却没有;例如牝
20 鹿(麀)无角,而公鸡之距母鸡全缺;[⑤]相似地母猪无獠牙。于另些
种属则这些器官两性同备,但雄动物所具者发育得较为完善;譬如
公牛的角较母牛为强大。[⑥]

---

① 参看《相法》章五,809^b5。

② 《相法》(6)810^a。此节似由该书各章摘录编成。

③ 《集题》xi(62)906^a3。

④ 《生殖》卷五,章七,786^b23,787^b9。

⑤ 本书卷九,631^b12。

⑥ 《集题》x(57)897^b27;《柏里尼》xi,45;《埃里安》xii,19。

卷　五

章一

一切动物所具备的内部与外表构造，以及感觉、声音、与睡眠和性别，所有这些论题均已讲过。现在还剩下动物生殖的各种方式，让我们挨次加以研究。

生殖方式甚多而各异，有些方面相互类似，另些方面又不相类似。我们在先的论述既按门类逐一进行，现在这些问题也当依照同样序次；但在先，我们从人类构造的研究开始，这里，因为人的生殖方式最为费辞，宜列于末后。于是我们便从介壳动物开始，挨着是甲壳动物，再挨次而及其他各个门类；于其他各个门类则挨次为软体动物与虫类，接着是胎生鱼与卵生鱼以至于鸟类；末后我们将研究到有脚动物，包括胎生与卵生的在内。我们可以注意到许多[①]四脚兽是胎生的，唯独人为胎生的两脚动物。[②]

这里，有一种性质为动物与植物所共通。[③] 有些植物由植物的种子生成，另些植物则经由类乎种籽的“某种原始物质要素”(τινὸς ἀρχῆς)自发生成；后一类植物，有些由土地获得养料，而另些则在其他植物中生长，这已在我的《植物学本论》[④]中说到。

① 依狄校本将 ἔνια(有些)改为 πολλά(许多)。

② 以下许多节并不依照本节所预拟，分门列述动物的生殖方式。不但序次有异，而且其中常夹入对于各门动物生殖方式的综合叙述。有些语句重复而前后错杂者似是后世掺入的。

③ 《生殖》卷一，章一，715b18。

Δ④ 《植物学本论》(τῇ θεωρίαι τῇ περὶ φυτῶν)已失传。可参看文默尔编《亚氏植物

动物也是这样，有些父子相承，各从其类，而另些则自发生成，不由亲属繁殖；后一类自发生成者[①]，有些由腐土或植物质中繁育出来，[②]例如若干虫类，另些由动物体内各器官的分泌物中繁育出来。

25 由于亲传而繁育的动物中，凡有性别者其生殖必经交配。可是，在鱼类中，有些既非雄鱼亦非雌鱼，这些鱼在类属上虽同于他鱼，于种性而言，实有异于他鱼[③]；更有另些鱼与他鱼全殊，成为独特的鱼属[④]。有些鱼全雌，永不见有雄鱼，[⑤]这些雌鱼所怀的

30 〈卵〉[⑥]应相符于鸟类的“风蛋”τὰ ὑπηνέμια。在鸟类，这样的蛋都不能孵化。这是鸟类的生理本性；在生殖过程中，成卵以前这阶

539^b 段，雌鸟各由自身进行，[⑦]以后便需有雄性与之交配——这是我们常见的一个方式，若无他式而又不经这一方式，这蛋便不能成鸟；

学残篇》46页。现行贝本《亚氏全集》中，植物学部分系根据亚尔弗来特(Alfredus)拉丁古译本所作成的希腊文还原翻译。《生殖》卷二，章四，741^a3谓“植物雌雄不分离，动物则别为两性，雄必有雌而后能生育”。

① αὐτομάτα，动植物之“自发生成者”，参看《形而上学》vii，1032^a13。

② 本书卷五，551^a1；《生殖》卷一，章二，715^b27。Δ以下所涉“由动物体内”发生的一些寄生动物为现代分类中的一些蠕虫与节肢动物，可查阅本书“动物名称”索引之(六)中“鳃虱”条等。“从腐土中发生的”动物，547^b15，548^a25等所举若干“软体”水族，实际上各别是多孔，腔肠，棘皮及软体动物中的腹足纲，可查看同上索引之(一)，(二)，(三)及(五)。这些大概是出于对水绵，水母等单性生殖现象的误解。辛格尔：《希腊生物学与希腊医学》(C. Singer: *Gr. Biol. and Gr. Med.*)所作亚氏动物系统的分类表分列有“出芽生殖”与完全“自然发生”二类，前者列入海胆等，后者列入海绵等。

③ 盖指上卷538^a14—17三种“中性”鲤，本卷543^b17所述之泥生灰鲱鲤，卷六，569^a25自发生成之“泡沫鱼”。

④ 不明所指，或指“鳗鳝”由“地肠”(蠕虫)变成(参看570^a16)。

⑤ 三种雌雄同体鱼，见上卷，538^a20；《生殖》卷三，章一，750^b28，又章五，756^a15等。

⑥ 依奥-文本增〈ὠά〉。

⑦ 参看《生殖》卷二，章五，雌性自体所成卵仅有营养物质而无生命。

但有关这些题旨我们将随后作较精详的论述。[①] 可是，于某些种属的鱼而言，在它们自体内成卵以后，这些卵便能发育为活鱼；但鱼卵虽有这些能自行孵化，另些却还有赖于雄鱼；关于鱼类生殖过 5 程的实际进行有似鸟类的一些方法将随后逐一陈述。[②] 但那些自发生成的动物——或从他动物体上，或由泥土，或由植物，或由上述各物的一部分中，自发生成的——倘有雄雌之分，于是而由这些动物的两性交配，便又诞生一些幼体——这些幼体只是些不完备 10 的生物，全不像它们的父母。[③] 举例言之，由虱的交配所生者为“微尘”，由蝇得蛆，由蚤[④]得卵形的蛆；这些生物的子女，便不是父母形态的复现（同种相生的形态），也不算是任何另种生物而别是些不伦不类的生体。

现在，我们必须先说那些互相交配的动物之媾合方式；然后挨 15 次而及其他问题，包括普遍与各别的情况。

章二

于是，具有两性之别的动物必须互相交配，而这类动物的媾合（授精与受精）方式并不一律相似，亦不全然可相比拟。[⑤] 一切红

① 见于下文章五及卷六，章二；又《生殖》卷三，章六等。

② 下文卷六，章三等。

③ 《生殖》卷一，章十六，721^a8；章十八，723^b5 等节。下所云“微尘”（κονίδες）实际是虱的籽卵。

④ 贝本等 ψυχῶν，“蝴蝶”；威廉译文与之相符。但蝴蝶不列于“自发生成”动物之内，故汤伯逊揣改为 ψύλλων，“蚤”。《生殖》卷一，721^a8，723^b5，亦列举蝇，蚤，不举蝴蝶。如举蝴蝶则全句似转移其论旨为叙昆虫变态。参看下文章十八，551^a24；章三十一，556^b24；又，《雅典那俄》vii，352。

⑤ 《柏里尼》x，83。

20 血动物之胎生而有脚者都具备适用于生殖的器官，而两性间的配合方式则并不相同。这样，凡后尿向动物，其媾合都由后向进行，如狮、野兔与灵猫均属如此；[①]惟于野兔也常见有雌兔伏在雄兔之上的方式。

25 这类的其他动物大多数情况相似；这就是说四脚动物所可实施的最好交配方式总是雄动物骑在雌动物之上；于鸟类而言，这是惟一的习用方式，虽也曾见到有某些别异。[②] 在有些实例30 中，譬如雄鸨之于雌鸨与雄鸡之于雌鸡，雌鸟蹲在地上，雄鸟踩上了雌背；另些例，如雄鹤之于雌鹤，便不需雌鸟蹲伏；[③]这些鸟，雄性跨于雌背而授之以精，像雄雀那样，这一过程为时甚短。于四脚兽而言，熊实施这过程时，相互躺着，[④]其方式则与他兽站着540a 实施的方式相同，即雄腹压在雌背之上。猬（箭猪）直立着，腹对腹以行媾合。[⑤]

关于大型的胎生动物，牝鹿少有能受持至牡鹿交配全过程终5 了的；由于公牛的生殖器官僵直之故，母牛之于公牛亦然。[⑥] 实际上，在这些雌性动物从雄体下挣脱时，引出了雄性的精液；——这一现象在驯养的雌雄鹿间也曾见到。狼的交配与狗相同。猫在交10 配时不是后向进行的，雄性直立，雌猫即自置于雄性身下；[⑦]雌猫

---

① 本书卷二，500b15；卷六，579a31；《构造》卷四，章十，689a31。又，《埃里安》xiii，12。

② 《柏里尼》x，73，述鸟类交配有鸡鹤两式，与本节下文31行略同。

③ 《柏里尼》x，73："鹤交时，雌鹤站着。"

④ 本书卷六，579a19略异。

⑤ 《生殖》卷一，章五，717b30。

⑥ 本书卷六，578b7；《柏里尼》x，83。

⑦ 《柏里尼》x，83。

性荡，常诱雄猫，交配过程中，雌猫时时鸣呼。骆驼交配时，雌驼作坐姿，雄驼跨在上面，这像上述其他四脚兽一样，而不是对雌驼取后向方式进行的，两驼的交配须历整日，它们常在荫蔽处进行，[①] 15 这时间，除了养驼的主人，谁都不敢向它们走近。雄驼的生殖器官特可注意，它的筋络这么坚韧，人们用以制作弓弦。象亦在僻处交配，[②]尤多趋就它们常至而熟识的河边荫蔽地；雌象蹲伏，跨开它 20 的腿，雄象骑着雌象而授精。海豹媾合与后尿向动物相似，这种动物交配时间，像两狗交配一样，历时颇长；雄海豹的生殖器官特大。

章三

卵生四脚动物之交配方式亦然。这样，有些实例，如在陆龟与 25 海龟所可见到的，雄性骑着雌性，恰如胎生四脚动物。[③] 这些生物具有一个为若干管道所辐聚的器官，它们就用这一器官完成它们媾合的行为；所见于蟾蜍[④]与蛙以及与这些相类的动物的情况，正 30 复相同。

章四

无脚长形动物，如蛇与海鳗鲡，交配时，腹对腹，互相缠绕。[⑤] 540^b 事实上，蛇交时互缠得这么紧，见到的人们每误当是一条两头蛇。

---

① 《埃里安》vi，60。

② 本书卷二，500^b7。又，《埃里安》viii，17；《柏里尼》viii，5。

③ 《埃里安》xv，19。

④ 原文 τρυγόνες，“雉鸠”，或“刺魟”，与两栖之蛙不相类，当属误谬；依葛斯纳(Gesner)校订应为 φρονοι，“蟾蜍”。

⑤ 《生殖》卷一，章七，718^a17；《柏里尼》x，82。

蜥蜴类(爬行类)交配时也同样作互缠形式。

章五

5 除了扁体鲨类以外,一切鲨(软骨鱼类)都并排躺着,腹对腹而交配。[①]可是,扁而有尾的鱼——如魟与刺魟[②] 以及相似的种属——不仅应用腹对腹的方式,凡其尾小[③] 而无碍于行事者,也可由雄鱼腹叠合于雌鱼背上。但扁鲛(角鲨[④])和其他相似种属之尾大者,它们在交配时腹对腹作侧向互擦。有些人向我们说起,他们确实见到一些鲛鱼媾合,像雄狗与雌狗那样,是后向的。各种软骨鱼皆雌大于雄;大多数的其他鱼类亦复如此。在软骨鱼类中,除上已述及者外,包括牛魟[⑤],拉米亚(真鲨)[⑥]、鸢魟(鸢鲼)[⑦]、电鳐、鲛鳒以及各种鲨属[⑧]。在各种软骨鱼类的许多交配实例中,所见情况

Δ① "除了"句或有舛差。鱼纲内板鳃亚纲,体内授精,此节所述实际为软骨鱼鲨类的交配情形。软骨硬鳞亚纲如鲟、鳇等行体外授精。棘鳍亚纲硬骨诸鱼大多数为体外授精。雄鱼洒精于雌鱼产在水中的卵上。下文 $541^{a}11-24$ 为大多数硬骨鱼的繁殖情形。

② 威廉译本为 rana et turtur,"蛙与雉鸠",彼所据抄本的原文当为 βάτραχος καὶ τρυγών:此两动物名于水族而言即"鲛鳒与刺魟"。

③ 《柏里尼》ix,74,"刺魟等之无尾者,交配时雄叠雌背。"

④ ῥίνη 依字义应译"角鲨"(angle fish),实指扁鲛(Rhina squatina),或"柱状犁头鳐"(Rhinabatus columnae)。参看本书卷六,$566^{a}27$。

⑤ βόs,"牛",盖指 Notidamus griseus,灰鲭鲛(另见《残篇》293 节 $1529^{a}17$);现译"牛魟",即意大利所称 pesce mango,"牛鱼",因其眼大如牛眼取名。

⑥ λάμια,"拉米亚",现代希腊鲨类中仍沿有此名称,即 Carcharias glaucus,蓝灰锥齿真鲨;或 Carcharodon Rondelétii,隆得勒氏锥齿鲨(鼠鲨目,真鲨科)。

⑦ ἀετόs,原意为"鹰"或"鸢"。今希腊仍有此鱼名,尾根有巨大棘刺,盖即 Myliobatis aquila,鸢魟或鸢鲼。该鱼亦称 bovina,"牛魟"。又,西西里现有一种"棘针鱼"(pisci acula),ἀκυλέηs(阿居里,"针棘"),与 aquila("鸢")两字声音相切近,可能是这鱼的本名。

⑧ γαλεώδη,或译鲨属,或译狗鲨,本书内常与魟(βάτοs,鳐)等并举或对举。参看卷一,$489^{b}6$,卷六,$565^{a}14$ 等。

都如上述。这里顺便提起,胎生动物的交配时间较之卵生者为长。20

海豚与一切鲸类[①]的交配方式相同;雄雌鱼并肩游泳而为媾合,经过时间不短亦不很长。

又,于软骨鱼而言,有些雄鱼异于雌鱼,在它肛门附近具有两 25 个附属物,为雌鱼所无;这一性别特征,在鲨属(狗鲨)各个品种,都是有的。

[②]鱼及任何无脚动物皆无睾丸,但雄蛇与雄鱼具有一对管道, 30 在发情季节充盈着蛇精与鱼精,交配时泄出一种乳状液。于鸟类而言则两管道联合为一;鸟类体内是具有睾丸的,一切有脚卵生动 541a 物都有。联合起来的这一管道延伸有这么长的一段,可得伸入雌鸟的受精器官。

有脚胎生动物外表上在同一管道泌尿与输精;在内部,这两系 5 统既各别,管道是分离的。于非胎生动物[③],这同一管道又兼作排泄粪秽之用,在内部则尿粪又各有管道而相邻近。这些情况雄雌相同;这些动物,除龟以外,均无尿囊;而海龟[④]虽有一尿囊(膀 10 胱),仍只一支管道;龟原属卵生动物。

卵生鱼类的媾合过程不易见到。有些人臆说雌鱼咽下了雄精而受孕,这是缺乏实际观察者所作的结论。交配过程中,确常见雌鱼有这样的动态;在发情季节,雌鱼追随着雄鱼,用它们的嘴擦雄 15 鱼的腹部,雄鱼被这动作所激惹,洒精较速亦较多。还有的鱼,在

---

① 《生殖》卷三,765^b1;《柏里尼》ix,74。

② 以下两节所述已见卷三,509^b3;卷二,506^b24;奥-文校本加[　]。

③ 原文 μὴ ἔχουσι κύστιν,“不具膀胱的动物。”现照狄校 μὴ ζωιοτοκοῦσιν 译。

④ 原文 θήλεια,“雌”龟,依施校与狄校,应为 θαλαττία,“海”龟:参看本书卷三,519^b15;卷二,506^b27;《构造》卷二,章八,671^a15。

产卵季节，雄鱼追逐在雌鱼之后，吞食卵鲕，①这种鱼现在还能延续存在的，都是雄鱼嘴边之剩裔。在腓尼基海岸，人们利用这种两性的天赋情调来进行捕捞；他们用灰鲱鲤的雄性诱集雌鱼而网取
20 它们，于雄鲱鲤则可用雌性作诱鱼。②

上述那样群鱼并游而嬉水的动态既属常见，人们便认知这就是交配的过程，这样的相似过程，实际上在四脚兽亦可得见。雄兽与雌兽在发情季节皆特别兴奋，生殖器官润湿，两性并互嗅其阴私部分。③

25 [顺便说到，雌鹧鸪④倘在雄性下风，她会受孕。又，正当它们情热之中，雄鸟的声音以及在雌鸟上面飞翔时的气息均可使在下面的雌鸟感而受孕；⑤又，在交配过程中，雌雄鹧鸪均张着口而吐出舌。]⑥

30 因为卵生鱼类在交配过程中很快游开或潜入水下，人们鲜能加以精察。但，上述情形，即便不算详尽，已可显示它们配种进行的概况。

---

① 本书卷六，567^{a}32；《生殖》卷三，章五，756^{a}5；《柏里尼》ix，74；《埃里安》ix，63。

② 奥璧安：《渔捞》iv，120—145。希腊渔民现尚应用这种渔捞方法(《阿朴斯笃利特》45页)：一人持长竿系线，扣于一雌灰鲱鲤的鳃盖，雄鱼群集后，另一人就撒网。《奥璧安》(iv，40—110)所叙鲀(隆头鱼)之渔捞法亦同。

③ 《生殖》卷二，章八，748^{b}26。

④ 本书卷六，560^{b}13；《生殖》卷三，章十五，751^{a}13；《雅典那俄》ix，389；《埃里安》xvii，15；《安底戈诺》lxxx vii。

⑤ 《柏里尼》x，51。

⑥ 圣提莱尔校译本、狄校本均以此节为后人所加。

章六

541^b

软体动物如章鱼、乌贼与鱿鱼(枪鲗)的交配方式全相同;①它们用各自的触手在口部互绕而作交接。当一只章鱼把所谓“头”②着地安置好,散开它的触手时,别性章鱼便投入它的怀抱,两章鱼于是把它们的吸盘互相附着。有些人认为雄章鱼的诸触手(触脚)之一,即腕梢具有最大[两]③吸盘的那一支,其上具有生殖器官那样的事物;④又,他们说这器官是筋腱质的,恰在那触手的中段,这样位置的器官可得用以插入雌章鱼的鼻孔(漏斗孔)。⑤

在交配中的乌贼与鱿鱼紧紧地互缠而缓泳着,两口与各个触手相对着绕合在一起,这样,游泳的方向便两鱼相反。⑥它们所称为“鼻孔”的部分互相凑合,在媾配中,其一向后泳退,另一向前泳进。雌鱼由所谓“喷水孔”⑦产卵;于是有些人便宣称它们的媾合实际就在这部分。

章七

甲壳动物,⑧如蝲蛄、龙虾、斑节虾与相似诸虾的交配方式,恰像后尿向四脚动物,当一虾翘起尾巴时,另一便把自己的尾巴加于

---

① 《生殖》卷一,章十四,720^{b}9等节。

② 即外套囊或躯干,见本书卷四,章一,523^{b}24。

③ δυο,“两”,当为衍文,应删。

④ 本书卷四,524^{a}5;《雅典那俄》vii,317。

⑤ 《生殖》卷一,720^{b}33。

⑥ 《柏里尼》ix,37,74;《雅典那俄》vii,323。

⑦ 所谓“喷水孔”(φυσητῆρ)与上文的“鼻孔”(μυκτῆρ)以及另节所称“管孔”(αὐλός)实际同指墨鱼类雌性的“漏斗孔”(funnel),参看本书卷四,524^{a}7并注。

⑧ 《生殖》卷一,章十四,720^{b}9。科斯忒《汇报》:(Coste:*Compt. rend.*)xlvi,1858年,432—433页。

其上。虾类交配开始于早春，在岸滩边举行——所有各种虾类的交配过程实际上常为人们所见到。[①] 有些虾在无花果将熟的季节群行择配。龙虾与斑节虾的媾合亦如上述方式。

25

蟹各以前身交接，[②]腹对腹，掩阖的鳃盖此时皆张开以相迎合；较小的一蟹由后爬上较大的一蟹，雄蟹骑上雌蟹后，那较大的一蟹便转过身来。雌蟹各部分不异于雄蟹，[③]惟鳃盖较大，较隆起，毛较多，它产卵于这鳃盖内，鳃盖附近还有粪秽的排泄孔。一动物于媾合中用以插入另一动物的突出器官，在这些动物身上是没有的。

30

542ª

章八

虫类[④]各以后身的末梢交合，较小的骑在较大的上面，较小的是雄虫。雌虫从下面把它的生殖器官伸向上面的雄虫体内，这与其他生物的交配方式相反。[⑤] 这一器官，就虫豸而言，与它们的体型相较，显得异常巨大，极小的生物也常是这样；有些昆虫这样的不相称是不很显著的。倘把交合着的蝇拆开，你可看到这一情况，至于这些生物本身，自然不乐意于这时候被拆开的。从常见的虫，如蝇与康柴里（蚌）为例，这可看到，它们交配时间是长久的。蝇、康柴里虫、斯丰第里[⑥]（关节甲虫）、[斗蜘][⑦]以及其他类此的任何

5

10

① 《雅典那俄》iii，105。

② 《生殖》卷一，章十四，720ᵇ9；《柏里尼》ix，74。

③ 本书卷四，527ᵇ30。

④ 《生殖》卷一，章十六，721ª。

⑤ 《生殖》卷一，章二十一，729ᵇ22。

⑥ σφονδύλη（斯丰第里），这虫未能确定其种属。参看施那得，iii，275。又孙得凡尔《亚氏动物品种》237页。

⑦ φαλάγγια（斗蜘），这虫不应列入此例。

实行交配的虫类，它们的交配方式均如上述。斗蜘(毒蜘)[①]——这是说那些织网的种属——的求偶活动如下：雌蜘踞网中央，拉动网丝，雄蜘酬答以相应的牵扯；这样的动作继续着直至两蜘拉到一起而行交尾；由于它们腹部浑圆的缘故，尾交成为一个适宜的方式。 15

关于一切动物的交配方式已讲过这么多；但在两性生活上，于季节与年龄方面，还有一些共通的定例应予说明。 20

一般动物似乎自然地在相同的季节发情而求偶，这季节就在由冬转夏的时期。春季，凡属飞禽走兽或游鱼，一时都成双作对。有些动物，例如某些水生动物与某些鸟类也在秋季匹配而行繁殖，还有在冬季进行繁殖的鱼鸟。人类在任何季节均可婚配而育儿，驯养动物获得了良好的喂饲与栖宿，情况亦复相同；这样，凡妊娠期较短的兽类如母猪与母狗，以及随时生蛋的鸟类，也就能在四季一例繁殖。许多动物安排着适当的媾合季节，以便所生幼儿获得充分的食料与发育条件。在人类，男子情欲冬季为盛，女子则在夏季。 25 30 **542[b]**

于鸟类而言，如曾已言及，大多数在春季和初夏求偶尔育雏，只翠鸟为例外。

翠鸟[②]在冬至节间孵卵。所以这一时间，冬至前七天与后七天，倘得风平浪静，[③]人们便称之为“翠鸟节”；诗人雪蒙尼得有句云： 5

---

① 参看本书卷九，622[b]27 等章节。

② 本书卷九，章十四。

③ 色奥克里图：《渔牧诗集》vii，57；《柏里尼》x，47 等书。参看汤伯逊：《希腊鸟谱》30 页。

将雏方冬来翠鸟，
莫使鸟雏伤狂飙；
海天嘉节清和甚，
10 静兹漪澜十四朝。

在这些日子里，那与昴星同来的北风暂歇，老吹着轻微的南风。据说翠鸟七天构巢，七天产卵并孵卵。[1] 在我们的国度，冬至不一定常遇“翠鸟节”，但在西西里海上，这期间几乎年年是风平浪静的。这种鸟每产约为五卵。

章九

［凫与海鸥产卵于海边的岩石间，[2] 每次二或三枚。鸥在夏季产卵；凫在冬至后，春初产卵，孵卵的方式与一般鸟类相同。两鸟均不另觅僻处孵卵。］[3]

翠鸟为一切鸟类中最稀见的。这鸟只在冬至间昴星西没的清晨一露其羽翮。当船舶中途抛锚的时候，它偶尔下飞，曾未栖止而翩然已逝，斯蒂雪柯罗诸诗篇之一，曾涉及这一异象。[4] 夜莺在夏

Δ① 希腊神话：色吕克斯(Ceryx)航海溺死，其妇亦投海，共化为翠鸟，双栖海滨，冬至前后产卵。二鸟有魅力，方北风狂烈之际，于其育雏时，突转晴和，季风暂息，大海浪平。俟其雏成，北风再起。翠鸟节期或长或短，各家之说不一，可参看修伊达：《辞书》ἀλκυονίδες ἡμέραι(翠鸟节)条。

② 《柏里尼》x，48：“伽维鸟(gaviae)构巢于岩石之间，慕几鸟(mergi)在树上构巢，”与本书此节相符。施那得由此推定本节两鸟名：λάρος 即伽维，为海鸥；αἴθυια 即慕几，为凫，或其他潜水鸟。今地中海萨第尼亚岛人仍称海鸥为“伽维”；而现代希腊人则称之为 γλάρος。

③ 此节与上下文不相承，似误入此章。

④ 斯蒂雪柯罗(Στησίχορος)生于西西里岛希梅拉城，纪元前第六世纪诗人。今未见此诗流传。宾达尔(Pindar)遗有“翠鸟”诗残句，见于《亚浦隆尼“亚尔咯远航队”

初育雏，产五至六卵；自秋至春它隐栖岩壑或蛰伏在穷僻的地方。

虫类也有在冬季天晴而吹着南风的时日交尾而繁殖的；这里，我指的是那些不像蝇蚁那样冬眠的虫类。大多数野兽，除了像野 30 兔那样的动物之外，每年只一次生儿，雌野兔则可以再三受胎（复妊）。

①大多数的鱼类每年只生殖一次，②成群鱼类（χυτοί，洄游鱼类）——所谓“成群鱼类”都是那些用网围捕的鱼类——金枪鱼、贝 **543a** 拉米鱼③、灰鲱鲤、嘉尔基鱼、花鲭④、契洛鲍（黄鲍）、伯色大鱼（鳊鱼）以及类此诸鱼都是这样，惟鲈为例外；这一种鱼每年繁殖两次⑤，第二回的鱼儿较初育者为弱。特里嘉鱼⑥与岩鱼每年产卵 5 两次；红鲱鲤每年三次，⑦于繁殖次数而言这是特殊的：人们曾在某些地方，一年内，三次见到红鲱鲤产卵，于是得有此一年三产的

诠疏》（*Schol. Apoll. Rhod.*）i，1084。斯蒂雪柯罗可能应用旧传亚尔略船自帖撒利航行爱琴海入黑海，至戈尔戛斯（Colchis）寻求金羊毛故事，取翠鸟为题，赋途中景物。

① 此节所述鱼类繁殖情形常与卷六章十七所述不符。

② 《雅典那俄》vii，329；《埃里安》x，2。

③ πηλαμύς（贝拉米），卷六章十七说明为小金枪鱼。《柏里尼》ix，18 谓“洄游产卵之金枪鱼，秋季鱼苗称 cordyla（戈第拉），至明春称 pelamydes（贝拉米）；其字出于希腊文‘泥土’，意即‘泥鱼’。一年之后始称本名 thynni（桑尼）（亦即 θύννι，金枪鱼）”。

④ κολίας 当即现代希腊之 κοιλίας；依阿朴斯笃利特，应为鲭科（Scombridae，或鲹或鲐科）鲭属之 Sc. colias（青花鱼），兹译作“花鲭”。此为地中海习见之食鱼。在古典生物著作中此鱼名拼音常有小异；奥璧安《渔捞》i，84 作 σκολίας，《雅典那俄》vii，321a 所引亚氏语作 σκολιόγραπτος。参看本书卷八，598a24，b27，卷九，610b7。

⑤ 卷五，543b11 谓一次，在冬季；卷六，570b20 谓一次，在夏季。

⑥ τριχίας（特里嘉）鱼，居维叶推论应为沙丁鱼。

⑦ 参看《雅典那俄》vii，324；《奥璧安》i，590。红鲱鲤（τρίγλη，魴鮄）实与其他鲱鲤相同，每年只在秋季产卵一次。所记人们看见它们一年三次产卵，当非同一条红鲱鲤。

结论。鲉(海蝎)[1]每年产卵二次。沙尔古鱼[2]春秋各产卵一次。萨尔帕鱼每年只在秋季产卵一次。雌金枪鱼每年只产卵一次,但因各个雌鱼产卵有早迟,看来就像它们产卵两次。最早的,冬至前波赛顿月(十二月)间便产卵,迟的要到春季。雄金枪鱼异于雌鱼,腹下没有所谓"阿法留"(ἀφαρεύς)的一个鳍。[3]

章十

于软骨鱼中,惟有扁鲛(角鲨)年产两次;它先在秋季繁殖一次,在昴星没后又产一次;两次中,秋育的幼鱼情况较佳。它每次生育,可得七或八条小鲛。某些鲨鱼(狗鲨或狼鲨),例如星点鲨,似乎月产两次,这是由于鱼卵不在一个时刻成熟之故。

有些鱼,如海鳗鲡四季均在产卵。这动物每次产卵的数量甚巨;卵初孵化时幼鱼甚小,但像马尾鱼(鲯鳅)的幼鱼一样,生长甚速:这些鱼其始微渺,曾不几时,业已庞然大物了。[4] [这里应注意

---

① σκορπίος(斯郭尔比奥)原意为"蝎",故译"海蝎"(中国名称为"鲉")。《雅典那俄》vii,320 σκορπίος 与 σκορπίς(斯郭尔比)并举相较,谓前者红色,后者黑色。于近代分类,前者,红鲉盖即 Scorpaena scrofa,"母猪鲉";后者黑鲉盖即 Sc. porcus,"毳鲉"。Δ毳鲉踞海底沙石间,伺食小鱼,凭皮下变色构造使体表颜色模拟为被有苔藻的石块。参看亚里:《动物生态地理学》(W. C. Allee: *Ecological Anim. Geography*)244 页,1951 年。

② σάργος(沙尔古鱼),现代希腊仍有此鱼名(学名 Sargus rondeletii,隆得勒氏沙尔古鱼)。里-斯《希英辞典》谓是鲱鲤的一种。参看本卷 543b15,等。又,《雅典那俄》vii,321b;《柏里尼》ix,74,Sargue 鱼见于奥维得诗篇,为罗马帝国古代所珍重的海鱼。

③ 雌金枪鱼腹下亦无此鳍。金枪鱼腹部外表不见雌雄相异的特征。原句盖有漏失或错误。

④ ἵππουρος,"马尾鱼";依《雅典那俄》vii,304c,马尾鱼同于 κορύφαινα,"鲯鳅";林奈分类称 Coryphaena hippurus,"马尾鲯鳅"。(可参看隆得勒:《鱼》〔Rondelet: *de Pisc.*〕256 页。)奥维特:《渔捞》诗称这鱼为 celeres hippurus,"活泼的马尾鱼"。

到海鳗鲡常年产卵而马尾鱼只在春季繁殖。“斯米卢”(σμῦρος)异于“斯米雷那”(σμύραινα)(海鳗鲡);海鳗鲡有色斑而体弱,斯米卢则体强而通身一色,其色类于杉松①,这动物内外均有齿。② 他们说这种分别,实际上其一为雄鳗鲡,另一为雌,属同一品种,其他的鱼也有相似的情况。它们有时游上滩岸,③因此常被捕获。]④　25　30

常例,鱼之生长皆极迅速地到达成年生殖的时期,小鱼如鸦鱼(鹃鸮鱼)⑤长成尤速;它产卵于岸边杂藻荇蓼之间。奥尔芙鱼(巨鮨)⑥先也很小而迅速长成为一大鱼。贝拉米鱼与金枪鱼全繁殖于攸克辛海(黑海),它们不到别处产卵。灰鲱鲤⑦,金鲷与鲈鱼的繁育,于江河入口处最为合宜。“奥尔居”(大金枪鱼)⑧,海蝎属(鲉属)⑨以及许多其他种属都在大海产卵。　**543^b**　5

---

① πίτυι,“杉柏”或“杉松”,此处可能作杉柏油(沥青)解。

② 《埃里安》ix,40,“这动物有两齿列。”霍夫曼在雅典渔市曾见有“[裸胸]一色海鳗鲡”(Muraena〔Gymuothorax〕unicolor)牙床前部牙齿为双列。

③ 《构造》卷四,章十三,696^{b}20。

④ 依奥-文校,加[ ]。

⑤ κορακῖνος 义为“小乌鸦”,《脊椎动物名称》作“鹃鸮鱼”。《雅典那俄》viii,312 谓“高拉基诺鱼品种甚多”。今意大利 coracino,依居维叶及约翰·谟勒论证,应为“栗色鲍”(Chromis castanea);雅典那俄所举尼罗河口另一种“尼罗河鲍”(C. niloticus)与之为近属。在较淡的海区产卵的“橙黄翁布里那”(Umbrina cirrhosa)与“黑鸦鱼”(Corvina nigra),地中海渔人统称之为“鸦”(corvi)。这些鱼应都是石首鱼(σκίαινα)或契洛鲍(χρόμις)的科属。参看本书卷八,601^{b}30。

⑥ ὀρφώς(奥尔芙)另见于《雅典那俄》vi,315。依阿朴斯笃利特,谓是 mérou,即巨鮨(Epinephelus gigas),或与鮨鱼相近的“多瘢腊鮨”(Polyprion cerium)。

⑦ κεστρεύς(灰鲱鲤)可参看艾尔哈特:《居克拉特群岛动物志》(Erhard: *Fauna d. Cycladen*)8 页。阿朴斯笃利特谓此鱼盛产于米索朗季群岛(Missolonghi)之礁湖间。

⑧ ὄρκυνος(奥尔居)鱼,另见《雅典那俄》vii,315^b,系由大西洋泳进地中海的鱼。

⑨ 贝本“鲉属鱼”(参看上文 543^{a}7 注);A^{a}C^a 抄本为 σκομβρίδες,“鲭属鱼”。

章十一

大多数的鱼类是在谟纽契雄月，柴琪里月，斯季洛福里翁月（三月中旬至六月中旬）间或早或迟繁殖的。少数的鱼在秋季繁殖：譬如萨尔帕鱼与沙尔古鱼以及这一属类其他的品种都在临近秋分时产卵；电鳐与扁鲛（角鲨）亦然。其他鱼类如上已言及者，在冬或夏产卵：譬如鲈、灰鲱鲤与管鱼（颚针鱼）在冬季；雌金枪鱼的产卵期则在夏季希加通培恩月（六月中旬至七月中旬），夏至前后；[1]金枪鱼产下一个囊状的卵胞，其中包藏许多小卵。[2] 群聚（洄游）鱼类（ρυάδες）都在夏季产卵。

各种灰鲱鲤[3]中，启隆鲱鲤在波赛顿月（十一月中旬至十二月中旬）开始孕卵；沙尔古以及所谓“米克松”与头鲱鲤亦均如此；它们的怀卵期为三十日。顺便提起，灰鲱鲤中有些品种不是媾配的产儿而是从泥沙中自发生成的。[4]

常例，鱼于春季孕卵；而有些，如已曾言及，则在夏季，秋季或在冬季。凡在春季孕卵者，同一属类的鱼便一例在同一时期发孕，

---

① 依狄校本改移原文中两个逗点，此句便应变更为“譬如鲈与灰鲱鲤的产卵期在冬季，管鱼在夏季希加通培恩月，雌金枪鱼则在夏季”。

② 参看本书卷六，571^a14；《雅典那俄》vii，303。居维叶与梵伦茜恩：《鱼类自然史》1828—31 年 viii，144 页，谓金枪鱼近属之普通鲣（Auxis vulgaris）的卵确是“包藏在一个红色胶囊中的”。

③ 亚氏生物学书中甚重视灰鲱鲤。此鱼确为地中海鱼类中重要种属；爱德华·福培斯（Ed. Forbes）称君士坦丁渔市上此鱼特多。κέφαλος（头），χελών（启隆）另见于卷八，591^a19，与 κεστρεύς（灰鲱鲤）同列，当均属鲱鲤。今意大利鱼类中 cievolo 与 κέφαλος 拼音相近，学名为 Mugil cephalus，“头鲻”，中国俗称“白眼梭鱼”。启隆鱼盖为一种厚唇鲱鲤，学名 Mugil chelo，“启罗鲻”；今西西里称为 chalon，“嘉隆”鱼。μύξων（米克松）或作 σμύξων（斯米克松），居维叶指为 Mugil auratus，“金鲻”。

④ 参看《雅典那俄》vii，306。

至于在其他季节孕卵的鱼则同一属类往往前后参差，不遵从同种属同孕季的规律；还有，凡在这些季节发孕的，所孕卵籽数总没有在春季所孕者那么多。我们又该记得，植物与四脚兽不但一般体（25）质皆随地区之别而显见差异，两性交配与繁殖周期的长短也因地区而变化，地区对于鱼类正也这样，这于鱼的体型大小与精力强弱有重大关系，并影响到它的分娩与授精，同一种属的鱼生活于某一地区而繁殖多次者，移到另一地区时，次数便见减少。（30）

章十二

544a

软体动物也在春季繁殖，海生动物中，以乌贼的繁殖为最早。它总在整个白天产卵[①]，怀卵十五日。[②] 雌乌贼产出了卵，雄乌贼便洒精[③]于卵上，这些卵随即硬化。这动物常两性成对地并游；雄（5）性比雌性背上较黑，色斑也较多。[④]

章鱼在冬季交配，春季产子，中间隐蔽约两个月。所生卵块状似葡萄藤须蔓，[⑤]也有些像白杨的籽；这种生物特别多产，每次所（10）下的子真是数不清的。雄鱼别于雌鱼者头较长，雄章鱼的触手上，渔夫指为生殖器官的那一部分，色白[⑥]。雌性产卵后，孵于卵上，

① πᾶσαν ὥραν，“整天”产卵，“奥-文”校为πληθos ὠιῶν，产“许多卵”。

② 参看《雅典那俄》vii，323；《柏里尼》ix，74。

③ A[a] 本作 θορόν，于鱼而言，即洒“精”（milt）；乌贼先行交配，即体内授精，产卵后洒精有误。大多数抄本如贝本等作 θολόν，洒“墨汁”，伽柴译本与之相符为 atramentum。下文 καὶ γίνεται στιφά，“随即硬化”，顾莱（Coraes）揣为 ἤ γίνεται στέριφα，“否则不能孵化”，这与《柏里尼》ix，74 中“alias sterilescunt”相符。

④ 本书卷四，525a9。

⑤ 参看本卷 549b34，550b10。

⑥ λευκόν，“白色”，或为 λεῖον（光滑柔软）之误。

这期间因不出觅食,故消瘦几不成形。

15 紫骨螺约于春季产子,法螺则在冬末。常例,介壳类总在春季与秋季发现孕有被称为“卵”[①]的物体,只有可食用的海胆为例外;海胆的所谓卵虽在这两季最为富饶,但在其他季节,它们体内也无20 不含卵;盛暑或圆月当空的时期含卵特多。[②] 可是比拉海峡[③]所得海胆情况便与此不同,这里的海胆在冬季才最适于食用;[④]这些海胆虽小,却充满着卵。

经实际观察得知各种螺蜗类的孕卵约略在这同一季节。[⑤]

章十三

25 [⑥][各种野鸟,如曾言及,一般每年只交配、繁殖一回。可是燕鸫与(鸜鸟)年育两回。但鸫的第一窠雏鸟都死于酷寒(因为它是一切鸟类中孵卵最早的),第二窠常能哺育到长成。

被驯养的,或可得驯养的鸟类,时时会产卵,有如家鸽便整个夏季30 不断的下蛋,又,我们于家鸡所见亦正相似;家鸡的雄性与雌性各季中均一例交配,母鸡四季都能生蛋,只冬至前后应该说是例外。[⑦]

① 见卷四,529^{b}1;《雅典那俄》iii,88。

② 爱德华·福培斯谓西西里海胆的生殖季节约在三月份的月圆时,地中海渔民迄今仍谓海胆应在月圆时捕捞。

③ 比拉海峡有二:帖撒利比拉城边的巴加撒海湾称比拉礁湖。米细亚与累斯波岛间海区,古亦称比拉海峡。此处威廉译本作 Nigro Ponto,“黑海”。

④ 《构造》卷四,章五,680^{b}1:“在冬季鱼类多离此它去,海胆既食料丰足,其时生长特盛”。这与威廉本所云“黑海”情况相符。

⑤ 《柏里尼》ix,74。

⑥ 此章似属伪作,鸫之类别一节尤为明显。

⑦ 本书卷六,558^{b}14;《柏里尼》x,74。

关于鸽属，种别颇多，①家鸽不同于岩鸽(野鸽)。野鸽较家鸽为小，不易驯服；它既色深体小，又脚红而粗糙；由于这些特性，它不为养鸽家所重视。各种鸽中，最大者为环鸽(珠鸠)，其次为原鸽②；(林鸽)原鸽较家鸽稍大一些。体型最小的是雉鸠。倘有向阳的窠并获得一切食宿所需，鸽便能四季生卵并孵雏；倘供应不充分，它们就只能在夏季繁殖。春雏或秋雏最佳。暑天所生的，即夏雏，无论如何，总是三季中最孱弱的。]

章十四

又，动物一生中最适宜交配的时期是各各相异的。首先，这要说明，大多数动物的精液分泌与生殖能力是逐渐发展的。成年的各种征象不在同时完全表现。这样，一切动物最初的精液总是不成熟的；③即便能生子女，那子嗣也是比较弱小。这种现象于人，于四脚胎生动物，于鸟，最为显著；人与四脚兽的早年仔儿较小，鸟的第一窠蛋也较小。

在大多数的类属中，凡生殖须经媾合的动物，同一品种的成熟年龄总是相当一致的。至于因怪异而成熟特早，或因损伤而发育延滞者自当别论。

于是，人类成熟之征为声调改变，④体格增大，生殖器官改样，

① 本书卷八，593^a12；597^b；《雅典那俄》iii，393^b；埃里安《杂志》(*Varia Historia*) i，15等。

② οἰνάς原意为"葡萄"，里-斯《辞典》谓野鸽之羽色如熟葡萄，因以为名(今欧洲野鸽学名，Columba oenas或C. livia)。奥-文德译Holztaube，"林鸽"；汤英译stock dove，"原鸽"。汤注οἰνός这字的字义未必从葡萄；是否真为原鸽亦未能确断。参看汤伯逊：《希腊岛谱》120页。

③ 《生殖》卷二，章四，739^a10。

④ 本书卷六，581^a17等。

以及乳房的扩张与改样，尤为显著的是阴私处茁长了毛。人类约
25 于十四岁始有精液，约二十一岁而具足生殖能力。

于其他动物而言，阴私处是不长毛的——有些动物那里全无毛毳，另些动物腹部全无毛或腹毛少于背毛，——又，有些动物又
30 显然有声调之变，又有些动物则其他器官能示明其精液开始分泌
545a 与生殖能力的骤然兴起。常例，雌性声音较男性为尖脆；[①]以鹿鸣为例，雄的呦声远较雌性为沉着。再说，雄动物多在发情期鸣叫，雌动物则因恐惧或受惊而鸣；雌性的叫声短促，雄声深长。狗的声
5 调之变亦然，当它们年龄老大时，吠声转趋深沉。

马的嘶声也可听到其中的差异。雌驹仅作细弱的嘶声，雄驹的嘶声犹轻，已较雌驹为强而沉着，渐长而声日壮。雄雌足二岁可
10 行交配，此时牡马嘶声既响亮，又深远，牝马则更高亢而尖锐过于前时；这种进境继续不息，直到约二十岁而止；此后雌雄的嘶声皆与日俱衰。

于是，这可作为一个常例，动物的鸣声连延而拖长者，其两性
15 之音别为：雄性较雌性的发声为深沉而音调较低，但这并不是一切动物全然如此，有些动物如牛，适得其反；牝牛鸣声较牡牛为深沉，而牛犊鸣声较壮牛为深沉。[②] 这里我们也可懂得动物在阉割后的
20 声音变化，[③]雄动物被阉割者便转现雌动物的声调。

各种动物长成时，达到能够交配的年龄如下。雌绵羊与雌山羊一周岁而性能成熟，这于雌山羊尤属确实；雄绵羊与雄山羊之成

① 《生殖》卷五，章七，786b14；《集题》xi(14)900a32；(24)901b24。

② 《生殖》卷五，章七，787a31。

③ 本书卷九，632a5；《生殖》卷五，章七，787b19；《集题》xi(34)902a27。

熟年龄为一周岁。太年轻的羊所生之羔较其他雄羊所生之羔为 25
弱，公羊随年龄增长而日益强壮，至两周岁时才可算完全成熟。①
猪生后八月而能交配，母猪至周岁而诞小猪，其间四个月是她的妊
娠期。雄猪八个月而能生殖，但一周岁以下的公猪所生的仔猪往 30
往孱弱。可是成年期并非确定不变；猪，偶或有生后四足月即能交 **545b**
配者，足六个月的猪所生小猪也有竟得成长的；但另也偶有些猪须
待十个足月而后能交配。牡猪能继续繁殖至三岁而止。常例狗一
岁而能授精与受孕，也有些八个月而能行交配；②性成熟年龄的提
早现象，见于雄狗者，较雌狗为多。母猪的妊娠期为六十日，或六
十一，六十二日，最多不超过六十三日；狗妊期绝不少于六十日，如
不足此日数，小狗必难成长。母狗于产后六个月可再受精于雄狗 10
而成孕，再孕期不能更早。牡马与牝马，最早者，二周岁③而性能
开始成熟；可是在这年龄所得的马驹皆小而孱弱。常例，马三岁而
后适于交配，嗣后与年俱壮，才更合于繁殖之用，直至二十岁而止。15
公马至三十三岁尚堪授精而母马则四十岁犹能成孕；④这样，它们
实际是终身可行交配的了；因为马寿的常例恰正是雄性三十三而
雌性稍或逾越四十岁；⑤但，我们也听说有一马竟活到七十五岁。
雄驴与雌驴三十个月而始现其性能；但常例当至三岁或三岁半而 20
后适于配种。曾知有这样的一个实例，一只牝驴一周岁而受孕并
诞一驴驹。也曾得知有一母牛产犊时仅一周岁，这犊竟也长成至

① 原文晦涩不明，从狄校本翻译。

② 本书卷六，574a16。

③ 本书卷六，575b22；《埃里安》xv，25。

④ 《埃里安》xv，25；《哥吕梅拉》vi(37)9。

⑤ 本书卷六，576a26。

25 常牛那么大，但这母牛以后不复生育。关于这些动物适于交配的成熟年龄就说这么多。

于人而言，男子生育年龄最长者至七十岁，妇女至五十岁；但这样长的生育年龄实际是稀见的。常例，男人六十五岁而精竭，妇 30 女四十五岁以后不育。

母绵羊继续产儿至八岁而止，倘饲养得特别周到，则可延至十一 546a 岁；实际上雄雌绵羊都是终身可以交配的。雄山羊之肥胖者不擅于配种[①]；因此农民见到茂盛而不结果的葡萄藤便说这是配上了“肥山羊”的。可是，一只太肥的雄山羊倘使稍稍瘦减，也能授精而致孕。

5 公羊常自择最老的母绵羊而与之交配，不置意于小雌羊。上曾言及，较年轻的牝羊所产羔仔较为孱弱。

公猪在三周岁以前一直适于配种；[②]三岁以后精力渐衰，此时所生仔猪体质亦逊。公猪的配种能力在得优良饲料后最旺盛，亦 10 在第一次与母猪交配时为最旺盛；若饲养不良而又使与许多母猪交配，媾合时间缩短，母猪一胎所得仔猪数就比较的少。母猪第一胎仔数最少；第二胎正是它体质最强壮的时期。这动物年龄增长时继续生育，但性欲渐减。至十五岁，它们便不再产儿而真成“老 15 母猪”[③]了。母猪，无论青年或老年，若给予优良饲料，性能随即亢进；但妊娠期间如过度肥育，分娩后乳汁缺少。于亲猪的年龄而论，则壮年所生仔猪自属最佳；于全年的季节而论，则初冬所育者

---

① 《生殖》卷一，章十七，725^b34；色乌弗拉斯托：《植物原理》(*Peri Phyton aition*)i(5)5；《植物志》iv(14)，6。

② 《柏里尼》viii，51；《梵罗》ii，4，8；《哥吕梅拉》vii，9。

③ 照原文 γρα ῖαι 译；狄校揣拟为 στε ῖραι，“不育的”了。

为最佳;夏产最不良,常多织小软弱的仔猪[①]。公猪,倘饲养良好, 20
昼夜任何时刻均可使之配种;否则惟早晨性欲特盛。年老则性欲
日衰,这在先业已言明。常见公猪因年老或体衰,对正常的交合力
不能胜,并为站立的姿势而厌倦,它会让母猪侧卧于地面,两猪躺
着完成配种的过程。母猪如在发情期间耳朵下垂,这是怀胎之 25
征[②];倘耳朵不这样下垂,这还有待于再次发情而后可得受孕。

母狗在达到成熟年龄以前,绝不容受雄狗的交配。[③] 常例,雄
狗能授精,雌狗能受孕,直至十二岁为止;也曾知有些特例,母狗至
十八岁,雄狗竟至二十岁而仍能成孕与授精。但,常例,生殖与成 30
孕能力年老必衰,这是狗与其他动物全相同的。

骆驼雌性是后尿向的,照前曾述及的方式[④],接受雄性的配 **546^b**
种;在阿拉伯,骆驼交配季节约在十月。妊娠期十二个月[⑤];每次
产儿不超过一头。驼驹至三周岁,雌性雄性各可交配。雌骆驼分
娩后,隔一年,可再行受配。 5

〈雌〉[⑥]象最早者十岁而能受孕,最迟者十五岁;[⑦]雄象五岁或
六岁而具有性能。春季为象的交配季节。雄象与雌象一次媾合
后,间歇三年;雄象于曾经与之配种而使受孕的那头雌象,不再作
第二次交配。[⑧] 妊娠期二年;每产只有一头仔象,象是单胎动物。 10

---

① 《梵罗》ii,(4)13 与此所述相异。

② 本书卷六,573^b8;《柏里尼》viii,77。

③ 《柏里尼》x,83;本书卷六,574^b27 所述与此相反。

④ 见于本卷,540^a14;又见于卷六,章十八,571^b24,卷九,章四十七,630^b31。

⑤ 《柏里尼》x,83;本书卷六,578^a10 与此相异。

⑥ 照奥-文校增〈ἡ θήλεια〉。

⑦ 本书卷六,578^a17;《柏里尼》viii,5。

⑧ 《埃里安》viii,17。

初生象婴大如两三个月的牛犊。[①]

章十五

关于动物之须经两性生殖者，其交配情况已经说了这些。现在我们〈既〉陈述“由交配方式而生殖的诸动物”〈也将〉兼及“由非15 交配方式繁殖的诸动物”，这里，我们就以介壳类的生殖问题为讨论的开始。

〈于动物各门类中，〉介壳类[②]几乎是惟一的门类，这门类所包括的各个种属全是非交配生物（单性生殖动物）。

紫骨螺在春季结集起来而共趋于某一场所，产下那所谓“蜂20 窠”[③]这一物件形似蜜蜂窠而没有蜜蜂窠那么整齐精致，看来又像是若干白山藜豆的荚壳束聚在一起。但这些物件在构造上全无开口的管道，而且也未见紫骨螺由这些物件中发生；紫骨螺和其他一切介壳类都从泥土与腐败物件中发生。这物件实际是紫骨螺与法25 螺的分泌，法螺同样也生产这种物件。产出这种“蜂窠”的介壳动物自身恰像其他介壳类一样出于自发生成，但在原有同种介壳生活的地区，这品种的介壳就发生得较多。[④]这“蜂窠”的出产过程是

① 《生殖》卷四章五，773^b6；《柏里尼》viii，10；x，83；《埃里安》iv，31；viii，27。

② 《生殖》卷三，章二，761^a。

③ 《雅典那俄》iii，88；普卢塔克：《动物智巧》980。

Δ④ 《生殖》卷三，章十一叙述介壳类的自发生成，其中 762^a8 行谓这些分泌物也会长出与其亲体相同的介壳类。本章与下章于所谓“蜂窠”（μελ ικηραν）或“丛荚体”（λεπυριώδη）之为螺卵实际已说得相当明显。倘由此类记录作进一步研究便可解除螺贝为自发生成之误。但古代无光学工具，亚氏就目力所及竟不能确断此物件内所包藏者即同种相生的籽卵；综合亚氏于介壳类的繁殖，他常在泥生与亲生两式中作两可之辞。关于这方面前后有许多凌乱的语句，这些章节可能是未经整理的一些发生记录。

这样的，它先分泌一些滑腻的黏液，由这些黏液形成那“丛荚体”，这些物体不久全行溶化，而其内涵[①]则沉落到地面，就在这地点以后可得许多微小的骨螺，而且有时捕获的骨螺身上也有这样的微小动物，有些渺小到无法辨别其形体。紫骨螺如在产出这种“蜂 **547[a]** 窠”以前被捞获，它们会得在渔具中进行这一过程，而且大家不在渔篮的这一边，或那一边各别进行，它们还像在海内那样，集中到某一处共同进行；由于这地区狭小之故，它们聚结着就像一大束葡萄了。

紫骨螺(“紫花”)有很多品种；[②]有些大种，例如生长于西葛澳与勒克屯岬[③]的；另些，如生长于欧里浦与加里亚海岸的都是些小种。在海湾中捞获的骨螺大而粗糙，其中大多数有“花”，花色深紫以至于紫黑——这螺的取名为“紫花”正由于此；另些则为红色而体小。有些大螺每只重至一米那[④]；但沿岸以及岩石间所见的螺样都是小型螺，它们的“花”便作红色。又，常例，在北方海中的螺

---

① 原文 δεῖχεν，“内涵物质”；施校，凭《雅典那俄》iii，88[a]，改为ἰχῶρα(依丘尔)，“生命液”。

② 地中海各区最著名的骨螺诸品种有白伦特氏骨螺(Murex brandaris)，无角骨螺(M. trunculus)，红嘴紫骨螺(Purpura haemastoma)等。在意大利太伦顿(Tarento)有著名的大贝堆，其中即以白伦特氏螺的遗壳为主，现代意大利人称此螺为 quecciolo a far la porpora，“紫花族郭济洛螺”。地中海东岸推罗(Tyre)，亦有自古著名的大贝堆，其中以无角螺壳为主。紫骨螺(πορφύρα)，中国称“荔枝螺”。紫骨螺科诸品种可参看《柏里尼》ix，61；《雅典那俄》iii，88。近代著作可参看法比·哥卢那：《紫贝》(Fabius Columna：*de Purpura*)，1674 年；许辛格：《古代紫贝》(Heusinger：*de Purpura antiquorum*)1826 年；麦尔旦：《古介壳》，1860 年，205 页；杜茜埃：《古代紫贝志》(L. Duthiers：*Nat. Hist. of the Purples of the Ancients*)，1860 年。

③ 西葛澳岬与勒克屯岬在米细亚之特洛亚城附近。下文“欧里浦”(Εὔριπος)原为“海峡”通称，用作专门地名时，指欧卑亚岛与陆地间的海峡。

④ 一米那(μνᾶ)当中国 0.85 市斤。

“花”都作黑色，南方海中的红色。正当它们做“蜂窠”时期，即春
15 季，渔夫捕捞骨螺；天狼星升起的前后期间，[①]这是捞不到的，这时期它们停止进食，自觅隐蔽而潜伏于窟穴。这动物的“花”位于“罂粟体”(拟肝)与颈项之间，这些部分皆相密接；外表看来有一层白色膜，人们倘剥取这一部分而加压挤，则“花”的颜色便沾到手
20 上。[②] 有一种血管样的组织通过其中，可能就是这种类似血管结成为“花”。至于这器官的性质好像敛结的矾[③]。骨螺在产出“蜂窠”以后这花就很萎缩了。人们把小螺连壳打碎以寻取这“花”，这
25 “花”是不易剥取的；但于较大的螺这可先脱壳，再从那肉质体中剥出“花”来。因为“花”正在罂粟体与颈项两者之间而位于所称为胃的这部分之上，这必须把两者切离，方能取出。渔人常趁螺活时急速打碎螺壳，[④]若迟至死后，它会呕出这“花”；因此渔人让它们留存在渔篮中，待已聚集有相当数量后，择暇来做这剥花的工作。先
30 前，渔人不安置渔篮，也不在钓线下各系以渔篮，这样钓线收起时，螺便脱钩而滑失；现在都系上了渔篮，[⑤]螺即便脱钩仍落在篮内。这动物倘内部充实，易于脱钩；倘内部空虚便不易摆脱。这些就是
547b 有关紫骨螺的情况。

同样情况也见于法螺，发生上述那些现象的季节也相同。骨

---

① “天狼”星或“天狗”星(κύνη)为冬夜最明亮星座，此处所指时期即冬季。《柏里尼》ix,38(60)。

② 《柏里尼》ix,37(60)详述渔民捕捞骨螺，专为剥取紫花以作染料。由此所得紫色与绯红染料极贵重，染礼服必需用此染料。

③ 原文 οἷον στυπτηρ ἰα，直译“像敛结的矾”，实义不明，或有误。狄校亦认为难通。

④ 参看《埃里安》xvi,1。

⑤ 《柏里尼》ix,37(61)述渔人用心蛤为诱饵，置钓罐(或篮)中，以诱捕紫骨螺。

螺与法螺两种动物的厣也位置相似——事实上所有各种螺都在诞生时就具备厣，其位置都相似；它们进食时，在那厣下伸出所谓“舌”来。骨螺的舌较人指为大，它用这摄食，并用以钻破贝蛤类以及与之相类的螺壳。[①]骨螺与法螺均长寿。骨螺约可活六年；每岁的延增，于壳上螺纹留有明显的年轮标识。[②]　5　10

贻贝也各构制一个“蜂窠”。[③]

关于礁湖蛎，任何有烂泥的地方，你都可看见有幼蛎茁生。[④]鸟蛤、文蛤、蛏、海扇都在沙滩上自发生成。江珧从那固着在沙滩上或烂泥中的丝络直接茁生；[⑤]这些生物体内有一种名为“江珧卫士”[⑥]的寄生物，有时是一只小虾[⑦]，另有些则是一只小蟹[⑧]；江珧　15

---

① 547^b3-8 行述螺的构造，越出本章原题，故奥-文悉加括弧。参看《构造》卷三，章十七，661^a21；《柏里尼》ix，60。

② 《柏里尼》ix，61；《生殖》卷三，章十一，763^a20；《雅典那俄》iii，88^a。

③ 《生殖》卷三，761^b30；《柏里尼》xxxii，32。这里所说“蜂窠”当指贻贝的丛集卵块。贻贝卵并无许多“卵囊”(egg-capsules，即 546^b20 所称“蜂窠”，546^b30 所称“丛荚体”)。

④ 礁湖蛎(λιμνόστρεα，池蠔)盖为螺蛎(Ostrea cochlear)；麦尔旦谓今尼浦里港(Neapolis)渔民仍称之为 Ostrica di fango，“烂泥蛎”。《生殖》卷三，章十一，763^a31 述介壳类生殖所引实例甚多：如云抛锚泥滩之船舶所黏附的污泥，随后常有小蛎自其中产生；而移植于他处的介壳类却不见其族类繁衍。故亚氏误推螺贝体内所见生殖物质盖与健康有关而并非卵籽。《柏里尼》ix，51，齐诺克拉底：《水生动物》(de Ag.)均述及种蛎及育蛎方法。

⑤ 江珧(πίννα)即江瑶，瓣鳃无管异柱类，肉柱鲜美，中国俗称干贝。其足丝黄褐色，柔韧有光；古罗马人取以制手套。此处原文ἐκ τοῦ βυσσοῦ(从深水中茁生)，与《雅典那俄》iii，89 相符。伽柴译文作 ex bysso，id…(从它的足丝中茁生……)则原文应为ἐκ τῆς βύσσου。薛尔堡，加谟斯、奥-文与狄校均认为古希腊当时尚未见有 βύσσος(足丝)这名词，应从 βυσσοῦ(深水)。汤英译本依伽柴本译。参看波嘉尔(1599－1667)《圣经动物》(Samuel Bochart，“*Hierozoicon*”)ii，451。

⑥ 此名另见亚里斯托芳剧本《胡蜂》1510；《雅典那俄》iii，89；《柏里尼》ix，42；《埃里安》iii，29。

⑦ 寄生小虾当指透伦那海拉脱勒伊氏小海虾(Pontonia tyrrhena，Latr.)。

Δ⑧ 蠔蛎、贻贝、江珧等壳内的小蟹当属“江珧老伴”(Pinnotheres veterum，

倘无此“卫士”,它不久便会死亡。

20 那么,各种介壳类,依常例而言,便都从泥中自发生成,随原料之不同而茁生不同的种属:蛎生于烂泥,鸟蛤与上述其他介壳类生于沙滩;在岩石的罅孔中茁生海鞘与藤壶以及常见其浮向水面[①]25 的蜮与蜒螺。所有这些动物皆生长极速,骨螺与海扇尤甚,两者在一年内即长成为一大骨螺或大海扇。有些介壳类壳内可找到一些很小的白蟹[②];在槽形[③]贻贝中,这些动物为数尤多。江珧中就有30 所谓“卫士”。海扇与蛎中也有;这些寄生物永不见它们长大。渔人说这些寄生物是跟那原寄主一同诞生在内的。[海扇,像骨螺那样,有一时期在沙内潜伏。]

548a [贝介就是照上述方式生长的;有些生于浅水[④],有些生在海岸边,有些在崎岖的岩石间,有些在硬而多石块的海底,有些在沙5 滩。]有些贝介各处移动,有些终身居留在一个地方。江珧之不移动者固植于地面,蛏与文蛤也守在原地,但不这样生根(足丝);可是你倘硬把它们迁移,它们就会死亡。[⑤]

[那种名为“星鱼”的生物,躯体特热,任何被它捉住而经脱出10 它抓握的东西就热得好像被煮过了的。[⑥]渔人于“星鱼”(海盘车)

Bosc.),中国旧称“蛎奴”,此类动物眼弱脚小,常栖于江珧或蠔蛎外套膜与足部之间,两动物互相为维护。现代生物学不称“寄生生物”,称为“共栖生物”。

① 原文 οἱ ἐπιπολάζοντος μύος 原义“浮鼠”,各译本多作“浮向水面的生物”解。

② 当即共栖蟹类中常见的“豆蟹”(Pinnotheres pisum)。

③ πυελώδεσιν,$A^a C^a$ 作 πυλώδεσιν,均费解。施校作 πηλώδεσιν,槽形。

④ τενάγεσι,A^a、C^a 本作 στεγάνεσι,“室内”,或“有荫蔽之处”,依汤译本解作“浅水处”。狄校本揣为 πελάγεσι,“于深海”,以与下文“岸边”对举。

⑤ 本书卷九,588^b15。

⑥ 《构造》卷四,章四,681^b9;《柏里尼》ix,86;《安底戈诺》88。

看作是比拉海峡的大瘟疫(大害)。它形如一般画上所见的星。所谓“海肺”是自发生成的。画家所用的贝介是较厚的,贝面上有花。这些生物,在加里亚海岸边最为繁盛。][①]

寄居蟹[②]自土与烂泥中自发生成,而后找到一些空贝壳,寄居其中。长大时则另易一较大的贝壳,如蜒或蜗或类此诸壳,寄居于小法螺空壳内者尤为常见。进入一新壳后,它带着这壳来往,又照常开始觅食,并逐渐长大,于是再换一更大的壳。　20

章十六

又,动物之不具介壳而自发生成如介壳类者,可举岩石洞罅间的刺冲水母与海绵为例。刺冲水母(海葵)有两种:其一生于石隙,牢固地定着于石上,另一生于平滑的礁上,不固着而可活动,时常由一处移到别处。[③] [螆也无所系着,随处移动。][④]　25

海绵的间隔洞孔中发现有“江珧卫士”或寄生生物。[⑤] 在那多孔体上面有一个类似蛛网的构造,凭其开阖以捕取小鱼;这样,海　30

① 自547^{b}32—548^{a}21,狄校谓此节多用亚氏书中不经见的词汇,行文亦上下不相承接;盖属伪撰。

② 本书卷四,529^{b}20。

③ 本书卷四,531^{a}31;卷八,590^{a}27。Δ海绵有些为无性生殖,从体内或体外出芽繁殖;有些行有性生殖,自卵裂后经短时的浮游幼虫期后,即固着营生。腔肠动物诸水母多于夏季行无性生殖,秋后行有性生殖,幼虫能游离,成熟后或浮游,或固着营生。这些动物的发育与生活真相,直至十八世纪才有所窥见,十九世纪逐渐明了。参看苏联,希密特脱:《动物胚胎学》,下卷,章三。(Schmidt,G. A.:*Embryology of Animals*,1951年,李维恩等中译本,1955年。)

④ 参看本书卷八,590^{a}32。

⑤ 普卢塔克:《动物智巧》980;《埃里安》viii,16;这种异于海绵共栖之蟹,别为Typton spongicola,“海绵武士”。

绵上的网张开时,小鱼泳入,及其闭阖,小鱼便不能复出。①

548b 海绵有三种②:第一种为粗松而多孔的组织,第二种是组织紧密的,第三种别名"阿溪里海绵",特为细致,组织紧密而且强韧。这种海绵被用为头盔与胫甲中衬垫,借以减轻受击时的震撼与声5响;这是极稀见的品种。组织紧密的海绵中,其特硬而粗糙者,别号"山羊"。

自发生成的海绵或紧附于一岩石或固着在海滩上;它们最初被捞起时,总是满身污泥,人们根据这一事实推论它们都由烂泥浆中吸收养料。这当是一般固定生物获得养料的共同征象。据说组10织细密的海绵较之外表多孔的海绵为弱,它们在底部的固着面积便较小。

据说海绵有感觉,这一推论所根据的事实是这样:倘一海绵先发现有人要把它从固着处拔出时,它会敛缩全身,于是你就很难拖它起来。在大风暴的时候,海绵也这样敛缩,显然它15是在抓紧地盘,免被撼动。有些人,例如笃罗尼人,不信这一论证。

海绵培养寄生生物,蠕虫与其他生物,这些生物倘脱离海绵,岩鱼便分别噬食单独的海绵,又噬食这些单独的生物。③ 海绵如果断残了一块,那剩余的生体会重生而愈合,那残缺处不久又恢复了原状。

---

① 参看拜占庭,亚里斯托芳:《动物志略》i,45。

② 此处三种海绵重见于下文20—22行。海绵品种繁多,但商品海绵常属一个品种。亚得里亚海绵通常有三型(一)里凡丁浴用海绵(spugne da bagno o levantino),(二)骑士甲胄用海绵(da cavallo od equino),(三)齐穆加扁平细密海绵(zimocca)。

③ 这句原文有些混乱,照璧校本改订者翻译。

一切海绵中最大的品种是组织粗松的海绵，这种海绵于吕基亚海岸生长特为旺盛。最柔软的品种是那组织紧密的海绵；至于那所谓"阿溪里海绵"则较这种海绵为硬。常例，深海静水中所得海绵皆为最软的品种；风暴常能使它们变得粗硬（对于其他生物，风暴也有相似的作用），并抑止它们的生长。就由于这样的原因，在希勒斯滂生长的海绵便外粗糙而内紧密；在马勒亚海岬①附近生长的海绵一般得于岬内者较软，得于岬外者较硬。但海绵的生长处又不宜太荫蔽，太热，像一切类似植物的生体那样，如太郁热，海绵便有腐败的趋势。因此，海绵最合适的生长区域是靠岸的深水处。水深则风暴和过度的曝热均不会损害到它们了。 20 25

活海绵而未经洗净者色黑。它们在海底的系着处不专在某一点，也不是全身都系着的；因为体内常间隔有虚隙。它的底部舒展有一种膜；下部的系着点为数较多。顶上大多数的洞孔是闭阖的，只有四个或五个向外开通并可显见；有些人向我们说明这动物就由这几个洞孔吃进食物。 30 **549a**

有一特殊的海绵品种，②因为它是没法洗净的，所以被题名为"洗不清"（ἀπλυσίας）③。这品种具有一些开通而可见的大洞孔，但全身其他部分则组织紧密；倘加解剖，这可见其内部较普通海绵为密致而多胶质，简言之，有些像肺样组织。大家一致承认这品种是有感觉而且长寿的。它们在海中与其他海绵易于识别；普通海绵， 5

① 希勒斯滂今鞑达尼尔海峡。马勒亚（Μαλέα）岬依奥-文校译本，附地名索引，谓在雅典加地区。依汤译本译文前记第 vii 页拟为累斯波岛东南角的马里亚（Μαλία）岬。

② 海绵品种可参看《柏里尼》ix，69；xxxi，47。

③ 另见色乌弗拉斯托：《植物志》iv(6)10。

其中〈不〉①沾烂泥时色白，这种海绵却在任何境况中均呈黑色。

关于海绵和介壳类的生长与繁殖就说这么多。

章十七

甲壳类中，雌蝲蛄在交配受精后，约自斯季洛福里翁月，希加通培恩月至米太格脱衣月（五月中旬至八月中旬）间怀卵约三个月；嗣后它们产卵于腹部下面的桡片突起之中，这些卵像蛴螬一样生长起来。同样现象也可在软体动物中以及在卵生鱼类中见到；于这些门类，卵的这种继续生长发育情况全属相同。

蝲蛄的卵块②是一些松散的颗粒，分纳于八个部分；相应于腹侧每一桡片便各具有一个软甲体③，卵块恰好系属在这里，而整个结构就像一串葡萄；卵于每一软骨体上分成几个部分。起先，卵块看来像一个整体，但你倘予以扯开，这就显然可见其中的区分。最大的分块不在最近出口地区而是在中部，最远处则分块最小，卵子约当无花果内的籽实那么大；因为尾端与靠近胸部那一节，这两端虽也各有桡片，均无卵块，所以它的卵都安置在中段各个腹节。这里，腹侧桡片是合不拢的，但尾桡弯向腹下时可把卵全掩蔽在内，549^b 这尾桡就成为一个腹盖。蝲蛄在产卵时弯转尾桡，似乎力求使卵粒挤入上述的软甲体之间④，在整个产卵过程中它总维持这弯曲的姿态。软甲体在这季节增大，足可为受卵的容器，以适应它自己

① 依狄校本增〈μη〉，俾与上文548^{b}7，30相符。

② 本书卷四，章二，525^b。

③ χονδρῶδη原文义为“软骨体”，于软甲类译作“软甲体”，这些腹附属物实即上文549^{a}17的“桡片”（πτύχαι），现代解剖名词称这些桡片为游泳足（swimmerets）。

④ 照奥-文校本，改ἰυθὺs καί为ἰκείνοιs“那里”＝“上述的软甲体之间”。

持卵的需要，这种孵卵方式恰与乌贼下卵于水草的枝桠与漂流的树木之间一样。 5

蝲蛄(螯虾)就这样产卵，这些卵约经二十日孵育后，它便把这些卵拨成一团而遗之于身外。再约十五日后，由这些卵团泳出稚虾，这些稚虾有时被捞获，不足一指(七分)长。蝲蛄在大角星上升 10 (九月中旬)以前产卵，其后则成团释出。驼背斑节虾的妊娠期约四个月。

蝲蛄生长于崎岖的岩石海底，龙虾则在平坦处，两者均不生活 15 于泥涂；这就是希勒斯滂与塔索岛海岸多龙虾而西葛澳附近与亚索山[①]下则产蝲蛄的缘故。因此渔人出海捕虾时便先探测滩地与海底何处是硬石，何处是软泥。冬春间这些动物趋近岸边以取暖， 20 夏季则泳入深水以求凉，它们就这样随季节与水深以逐凉暖。

名为"熊"的那种蟹约与蝲蛄同时产卵；因此它们在冬春间产卵以前最肥壮，产卵以后便瘦弱。 25

它们出生初年以及随后各年，均在春季蜕壳——恰像蛇的蜕皮——蟹的蜕壳与蝲蛄(螯虾)相同。顺便提到，各种蝲蛄均属长寿。

章十八

软体动物在成配媾合后产出白色卵体，这卵体同介壳类的一 30 样，逐渐转成颗粒状。章鱼产卵于其洞窟[②]，或产于破罐片或类似

① 塔索岛在色雷基，斯脱蒙吕海湾(Sinu Strymonio)。亚索山在卡尔西狄基半岛，邻近圣山(蒙山都 Monte Santo)岬。

② 《雅典那俄》vii，317。

的孔隙中，它的卵体结构，如前曾述及[①]，类似葡萄藤的嫩蔓，又好像白杨的籽实[②]。雌章鱼所产簇聚于孔隙内外的卵为数殊巨，如
550a 果装在一个容器中，这容器要比它自己的头(外套囊)[③]大得多。其后，最多在五十日以内，卵体散开，小章鱼像小蜘蛛那样大量的
5 爬出；它们特殊的肢体构造尚不能明晰地看清，但大体已可得辨识。它们既是这么小，在大海中实际无能为力，所以大部分是夭亡的；它们真太小了，似乎不是一个生机构造，但被触着时，它确会行
10 动。乌贼的卵形似大而黑的长春花浆果，它们向一个中心簇集着像一束葡萄[④]，不容易使之拆散；因为这上面雄乌贼曾洒有一些黏湿液，随后便凝结而成胶体。这些卵逐渐长大；它们先是白色，雄
15 性洒上那些精液[⑤]以后，色转黑而体增大。

当小乌贼在那白色体中开始形成的时候，卵破裂，它便爬出。雌乌贼下卵后，卵的内部形成像雹珠[⑥]样的物体(胚纽)，小乌贼就由这物体内从一支头系带上开始生长，恰如小鸟从一支脐系带上
20 发生一样。小乌贼胚胎过程中头系(或脐系)的实况迄今尚未观察清楚，所可看到的是小乌贼日长则那白色体日减，最后小乌贼成形而白色体消失，这恰与鸟卵的卵黄相似。小乌贼也像大多数的动
25 物胚胎一样，其始眼很大。用图来作说明，A 便是卵，B，C 为眼，D

---

① 本卷，章十二，544^a7。

② “白果”(καρπ ός λε ύκος)曾见于 544^a7，从汤伯逊作白桦树籽解。

③ 参看本书卷四，523^b24 及注，525^a5。

④ 意大利渔民今称乌贼卵为“海葡萄串”(uva di mare)。

Δ⑤ 贝本，θολ όν 应即乌贼的“墨汁”，与上文 544^a4 的贝本原文及伽柴译文相符。这里上句谓ὑγρ ότητα τινα υυξ ώδη(一些黏湿液)，应是雄乌贼的精液。A^aC^a 本作 θορòν，P^aD^a本作 θ όρον(精液)，与 544^a4 的 A^a 抄本等原文相符。

⑥ “雹珠”(χ άλαζα)即“系带”，参看卷六，560^a28 鸟卵中的“雹珠”。

即小乌贼的胚体。

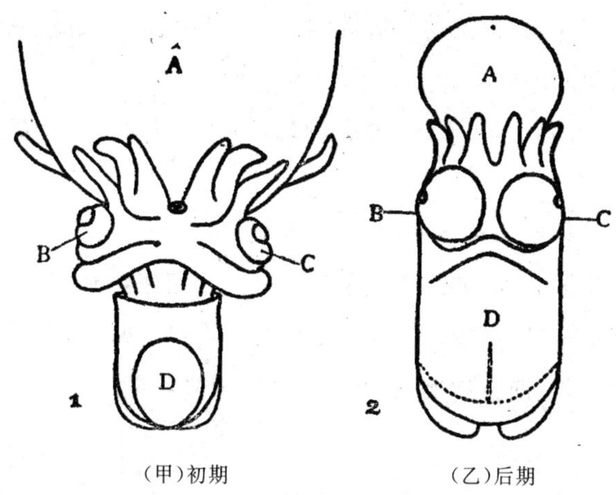

(甲)初期　　(乙)后期

图 15. 乌贼胚体

雌乌贼春季孕卵，怀卵十五日而产，卵产出后自那葡萄串状以至小乌贼爬出，为期又十五日，倘在小乌贼已成形而你太早一些戳破其卵包，这些小生物便似受惊而由白色转变为红色，射出一些分泌物。[①]　30

这样，甲壳类把卵抱在自己腹节之间孵育；而章鱼、乌贼及其类属的卵则静置在原产处自行孵化，产后亲鱼不复扰动它们；雌乌贼的卵窠[②]常在岸边可得目见，情况确是如此。至于雌章鱼则有时伏在卵上，另有时蹲在穴口，伸出它的触手来守护。[③]　550b　5

乌贼产卵于靠近陆地处，着之于藻侧、芦边，或着之于漂流的柴枝，或石块上；渔人常东一堆西一簇的散置这些柴束，雌乌贼便

① 参看文默尔编《色乌弗拉斯托残篇》173，188。

② 原文 τὸ κύτος，“穴”；照汤伯逊诠注作ὁ κύτταρος，“〈卵〉窠”解。

③ 《雅典那俄》vii，317。

在上面产下连绵的长串卵块,像葡萄藤的须蔓①。乌贼产卵过程像是艰难的,产时它很使劲。雌性鱿鱼(枪鲗)产卵于大海;它像乌贼那样成团地泄出卵块。

鱿鱼与乌贼,是短命的,很少例外,寿不超过周岁;②章鱼亦然。

一粒卵子爬出一条乌贼;小鱿鱼亦然。

雄鱿与雌鱿有别;如果把它的鳃部③拉开而仔细观察,可见到有两个像乳房样的红色体④;这在雄鱿是没有的。乌贼,除了这一构造上的性别外,前曾叙明,⑤雄性较雌性为多色斑。

章十九

关于虫类,雄性小于雌性,交配时蹲在雌性背上,完成授精的过程,似乎是被动的样子,这些业已言明;⑥大多数虫类,在交配以后,接着很快便分娩。

各种虫类均产生蛆,除却蝶类的一个品种(仙女蝶);这品种

---

① 贝本等 βοστρύχων,奥-文,狄,璧校本均作 βοστρύχιον(葡萄藤蔓)。但乌贼卵块不作蔓状,蔓状者为章鱼卵块,见 544^{a}9,549^{b}33。此处若为 βόστρυς(一束葡萄)则与 550^{a}10 所述的乌贼卵块状相符。

注释图 6. 附于断梗上的乌贼卵块

② 本书卷九,622^{a}22。

③ 原文 κόμην,施那得谓指鳃部;参看卷四,524^{b}21 529^{a}32 τὰ τριχώδη,"须状体"。斯加里葛据伽柴译文谓应作 κοιλίαν,"腹部"。奥-文谓应作 κεφαλήν,"头部"。

④ ἐρυθρά(红色体)亚尔杜校印本及若干抄本作 ἔντερα,"肠"。参看本书卷四,525^{a}1。

⑤ 本书卷四,524^{b}30。

⑥ 本书卷五,章八。

的雌蝶产硬卵，形似红蓝花[①]籽，内含浆汁。蛆的成长不同于卵的孵化，卵中的一部分逐渐生长，成为一小动物，但蛆则整个地发育着，然后蜕化而为一小动物。[②]

于虫类而言，有些是由虫种生殖的，譬如毒蜘（斗蜘）与普通蜘蛛是毒蜘与普通蜘蛛的后裔，飞蝗[③]、蚱蜢与蝉亦复如此。另些虫类不由亲生，而由自发生成：有些由春季草木上的露滴所生成，冬季久晴而吹着南风，这时的露滴也偶有能生虫的；又另些出于腐土与粪秽；又另些出于活树或枯木；有些生在动物毛发之内；有些在肌肉之内；有些在分泌物内；分泌物内的虫，有些生于分泌物泄出之后；又有些当分泌物尚在动物体内时，虫已于其中生长，如肠蠕虫。这些肠蠕虫有三品种：其一称为扁蠕虫（绦虫），另一为圆蠕虫（蛔虫），其三为线蛔虫。这些肠蠕虫在任何情况中均不生殖自己的种裔。可是扁蠕虫紧附在动物肠壁，例外地产出一种像甜瓜子那样的物体[④]，医师看到这样的物体便断定病人肠内有此扁虫在作扰。

所谓"仙女蝶"（蝴蝶）[⑤]是从"蠋"[⑥]生成的，蠋是生长在绿叶上的，主要是在"拉芳诺"——有些人称为"苞菜"——叶上。原先，不够一颗稷粒那么大；继而成为一条小蛆；三日之内[⑦]这又变为一条

① κνῆκος（克尼可），菊科植物的红蓝花属彩色种（Carthamus tinctorius）。

② 《生殖》卷二，章一，732^{a}29。

③ 参看本卷章二十八，二十九。

④ "甜瓜子那样的物体"（αἷον σικύου σπέρμα）实即绦虫（taenia）的节片（proglottis）。

⑤ ψυχή，仙女名，用作蝶名时实指苞菜蝶（P. brassicae）或相近品种。

⑥ "蠋"（κάμπη）或蠖，或蚕。参看哥吕梅拉《农艺宝鉴》x，324 所称"粗毛蠋"（hirsuta campe）。

⑦ τρισὶν ἡμέραις（三日之内），奥-文认为是ἐν τισιν ἡμέραις（到那日期）之误。

小蠋。随后它继续长大,而又骤然静息,换却形貌,这时改称为一
20 只“蛹”。蛹的外皮是硬的,你倘予触动,它也有感应。它自系于网丝;不具备口和其他明显可识的器官。隔一会儿,外皮开拆,一只有翼的生物飞出来了,这个我们就叫它“仙女”(蝴蝶)。当它原先是一条蠋时,它既进食,也要排泄;但一朝转成了蛹,它便不饮不
25 食,也不排泄。

凡由蛆发育的一切虫类,无论是由活虫交配而生的蛆,或不经由亲虫的器官媾合而生的蛆,上述发育过程均相同。蜜蜂、大黄蜂
551[b] 与蝴蝶的蛆,当其幼时皆各进食而排泄;但既从蛆形转入所谓“水仙”(“若虫”)的形式后,它便停止进食与排泄,紧紧地包裹着,寂然不动,直到它发育完全,这时便破坏那当初为了蛰伏而构制的蜂窝
5 (窝盖)栩然飞出。那种名为“捣杵”与“纺锤”[①]的蛹出于相似的蠋(蠖),这种蠋行进时作曲伸式,弯拢躯节,收进后段,再伸出前段。[②] 各个成虫的颜色各保留有那亲蠋的特色。

10 有一种特大的蛆,它具有类似角的构造,其他方面也有异于普通的蛆,从这种蛆变形,先为一蠋(蚕),继为“庞比季”(茧蛹)[③],继又为“尼可达卢”(蛾);这生物在六个月内经历所有这些“变态”。由一班妇女解开这些生物的茧,缫成线,再由这样的线制成织物。

---

① ὕπερον(许贝隆),原义“捣杵”;πηνίον(比尼雄),原义“纺锤”或“轴”。依下文所叙蠋的生态,两者均当为尺蠖蛾科(Geometridae)的蛹。依所言颜色,则似为普通酸栗蛾(currant moth,即 Abraxas grossulariata,梅雨蛾)的蛹。

② 《行进》章七,707[b]9。

③ 原文 βομβυλιός 为作嗡嗡声之大野蜂,此处不合。依一般校订,改作 βομβύκιον(“庞比季”,由 βόμβυξ〔丝蚕〕衍生),“茧”,此处实指茧中之“蛹”。一般诠疏皆认此节所述尼可达卢(νεκύδαλυς)为“桑蚕蛾”(Bombyx mori);惟所涉及的大蛆则似为印度野蚕丝(tursore)所由来的榉蚕蛾,或柞蚕蛾(Saturniidae,天蚕蛾科)。

相传柯斯岛上柏拉底奥的女儿，名为庞菲拉者，第一个创造了丝织法。[①] 由生活于枯木中的蛆所转成的角甲虫（蠰）[②] 也循着同样的变态方式：起先蛆转为不动的蛹，隔一会儿角甲虫破壳而出。 15

苞菜蠕虫由苞菜发生，青葱害虫由青葱发生；[③] 葱虫也是有翼的。虻是从河泊水面上浮掠过的[④] 扁形“微细动物”所转成；在水面上见到这些微细动物的地区，虻总是特别多，这就是这种推论的依据。[⑤] 某种小而黑的毛蠋先变成无翼虫，“小火炬”；这一生物再度变形，转为一只有翼虫，名称波斯脱卢戈（“蜷萤”）。[⑥] 20 25

Δ① 《柏里尼》xi，第 25 章言，丝茧出于亚述（Assyria），即巴比伦古国；第 26 章述柯岛丝织，略同于此节。丝蚕饲育及缫织由中国西传大夏、印度、波斯，然后递至欧西。近代考证，中国之蚕桑传入希腊约在公元后 550 年以前，拜占庭皇帝朱斯丁宁时代。亚氏当代以至柏里尼时的地理知识，于东方仅及印度，尚不知震旦有周秦，故言蚕丝皆不及中国。在丝蚕（桑蚕）入欧洲前希腊及地中海各岛可能原有野蚕，或先已由印度传入野蚕。柯斯岛（κῶs）在爱琴海加里亚的西岸克尼杜城附近，今名斯丹丘（Stanchio）。古代地中海区域之有丝织，于生物及工艺史上颇致疑异。十九世纪初法国昆虫学家拉特来伊（Latreille）不信此说，尝试于印度及其附近觅拼音近似 Cos 的地名，称此岛应是缅甸仰光海内的柯斯敏岛（Kosmin）。

② κάραβοs，本书屡涉此虫，拼音屡有变异（卷四，531^b25，532^a27）。《自由人安东尼文集》（Anton. lib.）xxii，κεράμβυξ 为一种有长触角的甲虫。Δ 现代昆虫分类名称（carabus）作“蚑”，其变态情况与此节所述不符。天牛科（Cerambycidae）幼虫称铁炮虫，圆柱状，被黄毛，约长二寸；蛹色黄白，可识别其角与脚，其变态过程及成虫类似“蚑”“蟟”（角甲虫），可与此节大体相符。天牛亦名“蠰”，见于《尔雅》：“蠰，齧桑”条。天牛与蚕同生活于桑、柞等树上，此节连带相及；故从“Cerambyx”译作角甲虫。

③ 原句不可通解，施那得照《埃里安》ix，39 订正。参看色乌弗拉斯托：《植物志》vii，5；《雅典那俄》ii，69 亦述及“青葱害虫”。

④ 原文ἐπιθεόντων，“奔躏过的”。约亚金（Joachin）据亚浦隆尼诠疏 i，1265，校订为ἐπιπλεόντων，“浮掠过的”。

⑤ οἶστρα 牛虻或虻属（Tabanus）；但牛虻等的蛆不生活于水上。水虻属（Stratiomys）的蛆水生。此处所言“微细动物”（ζωιδάρια）实际并非牛虻或水虻的幼虫；盖为豉虫科（Gyrinidae）之成虫。参看卷一，487^b5 及注。

⑥ “小火炬”（πυγολαμπίδεs）当指“萤”（523^b21）。参看《柏里尼》xi，34；xviii 67。有翼无翼当为雌雄萤之别，并非同一虫的两个变态。有些萤雌性无翼而较亮，另

蚊蚋(摇蚊)由一种线蠕虫(孑孓)发生;这种孑孓从井泉污泥
552a 或沟洫积潴中发生。这里的泥块腐坏,先转白,继转黑,最后转血
红色;到这阶段,其中便蕴成小而活动的红色蛆[①];起初扭作一团,
随后散开,各自游泳于水中,这便是众所周知的"孑孓"。几天以后
5 它们浮上水面,静止而僵硬,慢慢地蜕除外皮,人们就见到那皮蜕
上站着蚊蚋(摇蚊),日光照到,或一阵清风来时,它们就舒展开翅
翼飞去。[②]

各种蛆以及由蛆状发展而成的各种动物,其运动[③]能力主要
10 是得之于日光热或风。

凡有各种杂物混合堆积的地方,如厨下,较易找到各种蠕虫,
在这些地方,它们生长最速;耕耘过的田畦亦多蠕虫,因为其中物
15 质容易腐朽。在秋季,田畦中水分渐燥,蠕虫大量的生长。

扁虱生于茅草。小金虫所由以变生的蛆是从牛粪中或驴粪中
生成的。[④]粪甲虫(金龟子)把粪秽转成小球,在冬季隐蛰球中,并
20 在内产生小蛆;这些蛆以后成为新甲虫。[⑤]某些具翅昆虫是从豆荚
内的蛆生成的,发育的方式亦如上述。

有些萤,如意大利萤(Luciola italica),雄性有翼而又较亮,雌萤较雄萤数少。"波斯脱卢戈"βόστρυχοι,本义为"蜷毛",既属有翼,便是一雄萤。

① 原文 φυκία,"海藻",照奥-文校改为 σκωλ ηκα,"蛆"。

② 此处所述血红色蠕虫符合于蚋科中 Chironomus(摇蚊)的幼虫(孑孓)性状;ἐμπίδεs原为蚊蚋通称,此节专指摇蚊。

③ 原文 γενέσεωs,"生殖",依薛、璧、奥-文等校订,改作 κινήσεωs 译。

④ μηλολόνθη 照《希茜溪辞书》所释为 χρυσοκάνθαρον,"金色甲虫",犹中国俗称"小金虫",当为金龟子科的 Cetonia aurata(金色花潜)之类,亦称黄蛂或粉蛂。此处又云出于粪秽,则可能指粪甲虫。蛂科或金龟子科(Scarabaeidae)与粪甲虫科(Copridae)同属鞘翅目。

⑤ 《埃里安》x,15等。φωλεόουσι τὸν χειμῶνα(在冬季隐蛰),特巴胡(De

蝇由农民所检集的粪堆中发生：从事于此的农民，四处收取秽物，这在农艺方面就称之为“积肥”（κατειργάσθαι τὴν κόπρον）。这蛆开始是极渺小[①]的；最初——即便在这一阶段也可看到——它作红色；既而由静态自趋于动态；嗣后成为一条不动的蛆；于是，它又动起来，继又归于寂定；随后成为一只完全的蝇，受到太阳热或微风吹拂时，便能飞行。马虻[②]生于木材。芽害虫[③]发生于苞菜梗，是一种变形的蛴螬。康柴里虫（发泡甲虫）[④]是由无花果树或梨树或杉树上的蠋生成的——所有这些蠋以及狗玫瑰上的蠋均能转成这种虫；康柴里喜欢逐臭，因为它原是臭秽树丛中的产物。醋蝇是从醋渍淀泥中发生的。[⑤]

25 30 552b 5

Pauw)依据《霍拉普罗》(Horapollo)i,10 校改为 φ. τε τὰ γόνιμα(隐伏以营生殖)。法布尔谓粪甲虫或金龟子有些品种能越冬，较著称的如“秘居粪蜣”(S. sacer)产卵后即死，不能蛰伏过冬。

① 狄校谓 μικρά(渺小)应为ἀμαυρά(模糊)之误。

② μύωψ(米乌伯斯)，虻属(Tabanus)中的马虻，马虻的蛆生活于朽木之中。参看《柏里尼》xi,38；又本书 553a15。

③ ὀρσοδάκνα，“芽害虫”，当为象鼻虫(椿象属 Curculionid)，如油蟒(Haltica oleracea)之类。

④ κανθαρίδες(康柴里虫)先见于 531b24,542a9。现代昆虫分类用作萤科(或蝌科)虫名，但从本书所述生态看来，未能确言其究属何虫。依照《柏里尼》xi,41；xviii,44 所述，Cantharides 应为一种使人皮肤发泡的甲虫。(参看色乌茀拉斯托：《植物志》viii,10；《埃里安》ix,39)。昆虫中如斑蝥(Cicindela)，豆蚌(Mylabris)，地胆(Meloid)所属诸科内均有发泡品种；地胆科中之“芫青”(Lytta vessicatoria,“发泡地胆”)尤为著名的发泡剂。但此数虫与本节所记幼虫发生过程皆不符。亚氏《残篇》(338)1534b9 及《柏里尼》xxx,10 等所言 βούπρηστις(波柏里斯底虫)亦系一发泡甲虫。贝隆(Belon)曾在亚索山(Mt. Athos)上觅得一发泡甲虫，本地人仍称之为 voupristi，但亦未能确断其即为康柴里虫。参看寇尔培与斯宾司：《生物讲稿》(Kirby and Spence: *Lect.*)i,157 页,1816 年。

⑤ κώνωψ 先见于 532a14，译“蚊蚋”。此处当指槽坊中所见“醋蝇”(535a3 注)。参看《柏里尼》xi,41；《农艺》vi,12。

①又,顺便讲起,一般常认为不会腐朽的物质中,也发现有生物;譬如积雪中曾见到蠕虫②;这种雪日久转成红色,其中所发生的蛴螬当然也是红的,而且身上多毛。米第亚雪中所发现的蛴螬大而白;所有这类蛴螬均很少活动。塞浦路斯岛上冶铜坊中,铜矿石逐日积累成堆,炉火内竟然发生一种生物③,比青蝇大些,具翅,能在火中跳跃或爬行。上述的蛴螬,你若使之离雪,它便死去,后一生物若使离火亦归消亡。这里于火而言,蝾螈④是一明显的实例,确有这种火不能焚的动物;据传这动物不仅能爬过火焰,而且在它爬过之处,火焰为之熄灭。

齐梅里·博斯福鲁海峡间,许巴尼河上⑤,在夏至前后,跟着

① 奥-文校本认为本章自此以下数节皆出伪撰。

② οἱ σκώληκες ἐν χιόνι,"雪中蛴螬"或"雪中蠕虫",另见于《柏里尼》xi,41;色讷卡:《自然质疑》(Seneca:Q. Nat.)v,6;《安底戈诺》90;《埃里安》ii,2 等书。近代著作可参看《剑桥自然志:虫部》(*Cambridge Nat. Hist: Insects*)i,194 页所引劳:《生物史研究》564 页(Löw:*Verh. zu B. Ges.*)维也纳 1858 年。Δ"雪中蠕虫"或"雪蚤"或冰川蚤,属跳虫科(Poduridae)黏管或弹尾目(Collembola)。跳虫(ποδουριδα)分布甚广,冷地较热地为多。幼时白色或无色,隐居地下。成虫时出集地面,水面,或雪地。

③ θηρια ἐν τῶι πυρι,"火中生物",另见《柏里尼》xi,42;《埃里安》ii,2。但《生殖》卷二,章三,737ᵃ1 确言"火不能直接创造生物",《气象》iv,4,382ᵃ7 亦言"火中无生物存在"。这种虫迄难实指,奥-交加[ ]。参看耶格尔:《亚里士多德》,144—148 页。

④ 《埃里安》ii,31。Δ马可波罗《行纪》曾言及欣斤塔剌斯州北山内藏好铁与翁登尼克(ondanique),可制火蝾螈(salamandre)(参看 A. J. H. Charignon:*Le Livoe Marco Polo*,《马可波罗生平》;冯承钧译本《行纪》,上册,卷一,第 59 章)。依此,则火蝾螈当为冶坊中石棉所制冶炼时耐火用具。但马可波罗与亚氏已隔一千六百年,不能确证希腊古典时代已有石棉制品。拉丁书籍中言及石棉(amiantus)在公元前第一世纪用为灯芯;非冶坊用具。参看寇克与渥斯摩《化工百科全书》卷二,134 页(Kirk and Othmer:*Encyc. of Chem. Tech.*)Asbestos 条。

⑤ 齐梅里·博斯福鲁(Κιμμέριος βόσπορος)海峡,即今黑海与阿速海间的刻赤海峡地区。许巴尼河(Ὕπανις)即今库班河(Kuban)。

河流直向海中淌下，一些比葡萄稍大的小胞囊，这些小囊开裂，各 20
飞出一只有翅的四脚生物。这虫生活着，飞行着，直到傍晚日落而消失，它的寿命恰够一整天长，因此它被称为“一日虫”（蜉蝣）[①]。

图 16. 蜉蝣
（以长尾蜉蝣作图）

常例，由蠋与蛆生成的虫类，先皆系[②]有类似蜘网的细丝。[③] 25

这些就是上列那些虫类的生殖（发育）方式。

章二十

别名为猎户（ἰχνεύμονες，姬蜂）的胡蜂较普通胡蜂为小，它杀死若干蜘蛛，把它们的尸体搬到一个墙洞内或其他有穴孔的地点；

---

① ἐφήμερον 义为“一日虫”，拉丁文 dialis，德文 Eintagsfliegen 英文 dayfly，均依字义翻译（Δ 中国名称“蜉蝣”）。参看本书卷一，490ª34。又，《柏里尼》xi，43；《埃里安》v，43。西塞罗：《托斯可兰园辩难录》（*Q. Tusc.*）i，39，嘲短期职官为“蜉蝣执事”（consul dialis），取喻于此虫之短命。

Δ 中国《诗经》：“蜉蝣之羽，衣裳楚楚。”《尔雅》“释虫”注云：“蜉蝣似蛣蜣，有角，”则应为金龟子科甲虫，并非现代昆虫分类中的 ephemeron（蜉蝣）。现代名称取义于《本草》之“蜉蝣”，原注云：“蜉蝣水虫，状似蚕蛾，朝生暮死。”蜉蝣六足织弱，翅膜质，前翅大，后翅小。腹端有尾毛三条。其稚虫似衣鱼，在水中生活一至二年之久，蜕皮二十四次而后羽化出水为成虫。其成虫则经数小时或一二日即死。

林奈分类，蜉蝣列于脉翅目（Neuroptera）中，近世改为专目，共 150 属，约千余种。亚氏所述可能为蜉蝣科（Ephemeradae），亦可能为小蜉科（Ephemerellidae）中不全变态蜉蝣。孙得凡尔《亚氏动物品种》199 页，认为亚氏此节所举者乃“长尾蜉蝣”（E. longicauda），今仍常见于黑海西北岸河流。

② 奥-文揣测 κατέχεται（系）为 περιέχεται（被覆，或包裹）之误。

③ 参看上文 551ª20。

30 于是用泥糊封洞口而产蛆其中；猎户蜂就是由这些蛆变成的。[①]
553a 有些鞘翅昆虫与无名小虫在墙上或墓地石缝中做小窠(蜂窝)而产蛆其中。[②]

[③]于虫类而言，常例，生殖与发育过程自开始至完成，共为三
5 至四周(ἑπτ άσι μετρεῖται，“七日期”)。于蛆或似蛆的生物而言，常为三周，由卵发生的虫类则例为四周。但，卵生虫类在媾合后七日而产卵，余三周则亲虫孵卵而育成小虫；这样说来，四周过程的各
10 例，譬如蜘蛛与其类属，有一周是交媾后的成卵期。常例，变态在三至四日的间隔中进行，或长或短各相符于其间歇发作的蜕化点。

这些便是虫类的生殖情况。有如较大动物之由衰老而死亡，
15 虫类由于器官的冻缩而死亡。有翅昆虫则到秋后随其翅的皱萎而死。马虻由于眼睛的浮肿而死。[④]

章二十一

关于蜜蜂的生殖，流行有不同的理论。有些 人认为蜜蜂不行

---

① 细腰蜂科(Sphegidae)在窠中为幼虫储备各种虫豸作食料。参看本书卷九609a5及注；《柏里尼》x，95。此节所叙之“猎户”蜂与南欧细腰蜂科的 Pelopaens (Sceliphron) spirifex 黄腹黄脚细腰黑蜂(《动物学大辞典》称“金腰蜂”)相符。该蜂在农舍墙缝作泥窠，每一蜂窠中约储八个死蜘体(法布尔：《昆虫故事》〔Fabre：*Souvenire entomologiques*〕，iv，1页，1891年印本)。

② 施那得认为此句所言非胡蜂，实为郭公虫科(Cleroidae)的“蜂窠毛蠜”(Trichodes alvearius)；这种小蠜产卵于泥匠蜂(mason bee)的蜂房中。参看605b11，626b17注。

③ 自此以下，至章二十一末，奥-文论为伪撰。

④ 虻科之较小者多近视，或遂以为盲。林奈分类称为“盲虻”(Tabanus caecutiens)。瑞典人亦称为“盲虻”(Blindnagg)。

交配，亦不生子，它们搬取他虫幼体为己子。① 又有些人说它们的幼体是从伽苓脱仑②（石楠?）花中搬来的；另些主张蜂由苇花取子，又另些人谓由油橄花。关于油橄花之说所根据的事实是油橄最茂盛时，蜂群最繁忙。③ 另些人说明，它们的"懒蜂"（雄蜂）幼体是从上述那些花木中取得的，至于工蜂（"蜜蜂"）却是"首领蜂"（蜂后）们生殖的。 20 25

这类首领蜂有两品种：④火红色的较佳，黑色而有斑驳的较次，首领蜂大于工蜂一倍。这些首领蜂，腰以下的部分，即腹，特大，有些人称它们为"蜂母"⑤，因为它们是会产子的。这理论的实证是这样：蜂窠中没有首领蜂时，虽可有懒蜂，但工蜂便从此绝迹。另又有些人认为这种昆虫实行交配（两性生殖），所称为"懒蜂"者即其雄性，另些蜂为雌性。 30 **553**[b]

普通蜜蜂在蜂窠的小窝内发育，但首领蜂则在蜂窠下面另一悬垂层中发育。这层与他窝分离，约有六七小窝，首领蜂幼体的发育长大过程颇不同于普通幼体。 5

---

① 魏尔吉尔：《农歌》iv，200；《哥吕梅拉》ix，(2)7；《柏里尼》xi，16；《生殖》卷三，章十，760ª29。参看奥-文《亚里士多德所记单性生殖》(*Die Parthenogenesis bei Aristoteles*)见于1858年《动物学杂志》(*Zeitschr. f. Wiss. Zool.*)ix，509—521页。

Δ② καλλ ύντρον 原意为"箒"，此处未能确定为何种花木，疑是"石楠"（Calluna vulgaris）。καλ άμη，地中海区域所产，用以制纸或作笔管之苇，禾本科。下文 ἐλα ιος，"油橄"，南欧油树（Olea Europaea L.）属木樨科，应译"桂橄"。叶长椭圆，开小白花，总状花序。其核果似中国橄榄，故旧译"橄榄"，实与橄榄科相异。音译作"阿列布"（olive）。

③ 本书卷九，章四十，624ᵇ10。

④ 本书624ᵇ21；又《梵罗》iii，(16)18；《哥吕梅拉》ix，10。首领蜂即蜂后或蜂母。所称"两种"为：(一)意大利种即里古哩种（Ligurian），(二)普通蜜蜂。

⑤ 色诺芬《经济》(7)32，亦称蜂母为"首领"。俗称"蜂王"，本书下章亦称之为王。

蜂有尾刺，但懒蜂（雄蜂）无刺。首领蜂[①]具刺而永不应用；因此有些人相信这些首领们也没有刺。

章二十二

蜜蜂有几个种别。小而圆，有斑纹者最佳；长而似黄蜂者其次；色黑腹扁，绰号“强盗”者第三；懒蜂第四，体最大，无刺而缺乏活动能力。[②] 有些养蜂家在蜂窠前张一网，网眼的尺寸是凭它们的体型差而定的，这样，小工蜂能进窠，大懒蜂便不能进窠。

王蜂有两种，曾已述及。每个蜂窠中不止一王；倘窠中的王太少，则蜂群将衰，据说这不是由于王少而治理不良，实际上，蜂群的繁殖有赖于“王蜂”。倘王蜂太多，蜂群也要毁伤；因为窠内的蜂各从其王，这样党派又分得太多了。

如果春季迟于回暖，以及逢旱逢霖，则蜂窠的子嗣必稀。晴燥之日，群蜂忙于采蜜，雨天则它们致力于喂饲幼体；这就是晴雨调顺而油榄丰收与蜂群繁盛相关的论证。

蜜蜂先造窠，于是置幼体于其中：照某些人的说法，这些幼虫是它们用嘴从别处衔来的。置入幼虫后，它们便予以蜜为饲料，这些事情都在夏秋季进行。顺便说到，秋蜜比夏蜜为佳。

蜂窠是由花上得来的物质造成的，制蜡[③]材料是它们从树上

---

① 狄校，“首领蜂”(ἡγεμόνας)前删“王蜂与”(βασιλεῖς καί)。《生殖》卷三，章十，759^a22 相符语句亦作“王蜂与首领蜂”。但依其他章节看，王蜂应即首领蜂；两名单举，不并举。

② 参看本书卷九，章四十；《梵罗》iii(16)19；《柏里尼》xi，14—18。

③ 汤伯逊注：“蜡”字似误，第一分句，造窠物质指蜡，第二分句盖谓封闭窝盖所用物质。

收集的胶质，至于蜜则是花露酿成的。蜜汁均在群星当空或虹彩[①]昼现的时刻积储于花中：常例在昴星升空以前，花中无蜜。[这样，蜜蜂用花制巢蜡，至于蜜，不是由它制造出来，而只是从自然间采集储存。[②] 我们得知，养蜂家时或见到在短短的两三天内蜂窠内已充满了蜜，这一事实，可以证明上述推论。又，秋季花还有，但这时若把蜂窠内的蜜取去，蜂就不能重行补充〈因为秋后之花无蜜〉，倘蜂能以花制蜜，则它们此时见到了储蜜减少或全无存积，便应为之补充。][③]蜜经放置，渐渐浓稠而成熟；起初稀薄似水，若干日间仍为液体。(这时取出的蜜不凝，)约经二十日而凝。香草(百里香)[④]蜜味特甜，又特稠厚，尝到就能辨识。

蜜蜂从具有花萼的各种花以及有甜味的一切花采蜜，从不损伤任何花果；它用一个类似舌的器官取得花汁，带回窠内。

人们取去蜂群的蜜都在野无花果初熟的时节。[⑤] 正当酿蜜期间，窠内产生最好的蜂蛆(幼虫)。蜂用它的股肱携带蜡与蜂粮(花粉)，它把蜜吐入窠内小窝。它像老鸟哺雏那样喂饲那些放在窝内的幼体。幼虫微小时躺着，[⑥]渐渐能自行起立而进食，它紧紧地附

---

① 贝本ἦῖρις，“虹彩”；与《集题》xii(3)906^{a}37，“虹彩所临处花木甜香”语相符。D^{a}本作 σίριος，“闪流”，为天狼座中的明星，冬季通夜可见，夏季白昼在上空，是时温热，花木茂盛。此与《柏里尼》xi，12，(30)相符。

② 参看《色乌弗拉斯托残篇》190：“制蜜，出于三物，由(一)花与(二)树枝胶汁，还有(三)是气。”参看《埃里安》v，22。又，《哥吕梅拉》ix，(14)20 所引赛尔苏(Celsus)语，“由花制蜡，由晨露制蜜。”Δ 以上数说均不尽精确。蜜原存花中，工蜂吮取之贮于蜜囊，带回窠内。

③ 括弧内文句与下文 554^{a}13，554^{b}9 等不符。

④ 原文 χυμοῦ不可解，照璧校本作 θυμοῦ译。参看本书卷九，626^{b}20。

⑤ 从蜂窝取蜜的方法与一般习惯，可参看《柏里尼》xi，15。

⑥ 《柏里尼》xi，16。

于窝壁,好像是粘贴着的。

工蜂与懒蜂(雄蜂)的幼体(籽卵)白色,从籽卵变成幼虫(蛆)又从幼虫变成工蜂与懒蜂。王蜂的幼体带棕红色,这种幼体内的
25 物质略如浓厚的蜜那样凝固。王蜂的幼体在初生时就有工蜂那么大。据说这幼体直接成蜂,不另经那蛆形的中间变态。[①]

蜜蜂每产下一幼体在窝内时常附加以一滴蜜。当小窝既经用蜡封闭,幼虫便长出翅与脚来,迨完全成形,它便破坏封口蜡膜而飞出。
554b 在蛆形时,它泄出分泌物,但以后在上述的封闭期间,停止排泄。你若在幼虫具翅以前把它的头取去,工蜂会把其余体吃掉;你若把一只懒
5 蜂的翅膀摘除,工蜂就会自发地把其余懒蜂的翅膀统统都咬去。

蜜蜂的寿命,常例是六年,特长者七年。[②] 如有蜂群存活到九年以至十年者,大家认为这养蜂家必特长于管理。

10 [③]滂都国有皎然白色的蜜蜂,这些蜂一个月中窠内两次充满
13 了蜜。[④] 但这不是终年如此,仅在冬季多产;因为滂都国内多常春
14 藤,藤花在这季节盛开,它们是从这些花中采蜜的。[色尔谟屯河

---

① 《柏里尼》xi,16 承袭着这一谬误:"王蜂幼体不作蛆形,生而有翼。"

Δ② 魏尔吉尔:《农歌》iv,206,《柏里尼》xi,22。此句所云实指王蜂(即蜂后)寿命及全群存亡。全群中雄蜂工蜂寿命甚短,不断为新蜂所代。王蜂没后,余存工蜂并入他群,本群亦亡。

③ 关于各地区各种蜜蜂,可参看亚氏《异闻》(16)831^{b}18 等;《柏里尼》xxi,45。滂都为黑海南岸小亚细亚古国。色尔谟屯河(Θϵρμ ώδων,今耶希尔河?)在滂都国内,流入黑海。色密居拉(Θϵμ ίσκυρα)即今土耳其北部黑海边港埠特尔梅(Termeh)。阿密索(Aμισ όs,今阿马西亚?)在特尔梅以南,亦滂都国市镇。

④ 原文 δίs τοῦ μην όs,"一月两次",亦可解为"两月一次";依狄校确定为"一月两次"(δι ἑκάστου μην όs),与《柏里尼》xi,19 所述相符。狄校又谓此短语亦可能是λυσσομαν ές(令人癫狂)之误:"滂都蜜,食之癫狂,"见于色诺芬:《居鲁远征记》(*Exp. Cyr.*)卷四,末节;亚氏《异闻》(18)831^{b}23;斯脱累波:《地理》xii,3 等古典著作。

岸,色密居拉地方的蜂构造分房的蜂巢于地下,这些蜂窠用蜡甚少 11
而储蜜甚稠;又这些蜂窠平整而光滑。]由阿密索山区带下来的白 12
蜜极稠厚,这种蜜,由蜜蜂采储于树罅,没有蜂窠,[①]滂都的其他地 15
区也产有这种蜜。

还有些蜜蜂在地下造三层式蜂窠;这些窠内有蜜而无幼虫。[②]
但这些地方的蜂窠并不全是这一式样,也不是所有的蜂都筑这样
的窠。 20

章二十三

黄蜂与胡蜂[③]造窠以育其幼虫。这两种蜂倘无王蜂,则黄蜂
筑窠于高处,胡蜂觅一洞穴以为居,它们游行四方,试寻找一个王。
找到了一个王蜂之后,它们就筑巢于地下。[④] 它们的窝皆成六角 25
形,与蜜蜂窝相同。可是窝不是用蜡造的,它的材料是树皮似的,
也是蛛丝似的[⑤]物质;黄蜂窠远较胡蜂窠为整洁。像蜜蜂一样,它
们好像在向窝边注入一滴液汁,实际是放进了一个幼体(籽卵),这 **555^a**
幼体便黏着于窝壁。但这些幼体并不是同时产下的;反之,有些窝
内的幼体已长足而行将飞出,另些窝中则是些蛹(若虫),又另些还

---

① 《异闻》(16)831^{b}20;《柏里尼》xi,19;《埃里安》v,42。

② 此句所述类似与蜜蜂科相近之丸花蜂的蜜管(honey-tubes)。

③ 参看本书卷九,章四十与四十一;又《柏里尼》xi,21。

④ ἀνθρήνη迄未能确定为何种属,姑译“黄蜂”。所云无王之蜂盖为独居蜂或小群蜂如胡蜂(σφῆξ)中之Polistes,群居蜂属。有王无王自属不同蜂种,并非同一蜂种时而有王,时而无王。地下筑巢者盖为普通胡蜂(Vespias vulgaris)以及日耳曼胡蜂(V. germanica),红胡蜂(V. rufa)之类。参看本书卷九,章四十二。

⑤ 贝本,ἀραχνώδους,“蜘蛛似的”,其他抄本如A^a,C^{a}作ἀμμώδους,不可解;奥-文校正为ἀραχνιώδους,“蛛丝似的”,与《柏里尼》xi,24(哈杜因校注本)的araneosa相符。

是些蛆。同蜜蜂一样,在这些窝中,只有在蛆形时见有排泄物。当这生物进入蛹态时,它们便寂然不动,小窝随即被封闭。黄蜂窠中每一小窝的幼体面前各注有一滴蜜。黄蜂与胡蜂的幼虫不在春季而在秋季出生;在月盈的时日,它们长大的速度特为显著。又,顺便说到,蜂子与蛆常黏附于窝壁,它们从不着落于窝底。

章二十四

有一种大野蜂[①],在石边或某些相似的位置,用类似唾沫[②]物质调和了泥,构筑一个锥形窠。这种窠特厚而硬;人们即便用一长钉[③],也不能把它戳破。这些昆虫于是产子其中,由此发生那包藏在一黑色膜中的白蛆。除膜包以外,野蜂窠内另还有一些蜡[④](花粉与蜜);这蜡,比蜜蜂窠中的蜡,色较苍白。

章二十五

蚁经交配而产蛆(籽卵)[⑤];这些蛆不附着于任何特定的事物;

---

① 此节所述“大野蜂”(βομβυλ ιων)与今所称“泥匠蜂”(Chalicodoma muraria)者绝相似,惟泥匠蜂窠形圆,如半个橘,不作“锥形”。有一种独居胡蜂(Eumenes coarctata L.,密室铃蜂),用泥与唾沫所造单房小硬窝恰为尖锥形;但此蜂形态与黄蜂异,共窝穴也绝异于群居的蜂窠。

② 原文 ἅλεs 难解;奥-文校本改为 σ ιαλωι,“唾沫”。《柏里尼》xi,25 言“丝蛾用泥造窠,硬结如盐块,枪刺不入”;故施那得揣拟 ἅλεs 为ἁλ ι(盐)之误。璧校本作 ἁλόs στιλβη,“晶盐”。

③ 原文 λόγχη(枪尖),《柏里尼》xi,25 中 spiculis 与之相符。兹照汤英译本 spike(枪尖或长钉)译。

④ 原文 κηρόs,“蜡”,实际上窠内所储非蜡,这是野蜂用以喂饲幼虫的食料,即蜜与花粉的混合物。

⑤ 照奥-文校订 σκωλ ήκια(蛆)下应增⟨ὠοειδη⟩而为“卵形蛆”。参看《柏里尼》xi,36。

它们那原来的小圆体逐渐长大而伸长，最后具形而为成虫：它们都 20
在春季发生。

章二十六

地蝎也产生若干卵形蛆[①]而孵育这些子体。孵育完成后，亲蝎像亲蛛的命运一样，为子蝎所逐并杀死；子蝎的约数常为十一。 25

章二十七

蜘蛛[②]均经前述的交配方式[③]而先生小蛆（籽卵）。这些蛆不作局部变态而是整个转成为蜘蛛；这些蛆开始为圆形。又，蜘蛛在产子后为之孵育，经过三日而这些小蛆（籽卵）成形为小蜘。 **555**^{b}

所有各种蜘蛛均产蛆（籽卵）于一网络中；有些蜘蛛产于小而细致的网络内，另些则在厚实的网络内；又有些，照例，产在一个圆形囊内，而另些只有不完全裹合的网络。幼虫不在同一时刻发育 5
完成为小蜘；但在那发育完成的时刻，小蜘便一跃而起，开始织它自己的网了。压挤小蛆所得的液汁与蜘蛛在幼年期体内的液汁相同；这是稠厚而色白的。

草地蜘蛛（牧场蜘）[④]产子于一网络中，这网络一半系属于自体[⑤]，而另一半可以自由活动；亲蜘孵在这网络之上，至其中的卵 10

① 《柏里尼》xi，30。

② 各种蜘蛛详见本书卷九，章三十八，622^{b}20。

③ 本书卷五，542^{a}13；《生殖》卷三，章九，758^{b}9，又《柏里尼》xi，29。

④ “草地蜘”（λειμώνιαι ἀράχναι）或称“牧场蜘”为囊蜘属（Lycosa）（节肢动物门蜘形纲真蜘蛛类）。

⑤ 照原文 πρὸς αὐταῖς 翻译，与实况不符。

皆成蜘而止。毒蛛产卵于它们自己所织成的一种强韧的篮式囊中,孵卵直至成蜘。光滑蛛(无毛蜘)远不如毒蜘(有毛蜘)那么繁多。这些小毒蜘长成后,常包围母蜘,把她逐出后杀死;因为父蜘15 有与母蜘合作孵卵的习性,它若落入小蜘包围之中,也时常被小蜘杀死。一只毒蜘所产子蜘有时为数至三百之多。蜘蛛约经四周而长足为一壮蜘。

章二十八

因为雄螽小于雌螽,蟲螽(蚱蜢)[①]也像其他虫类那样的方式20 进行交配,即较小的那只叠在较大的上面。雌螽先把它们尾部所具空管[②]插入地内,于是产卵;至于雄螽是不具备这空管的。雌螽

Δ① ἀκρ ίδϵs,拉丁译名 locustae(“蝗”),德文译名 Laubheuschrecken(“蝗”或“螽”),英文译 locusts(“蝗”)或 grasshoppers(“蚱蜢”或“草间跳虫”)。依本书所述生态,此字当为现代昆虫分类中直翅目(Orthoptera)中螽亚目(Tettigoniodea)与蝗亚目(Acridodea)诸虫的统称。本书译“蟲螽”或“蚱蜢”。蝗螽为渐变态类;前翅狭长,稍硬化,称“复羽”,后翅膜质较软;后足强大善跃,故西方称之为“草间跳虫”。幼虫(若虫或称“蝻”或称“蛹”)并成虫皆吃草叶,故中国古称“草虫”(《诗经》:“喓喓草虫”)。螽蝗素以高度繁殖力著称。希腊古籍中如尼康徒:《有毒动物赋》416,802。βροῦκοs,μάσταξ,μολουρίs,《希茜溪辞书》中,如 π ἀρνοψ,κ όρνοψ,ἀδ́ ρπαs;《埃里安》vi,19 πϵτηλ ίs,τρωξαλ ίs;所举诸昆虫均属螽蝗两亚目(或两总科),迄今都未能各别考定其为何品种。

一般古籍中于为害植物或农作物的飞蝗皆特加注意。本书下章的ἀττ ϵλαβοs 英译亦作 locust,本译文作“飞蝗”。二十世纪初乌凡洛夫(Uvarov)蝗虫分类,以成群迁徙者为“飞蝗”,散居者为“蚱蜢”。飞蝗(Locusta migratoria L,)特擅飞行,成群流徙,日行十余里或至百里,残啮植物,所至成灾。现地中海有四种著名飞蝗,其中流寇飞蝗(Acridium peregrium)最大,盖与《圣经旧约》“出埃及记”(Exod.)x,4。所记“东风刮到埃及的遮天蔽地之群蝗”相符。“残禾流蝗”(Pachytulus migratoris,“蝠”),“高飞灰褐流蝗”(P. cinerascens),“意大利种健翅蝗”(Caloptenus italicus)三种为南欧较常见的飞蝗。亚氏所述飞蝗及一般螽蝗可能就是这些较常见而被人注意的品种。

② καῦλον,“杆”,各本多同。兹照P,D^a本αὐλον(空管)译,此处当为“产卵管”

把所有的卵产于一个穴内，整一团卵块像一个蜂窠。卵产下以后变为蛋形的蛆，包裹一层像薄泥似的膜；在膜包内它们渐渐发育完成。幼体甚软，一触即烂。幼虫不在地面上而是被安置在地面稍下一些居住的；迨其长成为一只小黑螽的形态时，它便钻出那泥样的外衣；以后它的外皮一再蜕去，[①]它就愈长愈大。 25

蠡螽（蚱蜢）在夏末产卵，产后便死。［事实上，在它产卵时，蛆已在母螽的颈边发育。］[②]雄螽也在约略相同的时期死亡。到春季它们从地下爬出。据说山地或瘠地无螽，螽皆生于平坦而松软的沃土，因为它们是找这种土的罅隙产卵的。冬季，它们的卵保持在地下；待将夏令，隔年的幼体才发育成完全的蠡螽。 **556a** 5

章二十九

飞蝗产卵并于产卵后死亡，情况与上述相似。倘秋霖过甚，它们的卵可能为雨水所浸毁。但飞蝗这样的被消灭全凭命运，这只是偶然的遭遇；至于干年，虫卵既无损，飞蝗总是特别繁盛。 10

(ovipositor)。此节所述产卵管及产卵情况与真蝗(Locusta viridissima)以及俗称“绿螽”诸品种之生殖情况相符。一般蝗虫无产卵管而尾端有两“附瓣”(valvular appendages)，掘地成穴，置腹其中以产卵。此章所述大体符合于螽与蝗亚目的概况，惟此句言产卵管则限于真蝗等诸品种。

① 本书卷八，601a6。

② 参看《色乌弗拉斯托残篇》174。奥-文校本556a1—7加[ ]，狄校3—6行加[ ]。Δ此句与下文不相承。所云“蛆”实非蠡螽之子，而另为某种姬蜂或其他虫类的蛆，以死螽为食粮。参看上文552b3及注。全句似为后世诠疏家误将另一虫的繁殖情况注入蠡螽。Δ此与中国古代蠃蜾螟蛉之误相似，参看《诗·小雅·小宛篇》“螟蛉”章。

章三十

蝉有两种[1];其一体小,最早出现而最后消逝;另一体大,能歌,后至而先逝。大小蝉均有在腰部分隔或不分之别;有些蝉,如能歌之蝉,腰部分隔,另些腰部无分隔者便不闻其有歌声。大而能鸣的蝉有些人称之为"鸣蜩",小蝉则为蛁蝉。说得明确一些,小蝉之腰部分隔者也有小小的鸣声。[2]

无树木的地区不见有蝉;由此之故,塞勒尼城外四周的平畴不见有一只蝉,而城区附近便处处有蝉,尤其是生长有油橄榄树的地方为数特多:[3]因为油橄榄树丛有荫而又不太浓密,正合适于蝉栖。蝉不息于凉冷的地方,凡树丛之蔽不见日者,那里也不见有蝉。[4]

大蝉与小蝉交配方式相同,腹对腹。像一般昆虫那样,雄蝉授精于雌蝉,[5]雌蝉具有一个开叉的生殖器官,在这器官中雌蝉受精于雄蝉。

556b 像蝗虫之产卵于未耕过的土地中那样,蝉类用尾端所具的尖

① 两种蝉似为欧洲常见的"清贫蝉"(Cicada plebeia,Scop.,黑背大蝉)与"富丽蝉"(C. orni,L.,黄绿色而有黑点的小蝉)。亚米约与色维:《半翅类》(Amyot and Seville:Hémiptères)巴黎,1834年,481页,谓"富丽小蝉亦能歌,但鸣声嘶哑,不能远闻"。除富丽蝉外,南欧其他某些小蝉亦符合于本章所述小蝉性状。

Δ② 参看卷四,532b18及注。此章所云"腰部分隔"即前卷所云"躯体中段的孔窍与膜",现代昆虫解剖称"腹部鸣器"。蝉大头大眼,前胸阔大,中胸有瘤,侧板分界显明。雄虫后胸腹板两侧伸长成鳞片状突起,称音盖或腹瓣,在腹基部间形成鸣器。故中国古称"蝉以胁鸣"。

③ 参看本书卷八,601a7;斯脱累波:《地理》卷六(1)9。

④ 魏尔吉尔《牧歌》:"林暖闻鸣蝉"(sole sub ardenti resonant arbusta cicadis)。

⑤ 依奥-文校订应为:"不像其他昆虫那样,雌蝉伸长其生殖器于雄虫体内,而是雄蝉授精于雌蝉。"这一校订可使本节与542a1句贯通。

器官[1],在耕过的土地上钻成一穴而产卵其中;因此塞勒尼城附近地区,它们为数特多。蝉也产卵于农家葡萄藤架的支杆之中;也有产在乳香树的枝干之中的。这种卵孵化的幼虫钻入地下。[2]多雨的年岁它们最为繁盛。幼虫在地中长足后变成一只"小蝉娘"(蛹),这生物,在这尚未脱壳的形态时,味最甜美。[3] 到夏至间,这生物在夜晚蜕壳,出壳时,幼虫已成为一只完全的蝉。[4] 又,这生物在出壳后,色即转黑,体渐大渐硬而且开始歌唱。[5] 较大与较小的两种蝉,鸣者均为雄性,雌性是不做声的。其先雄蝉为佳肴;但交配后,雌性满怀白卵,其味较雄性为胜。

当蝉飞过你上面时,你突然大声吆喝,它们会滴下一些像水的液质。农民认为这就是它们的遗溺,那么只饮清露的蝉类也是有排泄物的。[6]

你如果把手指伸到蝉前,指尖做屈伸的动作,这比之于你伸着手指不动,蝉会更安静地伺候着,随后它会爬上你的手指[7]:蝉是

① 雌蝉具有长而强锐的产卵管。

Δ② 蝉产卵于枝桠;翌年孵化,幼虫(蛴螬)沿树入地,吸取树根中液汁为食而成蛹;蛹深潜树根之下,又一年而后成蝉。幼虫期最长的蝉种有"十七年蝉"(Cicada septemdecim)。

③ 蝉作食品另见于《埃里安》xii,6。Δ郑樵:《通志》卷七十六"虫鱼略":"诗云鸣蜩嘒嘒者,形大而黑,昔人啖之。"

④ 本书卷八,601^{a}9。又,亚里斯托芳剧本《群鸟》1095;卢克莱修:《物性论》ix,56;v,83。Δ夏至间成虫之蝉 Pomponia fusca,Oliv.(富丽蝉属的黑蛁),即中国常俗所称"夏至蟟"。依《夏小正》:"五月蜩螗鸣,七月寒蝉鸣,"则夏至蟟应即鸣蜩。依《方言》"楚谓蝉为蜩,宋卫谓之螗蜩,秦晋谓之蝉",则蝉与蜩实相同,只是地域异名。

⑤ 参看马夏里(Martialis)《短篇诗集》i,116。

⑥ 参看色乌克里图:《渔牧诗篇》iv,16;魏尔吉尔《牧歌》:v,77 等。

⑦ 亚米约与色维《半翅类》480 页,记载布埃伊(M. Boyer)试验蝉的视觉与听觉云:"倘持一棍棒,置于蝉前,并不断地吹口哨,蝉就慢慢地爬上棍棒,上进至棒顶,再退向下行。……布埃伊还曾让一只蝉爬上他的鼻子。"

20 视觉很弱的，它把你的手指当作一片飘拂的树叶，这么，就爬上来了。

章三十一

非肉食性而专吮动物肌肉内液质的虫类，有如虱与蚤与虱等全无例外地产出所谓“微尘”（小虫卵），[①] 这些“微尘”不见其发育成任何生物。

25 这些虫类中，蚤最易生，只需一点子腐朽物质；任何一些干粪中，随时可找到一只蚤。虱由动物干结在体表的汗秽出生。虱是从动物肌肉中产生的。

生有虱的动物身上可以见到疹块而并无脓臭；于沾此疾患的

557[a] 动物，你倘在发疹处挤压，虱（疥虫?）就会跳出来。[②] 对于有些人，虱确是一种疾病，体肤因此而成为水肿；据传，沾染此虱病（疥疮?）的人，如诗人阿尔克曼与茜罗岛的费勒色第[③] 竟致死亡。[④] 又，在

Δ① 此节所举三动物（一）φθειρες，（二）ψ ύλλαι，（三）κορ ίεs，以及下文 557[a]14 所举另一种动物（四）κρότωνοs，均属缺翅，缺尾须，眼睛退化，作渐进式变态的虱目（Anophura 或 Siphunculata）小虫，其口器能穿寄主动物的皮肤而吮吸其血液。下所叙（一）（二）与（三）三种的生态分类与现代虱目分类不尽符，又全书于（二）（三）两种所叙甚少，殊难确言其究何科属，兹姑依英译本分别为（一）lice，“虱”。（二）fleas，“蚤”（三）bugs，“虱”（木虱或壁虱）（四）ticks，“扁虱”（兽虱）。本节所举（一）种亦包括“鸟虱”，近代分类或另作食毛目。

② 此处所述应为疥癣虫（Sarcopter scabiei，肌肤虱），体极微小，普通目光不易察见。生物学及医学史上疥虫之发现归功于第十二世纪西班牙塞维尔（Seville）的摩尔族医师阿文查尔（Avenzoar）。本书此节实为肇端（孙得凡尔：《亚氏动物品种》229 页）。

Δ③ 亚尔克曼（'Αλκμᾶν）传为希腊古初抒情诗人，残存的遗作今见于施那得温（Schneidwin）所编《残篇》。茜罗岛人费勒色第（Φερεκ ύδηs ὁ Σ ύριον）为泰勒斯弟子，纪元前第六世纪自然学家。

④ 《柏里尼》xi，39，谓罗马独裁者塞拉（Sulla）与希腊诗人死于“虱病”

某些病症中,也发现有大量的虱。

还有一种虱,称为野虱,较普通虱为硬,要把这种虱从皮肤上 5
除去是特别困难的。儿童头上较成人易于沾虱;女人较男人为容
易沾虱。但人之头有虱患者,其苦痛较头痛病为轻。[①] 人以外,其
他动物也会生虱。鸟类便有染虱患的;染虱的锦鸡(雉)若不行沙 10
浴以驱除众虱,终将由此致死。[②] 其他各种有翼而具羽毛的动物均
会得相似地沾染,一切被毛动物亦然,惟驴为例外,驴不染虱,亦不
染扁虱。

牛则既受虱染,亦受扁虱染。绵羊与山羊培养扁虱而不培养 15
虱。猪培养硬的大虱。狗身上所有的"狗锥"[③] 为他动物身上所
无。动物身上的虱皆该动物所自生。又,动物之入浴者,若更换所
浴之水,则虱愈繁多。 20

海中,鱼身上也有虱,但这些虱不是从鱼身上出生而是从污泥

(foeditate,"污秽病",盖指癞疥)。参看《安底戈诺》xcv。近代医学考证虱患可引起严重病症者:阴毛虱(Phthir iusinguinalis)引起毛虱症(phthiriasis);兽虱科的壁虱(Ascari)可引起相似病症。

Δ① 依钮泰尔(Nutall)1919 年实验,人虱(Pediculus humanus,L.)因部位不同而得两变种:"头虱"(capitis)与"身虱"(coporis)。中国第三世纪葛洪《抱朴子》:"头虱黑,着身而白;身虱白,着头而黑",所言相符,似亦出于实验。

Δ② 十九世纪初尼采(Nitzsch von Ch. L)曾将虱类分作咀口与吸口两目。寄生哺乳动物身上的人虱与兽虱均属吸口,今称虱目。以咀口噬食鸟羽及兽毛者今称食毛目(Mallophaga)。食毛虱体均扁小,约长 0.5—0.6 毫米。其嘴口以上颚括取羽毛及肌肤产物。鸟虱(ricinus)为害剧烈时鸟体昼夜不宁,瘦秃而死。此节所涉锦鸡身上的虱当即"鸡虱"(Menopon gallinae)。所云寄生于被毛兽体的食毛虱(trichodectes),今犬、猫、牛、羊,等身上各有不同的品种。沙浴为驱虱简要方法,一直流传到现代。

③ 参看《奥德赛》xvii,300。汤伯逊英译本注谓此狗虱(κυνοραῖστη)即普通扁虱(Ixodes ricinus,壁虱),属虱目兽虱科(Haematopinidae)(《动物学大辞典》列于蜘蛛类壁虱科,Ixodidae)。

中产生的；鱼虱类似多脚的兽虱而尾扁。海虱形状皆相同，〈在鱼
25 身上〉所栖位置亦相同；红鲱鲤(魴)[①]上特多。所有这些虫类均多
足而无红血。

吮噬金枪鱼的寄生虻栖于鳍上；这种寄生虫形似蝎，约有蜘蛛
那么大。[②]塞勒尼与埃及之间的海中，有一种鱼附在海豚身上，称
30 为“海豚虱”[③]。当海豚浮游逐食的季节，这种寄生鱼食料充足，长
得很肥。

章三十二

557[b] 此外，其他的“微细动物”，如前已提及，有些生于羊毛或毛
织物，例如衣蛾[④]。如果毛物多尘，这些微细动物便孱生其中；布
帛或羊毛中倘闭入一只蜘蛛[⑤]，因为蜘蛛吸取其中的任何水分，
毛质干燥，这些蛾便大量产生。人的衣服上也可找到这种蛾的
5 蛆。

搁置已久的蜡[⑥]中也可像在木材内一样找到一种生物，这是
微细动物中最小的一种，色白，称为“亚卡里”(蠹)。书中也有微细
动物，有些类似衣上所见的蛆，有些类似无尾的蝎[⑦]，但极细小。
10 这可作为一个通例，任何物件，无论是转湿的干物或就燥的湿物，

---

① 原文 τρίγλας(“红鲱鲤”或“魴”)与上一分句意不相符，狄校揣为 πτέρυγας(“鳍”)之误，汤译本揣为 βράγχια(鳃)之误。参看本书卷六，570[b]5；卷八，602[b]29。

Δ② 鱼虱与鸟兽虱相异，不属昆虫纲，属甲壳纲；参看本书卷八，602[a]28 注。

③ 实为硬鳍鱼竹筴鱼科的“拟海鰤”(Naucrates ductor)。参看《埃里安》ix，17。

④ σητεs，即縠蛾科如衣蛾(Tinea)、毯蛾等。参看《柏里尼》xi，41。

⑤ 原文“蜘蛛”，于此殊不可解，但《柏里尼》xi，41，文句正与此同。

⑥ 原文 κηρῷ(蜡)，蜡中实无蠹类，薛校与奥-文校本揣为 τυρῷ(干酪)之误。

⑦ “书蝎”已见于本书卷四，532[a]18。

凡其中具备了孳生的条件,实际上就都可找到这类微细动物。

有一种幼虫,名为“负薪者”(樵夫),这在所知生物中,形状是够奇怪的。[①]它的头伸出夹套之外,头上有色斑,脚在后身,这与一般蛴螬相似,但它其余的身段则包裹在一背夹之内,这背夹好像蜘蛛网络一样而上面却缀有干的小枝,仿佛是步行时偶尔勾搭上去的。可是,这些枝状物实际是天然联生在它背夹上的,这整个构造对于幼虫恰如蜗壳之于蜗体一样;这些小枝不会掉落而可得拔除,至于背夹若被剥脱,它便像剥脱了壳的蜗一样,必然死亡。隔一时期这幼虫像丝蚕那样变成一只蛹,寂然不动地活着。但它以后变态所成的具翅动物是怎样一只虫,一直还不知道。

野无花果的果实内藏有“伯色那”(无花果蜂)。这生物先是一幼虫;但到一定时期它便蜕去外皮,飞出一只蜂,这蜂经由无花果上的孔隙[②]进入果内,使这果不至于未熟而先脱落。农民看到这一现象,便常将野无花果枝缚到园田内无花果树上,或把野生无花果移植到园种无花果树的近边。[③]

---

① 这动物实际是南欧常见的一种蝶科毛蠋,这一形态的蠋,俗称“吊篮蠋”(basket-worm)。Δ中国俗称这类毛蠋为“皮虫”,其“背夹”为“皮虫窠”。

② 贝本等 στομάτων,“口”或“孔”,狄校本作 στιγμάτων,“伤斑”。

Δ③ 此节记录无花果蜂传粉的作用不甚精确,而所涉题旨则为园艺史及植物学上一重大学案。《生殖》卷一,715^{b}21 谓“同一品种的树如无花果,其园植者能结果,其另称为‘公羊树’(capri-ficus)者自身不结果,而有助于园树上花果的成熟”。园栽无花果常被称为雌树,公羊无花果即野生的雄树。实际上两类树均具雌雄花,但其一只雌花能成熟,另一只雄花能成熟,必须有蜂类传布其一的雄粉于另一的雌蕊,后者方能得成熟的果实。农民采集野树花枝缚于园树上,使园树雌花得以结果,犹今之“人工授粉”。所言“伯色那”(ψῆνας)蜂(林奈订定其学名为 Cynip psenes,“伯色那瘿蜂”)产卵于树叶树皮之内,不另营子窝。枝叶着籽处皆生瘿,中国称“没食子”。关于无花果园艺上这一手续迄今仍称为“公羊树配种”。希腊古典著作涉及此事者如《希罗多德》i,193;色乌弗拉斯托:《植物志》ii,8等,为数甚多。植物之雌雄异株至加梅拉留

章三十三

558a 凡动物之四脚，红血，而卵生者，其生殖都在春季，但交配则不在同一季节。有些在春季，另些在夏，又另些在秋，亲体的交配季节随其后适宜于幼体生活的季节而定。

5 龟所产卵有硬壳，内有二色如鸟卵，产后埋之于地下而践实其浮土；随后它在地面上孵卵，这些卵至明年而化生。淡水龟[①]出水产卵。它〈在地上〉挖出一个桶样的坑，而后下卵于坑内；经过大约10 不足三十天，它又来挖出这些卵，迅速地孵育成功，立即领着小龟下水。海龟在陆地产卵，其卵恰像家禽的卵；这些卵埋于地下，晚间它孵在上面。它一次所产卵数有时多至一百个。

15 石龙子(蜥蜴)与鳄，无论陆生或水生者，均产卵于陆地。石龙子卵在地上自行孵化，因为石龙子不能活到明年；据说这动物的寿命实际不超过六个月。河鳄[②]产若干卵，最多为六十，色白，孵化期六十日；据说这动物寿命很长。这动物长成后，体型颇大而原卵20 殊小，不成比例，这一不相称的情况，比之任何其他动物都较显著，这卵初不大于鹅卵；幼鳄亦小，与卵型相符；但那长足的大鳄却有长至二十七肘者，实际说来，这动物一直到死总是年年增长。

章三十四

25 关于蛇类，蝮蛙是先经内卵生后，再行外胎生的。[③]这卵如鱼

(Camerarius，1665—1721)才完全明了。虽古希腊于此已略见端倪，世人历千余年后方得知其究竟。近代著作可参看萨克斯《植物学史》(Sachs：*History of Botany*)，1890年，英译本，376—385页。

① 《柏里尼》xxxii，4。

② 参看《希罗多德》ii，68；《柏里尼》viii，37。

③ 《生殖》卷二，章一，732b23；卷四，章三，770a24；本书卷三，511a16。

卵,颜色匀净,软壳;卵壳既不硬,小蛇就像小鱼那样从卵体中爬出。小蝮蝰先破卵而入于一个膜胞之内,三日之后破膜而外出。蝮母产子时是一条一条下来的,共二十条,都在一天以内出胎。其 30 他的蛇类是外卵生的,它们的卵一个挨一个串联着像妇女的珠项 558[b] 圈,雌蛇产卵于地上后便孵在卵上。卵中小蛇明年[①]出壳。

① 558[a]6,与558[b]1所谓明年即夏至以后,参看568[a]14注。

卷　六

558^{b} **章一**

于蛇与虫以及卵生四脚动物的生殖过程已说过那么多。

10　鸟类，无例外地都产卵，惟交配季节与生蛋时间不尽相同。[①]有些鸟终年交配，几乎随时都在产卵，譬如家鸡与家鸽均可举以为例：家鸡在全年中惟冬至前后各一月暂停产卵。有些母鸡，虽属贵15　种，在孵卵前，连产很多卵，竟有多到六十个的；可是，一般而论，较贵的鸡种比之次种产卵较少。亚得里亚母鸡[②]体型小，但每日产卵；她们脾气不好，雏鸡常因而致死；这种鸡有各样颜色。有些家20　鸡一日产两卵；[③]确知有这样的事例，母鸡在表现了高度产卵能力后，忽然死亡。这里，如前曾有所说明，母鸡随时产卵，不论季节；家鸽、斑鸠、雉鸠、与野鸽（原鸽）每年产卵两回（窠）[④]；而家鸽实际上每年可产卵十回。大多数鸟类在春季产卵。有些鸟确属繁盛，25　凭两方法之任何一法，便可使品种繁衍——（1）如家鸽，年产〈并孵卵〉多回，或（2）如家鸡，一回〈孵卵，先〉产许多卵。一切猛禽（具有钩爪的鸟类），除了褐隼外，均不繁衍：小隼为猛禽中最多产

---

① 本书卷九，章七至三十六。

② 《生殖》卷三，章一，749^{b}20；《雅典那俄》vii，285。

③ 《生殖》卷三，章一，750^{a}27。

④ 原文 διτοκοῦσι，“两产”；依《柏里尼》x，74，应作“年产两回”解。奥-文德文译本依伽柴拉丁译文解作“每回产卵两枚”；此与《生殖》卷三，750^{a}17“鸽属大多数每回产两卵”相符。但每回产卵数应属另一论题，参看本卷章四。（Δ 中国在鸟类孵卵前所连续生产的总卵数称一“窠”，如云“鸡一窠产二十卵，鸽一窠二卵”。）

的;[①] 隼窠中曾见有四卵,偶或为数更多。 30

鸟,一般均产卵于窠中,但那些不善飞的,如鹧鸪、鹌鹑,[②] 便 559ᵃ 不在窠中而在地上产卵,以杂物为之被覆。鹨(百灵)、德羯里克斯亦然。这些鸟在隐僻而有掩蔽之处孵卵;但在卑奥西亚称为"埃罗 5 伯"(蜂虎)的那种鸟是一切鸟中独特的,它钻入地穴中孵卵。

鸫(画眉)于高树上构筑像燕那样的泥窠,它们的窠挨次密接,形成联串的窠群[④]。自孵其卵的一切鸟类,惟戴胜不先构窠;它在 10 树干上找一个洞,产卵其中,不做任何的窠。[⑤] 鹞[⑥] 筑窠于屋椽或悬岩间。德羯里克斯[⑦],雅典人称为"乌拉克斯",既不在地上也不在树上筑窠,而在低矮的灌木丛中筑窠。 15

章二

一切鸟若经交配而又雌鸟健康者,所产卵皆硬壳——有些雌鸟会产软卵。卵内两色,外围白色,内部黄色。[⑧]

---

① 《生殖》卷三,750^a27;《柏里尼》x,75。

② 本书卷九,613^b6;色诺芬:《回忆录》(*Memorabilia*)ii,(1)4。

③ 贝本 ἐίροπα(埃罗伯)P,D^a,E^a 抄本作 μέροπα(梅罗伯),盖由方言不同而拼音有异;实指"蜂虎"。本书卷九,615^b24;《柏里尼》x,51。

④ 参看《柏里尼》x,74;《雅典那俄》ii,65^a。画眉用泥筑窠,或用泥糊窠的内壁,但未见有串联的窠群;他鸟亦无此式窠群。

⑤ 此语与本书卷九,616^a35 所述相异。"自孵其卵的鸟类"与上下文无承接,未知所指;似以戴胜与不筑窠而产卵于他鸟窠中的杜鹃相比。戴胜、杜鹃,与鹰连类相及,可参看本卷 563^b14 及卷九 633^a 埃斯契卢诗句;但此处未明言杜鹃,或有阙文。

⑥ 原文 κίρκυs(鹞)或作 κόκκυξ(杜鹃),均与上下文不相衔接。狄校揣为 κύψελος(捷燕)之误。璧校作ὁ δέ κόκκυξ…〈χελιδών δὲ〉καὶ ἐν οἰκίαι νεοττεύει 应译为"杜鹃…(阙文)…而燕则筑窠于屋椽"。

⑦ 里-斯《辞典》谓 τέτριξ(德羯里克斯)或即欧洲野鶲(whinchnt,学名 Motacilla rubetra,枝丛鹡鸰)。

⑧ 《生殖》卷三,章一,751^a32;《柏里尼》x,74:"一切鸟卵,内部皆有两色。"

20 鸟之常至河沼者与生活于干地者，其卵有别；水禽的卵黄较多，白较少。卵壳的颜色因鸟种而异。有些卵，如鸽卵与鹧鸪卵，色白；另些如水禽卵带黄色；又有些如珠鸡与锦鸡的卵有色斑；而25 小隼的卵则红如朱砂[①]。

卵的两端并不对称：它一端较尖，另一端较钝；产卵时钝端先559ᵇ 下。长尖卵为雌；尖端之较浑圆者为雄。[②] 卵经母鸟抱后而孵化。在埃及有些实例，卵被置于粪堆下，就在地上自行孵化。[③] 曾有这样一个故事叙述叙拉古的一位酒徒把鸟卵放在所坐草席之下，继5 续不停地饮酒，直到孵出雏鸟而止。[④] 又曾有这样的实例，卵产在温暖的器具内，得以自行孵化。

鸟类的精液，如一般动物的精液，色白。雌鸟受精于雄鸟后，它上引[⑤]精液至膈膜之下。〈在这里，卵开始发生，〉最初微小而色10 白；渐渐转红，色如血；继续生长，又全转成淡的黄色。迨最后成熟，其中物质发生分化，黄集于内，白围于外层。到了成熟时，卵便离母体而出，恰恰在这一时刻由软变硬，临产前还不硬，才产出便15 已是硬的了：[⑥]这里所说，以不发生病态的鸟为准。曾有雄鸡被宰割后，发现它的膈膜下，即母鸡孕卵的部位，有金黄色物恰在那卵体生长的转变点，即卵黄将成熟的阶段；这些全黄色物与普通鸡蛋

① 《柏里尼》x，74："另些如珠鸠卵有色斑；又另些，如锦鸡卵色红，褐隼卵淡红。"

② 《柏里尼》x，74；《哥吕梅拉》viii，5；《安底戈诺》103；所言均与此相反。

③ 西西里的第奥杜罗：《史存》i，74；《农艺》xiv，(1)1。

④ 《安底戈诺》104；《柏里尼》x，75。

⑤ λαμβάνει，"引上"(或"引入")，《生殖》卷二，章四，739ᵇ8，述卵生动物雌性受精后情况亦用此字。

⑥ 《生殖》卷三，752ᵃ35；《柏里尼》x，75。

一样大小。这种现象被认为是怪异,而且不祥。 20

有些人认为"风蛋"是前一回交配的残余卵所发育,这一推论不确,我们得知有些可信的实例,普通母鸡与鹅所生的新鸡与新鹅尚未经与雄性交配者也产出风蛋①。风蛋较小,味逊,较真卵液质 25 稀薄,卵产数又较多。若置风蛋于母禽体下,其中液质不会凝聚,黄仍为黄,白仍为白。多种鸟均产风蛋:例如普通家鸡、雌鹧鸪、雌鸽、雌孔雀、鹅与狐鹅②。母鸡孵卵夏速冬缓;夏季十八日而成雏, **560**[a] 冬季有时迟至二十五日而后出壳③。顺便说起,有些鸡擅于抱蛋,另些却不是好母亲。母鸡抱蛋时,倘逢打雷,蛋会受震而致败坏。 5 被人称为"狗胎"与"朽蛋"④的风蛋,多在夏季产生。在春季所生风蛋,有些人便称之为熏风蛋,因为这是母鸡有感于东南风而孕的卵;人手若以某一特殊方式触及母鸡,它也会生风蛋⑤。母鸡之怀

① 《生殖》卷三,751[a]9 等章节;《柏里尼》x,80;《雅典那俄》i,57c;《哥吕梅拉》vi,27,等书。

② 风蛋(ὠι όν ὑπηνέμι ά)各鸟皆有,无须列举鸟名;此处特举若干鸟名,似将群鸟分成有无风蛋两类,而列举其生产风蛋的一类。《生殖》卷二,章三,737[a]27—31,亚氏应用一般生殖原理说明风蛋:雌卵为潜在物质,雄精为生命实现(于鸟类而言,即感觉灵魂);雌卵之未得雄精者为风蛋,风蛋虽具备有生命的潜在物质,因尚缺生命所由实现的感觉灵魂,终不能实现为一活鸟。

③ 《生殖》卷三,章二,753[a]17;《柏里尼》x,75。Δ今在孵卵器内保持38℃—39℃温度,鸡雏均于第二十一日出壳。

④ 贝本 κυνόσουσα,奥-文校作 κυνόσουρα,译为 hundes chwanzeier,"狗胎"。οὔρια,如从 οὖρον 索解,可译为"尿蛋";德文译本作 Jauchige,"腐朽蛋"。

Δ⑤ 未经交配而受孕者,中国古称"感而成孕",所感者为日为月或为神怪,或为动物。希腊之感孕多取义于"风"(亦即"气"),如兀鹰感北风而成孕(《霍拉普罗》i,11;《埃里安》ii,46 等);其他鸟类亦常感季候风而成孕(《气象》ii,(5)582[a]14;《柏里尼》xi,47等)。其他动物如母马、母羊、母虎等之感孕,散见希腊古籍,兹不列举。亚里斯托芳,《群鸟》,694,述"夜"与"混沌"所生的"奥菲克卵"(Orphic egg)亦属一风蛋。各书涉及此题者往往出于寓言,并非生物学上确实的事例。埃及特多动物感孕的神话,中古初期以博学著称的西班牙教父伊雪杜卢:《百科辞源》(Isidorus:*Origines*)vii,7 曾屡涉及。希腊关于这方面的神话多得自埃及传说。

10 有风蛋或经前一交配所成卵在尚未由黄转白而成熟卵者，若使另一雄鸟再为之授精，则风蛋可变成实蛋，至于那未成熟的卵则可改变品种。在15 这情况所转成的实卵及以后成熟的卵，其雏鸟为后一授精鸟的品种；但后一交配若施之于黄白正在分化之中，这便不能使卵改变：卵种不从那后一雄鸟品种，风蛋也不会变成实卵。倘卵的本体尚小，而配媾中止，则20 先已有卵体不见增长；倘使母鸟继续与雄鸟同居，则卵体迅速增长。①

卵黄与卵白不仅颜色有别，其性能亦异。② 卵黄冷则凝冻，卵白于此反趋稀释。卵白受火即硬化，卵黄则否；卵黄在未经久炙时仍25 软和，事实上，卵黄在被煮沸时较之在熏炙时容易转硬或凝固。③ 黄白之间有一膜为之分隔。在卵黄两头上见到的所谓"雹珠"（系带）30 并不像有些人所拟想的那样，于胚胎有重要作用；④这有两个，一下560^b 一上。倘把若干卵内的黄与白分别取出；然后灌入一盘内，用微弱的火缓缓煮热，黄当聚于中央而白则围绕于其外围。⑤

新雌鸡在春初常先老雌鸡而产卵，并较老雌鸡产得多些，但新5 鸡的卵较小。常例，母鸡若不让它抱蛋，就会愁损而且抱病。⑥ 母鸡在交配以后，抖擞一回，并常搜剔着脚边的杂物——顺便说来，

① 奥-文疑此节末句与下节为伪撰。

② 《生殖》卷三章，二，753^{a}34。

③ 《生殖》753^{b}1—10所述相异。

④ 俄国科学院院士伏尔夫（1733—1794）：《肠管之形成》（C. F. Wolff: *De formatione intestinorum*, 1768年）："当我最初研究鸟卵的孵化时，就在系带（Hagel des Eies）找寻胚体（Embryo）。自信已在这里发现了'胚原'（Rudimente），后来读到哈维（W. Harvey）的书，方知法布里季（Fabricius）早曾历经同样的错误，而且他竟未能知这是错了的。"（据德文本Bildung d. Darmkanals, 1812年，87页。）

⑤ 《生殖》752^{b}4。

⑥ 《生殖》753^{a}15。

母鸡在下蛋后也要这么做一番[①]——至于家鸽则把尾尻在地面上拖曳，鹅则潜入水中。[②] 大多数的鸟类，于真卵的受精和风蛋的形成过程均颇为便捷；在热情中的雌鹧鸪可举以为例。[③] 事实是这样，雌鹧鸪如站于雄性的下风，在气息相闻的距离以内，它便会感孕，这样的异性鸟如作为诱鸟，便不能发生预期的诱猎作用。因为鹧鸪的嗅觉很强〈老远就闻到雄鹧鸪的气息并已感孕而去了〉。 10 15

各种鸟类交配之后，卵的生成与跟着孵化而胚胎诞为鸟雏，为期各不相同，其长短随母鸟的体型而定。常例，家鸡于媾合后十日而卵成熟，鸽卵的生长期较短。[④] 鸽能在正要分娩时保持其卵于体内；雌鸽倘在窠中被任何人吵扰，譬如拔了它一支毛羽，或遇其他使之不安的动作，它竟然会缩回那正要产出的卵而中止分娩。 20 25

关于交配，在家鸽中见到一个奇异的现象：在进行交尾之前，两鸽须互相亲吻，[⑤]倘这礼节没有做到，雄鸽是不肯骑上雌鸽的。于年龄较大的雄鸽这一亲吻礼只需在同居之时做过，以后便可省却这一礼节，[⑥]于较年轻的雄鸽，这一预备手续是从不忽略的。这些鸟的另一奇异现象，是在缺少雄鸽时，雌鸽互相亲吻并作两性交 30 **561ᵃ**

① 《柏里尼》x，57："家鸡每生一卵，即抖擞一番，周行一匝，衔一根柴草拂拭自己所生的卵。"柏里尼书中以此习性比喻为家鸡的宗教袚除仪式。参看普卢塔克《集录》(*Symposiaca*)vii，700D；第雄：《群鸟》i，26。

② 梵罗：《农事全书》iii，10，3。

③ 见上文，541ᵃ26。

④ 《柏里尼》x，74。

⑤ 《生殖》卷三，章六，756ᵇ23；《雅典那俄》ix，394d；埃里安《杂志》i，15；《柏里尼》x，79 等。

⑥ 《雅典那俄》ix，394 所引此节文与现行贝本大体相符；第雄《群鸟》i，25 所录稍异。

配的动作，恰像另一为雄鸽。这虽不能相互受精，但比之平常却增加产卵的数目；可是，这些卵全属风蛋，不会化生雏鸽。

章三

5　一切鸟从卵中孵化，发生方式全相同，但自受孕至成雏出壳的全时间，则如曾言及，长短各异。于普通家鸡而言，孵化后三日三夜开始可见胚胎迹象；这时间，于较大的鸟较长，较小的鸟则较短。同时，卵黄出现生机而趋向卵的尖端，卵"原"就位置在这一端，孵化也在这一端开展；①心脏在卵白中出现，像一个血点。这点搏动着，像是赋有了生命，并由此引出两条脉

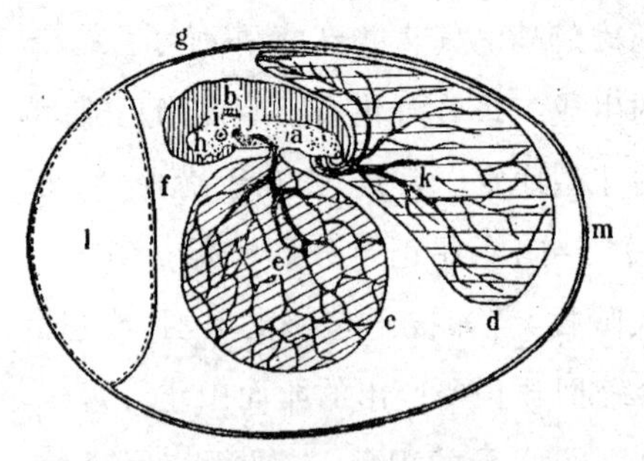

10　a. 胚胎　b. 内有雏鸡的膜(羊膜)　c. 包被着蛋黄的膜(卵黄膜)　d. 统涵的膜囊(尿膜)　e. 蛋黄　f. 蛋白　g. 卵壳与贴着壳内层的卵膜　h. 头　i. 两眼　j. 心脏　k. 两支血脉(羊膜脉与尿膜脉)　l. 浑端(气室所在)　m. 尖端

图 6. 鸡卵发生第一周末的情况

15　管，作曲旋径迹，其中含有血液〔随胚胎之发育，而分别延伸进入两

---

① αρχη，"原"，指生命所由开始者，奥-文译 Princip(柏拉脱在《生殖》译本中亦作 principle)，汤伯逊作 primal element。《生殖》卷三，章二，752ª 说，"卵在尖锐那端原与母体相连，如胎生动物之有脐带，在成卵临产前断脱，故卵的'生命之源'在卵尖那一端，犹如植物种子，生命所寄的芽孢(如豆芽)联于荚，荚联于枝干。"因此，亚氏以卵尖端为卵之头，浑端为卵底。该章颇多虚想。实际上，横置之卵，卵黄中胚原上浮，不管两端之为尖为浑，营养部分较重常在下面(参看金克维奇等著：《动物学简明教程》〔Зенкевич：Краткий Курс Зоологии〕何鸿恩译本，下卷，"鸟纲"，277 页)，及既成雏，则头在浑圆的那一端，由这一端破壳而出。

个邻近的膜囊中];[1]这时候包被着卵黄[2]的一个膜便带有从脉管来的血丝。这胚体其始很小,色白,相隔不久便发育而组织分化。头先明晰起来,可得辨识其中有很大而突出的眼。眼睛特大这情况要持续好多时候,它们才逐渐地减小而收缩。起初,身体的下段比之上段几乎是微不足道的。从心脏引出的两条脉管,其一进向周围统涵的膜胞,[3]另一像"脐带"一样进向卵黄膜。雏鸟的生命之"原"是在蛋白之中,营养物质则由这"脐带"从卵黄中吸取。[4] 20 25

当孵化进行至第十日,雏鸡与其各个部分已清晰可见。头仍较全身其余的部分为大,眼又较头为大,但这两眼还没有视觉。这时,倘把眼剔出,这可察见其较豆粒为大,色黑;倘将外皮挑开,又可见到内含白而冷的液体,在日光下颇为晶莹,但其中没有任何硬固物质。这些就是头与眼的情况。这时期较大的内容器官已可见到,胃和肺肝的位置也可辨识;原先似乎从心脏引出的血管,现在看来是靠近着脐。从脐伸出一对血管;其一[5]引 30 **561^b** 5

① 下文所言两个膜胞,其一为尿膜,另一为卵黄膜,在孵卵的第三日尚不能明识;[ ]内短语盖经伪撰楔入或误入,伽柴译本内无此语句。

② 原文 λευκόν,"卵白",汤校为 λέκιθον,"卵黄"。

③ 《生殖》卷三,755^{b}30 以鸟卵发育与胎生动物发育相比:胎生动物的幼体在胞衣内由脐带自母体获得养料。卵中幼体在一膜胞内发育,由血管向卵黄吸取养料;卵黄相当于母体。

④ 《生殖》卷三,753^{b}10;《柏里尼》x,74 所言皆与此相符。希朴克拉底学派所言鸟卵发生,与此相反,谓雏鸟出于蛋黄,而蛋白为其营养物质(《希氏医书》L 本,vii,536页)。《生殖》卷三,752^{b}25 所引克罗顿之亚尔克梅翁(Alcmaeon of Croton)胚胎论与希氏学派相同。Δ 亚氏本章为近代胚胎学的先导。第十七世纪以来,法布里季,哈维,伏尔夫等,相继循亚氏轨迹,逐日剖视发育中的鸡卵,到十九世纪初才确定胚原实是卵黄表面的一个微点。参看希密特脱《动物胚胎学》下卷第十四章,载有鸟纲代表,鸡雏在卵内发育二十一天内详细的逐日记录。

⑤ 卵黄静脉与动脉(vitalline vein and artery)。

向那包裹着蛋黄的膜——又，这时卵黄是液体而且比平常的稀
10 薄——另一[①]引向一个统涵的膜囊，中有鸡雏所在的胞膜和蛋黄
膜以及其间的液体。［当鸡雏生长时，卵黄的一部分一些些的逐
渐上升，另部分下降，两部分的中间为蛋白；蛋黄下面，如先前那
15 样，亦为蛋白。］到第十天只外围周遭尚有蛋白，量已减少，胶黏，
质渐凝厚，颜色苍淡。

卵内各部分的位置如下。最先，亦即最外一层为卵膜，这不是
说蛋壳，而是指贴着壳的那层膜。此膜[②]内有白液；挨着是鸡雏，
20 也有一膜[③]裹在周遭，使雏体与液体相隔离；雏体之下为蛋黄，上
述两血管之一引入其中，另一血管则引入那内含白液的膜中。［有
一个膜[②]内含“血清似的液体”包裹着整个体系。挨次，有另一
25 膜[③]包裹胚体的周遭，如曾言及，使之隔离于液汁。其下为蛋黄，
另有一膜为之包裹（由心脏引来的脐带与大血管延入这蛋黄），这
样胚体得以完全隔离于黄白两液。］

约在第二十日，倘剥开卵壳，触及雏鸡，它会在内活动并啾鸣；
30 第二十日以后，雏鸡业已被有毳毛；它便破壳而出。头在右腿上蜷
于腰胁之间，翅膀则盖在头上；这时候已清楚地见到，贴着壳的最
外层膜以内、前已叙明为两脐带（脉管）之一所引入的那一层
562a 膜——今此膜中恰包裹着一只雏鸡的整体——相似于一个胞衣；
还有那另一膜，即上述第二支“脐带”（脉管）所引入而包裹着蛋黄
的膜，也相似于一个胞衣；这两膜前已说过均与心脏及大血管相

① 尿膜静脉与动脉（allantoic v. and a.）
② 尿膜（allantois）。
③ 羊膜（胞膜）（amnion）。

联。此刻,引入外胞衣的那支“脐带”收缩而脱离雏鸡,那引向卵黄 5
膜的一支则系于雏鸡织小的肠,这时候相当分量的蛋黄包容在雏
鸡的体内,它胃中便有蛋黄的淀积物。约略在这时期,这生物排泄
残余物质[①]于外胞衣内,胃内也有残留的秽物;外胞衣内的排泄物 10
色白。[体内此时也有一种白色物][②]蛋黄是逐渐地被消耗而减少
的,最后一些包容于雏体之中,卵壳内便全无蛋黄——若在孵后第
十日开壳检看,则仍可见到有剩余蛋黄与雏肠相连,[③]经过这一段 15
时期,蛋黄便消耗殆尽,而且膜就与脐脱离。——在上述期间,雏
鸡旋睡旋醒,偶或动一下,张眼看看,啁啾一声;心脏与脐共同悸
动,好像它在做呼吸。关于鸟类从卵体发生的情况就是这样。 20

鸟类产有一些不化雏的卵,虽经交配而后产的卵仍有些是不
化雏的,这样的卵孵后不能发育为生物;这一现象,于家鸽特为显
著。

[④]“双胚卵”有两黄。在某些双胚卵中,有一织薄的白色间隔, 25
俾卵黄不至于两相混合,但有些双胚卵并无此间隔,故两卵黄互相
纠合。有些母鸡专生双胚卵,上述的卵黄情况就是从它们的卵中
见到的。举例言之,据传有一个母鸡曾产十八个卵,其中有一些是 30
风蛋,余者都是实卵,每卵各孵出了双雏;[⑤]惟每对双雏终是一大

① 尿囊液所成的尿酸盐(urates)。

② 斯卡里葛校勘谓此实赘语,依伽柴译本:“正在此时,雏鸡排泄白色残余,胃内也存留有些白色物,”以下,别无此末一分句,实应删除。

③ 《生殖》卷三,754^{a}11。

④ 《生殖》卷四,章四,769^{b}30 及以下。

⑤ 《柏里尼》x,74:“有些家鸡专产双胚卵;哥纳留·赛尔修谓双胚卵偶可孵出一大一小的两雏;但有些人认为双胚卵永不曾孵出过雏鸟。”

562b 一小,但末一卵是畸形的。[①]

章四

鸟类中的鸽属,如斑鸠与雉鸠等每一回产两卵;这是它们的常
5 例,其特多者绝不超过三枚。上曾言及家鸽常年产卵;斑鸠与雉鸠春季产卵,它们在一个季节中产卵永不超过两回。第一对卵倘遭毁损,雌鸽便下第二对卵,而许多雌鸽于第一窠卵常是孵不成雏
10 的。雌鸽如上曾言及,偶亦产三卵,但所孵雏鸽永不超过两只,有时只有一只;那个畸零(三卵之一)卵常是一个风蛋。[②]

只有极少数鸟类在出壳当年就能长成而行生殖。各种鸟类在既开始产卵以后,便继续不息地会生殖,这虽于有些细小的鸟种难
15 于检察,一般情况总是这样的。

常例,家鸽产雄雌卵各一,一般先产雄卵;第一卵下后,隔一日再产第二卵。雄鸽轮番在白昼孵卵;雌鸽则在夜晚。第一回生下的卵在
20 二十日以内孵化成雏;雏鸽出壳前一日,母鸽先在蛋壳上啄一洞孔。两只亲鸟对于新雏,在若干日内仍像先前孵卵那样,把它们孵在翅窝。
25 哺雏期间,母鸟的脾气较雄鸟为烦躁,好多动物在产后都有这种现象。雌家鸽一年内产卵多至十回;[③]其殊例得知有产十一回者,至于埃及的

---

① 末一子句 τὸ δ' ἐτελευταῖον τεεδτῶδες,"末一卵是畸形的。"奥-文校作 τὰ δ' ἀδιόριστα τερατώδη,"那些双胚蛋黄未隔离的卵所化之雏是畸形的。"双胚卵的成因,参看《生殖》,卷四,章四,772^b15—26,旋涡喻。照该章理论,双胚蛋超乎动物的自然生理,易于生成畸形雏鸟。

② 《生殖》卷三,753^a30 谓猛禽(如鹰)产卵少;每回所产逾三枚时,其中必有一卵败坏而不育。

③ 《雅典那俄》ix,394;《埃里安》i,15;《柏里尼》x,74。

鸽实际年产十二回。雄雌新鸽当年就可交配；事实上出壳后六个月就会生殖。有些人认为斑鸠与雉鸠只三个月龄便交配而产卵，它们到处族类繁衍，便由于早熟早产之故。雌鸽在体内怀卵十四日；亲鸟孵卵又十四日；又经十四日〈哺育〉而雏鸽能飞，要追上它就不容易了。[斑鸠，照各种记载，寿至四十岁。[1] 鹧鸪寿至十六岁。][家鸽，在孵出第一窠雏鸽后三十日内，便预备好第二窠的繁殖了。]　30　563a

章五

兀鹰[2]结窠于人迹所不能攀登的悬岩；[3]因此，它的窠和雏鹰绝难见到。而诡辩家勃吕孙的父亲希洛杜罗[4]也由此竟然宣称兀鹰出于吾人所不知的异国，并以曾无一人找到过兀鹰窠为彼推论的证明；他的另一证明说起大军之后往往突然出现大批的兀鹰。可是，找寻鹰窠这事情虽属困难，这里确已有人看到过鹰窠了。兀鹰在窠中产二卵。　5　10

[一般所见食肉类的鸟每年只产卵一回。燕是仅有的食肉类的鸟，每年两回筑窠哺雏。[5] 倘在燕雏稚小时剔出其眼[6]，这鸟会

① 本书卷九，613a17。

② 本书卷九，615a8；《安底戈诺》42；《柏里尼》x，7；普卢塔克《列传》ix，"罗摩卢传"(Romulus)，章九。

Δ本卷以繁殖为主题，这些是畜牧养禽的基本知识。动物生殖子雏的总数，凭(1)成年期，(2)每产子数或卵数，(3)每年产育次数，(4)停育年龄或寿数，四者计算；故各章于每一动物辄记其年寿。章五章六，于兀鹰及鸢未叙明年寿。卷九619b12谓兀鹰寿长。近代实验动物学统计，小鸟寿命约在20—25岁间，大鸟50—60岁间。猛禽如兀鹰寿至百余岁，王鸡(法老鹰)百岁。鹦鹉亦可至百岁，鸦类最高年龄可至70岁。

③ 参看埃斯契卢剧本《请愿者》(*Suppliants*)796。

Δ④ 黑海南岸赫拉克里城希洛杜罗(Herodorus Ponticus)为《赫拉克里城志》的作者，参看"附录"书目三(一)。

⑤ 本书卷五，544a26。此节依奥-文校，本节加[ ]。

⑥ 本书卷二，508b5。

15 自行痊愈而且慢慢重获视觉。]

章六

鹫产三卵而孵其二,此说见于缪色奥[①]的诗篇:

“三卵而孵二,

两雏而哺一。”

20 鹫的繁殖大都就是这样,虽也偶有一窠三雏的。当雏鹫在生长之中,母鹫疲于喂饲,便把两雏之一扔出窠外。又,据说鹫在哺雏期间成为禁食者[②],免得过度杀害小鸟兽。这样,它的羽

25 翼转成苍白,而且在若干日内它的爪也是不锐利的。[③] 所以,在这一期间,母鹫对它的雏儿是烦躁的。据说费尼鹫会拾起这扔在窠外的弃雏,代为哺育。[④] 鹫的孵卵期约三十日。

---

① 缪色奥(Musaeus),希腊古初诗人,其详不可得考。

② 贝本从 P,D^a 抄本,原文作 ἄπαστος,字义费解,薛尔堡校本与狄校本从《柏里尼》x,4 中相符章句“cibum negavit”解作“禁食”或“绝食”。施那得拟此字原为 ἄπαγρος,“不幸的猎者”,鹫在这时行猎多无所获。C^a 本作 ἐπ άἐτος,A^a 本作 ἐ πτ άἐτος,亦不易解。依威廉译本:“据说,鹫属此时特为暴躁。”依伽柴译本“据说,鹫此时衰弱,失其健锐”。

③ 本卷这一部分,在生物研究中,杂有埃及神话,此章尤为明显。《柏里尼》x,3—4 章略云:鹫有六种,惟最小的黑鹫(兔鹫)能育雏,其他五种,白尾鹫,沼鹫(雁鹫),鹳鹫(食死动物之鹫),真鹫,与鱼鹫,皆不善育雏。诸鹫产三卵而常遗其二,或尽弃之。自然之神爱护诸小动物的子女,不欲群鹫繁衍其族类,故使诸鹫于育雏期间,爪向内蜷,无以出猎。它们自己缺乏食物而羽毛苍白,因此常厌弃雏鹫。但,另一种有胡的鹫常拾起弃雏而育之己窠。

埃及以鹫为怜悯之表征;《霍拉普罗》ii,99,也记载有鹫鹰怜惜鸟兽,故于哺雏期间禁食之事。《霍拉普罗》i,11,及蔡采斯:《千行诗篇》(Tzetzes:*Chiliad*)xii,439,又以鹫为“岁”(year)之表征。

④ 本书卷九,619^b25。《柏里尼》x,4;《霍拉普罗》ii,99;安白罗修:《创世六日》(Ambrosius:*Hexaemeron*)v,18 等。

较大的鸟类,有如鹅与大鸨等,孵卵期约略相同;中型鸟如鸢与鹰约二十日。一般的鸢产二卵,但偶亦有育三雛者。所称为"鹏"鸟(埃古鹖鸮)者有时育四雏。有些人确言大乌每回只产两卵,[①]实则不确;大乌产卵为数颇多。它哺雏约二十日,于是逐出其小鸟。[②] 其他鸟类表现出同样的行为;凡鸟之产卵过多者辄扔其诸雏之一。 30 563b

鹫属各品种的哺雏情况殊不一致。白尾鹫性暴躁,黑鹫之饲雏则甚慈爱;但这却是全相同的:一切鸷鸟于其幼儿才能飞翔时,便予扑击而驱之出窠。鸟之不属于猛禽类者,如曾言及,也大多数有此习性,在既哺成之后,不再照顾诸儿;惟鸦为例外。雌鸦照顾小鸦为时甚久;虽小鸦已能翱翔,它犹与之并飞而在空中喂以食物。[③] 5 10

章七

杜鹃(鸤鸠)据说是鹰变的,[④]因为杜鹃来到时,与之相似的鹰便不复得见;而在那初夏季节,听到"布谷"(郭公)声以前几天,你 15

---

① 此说亦出埃及神话。《霍拉普罗》i,8:埃及战神埃雪斯(Isis)与其妹爱神妮茀茜斯(Nephthys)为一对乌鸦卵所孵化的"男女双神"。参看布罗希(1827—1894):《我的生活与我的旅行》(H. K. Brugsch: *Mein Leben und mein Wandern*)iv,1559页。

② 本书卷九,618^b10;《柏里尼》x,15。

③ 《霍拉普罗》ii,97:"乌鸦在飞翔中喂雏。"又,《柏里尼》x,15。

④ 本书卷九,633^a11;《柏里尼》x,11等。κόκκυξ 杜鹃,与鹰羽毛相似,埃及希腊神话均指为日神表征。又,杜鹃与戴胜鸣声相似。于是三鸟相混。鹃鹰之变,参看伊索《寓言》(Aesop: *Fables*),亨姆(Halm)校辑本,198;亚拉托的自然诗篇《神兆与物象》(Aratus: *Diosémeia kai phainómena*),贝刻尔编校本 xxx;蔡采斯:《吕可茀隆诗诠》(*Scholia ad Lycophron*)395。

定会先见到有鹰在这里飞行。杜鹃只在夏季短期出现，冬季是全不见的。鹰有钩爪，而杜鹃无钩爪；两者的头也不相似。于头与爪

20 而言，鹃实际较近于鸽。[①]鹃的羽毛似鹰，两鸟相似处，仅此而已，而两鸟在羽毛方面仍可有所辨识，鹰羽有条纹，鹃羽有色斑。这样，鹃于体型与飞翔而言，有些像鹰属中最小的种族，[②]这一种小鹰照例约在杜鹃出现以前〈自希腊〉消逝，虽也曾有人同时见到两鸟。同种鸟从来是不相搏噬的；有人看到了鹃被鹰所攫。人们说从未见到过雏鹃。这鸟产卵而不营窠，[③]有时它产卵于较小的鸟

30 类的窠中，先把原有那鸟卵吃掉；它尤喜先吃鸠卵而后置己卵于斑

564ᵃ 鸠窠中。它偶产二卵，常产一卵。它也产卵于许朴拉伊（百灵）[④]的

Δ① 我国《礼记·月令》：仲春二月"鹰化为鸠"。郑注："鸠，博谷也，"谓鹰在春间鸟兽繁殖季节变成了布谷鸟，即杜鹃。高诱注"鹰化为鸠，喙正直，不鸷击也"，谓鹰的钩喙变成了直喙，即食肉鸟转为像鸠鸽一样的拾谷鸟。除嘴爪外其他部分没有改变。至仲秋八月鸠复化为鹰。到这季节鸟兽已成长，出猎时残害较轻。这类古代神话是人情与自然观察的混合，中国与埃及和希腊古典颇多相似。（参看上文，563ᵃ25，鹫在夏初哺雏期爪钝之说。）此处所云布谷之为鸠，应是鸤鸠，《方言》谓"鸤鸠自潼关而东谓之戴鵀（戴胜）。鸤鸠盖布谷也，与戴胜实异"。这样鹰、杜鹃、戴胜三鸟相混，中国古生物学也与希腊古代自然学家及诗人有意无意的混淆相似。华特斯《华北鸟类》（*Watters*：*North China Birds*，见英国亚细亚学会《通报》，1867 年，225 页）谓中国旧传鸽（pigeon）鹃（cuckoo）鹰（hawk）三鸟互变，误以此鸠为鸽鸠。中国旧时流通的"阴阳合历通书"照例把"鹰化为鸠"列于春分前五日，即阳历三月十六日。实际上，长江流域布谷出现于初夏季节，和此节所记希腊月令相同。（今以杜鹃与布谷分别为同属的两种鸟名。）

② 希腊最小的鹰为鵟隼（Falcon aesalon），为鹰科-候鸟，在希腊度冬，春间北去。（见于克鲁伯尔〔Kruper〕，书，160 页。）

③ 本书卷九，618ᵃ8—30；《生殖》卷三，750ᵃ15；《异闻》（3）830ᵇ11；安底戈诺《异闻志》109；色乌茀拉斯托《植物原理》ii，（17）9。

④ 克鲁伯尔（184 页）谓希腊的杜鹃常产卵于歌莺（Sylvia orphea）与岩鹏（Saxicola rubicola，"红领鹏"，或 S. aurita，"金项　"）的窠内。参看本书卷九章二十九，"许朴拉伊"（ὑπολαΐς）与"鹨"并列。《埃里安》iii，31 等言及鹃卵置于鸠窠；参看汤伯逊《希腊鸟谱》146 页。

窠里，百灵为之孵化，并哺育之至长成。这鸟在怀卵时是肥而可餐的。[幼鹰也在此时肥而可餐。有一种鹰营窠于荒僻处险绝的悬岩。] 5

章八

大多数的鸟，如上曾述及的家鸽那样，雄雌轮番孵卵；可是有些鸟，雄性只在雌性觅食的时间内代为孵卵。鹅属只雌性孵卵，她一经开始便直孵到雏鹅出壳而止。[①] 10

各种水禽(泽鸟)的窠均营于沼边杂草丰美之处；这里母鸟既易于得食，可以静静地蹲在蛋上，不必要严格的禁食。

乌鸦也是雌性单独孵卵的，而且直孵到完毕才罢，雄鸦带回食物，喂饲雌鸦，这样帮助了雌鸦的孵卵工作。雌斑鸠下午开始蹲在卵上，经过通宵到明晨朝餐时为止；其余时间由雄鸠接替。[②] 鹧鸪所筑窠有两房；雄雌各在一间房中分别孵卵。[③] 出壳后，雄雌仍分别各哺其雏。但雄鹧鸪，在它的雏女一经出窠后便与之交配。[④] 15 20

章九

孔雀[⑤]的寿命约为二十五年；约在三岁时生殖，也正在这时期尾羽成屏。它们的孵卵期间在三十日以内，或也竟然超过三 25

① 参看《霍拉普罗》i,53:"[狐鹅为]动物之最爱孵雏者。"

② 《柏里尼》x,79。

③ 《安底戈诺》110。

④ 此说非实，亦出于寓言。古神话以鹧鸪为变态情欲的象征，参看《霍拉普罗》ii,95。

⑤ 《雅典那俄》ix,379;《埃里安》,v,32;《梵罗》,iii,9;《柏里尼》,x,22,79。

十日。雌孔雀每年只产卵一回，每回十二枚，或略少一些：她不一个挨一个匀整连续地产卵，而时作二天或三天的间歇。第一 30 年产卵的新孔雀约产八个卵。雌孔雀会产风蛋。它们春季交 564b 配；交配后即开始产卵。当最早的树木落叶时，孔雀也脱毛，那树再度生成绿荫时，它也换上了全身新羽。因为雌孔雀孵卵时，5 雄孔雀去吵扰并践踏那些卵，养禽家便把[①]孔雀卵交给母鸡孵化；野生孔雀属中有些品种遇到同样的情况，雌鸟便逃离雄鸟，在隐僻处生产而独自孵卵。养禽家只在母鸡体下放置两个孔雀卵，为数太多了便孵不成雏。他们十分注意于供应母鸡以食物，10 免得它离开而孵化中断。

雌鸟在交配季节，睾丸较其他时候显然要大些，这于多妻的鸟类有如雄鸡与雄鹧鸪为特殊；不作连续交配的鸟类，这征象较不显著。[②]

章十

15 于鸟类的受孕与繁殖已说了这么多。

前曾叙明，[③]鱼类不全属卵生。软骨类属的鱼是胎生的；余者卵生。又，软骨鱼类先行体内卵生，后再胎生；[④]它们在体内育成

① 《哥吕梅拉》viii，11；巴拉第奥：《农牧作业》(Palladius：Re Rustica)i，28；《柏里尼》x，79。

② 本书卷三，510a3；《生殖》卷一，章四，717b8 所述较此节为详确。

③ 本书卷三，511a6。

④ 此节与《生殖》卷三，754a23，以胎生为软骨鱼繁殖通例有誤；软骨鱼类中魟、鳐及某几种鲨(鲛)均属卵生。参看《柏里尼》ix(24)40。Δ 鲨类皆体内受精；生殖方式有二：(一)有些品种如灰狗鲨(Cynias griseus)、白狗鲨(C. manazo)等为卵胎生、卵无壳，发育过程中系属于母体的卵黄胎盘，长成鱼苗后而诞生(参看下文565b1—

胚鱼，惟鮟鱇为例外。①

鱼类，上曾述及，具有子宫，子宫有不同的式样。卵生类属的 20 子宫作双角叉形式，而位置低；软骨鱼类的子宫形如鸟类子宫。② 可是，两者在位置方面是相异的；有些软骨鱼类的卵不在靠近膈膜之处，而是沿着脊骨的半中间发生的，而且在生成中移动其位置。

一切鱼卵内部皆颜色匀和不作二色；这颜色近白不近黄，受精 25 以前和以后颜色无异。

以鸟卵发育过程的实例为比，鱼卵发育所异于鸟卵者，只见有那引向卵黄的“脐带”（血脉），而不见那另一引向贴近卵壳那个膜囊的脐带（血脉）。③ 卵体其余的发育情况则鱼鸟大体相同。这就 30 是说鱼胚也在卵的上部，血管自心脏延展亦复相似；起初头、眼与上身均特大；胚胎愈长则卵质愈减，其剩余既吸收于胎体以内而终 **565a** 至消失，恰如鸟卵中卵黄所经历的情况。

脐带系属于腹孔④稍下处。当鱼胚尚小时，脐带长，但幼体渐大，则脐带渐短，最后缩小而合入幼体，这全与前述鸟卵的实例相 5 同。胚体与卵包裹在一个共通的膜囊中，恰在膜囊之内，另有一膜包裹胚体；两膜之间存有液体。鱼苗腹内的食料，类似雏鸟腹内的

11)。(二)卵生鲨类的卵有厚壳，上生小钩或长线；产出的卵钩着或系属于水底岩石或植物，在水底孵化(参看下文 565a27)。

① βάτραχοs ὁ θαλάττιοs，“鮟鱇”，依字义为“海蛙”(学名 Lophius piscatorius，钓鱼鮟鱇)；其卵细小而上浮，黏连为长串，海中不易得见。《埃里安》xiii，5 所述鮟鱇卵的性状类似鳐魟之卵，他所见的实非鮟鱇之卵。本书本卷章十七，570b33 谓雌鮟鱇成团产卵亦不符实况。此节 βάτραχοs 可能为 βάτοs(“魟”或“鳐”)之误。

② 本书卷三，511a6；《生殖》卷一，章八，718b2，章十一，719a8。

③ 用现代胚胎学名词叙述，即：鱼卵发育时，只有卵黄膜(yolk sac)而无尿膜。

④ 原文 τοῦ στόματοs τῆs γαστρόs，“腹孔”；依狄校应为⟨ἐπὶ⟩της γαστρόs，“⟨于⟩腹部”。

10 食料,一部分为白色,一部分为黄色。

关于子宫的形式,读者可参考我的《解剖学》专篇。可是,不同的鱼,其子宫也有所不同,这可取鲨(鲛)属鱼与鳐属鱼的子宫为之较比:有些鲨(鲛),如曾言及,它的卵贴在子宫中央[①],靠近背脊骨边,例如小狗鲨[②]就是这样的;卵在生长中,位置便转移;小狗鲨与其他近似的鱼类相同,其子宫既分开两个角支而上属于膈膜,卵体便由中央生长起来而分别进入这个或那个角支。小狗鲨及其他鲨属的子宫中,在离膈膜不远处有一个近似乳房的白色体[③],这一白色体只在受精以后才出现。小狗鲨与鳐属卵均有壳,壳内有液体的卵质。卵壳形似一个苇箫的簧舌[④],壳上附有毛发似的管道。称为"斑鲛"[⑤]的鲨鱼,当壳体碎为破片而掉落时,鱼苗便诞生;鳐(魟)则先产卵,鱼苗在卵壳碎时外出。有棘狗鲨的卵靠近膈膜,在类似乳房体之上;当卵体下降而脱离子宫时,鱼苗便诞生。狐鲨(长尾鲛)的生殖方式与此相同。

(边码:15、20、25、30)

---

① 实谓子宫两角的中央。

② σκ ύλιον 或为 κ ύων,"狗鲨"属中的小种,或即狗鲨之小者;拉丁译名 canicula,"小狗"。现代希腊渔民于狗鲨属(Scyllium)诸鲨仍有 σκυλ ι ("小狗")、σκυλ όψαρο("小斑狗")等名称(杜编《动物学大辞典》作"七日鲛")。

③ 实为轮卵管腺(oviducal glands),其分泌物造成卵壳(四角卵荚)。

④ ταρîs τῶν α ύλῶν γλώτταιs,苇箫(笛管)的舌,即簧。色乌弗拉斯托《植物志》iv,11:苇梗可剖析而后叠合以制箫。鲨鱼幼体将出壳时,卵壳一端裂有出口,此时绝似风笛(bagpipe)的簧舌。

⑤ νεβρ ίαs,"斑鲛",似为真鲨科的星鲨(Scyllium stellare),狗鲨属之有斑点者,亚得里亚渔民称"豹鲨",中国称猫鲨。但星鲨为卵生品种,小鲨在卵产出之后发育。下文所谓"光滑鲨"卵壳织薄,早期破碎,自母鲨体内诞生时已为鱼苗,符合于今所知之鼬鲨属(Mustelus)——鼠鲨目(Lamiaformes)真鲨科(Carcharidae)。这样,此处所云"斑鲛"(或"豹鲨")可能为吾人今日所尚未详悉的鼬鲨属与狗鲨属间过渡品种。

称为光滑鲨的鲛属鱼之卵如狗鲨，发生于子宫中央部；卵体分 565b
别移入子宫的两角而后递降，胚胎发育时，脐带系属于子宫，这样，
在卵质消耗了以后，幼体便像四脚动物的胎儿了。[1] 脐带颇长，系
属于子宫下段——每一子体的脐带各别系属着，好像一个吸 5
管——另一端则在胚体中央，约当肝脏所在的位置。倘把胚胎切
开，即便那时卵质业已消耗殆尽，其中仍可找到卵质似的食物，每
一胚鱼，像四脚兽的胚胎一样，各有一胞衣及分别隔离的膜。胚鱼 10
幼小时，头在上，长大成形后，便倒转在下。雄鱼苗发生在子宫左
边，雌鱼苗在右边；也可在子宫两边各有雌雄鱼苗。[2] 胚体如被切
开而加检视，这可见到其所具内部构造情况略同于四足动物，譬如 15
肝脏这时很大，其中有血。

一切软骨鱼类，均在同一时期，于靠近膈膜的上段发生为数相
当多的卵——有些较大，有些较小——而下段则有胚体。从这情
况看来，许多人推想这一类属的鱼应是月月交配，月月产鱼苗的， 20
它们的幼体既非一次生成，生产也当拖延着很长时期。但那些在
子宫下段的卵胚实际却是同时成熟而终了其生殖过程的。

---

① 参看普卢塔克：《动物智巧》982A。又，约翰·谟勒《关于亚里士多德的光滑鲨》(*Ueber die glatten Hai des A.*)，柏林研究院汇报(Abh. d. Berlin Acad.)1840年。

② 参看《生殖》卷四，章一，763b28－764a20：雌雄胚胎之分，古有三家之说：(一)阿那克萨哥拉谓雌雄性依父体之精液在睾丸之左右而定，无关母体子宫。这样，雌体子宫中的籽卵未受精者便无分雌雄，已受精者便雌雄混杂。(二)恩培多克勒谓子体雌雄因母体子宫之冷暖而定，雄精在子宫内遇热液则成雄胚，遇冷则成雌。(三)德谟克利特谓雄雌性肇分于子宫之内，但这不由子宫之冷暖，而由于两亲体内生殖原子(atoms)在子宫内的配合方法为之决定。德谟克利特的生殖"原子"，在达尔文著作中发展为"胚芽"(gemmules)，至近代胚胎学则发展为"染色体"(chromosomes)。亚氏所存录以上三说中，以子宫冷暖或睾丸左右之分为雌雄之分，于胚胎学上当不足重视。参看本书卷一，497b22注。

25　狗鲨一般地能让它们的幼体〈从子宫〉出来又回进，[1]扁鲨（角鲛）与电鳐（电鲼）也能如此——顺便说到，曾有人见过一条大电鳐，体内有八十条幼体——但有棘狗鲨[2]（刺鲨）则为例外，因为它们的鱼苗有棘，所以不能那样出来而又回进。扁体软骨鱼类中，刺30　鳐（黄貂鱼）与魟因幼体的尾粗糙也不能任意出进。鮟鱇[3]也不能让胚鱼进入子宫，因为它们的幼体头大而上有棘刺；这种鱼，上已说明，是这类鱼中惟一不由胎生的。

566[a]　关于软骨鱼类诸品种以及它们由卵而成鱼苗的繁殖方式就是这么些。

章十一

在生殖季节，雄鱼的储精管充溢着"索里"（θοροῦ，鱼精）倘加5　以压挤，这便以白色"精液"的形式自然地流出；精管分叉为两支，从膈膜与大血管那里开始。在这季节雄鱼精管很容易[与雌鱼子宫][4]识别，但在确切的繁殖期前与期后，这对于一个非专门家是不易识别的。事实上，某些鱼类在某时期这些器官是不明显的，这10　与前曾说明的鸟类睾丸情况相似。[5]

在精管与子宫管方面所见其他识别是这样，精管系属于腰部，

---

① 此说为古代及中古一般动物学家所共信；参看波嘉尔《圣经动物》1033—1035页论史传所存"原出虚妄的名理"（maxima de nihilo）。

② ὁ ἀκανθίας γαλεός，"有棘鲨"（Acanthias vulgaris，普通刺鲨），现代希腊简称ἀκανθίας，"棘鱼"，意大利名 spinello，与希腊名相符；其棘在脊鳍前。

③ 伽柴译本作 raia，"魟"，则彼所据抄本原文应为 βάτος。参看上文 564^b18 注。

④ 伽柴译本无此短语，P 抄本并下行"但……识别的"分句亦无。

⑤ 见于本书卷三，509^b29；卷六，564^b10。

子宫管则不是固着的。这器官附于一层薄膜而可得移动。如欲研究精管的细节,可参看我的《解剖学》中的图解。

软骨鱼类是能够重复妊娠的;它们最长的妊娠期是六个月。15 称为"星鲛"的那一品种怀妊最勤快,它每月受孕两次。① 繁殖季节在梅麦克德琳一个月期(九月中旬至十月中旬)。其他鲨类常例,年产二回,只小狗鲨不在此例,它年产一回。有些鲨鱼在春季生产。扁鲨(角鲛)于春季产头胎鱼苗,其第二回的秋胎则在冬季昴宿沉降前②诞生;第二胎较第一胎为强壮。电鳐在晚秋产子。③ 20

软骨鱼从大海与深水中泳向近岸处而生产它们的鱼苗,这是因为浅水温暖,并为保护幼鱼免于伤害,它们才来这里的。25

凭实地观察,该可得有这样的通例:一个品种的鱼绝不与别种鱼交配。可是,角鲛(扁鲨)与魟(鳐)见到是互相交配的;因为有一种名为"角鲛魟"(角鳐)的鱼,它的头部与前身像魟后身像鲛,恰似 30 由两鱼合成的。④

真鲨,与鲨类,如狐鲨⑤与狗鲨以及扁体型的有如电鳐、鳐、光鳐、**566[b]**

---

① 本书卷五,543[a]17。

Δ② πρὸs δύσιν πλειάδos,"昴宿沉降前",约当现行历十二月下旬:参看伊第勒《希腊自然(博物)名家著作汇编》(Ideler's *Physici Gr. Minores*)i,250 页。雅典历依太阳四季周期分十二月,梅麦克德琳月当中国旧历二十四节中秋分与寒露两节,今阳历 9 月 22 日至 10 月 22 日。(正文中简称"中旬",余月依此类推。)

③ 《柏里尼》ix(51)74。

④ ῥινόβατos(Rhinobatos),"扁鲛"或"角鳐",今以为一属名。原字由ῥίνη("扁鲨"或"角鲛")与 βάτos("鳐"或"魟")两名合成。惠卢培(Willoughby)等生物学家称此鱼为(Squatinoraia)"扁鲛魟"。柱状角鲛(R. columnae)亦包括在此属内。角鲛本为鲨(鲛)与魟(鳐)的间种;扁鲛魟(或角鲛魟)亦为两者之间种,中国俗称"犁头鲛",隶于下孔总目(Hypotremata)鳐目(Rajiformes)犁头鲛科(Rhinabatidae)。

⑤ ἀλώπηξ(原意为 vulpe,"狐"),狐鲨即"长尾鲛"(学名 Alopecias vulpes,盔头狐尾鲨)。

刺鳐,皆如前曾述及,先行卵生而后胎生[锯魟与牛魟亦然]。[①]

章十二

海豚、鲸、与其余各种鲸类,亦即凡属无鳃而具有一喷水孔的
5 鱼,全属胎生[②]:于所有这些鱼类,从没有人见过其体内有卵,它们都直接由胚胎而成小鱼,恰如人类和胎生四脚兽一样。

海豚每次例生一儿,但也偶有产两儿的。[③]鲸常产二儿,有时
10 只产一儿,至多二儿。福开尼(豹形海豚)见于滂都海(黑海)中,[④]在形状上似一小海豚;但这动物较海豚为小,背则较阔;其体作铅黑色。许多人认为福开尼是海豚属的一个变种。

一切具有喷水孔的生物均呼吸空气,因为它们是有肺的。[⑤]人
15 们曾见到海豚睡时,鼻浮出海面之上,而且它在睡中有鼾声。

海豚与豹形海豚有乳喂哺它们的幼豚。[⑥]在幼豚稚小时,它们也能纳之于体内。幼豚生长颇速,十[⑦]年而长足。妊娠期为十个月。幼儿必在夏季诞生,其他季节,海豚绝不产子。[又,这是很古
20 怪的,在天狗(天狼)星座高照的时期,它消逝而不可见者三十日。][⑧]幼豚跟随亲鱼为时甚久;实际上,这鱼以亲子之爱著名于

---

① 这一分句原在下一句中,依狄校移此。

② 《柏里尼》ix,15。

③ 奥璧安:《渔捞》i,654。

④ 参看本书卷八,598^b1。φώκαινα,"豹形海豚",德译 Braunfisch,棕色鱼;英译 porpoise,"猪鱼"。

⑤ 本书卷四,537^b1。

⑥ 《柏里尼》ix,7;《埃里安》v,4;《奥璧安》i,656。

⑦ 奥-文校译本注,"十"应为"四"之误。

Δ⑧ [ ]内语句出于星象家言,不必相符于生物界的实况。星象:海豚座与天狼座

世。[①]海豚能活很多年；有些曾知其已活二十五年以上，有些三十年；渔人有时在它们尾上刻些标记，放还海中，他们凭这方法获知它们的年龄。 25

海豹为一两栖动物：这是说它虽营水中生活却不能呼吸水，而只能呼吸空气，并且在陆地——靠近岸边——睡眠与产子，[②]它本是一个有脚动物；可是海豹消磨于水中的时间较在岸上为多，并由海中得食，所以这必须列之于海洋动物这门类中。这是由直接受精而胎生的动物，诞生的幼体带有胞衣，能自行活动，以及其他情况，恰如一只母羊所诞生的小羊。它每次产一或二海豹，最多三只。它有二乳头，哺儿恰如四脚动物。海豹像人类一样全年各月均可产子，但在一年中最早的羊羔出生这时期，小海豹的出生特多。小海豹生后十二日，亲豹在白昼一再引之下水，使它渐渐地熟识水性。[③]它的脚步不稳，遇到陡坡不会走，便滑行而下。它富于肌肉，骨骼是软骨，[④]故体软，可蜷缩全身。由于这种柔性，除了击中在前额上以外，你很难打死一只海豹。这动物的姿态有些像一只牛。雌海豹的生殖器官像鳐魟[⑤]的生殖器官；其他各方面均像人类的女性。 30 **567[a]** 5 10

关于内胎生或外胎生的水生动物其生殖与分娩情况就说这么

天经相离约180度，于穹苍中两相对耀，犹中国所谓参（在猎户座中）商（在天蝎座中）不相见；十二月末至一月初，天狼座在日没后，出现于东天，此时海豚座已西落，终夜不可得见。

① 《奥璧安》i，667；《埃里安》v，6。

② 《柏里尼》ix，15；《埃里安》ix，50。

③ 《奥璧安》i，690；《埃里安》ix，9。

④ 《柏里尼》xi，87。

⑤ βατίδι，“鳐类”或“魟类”，显属有误，奥-文校注，此处应为βοΐ（牛）字。

15 多。

章十三

前已说明，[①]卵生鱼的子宫有两分叉而位置于下部——一切有鳞鱼，如鲈、鲱鲤、灰鲱鲤与“埃忒里斯”[②]，以及所有称为“白鱼”者，和除却鳗鳝（海鳝）[③]以外的一切光滑（无鳞）鱼类，均属卵 20 生——它们的卵块是一些碎屑样的微粒合成的。这类鱼的子宫内充满着这样的卵，凭它们的外貌看来，小鱼似乎只有两个卵；[④]因为小鱼的子宫小而组织单薄，看来颇不分明。关于鱼的交配，前已 25 叙明。[⑤]

大多数的鱼类有雄雌之分，惟“红鮨”与“康那鮨”[⑥]的记录令人迷惑，因为所有捕获的这两种鱼样，体内全都有卵。

凡行交配的鱼，卵是媾合的结果，但这样的鱼类，如未经媾合，30 体内也会有卵；[⑦]这可以举示某些河鱼为例，如虎鲉（鲹鱼）[⑧]在绝幼小时便怀着卵——人们几乎可说虎鲉在诞生时便已怀卵。这些

---

① 见于本书卷三，510^b20；卷六，564^b19。

② ἐτελίς（埃忒里斯）未知是何种鱼。辛内修斯杂著，非洲鱼名录内列有ἐντ ἐλεις（恩忒里斯）。

③ 见于本书卷四，538^a3。

④ 参看本书卷三，510^b25。又《生殖》卷一，章八，718^b11：“这些鱼卵在子宫内看来好像两边各只是一个卵，至少在小鱼体内看来是这样的。”

⑤ 见于本书卷五，章五。

⑥ 参看本书卷四，538^a20 并注。

⑦ 《生殖》卷三，章五，756^a17 等。

⑧ φοξῖνος，拉丁及德文本从音译作 Phoxinos。居维叶与梵伦茜恩《鱼类自然史》xiii，368 页，谓“福克西奴”鱼未能确认其种属。汤伯逊谓今一般指为 minnow “鲹”鱼，或译虎鲉。

鱼一点一点地脱遗它们的卵，据说雄鱼吞下了这些遗卵的一大部 567b
分，[①]又一些则废坏于水中；只一小部分，经雌鱼产在〈适宜的〉[②]产
卵场所的卵，才得成活。倘所有的卵尽行成活，每种鱼也就为数不
可计算了。这样〈未经体内受精的〉雌鱼所产的卵大部分不成鱼 5
苗，只有那些随后经受雄鱼播种的卵才能成活；当雌鱼产卵后，雄
鱼跟着就洒精于卵上，凡经历这一过程的卵，便有鱼苗发生，余者
只能付之天命[③]了。

于软体动物，也见有同样的现象：以乌贼为例，雌乌贼产卵后， 10
雄乌贼便洒精于卵上。[④] 这是很可能的，一般的软体动物均施行
相似的过程，但迄今为止，这样的现象只在乌贼方面实地察知。

鱼类靠近岸边产卵，鮈(虾虎)靠着石块产卵——顺便说到，鮈
卵是扁而细粒似的。一般的鱼都是这样产卵的：因为近岸处水温 15
暖，又较外海为富于食料而且在这里鱼苗可免于被大鱼吞噬。为
此故，在滂都海(黑海)中，大多数的鱼类都在色尔谟屯河口附近产
卵，因为这水区有所蔽护，温和而且冲有淡水。

卵生鱼，照例，每年产卵只一回。小菲句鱼(黑鮈)[⑤]为一例 20
外，它年产二回；雄菲句所以别于其雌鱼者，鳞片较黑较大。

于是，鱼一般地均经交配与产卵以行繁殖；但有些人所称的

---

① 参看《希罗多德》ii，93。

② 参看下文卷八，598b4。依伽柴与亚尔培脱译文增〈ἐπιτηδείους，适宜的〉；依狄校应为〈οἰκείους，特定的〉。

③ ὅπως ἂν τύχῃ，“等待命运”(或“付之天命”)，文义含混；明确地说应是：余者皆不成活。

④ 《生殖》卷三，章八，758a15。

⑤ φύκης，菲句鱼，依阿朴斯笃里特为 Gobius niger，“黑鮈”(或黑虾虎)。参看《雅典那俄》所引亚里士多德语，vii，319a。

25 “管鱼”① 临分娩时,它裂开为二,卵(幼体)遂得脱出。这种鱼在腹部肚下——有如盲蛇②,长有一个“骈体”,在这骈体分裂而产子(诞生了鱼苗)以后,开裂处重复愈合。

内卵生与外卵生鱼的卵之发育,两类相似;这就是说,胚体在30 卵上端,包裹在一膜内,大而作圆球形的眼睛是在发育过程中最先见到的器官。从这情况看来,有些作者主张,如说“卵生鱼的幼体发生与虫的幼体或蛆相似”,显然是不合的了;虫蛆的现象恰正相反,它们在发生之初,下端较大而眼与头皆随后才显现③。

① βελόνη本义为“针”,德文:Nadelfisch,“针鱼”;英文:pipefish,“管鱼”,或 garfish,“枪鱼”或 hornfish“角鱼”。另见本卷,571ᵃ3;《生殖》卷三,755ᵃ32。又,《柏里尼》ix,76 与此节所述相同而误称“骈体”(διάφυσις)为“子宫”(matrix)。“管鱼”形体细长侧扁(我国杜编《动物学大辞典》称“鹤箴鱼”或颚针鱼)。十八世纪加伏里尼重新发现颚针鱼目(Beloniformes)(或另立海龙目,Syngnathiformes)海龙科,尖海龙(Syngnathus acus)的雄鱼腹面有“孵卵皮囊”,此皮囊由臀鳍演变而成。卵既在内孵成鱼苗后,皮囊破裂,鱼苗即脱入大海中。雄鱼腹面重行愈合。(参看居维叶于《柏里尼》卷九,章七十六,Belonė 一节所作笺释。)世人由是确知亚氏所解剖而记录的针形鱼,即此尖海龙(中国俗名杨枝鱼)。亚氏误以此雄鱼为雌体,但彼已明识卵袋(骈体)异于子宫。

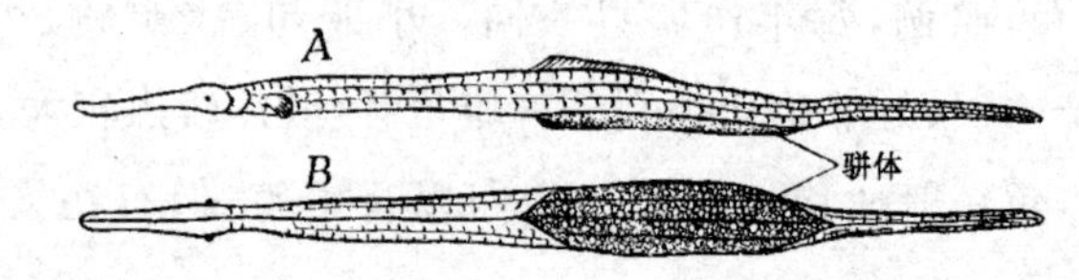

(*A*)有卵袋(骈体)的雄杨枝鱼。 (*B*)卵袋剖开可见鱼卵。

注释图 7. 管鱼(尖嘴杨枝鱼,Syngnathus acus)

② οἱ τυφλῖναι ὄφεις,“盲蛇”,汤伯逊拟为 Pseudopus pallasi,“巴拉氏假足蛇”;参看《埃里安》viii,13 与施那得注释。Δ 今所称盲蛇科(Typhlopidae)动物为潜居蛇,体如蚯蚓,眼小而不明,无毒,尾端钝圆,故亦称“两头蛇”,见于希腊半岛及小亚细亚各地,为蛇类中之小种;无此“骈体”,与本节所指者不合。

③ 这一叙述不见于亚氏生物著作的其他章节,关于虫类幼体——“蛆”与“卵”在发生过程中之分别,参看《生殖》ii,732ᵃ,29,758ᵇ10 等。

当卵已消耗殆尽时，鱼苗的形状有如蝌蚪①，它们在生长中，起初全赖卵中所渗液汁为营养，不进任何食物；随后渐渐地依河水为滋养而发展至完全成形。 568a

当滂都海进行“清除”②时，有一种所谓“菲可”的海藻移至希勒斯滂，这物质是灰黄色的。有些著作家认为菲可的花可制成红色颜料。③ 这藻在夏初来到，这区域的蠔蛎与小鱼便以此物为食料，住在这海边的居民有些就说紫骨螺的特殊色素得之于这海藻。 5 10

章十四

池鱼与河鱼，通例在五个月龄受孕，无例外地都在年终产子。④这些鱼同海鱼一样，雌鱼不在一个时刻尽诞其卵，雄鱼亦不在一个时刻尽洒其精；任何时候雌鱼体内多少保有些卵，雄鱼保有些精。鲤在四季周流中，产卵五或六回，每见较明亮的星座次第升空，⑤它便产一回卵。嘉尔基鱼年产三回，其他的鱼只年产一回。它们都觅取江河溢流所成的浜泊以及沼泽的苇丛而产卵；鲂鱼（虎鲉）与淡水鲈鱼可为这些鱼的示例。 15 20

---

① γύρινοι，“蝌蚪”，这一名词不见于亚氏著作其他章节，此节疑出伪撰。

② καθαιρομένον ἐπιφέρεται ... φῦκος（“大海清除……海藻”）措辞颇为别致。但普卢塔克《道德文集》（*Opera moralia*）456c“惩愤篇”（de ira cohib）亦有相同措辞。又，亚氏著作中《宇宙》(5)397a33 亦有相似语：“经一阵暴雨，大地得以清除。”

③ “菲可藻”（φῦκος）可制红色或紫色颜料，见于色乌弗拉斯托《植物志》iv，7。

Δ④ 雅典历末一个月“年终”为斯季洛福里翁月，当中国小满芒种两节气，夏至为年初。参看本书卷五，543b7。

⑤ 指各季节之明星，例如大角（在牧夫座中），织女（天琴座），闪流（在猎户座之天狗间）等。参看《柏里尼》xi，14。

大鲶鱼[①](格朗尼)与淡水鲈产子作连续的长串,如蛙卵[②];淡
25 水鲈的卵旋绕着苇梗,实际也是串联的,沼泽渔人可像从纺锤上放开线来那样,从苇梗上反转而脱出那串鱼卵。较大的鲶鱼产卵于深水,有些在一㖊深处,较小的则在较浅的水中产卵,一般都靠近
30 杨柳或其他树根或芦苇苔藻之属。这些鱼有时一大一小互相缠泳,俾其雄性洒精与雌性泄卵的"生殖管道"口——有些著作家称
568[b] 之为"脐"——两相凑合。这样既经洒精的卵在一天或一天前后便生长起来,颜色转白,体亦增大,隔不久,便可见到眼睛出现,一切
5 鱼类与其他一切动物相同,这些器官最早显著而且是大得与全身不相称的。那些未与雄精接触的河鱼卵则像海鱼的未受精卵一样,不生鱼苗,成为废卵。小鱼在受精卵中生长后,它脱出一层类
10 似皮鞘的物质——这就是包裹着卵与鱼胚的膜。卵经混合于精液后,变得颇为黏稠,而胶着于树根或任何在那原产卵处的事物。产后,雌鱼游去,雄鱼守伺在产卵处的主要地段。

15 大鲶鱼从卵中生长特慢,因此雄鱼便得伺守四十至五十日,以防止其子卵被偶尔游过的那些小鱼所噬食。[③]于发生的迟缓而言,其次为鲤。鱼类一般很快地损失它们的卵,即使是那样伺守着的鱼卵也不免。[④]

---

① 现代欧洲鲶(鲇)鱼,如格朗尼鲶(Silurus glanis),雌鱼产卵于穴中,雄鱼洒精后皆离去,与亚氏此处所言"格朗尼"(γλανειs)产卵情况不符。亚葛雪兹(Agassiz)(美国艺术与科学研究院汇报 iii,325－334 页)谓希腊别有一种鲶鱼,彼订定其学名为 Parasilurus aristoteles,"亚氏拟鲶",产卵习性与此节所述相符;现代希腊仍沿袭旧名,称此鱼为"格朗诺"(γλανοs)。此鱼与北美所称"猫形鱼"(catfish)相近。

② 淡水鲈卵作一串串同心链圈,包裹于一胶质网膜中;颇似蛙卵。

③ 参看下文卷九,章三十七,621[a]25。

④ 原文含糊,各本译文相异;狄脱梅伊解末一分句为"大鲶鱼与鲤鱼也很快散失它们的卵"。

某些较小的鱼类，在三日之后便有鱼苗〈从卵中〉[①]发生。凡属受精卵，从受精时起，随即继续不息地长大。大鲶鱼卵像豌豆大，鲤鱼及鲤属各品种的卵像稷粟大。 20

这些鱼就是这样产卵并繁殖的。至于，嘉尔基鱼[②]，密集成群，聚游而产卵于深水处；称为“蒂隆”[③]的那种鱼也成群地产卵，其产卵场则在浅滩之有庇护处。鲤、巴来鲈鱼以及一般的鱼都要在产卵时努力泳向浅滩，常见到有十三四条雄鱼追随着一条雌鱼泳进。当雌鱼产卵而去，雄鱼就跟着洒精。大部分的卵是归于废坏的；因为，雌鱼在产卵时是游动的，卵便散开，好些为流水带走，不附着于任何物质[④]。除了鲶鱼之外，他鱼均不伺守鱼苗；只是鲤鱼，据说，卵体倘碰巧成团地躺在一处时，它也会留着守伺在那里。 25 30 **569a** 5

各种雄鱼均有精液，惟鳗鳝（海鳝）独为例外；鳗鳝的雄性无精，雌性无卵。鲱鲤从海中向上泳进江河与沼泽；鳗鳝与之相反，自沼泽与江河向下泳入于大海。

章十五

[⑤]于是，这已说明了，绝大多数的鱼是从卵发生的。可是，有些鱼会从泥与沙中发生，即便是那些经过交配与产卵发生的鱼类也有从泥沙发生的。这里那里的池沼常见有这情况，克尼杜附近 10

---

① 照狄校增〈ἀκῶν〉。

② “嘉尔基鱼”此节列淡水鱼中；另如卷四，535^b18，卷八，602^b28，卷九，621^b7 列于海洋鱼类中。

③ 参看本书卷八，章二十，602^b26 及注。

④ ὕλην，“物质”，C^a 抄本作ἰλὺν，“泥土”。

⑤ 圣提莱尔与狄校均认为此章系伪撰。

15 的一个池沼尤为著名。据说这池沼在天狗星照临时,有一个干涸期,泥全干燥①了;〈一阵雨后,〉②池中又始有积水,而池中一见有水便也就见到成群的小鱼出现。这样发生的鱼是鲱鲤属的一个品种,约像小鰛那么大小,这品种既不是正常交配的产物,这些鱼也
20 就全没有精与卵。在小亚细亚,一些与大海不相通的河流中,也在相似的情况下,找到有如小白鱼③那样的小鱼,品种则与克尼杜附近涸沼中所茁生的那些小鱼相异。有些著作家真认为鲱鲤是全属④自发生成的。他们这种记载是错误的;因为鲱鲤的雌性实见
25 有卵,雄性有精。由泥与沙中自发生成的,仅是鲱鲤的诸品种之一。

以上列举的事实足够证明某些鱼类不经交配亦不由卵生而是自发生成的。这类既非卵生又非胎生的鱼都出于两个来源,泥或
30 沙与腐败物质所起的泡沫;譬如所谓"亚菲伊"鱼⑤的"泡沫"便发生于沙地。这种小鱼不会长大,也不会繁殖自己的种族;生活一回
569b 以后,它便死亡,另一些小鱼又出来接替它的位置;这样,不算那些短命的,而以其中长寿者为准,这也可以说它能活上一个年头。总

① 贝本ἐξηρεῖτο,"干燥";奥-文从伽柴本揣为ἐξήραντο,"干涸";狄校作ἐστερεοῦτο,"干硬"。

② 照狄校增〈ὄμβροις〉。

③ ἑψητός,斯卡里葛谓系一种可以煮食的无名小鱼。这鱼名另见亚里斯托芳《胡蜂》679。

④ πάντος,"全属",狄校揣改为 ταύτῃ,"这样"。

⑤ "亚菲伊"(ἀφύη)盖指(一)鲱科各种小鱼如小鰛(小沙丁鱼)、小鳎(atherine)(我国《动物学大辞典》称"银汉鱼"或"矶鳎");(二)或为胡瓜鱼属(Osmerus)的沙滩香鱼(sand smelt)。此类小鱼均产卵浅滩,幼鱼密集成团,渔人以扒网捞取,煎熟后售于贫民。亚得里亚海及法国马赛港渔民迄今仍称之为"无亲鱼"(nonnati),意谓沙滩所茁,非由鱼生(见于法布尔著作)。

之，它只自大角星升上秋空①起，活到春季而止。在冷天你是捞不到它们的，只在暖和时可被捞获，这足证它们是泥土的产物，这时爬出泥土来取暖了；又，当渔人使用扒网，河底屡经拖扒时，这鱼便出现得较多，品质也较佳。其他的小泡沫鱼因生长迅速，均较“亚菲伊”的品质为逊。

亚菲伊鱼在晴天阳和，水土温暖之际发生于有庇护的②沼泽地区，有如雅典附近，在萨拉密与色密斯托克里墓附近以及马拉松这些地区，③都有泡沫发生，也就都有这种鱼。显然，这种鱼就是这种地区与这样气候的产物，这种鱼往往在一阵暴雨之后，浮起的泡沫之中出现，由此衍生了“泡沫鱼”这名称。在海上，天气晴和时偶然也有泡沫浮起海面。[又，在这里水面上形成的所谓泡沫（小鱼），像肥料中一时丛生的蛆那样，也可收集起来；因此这种泡沫（小鱼）常从大海中捞取回来。这种鱼在湿热的气候中产量最多，品质最好。]④

平常的亚菲伊（小鱼）实际是亲鱼的子女：这些都是微小得真不足道的鲄鱼苗，它们形似潜居泥土中的鲄鱼。由法勒里亚菲伊长成为“孟白拉”⑤，由孟白拉而得“特里基”（“毛鱼”），由特里基而得“特里嘉”鱼（“大毛鱼”）；又从某种亚菲伊（苗鱼），譬如雅典港内

① 约当九月中旬。

② 贝本ἐπισκίους，“有庇护”或“荫蔽”；奥-文校本谓宜作εὐείλοις，“向阳”。贝本ἑλώδεσι，“沼泽”或“低洼”；Dª 抄本与亚尔杜印本作ἀλεεινοῖς，“温和”。

③ 参看普卢塔克：《列传》“忒密斯托克里传”（Themistocles）xxxii；宝萨尼亚斯：《希腊风土记》i，1（“雅典风土”）。

④ [ ]内文叙述含糊显属伪撰。

⑤ μεμβράδες，“孟白拉”，或作 βεμβράδες，“培姆白拉”指鳁科（或称鲱科）的小鱼。φαληρική，“法勒里小鱼”取名于雅典附近的法勒里海湾。

所得的那种亚菲伊，长成为所谓恩格拉雪戈卢鱼[①]。另有一种亚

30 菲伊是由小鳁[②]与鲱鲤滋生的。

泡沫小鱼是多水分的，如曾言及，只能保持一个短时期，最后只剩些头与眼睛。可是近年的渔人新得了一个远距离运送的方

570^a 法，小鱼经过盐渍便能久储。

章十六

鳗鳝(海鳝)不是交配的产物，也不是卵生的；既不见它们产卵或洒精，解剖之，亦不见其内部有储精与产卵的管道。实际上这是

5 有血动物中惟一的[③]既不交配又无卵体而出生的种族。

事实确乎如此。有些积水而多泥的池沼，在水已泄干，泥已扒去之后，一经阵雨，鳗鳝重又出现。但在旱时，虽沼中还有积水，却不见

10 有这鱼：由此推论，它们是凭雨水而得以生存并由雨水为之滋养的。

于是，它们不经交配也不由卵生是无疑的了。可是有些著作家认为它们是能生殖其种族的，因为在有些鳗鳝中找到一些蠕虫，

15 他们便设想鳗鳝是这些蠕虫长成的。这一意见实不正确。鳗鳝是由所谓"地肠"[④]长成的，"地肠"是在泥或湿地中自发生成的；实际

① 此节所存录的小鱼名都是鲱科(Clupeoidae)小鱼。现代希腊人称小沙丁聪耳鳎(Sardinella aurita)为 φρίσσα(弗里柴)；称鬣(pilchard)为 τριχίας(特里嘉)；称某种小鲱或小鳀为ἰγκρασίχολος(恩格拉雪戈卢)。参看卷八，598^b13"特里嘉"注。

② μαινίs 应相当于现代希腊的 μαίνουλα，即"普通小鳁"(Maena vulgaris)或其近属，为地中海最常见的廉价鱼。意大利人称之为 mendola，"穷人鱼"。参看《雅典那俄》vii，313。

③ 原文 ὅλον，"整个"，施那得揣拟为 μόνον，"惟一的"。

④ "地肠"(γῆs ἔντερον)，贝克译《生殖》卷三，762^b26 注，谓此即取名为戈尔第(Gordius)的"圆蠕虫"。参看施那得《历代鱼学书籍丛考》38 页，323 页。

上曾偶可见到这种泥蠕虫蜕变而成鳗鳝，另也有因挖泥或开浚的机会，泥蠕虫暴露，因而得见这情况。这种泥蠕虫在陆地与海中都有，凡海中富于水藻处与河泊沼泽的岸边积有腐坏物质处尤多：因为在这些涯涘，经烈日的曝晒，物质迅速腐朽。鳗鳝的生殖就是这样。①

章十七

鱼类之产卵季节及其方式不全相同，妊娠时间也不是一样长的。

交配之前，雌雄鱼集成大群；到了媾合与分娩时刻，各各成对的泳去。有些鱼的怀卵期②不超过三十日，另些较短；但所有鱼类的妊娠日数均为七的乘数。有些人称为“麦里诺”③的那种鱼，其妊期在鱼类中为最长。沙尔古④鱼在波赛顿（海神）月（十二月）受孕，怀卵三十日；鲱鲤诸种之一，有些人称之为“启隆”鲻的，与“米克松”⑤鲻在相同季节受孕，怀卵期亦相等。

各种鱼在妊娠期间当是颇为辛苦的，所以在这期间它们会得跳上岸滩。有些孕鱼因辛苦而极为狂躁，竟然跃上了陆地。它们在整个期间总是不息地运动着，直至分娩完毕而止——鲱鲤于这

---

① 鳗鳝生殖实况见本书卷四，538ᵃ3。

② 本书卷五，章九。

③ μάρινος，“麦里诺”当即本书卷八，602ᵃ1 之 μύρινος，“米里诺”鱼，未能考定今为何鱼。

④ 此节所述沙尔古鱼与本书卷五，543ᵃ7，ᵇ8，卷六，591ᵇ19 所述的妊期相异，或为两个不同品种。

⑤ “米克松”（μύξων）当为灰鲱鲤的另一品种。阿朴斯笃里特谓在今嘉尔基与米索朗季两地所称“米克雪那”（μυξινάρι）为 Mugil saliens，“跃鲻”。

情况尤属显著——分娩后,她们就归于安静。有许多鱼,因为有蛆
10 出现于腹内,终止了分娩;那里发生活的小蛆,把卵体吃光了。[①]

群聚鱼类均在春季产卵,实际上大部分是在春分前后;其他的鱼类另在别的季节,有些在夏季,另些约在秋分前后。

群聚鱼类中最先产卵者为鳎[②](银矶鱼),它在靠岸很近处产
15 卵;产卵最晚的是头鲱鲤:这可由鱼苗的发生情况为证,人们最先见到小鳎群,最后见到小头鲱鲤群。鲱鲤产卵亦早。[③] 萨尔帕鱼常在初夏产卵,偶亦有在秋季产卵的。"奥洛比亚"鱼,有些人称之为"安茜亚"鱼(圣鱼),[④]在夏季产卵。产卵期挨次为金鲷、鲈、谟
20 米卢鱼[⑤]以及那些绰号为"竞游者"(洄游鱼)的鱼类。集群鱼类产卵最迟者为红鲱鲤(鲂)与鸦鱼(鹃鸡鱼);这些鱼秋季产卵。红鲱鲤的卵产于泥上,因为泥常寒冷,红鲱鲤等着泥暖,便迟于产卵。鸦鱼孕卵甚久;它原生活于崎岖的石层海底,游行甚远,产卵于海
25 藻丰美之处,为期已后于红鲱鲤。小鳂在冬至前后产卵。其他鱼类,如远洋鱼,大多数在夏季产卵;渔人们在这时期捉不到这些鱼,

---

① 贝本ἐξελαύνει,"逐出"。兹照奥-文校注ἐξεσθίει 译;参看《雅典那俄》vii,324[a] 述及鲂鱼(τρίγλη)腹内有蛆,"吃掉"原卵。

② 现代希腊所称ἀθερίνα 为 Atherina hepsetus,"七棘矶鳎",这种小鱼随处都有,依原字义为"贱物"。

③ 各种鱼类的产卵期,可参看本书卷五,章九章至十一。

④ αὐλωπίας(奥洛比亚),《里-斯字典》谓是鲭鱼属之一品种。ἀνθίας(安茜亚),另见下文卷九,620[b]33;依居维叶与梵伦茜恩分类为 Serranus anthias,"神鮨"。埃里安《动物本性》xiii,17 所叙安茜亚鱼较此节所叙者为大,居维叶另考订之为 Thynnus alalonga,长鬓金枪,体长约七尺。《雅典那俄》viii,282[c] 所录圣鱼为 καλλιώνυμυς("鲔")及ἔλοψ("海鲢")。

⑤ μόρμυρος(谟米卢)鱼另见《埃里安》v,44;依居维叶考订,今希腊所称 μουρμύριον(谟米里翁),为 Pagellus mormurus,谟米卢叶片鱼。有些抄本作ὀσμῦλος,"臭鱼"。

这证明它们均向远洋去了。

常见的鱼类中，小鳐孕卵最为繁饶；软骨鱼中鮟鱇卵最多。可是鮟鱇的鱼样（标本）颇不易得，因为雌鮟鱇成团地产卵于近岸之处，这些卵便容易被毁灭。[①] 常例，软骨鱼类既属胎生，小鱼的数目总较其他鱼类为少；至于它们的小鱼则因体型较大，成活的机会却是较多的。 30 571a

所谓管鱼（杨枝鱼）产卵期是迟的，它们大多数均在产前因卵体长大而下身破裂；它们的卵体既大，为数便不那么多。[②] 鱼苗簇聚在亲鱼身边，像许多小蜘蛛，这鱼使所产幼体附着于自己身上；谁触及它的幼体，它便游开去。银矶鱼产卵时把腹部擦向沙滩。金枪鱼因脂肪太多，下体也会破裂。它们存活两年；[③]这年龄是渔民们由下列情况推论的，凡幼小的金枪鱼在今年少见时，成熟的金枪鱼亦必在明夏少见。[④] 他们认为金枪鱼（桑尼）较贝拉米鱼大一岁。[⑤] 金枪鱼与鲭鱼[⑥]的交配期约在埃拉弗布琳月（二至三月），产卵则在希加通培恩月（六至七月）[⑦]；它们（鲣）产下的卵裹在一个袋状的囊中。小金枪鱼（鲣）生长颇速。某种雌金枪鱼（鲣）在滂都（黑海）产卵以后，从卵中出生被称为“斯戈第拉”的那种幼体，鱼苗在几天以内便长得相当大，拜占庭人因而名之为“渥克雪特”（速生 5 10 15

① 参看上文，564^b18 注。

② 已见上文 567^b24 注。

③ 《柏里尼》ix，15(19)。

④ 《雅典那俄》vii，303。

⑤ 本书卷五，543^a1 贝拉米鱼注；下文“斯戈第拉”(σκορδ ύλαs)柏里尼称戈第拉。

⑥ 鲭(Scombridae，鲭科)，今意大利称 scombro；参看本书卷五，543^a2 κολ ίαs“花鲭”注。

⑦ 金枪鱼繁殖期参看上文 543^b13 及注。此处所言金枪鱼当为它的近属，鲣鱼。

长体)αὐξίδας;这些鱼(鲣)同小金枪鱼一起在秋季游出滂都,到来年春季也像“贝拉米”鱼那样回入滂都。照通例,鱼一般皆迅速生长,[①]但在滂都海中各种鱼的生长特别显著;譬如,弓鳍金枪鱼,人们可以很[②]清楚地每天看到它大了一些。

我们还须记住,同一种鱼在同一地区所感受于气候者并不绝对相同,于交配、受孕、分娩,也不是完全一致的。譬如鸦鱼在有些海区于麦收时产卵。凡这里所陈述的都是从大多数的情况而说的。

海鳗鲡(康吉鳗)也产卵,这在各个地区不是同样显而易见的,由于有油脂的原因,这也使鳗卵难于识别;海鳗鲡所产卵,如蛇所产卵,作狭长形。可是,你倘置鳗卵于火上,就可明见其本原:脂肪熔化而蒸发,卵便爆动着,终于开裂,作出毕剥声。又,你若摸这物质,用指搓捻,你当感到那光滑的油腻中含有卵的粗糙颗粒。有些海鳗鲡有油而无任何的卵体,另些无油而有这里所说的卵。

章十八

这里,我们对于翔空或潜水的动物,和行走于陆地而卵生的动物,凡属它们的交配、妊娠以及与这些相关的情况,已讲得颇为详尽了;现在该研究那余下的胎生的陆地动物与人类有关这些方面的情况。

关于两性交配所作的叙述,一部分适用于个别种属,一部分普

---

① 《柏里尼》ix,19。

② P,D[a] 抄本 πολλαί,“许多”,依汤校改为 πάνυ 译。弓鳍金枪鱼参看施那得《历代鱼学书籍丛考》345 页。

遍适用于一切生物。一切生物所共通者:于性欲的要求与色情的 10
快感,皆最为激动。雌性在分娩以后,雄性在交配时期,最为烦躁;
譬如牡马在这时期便互相咬啮,颠覆乘骑的人,并追逐他们。野
彘[①]这时候虽因媾合而致虚弱,总是异乎寻常的凶猛,拼命互斗, 15
擦身树干,练使皮厚,或入泥淖,一再打滚儿,沾上满身的烂泥,然
后在阳光下晒干,这样,好像替自己装上了甲胄。它们各想把对方
逐出自己食息的山林,于是互斗得那么剧烈,常至于两皆伤亡。雄 20
牛、公绵羊与公山羊情况相似;平时它们一同食息,到繁殖季节就
各自为主而互相争吵了。雄骆驼在交配时,倘任何人或任何骆驼
向它走近,它立即发作其坏脾气;至于马,[②]则雄驼是任何时候都
预备同它搏斗的。野兽都是这样。熊、狼与狮在这时期,对于它们 25
路上逢到的任何动物都是要逞其凶猛的,但这些动物的雄性因为
平常不是群居的,所以相互间的争斗比较少些。母熊产后与母狗
产后都是凶猛的。 30

雄象临当交配时是野蛮的,据说,正为此故,印度的驯象者永不
让雄象与雌象交配;驯象者住屋本不坚固,若雄象因行交配而野性
发作,这就会把那住处捣得天翻地覆,把什么都搅烂。他们又说起 **572[a]**
丰富的食料能诱使雄象稍就安静。[③] 他们另把一些象带到那发野的
雄象这里,让这些外来的象突然闯入打击它,并迫使它安静下来。

动物不在专一季节交配而四时常行交配者,例如驯养的家畜, 5

---

① 安底戈诺《异闻志》102(110)。

② 《希罗多德》i,80;色诺芬《居鲁之幼年教育》(Cyropaidia),vi(2)18 等;《埃里安》iii,7 等;《柏里尼》viii,26,均述及骆驼于马似怀隐恨,若有世仇。

③ 《埃里安》x,10;xii,14。

若猪与狗等,因时时得遂其性欲,这种狂态比较要少发作些。

雌动物中牝马的性欲为最炽盛,其次为牝牛。牝马之就牡马
10 者世称"马狂热",[①]这一名词人们便用来羞辱纵情失贞的妇女。母猪之就公猪也显见有这样的热情。据说,牝马此时若不凭牡马受孕,它会得风孕[②],为此故,克里特岛人从不使牝马间无牡马;苟
15 牝马发情而不见牡马,它会离厩狂驰。在这样热狂中的牝马总是向北或向南奔跑,从不向东西。在热狂未息前,它们不让谁何走近身边,尽奔着直至疲乏[③],或面临大海而止。到这地步,它们会泄
20 出一种名为"希朴曼尼"("马狂")的物质,这一名称原以指新诞驹身上的一个生体;[④]这物质与母猪的"卡伯里亚"[⑤]相似,为药业妇女所搜求的灵药。当发情的时期,牝马常向它马挤得很紧,频频摇

---

① 《埃里安》iv,11。又参看《生殖》卷四,章五,773^b25-30。

② 母马风孕的传说,迭见于古籍梵罗《农事全书》ii,1,记罗西坦尼亚(今西班牙境)滨海地区的奥里雪帕(Olysippo)市镇圣山上来的风,每使牝马受孕。这类"风生马"(ὑπηνέμια)寿命不过三年。朱斯丁《菲力史》(Justin: *Hist. Philip*) xliv,3,亦记有罗西坦尼亚与太古(Tagus)河交汇处的风生马。奥古斯都《天国》(Augustus: *de Civ. Dei*)述及喀巴杜阡(今土耳其境)山区的风生马。《柏里尼》viii,67,魏尔吉尔《农歌》iii,273 等书亦各有所存录。风马故事源出于荷马《伊利亚特》xx,223;该节谓埃力索尼(Erichthonius)的牝马感北风而怀妊。

③ πόνον,"疲乏"。依威廉译本 desiderium,"忧伤憔悴",则原文盖为 πόθον,"苦恼"。

④ 《柏里尼》viii,66,述"马之繁殖"章与本书下文 577^a8-11 略同。"初生马驹额上有一种称为'马狂'(ἱππομανές,hippomanes)的爱情毒药,像干了的无花果那样大,黑色,这物体在驹才落地时,母马便舐吃了,它如未吃得这物体,便不让它的生驹就乳。人在母马未吞食前取去此物,把它储藏起来;中这物体气味的人会发生情欲狂疾。"《埃里安》,xiv,18,言"马狂"有两种,其一为驹额上物,另一为生殖器官排泄物。拉丁古籍魏尔吉尔诗《埃尼特》iv,515 及《农歌》iii,280 亦分别涉及两种"马狂"。参看本书卷八,605^a2。

Δ⑤ καπρία(卡伯里亚),依里-斯《辞典》有两解:(一)豕的卵窠(ovary)(如本书卷九,632^a22)。(二)豕的卵窠排泄物(virus)(如本节及下文 573^b2)。

动其尾巴，嘶声异乎平常，并从生殖器官中流出液体，这种液体与牡马精液相似而较稀薄。有些人认为所称“马狂”应是这事物，不是那新驹身上的生体；他们说这事物，由于每次只渗出一小滴，是很难获得的。又，牝马在发情时，多溺，而且互相嬉跃。这些是有关马的发情现象。

572[b] 母牛奔就公牛；它们在性欲冲动时是无法控制的，也不能在场郊捉住它们。牝马牝牛发情的征象相似，它们的生殖器官耸胀，不断地遗溺。又，牝牛作骑上公牛的姿态，追随着公牛，老是向公牛靠拢。于马与牛而言，年轻的雌性均最先发情；如气候温暖而又身体健康，它们的性欲就更旺盛。牝马倘鬃毛被剪，性欲稍煞，姿貌也显然委顿。① 牡马在交配前只要几天与诸牝马同槽，它就能凭气息认知各个牝马；倘有其他牝马混入，牡马会咬啮，撵走那闯来的。它带着自己的牝马群在一个地区游牧，不与它群相混。每一牡马带三十只牝马，或竟然更多些；倘有一外来的牡马走近，它把牝马拥到一个紧挤的围圈中；周遭跑一趟，于是奔上去对付那新来的牡马；倘牝马有谁移动，它便咬它，把它赶回圈中。公牛在繁殖季节始同母牛一起吃草，并与其他在先一同吃草的公牛相斗，这种情况牧人们称为“拒群”。在埃比罗常有公牛走失三个月不见的事。一般地，可说雄性动物②在繁殖期前均不，或很少，与雌性同栏同牧；动物成年之后，两性分别管理，分别饲养。牡猪，当它们为性欲所冲动时，或说正在“发猪热”时，连人在内，谁都会受到它们攻击。

① 《柏里尼》viii，66。参看《埃里安》xi，18 所引亚氏文。驴亦有相似现象，参看波嘉尔《圣经动物》120 页。

② 原文 ἄγρια，“野生动物”或“野性动物”；依奥-文校作ἄρρενα，“雄性动物”。

于牝狗,这种性欲冲动称为"发狗热",生殖器官此时胀起而且润湿。但牝马[①]在这季节滴着一种白色液。

30 各种雌性动物都会发生经血排泄,但均没有人类的女性那么多。雌绵羊与雌山羊于繁殖季节,恰在受配以前,有月经的征象;才经交配这种排泄物仍然可以显见,以后则不再排泄。到临当分**573a** 娩,又见血出;这种出血过程时断时续,牧羊人凭这征象得知哪一只母羊临近分娩了。分娩以后,这种排泄物为量颇多,起初血色尚浅淡,继而逐渐加深。母牛、牝驴与牝马的排血实际更多,但以它5 们的体型较大而论则为量应说较母羊为少。以母牛为例,发情时所排的这种血液约有半个戈底里[②]或更少些;正当排泄经血的时候是公牛与之交配的最合适时候。所有四脚兽中,母马的产驹最10 易,产后排泄最少,出血量最少;这是凭体型大小的比例说的。牝牛牝马的行经期常为二、四与六个月的间断;[③]但人们若非久于畜牧而熟识这些动物的生活者,很难确知这些情况,因此许多人贸然15 相信这些动物全不行经。

骡全不行经,但牝骡的尿浓于牡骡。常例,膀胱的排泄物,四脚兽的尿浓于人尿,雌绵羊与雌山羊的尿浓于雄绵羊与雄山羊;但20 牡驴的尿浓于牝驴,公牛尿较母牛尿为臭。四脚兽分娩后之尿较以前为浓,动物之比较少尿者,于此尤为显著。在繁殖季节的初生乳汁似脓,但分娩以后渐渐良好。妊娠期雌绵羊与雌山羊均加餐

---

① 原文 α ιδ' ἵπποι,"但牝马";依上文,应为"牝狗",也不需"但"字。

② 每一"戈底里"(κοτύλη,量杯)当今约四分之一公升;六个"居阿索"(κύαθοι)为一戈底里。

③ 依伽柴及斯卡里葛译文,此处应为"牝牛牝马停经后三个月,受孕的征象可得识知"。

而增肥；母牛亦然，实际也可说一切四脚动物无不然。 25

一般动物的性欲炽于春季；可是，交配季节便不尽相同，这须由哪一季节适宜于各该动物的幼体哺育来选定交配的季节。

驯养的豕怀孕四个月后诞生小猪，一胎最多二十只；苟小猪生得实在太多，母猪就不能全数哺育它们。① 母猪渐老仍继续生育， 30 但对公猪逐渐不感兴趣；它在一次媾合便可受孕，但牧猪者须使公猪数度与之交配，因为它在交配后掉落所谓“卡伯里亚”（母猪卵巢排泄物），所有母猪都会发生这种事件，其中有些母猪就把生殖精 **573**b 液一同排出了。在妊娠中，同胎而有损伤或特为矮小的豕婴称为“畸零豕儿”（后胎）；②子宫任何位置均可发生这种损伤。产后母猪以最前面的乳头喂最先诞的豕婴。母猪发情时，不可立即使就 5 公猪，应该待耳朵下垂以后方可交配，否则它会再次发情；倘俟其发情充分以后成配，如上所述，一次配合便可成孕。③ 公猪在交配期间，宜饲以大麦，母猪在分娩期间，宜饲以煮熟的大麦。有些猪 10 早年所怀胎可得好小猪，另些母猪在年龄和体型增长后所生小猪比前为佳。据说，母猪若被敲出一眼，几乎是随后必死的④。大多数猪活十五年，但有些几及二十岁。⑤ 15

章十九

雌绵羊经与雄绵羊交配三或四次而受孕。倘媾合后遇雨，雄

① 《柏里尼》viii，77。

② 下文 577b27；《生殖》卷二，章八，749a1；卷四，章四 770b7 等。

③ 已见本书卷五，546a26。

④ 《安底戈诺》110。

⑤ 奥-文校本此句加[ ]。

羊应再度授精[①]于雌羊;雌山羊情况相同。母绵羊常产二羔,有时
20 或三或四。绵羊与山羊妊期均为五个月;所以阳和地区的羊群得
良好饲料而生活舒适者,可年产二胎。山羊寿至八岁,绵羊十岁,
但大多数没有那么寿长;可是那些“领队羊”[②]寿特长,有活到十五
25 岁的。牧羊人于每一羊群均训练一只公羊为领队。牧羊人呼它的
名字时,它就领着群羊行进。这一任务都是从那公羊很年轻时就
开始加以教练的。埃塞俄比亚的绵羊寿至十二或十三岁,山羊十
30 或十一岁。[③] 于绵羊与山羊而言,两性皆可终身施行交配与繁殖。

绵羊和山羊的双胞,或由水草丰美之故,或因母羊本为双胞羊
种或因公羊本为双胞羊种之故。[④] 这些羊,有的诞生雄羔,有的诞
574^a 生雌羔;小羊之或雄或雌与亲羊所饮水有关,也与公羊有关。倘交
配时吹着北风,所诞多雄;倘值南风,多雌。[⑤] 常产雌羔的母羊若
在交配时注意使受北风或面向北方可能改产雄羔。惯在早晨[⑥]受
配的母羊不愿让公羊在晚间交配。小绵羊的〈毛〉或白或黑,视公
5 羊舌下血脉颜色的或白或黑而定;公羊在这里的血脉白色者,小羊
便为白色,黑色者,小羊为黑,倘黑白俱见者,小羊兼有黑白两色;

---

① 原文ἀυακυΐσκει 字义可疑,姑作“再授精”解。

Δ② ἡγεμόνες 原义“酋长”,以称羊群领队之老羊。羊群中老羊项上系铃,出牧与归栏,群羊从其铃声为进止。参看《伊利亚特》vii,196。

③ 《柏里尼》viii,75。

④ 色乌克里图:《渔牧诗篇》i,25;《梵罗》,ii,2。

⑤ 《埃里安》vii,27 述绵羊羔之雄雌所由分,与此节略同。又参看《生殖》卷四,章二,766^{b}29—34;《柏里尼》viii,42;《哥吕梅拉》vii(3)12,引亚里士多德语;《农艺》xviii,3 引第蒂谟斯(Didymus)语。

⑥ πρω,“早”,伽柴等译本作“早晨”,施那得作“早季”(或“季始”),下文作“晚季”(或“季末”)。

倘公羊这里的血脉为红色，小羊为红色。[①] 雌羊之饮盐水者，受配特早；在分娩前后，羊的饮水中均应加盐，春季饮水亦应加盐。[②] 10 牧羊人于山羊不设领队，这动物颇不安静，善于跑跳，常是漫游而不知所归。在预定的交配季节，若羊群中的老辈均急于求偶，牧羊人认为是羊群兴旺之征；[③]如只晚辈急于求偶，则羊群将衰。 15

章二十

狗有数品种，其中，拉根尼亚（斯巴达）猎犬，牝牡均足八月而适于育种：约在这年龄，有些狗举起后腿而遗溺。雌狗经一次交配即行怀妊；这在雄狗瞒过主人而与雌狗媾合时可得证明，它们偶一 20 得遂，便已成孕。[④] 拉根尼亚雌狗妊期为六分之一年即六十日：其稍长者或多一、二至三日，稍短者只少一日。稚狗诞后，经十二日而开眼。母狗产后，六个月再度发情，没有更早于六个月的。有些 25 雌狗妊期为五分之一年即七十二日；所生稚狗十四日后开眼。另些母狗妊期四分之一年即三个月；所产稚狗十七日后开眼。[⑤] 这些母狗再度发情的时间相同。雌狗行经七日，此时生殖器胀大；主 30 人不让它在此时就雄，须待过此七日，在另七日中使之获配。雌 **574**^{b} 狗发情常例为十四日，偶有延长至十六日者。在稚狗诞生同时的

---

① 《柏里尼》viii，42，所记略同，但无“红色”分句。参看魏尔吉尔《农歌》iii，387；《梵罗》ii，(2)4；《哥吕梅拉》vii，(3)1；巴拉第奥：《农牧作业》viii(4)2；《农艺》xviii，6。

② 《异闻》150；《柏里尼》xxxi，7。

③ 古代牧人以此为其年冬季早临并酷寒的预兆；参看下文575^{b}20。又亚拉托：《神兆与物象》336；《埃里安》vii，8；色乌茀拉斯托：《季候》(*de Sign. Temp.*)113，124页(文默尔编校本)；《农艺》i(4)2。

④ 《柏里尼》x，83。

⑤ 《柏里尼》x，83；浦吕克斯，《词类汇编》v，52。

5 排泄物颇为稠厚而是黏液质的。[凭其体型而论,〈这排泄物〉[①]为量不怎么多。]母狗常在产前五天开始泌乳;或在七天前,或在四天前;产后乳汁即可供稚狗吸饮。拉根尼亚雌狗,在交配后三十日开
10 始有乳。乳汁初稠,逐渐转稀;狗乳较任何其他动物的乳汁为稠,惟猪乳与兔乳为例外。雌狗长足时可受配而育种;长足的标志像女人一样,胸部乳头胀大,乳房内生成弹性肌体。[②] 可是,这一经过,在母狗乳房的发育是极轻微的,只有专业于育狗的人才能察
15 识,乳房变化只见于雌性,雄狗没有这些变化。常例,雄狗在达六个月龄后,遗溺时举起其后腿;有些狗在八个月龄才作此姿态,有些不足六个月便已这样遗溺,一般地说来这种姿态表明〈童狗期已
20 过去,〉现在已是一只成年的壮狗了。[③] 雌狗遗溺时下蹲;举腿为极稀见的例外。母狗一胎常产五六稚狗,最多有达十二只的;偶或
25 一母狗只产一稚狗。拉根尼亚猎狗通常一胎生八稚狗。[④] 成年的狗,两性均终生可以配种。[⑤] 于拉根尼亚猎犬,曾见有一特异的现象:雄狗经劳苦工作之后,较之在闲散之中,更积极于求偶。[⑥]

30 　　拉根尼亚种雄狗寿至十年,雌狗十二年。他种雌狗活十四或
575a 十五年,但也有活到二十年的;为此故,某些荷马研究家认为奥德

---

① 依狄校增〈τῆς καθ άρθεως〉。

② 参看医学家埃底奥《医诫》(Aetius:*Sermons*)xiii,36,称雌性动物乳房发育过程为“软体化”(χονδρ ίασις)。

③ 依贝本ἰσχ ύειν ἄρξωνται 译;P,D^a 抄本作ὀχε ύειν ἄρξωνται,“已可开始配种了。”

④ 《柏里尼》x,83。

⑤ 与本书卷四,546^a28 异。

⑥ 参看《柏里尼》x,83;《埃里安》iv,40;《安底戈诺》112。

赛诗篇中说攸利茜兹所畜的狗死于二十岁是确当的。[①]于拉根尼亚猎犬,因雄犬一生要辛苦得多,它比雌犬总是寿短一些;其他种属,虽常例为雄长于雌,但两性间寿数之差是不很显著的。 5

狗仅易所谓"犬齿",余齿不换;两性均在四个月龄更换这些"犬齿"[②]。因为它们只易犬齿,而且仅换二枚,难以确见这易齿的经过,许多人便怀疑这一事实,妄想这动物全不易齿;另些人见到 10 了这两齿的脱落与重生,又武断这动物挨次更换全套齿牙。人们检查狗齿以别狗龄;年轻的狗齿白而尖锐,老狗则齿黑而钝。

章二十一

公牛媾合一次而使母牛成孕;公牛壮猛,母牛不胜其体重而伏于地面,如公牛于这一回授孕不成,须待母牛休息二十日后,再行 15 交配。[③]年龄较大的公牛不肯在一日之间与同一母牛作数次交配,须隔若干时刻可使再度授精。年龄较轻的公牛富于精力,可在一日之间数度交配,并为数母牛授孕。公牛在各种雄性动物中最不淫荡……。[④]斗胜的雄牛与牝牛交配;在交配后正当疲乏时,那只 20 被打败的雄牛又来寻衅,这回,败牛常得占上风。牛之牝牡至一岁而媾合者可能成孕;常例在二十个月前后都能成孕,但一般皆以二岁为牛类繁殖年龄。母牛怀妊九个月,于第十个月产犊;有些人认 25

---

① 荷马:《奥德赛》xvii,326。

② 《柏里尼》xi,63。

③ 《柏里尼》viii,70。

④ 原文显有缺漏。狄校拟其阙文为 ὅμως δὲ μάχεται σφόδρα τῷ ἀντιπάλῳ ὁ βοῦς,"但公牛互斗颇为剧烈"。参看《埃里安》vi,1;可能所漏者不止一子句而为一节牛斗故实。

为牛妊实足为十个月，一天也不少。[①] 妊期不足而先行诞生者称为“流产”，流产的牛犊即便所差日期甚短，皆不能存活，因为它们蹄弱且不完备。常例母牛每胎一犊，产两犊者极为稀有；牛自成年至于寿终，年年可以受孕。

牝牛寿约十五岁，牡牛之曾经阉割者寿数与之相同；但有些体质健康的阉公牛有活到二十岁或二十岁以上的。牧牛人驯养阉公牛，使它们在牛群中担任像“领队羊”相类的任务；这些公牛寿命特长，因为它们〈免于〉[②]劳作而常放牧在丰美的草地。公牛至五岁而盛壮，故荷马研究家盛称它用“五年雄”或“九季牛”这样的名词甚为确当——两词实义相同。[③] 牛两岁而易齿，牛齿像马齿那样，并不同时脱落，而次第更换。[④] 这动物倘脚患有病疽，它尽是肿痛而不会脱蹄。母牛分娩后立即有乳哺犊，分娩前全没有乳。[⑤] 牛乳在凝固时，硬得好像石块；若不先冲以淡水，它便会凝固。小于一岁的牛，不会交配，如果发生这种情况当作怪异或不祥之兆；曾记录有一殊例，牝牡各仅四个月龄[⑥]而行媾合。牝牛一般在柴琪里或斯季洛福里翁月（四至六月）开始配种；可是有些牝牛直至秋季仍能受孕。[⑦] 如牝牛大批就配而受孕，这被认为暴风淫雨的先兆。[⑧]

① 现代动物胚胎学记录母牛怀犊为十个太阴月。

② 照斯、薛等校订本增〈μη〉。

③ 《伊利亚特》ii，403；vii，315；《奥德赛》x，19；xix，420。参看希萧特：《作业与时令》2。

④ 《柏里尼》xi，64。

⑤ 同上，xi，96。

⑥ 璧校 δεκάμηνια，“十个月”。

⑦ 《柏里尼》viii，70；《梵罗》ii，5。

⑧ 参看上文 574[a]15 注所举各古籍。

牝牛放牧时，如同牝马，都靠拢在一处吃草，但靠得不那么近。 20

章二十二

于马而言，牝牡均在二岁而始可育种。但这样早育的实例为数甚少，早育所得的驹躯体特小而孱弱；通常，以三岁为正常的成熟期，两性自三岁至二十岁间之子嗣品质逐岁加强。母马怀孕十 25 一个月，至第十二月而诞生。[①] 公马授孕于母马的日子不是肯定的；这可能在一日之内或二，三日或更多日。驴的交配，较公马为便捷而容易使雌性受孕。马的媾合不像牛那么费劲。马不论牝 30 牡，性欲旺盛，于诸动物中，仅次于人类。[②] 小马如供以良好而逾量的刍豆，可促使其生殖机能提早发育。依常例，母马每胎只产一驹；偶有产二驹者，但绝不更多。曾知有一母马诞育二骡；这就被 576[a] 认为是怪异，而且不祥。

这样，马应是两岁半而适于育种，但性能具足应在易齿完毕之后，至于天阉自不在此例内；可是，这该附带着加以说明，曾有些牡 5 马在易齿过程中竟然使牝马受孕。

马有牙齿四十枚，两岁半时最初脱换四枚，上下颌各二。隔一年后再这样的脱换另四枚，又一组也是四枚则需再隔一年方行脱 10 换；至四岁六个月龄以后不再易齿。曾遇一特例，一匹马在同一时期内尽易其齿；又一特例，一匹马除了它最末这组的四齿外，其余（三十六齿）全部更换：但这类特例是稀见的。[③] 这样，用四岁半的 15

---

① 《生殖》卷四，章十，777[b]12。

② 《生殖》卷四，章五，773[b]29。

③ 《梵罗》ii(7)2;《哥吕梅拉》vi,29;《农艺》xvi。

马来育种,适当它的盛年,自然是很合宜的。

马无论牝牡,均以年齿较大者生殖能力较强。公马会与其所 20 生雌马交配,母马与其所产雄马交配;[①]而且事实上以这样〈近亲〉交配的〈净种〉马群为完美。斯居泰(西徐亚)人对于胎驹即将转动的孕马仍用为乘骑,他们说,这样会使母马产驹时比较轻快。常例,四脚兽伏地分娩,故胎儿均从子宫侧出。可是母马临产直立, 25 从这姿势新驹就落地了。[②]

马一般能活十八至二十年;有些马活至二十五岁或竟至三十岁,至于获得细心调护的马则可能延寿至五十岁;可是一匹马到了 576b 三十岁,大家便认为这已是一匹耄马了。[母马常活二十五年,虽也有寿至四十岁的特例。][③]雄马因育种的任务重大,比雌马寿短;饲养于私厩的马较之饲养于马队者为寿长。雌马至五岁而又长又 5 高,达到十足的体型,雄马则须至六岁;更六年而肥硕,其后壮健有加,直至二十岁而止。这里牝马之成熟早于牡马,但在子宫中,恰如人类的胚胎那样,胎驹之成长过程正相反;[④]于其他动物之 10 〈非〉[⑤]一胎数儿者,也见有这同样现象。

母马哺育骡驹六个月,因为长大了的骡驹拖曳乳头太厉害,六个月后不再喂乳;于普通的马驹,哺乳期要长些。

马与骡在易齿以后,正当盛壮。在完全更换了新齿之后,这就

① 奥维得:《变形》x,324。

② 《柏里尼》viii,66。

③ 此句与上文 545^b18 相异;照狄校本加[]。《柏里尼》viii,65 谓母马寿短于公马。

④ 参看本书卷七,583^b23;《生殖》卷四,章六,775^a9。

⑤ 依狄校增〈μὴ〉。参看普卢塔克:《道德文集》"哲学家的喜悦"(de placit) v. 909B,引亚斯克来比(Asclepius)语。

不易辨识它们的年龄；这样它们在易齿前是带有年龄标记的，易齿后这标记便没有了。可是，易齿以后，年龄还可凭犬齿大体察知；久经乘骑的马，这些犬齿已受衔铁的消磨；未经乘骑的马，其齿大而不钝①，年轻的马，这些齿锐而小②。 15

牡马终身均可在全年各季育种：牝马也可终身就配，但如不加以羁勒或用其他强迫方法，则不是四季皆乐于接受牡马而成孕的。因为没有规定任何禁使牝牡交配的季节，于是，有时所行交配适使其新驹产在哺乳困难的季节。在奥浦斯③一马厩中有一公马到四十岁时仍用以配种；④在配种时，人得帮助它举起前脚。 20 25

母马最先在春季接受公马。产驹以后，不立即再受孕，只能在隔相当长时间后再度怀妊；事实上这时期倘间隔至四或五年以上，其所育小驹较佳。无论如何，一年的间隔是绝对需要的，在这期间，应任令休闲。⑤ 这样，一匹母马是间歇生育的；一匹母驴则可作不间歇生育。牝马中，有些是天阉，有些妊娠而不能让胎驹长足；据说这种常是流产的母马胚胎有一特殊征象，若把它的胎驹解剖，它的肾脏周遭另见有肾样物体，看来像有四肾。⑥ 577a 5

分娩后，母马立即吞下胞衣，并吃掉那长在胎驹前额上的“马

---

① 贝本 ἀπηρτημένος，“离列”；P、Cª 抄本 οὐκ ἀπηρτημένος，“不离列”，加谟斯法语译文“不全离列”。依斯校“离列”拟改 ἀπαμβλυνόμενος，“钝”；兹依 οὐκ ἀπαμβ，译“不钝”。

② 贝本 μικρός，“小”；P，Cª 抄本 μακρός，“长”；伽柴译本 procerior，“较尖长”。△中国以马齿验马龄的记述见于春秋时，《穀梁传》僖二年，荀息语。

③ 奥浦斯，希腊欧卑亚岛上洛克里族城市，今称达伦太（Talanta）。

④ 《柏里尼》viii，66。

⑤ 《梵罗》ii（7）11。

⑥ 参看《柏里尼》xi，81，“鹿之肾有四叶者”。又，《埃里安》xi，40。

10 狂”这附生体。这一附生体略小于干无花果；形宽扁而圆，色黑。倘在母马旁的人先行取得[①]这附生体，而母马闻到它的气息，它便会发野而且狂逐这气息。正因此故，经营药物及丹方的人竭力搜求，储为奇货。

15 在母马已与一公马交配之后，倘一公驴再与交配，这会破坏先已形成的胚胎。[②]

[因为马性急躁，轻佻而不安定，所以养马者不像牧牛人在牛群中所为，在一马群中选定一匹马，教之以为领队。][③]

章二十三

驴，无论牝牡，均具备生殖能力。其易齿开始于两岁半时；第20 二组齿在下六个月以内更换，再六个月而第三组，第四组的易齿期间亦如此。这第四组齿被称为“仪齿”(年龄齿)。

曾知有一牝驴一岁即怀孕，其驹竟得育成。[④] 牝驴在交配后，若不设法加以阻止，它便泄出生殖精液，为此故育驴者常于配种后加25 以鞭笞，并赶走一程。[⑤] 第十二个月诞生驴驹。大多数的母驴一胎一驹，单胞是常例；但偶尔也有双胞的。[⑥] 上曾言及，母马先交于公马者，其胚胎为后交的牡驴所毁伤；但母马之先交于牡驴者，后交之公马不毁伤其先成的胚胎。[⑦] 母驴在妊娠之第十个月中滋生

---

① φθῇι“先行取得”，威廉拉丁本作 decoxerit，则原文当为 ἐφήσηι，“爱好”。

② 《生殖》卷二，章八，748^a33。

③ 照奥-文本加[]。参看上文 574^a10，羊群情况。

④ 见于本书上卷 545^b22。

⑤ 《生殖》748^a22。

⑥ 《柏里尼》viii，68。

⑦ 《柏里尼》viii，69。

乳汁。产驹后第七日的母驴，若确在此日使之就配，几乎必然成孕；在此以后的若干日则可能成孕而不必然。母驴在白日或在有人傍立时，不肯产驹，临产前必须引它入于暗蔽之处。牝驴若在仪齿更换以前便得胎，它将终生常常受孕；在仪齿更换以前不孕的牝驴终生不孕不育。① 驴寿超过三十岁，母驴较公驴寿长。 30 577[b]

牡马与牝驴或牝马与牡驴进行杂交时比本种交配易于失败（难于成孕）。杂交妊娠期视其雄性而定，如配种者为牡马则妊期如马驹，如为牡驴则如驴驹。至于体型、相貌、活动能力则此驹往往类似母亲，未必多肖其父。这种杂交倘继续进行而无间断，则雌动物将转成不复能产子的母亲②（失却生殖能力）；为此故，育种家在两次繁殖期中，常使有间歇。③ 牡驴或牝驴若非经母马哺乳者，母马或公马均不肯与之配种；为此故，育种家先把驴驹受乳于母马，这种驴驹在畜牧技术上便称为“马哺驴”。④ 这些驴经这样培育后，力能在牧场上骑御牝马，像牡马一样。 5 10 15

章二十四

牡骡在易齿初期可与雌性相媾合，至七岁将能作有效的授精；⑤曾知有牡骡牝马媾合而产一“駃騠”（侏骡）。七岁以后，骡不 20

① 《生殖》748[b]9；《柏里尼》viii，69。

② 《哥吕梅拉》，vi(37)10。

③ 原文欠明晰，此处译文参照《哥吕梅拉》vi(37)10 相符章句意译。

④ 《柏里尼》viii，69；《梵罗》ii，8；《哥吕梅拉》vi(37)8。

⑤ 《生殖》卷二，章八，747[b]24 与此略同。柏拉脱注释，引特格迈耶与桑徒兰：《马、驴、斑马、骡》（Tegetmeier and Sunderland：*Horses, Asses, Zebras, Mules*）80 页：“牝牡骡自相配，或与马、驴等马属牡牝相配，均不能生育”；“雄骡绝无生育能

复与雌性相媾。曾知有一牝骡受孕,但所孕随后未能产驹。[①]在叙利-腓尼基[②],牝骡("半驴")是与牡骡("半驴")交配而产骡("半驴")驹的,[③]但这种驹虽亦像骡,总有些特殊而不同于常骡。所谓"玦騠"(侏骡)是牝马在妊娠期中〈其驴马胚体〉有病的产物,[④]此犹人类之有"矮侏人",猪属之有"畸零猪"。又,玦騠的生殖器官,有如矮侏人那样异常的大。

骡寿颇长。其特例见于记载者曾有八十岁的老骡,这骡生活于雅典建筑大庙的时代;由于这骡的高龄,主人让它自由来往不加羁绊,但它仍继续拉车,有时走近驮马,傍着它们行进,像是鼓励它们努力搬运建筑材料的意思;因此当时的执政作出了规定,公告市民,任何面包房如遇此骡光临就应让玦騠饱食,不得驱逐。[⑤]牝骡较牡骡慢些衰老。有些人说牝骡在尿中有行经排泄物,[⑥]牡骡习于嗅闻这牝尿,因而衰老得快些。有关这些动物的生殖方式就说这么多。

力。"亚氏此节事例盖得之传闻。达尔文《种原》ii(97)102 页亦谓骡曾有产驹者,其后不复主此说。

① 《哥吕梅拉》vi,37 记非洲之骡有产驹者。近代著作如上引特-桑书中谓热带的牝骡偶有怀孕,然必在妊娠初期流产。

② Συρία τῆι ὑπὲρ φοινίκης:自埃及边境延伸于小亚细亚的滨近地中海地区,古时统称腓尼基,叙利亚是这区域的西北部分,兹译叙利-腓尼基。

③ 参看本卷第 36 章;这种"骡"实为"野驴"。

④ 依施那得校订文 ὅταν νοσήσηιἐν τῆιὑστέρα τὸ κύημα,谓"在牝马子宫有病的骡驹"诞为玦騠(γίννη)。《生殖》卷二,章七,748^{b}35,谓"马与驴配,而胚驹在胎中有病,则产为侏骡"。狄校据此增〈τὸ συλληφθέν,"驴马胚体"〉字样于原句中。

⑤ 《埃里安》iv,49;普卢塔克:《动物智巧》970A;《柏里尼》viii,69;《马科医书》4 页。

⑥ 《生殖》卷二,章八,748^{a}24。

章二十五

畜牧家或驯兽家能识别四脚兽的稚老。[①] 动物颔间的皮倘向后推拉,在放手时,立即回复者,这动物年轻;如皱缩处不速于回复者,此动物已在高龄。 10

章二十六

骆驼妊期十个月[②],每胎一小驼,从不多产,小驼足一龄后脱离母驼。这动物寿长,超过五十年。[③] 春季产驼,哺乳直至再度怀孕。驼肉与乳味均特佳。[④] 驼乳以二与一之比或三与一之比加水 15 而后饮。

章二十七

象,雄雌在二十足岁前均已适于交配。照有些记载,雌象妊娠期为两年半;另些记载为三年;[⑤]记载互相参差的原因由于人们从 20 未见象类的交配之故。[⑥] 母象临产,后腿蹲下以娩象婴,它的生产过程显然是很痛苦的。象婴落地即行吸乳,吸乳用口不用鼻;象婴落地即能行走,而且视觉清明。 25

① 《马科医书》55 页。

② 应如本书卷五,章十四,546^{b}4 作"十二个月"。

③ 本书卷八,596^{a}9。

④ 《柏里尼》xi,96;xxviii,33;《加仑全集》vi,486 页。(K 编本);第奥杜罗:《史存》ii,54。

⑤ 本书卷五,546^{b}11 与此相异。参看《生殖》卷四,章十,777^{b}15;《异闻》(177)847^{b}5;《埃里安》iv,31;《斯脱累波》xv(1)43;《柏里尼》viii,10。

⑥ 本书卷五,540^{a}20。

章二十八

雌野彘在初冬受配于雄性，春季就密树重萝的隐蔽处所，隐居在岩石罅裂间的秘窟，以待分娩。雄野彘常伴其雌彘三十日。妊30 娠期以及一胎所生小野彘的数目与家猪之例同。雌雄性的叫声相似；所异者雌彘常咕哩，而雄彘只偶尔咕哩。被阉的野彘长得体型578b 特大，最为凶猛；这一情况荷马曾有所涉及：——

他培育了一只胜过他的阉野彘；这不像一只
渴饮饥食的动物，而简直是一个带着荒榛的尖峰[①]。

5 野彘之成为阉彘由于幼时在睾丸附近发痒，它们便向树干擦痒，这样肇致睾丸的损伤，竟然成为阉彘。

章二十九

牝鹿(鹿)如曾已言及，常例是被迫受配于牡鹿的，因为牡鹿的生殖器官僵硬，它是不乐于就配的。[②] 可是，像雌绵羊时常被迫受10 配于雄羊一样，牝鹿也时常被迫受配于牡鹿；当它们在发情期间，牝鹿常互相回避。[③] 牡鹿不专属意于某一牝鹿，隔一会儿便另换一牝。[④] 繁殖季节在波特洛明与梅麦克德琳月之间，大角星上升以后(九—十月)。妊期八个月。媾合后数日间成孕；一匹牡鹿可授精15 于若干牝鹿。虽曾知有一胎二麑的实例，鹿之常例是每胎产一麑。

① 此诗句似由《伊利亚特》ix，539 与《奥德赛》ix，190 两行改作。末一短语ῥιῷιὑλήεντι，“一个带着荒榛的尖峰”，取喻甚奇。D^a 抄本作ἀγρίωι ὑλήεντι，“一只丛林犷兽”。

② 本书卷五，540^a5。

③ 《柏里尼》viii，50：“牝鹿受孕后，避至荫僻处。”

④ 《柏里尼》x，83。

为了怕野兽,母鹿产麑常在人行大道附近〈人迹常至,兽迹不常至处〉。[①] 小鹿生长甚速。鹿平常不行经,只在分娩时排泄黏液样物质。 20

母鹿把麑带到它藏身的洞窟;这种石窟只有一条进路,它常在这窟内荫蔽自己,以防避敌兽。

关于鹿的长寿有好多神话般的故事,这些故事未经证实;从妊娠期不长,小鹿生长迅速两事看来,这种动物不会有特长的寿命。 25

在小亚细亚的亚尔季纽沙那里有称为埃拉芙恩的山(鹿苑山)——这里据说就是阿尔基巴德被袭杀的地方[②]——这山上所有牝鹿的耳朵均开裂,这样它们若迷失于旁的山林,人们便可认知它 30 们是鹿苑山来的;而且这种鹿的胎麑在胞内时便已有这样的标志。

鹿,如母牛,具四乳头。群麀既孕,牡鹿一一分散,因为性欲犹 **579[a]** 炽,它们各别在地上扒出一个洞孔,时时作呦鸣;所有这些情态都像山羊,它们前额沾湿而发黑,[③]这也像性欲未熄的山羊。它们就这样胡乱地过活着,待一阵凉雨来到,它们才重又回到草坪吃草。 5 鹿的这种习性由于性欲旺盛,也由于肥胖;在夏季鹿胖得几乎不能奔跑:在这季节猎人徒步赶它们时可在第二程或第三程中追上;还

① 本书卷九,611[a]15。

② 亚尔季纽沙岛(’Αργινοῦσα)在爱琴海中,靠近累斯波岛。在伯罗奔尼撒战争中雅典海军于此战败伯罗奔尼撒联盟军队(公元前406)。阿尔基巴德为这战争中一名将。当他再度被逐出雅典而逃往波斯时,在茀里琪亚被杀。普卢塔克:《列传》,“阿尔基巴德传”xxxix,又戈内留·内布斯(C. Nepos),“阿尔基巴德传”所述死地相同。此处所云与两传相异。“鹿苑山”(’Ελαφώεις)参看《柏里尼》viii,83;xi,50。依《埃里安》vi,13云,“鹿苑在希勒斯滂近处”,据此,这山可能在希勒斯滂与茀里琪亚之间。

③ 这一叙述未可尽信。《柏里尼》viii,50谓,“找不着牝鹿的牡鹿用角抵地,嘴鼻沾泥,遇有大雨,才得洗清。”现所知牝鹿于发情季节,下身毛皮颜色稍稍转黑。

有，因为这时天气炎热，肥鹿易于气喘，而且在逃跑中不时停趾遗溺。[①] 在发情季节，牡鹿肉像山羊肉腥臊而味劣。在冬季鹿转瘦弱；但春季来临，它随即活跃，这时跑得最快。逃跑时，鹿时时驻足而待猎者，候他临近，它再行蹿去。这一习性似乎由于体内有某些痛苦：至少，它的肠是在发生某些困难，鹿肠细薄，你稍一打击它，虽外皮无伤而内肠已裂。[②]

章三十

前已言及，[③]熊的交配不作雄御雌背的方式，而是雌熊躺着在雄熊之下。母熊妊期三十日。每胎产一小熊，有时为二，最多至五小熊。以儿体与母体之大小为比，在一切动物中，熊婴为最小；初生乳熊只比鼠大些，比鼬还小；它光滑无毛而目盲，四肢与大部分的器官都还没有清晰地形成。[④] 交配在〈波赛顿月进行，嗣后冬蛰，直至〉[⑤]埃拉弗布琳月（二一三月）。小熊产于进入冬蛰的时期；

① 参看色诺芬《狩猎》ix。

② 《柏里尼》viii，50；奥璧安《狩猎》iv，439。

③ 本书卷五，539^{b}33。

④ 《柏里尼》viii，54："熊在冬初交配……配后各退隐于洞窟，母熊隔三十日而产子。……繁育期间，雄熊蛰伏者四十日，母熊四个月。"参看奥维得《变形》xv，379；《柏里尼》viii，36；《埃里安》ii，19；《霍拉普罗》ii，79 等。Δ 中国《周官》所谓"蛰兽"，《夏小正》列举，"熊、罴、豹、貉、鼬、鼪"。熊婴在产后约三十五日方开眼而生毛，故母熊仍与其稚熊一同蛰伏，但生产实在仲春即埃拉弗布琳月。妊期"三十日"实误。现代胚胎学认为妊期长短决于群兽之居处、护育能力与胎盘构造。穴居而强健的食肉兽类，妊期较短而哺育期较长，稚兽多在诞后若干日才能自由行动，开眼而渐渐成形。反刍类等野居不善斗者，其繁殖方式相反，怀胎期长，胎期终了，即已成形，稚兽诞后即能追随母兽。反刍类结缔绒膜胎盘，较食肉类的内皮绒膜胎盘为完备。熊之冬眠期产儿与獐、貂等在冬季有四个月的胚胎滞育期，各以适应其自然环境，为哺乳纲胚胎学上殊例。

⑤ 照狄校本从贝太维(Petavious)增〈ποσειδεώνος καὶ φωλεύει μέχρι τοῦ μηνὸς τοῦ〉。

就在这时期,雄熊与雌熊最为肥硕。母熊哺育小熊,它在产后第三个月[①]从蛰处钻出,这时已经是春天了。顺便说起,雌豪猪受孕与冬蛰的日数与雌熊相同,分娩的情形亦复相似。当母熊怀孕时,这 30 是很难猎获的。

章三十一

曾已说过,雄狮与雌狮后向媾合,[②]这些动物是后尿向的。它们不是全年各季均可交配而产子的,每年只有一度交配。母狮在 579[b] 春季分娩,大多是每胎两乳狮,最多六只;但有时只产一只。说母狮产时泄出子宫这种故事[③]全属虚构,这只是用来解释狮的生殖 5 不繁的托词;这动物素以稀少著称于世,好多国内没有狮。实际上,全欧罗巴只在阿溪罗与纳索[④]两河之间一带山林中才有此兽。乳狮初生极小,两个月时还不怎么能步行。[⑤] 叙利亚狮终身产五 10 胎;第一胎五乳狮,次四,又次三,又次二,末胎产一狮;此后不复成孕。[⑥] 雌狮项无鬣,只雄狮有此缀饰。狮只易四个所谓犬齿,[⑦]上颌下颔各二;易齿在六个月龄。

① 依狄校:τρίτω μηνὶ ἀπὸ τροπῶν,"冬至后三个月"(与本书卷九,600[b]2 相符)。

② 本书卷二,500[b]15;卷五,539[b]22。

③ 《希罗多德》iii,108;《埃里安》iv,34。

④ 本书卷八,章二十八 606[b]15;参看色诺芬《狩猎》xi;《希罗多德》vii,126;《宝萨尼亚斯》vi,5;《柏里尼》viii,17。纳索河在色雷基,今名卡拉苏河(Karassú)。

⑤ 《埃里安》iv,34。

⑥ 《生殖》卷三,章一,750[a]32;《柏里尼》viii,17;奥璧安《狩猎》iii,56。

⑦ 《柏里尼》xi,63。

章三十二

15 鬣狗[①](罕那,ὕαινα)毛色似狼[②],但较蓬松,而且沿着脊椎生有一路长鬣。关于鬣狗的生殖器官曾有详细的记载,说是每一鬣狗均具备牝牡两种器官,这种记载是不实的。[③] 实际,鬣狗雄性器20官,与狼和狗相同;所说那另一类似雌性生殖器官的构造在尾底下,这虽有些形似,却无管道,排泄秽物的肛门则在这构造的下面。雌鬣狗尾底下也有一个构造,类似雄性的生殖器官,但这构造也无25管道;其下为肛门,再下面才是雌性生殖器官。雌鬣狗,像同属〈如狼和狗〉的雌性动物一样,具有一个子宫。雌鬣狗是不易遭遇的。至少曾有一个猎户讲过,他所捕获十一只鬣狗中仅一只是雌的。[④]

章三十三

30 野兔作后向式交配,因为,如前曾言及,[⑤]这动物是后尿向的。

---

① 《柏里尼》viii,44。

② λυκώδης,"似狼";依威廉译本 quasi alba,则原文应为 λευκώδης,"似白"。Δ 灰白毛者应为条纹鬣狗,但下文所叙异于条纹狗。

③ 《生殖》卷三,章六,757^a2;《第奥杜罗》xxxii;《埃里安》i,25;奥维得《变形》xv,409。

Δ④ 鬣狗属裂齿类鬣狗科,体大如狼,颈背至尾,沿脊梁有长毛如鬣。齿式:门$\frac{3}{3}$犬$\frac{1}{2}$臼$\frac{5}{4}$。四肢各有四趾,为食肉兽中的异征。后肢短于前肢。肛门下有臭腺囊,分泌毒液。北非,埃塞俄比亚,波斯,印度均有之。亚里士多德时南欧或仍有此兽,今已稀见。鬣狗品种之著称者有斑点狗(Crocuta crocuta,鬣狗原种)与条纹狗(C. striata)之别。条纹狗全身灰白色,亦称"缟狼"。斑鬣狗较条纹狗为凶猛,咆哮时似狂笑,故别名"笑狼"。

二十世纪哈里逊·马太(L. H. Mathews)在非洲坦噶尼喀(Tanganyika)进行鬣狗的专题研究,确定鬣狗属中斑狗的雌性臭腺囊(clitoris)作阴茎形;尿囊(scrotal pauch)与雄性尿囊形式及部位相似,竟无以别于雄鬣狗。这些实况证见亚氏此节所解剖者为斑狗。马太共猎获斑狗标本103,其中63为雄性,雄雌比例为3∶2;亚氏所录猎人统计的雄雌比例10:1,偏差特甚。

⑤ 见于本书卷二,500^b15;卷五,539^b22。

它们四季都能繁殖，并在妊娠期间，可以复妊；①它们每月诞生小兔。它们生产时，小兔不全数在一次落地，随情况所宜，陆续分娩。580a 雌兔在产前便已有乳；产后即可就配于雄兔，并能在哺乳期间受孕。乳之稠厚似猪乳。小兔生时目盲，与大部分多趾类（裂脚类）动物的乳儿情况相同。② 5

章三十四

狐交配时，雄性御雌狐，雌狐所产狐婴如熊婴；③事实上狐婴的面貌较熊婴更为混沌。分娩前它隐伏到荒塞之处，因此怀孕的狐是绝难捕获的。分娩后它哺护小狐为之保温，慢慢舐着小狐使 10 之渐渐成形。④ 它每产最多四小狐。

章三十五

关于受孕与分娩、胎儿数及新生儿的目盲，狼均似狗。两性专在一个季节交配，雌狼在夏初生产。有一个记载说雌狼分娩，其坐 15 褥日期必在每年之某个十二日内，⑤这近乎是寓言。当丽多从“极北国”（许浦波里）迁移到第洛岛时经历十二日，为了逃避神后希拉的怒愆，她在这十二日内变形为一只母狼，⑥他们就凭这神话说明 20

① 《生殖》卷四，章五，774^a31；《希罗多德》iii，108。

② 《生殖》卷四，章六，774^b10。Δτῶν πολυσχιδῶν，“多趾类”（或译 fissipeds，“裂脚”类）指熊、罴、狮、虎、豹 、狼等有胎盘食肉兽类。

③ 《柏里尼》x，83；本书本卷 579^a24 及注。

④ 本书卷八，章十七，600^b1—6 及《柏里尼》x，83。Δ 狐婴孱弱，其幼年期亦特长，须经二岁方达成年。狐属以善护儿著称于动物界。

⑤ 《埃里安》iv，4；《安底戈诺》61；《路得岛亚浦隆尼诠疏》ii，123。

⑥ 希腊神话“丽多”（λετώ）得大神宙斯爱顾，神后希拉怒恨，大神匿藏丽多于第洛岛（Δῆλος）。丽多生一子一女，即日神与月神。第洛岛为居克拉得群岛中著名的一岛。

母狼分娩有定期的理由。这记载未被证实;我照流行的传说引述于此。又,时人谓母狼只产一回,终身仅此一胎,这也是虚构的。

25　猫与猫鼬产儿数与狗相同,所吃食物亦复相同;寿约六岁。乳豹初生,如狼之初生,亦目盲,母豹每胎最多产四乳豹。灵猫受孕的详情如狗;这动物的乳儿初生时目盲,雌灵猫每胎产二,或三,或

30　四小猫。灵猫全身长而体型矮;[①] 这动物虽腿短,但由于体软而善跃,实际非常便捷。

580b 章三十六

在叙利亚发现过一匹称为"半驴"[②](蹇驴)的动物。这动物与

① Θώs,里-斯《辞典》依507b17叙述,解作jackal,"胡狼",即林奈分类的Canis aureus,"金色犬";胡狼体长约二尺半(除尾),比狐略大。参看《柏里尼》viii,52:"Thoes为狼属,身长腿短,善跃。"奥-文凭本书所述性状论为灵猫科(Viverridae)的香猫或獛。此处依伽柴译本,当为"身长,尾亦细长而体型较矮。"香猫(civet)与獛(jennet)产于南欧及非洲,色灰黄,獛体型较香猫稍小,香腺亦较小,气息较弱。(注意:图甲,胡狼尾短;图乙,香猫尾长。)

甲、胡狼(犬科)

乙、香猫(灵猫科)

注释图 8.

② 此节所云"半驴"ἡμίονος与别章所述半驴之为"骡"异,故译"蹇驴",即野驴或驴之原种(Equus onager)。参看本书491a2;577b23;又《伊里埃》ii,852;《希罗多德》iii,151;《梵罗》ii,1;《哥吕梅拉》vii,37;《柏里尼》viii,69。

马驴杂交所生之半驴(骡)不相同,但又相似,这恰犹野驴之似家驴,它便由此取得这种名称。这种野半驴与野驴一样,以捷足著名。这一种属的动物可互相交配;在法尔那巴查[①]的父亲法尔那基时,若干匹这种野半驴曾被运到弗里琪亚,它们还活着在那里,可由这一批野半驴收集它们本种繁殖的证据。这批野半驴初来时共九匹,如今三匹尚存。

章三十七

关于鼠的繁殖,其连续受妊之速,每胎产儿之多,两皆特地可惊。有一回,一只雌鼠在妊娠期被关入一只稷罐中,相隔不久,罐盖揭开,其中繁殖的鼠数共一百二十只之多。

田鼠(鼦)在乡野的繁殖速度与其为害之烈是不可胜言的。许多地方它们为数之多难于计算,庄稼被它们啮食,剩给农民的就很少了。它们的破坏进行得这么快:一个小农一天看到庄稼该可刈获了,明天早晨带着镰刀下田时,他发现这一丘的谷物已全被吃光。[②] 它们的消失是不可思议的:曾不几天忽又一只都见不到了。可是,正在这几天之前,人们用烟熏[③],掘窠,或认真的捕猎,以及放出猪群来对付它们——猪用鼻冲彻底翻挖鼠穴——竟未能遏止它们的增殖。狐也会捕鼠,还有松貂(野鼬)尤擅于猎鼠,但这些均

① 法尔那巴查(Φαρναβάζος)约与雅典阿尔基巴德同时代,为波斯国卑茜尼亚(Bithynia)的总督。其父法尔那基(Φαρνάκης)今不可考。

② 田鼠或鼦残食庄稼之剧烈者称“鼠灾”。诸鼦中,“根瑟氏鼦”(Arvicola guntheri)为害尤甚,今尚见于南欧。希腊东北部帖撒利,于1866,1892两年发生鼠灾,即由此鼦。参看《圣经·旧约》“撒母耳记上”v,6;vi,11。

③ 参看巴拉第奥《农牧作业》i,35:“鼹鼠(talpas)在沥青熏烟中,由地道逃走。”又《农艺》xiii,7。

不足以阻碍这动物的繁殖速度。当它们为数实在太多时,除了来一阵雨水外,别无减少田鼠数的办法。只在淫雨之后它们很快消失。①

30 在波斯某一地区,当一雌鼠被解剖时,发现其体中的雌胎鼠似

581a 亦怀孕②。有些人认为,而且肯定地认为一只雌鼠,无雄鼠同居时,可因舐着盐粒③而成孕。

在埃及,鼠有身被棘刺者,④像一只猬(篱獾)。还有一种鼠用

5 两后脚步行;它们的前肢短,后肢长;⑤这种鼠特为繁多。鼠的种属还有许多,这里未及尽述。

Δ① 现代动物学仍用580b11所举,每年妊次与每胎仔数计算动物繁殖率。现代生态学于各种动物在一地区的衰旺,称"生命波"。"鼠灾"年份,一公顷土地可有2万至3万田鼠穴,另些年份,同一公顷地或许多平方公里内竟找不出一个鼠穴。参看波布林斯基:《动物学教程》(Н. АЕобринский, *Курс Зоологий*)(萧前柱等译本479—80页)。

② 《柏里尼》x,85;《埃里安》xvii,17。安底戈诺《异闻志》113,所记与此相同;贝克曼(Beckmann)诠注《异闻志》该节云:读者应注意亚氏《动物志》原文用 οἷον κύοντα φαίνεται,"显似有孕",而安底戈诺于抄录此节时便删去了"显似"字样。

③ 参看《柏里尼》x,85;《埃里安》ix,3。贝本 ἅλα λείχωσιν,"舐着盐";Ca 抄本作"ἅλλας λ.",奥-文由此揣作 ἀλλήλας λ.,"互舐"。

④ 此处所称"埃及棘鼠"(Αἰγύπτωι μύες τὴν τρίχα)当即今非洲各地的常见棘鼠(acanthomys)。

⑤ 当即"吉尔布鼠"(jerboa),学名 Dipus aegypticus,"埃及种两脚跳鼠"。《希罗多德》iv,192,混述棘鼠与跳鼠为一种鼠。《柏里尼》viii,55;x,85,亦误合两鼠,谓"埃及鼠有刚毛而用两后足步行"。参看《埃里安》xv,26所引色乌弗拉斯托记载。

前肢短,后肢长的埃及跳鼠。

注释图9.

卷　七[①]

章一

581a

关于人的生长，其先在母亲的子宫中，其后自诞生以至老耄，10 他所特有的自然过程有如下述。有关男女间的差异以及他们各自所具备的器官在先已经讲过。[②] 大多数人，生后两个七年[③] 男子开始蕴生精液，同时，阴私处茁长了毛，克罗顿的阿尔克梅翁曾以此 15 比喻植物的先开花，跟着便结籽。约在同时，声音开始改换，[④] 变得粗糙不匀，既不像以前那么尖脆，也不像日后那么深沉，就像弦索已经磨耗了的乐器，总是不入调的；这就被称为"牡山羊的哔 20 叫"[⑤]。这种破声在早试其性欲能力的人较为显著；这样，纵情的人便迅速转作成年的音响，而凡能约制的，就不即转变。如像有志

△① 本卷是否亚氏原著未能确断。若干章如章七，章八于卵生动物及胎生动物作比较论述，符合于全书的结构与语调。全卷有一半章节与《生殖》卷三，卷四大意相似。还有些章节似撮取希朴克拉底学派著作所辑成：如第十章，第十二章为妇孺科医书；第三章亦显然为医家语。奥-文希德文对照本，此卷移在第九卷之后，作删存伪篇。

关于希朴克拉底学派著作与亚氏此卷相符的章节比较，可参看里得勒编《希氏医学全书》viii，4 页以下各节。

② 本书卷三，章一。

③ 生物发育过程中常用"七"数，见卷六，570a30。又《形上》卷十四的末章解释世人于"七"之为数，多所附会。又《政治》卷七，章十六，1335b33 谓某些诗人认为人生历程以"七"年为期。参看《希氏医学全书》viii，634(L)，"七日"(de septemmadis)："宇宙万有(万变)为之序次者以七。"

④ 见本书卷五，544b23；《生殖》卷四，章八，776b15；又卷五，章七，787b31。

⑤ 参看孙索里诺：《诞辰》(Censorinus: *de die natali*)14，hirquitallire (τραγίζειν)，"牡山羊哔叫"。

25 于音乐的儿童认真努力保持自己的声调,这样就可以好久不致破声,而且竟使以后发生的变化很小。又,胸部隆胀,阴私器官长大并改变形状。[顺便说到,在这青年期,凡有试以摩擦引起精液射30 出者[①]将发生痛感与性感。]女性,在相同年龄,乳房隆胀,所谓月581[b] 经便开始;这经液绝似鲜血。另又有一种白色分泌,女儿们甚至于很早时期就会发生,尤其当食料水分太多,这种白色分泌更易发生。这种疾病抑制女童的生长并使之消瘦。[②] 大多数的情况,初5 次见到月经都在乳房长到二指(一寸许)高的时候。[③] 女童也大约在这时期变音而作较沉着的声调;一般而论,女音高于男音,女童音又高于妇人音,这与男童音高于男人音相似;女童的声调又比男10 童为尖吭,女童的吹箫声也比男童吹得尖吭一些。[④]

女童在这年龄需要用心照管。她们这时感觉有应用那在发育中的性能器官之自然冲动;这样,你若不善为顾视,勿使有伤天赋15 的生理,即便她们未至于纵欲的程度,也将养成某些不良习性,以为终身之患。[⑤] 若不为各种诱惑一一设立防闲,女儿之偶一流于放荡者即将日趋于放荡;男童也是这样;因为身上这部分器官随性20 欲活动而扩张,造成了局部的感应[⑥],而且先日寻欢的回忆会引起再度的欲念。

有些男人因构造残缺而无生殖能力;有些妇女不能育儿,亦由

---

① 亚里斯托芳:《胡蜂》739。

② 《生殖》卷二,章四,738[a]25。

③ 《生殖》卷一,章二十,728[b]31。

④ 雅典那俄:《硕学燕语》176。

⑤ 参看《政治学》卷七,章十六,第一节,论婚姻年龄。

⑥ 色乌弗拉斯托:《气味》(*de Odore*)50;《发汗》(*de Sudore*)19。

此故。男女体格在这时期均可能发生壮弱肥瘦的变化，或变得更健 25
康，或变得更多病；这样，在性成熟后，有些原来是瘦小的男童，竟变
为肥硕而健壮，有些人情况适得其反；女童亦然。在儿童期，体内充
有多余的物质，于是，这些多余的物质转成了精液或月经而泄出后， 30
他们（她们）的体质与健康便因排除了这些与健康及正常营养有所 582[a]
抵触的物质而得以改善；对于另一种相反的体质，则精液或月经的
漏失有损于身体的自然生理，因此男与女各相应而变瘦并失健。 5

又，于处女的乳房而言，人各不同，有些巨大，有些小；一般的
都随少女期中那些溢余物质之多寡而定其大小。在临近成年的时
期，这些液质愈积而乳房胀得愈大，几乎像是要胀破了的；这样， 10
在这时期达到了极大的容积，此后便不再扩充。至于男子，凡其体
质润泽，不属于筋腱性的，则在青年期与成年后，乳房会不断增长，
以至于近似妇女乳房；又，男人肤色黑的，其乳房常较肤色白的为 15
大。

自青春期开始至二十一岁（“三个七年”）为止，所分泌的精液
缺乏授胎能力；①二十一岁后便适于生殖，但年轻男女所产子嗣，
体型常较小而虚弱，这是与牲畜配种的例一样的。② 妇女年轻者 20
易于受妊，但既妊之后，艰于分娩。

性欲无度的男子与诞育多儿的妇女，身体常不能完全发育而
且早衰；妇女在已生三儿之后，生长机能似已停止。本性轻佻的妇 25
女，在孕育了几个小囡之后，会转于娴静而渐见其贞祥。

妇女在二十一岁便已完全适于生殖，而男子此时还在继续长

① 本书卷五，544[b]15。

② 本书卷六，575[b]23，马驹育种例。

养其精力。稀薄的精液不易授胎;成为凝粒状者常可成孕,并往往
30 得男婴,稀而不凝者可能得女儿。又,男人最初出现髫髭就约在此
时。

章二

妇女的经期开始于每月将终之时;[①]因为月亏与行经适在同
582b 时,再度行经又适与月亮的再度既盈又亏相符,于是有些擅作聪明
的人便认月亮属于女性(阴性)。[有些妇女,每月皆常规地行经,
而每第三个月经血特多,其余二月则颇为稀少。][②]妇女的这种烦
5 恼,其为时短暂如二或三日者,易于复原;有些人时间拖得较长,便
较为痛苦。妇女在这几天中是烦恼的;这种排泄有时特快,有时缓
慢,但在排泄未完毕前,无论迟速,身体总觉不舒。有许多实例,在
10 行经开始,排泄物将出现之前,子宫内发生痉挛与声响,直到经血
泄出才息。

在正常状态时,这些征象过后妇女就开始可以受孕;[③]妇女之
不见行经征象者,大多数不孕。但这种规律并非全无例外,[④]有些
15 妇女虽不行经,竟也怀妊;这些妇女所积的经期分泌不作排泄,[⑤]

① 《生殖》卷二,738a20;卷四,767a1,5。又参看《希氏医学全书》"七月婴"(de Sept. P.)i,451(K);vii,448(L)。Δ古希腊人认为月之盈亏类于日之夏冬,对气候有轻微的冷暖影响,由此影响人体的冷暖而发生生理变化。

② 原文费解,兹依《柏里尼》viii,13作解。奥-文依下文揣测原句中 καταμὴνια(月经),μῆνα(月)等字均误,原句实义应为"这种烦恼为日或多或少,大多数妇女为三日"。

③ 参看《希氏医学全书》"八月婴"(de Oct. P.)i.458(K);vii,458(L);又,《加仑全集》"子宫之解剖"(de Uter. diss)ii,902(K)。

④ 《生殖》卷一,章十九,727b18;卷二,章四,739a13。

Δ⑤ 亚氏以经血为人及动物生殖物质之一,与另一生殖物质,即男性或雄性的精

而其分泌量相当于那些育儿妇女[①]正常行经后，剩留在体内的余量。又有些妇女正在行经时可得受孕，这种妇女于经血排泄后，子宫即行闭合，此后便不会受孕。有些实例，在妊娠期间经水仍继续 20 发生，直到临近分娩才行停止；在这些实例中，所生婴儿是可怜的，或不能存活，或成为弱体儿童。

有许多实例，由于青年情怀的烦躁或长期的性欲压抑，发生子 25 宫下弛垂的病症而月经在一月内再度[三度][②]出现，直至受孕而止；受孕后子宫又向上收缩至原来部位。[③]……

上曾言及，女人的经期排泄物常较任何其他雌动物为多。[④]于生物之不诞活婴者（产卵动物）而言，这种物质是不出现的，这种溢 30 余物当已转化为体内物质，这样的动物雌性有时便大于雄性；又，这些物质有时可用于棱甲或鳞片，有时也可用于丰美的羽毛，至于 583[a] 胎生之具肢者，则可转化这些物质为皮毛——惟独人在胎生动物中为光皮——与尿，因为这些雌动物的尿分泌大多数是量多而又

液相混而成胚胎，另详于《生殖》卷二，章四。此类成胎理论亦见于古籍《所罗门之智慧》(*Wisdom of Solomon*) vii, 2，传至中古皆无异议。十六世纪著名的妇科书籍《人之受妊与发生》(*De Conceptu et Generatione Hominis*, 1554 年)仍本此说。迨十七世纪威廉·哈维用英王查理士第一皇家林园中之群鹿为实验，自交配以后，分期解剖鹿胎而记录其实况，始终未能觅得亚氏所谓雄性种子(σπέρματα)与雌性经血(καταμήνια)两合的证据或线索，世人始质疑于此说。但哈维当时仍未能阐明生殖物质的究竟。直至十九世纪拜尔(K. E. Von Baer)引用显微镜于生殖研究始发现雌性经血中的卵子，世人遂确知成胎之物非经血，而为经血中的卵子(拜尔：《人与哺乳动物之卵》〔*De Ovi Mammalium et Hominis genesi*〕，1827 年)。

① 贝本 γεναμέναις，梅第基抄本作 γιγνομέναις；兹依奥-文校作 γονίμοις，"能育儿的妇女"。

② τρίς，璧校加[ ]；施那得校本删去此字。

③ 依英译本以下删去一分句，该分句拉丁诸译本以及奥-文德文译本各不相符，均不易通达。

④ 见于上文卷三，521[a]27；卷六，572[b]30；《生殖》卷一，章二十，728[b]。

浓厚的。惟独女人,她这些溢余物质没有供应于上述各项用途而
5 径自向外排出。

于男人而言,事物亦有相似之处;以人体大小的比例为准,男子所分泌的精液(内含种子的液体)亦较任何其他动物为多。①[人于诸动物中,皮质最为光滑应由于此]其体质润泽而不过肥胖
10 者尤多,而白皙的人也较黝黑者为多。女人亦然;强健的妇女,大部分泌物转用于身体的营养,交配时,妇女之白皙者较黝黑者之分泌为多;又,多水分而辛辣的食物促进或增加这种分泌。

章三

15 妇女于交配后,阴私处干洁者当为受孕之征。② 阴唇光润者,因精液滑失,难于受孕;其厚实者亦艰于子嗣。但在施行"指检"时,若阴唇单薄,并感觉粗糙而黏着者,颇有受孕的可能。由于此
20 故,倘求受孕,应使这些部分达到上述情况;反之若欲避孕,便应使处于相反状态。于是,凡因生殖器官光滑而难于受孕者,有些人便用杉柏油,或用橄榄油调和的铅粉或乳香膏,涂抹精液所向注射的子宫部分。③ 种籽(精液的内含物)倘能保留在子宫内七日,妊娠
25 当然会开始;因为所谓"流产(流溢)作用"是在这日期以内开始的。

大多数的实例,妊娠开始之后,一个时期内经期排泄物仍然发现,如属女婴这期间大多为三十日,如为男婴则约为四十日。分娩
30 之后,这种排泄也须经历约略相等的日期才能停止,但各例的日数

① 《生殖》卷一,章十九,717^{a}20,章二十,728^{b};卷二,章四,738^{b}。

② 《希氏医学全书》"妇女病"篇(de Morb. Sul.)。

③ 《希氏医学全书》"关于妇女不孕症"(de Sterilit Mul.)iii,38(K);viii,456(L);埃底奥《医诫》13。

颇不一致。妊后既经上述时期，这些物质向乳房发展转化而为乳汁。乳汁初生于乳房时，散布成蛛网状的细乳丝而为量甚微。又，[583b] 妊娠开始后，两胁有异样的感觉，有些人还稍起肿胀，特别是瘦损的人，鼠蹊部情况亦然。

如为男胎，最初感觉子宫中胎儿的活动约在四十日后，活动的部位多在右侧，①如为女胎，约在九十日后，而在左侧。可是这些陈说不宜作为精确的定论，男胎或左动、女胎或右动，例外是很多的。总之，这种现象以及相类的现象，常常有偏差，只是偏差的程度各有不同而已。

胚胎在这时期以前只是一团混沌的肉样物质，以后渐渐发生人体构造各个部分。

所谓“流溢作用”是在第一个七天内对于胚胎的破坏，而经这破坏后所造成的流产多在四十天以内发生；这样夭折的胎儿见于这四十天以内的为数较多。②

在四十天期流产的男婴胚胎，倘置入冷水，这就成团地结在一个膜内，若置于其他液体内，这膜就溶化而消失。倘把这膜一块一块地剔开，像大蚁那么大的胚体便显现出来；四肢及生殖器官与眼均可见到，眼像其他动物的胚体一样，特别巨大。女婴胚胎，若在头三个月发生流产，一般仍是混沌而未分化的；可是，在第四个月内她便开始分化而迅速地继续成形。总之，在母胎中③，女婴各部分的成形发育较男婴为迟，而且女婴的全妊期往往长达十个足月，

---

① 《希氏医学全书》“要理篇”v,48;《柏里尼》vii,3。

② 《希氏医学全书》“七月婴”i,447(K);vii,442(L)。

③ 依奥-文校正文 ἔσω 译作“在〈母胎〉中”;贝本，从加谟斯校订，为 τέως“长时间”。

这在男婴是较少遇到的。[①] 但在诞生后，女性自青年期经成人期而至衰老的过程则速于男性；这点，如前已说明，于多产的妇女而言，尤为确实。

章四

30 子宫受孕于精液后，大多数即行闭合，历七个足月至第八个月而开放，胚胎倘属健全，便在第八个月内下降。[②] 但胎儿若到八个月尚不能呼吸，这就不会下降，子宫便不会开放，母亲也不能正常地为之分娩。倘胎儿生长中不发生下降情况，这便是不能成活的征象。

584[a]

妊娠后，母体全身的各个部分均有沉重之感，[③]有时她们感觉到眼前发暗，并时起头痛。这些征象有些妇女发生得早些，有些迟一点，迟早决定于那些溢余体液或多或少的作用，最早的，十天就发生这些现象。一般妇女在妊期大多数有晕眩而作呕的病症，上述的一些妇女，在月经已经停止而那些溢液尚未转向于乳房之前，呕吐更为剧烈。

5

10

又，有些妇女在妊娠初期较多苦恼，另些则在较后期胚胎业已生长的时间感到难受；又有些妇女，在妊娠末期，往往发生尿滴沥症。常例，受孕者如为一男胎，母亲的苦恼便较轻易度过，大体能保持比较健康的容貌，[④]女胎则相反；这时，一般容貌要苍白一些，生理上更觉难受，还有许多实例，是下肢肿胀，和肌肉下弛垂。可

15

① 《柏里尼》vii，3。

② 孙索里诺：《诞辰》7。

③ 《柏里尼》vii，5。

④ 《柏里尼》vii，5；《希氏医学全书》"要理篇"v，42。

是,这些常规都是有例外的。

妇女在妊娠期苦于种种想望,并易于喜怒,有些人称之为"想吃葡萄病"[①],怀有女胎的母亲对这些想望更为强烈,当她们获得了所想望的事物,她们另又感觉有所不足。 20

在少数的实例中,某些妇女于妊娠期特为健康。最难受的时期只在胎儿开始茁生头发的时期。

妇女在妊娠期中头发有脱落而稀疏的趋向,体上原不长毛的部位却又有生毛的趋向。常例,男胎在子宫中较女婴为多活动,也常较女婴早一些诞生。临产前如为女婴,母亲阵痛是迟缓而拖长的,较为疲困;如为男婴,阵痛较急速而更为艰苦。妇女于临产前曾行房事者会加速分娩。孕妇偶或意想即将分娩,实际这是胎儿在转移他的头部,分娩并未开始。 25 30

现在,所有其他动物,每一品种各有一定的妊娠期;同品种的动物均在同期间完成妊娠。[②]在这方面,人于诸动物中独异,妊期各人不同;有七个月的,也有八个或九个月的,更普通的为十个月,[③]而少数妇女怀孕有至十一个月而后产儿的。[④] 35 **584**[b]

婴儿于不足七个月而出世的,无论如何均难存活。[⑤]七足月孕

Δ① 原文 κισσᾶν 字源或云出于 κισσâ,"贪食鸟",或云出于 κισσόs,"常春藤",如蛇葡萄;英译本作 ivy-sickness;兹译"想吃葡萄病",谓妇女于妊娠期想吃奇异食物的生理情态。

② 《生殖》卷四,章三,772[b];《柏里尼》vii,4。

③ 《萨宾脱》(*Sapient.*)vii(1)2:"胎婴怀于母腹者为期十个月而成形。"又,魏尔吉尔:《牧歌》iv,61。Δ中国古代亦谓怀胎十月,现代生理学确定人胎妊期为 280 日。

④ 参看季留:《雅典夜记》(Aul. Gellius: *Noctes Atticae*)iii,16。又,《梵罗》曾引及亚氏此语。

⑤ 《希氏医学全书》"肌肉篇"i,442(K);vii,612(L),谓"八个月生的婴儿曾

5 为婴儿可以成活的最短妊期，但这样的婴儿大多数是弱体——因此，习俗常把他们裹护在毛绒的襁褓之中——而且身上各窍如耳鼻等往往尚未完备。① 但他们日渐长大，全体各部分会得日渐充实，许多这样的婴儿竟能成人。

10 在埃及与其他一些地方，那里妇女素属易孕而多产者，虽有残缺的婴儿也能成活，在这些地方，八个月胎常产活婴而培育成长，但在希腊这些婴儿多数死亡，只有少数得以保全。② 这就成为一般的经验，倘这样的婴儿得以成人，他的母亲就想这该是在较早些时15 受孕的，当时不曾注意到而已，他原来并不是八个月的婴儿。

怀孕在第四个月与第八个月时，母亲最为苦恼，常例，这时若发生死胎，母亲要遭难；因此八个月的婴儿若在胎内夭折，母亲的生命也是危险的。相似地，胎婴超过十一个月③ 而后诞生的也属20 可疑，他们的母亲于受孕的确期实际有失注意。情况是这样，子宫有时先只充气，随后的交配才真受孕，充气与真正受孕的征象相似，因而引起了误会。④

25 于完成妊娠期的情况而言，人类与其他动物就是这样多方面相异的。又，动物的某些品种每胎只产一子，另些品种则产多子，

无成活”。又参看《加仑全集》(库恩编)“哲学著作”，xix，332；罗司(Rose)编《亚氏残篇》219 页。

① 《生殖》卷四，章六，774^b。

② 依中古星象家语，八月婴之命运主于土星，凶多吉少。Δ 中国俗传，“七上八落”，谓七月婴较八月婴易活。

③ 依原文 ἐνδεκα μηνῶν 译。奥-文依斯各脱与亚尔培脱，校为 δέκα μηνῶν，“十个月”。

④ 《希氏医学全书》i，417(K)，vii，532(L)，“儿童生理篇”(de Nat Puer.)谓孕期在十个月以上者便可能为母亲误认了受孕开始的日期。

但人这品种却有时一胎一儿，有时数儿。人类多数种族的常例是一儿，但有好些地方，常见双胞，埃及尤多。[①] 有时妇女一胎育了三儿，竟或多至四儿，这种现象，如上曾言及，尤以世界上某些地区为特盛。最高的数目是一胎五儿，这种实例业已屡见。昔时曾有一妇四胎而诞二十个子女；她每胎各五，多数是养大了的。 30 35

关于双胞，在其他动物中无论为一雄一雌或双雄双雌，成活率是相同的；[②]但在人类，若双胞为一男一女，这就很少能成活。 **585a**

于诸动物中，妇女与牝马在妊娠期仍和男子与牡马发生情欲关系；其他雌动物在这期间便避免与雄性接触，惟具有复妊能力的动物，如兔等为例外。[③] 牝马异于雌兔，不能复妊，依常例，牝马每胎总是只有一驹；人这品种很少能复妊，但偶尔也见到了些实例。 5

在既已受孕若干时日以后而又另生胚胎，这种胚胎不能成熟，徒然引起母亲的痛苦，并破坏先成的胚胎；曾知有一例，为这种复妊所破坏的先成胚胎不下十二个之多。[④] 但若在第一次后，为时不久而作第二次受孕，则有如古传奇中所言伊菲克里与赫拉克里那样，[⑤]母亲可得同时怀孕并产生二婴。下一事例亦属可异：某妇不贞，所生双胞，其一貌如丈夫，另一则像她的情人。 10 15

---

① 安底戈诺：《异闻志》119；弗来根：《奇迹汇记》(Phlegon: *de Miraculis*) 28；《柏里尼》vii, 3；《哥吕梅拉》iii, 8；色纳卡：《自然质疑》xiii, 25 等。

② 参看约翰·亨特，“牡牝双胞犊”(J. Hunter: On Free Martins, 见《哲学通报》〔Phil. Tr.〕第六十九卷 274 页)。

③ 本书卷五，542b32；《生殖》卷四，章五，773a32。

④ 汤伯逊注：现代病理学上曾著录有胞衣“小疱堕落病”(vesicular degeneration)，在这病中，小尿疱脱出，往往误以为胚体。此节实况与此病例相类。

⑤ 亚尔克米妮(Alcmenes)所产双胞儿：其一伊菲克里(Iphicles)，为其夫安菲得里雄(Amphytryon)之子；另一赫拉克里(拉丁语作“赫可里”，Hercules)，为宙斯大神之子。

又有一例,某妇在已怀双胞以后,又得第三个婴胚;其后两儿
20 足月而诞生,跟着出现那五个月的婴儿,这不足月的婴儿出世便
死。另有一例,某妇先产七个月的一儿,跟着是足月的两儿;其中
先一死亡,后二存活。有些先后受妊,后妊者正在先妊的婴胚行将
流产的时候,于是其一死亡,另一得活。

25 母亲怀胎已逾八月而仍与丈夫同房者,婴儿生时大多蒙有胶
汁液体。

儿女常见其餍饫于母亲所常吃的食物。母亲吃盐太多的,婴
儿生时可能缺少指甲或趾甲。[①]

章五

30 妊后七个月以前所得乳汁不适于哺儿;[②]须待至婴儿产后能
存活的妊期,这时的乳汁才适于哺儿。初乳味咸,与绵羊乳相似。
妊娠中饮酒,在大多数妇女将影响胎儿;孕妇酒后精神弛怠而起虚
弱之感。

35 月经和精液的开始发生与其最后终止各相符于女子和男子的
受孕与授孕能力之开始与终止;以此为人类生殖期的说明,这应稍
585[b] 加修正;开始之初和临当终止的数年,这些分泌均稀少而薄弱,缺
乏生殖作用。性能之开始年龄已经讲过。[③] 至于终止年龄,则大
多数妇女约在四十岁后停经;但也有些妇女延至五十岁时,曾知有
5 在这年龄生子的妇女。五十岁以上妇女生育的例绝未前闻。

---

① 《安底戈诺》,119;《柏里尼》vii,6。
② 《生殖》卷四,章八,776[a]23;《柏里尼》xi(5)96。
③ 本书卷五,章一。

章六

大多数男子的生殖能力延续至六十岁。倘过此限，可延至七十岁；确曾知有男子七十生儿的实例。许多男子与许多妇女，他们相配而不育，但另行相配却又能繁殖。[①] 生儿之为男为女，亦有同样情况；有时某男与某女配合，专生男孩或专生女孩，但与另一妇女或另一男子配合，子女的性别恰又相反 。这方面的变化也可跟着年龄的增高而发生：有时一夫一妇在年轻时专生女儿，其后专生男孩；另些夫妇情况恰正相反。生殖机能也有年龄差异的变化：有些人年轻时不育，迨将迟暮而连举数儿，又有些人先有数子，以后便不再成孕。

某些妇女艰于成孕，及其既妊，则子女必能成长；另些妇女易受妊而多流产。又，有些男子与有些妇女专得男嗣或专得女嗣，例如赫拉克里的故事，他有七十二儿，其中只有一个是女的。[②] 凡必须靠药物治理或其他条件而后能成孕的，所得胚胎常不是男孩而是女孩。

男子性能常先强后弱，继又恢复先时的能力。

畸形的父母生出畸形的子女：亲跛者子跛，亲盲者子盲，[③]一般地说来，子女常遗有父母的特点；生时便带着有如丘疹（粉刺）或

① 《生殖》卷四，章二，767ᵃ23。

② 赫拉克里的独女名麦加里娅（Macaria），见于宝萨尼亚斯：《希腊风土记》i，326。参看欧里庇得剧本《赫拉克里》（*Heracles*）501；亚里斯托芳剧本《吕雪斯脱拉》（*Lys.*）1141 诠疏。

③ ἐξ ἀναπήρων ἀνάπηροι 当指“先天残缺的父母生先天残缺的子女”。但此句下半及下句所举疮疤与伤残例实为后天残缺的遗传情况。后天伤残亦可遗传而不必然“遗传”，与《生殖》卷一，721ᵇ17，724ᵃ3 所述相符；该节谓后天伤残者的子女有带着同样伤残形态者，亦有不带此形态者。

疮疤一类的标记。这类伤残标痣曾知有传及三代者;譬如有某一男子,其臂上有痣(疮痕),其子臂上无此痕,但他的孙儿在臂上相同部位恰有这同样的痕迹,只是要轻淡一些。[①]

35 可是这类实例为数不多;因为曾遭伤残的人所生子女大多是健全无缺的;这里没有确定不易的规律。子女大多类于父母或其

586ᵃ 先祖,有时却竟有全无来历而不类于祖先的形态。但"亲属同态"(遗传)可传及数代,例如西西里岛有一妇女[②]失身于一埃塞俄比亚人(黑种);其女肤白,但她的外孙却是一个黑人。

5 常例,女多似母,子多肖父;但有时也会相反,男孩像娘,女孩像父。又,子女们也可具备父母两方面的若干特征。

双胞儿虽有互不相似的实例,但一般都是相似的。昔有一妇,在产儿后七日与丈夫同房,自此所产的第二儿与前一儿恰如双胞。

10 有些妇女生儿像自己,另些妇女则生儿像她的丈夫;[③]这后一类妇女可与法撒罗[④]地区著名的牝马相类比,这牝马〈因产驹必类其牡,故〉大家称之为"贞妻"。

章七

15 精液泌出之前,预先有气排泄[⑤];——惟有气的压力可使液体

① 参看《生殖》卷一,章十七,721ᵇ33 所举卡尔基顿(Chalcedon)一家父子标痣遗传实例。

② 安底戈诺:《异闻志》,122;《生殖》卷一,722ᵃ9。

③ 《政治学》ii(3)1262ᵃ21 言北非洲上里比亚妇女杂交而不分立家庭,生儿依所貌似,归之其父。

④ 法撒罗为帖撒利重镇,在欧尼贝河西,今仍沿称旧名(Farsalo)。

⑤ 参看《集题》卷三十,章一,953ᵇ33—954ᵃ3。

射出,故精液注射显然有赖于鼓气①。种子到达子宫,留在那里,不久便在周围形成一层薄膜;在胎儿未成任何形态以前流产的胚体就像一个去了壳而在膜内的卵;膜上布满血管。 20

一切动物,无论它们是飞翔或游泳或在陆地步行的,无论它们脱离母体时是一活婴或为一卵,其发生方式均属相同:②所不同的只在脐带,有些系属于子宫,例如胎生动物,有些系属于卵中,还有些例如某一种属的鱼两可系属。又,有些是膜囊包裹着卵,而另些 25 则是胞衣。生物最先在内层的膜内发生,又有另一膜围着内膜,外膜大多附着于子宫,但有一部分与子宫相离,膜内含有液体。两膜之间有一种血水样的液体,产妇们称之为"产前液"(胞浆)。③ 30

章八

所有一切动物,或一切有脐带的动物,均由脐带生长。④而脐带于凡有胎盘的动物,则系属于胎盘——有光滑胎盘的动物则又

△① 此节所言 πνεύματοs,依汤伯逊英译 air 为"气"。另一解释可以指《生殖》中常言及的"生气"(Σύμφυτον πνεῦμα)。"生气"为动物体中的"热源",亦为生命的"传殖因素"。凡动物意愿(或情欲)实现其生命活动,或母体物质从而开始茁长幼体者,皆需得此"生气"为之发端。动物之具此"生气"者,若于适当时机,以适当方式传之于适当物质(如雌性卵体),便能创制生命。这样的"气"实为虚拟的事物,在亚书各章节中迄未曾于此字作明晰定义,亦无由指证其实旨;譬如中国道家所言"精炁(气)神"之为"炁",未必真可视为精审之技术名词,这种"气"(pneuma)也屡见于加仑著作,加仑谓生命现象的多种活动皆出此气。

△② 此句当为比较胚胎学上重要推论。威廉·哈维(十七世纪)设想一切动物均当由卵发生;至十九世纪初拜尔找到了哺乳动物经血中的卵(参看 582^b16 注),他于是建立,一切动物皆由卵生,高级动物的胚胎发育重复相应的低级类属的过程的胚胎学上的进化论。

③ 25—30 行所叙胚胎发生情况不如卷六,章三,章十精详。参看《生殖》卷三,章九;《希氏医学全书》"儿童生理篇",386,415(K);vii,490,531(L)。

④ 《生殖》卷二,章七,745^b22。

586b 由一血管系属于子宫。[①] 在子宫中的姿态,四脚动物均伸长地躺着,无脚动物,例如鱼类,侧躺着;但两脚动物,例如鸟类,蜷曲地躺着;[②]人类胚胎蜷曲地躺着,鼻在两膝之间,眼抵于膝,而耳则舒坦地在两边。

5 各种动物胚胎开始均头朝上;但生长到将近出胎的时期头便向下转移,所有一切动物的分娩,头皆先出,[③]但反常的特例也有脚先伸出或曲身挤出的。

10 四脚动物的幼体临到妊娠期满,体内积有液体与固体的秽物,粪秽在腹下部,尿在膀胱。

那些子宫中具有胎盘的动物,在胚胎愈长大时,胎盘(绒毛窝)愈缩小,[④]最后完全消失。脐带像一个鞘,裹套着血管,血管由子
15 宫导出,凡有胎盘者便由胎盘导出,无胎盘者由子宫血管导出。较大的动物,如牛,胚胎的血管有四,较小的有二血管;很小的动物,如禽类只有一血管。[⑤]

由脐带引入胚胎的四血管,两支顺着大血管(静脉),通过被称
20 为"门"[⑥]的那里,伸入肝脏,另两支顺着挂脉(动脉)血管伸展到某一点便分为两支。每对血管均有膜,脐带又像鞘套那样围着膜。[⑦]

---

① 本书卷三,511a30。

② 本书卷六,561b30;《柏里尼》x,84。

③ 《生殖》卷四,章九,777a28;《柏里尼》x,113。

④ 威廉·哈维《动物生殖之实验》(*Excercitationes de Generatione Animalium*)1651年,397页所述与此说相反。参看《生殖》,745b23—746a8。

⑤ 本书卷六,章三述禽鸟胚胎发生过程较精详。

⑥ 参看柏拉图《蒂迈欧》390页;《希氏医学全书》"常见疾病篇"(de Morb. Vulg.)iii,456(K);v,123(L);"解剖"(de Anat.)viii,538(L)。

⑦ 《生殖》卷二,章四,740a31;章七,745b26。

胚胎长大之后，血管有逐渐缩小的趋向。及胚胎成熟，下降于子宫空腔，这里可感觉其活动，有时并在鼠蹊部转动。 25

章九

妇女分娩时，阵痛发生于身体许多部分，而大多数则左膝或右膝酸痛。剧痛专在腹部者，分娩最速；阵痛由腰胁开始者，分娩艰难，只觉肚痛者，分娩便易。将生的婴儿若为男性，预先流出的胞 30 浆为灰黄色水质，若为女婴，虽亦属水质而多血红色。有些分娩实例，或不完全发生这些常有现象。

其他动物，分娩时不作阵痛，母兽虽显见有些费劲，但苦楚不 **587a** 大。可是妇女的阵痛颇为剧烈，闲坐而少活动的，以及胸小气短的妇女于此尤甚。迸气不足的妇女，在分娩过程中特别艰难。[①] 5

胎儿开始动作时，膜先破，胞浆[②]流出，接着子宫翻转（紧缩），胎儿出世，胞衣跟着也从里面曳出。

章十

剪脐带是助产妇的一个工作，这工作需要技术并应谨慎执行。 10 遇到难产，不仅有赖于她双手的技巧，这还得具备些机智，以应付当前各种紧急情况，而结扎脐带这一工作尤为重要。倘胞衣业已出来，脐带便用一羊毛线加以结扎，胎衣扎在线外，随即剪除；结扎 15 处，以后愈合，外余部分自行脱落。倘脐带结扎不紧，婴儿便失血

① 《柏里尼》vii，5。

Δ② 586a30προφορος（胞浆），586b33 ἰχῶρες（血浆），和此处 ὕδρωψ（液体），用字各异而同指胎体所由浮浸在内的“胞浆”，分娩时先行流出；今称“羊膜水”。胚胎生长期间凭有此液为之浮衬，才得在子宫内自由发育而无窒碍。

而死。倘婴儿已出生而胞衣未下,则先行结扎并剪断①脐带。

这是常遭遇的,当婴儿虚弱,而且在脐带未结扎之前,血液流集于脐带及其周围。诞生时看来已像是一死胎了。但有经验的助产妇此时便把脐带内的血液挤入婴儿体内,那个在前一刻失血的婴儿立即回复了生命。

我们上已言明,所有各种动物均自头部先行进入这个世界,至于人类婴儿则两手顺服于体侧。入世之初,他先发一哇哇声,于是两手举向口边。

又,婴儿有时产下即排泄秽物,有时稍迟,但皆在第一天以内;这种秽物凭婴儿的体积而言,为量特多;助产妇称之为胎粪(罂粟膏)。胎粪似血而色黑若沥青,随后婴儿受乳,粪便也转成乳糜状了。产前,婴儿是不做声的,即使在难产时,头已先出,但全身未脱离母体时,他仍不做声。

587b

分娩以前有时血水流出太早,这很可能遭遇难产。若在产后有少量的血水排泄而且这种排泄限于产后不多日子,不延续到四十天,这样的产妇恢复得较速,也较快地又可再度受孕。

婴儿出生未满四十日前,醒时是不哭不笑的,但在夜间②,他有时又哭又笑;这期间他常是睡着,即便触动他,他也不大理会。他逐渐长大,便逐渐增加醒着的时间。又,这时显示有做梦的景象,但要到他自已能记忆梦中的景象,这还得等待很久。

---

① ἀποτέμνεται,“剪断”;奥-文校为 οὐκ εὐθὺς ἀποτέμνεται,“不即剪断”。

② νύκτωρ δ’ ...,“在夜间……”;依《希氏医学全书》“七月婴”i,454(K),vii,450(L),可能为 ἒν τοῖς ὕπνοισι,“在睡着时……”之误。参看《生殖》卷五,章一,779^a15;《安底戈诺》123;《孙索里诺》xi。

于其他动物的骨骼，一骨与一骨各支互不相异，都是正式成形有骨骼；惟人类婴儿的前头(颅顶骨)[①]是软的，要等好久以后才行 15 硬骨化。这里还得说到，有些动物生而有齿，但人类婴儿要待生后七个月才茁牙；[②]前面的牙齿先茁，有时上颌门牙，有时下颌门牙最先茁生。乳母的乳汁愈热，婴儿的牙齿茁得愈快。

章十一

既经分娩并流清血水，以后乳汁大量泌生；有些妇女不但乳头 20 出乳，乳房的其他各部分也有滋出，少数特例，胁窝竟也滋乳。在若干时日之后，乳房中水分调制不当，或乳汁积聚太多，这会继续发生一些硬块，这种硬块称为“结节”。整个乳房像多孔隙的海绵体，倘一妇女喝入一丝毛发，她随后于乳房感到了痛楚——这就是 25 所谓“毛发症”[③]，——这种病痛持续着直到那一毛发自行渗出或在哺乳时被吸出才止。妇女产后泌乳直至再度妊娠；妊后乳房便干涸，不复滋生乳汁；人与四脚胎生动物相同，乳汁未断以前，月经不会发生，虽曾知有哺乳期妇女行经的特例，一般而论总该是不行 30 经的。总而言之，体液不能在同一时期流向几个方面；譬如患有血漏病的妇女，月经排泄量便会减少。又有些妇女因患血管肿胀(静

① τὸ βρέγμα，“前头”，此处实指前额骨(anterior fontanelle“前囟”)，参看卷一，491ᵃ31。

② 《生殖》卷二，章六，745ᵇ10；《柏里尼》vii，15，xi，63；《希氏医学全书》“七月婴”i，452(K)，vii，448(L)。

③ τριχιᾶν 或 τριχίασις，“毛发症”，见于《希氏医学全书》“妇科病”ii，852(K)的：“乳头经哺乳而开裂成毛发状”。加仑医书中所记毛发症亦与本书此节相异，该症有二：(1)睫毛内蜷，刺扰眼睛；(2)尿道疾病引致尿中发生丝毛状物质。两书均无毛发入体内肌肉中语。此节盖有误。

588a 脉瘤)，[1]体液在进入子宫前先渗漏于骨盘附近，经血也因而减少。又有些妇女在月经不通时，血液由口中呕出，这与上述那些病患相较，也未必是更严重的病症。[2]

章十二

5 小儿一般很容易发生痉挛[3]由强壮的乳娘喂着过量或特殊丰厚乳汁的婴儿尤易于患这疾病。酒能激发痉挛，不宜于小儿，红酒又甚于白酒，未经冲淡者当然更坏；[4]食物之引起胃肠气胀(滞食)[5]以及便秘者亦不宜。大多数的婴儿死亡发生在最初的七日10 间，故习俗多于第七日为婴儿题名[6]，大家意谓七日后成活较易了。痉挛症在月盈时发作，最为危险；[7]若痉挛发生在小儿背上，这是一个危险的征象[8]。

---

① 依璧校本 διὰ τὰ ἴσχειν ἰξίας 译。参看《集题》卷四，章二十，878b35，“患静脉瘤(varices)者不能生殖”。

② 《希氏医学全书》“要理篇”v，32。

③ 小儿痉挛见《希氏医学全书》多处章节，如 ii，187；v，607；vi，83 页等(L)。

④ 参看《睡醒》(3)457a14。

⑤ 参看本书卷三，522b33 注。

⑥ 婴儿第七日题名(ἑβδάμης)，可参看《修伊达辞书》“十课”(δεκατεύειν)条以及哈朴克拉底翁(Harpocration)《十演说家字汇》(Λεξικὸν τῶν δέκα ῥητόρων)“七日题名”(ἑβδομευομένου)条；麦克洛比奥《农神节会语》(*Macrobius*; *Conviv. Saturn.*)i，16。

⑦ 《柏里尼》vii，5。

⑧ 汤伯逊指为“新生婴儿痉挛症”(Tetanus neonatarum)，这种疾病由包扎脐带不洁而传染。

卷　八

△章一

我们已研究了动物的生理状态和它们的繁殖方式。现在说到 15
它们的习性和生活方式，这些跟着它们不同的性格与食物而各异。

大多数的动物具有精神（心理）性质①的迹象，比较起来，这一
性质于人这品种特为显著。有如我们上曾说明的，动物之间有生 20
理构造上的相似之处，这于若干动物中也见到了精神（心理）状态
的或柔或猛，或驯或暴，或勇或怯，又或多疑或坦率或爽直或卑诈，
至于理知而言，也可见到它们具备相当于机敏的性能。于列举的

---

① ψυχῆs τρόπον，“精神性质”或“精神状态”为柏拉图的术语，见于《共和国》iv，415c。

Δψυχή原意为“气息”，转而为生命（life）所凭依的“灵魂”（soul），于现代字汇中相当于“精神”（spirit），“心理”（psyche）等义。亚氏所言生物界三级灵魂：（一）θρεπτικόν，摄食与生殖之魂，（二）αἰσθητικόν，感觉与活动之魂，（三）διανοητικόν，理知与精神之魂，详见《灵魂（生命）论》，《伦理学》，《构造》，《呼吸》等书。具一级魂者，斯为草木花卉，植物界之生命；具二级者，斯为虫鱼鸟兽，动物界之生命；具三级者，斯为人类生命。高级灵魂（生命）包括低级灵魂，故人类之逐食色同于草性与兽性。反之，群兽虽蠢蠢而动，然一举一动，一声一响亦往往见其有所思想，有所理解，则低级灵魂未尝不涵存有高级灵魂的萌芽（《灵魂论》卷三，章十一，433^{b}31）。本于（甲）这种生命或心理状态的等级观念，与（乙）各种动物在构造上相同、相似、相拟的比较解剖实况（《构造》及本书卷一至卷四），（丙）鱼、蛇、鸟、兽、人以及各种动物的胚胎发生方式亦皆相同，或相似或可相拟（586^{a}21—22，及卷五至卷七各章，《生殖》各卷）三项基本事理，亚氏特重万物一体之义，视世界无数生物，千差万别的生活状态，皆当归综于一“相通而延续的总序”（συνέχεια）。后世自然学家逐渐精研而改进此“生物级进体系”（scala natura）递嬗至达尔文的“进化论”遂确立为生物学的总则，迄今“万物的统谱”可说已相当完备了。（参看奥斯本：《从希腊人到达尔文》〔Osborne：*From the Greeks to Darwin*〕。）

25 这些素质(品德),有些是人与动物可作相应的比较的,一个人可于这一素质(品德)上说,较多或较少于动物,而在那一素质(品德)上说,一只动物较多或较少于人类;另些品德则动物虽不能与人并 30 论,却也可加以比拟:譬如,人具有知识(技术)①、智慧与机敏,而某些动物的天赋本能②和这些恰可相拟。③从动物幼年期的诸现象看来,这更易明了:一个小孩在精神(心理状态)上殊不异于一个 588b 动物,但此后在成年期所可具备的诸品德,正当在做儿童时也可见到一些迹象与端倪;所以说"人与动物于精神上某些相同,另些相似,又另些可相比拟",④这种论断并无错误。

自然的发展由无生命界进达于有生命的动物界是积微而渐进 5 的,在这级进过程中,事物各级间的界线既难划定,每一间体动物于相邻近的两级动物也不知所属。⑤这样,从无生物进入于生物的第一级便是植物,而在植物界中各个种属所具有的生命活力(灵魂)显然是有高低(多少)的;而从整个植物界看来,与动物相比时,

---

Δ① 原文:τέχνη καὶ σοφία καὶ σύνεσις,应为"技术,智慧,机敏";依《尼伦》i,(13)1103a5 σοφία σύνεσις,φρόνησις,"智慧,机敏,谨慎"为理知三德;技术不在此列。但《形上》卷一,章一以技术为得之于许多经验的综合智识,实可属之理知素质,故汉译文从汤译本作"knowledge"(知识)。(注意:"技术"异于操作"技能"。)

② δύναμις,作"才能"解,包括"习得能力"与"天赋本能",在《形上》(卷八,章二等),此字与"实现"对举则义为"潜能"。本书于生物而言,相当于近代心理学术语"本能"。

③ 《尼伦》iii(5)1113a,分别动物与人类之活动:其一,动物凭"欲念"(ἐπιθυμία)为食色之取舍与生死之趋避;另一,人类凭"意愿"(προαίρεσις)以辨善恶,于日常行动中,或有所为或有所不为之间,表见其精神品德。动物在欲念活动中有时亦可见其精神品德,而人类的精神生活亦仍充满动物欲念。

Δ④ "同"、"似"、"比拟",名学三别,可参看《形上》卷五,章六及章九。

⑤ 《构造》卷四,章五,681a10 述及"海鞘胜于海绵一筹而犹相近于植物。自然自无生物至生物(有魂物)界,许多种属实具有如此连绵不断的程序,动植物间有似动似植的两态间体,两种属之相邻近者,其中的间体动物固绝难与两种属相识别"。

固然还缺少些活力，但与各种无生物相比这又显得是赋有生命的了。[1] 我们曾经指出，在植物界中具有一个延续不绝的级序，以逐步进向于动物界。[2] 在海中就有某些生物，人们没法确定究竟是动物还是植物。某些生物有根，[3]譬如江珧，是着根[4]于某一地点的，倘予拔出，有些就会死亡；由它的潜伏处挖出的蛏也不能存活。[5] 广义地说来，整个介壳类与其他动物的善于行动者相比，它们确乎都有些像固着在一个地点的植物。

于感觉而言，有些动物，不见它具有官感的迹象，另些只显示微弱的感觉。又，这类〈动植间体〉生物，如所谓"海鞘"以及"水母"(海葵)等，它们的体质犹类似肌肉，至于"海绵"就在任何方面都像草木了。这样，在整个动物界的总序内，各个种属相互间，于生命活力与行动活力之强弱高低的等级差别是实际存在的。

关于生活的习性，也符合于相似的论断。这样，于由籽粒之萌发而长成的植物而言，它们唯一的机能就在繁殖自己这品种；某些动物也相似于植物，它们的生命活动范围便限止于品种的繁殖。于是，生殖机能(作用)可说是一切生物所共有。[6]现在如果加上感

① 参看柏拉图《斐得罗》(Phaedrus)245E；亚氏著作《灵魂》i(2)$403^{b}25$；ii(2)$413^{a}25$；《气象》iv(12)390^{a} 等。

② 《灵魂》ii(3)$414^{b}33$ 谓生物之发展，"各种植物进向于动物，各种动物进向于人类"。

③ 本书卷一，$487^{b}8$；卷五，$548^{b}5$。

④ 各抄本均作 πεφύκασιν，由某处"自然生长"，即"着根"于某处。依卷四，$528^{a}33$，应为"附着"，故薛校作 προσπεφύκασιν，伽柴译本 adherent，与此相符。

⑤ 本书卷四，$535^{a}15$ 言取蛏用铁棒引出，实与"挖根"相异；自海泥取出的蛏，还置海泥仍能存活。

⑥ 本书卷五，$539^{a}15$；《物理》i(7)$190^{b}1$ 等。

30 觉，[①]那么由雌雄性感的差别以及分娩与育幼方式的差别，也将引起生活方式的差别。有些动物，像植物结籽一样，只是在一定的季节中生产自己的品种；另些动物在产后还忙着寻取食物以喂饲它

589a 们的幼体，但既喂大了之后，便不再管它们了；又另些动物较为聪明，并已具备了记忆，它们同子女们共同生活的时间较长，也就较富于社会性质。

这样，动物的生活行为可以分为两出——其一为生殖，另一为

5 饮食；一切动物生平的全部兴趣就集中在这两出活动。食料为动物所资以生长的物质，随身体构造的差别，它们寻取各不相同的主要食料。凡符合于天赋本性的事物，动物便引以为快，这就是各种动物在宇宙间乐生遂性的共同归趋。

章二

10 动物也因生活区域（环境）之异而发生差异（造成类别）；这是说，有些动物生活于陆地，另些生活于水中。由此分化起来的差别可作两方面[②]的说明。这样，有些呼吸空气的动物被称为"陆地

---

① 参看《灵魂》ii(3)415a2。《青老》(6)467b23："植物有生殖魂而无感觉魂；动物除生殖魂外，又具有感觉魂。"林奈《自然体系》，植物与动物之机能分别皆本亚氏此说。

② 贝本，璧校本作διχῶs，"两方面"。斯卡里葛，奥-文，狄校从伽柴译文作τριχῶs，"三方面"；参看下文590a13。汤伯逊诠注：动物水陆之别的分类根据：(一)有红血动物之具肺而呼吸于空气者别于具鳃而呼吸于水的动物。呼吸作用在于"冷却血液或体温"（《呼吸》章十，475b18）。无红血动物虽无肺，其借以冷却其体温者仍为体表与周围空气的交感（现代昆虫解剖：由体表的气门、气胞、气管经营呼吸）。(二)居住并饮食于陆地者，别于水中动物。第(一)项中陆地生活又歧出为有肺、无肺，应为空气呼吸动物中的次级分别。下文590a13将(一)项两个次级分别与(二)项并列，遂成"三方面"，这并不合适。故汤译从"二"，不从"三"。

(有脚)动物”,另些呼吸水的称为“水生动物”,另又有些动物既不吸进气也不吸进水,只是在它们的身体构造上或仅能适应于气的冷却作用或仅能适应于水的冷却作用,这样它们也分别称为陆地或水生动物。又,动物也因它们取食与居住的所在而别作陆地与水生之称:有些动物虽呼吸空气而且诞生在陆地,但它们既由水中获得食物,一生大部分的时间都消磨于水内,这些动物既有赖于两元素(水与气)而生活于两元素中,这就只有称之为“水陆两栖”动物了。凡动物呼吸着水的,均不能取食于陆上而成为陆地或“空中(有翼)动物”,至于陆地动物则其中好多种属呼吸着空气,却能就水取食;还有些动物,例如海龟、鳄鱼、河马、海豹,以及一些较小的动物如淡水龟与蛙,它们身体构造得这样特别,倘被完全隔离于河海,它们便不能存活;这些动物若不许它们时时呼吸于大气,却又得窒息或淹溺而死:它们都在陆地[或靠近陆地][①]产儿并养成幼体,然后进入水中生活。

可是,在一切动物之中,海豚[②]以及其他相似的水生动物,包括鲸类中之相似于海豚者[③],具有特为著名的一种构造:这里便说到了须鲸以及其他具备喷水孔的动物。倘以陆地动物为呼吸空气的动物,水生动物为呼吸水的动物,那么,你就很难说海豚只是一个陆地动物或只是一个水生动物。因为海豚实际上两都呼吸:它喝水后由喷水孔呼出,它又用它的肺呼吸着空气。[④] 这动物具有这

① P抄本无此短语,实为衍文。

② 参看《呼吸》(12)476^{b}13。

③ 狄校本删去“包括……海豚者”一短语。但亚氏所用“鲸类”一词作为海中胎生动物的类名,有时可包括大鲨并及大金枪鱼在内,故此处宜加限制条件,用来专指具有喷水孔的鲸类。(参看罗得:《金枪鱼之捕捞》11页。)

④ 《构造》卷四,章十三,697^{a}15。

一构造(肺),并用这器官呼吸,所以当它被困扼在网内时,它很快地就窒息了。它也能浮在水面上很久,但这时它得无休止地发作低沉的吟嘘,与一般用鼻呼吸的动物的气息一样;[①]又,这动物入睡时,它的鼻总是露出水面的,这样它可得保持它的呼吸。"陆地"与"水生"原应是两个互不相含的类名,我们不能把一类的动物归之于两类;那么,我们还得增补"水生"这个类名的定义。事实是,有些水生动物吸进水,又复呼出,这与呼吸空气动物之吸气目的相同:即使血液冷却。另一些动物的吸进水是跟着它们摄食方式发生的;它们既然是在水中进食,水便随同食物一齐进入,这就必须要另具排出这些水的器官。[②] 于是〈分别就在这里〉,那些有血动物,因相拟于空气呼吸而呼吸于水者,具有鳃;因捕食而吞进了水需要即时排出者,具有喷水孔。相似的说明也可应用于软体动物(头足类)与甲壳动物;因为这些也是由于进食而吸进了水的。

水生动物生活方式之相异者——这种歧异跟着身体与环境温度的关系以及生活的习性而变化——其一类吸气而生活于水中,另一类具鳃而吸水[③],却爬上陆地,在那里就食。[④] 后一类水生动物现今只知有一个品种,即所谓"戈第罗"(水蜥);这一动物有鳃无肺,但确乎是一只四脚动物,适于陆地步行。

---

① 本书卷四,535^b32。

② 《呼吸》(12)476^b23。

③ δέχεται … ὑγρὸν,"吸水",威廉本作 aerem humidum,"水中之气",那么,原文应为 ἀέρα ὑγρόν。

④ 此句与上文 589^a23 句相异,是伪撰或是前一论断的修正,现难推定。下文所举"水蜥"(κορδύλος)一例,可能是高山鲵(Triton alpestris,或黑蝾螈,Salamandra atra),其幼体有鳃,这一品种长大后,鳃之消失较一般两栖类为迟。故亚氏可能在它已备四足时,仍检知其有鳃。

所有这些动物，它们的本性当是在某一方面有所偏异，恰如有些雄动物之变异而相似于雌性，有些雌动物之变异而相似于雄性。① 事实是这样，动物在微小器官上的一些改变会引起它们全身生理的重大改变。这些现象可由阉割的动物来为之说明：这动物只剪除了一个微小的构造，雄性却竟然变成了雌式。于此，我们可以推论，倘胚胎在最初成形时，一个极微小而极重要的器官遭受到这样或那样一些些的量变，这动物就这样的成为一个雄动物或那样的成为一个雌动物；所说的这器官若竟全然删除，那么它将全无雄性或雌性。类此，在微小器官上遭受到某一改变，这一动物便循陆地动物的构造形式发展而为陆地动物，那一动物则循那另一形式发展而为水生动物。② 又动物有些成为两栖而另些不成为两栖，当是由于胚胎成形时混入了与它以后资生的食料有关的因素之故；如上曾述及，对于每一动物凡符合于它本性的事物，它便感觉愉快而全身的构造亦相与适应。

于是，动物便凭三方面分类为“陆地”与“水生”之别：(1)呼吸于气或水，(2)本身的体质与外围的交感③或(3)食物的性质；动物的生活方式各符合于它所归属的类别。这样，在有些实例中动物便凭其体质、食料以及呼吸方式的异同而分别列入了陆地或水生范围；有时则仅依体质与生活习性的异同而为此类别。

① 《生殖》卷一，章二，716^{b}3。

② 贝本及A^a，C^{a}抄本以下有一分句，语意与上文重复，从狄校本删去。

③ 动物机体的生理构造具有与外围温度或气候的交感体系，由此交感，一动物得冷却而保持其适当体温。参看柏拉图：《斐多》(*Phaedo*) 111B；上文589^{a}13注；本卷606^{b}3；《集题》卷十四“关于体质”各节；《生殖》卷四，章二，767^{a}30；《呼吸》章十，475^{b}关于“冷却体系”(体温调节)各章节。体质与外围交感的差别，应用于无红血动物，这可凭以区分陆上的昆虫与水栖的虾蟹。

20 ①有些不能行动的介壳类,靠淡水为营养,虽海水溶入其体内,但因为淡水较稀便渗透了较紧密的机体;②实际上它们原本生于淡于,也滋养于淡水。海水内原有淡水存在,而且这里有一切实25 可行的方法证明淡水可从海水内分离出来。试以溶蜡制成一薄而内空的罐,系之以线,悬垂于海水之中:一昼夜后,其中可见到有水,这水是淡而可饮的。③

海葵吞噬路过它们身边的小鱼。这生物的口在全身的中央;30 这于水母属的较大品种可以分明看出。像蠔蛎那样,它具有一支排泄秽物的出口管道;这管道(肛门)在身体的顶上。④ 作为比较,海葵本身可拟之于蠔蛎的肉体,而海葵所附着的石块便相当于蠔蛎的壳贝。

590b 蝛(笠状螺)会离开岩石而寻找食物。在能行动的介壳类之中,有些例如紫骨螺等是肉食的,专以小鱼为食料——紫骨螺之为肉食性动物自属无疑,因为它可用小鱼为诱饵来钓取;另些也是肉食的,但它们也吃海生植物。

---

① 以下若干节与本章上半论旨不相承,似原为第一章末的边注,或应另立为一章。

② 《构造》卷四,章七,683b3 谓"介壳类的膜皮分离海水中之盐质,只让淡水进入"。又章三,677b25 谓"惟油质能渗入膜内,而在体内制成脂肪"。埃里安《动物本性》ix,64,谓介壳类凭淡水营养之说出于德谟克利特。

③ 此说另见《气象》ii(3)358b35;《埃里安》ix,64;《柏里尼》xxxi,37。汤伯逊曾照上述之海水取淡法进行试验,证明其不实。渥格尔谓 κήρινον(蜡制)罐可能为 κεράμινον(陶瓷制)罐之误。但陶瓷滤器亦不能分离海水中的溶盐。Δ生物膜皮的渗透情况在近代胶体化学以及生物化学有关各门之研究中,虽已较渥格尔、汤伯逊等在二十世纪初大有进步,尚未能完全说明海生动物如何在盐水氛围中保持其各个膜囊内之酸碱度与化学成分。

④ 本书卷四,531b8 所述水母构造较此节为详明。此节所述实际似为"海鞘"的形态(参看卷四,531a15)。

海龟(蠵龟)以贝蛤(介壳)类为食——它们的咀嚼器官特硬;[任何入口的东西,一块石片或他物,它均能嚼成碎屑,但当登陆时,它会吃草][①]。这些动物浮上水面后,便难于重行下沉;这时它们为阳光所曝,颇感困恼,而且有时竟致死亡。 5

甲壳类所食略同。它们是杂食的;它们能吃砂、烂泥、海藻、排泄物——例如石蟹——也吃肉类。有棘螯虾能捕鱼,且能捕品种较大的鱼,但偶也会发现一些品种,虽体型不大,原来比它凶得多。这样当螯虾见到自己与章鱼在同一网中,它便为章鱼所慑服,竟然会因惊怖而致死。[②] 螯虾能捕食海鳗(康吉),由于虾螯有粗糙的棘突,被钳住的鳗总是滑脱不了的。[③] 可是,章鱼的触手就缚不住光滑的海鳗,因此章鱼便反转为海鳗所噬食。螯虾守在小鱼的住处或洞口,捕食这些小鱼;它们自己栖息于崎岖多石的海底,这种石礴便成为它们的窟穴。凡有所捕获,它就像蟹一样用那犹似钳叉的螯拑着送入口内。[④] 螯虾在无所怖畏时,触须下垂于两侧,直往前行;迨忽有所惊觉时,它向后脱逃,作一急蹿,蹿得相当远。这些动物用螯互拑,像公羊用角相抵那样,它们各举起大螯,力图钳住对方;它们也常成群地簇聚于一处。甲壳动物的生活情形就是这样。 10 15 20 22 25 30 31

① 海龟到岸上时,不吃草;淡水龟能吃草。此节盖原为一边注,抄写既误入正文,又漏了一"不"($\mu\grave{\eta}$)字。

② 《霍拉普罗》ii,106所述与此相反:螯虾会吃章鱼。居维叶所见与亚氏相同,《回忆录》(*Memoirs*)i,4谓地中海渔民甚厌章鱼,人类所嗜爱的虾蟹多为章鱼所残食。参看约翰斯顿:《贝介学导论》(Johnston: *Introd. Conch.*)315页。

③ 《埃里安》i,32,ix,25,x,38;《柏里尼》ix,88;《奥璧安》ii,389—418;普卢塔克:《动物智巧》27;《安底戈诺》99。

④ 本书卷四,526^{a}13。

21 32 软体动物全属肉食。[1] 而软体动物中的枪乌贼(鱿鱼)与乌贼
591a 更较一般鱼凶些,它们竟能克制大鱼。章鱼的主要食品是收集贝蛤类挖食它们的肉;渔人实际可因贝壳堆而认取章鱼的窟穴。[2]有些人说章鱼会吃章鱼,但此说不确;[3]事实是常见到章鱼丢失了
5 触手,但这不是由于自族互残而是被海鳗(康吉)吃掉的。[4]

在产卵季节,所有的鱼,毫无例外地都要吃鱼卵;至于其他食品,则各种鱼各不相同。有些鱼是全然肉食的,例如软骨鱼类:康
10 吉鳗、康那鮨、金枪鱼、鲈、合齿鱼(狗母鱼)、弓鳍鱼、海鲈(奥尔芙)以及海鳗鲡。红鲱鲤(鲂)是肉食性的,但它也吃海草、贝蛤与泥。灰鲱鲤吃泥,达斯基罗鱼[5]吃泥以及腐烂动物,隆头鱼(鲀)和米兰
15 奴罗鱼("黑尾"鱼)[6]吃海藻;萨尔帕鱼吃腐烂动物与海藻,也吃柏拉松藻(海蒜)[7],在鱼类中这是唯一的品种可用葫瓜[8]为饵而被钓取。各种鱼都自食其同类,唯一的例外为灰鲱鲤;于同类相

---

① 此句依斯、施、奥-文校订由21行移此。

② 本书卷九,622a5;《柏里尼》ix,48。

③ 约翰斯顿:《贝介学导论》314页称,彼在普通枪鲗(Loligo vulgaris)腹中曾见有其同类小鲗的残嘴。

④ 希萧特:《作业与时令》522;奥璧安:《渔捞》ii,250;《埃里安》i,27;《柏里尼》ix,46等书均有此记载。《埃里安》i,32又谓海鳗鲡也吃章鱼。

⑤ δάσκιλλος,此鱼名全书中仅一见,未能确定为何种属。

⑥ μελάνουρα,现代希腊仍有此鱼名,学名Oblata melanura,"扁圆黑尾鲀"。参看《雅典那俄》引亚氏记述,vii,313;《埃里安》i,41;xii,17;奥璧安《渔捞》i,98;iii,443等。

⑦ Aa,Ca 抄本 βράσιον,贝本校作 πράσιον,薄荷(Marrubium),非海中植物,当属谬误。尼芙(Niphus)与加尔契(Karsch)校为 πράσον:陆地植物以"柏拉松"为名者即"蒜"(Allium);海藻之以柏拉松为名者,另见于色乌弗拉斯托:《植物志》iv,6,当为大叶藻属的zostera,兹译"海蒜"。

⑧ 萨尔帕鱼味劣,无钓者;原文可能脱落 ἡ ὀρφὸς(海鲈,即巨鮨)字样。阿朴斯笃利特:《希腊渔捞》49页,述钓取海鲈时,因上钩的鲈缩入洞隙,无法拽它出来,故钓

残而论，海鳗(康吉)尤为贪暴。头鲱鲤与一般的鲱鲤①是鱼类中仅见的不吃肉种属；这可由这些事实为之推论，(1)所有捕获的鲱 20 鲤属肠内均无肉类食物；又，(2)用以诱钓它们的饵也不是肉类而是大麦饼。②各种鲱鲤均以海藻及沙为食。头鲱鲤的一个种属有些人称之为"启隆"者常在近岸处食息，另一称为"贝雷"③者常离 25 岸稍远，而以自己渗出的一些黏液为食粮，所以这一种鱼常在饥饿状态之中。④头鲱鲤以泥为食，故其体甚重而含烂泥；这鱼永不吃别的鱼。头鲱鲤既生活于泥中，也得时时从泥中钻出来，洗洗自己 30 的身体。任何鱼都不吃头鲱鲤的籽卵，所以这一品种特为繁盛；可是待它长足以后，多种鱼类要捕食它，猛鮨(亚卡尔那斯)⑤尤甚。591b 所有鱼类之中，鲱鲤(鲻)⑥最为贪饕而无厌，它的腹部任何时候总是鼓胀着的；倘有空腹的，这当是失常或有病了。当鲱鲤受到惊

者在钓线上系一葫芦或南瓜(κολοκύνθη)浮动一二日，俟其困乏后，由此浮瓜寻取钓线以收鲈。

① 见本书卷五，543b14—15及注。参看《雅典那俄》vii，307；普卢塔克：《动物智巧》ix。顾契(Couch)称据他所知，鱼类中惟头鲻(头鲱鲤，Mugil capito)不吃肉。林奈分类中以κεστρεύς(灰鲱鲤，grey mullet)为头鲻(M. cephalus)。

② μάζῃ为大麦饼中混入毒鱼药草的钓饵，今尼布里坦(Neopolitan)渔民称为"lateragna"，所用药草即所谓尼布里樱草(Cyclamen neopolitan)。这种饼专用以钓取灰鲱鲤。用樱草根调制鱼饵，另见于奥璧安《渔涝》iii，482等节。《柏里尼》xxv，54所述及钓鱼用药草，近人考为圆马兜铃(Aristolochia rotunda)。用药毒鱼，参看下文602b31。

③ 贝雷鱼(περαῖος)相当于《雅典那俄》所述的菲雷鱼(φερᾶος)，与普卢塔克《动物智巧》ix，965E所述的"巴尔第亚"鱼(παρδίας)。

④ 《雅典那俄》vii，307引谚语，灰鲱鲤有"禁食者"的称号。

⑤ ἀκάρνας(亚卡尔那斯)本义为"凶猛"，依《希茜溪辞书》释为鮨属(λάβραξ，鲈)诸品种之一，故译"猛鮨"。《雅典那俄》vii，307谓鮨属鱼常吞噬鲱鲤。

⑥ 原文κεστρεῦς，鲱鲤(鲻)；奥-文本先曾指出，此处所述与上文591a20不符，当属有误。

5 骇,它便把头钻进泥内,自以为全身躲藏起来了。[①] 合齿鱼(狗母鱼)是肉食性鱼,以软体动物为食。时常可见到合齿鱼与康那鮨追逐小鱼时,吐出了胃;[②]这当还记到,鱼类的胃原是近在口腔之下,它们不具食道。[③] 〈所以一下子就可翻到口外。〉

10 有些鱼像海豚、合齿鱼、金鲷、软骨鱼类以及软体类[④],如曾述及,是肉食性的,而且专吃肉。另些鱼惯常吃泥或海藻或海苔或所谓长茎海草或其他水中生长的植物;这些鱼可以黑鮈(菲句鱼)、鮈鲤(虾虎)以及岩鱼为例。这里说到的黑鮈也兼肉食,只是它专吃 15 斑节虾肉。可是它们,如曾述及,常互相残食,尤其是大鱼常吃小鱼。要证明它们的肉食性,只需以肉类为饵便可把它们一一钓上来。弓鳍鱼(鰄)[⑤]、金枪鱼、鮨鲈、大部分吃肉,偶尔也吃些海藻。20 沙尔古鱼[⑥]吃红鲱鲤(鲂鮄)的残余。红鲱鲤潜入泥中,挖泥成穴,当它离去这泥穴,沙尔古鱼便就此遗窟栖止,吃食红鲱鲤的遗物,并驱逐小鱼,不让它们靠近。[⑦]

各种鱼类中,惟有所谓斯卡罗鱼(绿鲀)能像四脚兽那样反刍

① 《雅典那俄》vii,308;《柏里尼》ix,26。

② 居维叶及其他动物学家曾指明,鱼所可吐出口外的是浮泳气囊(swimbladder),即鳔;不是胃。

③ 见上文卷二,507^{a}26;又,《加仑全集》ii,173(K)引及亚氏此语。

④ μαλάκια,"软体动物"指章鱼等类,与 591^{a}1 相符。狄本校改为 πελάγια,"远洋或深水鱼类"。

Δ⑤ ἄμια,汤或译 amia(弓鳍金枪),或 bonito(松花鱼),或 mackerel(鲭),里-斯字典谓是金枪鱼诸品种之一。杜编《动物学大辞典》,amia 为鰄,亦称天竺鲷。

Δ⑥ σάργος(sargue),此处及 570^{a}33 与鲻属(鲱鲤)同列,故里-斯《辞典》指为"鲱鲤"的一种。柏里尼(ix,30)的腊克亨译本作 seabream,"鲷"。参看 535^{b}17 注,543^{a}7 注。

⑦ 《柏里尼》ix,30:鲻(鲱鲤)有多种,泥鲻(lutarium)最贱。沙尔古鱼挖动泥土,泥鲻跟着就吃这些泥土。[泥鲻能消化土中的有机物。]

而细嚼食物。[①]

常例，大鱼追捕小鱼时，它就照原来的游泳方式前进，张口直吞小鱼；但鲨鱼类[②]、海豚以及所有的鲸类[③]，因为它们的口在下面，捕食小鱼须转个身，这一动作使得较小的鱼类获致脱逃的机会；事实上照海豚那样既游泳特速又惊人地贪饕，倘它们不是这样的构造，那么水中的小鱼便所存无几了。[④] 25 30

鳗鳝[⑤]在各处只见少数也吃些泥土，偶尔有些吞食到投下的食物碎屑，大多数依淡水为生。养鳝家特别注意于保持池水的澄清，他们用石板砌好池底，让清水不断地流经石板而后泄出；[⑥]有时他们也用石膏嵌涂鳝池。事实是这样，鳗鱼的鳃特别小，倘水不洁，它们就会窒息。因此，凡欲捕鳗鳝，就先把水搅浑。[⑦] 在斯脱鲁蒙河[⑧]中，捕捞鳗鳝开始于昴星上升之时，这季节的风向与河水的流向相反，波浪激起了泥污；水若不是这样混浊，便休想捕获鳗鳗。鳗鳝死后，异于大多数的鱼类，它既不浮起，也不跟水流移动；这是因为它的胃腔细小之故。少数鳗鳝体有脂肪，多数全无脂肪。离水后，它们可活五六日；[⑨]如遇北风活得长些，如遇南风死得早些。[⑩] 在夏季，鳗鳝若由河池移入鳝缸，它们不久就死；在冬季便能 592a 5 10 15

① 参看本书卷二，508b12；卷九，章五十，632b10"反刍鱼"(μήρυξ)。

② 《构造》卷四，章十三，696b11。

③ 奥-文本于"海豚以及所有的鲸类"加[]。

④ 本书卷九，631a20；《柏里尼》ix，7。

⑤ 另见《雅典那俄》vii，298引亚氏记述。

⑥ 施那得注释曾于此列举好多涉及养鳝的书籍如亚拉托：《神兆与物象》993等。

⑦ 亚里斯托芳：《骑士》864。

⑧ 斯脱鲁蒙河，为色雷基主流，流入斯脱鲁马海湾(今仍旧名)。

⑨ 《柏里尼》ix，38。

⑩ 其实义为天寒时多活几天，天暖则少活几天。

存活。它们不能适应急剧的变化:人们从一处把鳗鳝移至另一处
20 而放入特冷的水中,它们便大批地死亡。如蓄鳝而供水太少,它们也会因窒息而死。一般鱼类亦然;倘把鱼类养在少量水中,长久不为换水,它们就会被窒息——恰像动物被关闭在室内,缺少新鲜空气的供应那样,发生窒息。鳗鳝,在有些实例中活至七年或八年。
25 河鳗鳝自相吞食并吃草或草根,或泥中偶可捡得的食物。[①] 它们的进食时间在夜晚,白日潜居于水深处。

关于鱼的食料就是这么多。

章三

具有钩爪的鸟类,无例外地均属肉食,它们不能吃谷粒或面饼
592[b] 类食物,即便切成碎块喂入嘴内,它们也不吃;这些可以各种鹫、鸢、鹰的两个品种,则猎鸠鹰与猎雀鹰——这两种鹰体型大小相差甚巨——以及鹏为例。鹏与鸢大小略等,终年可以见到。[②] 还有
5 费尼鹫(髭兀鹰)与兀鹰。费尼鹫灰色,较普通鹫为大。兀鹰有二品种:其一体小而色白,另一较大,深灰而不白。[③] 又,夜间飞行的鸟类,例如夜乌(枭)与鹫鸮(鸺)等均有钩爪。鹫鸮与普通鸮形状相似,而体型大于鹫等。又,还有埃鹛鸮、埃古鹛鸮(鬼鸮)与鸱鸺(小
10 角鸮)这些夜鸟中,埃鹛鸮较家鸡稍大些,埃古鹛鸮(鬼鸮)与埃鹛

① “河鳝”一句,奥-文校本加[]。

② 《柏里尼》x,9。

③ 所指小白兀鹰当为埃及兀鹰,学名 Neophron percnopterus,“褐翼法老鹰”(杜编,《动物学大辞典》称“王鸡”),翼褐而体羽皆白,为兀鹰科(Vulturidae)小种。另一当为“棕兀鹰”(Vultur fulvus)或“灰兀鹰”(Gyps cinereus)。兀鹰产于欧亚非三洲间的山地。

鸮差不多大，两者均猎樫鸟以为食；鸱鸺（小角鸮）较普通鸮为小。所有这三种鸮形态相似，悉为肉食性鸟。①

又，无钩爪的鸟类，有些是肉食的，例如燕等。另些，如碛鹨、麻雀、“巴的斯”、绿莺、山雀，吃虫蛆。山雀有三种。鹨雀最大——这与碛鹨差不多大；其次为长尾山雀，因为它栖于山谷，故名“山居者”（梅花雀）；第三种与上两种形态相似而体较小。②接着还有无花果雀、鹎鹀（黑头山雀）③、照鹭、嘤鸲、埃璧来、蝇鸟④、金冠、鷦鹩。鷦鹩较蚱蜢稍大，顶有“耀眼的金红色”⑤冠羽，从各方面看来，这总是一只风采美丽的小鸟。挨次而言花鹨，这鸟同鹨差不多大；山鹨与普通鹨大小略等，形态相似，而颈作蓝色，⑥它也因为栖身于山谷而获得那“山鹨”的名称；最后才是那“王鸟”与“拾谷鷦

△① 现所知鸮科（Strigidae）200余种，此处所举鸮名，仅作简略的形态叙述，未易指实：γλαύξ，普通褐鸮或鸺鹠，今褐鸮属（Glaucidium）。βρύας，鸑鸮或鹏鸮（eagleowl），今Bubo属；头上有耳状羽毛如兔耳，中国旧称“鸰”。ἀλιὸs，埃鹛鸮，未知何属。αἰγόλιος，依字义似为“羊角鸮”，中国《脊椎动物名称》aegolius作“鬼鸮”。σκώψ，即鸱鸺，为鸮科的小种，亦有耳羽，今角鸮属（Otus）。参看本书卷九，章二十八及注。

② 此句所述为山雀科（Paridae）各品种：（1）大山雀，英国俗称“牛眼”山雀（ox-eye）。（2）长尾山雀（Aegithalus）或悬巢山雀（A. pendulinus），中国或称“萑雀”，亦称“梅花雀”。（3）小山雀当指普通山雀（tom-tit），菜青山雀（coletit）等各种常见山雀。

③ συκαλὶs，啄食无花果的小雀或小莺。μελαγκόρυφοs依字义为“黑头顶”，兹译鹎鹀；另见本书卷九，632ᵇ31。此句中及以下所列数种鸟名，因所叙形态简略，未能确定其种属。

④ οἶστροs，“蝇”鸟，依里-斯《辞典》拟为Sylvia trochilos，“鷦鹩莺”。

⑤ φοινικοῦs，依《感觉》（3）440ᵃ10解释为“太阳透过薄雾时所现色彩”；通常多作“红”色解。

⑥ “山鹨”（ὀρόσπιζοs），此处盖为一蓝颈鹨，如“瑞士蓝劲鹨”（Cyanecula suecica）。

鹈”。[①] 上列各鸟以及它们的类属或是完全吃虫蛆，或以虫蛆为主

593a 食，而下列各鸟以及它们的类属则吃棘丛籽实[②]：这些就是红鹨（朱雀）、“色拉碧”、金翅雀（丛鹨）。所有这些鸟类均吃棘丛籽实，不吃虫蛆或任何动物；它们栖埘于树枝间，就在这些草木丛中生活着并取得食粮。

5 另还有些鸟专喜吃树皮下的虫豸，这些可以大小两种“哔剥”鸟（鴷）为例，这两种鸟人们均称之为“啄木鸟”[③]。两鸟羽毛相似，鸣声相似，惟大种鸣声较响亮；它们日常攀沿着树干，觅取树蠹为

10 食粮。还有一种绿啄木鸟（青鴷），全身碧绿，大如雉鸠，多见于伯罗奔尼撒地区，这种鸟常栖身于树枝，啄食树皮下的虫豸特别有力，鸣声也响亮。另一种俗称为“除蠹鸟”（旋木雀），羽毛有黑斑，

15 鸣声低弱，体型同悬巢山雀那么样小；这也是啄木鸟的诸品种之一。[④]

另有其他鸟类如野鸽或斑鸠、家鸽、原鸽、与雉鸠，以果蔬为

20 食。斑鸠与家鸽四季常见；雉鸠只见于夏季，到了冬季，它隐藏于这个或那个洞内，人们不可得见。[⑤] 原鸽多在秋季出现，亦多在秋

---

① βασλεὺs，“王鸟”即金冠鹪鹩。奥-文德译本作 zaunkonig，“园篱之王”。σπερμαλόγos 字义为捡食谷粒之鸟，兹译“拾谷鹪鹩”；依汤伯逊英译本作 rook，“山乌”。

Δ② 原文 ἀκανθοφάγα，“吃蓟类或棘丛的”，依奥-文德译 die Samen der Disteln tressen 作“吃棘丛籽实”，以下所列各鸟均为雀科鸣禽，食植物籽实或谷粒。朱雀（ἀκανθίs，红鹨）或统指朱雀属（Fringella），欧洲常见者有五种；或以专指“丛雀”（蓟雀，F. spinus）。金翅雀（χρυσομῆτριs），孙得凡尔拟为 F. carduelis，丛雀。

③ “哔剥”鸟（πίπα），即鴷科（Picidae）各品种，参看本书卷九，章九。

④ κνιπολόγos，“除蠹鸟”，即卷九，616^b28 之 κέρθιos，旋木雀，例如旋木雀科（Certhidae）的“友好旋木雀”（C. familiaris）。贝本 ἀκανθυλλίs，A^a，C^a 抄本 ἀκανθαλίs，依原文字义可译“丛雀”；里-斯《辞典》释为“悬巢山雀”，即上文的“山居者”（ὀρεινόs）。

⑤ 另见本卷，600^a20；但卷九 613^b2 所述相异。

季被猎获；这较普通家鸽大些，较野鸠小些，①岩鸠常在饮水时被猎获。② 这些鸽在来到希腊时常常带着它们的幼鸽。其他所有来到我们境内的鸟则大都赶在初夏，就在这里筑巢并以"活食"③喂哺它们的子雏，只有鸽类各种属为例外。　25

鸟类全部各种属很可凭它们觅食营生的地区而别为（1）陆地，（2）河泊，（3）海洋三型。水鸟之具有蹼足者（游禽）实际上生活在水中，至于叉趾而无蹼者（涉禽）则生活于水边。又，水鸟之非肉食者以水草为生，〈但大多数的水鸟是吃水生动物的。〉④例如鹭⑤与白篦鹭时常涉足于湖滨和河边。白篦鹭较普通鹭为小，具有一个阔扁的长喙。又，还有那鹳与鸥；鸥是灰色的。还有斯戈尼劳、金克劳（河鸟）与白尾鹡鸰。在这些较小的鸟类中，以最后所述的一种为最大，它有普通鹅那么大；这三种均可列称为"摇尾鸟"（鹡鸰）属⑥。于是，说到斯卡力特里，羽毛淡灰而有斑点。又，翡翠（翠

图 18. 具有扁阔长喙的白篦鹭以"阔嘴白篦鹭"〔Platalea leucorodia〕作图

593b

5

① "原鸽"（οἰνάς）先见于 558b23，当即卷五章十三 544b2 的"岩鸽"（πελειάς，欧洲野鸠），该章谓岩鸽小于家鸽。

② 意大利今仍用水笼捕野鸠。

③ ζώοις，依斯卡里葛、施那得等作"活动物食料"解。

④ 依狄校揣增〈〉内一分句。

⑤ 本书卷九，616b33。

Δ⑥ 摇尾鸟属（οὐραῖον κινοῦσιν），中国称鹡鸰，别名雎渠。鹡鸰科（Motacil-

10 鸟)这族也住在水滨。翡翠有两种:[①]其一栖于芦苇而能鸣;另一较大者是不做声的。两种翡翠项背上均为蓝色。又有"特洛琪卢"(沙滩鸣禽或涉禽)。在海边见到的,还有一种翡翠,名称"季吕卢"(鸩)。乌鸦也常啄食海滩上滞留着的生物,这鸟是杂食性的。还
15 有白鸥、季伯芙(海鸠)、凫与鸻。

蹼足类诸鸟中,较大的品种生活在河岸与湖边;这些可以鸿(天鹅)、雁(野鸭)、秃鹬[②]、鹏鹈与小凫——这鸟似雁而较小——以及水鸟(鸬鹚)为例。鸬鹚与鹳大小相仿,而腿胫较短,蹼足善泳;全身羽毛黑色。鸬鹚栖止于树枝,[③]在这类水禽中,它是唯一筑巢于树上的,还有大鹅、群居小鹅(菰雁)和狐鹅[④]、角凫[⑤],以及比尼罗白(紫花雁)[⑥]。海鹫(鹗)栖息于海边,常在屿礁间渔捞为食。

---

lidae)鸟作波状飞行;静立时常低其尾,故称"摇尾鸟"(wagtail)。白尾鹡鸰(πύγαργος)即普通鹡鸰,营巢河滨石隙间,以昆虫为食。斯戈尼劳(σκοινίλος),未知何品种。"河鸟"(κίγκλος)或称"溪鸫"(water-thrush 或译"鹩凫"),生活与鹡鸰相似,更能浮游,以羽拨水,今另立河鸟科(Cinclidae)。鹡鸰与河乌均营生于水滨,故此节与水禽夹叙。

① 《柏里尼》x,47。Δ佛法僧目,翠鸟之居水滨而以鱼类为食者属鱼狗科(Alcedinidae),欧洲常见者为一种小翡翠 Alcedo ispida。

② φαλαρίs"秃"鹬,全身羽毛黑色,顶有白色板状体,故以秃为名,属秧鸡科,林奈分类称 Fulica atra,"黑鹬"。

③ 见于密尔顿:《失乐园》(Milton:*Paradise Lost*)iv,196。

④ "狐鹅"(χηναλώπηξ)为一种埃及凫雁,形似潦凫,因穴居故称"狐"(学名 Anas aegyptica,"埃及鸭"或"埃及鹜")。另见于《希罗多德》ii,72,亚里斯托芳剧本《群鸟》(Av.)1295。

⑤ αἴξ 原文为"山羊";依汤伯逊揣测为 horned grebe,"有角鹏鹈",兹译"角凫",未知何禽。

⑥ πηνέλοψ,具有紫纹羽毛的凫雁,另见亚里斯托芳《群鸟》298;阿尔柯(Alcaeus)《讽刺剧本残编》81。

许多种属的鸟类是全食性的。猛禽吃任何鸟类或动物，但不吃同种的鸟。至于鱼类，它们便确实会吃同种的鱼。 25

常例，鸟类饮水甚少。猛禽竟然全不饮水，只少数例外，这些例外猛禽也只偶然可见其饮少量的水；小隼是具有这例外习性的一种猛禽。[①] 曾见鸢在饮水，但这还是难得见到的。 594ª

章四

凡被有棱甲的动物——如石龙子与其他四脚动物与蛇——均为杂食性动物；它们既吃肉也吃草。在一切动物中，蛇可算是最贪饕的。 5

棱甲动物，有如一切具有海绵状肺脏的动物，均饮水颇少，[②]一切卵生动物的肺均作海绵状，含血甚少。又，蛇耽于喝酒；[③]因此人们有时把酒盛于盘中，置入壁框，以诱捕蛇类，蛇便在醉中被捉住。蛇是肉食性的，它们捕获了一切动物，不吃整体，却将那动物的液质全部吸光。顺便说到，其他有类似习性的动物，可以蜘蛛为例；蜘蛛从它那猎获物的体表吸取其体液，而蛇则钻在那动物的腹内而吸取。蛇见到什么就要吃什么，它既吃鸟也吃兽，见到蛋便囫囵吞下。[④] 但在吞下了它的猎获物之后，它得伸长而直立起来，[⑤]再缩拢成团，这样才好让吞咽的食物通过它那细长的腹段；[⑥] 这因 10 15 20

---

① 《生殖》卷三，章一，750^a7。

② 《构造》卷三，669^a25；《呼吸》(10)475^b24。

③ 《柏里尼》x，93。

④ 《柏里尼》x，92。

⑤ 依《埃里安》vi，18，ἐπ’ ἄκρα τῆς οὐρᾶς ἑστως 应为：“从尾端直立起来”。

⑥ 汤伯逊英译本注：原句模糊，拉丁文各译本互异；可能原为叙述埃及眼镜蛇(cobra)故事的片断。

为蛇肠又长又薄，所以它运动自己的全身来帮助消化。蜘蛛与蛇均能断食甚久；这事例可由药店中保存的生物标本情况为之证明。

章五

25　胎生四脚动物中的锯齿猛兽无例外地为肉食动物；但这里该提到，据说狼在极度饥饿时会吃某种泥土，其他猛兽则全没有这样的特例。这些肉食兽，除了患病，绝不吃草，而患病的狗却会觅取一种药草，服食致呕，一经呕吐，它就清除了疾患。

30　独行的狼比成群的狼更易于袭食行人。

594b　有些人称之为“�”(γλάνον)，另些人称为“鬣狗”(ὕαιναν)的那种动物与狼大小相仿，颈间像马之有鬃，它这项鬣较马鬃为硬而且长，被覆了整个下颌。它隐伏而伺人，并追逐他；[①]它会佯作人类

5　的呕吐声以诱惑附近的家犬。[②] 鬣狗特喜腐肉，为餍足其食欲，它会扒挖墓地。

熊是杂食性动物。它吃果实，它体软，能爬上果树；它也吃植物，并会抓取蜂窠，吃蜜；它也吃蟹与蚁，大体而言它偏向于肉食。

10　熊是相当强悍的，它不仅会捕鹿，也乘野彘不备时加以袭击，它也袭击牡牛。当它迫近了牛身，它从前面扑上牛背，牛用角来牴触它时，它便用前蹠抓住牛角，而牙齿就咬入了牛肩，于是把牛拖翻倒

15　地。[③] 熊能在一短时间内用两后脚直立着步行。它所吃的肉均先

---

① 《柏里尼》viii，44；《埃里安》vii，22。

② 狄校本认为此句下半当有误，依文义，这里应叙鬣狗如何抟噬人。施那得则谓此句叙述鬣狗的嗥声，猿嗥先似人之呻吟，后作剧烈呕吐声。

③ 《柏里尼》viii，54；《埃里安》vi，9。

让它腐化。①

狮，与其他一切锯齿猛兽一样，是肉食的。它吞噬食物，颇为贪狠，常整只动物囫囵咽下，不先撕碎；由于这种暴食而滞积，随后它就接着二三日间不再进食。狮饮水甚少。粪秽量少，每日一次或不定时，粪干而硬固如狗粪。狮从胃中发出的气息有剧臭，其尿也有强烈的气息，[于狗而言，尿臭为它们常嗅于树根的原因；]顺便提到，狮举足而遗溺，这也像狗。它嘘气在所持的食物上，食物便沾染着强烈的气息；②当这动物被解剖时体内散出令人难受的蒸气。 20 25

有些四脚野兽在江河湖泊中觅食；惟有海豹由海中得食。名为河狸、萨底狸③、水獭与所谓拉塔克斯(水狸)诸兽都属于这前一类(河边)动物。水狸较水獭为矮，齿甚利；这动物常夜出水面，啃啮河边的柳树皮。④水獭会咬人，据说水獭咬住任何生物，死不放松，必待听到有骨裂声才罢休。水狸毛粗，毛样介于海豹毛与鹿毛之间。 30 595a 5

章六

锯齿动物饮水时是舐取的，上下齿不齐的一些动物，有如鼠类

---

① 依奥-文校订此句应移上接入4行"鬣狗"那一节。若论"熊食"，则 προσήπευσα(腐化)字样当为 προλείχουσα(放置风干)之误。

② 《埃里安》v,39谓狮所猎获而未吃的小兽，经它吹满了臭气便慑伏着不复乱动。

③ 贝本 τὸ σαθέριον καὶ τὸ σατύριον，Aa，Ca 抄本作 τὸ σαθρίον καὶ τὸ σαπείριον，拼音稍异；孙得凡尔谓这些都是水狸的别名。两动物名似原为一动物，照英译本留取后一名 the satyrion，"萨底狸"；照德译本留取前一名 das Satherion，"萨色狸"。

Δ④ 河狸(κάστωρ，castor)以善于在溪边筑巢砌堤著称；所营居处，啮取土木为材料，

那样,也是舐取的。动物之上下齿相吻合的[①],如马与牛,饮水时
10 是吸取的;熊饮水既不舐,也不吸,而是一口一口咽着的。常例,鸟类饮水是吸取的;但长颈鸟得时时停着,昂起它们的头,紫鹳是〈长颈鸟中〉唯一的,它一口一口咽下水。[②]

野生或驯养的有角兽,以及所有非锯齿动物均吃果实与草,惟
15 极度饥饿时为例外。[③]但于各种动物之中,猪是一个异例,[④]它不多留意于草和果实,而最喜欢吃植物的根部,它的鼻特别适宜于从土中挖掘根茎;[⑤]于食物而言,猪在各种动物中是最易于满足的。凭体型为比,猪较之任何动物生长脂肪最多最速;实际上一只猪可
20 在六十日内养肥而应市。[⑥]熟于猪业的人在猪饿瘦时先行秤定猪身重量,以后便可知肥育后实得的肉脂重量。进行肥育之前,把该猪停饲三日。[⑦]凡曾经一个饥饿过程的动物,一般易于生脂长膘。
25 饿了三天以后,养猪家便喂以丰富饲料。色雷基的养猪家,在肥育时,第一天给酒一次,隔一天后给第二次,以后隔三天,四天,一直下 去,至这间隔期增至七天而止。肥育的饲料为大麦、小米、无花

能防水亦能蓄水御敌。上文拉塔克斯(λάταξ)当为河狸近属,故译水狸。

① 牛马等被称作合齿动物(συνόδοντα),本书中仅此一见。

② 《雅典那俄》ix,398;《柏里尼》x,63。

③ 《柏里尼》x,93。

④ 贝本 ὑός(猪),P,D[a],E[a] 抄本作 κυνός(狗)。此句盖原文有误,所叙与猪或狗的实况均不全符合。

⑤ 《柏里尼》xi,60;xii,91。参看亚芙洛狄,亚历山大:《集题》(Alex. Aphrod: *Probl.*),i,141。

Δ⑥ 猪的驯养盖始于新石器时代。地中海区域,克里特岛以及希腊、罗马古代石刻所作猪形均有经过人类肥育的现象。亚里士多德时,希腊于六畜饲养均已积有丰富的经验。古希腊与罗马于肉食中均重视猪肉。

⑦ 《柏里尼》viii,77。

果、橡实、野梨与胡瓜。① 这些动物以及其他具有热肠胃的动物能因静息而长膘。让猪在泥淖打滚，亦能助长其脂肪。② 猪喜欢吃同样组合、同样气味的饲料。[猪竟然会与狼斗。]③倘猪在宰前加以秤量，你就能算出宰后可得的肉重约当全重的六分之五，其余六分之一为毛血等。猪在哺儿时，像其他各种动物一样，总是消瘦的。关于这些动物，我们所说就是这么多。

章七

牛吃籽实与草，肥育时吃那些可能引起肠胃气胀④的苦豆，或舂碎的豆实或豆萁。[较年长的牛在它皮上开一洞眼，吹入空气也能有助于肥育。]⑤牛吃大麦或大麦粉，或吃甜食如无花果或酒坊糟粕⑥，或榆树叶也能长膘。但最有益于牛之肥育者莫如静晒阳光和温水澡浴。幼犊角上如以热蜡涂抹，这就可按照你的意愿弯成任何形式；⑦如把蜡、沥青或棕榄油涂抹牛蹄的角质部分⑧也可

---

① 荷马《奥德赛》x，242；又本书本卷，$603^{b}27$；梵罗：《农书》iv，2。

② 参看《埃里安》v，45。

③ 依奥-文译本，狄校本，并上两句一并加[]。

④ 原文 φυσητικοῖs“鼓气事物”作为病理名词，当指引起“肠胃气胀”的食料，在本书中此字屡见，均与荚科植物联类相及。$588^{a}7$ 此字，P，D^{a} 抄本作 φυσικοῖs 可解为“自然状态的事物”，例如未舂碎的苦豆。

⑤ 此语亦见于《柏里尼》viii，70，并谓“吹气用芦根为管”。所言殊不可信，照奥-文本加[]。

⑥ 诸抄本及贝本 ἀσταφίσῃ καὶοἴνωι，“葡萄干与酒”；汤柏逊校为 ἀσταφίσι τοῦοἰνου，“酒糟压滤后的葡萄籽滓”，故译“糟粕”。参看《梦罗》ii，2；iii，11；《哥吕梅拉》vi，3 等。

⑦ 《柏里尼》xi，45。施那得诠疏引《渥拉岑尼旅行记》(Itiner. Olafseni)i，27 页，谓冰岛牧人传习有类似的弯变牛角之方法。

⑧ 原文为 κέρατα(角)；依伽图《农业典范》(Cato：R. R)72，应为牛蹄的“角质部分”，施与璧校作 κεράτια。

保护它不染蹄病。牛群因冰冻酷寒而不得不转移牧场时，较之因下雪而转移牧场时，所受影响为大。牛经隔离多年使勿发生交配行为者，体型可长得大些；在埃比罗有所谓“比洛牛”(πύρριχαι
20 βóες)，在九岁以前[①]均被限制使不得遂行交配，其目的就在育成体型长足的种牛；这些牛因此被称为“处子牛”。据说这些比洛牛属于比洛王族牧场，全世界只约四百只，它们只能在埃比罗境内获得良好繁育，别国的牧人也曾试养殖这种牛，但未得成功。

章八

25 马、骡、驴吃谷物与草，但长膘则有赖于饮水。负重的力畜所需饲料的当量与其饮水量为比例，而每一地区的力畜生长得或肥或瘦恰随其地水泉的或美或恶而异。饲以行将结籽的青黍或绿
30 棵[②]可使马匹皮毛光润；但芒刺太硬锐的黍或饲草并不相宜。[③] 第一回刈割的波斯苜蓿营养不佳；气味恶劣的水源流经田亩者所产苜蓿沾上了这种水味，亦不宜于作饲料。牛喜饮清水；[④]但马在这
596a 方面相似于骆驼，驼喜浑而浓稠的水，它进入溪泉总是先蹂浑了然后再饮。[⑤] 又，骆驼能行四日不喝水，但既经四日的久渴而得水时，它的饮量就特为洪大了。[⑥]

---

① 《柏里尼》viii，70 谓，比洛王育牛配种“不早于四足岁”。

② 贝本 ὅταν ἔγκυοςῇ 不可解，当属有误；汤伯逊校为 ἔγκαρπος，“结籽前的”。薛尔堡校本作 κράστις，“青饲料”。

③ 《哥吕梅拉》vi，3，多刺的荆棘不宜饲牲畜。

④ 《哥吕梅拉》vi，22。

⑤ 《埃里安》xvii，7，言象喜饮浊水。

⑥ 《柏里尼》viii，26。

章九

象[①]一顿最多可吃九个马其顿米第姆诺[②]〈的饲料〉；[③]但一顿吃这么多是不合适的。常例它可吃六或七米第姆诺的饲料，五米第姆诺的小麦，以及五迈里斯的酒（六戈底里等于一迈里斯[④]）。曾知有一象一次喝了十四个马其顿米特里得的水，这一天内，以后又曾再喝八个米特里得。

骆驼[⑤]寿约三十岁[⑥]；在有些特例中它们活得较长久，曾知有寿至百岁的骆驼。有些人说象寿约二百岁；另些人说三百岁。[⑦]

章十

绵羊与山羊吃草，绵羊吃草时稳定而认真，山羊则蹿来蹿去，只吃百草的叶尖或枝梢。绵羊可由良好的饮水而改善其体质，牧人在夏季每一百只绵羊的给盐量，[⑧]以五日计，为一米第姆诺，这使

---

① 《埃里安》xvii，7。

② 米第姆诺（μέδιμνος），雅典谷物量器，合192量杯（κοτύλαι）；此量器见于《希萧特残篇》14者，约当现行容量48公升，见于朴里布《史记》ii，15的西西里米第姆诺约当今42公升；马其顿米第姆诺或更小。

③ 狄校本从加谟斯与施那得，以《埃里安》xvii，7为凭，加〈κριθῶν，大麦〉；汤英译本加〈folds，饲料〉。

Δ④ 参看浦吕克斯《词类汇编》x，47引及此容量计算。以一量杯（戈底里）约$\frac{1}{4}$公升计，一迈里斯（μάρις）的酒约当中国三斤。下文米特里得（μητρητής）亦雅典量器，合144量杯，约当今36公升。

⑤ 《柏里尼》viii，26；《埃里安》iv，55。

⑥ 本书卷六，578a13作"五十岁"。薔克哈脱（Burckhardt）言驼寿四十岁。

⑦ 与本书卷九，631a25相异。参看达尔文《种原》第三章。Δ又严复译《天演论》"趋异篇"：象寿百岁，三十岁始生小象，至九十岁止，约产六子。

⑧ 参看欧斯太修（Eustathius）《伊利亚特诠疏》（*Ad. Il*）919页；《哥吕梅拉》vi，4。

羊群长得较肥而健康。事实上,他们所给大部分的饲料中均用盐
20 混合[①];在糠麸中混入的盐尤多——这可使羊渴而多饮水,——秋
季,他们又在喂羊的南瓜上撒些盐粒;饲料内掺盐也能增加母绵羊
泌乳量。绵羊倘在日午时不予休息,夕阳时饮水特多;母绵羊在产
25 羔季节临近时,多吃和盐饲料,它们的乳房胀得较大。绵羊肥育时
给以油榄树枝、山藜豆与各种谷粒的糠麸,这些食物若洒上些盐
水,则于肥育更为有效。先让绵羊经受三天的饥饿过程,这于施行
肥育是有益的。在秋季,由北方来的水,比从南方来的水,于绵羊
30 为较佳。[②]牧场以西向者为佳。

羊群遭遇任何艰难或被赶着过度行动,自将消瘦。在冬季牧
596b 人易于辨识绵羊体质的强弱,凡壮羊身上都被重霜,而弱羊则没
有,事实是这样,弱羊感觉霜重,时作一番抖擞,因而身上抖干净
了。各种四脚动物生活于低湿的牧场,均有损健康,到了高爽的地
5 方,体格就能转好。尾扁的绵羊[③]较之长尾羊能耐寒而更适于过
冬[④];被毛紧短的绵羊较之被毛松长的更适于过冬;[⑤]蜷毛羊[⑥]缺
乏耐寒能力。绵羊较山羊为健康,但山羊较绵羊力强[⑦]。[为狼所

① ἁλίζοντες,“用盐混合”;P,E[a] 本作 δελεάζοντες,用盐“引诱”。

② 此句内 ὕδωρ,“水”,奥-文德译本作 Regen,“雨水”。斯各脱拉丁译文:“在夏季由北方(风)来的〈雨〉水清冷,在秋季由南方(风)来的〈雨〉水清冷。”施那得由此揣测现存抄本有些缺漏。

③ 见本卷章二十八,606[a]13。

④ εὐχειμερώτεροι,“适于过冬”;狄校本从斯卡里葛与加撒庞作 δυσχειμερώτεροι,“艰于过冬”。

⑤ 各种羊毛,可参看《柏里尼》viii,73;《哥吕梅拉》vii,4 等。施那得谓“短毛羊”应即有名的意大利亚布莱(Apulae)羊,通称太伦丁种。太伦丁种实际源出于小亚细亚的弗里琪亚(Phrygia)(参看《柏里尼》xxix,9;《斯脱累波》vi,9,284)。

⑥ οὖλαι,“蜷毛羊”;P,D[a] 抄本作 αἶγες,“山羊”。

⑦ 本书卷九,610[b]33。

咬杀的绵羊，其皮与毛，或由此毛皮所制衣服，均多虱。］①

章十一

虫类（有节动物）之具齿者为杂食性动物；虫类之具舌者只能以液体为食，用这器官随处吸取液汁。后一类属中有些可说是杂食性（全食性）的，例如普通蝇就吃各种液汁；另些，例如牛虻与马虻是“吸血动物”，而另些又专吸果汁与草木汁。蜜蜂是唯一回避任何腐朽物质的虫类；倘物无甜汁，蜜蜂便绝不接触，又这些虫特别喜爱地下涌出的清泉。 10 15

关于若干重要类属动物的食料就是这样。

章十二

一切动物的生活习性之养成均与（1）生殖和育幼，或（2）寻觅所需食料两事有关；这些习性又因适应其所处境界的冷暖与季节的更替而有所变化。一切动物对于温度的变化皆具有感应的本能，恰如人类于冬季则避风雪于房屋之中，或如富有庄园的人②消暑于清凉境界而到阳光充足的地区过冬，各种动物之善于行动者也随季节更换而频迁其居处。 20 25

有些动物对于这种冷暖的变化能别作准备，不移动它们栖息的场所；另些则迁居，秋分后离去滂都以及其他寒冷地方，以免严霜的侵凌，春分后又从热地搬回寒地，以免酷暑的困溽。在有些实 30 597a

① 此说不确，但古代颇为流传，屡见于《柏里尼》xi，39；普卢塔克：《会语集录》ii，9；《埃里安》i，38；《农艺》xv(1)5 等书。

② 《埃里安》iii，13，鹳鹤随季节迁徙，类于波斯王族在苏撒（Susa）与埃已太那（Ecbatana）两地间分度冬夏。此处“富有庄园的人”似即指波斯王族。

例中，它们是就近迁徙的（漂鸟），另些（候鸟）可说是远从世界的另一端来到了这里，玄鹤便是这样的一例；[①]这些鸟从斯居泰的高原南徙，直至尼罗河源所在的南埃及之沼泽。[②] 传说，玄鹤与侏儒人（比格末人）打仗的地方，正就在这里；[③]这故事不是神话，确有这样一个矮小种族——在侏儒国里，马也是相应地矮小的，——这种族居住于地洞之中。鹈鹕也因气候变迁而徙移，从斯脱鲁蒙河边飞到伊斯得罗（多瑙）河边，就在伊斯得罗河的两岸产卵而孵雏。鹈鹕徙翔时成群结队地飞行，当它们渡越重叠的关山，后队或失落于旅途，前队常会停下照顾迟缓了的后队。

鱼类也相似地一会儿泳出滂都海（黑海）[④]，一会儿又洄泳了进来。在冬季它们由外海向岸滨游泳以求温暖；在夏季它们从浅水进入深海以避炎热。[⑤] 弱小的鸟类于寒冬霜降后徙于温和的平原，入夏时又乔迁于凉爽的山地。体质愈弱的动物对于寒暑更替的趋避愈急；故鲭鱼的洄游先于金枪鱼，鹌鹑的徙居早于玄鹤。前者在波特洛明月（九月）南飞，后者则在梅麦克德琳月（十月）。各种动物自寒处徙于暖处时皆较肥，自暖处徙于寒处时皆较瘦；这样，鹌鹑在秋季长得较肥而离去，在春季重来时，它们都要瘦些。

---

① 《希罗多德》ii，22；《埃里安》ii，1；iii，13；《柏里尼》x，30 等。Δ 留鸟，漂鸟，候鸟参看本卷章十六等。玄鹤繁殖于西伯利亚等地，冬季在温带生活。现代动物学所知候鸟迁徙最远者非鹤类，而为黑尾胜鹬（Limnosa）、长尾燕鸥（Sterna macrura）等，它们冬夏生活地区相距 12000 公里。

② 参看《气象》i（13）350b14 以及伊第勒注释。希萧特《作业与时令》448，玄鹤（γέρανοι）自斯居泰南翔至埃塞俄比亚，于麦收季节过希腊地区。

③ 《伊里埃》iii，6 等。又参看汤伯逊：《希腊鸟谱》43 页。

④ “滂都”原应专指黑海；但依下文似泛称大海或外海，言鱼类于内河与外海间洄游。

⑤ 《埃里安》ix，57。

动物从寒处开始迁徙都在热季终了的时节。从热处徙往寒处时，正当春季，这时生理上都较适合于繁殖的进行。 30

诸鸟中，上曾言及，玄鹤自世界的一端徙至世界的另一端；它们迁移时逆风飞翔。所传那衔石的故事是不确的：故事是这样说 **597**[b] 的，在逆风中为平镇其飞行体势，它咽下了一块石，这石随后呕出时便是一块“试金石”①。

斑鸠(珠鸠)与岩鸠皆习于转徙(漂移)，它们像[燕与]②雉鸠一样均不在我们这国内过冬；可是那普通鸽就滞留在这里。鹌鹑 5 也转徙(漂移)；但少数的鹌鹑会在特殊阳和的暖谷中滞留。斑鸠与雉鸠群集而翔徙，它们来时是整队而来，当离去时，它们又集合起来。当鹌鹑〈飞到这里〉着陆③时，如遇北风，它们是很轻快的，随即成对地各处散开；但遭到南风，这就够苦恼④了，因为这里吹 10 南风时常作旋飙而多雨。由此之故，捕捉鹌鹑的猎户不在天气晴和时出门，而只等待着南风，⑤这时鹌鹑由于风暴⑥而飞行困难。又，鹌鹑飞行时常作鸣呼，当是因为体大，翼膀疲劳之故：它们的飞 15 行是费劲的。鹌鹑来到一地区时是没有领队的，但当它们从那地区徙离时，葛洛底秧鸡(长舌秧鸡)会随同它们一起飞走，还有草原秧

① 《埃里安》ii，1；iii，13。Δ 欧洲古代所用“试金石”(βασάνος)，拉丁名称“吕第亚石”(Lapis lydius)，为一黑色石块，将净金在石上擦出一条纹理，可凭这纹理察验其成色。

② A[a]，C[a] 抄本无[καὶ αἱ χελιδόνες，“燕与”]字样。

③ πέσωσιν，“着陆”；依葛斯纳与加谟斯校订，拟为 πέτωνται，“在飞行中”。

④ 《柏里尼》x，33；索里诺：《史丛》(Solinus：*Polyhistor*)xi。

⑤ 《旧约》“民数记”(Numbers)xi，31：“风……把鹌鹑由海面刮来，飞散在营边和营的四围，……百姓起来……捕取鹌鹑。”

⑥ 依伽柴译文，应为“由于体重”。

20 鸡与耳鸮与花秧鸡①也和它们一起飞走。花秧鸡在夜间访问鹌鹑，捕鸟者夜闻它们的咯咯声，便知道鹌鹑快要动身了。草原秧鸡像一只沼泽间的涉禽，葛洛底秧鸡能把舌长长地伸出嘴外。② 耳鸮与普通鸮相似，所异者只是它耳部有羽毛；有些人称之为“夜鸟”。这是25 群鸟中的一个大流氓，而且又是一个学样的能手；捕鸟者在它面前跳舞，正当它在仿效着他的舞态时，网罟已从隐蔽处施用起来，而这只耳鸮也就被捕获了。③ 用相似的计谋也可捕取普通鸮。

常例，钩爪猛禽皆短颈，扁舌而喜仿效（学语）。印度鸟，即鹦30 鹉④就是这样的，据说它有人样的舌；又据说鹦鹉喝了些酒后，分外调皮。

在鸟类中以下各种为候鸟——鹳鹤、鸿雁、鹈鹕、与菰雁。

章十三

在鱼类中，如曾言及，有些从海外洄游向岸边，又由岸边泳出598a 外海，以避严寒与酷暑。

生活于靠岸的鱼类，营养较远洋深海鱼类为佳。凡日光热所能达到之处，植物较为丰茂，充实而味美，这于任何田园皆可证见，

---

① 草原秧鸡（ὀρτυγομήτρα，原意为“鹑母”），这秧鸡与花秧鸡（κύχραμος）可能为同一鸟种，相当于英文 landrail 与 concrake，是同一种秧鸡的异名。Δ鹌鹑，鸡目，雷鸟科（Lagopudae）鹌鹑属（Corturnix）；秧鸡系涉禽类，鹤目，秧鸡科（Rallidae）；此处因两鸟漂徙季节相同，故叙作友鸟。

② “葛洛底”（γλωττίs）依本义可译“长舌秧鸡”。孙得凡尔《亚氏动物品种》谓，依此句所叙实似�鸦（ἴυγξ），而非秧鸡。

③ 《柏里尼》x，33；《雅典那俄》ix，390；普卢塔克：《动物智巧》3。

④ 《柏里尼》x，58；福修斯：《书录》引克蒂茜亚文。鹦鹉多吃籽实，少数如奈斯笃（nestor）种（“啄羊鹦鹉”）等肉食，可称猛禽。

近岸水草因此良好，而近岸的鱼类就获得较多较好的食料。又，肥黑[①]的浅水藻多生长在近岸处；他处的水藻就像野藻。[②] 又，近岸的海区温度变化具有良好的凉暖循环，故浅水鱼的肌肉较为密实，至于深海鱼的肌肉便松软而多水。 5

下列各鱼游息于近岸处——合齿鱼[③]、黑鲷[④]、巨鮨[⑤]、金鲷、灰鲱鲤、红鲱鲤、鲀、龙头鱼[⑥]、鲔、鮈、（虾虎）[⑦]与各种岩鱼。下列各鱼为深海鱼（远洋鱼）——刺鳐、软骨鱼、白海鳗（康吉鳗）、康那鮨（海鲈）、红色鱼（红棘鬣）与灰背鱼。法格罗鱼（棘鬣鱼）[⑧]、黑海鳗[⑨]、海鳗鲡、与鲇鲇鱼（鲂鮄）则既可在浅水（近海）又可在深海 10 15

---

① 贝本 μέλας，“黑”，C[a] 梅第基抄本，作 μέγας，“大”，威廉译本与之相符。

② 狄校本改“野藻”ἀγρίοις 为 ἄμμοις，全句语意转成：它处的，“如沙滩上的”水藻不肥黑的。

③ σινώδον 即 συνόδον，合齿鱼。有些鱼学家认为应作 κυνόδων，“狗齿鱼”，即卷二，505[a]16 之 συναγρίς(Dentex vulgaris，普通合齿鱼或“狗母鱼”)。

④ κανθάρος 即“黑条纹鲷”(Cantharus lineatus)俗名“黑鲷”；现代希腊名 σκαθάρι。黑鲷有时进入港内，钓鱼者每可于岸石罅隙间钓得。

⑤ ὀρφός 盖即大海鲈（巨鮨或巨鲈，Serranus gigas），俗称 merou；今希腊仍称 ὀρφώς 或 ρὄφως。据阿朴斯笃利特：巨鮨在产卵期泳至近岸处。

⑥ δράκων，“龙”，拟即今希腊所称 δράκαινα，“龙鱼”，或 τράχινα，“粗皮鱼”（Trachinus draco，粗皮龙头合齿鱼）。英文译名 weaver 出于古字 wyvern，即“龙”。意大利称此鱼为 dragena，或 tragena，与希腊旧名相符。

⑦ 称为 κωβιός(鮈)之鱼有多种，学名黑鮈(Gobio niger)者，地中海与黑海最为常见。

⑧ φάγρος(法格罗，参看《雅典那俄》vii，327c 所引亚氏语)，今希腊仍沿旧称，或别称 πάγρος，φάγουρος(据隆得勒)，或别称 φάγγαρι(据布里·圣文森 Bory de St. Vincent)；意大利名称 pagra，即普通鲷（Pagrus vulgaris）。依黑尔特赖契（Heldreich）与艾尔哈特，今希腊所称 φάγγαρι 为“大眼合齿鱼”（Dentex macrophthalmus）。鲷鱼今称 ἐρυθρόαρον，“红棘鬣”，或 ἐρύθρινον，“红色鱼”。但“红色鱼”为若干种体表红色的鱼类之统称，如红叶鱼(Pagellus erythinus)亦称为 ἐρύθρινον。阿朴斯笃利特谓爱琴海的普通鲷鱼称 μερτξάνι(米脱岑尼)，实出突厥语(土耳其语)之“红”字。

⑨ γὸγγροι οἱ μέλανες，“黑鳗”，里索（Risso）谓即康吉鳗中之较黑者（Conger

(远海)中找到。可是,这些鱼在各海区是各异的;譬如鮈和各种岩鱼在克里特岛岸边会长肥。金枪鱼夏季为寄生虱所苦,[①]总是不像样的,迨大角星上升,寄生虱离开金枪鱼,它就肥壮起来。多种鱼可在海湾内找到;萨尔帕鱼、金鲷与红鲱鲤,以及大部群聚鱼类实际常游入湾内。弓鳍鱼(鰍)也可〈在这样的区域〉[②]发现,例如亚罗贝根尼苏的海滨;而在别斯顿礁湖[③]间可发现许多鱼类品种。常例,花鲭[④]不入滂都海,而在普罗滂都(摩尔马拉海)[⑤]过夏并产卵,冬季则在爱琴海。金枪鱼属,贝拉米鱼属以及弓鳍鱼(鰍)夏季进入滂都海,在那里过夏;凡跟随海洋大流,群聚而洄游的鱼多数是这样的。各种鱼类大多结群,而聚合的鱼群皆各有领队。

鱼类之入滂都海,其目的有二,第一是觅食。这里,因为容受有大量的江河淡水,可供为鱼类的食物就较多并较富于营养。[⑥]而598b 且在这海内的大鱼没有在外海的那么大;实际上也可说滂都海中,除了海豚与豹形海豚[⑦]之外别无大鱼,即便海豚也都是些小型品

---

niger,“黑康吉”);但地中海内鳗属为种颇多,难以确断它究属哪一品种。

① 本书卷五,557a27,卷八,602a25。

② 依狄校增补〈ἐκεῖ〉。

③ 亚罗贝根尼苏为色雷基中契隆尼殖民市镇,别斯顿礁湖在色雷基海岸与塔索岛间,靠近亚白台拉;今称布罗礁湖(Lagos Buroe)。

④ 本书卷五,543a2 注。

⑤ “普罗滂都”(προποντίs)或“滂都前海”,今称摩尔马拉海。依下文,598b27,青花鱼亦入黑海(滂都海)。

Δ⑥ 黑海容受大量河水,某些区域含盐量仅 1.2%,亚速海区尤淡,确富于海生植物与动物。近代鱼学家记录从地中海经博斯福鲁海峡进入黑海的觅食鱼类有鳀、鰮、鲭、鲻、鲱鲤、鰈、虾虎、海马、杨枝鱼等;产卵洄游鱼类,除金枪鱼外,有鳇、鲟、鲱等若干种属;这些洄游鱼皆能适应不同盐分的海水,甚至于淡水中亦能生活与繁殖。

⑦ 《柏里尼》ix,15;《埃里安》ix,19;普卢塔克《动物智巧》981D 相符章节中,φωκαίνη(豹形海豚)均作 φώκη(海豹)。

种;但一到外海,大鱼可就很多了。鱼类进入这内海的另一目的为繁殖;这里有许多可资荫蔽的区域有利于产卵,而由江河流来的淡水对于鱼卵有促进生机的作用。产卵后,在昴星上升时,幼鱼已长到相当大小,亲鱼即行泳出滂都海。如冬季来临适逢南风,它们游泳不怎么着急;但如遇北风,这正与它们的旅途顺向,它们便游得较快。这时,在拜占庭附近海面捕获的幼鱼是很小的,它们在滂都 10 海中出生不久,自然不会长得怎么大。[①] 鱼群离开和进入滂都海时,一般是可以看到的。可是特里嘉鱼[②]只在进入内海时可得捕获,人们均不见它们何时离开了内海;渔人们倘竟然在拜占庭附近捕获一尾游向外海的特里嘉鱼,他们便认为这是特异的怪事,该当把网内所有的鱼作一番仔细的检查了。事实是这样,而且这也是 15 唯一的途径可借以说明上述的现象:这种鱼北游进入伊斯得罗河(多瑙河),上泳到伊斯得罗的分汊处转而南行以入亚得里亚海。[③]在亚得里亚海这边所知情况确正相反,这恰好证实了上述论断。

---

① 拜占庭,色雷基-博斯福鲁海峡上西岸(欧洲)城市与东岸(亚洲)卡尔基顿城相对;后为君士坦丁,今称伊斯坦堡。现代希腊与土耳其渔民仍习见秋季金枪鱼群大批同龄的幼鱼泳过海峡,全群的尺寸完全一样长短。(爱德华·福培斯,《欧洲诸海》〔*European Seas*〕206 页。)

② 特里嘉鱼,见于上文卷六,569^b26。此处所记近似矶鳉(atherine,银汉鱼)大群泳进黑海情况。这种鱼群自爱琴海与摩尔马拉海经过君士坦丁海峡后即转向北游,避免黑海出峡的大流(福培斯:《欧洲诸海》204 页。参看 569^a31“泡沫鱼”注。)《柏里尼》ix,20“trichiae”,腊克亨 1940 年英译本作鳎属沙丁鱼(sardine)。这种沙丁鱼盛产于黑海及亚得里亚海。过君士坦丁海峡入黑海的沙丁鱼并不洄游南返。

③ 古希腊人于多瑙河上中游地理尚不明了,意味多瑙河有两分支,一支入黑海,一支入亚得里亚海;两水上游由地下伏流相通。罗得岛亚浦隆尼史诗《亚尔咯远航队》谓亚尔咯舟曾由此路通航亚得里亚与黑海。此说至斯脱累波(盛年约公元前 24 年)《地理》一书中(i,153 页)已叙明其不确。但《柏里尼》ix,20 犹谓:“特里嘉鱼自黑海入多瑙河后,由‘地下水道’南下而洄入亚得里亚海中。”实际上两海的沙丁鱼为各别的鱼群。

在这里特里嘉鱼，只在由河出海时被捞到，从不曾在由海溯河时被捕获。

金枪鱼游入滂都海时总沿着右侧靠岸行进，它们转回时总沿左岸泳出。据说它们视觉不佳，而右眼略胜，故而发生这种现象。①

洄游鱼群白日总是继续行进，夜间则休息并进食。②倘逢月明，它们便趁亮赶路，不作休憩。老于海上生活的人们说，凡属结群洄游的鱼一到冬至，它们便停止行进，一直到春分为止不再移动。

花鲭在进入滂都海时，常比离去时被捞获得较多。正当产卵季节之前，这鱼在普罗滂都海中最为肥美。群聚鱼类的常例则是在它们离开滂都时渔捞较多，这时节它们都很壮硕。③鱼类在进入

---

① 加尼斯(Canis)抄本无"右眼略胜"语；《柏里尼》ix，20 与之相符。但《雅典那俄》vii，301C 所引亚氏文存有此语。此节另见普卢塔克：《动物智巧》29；《埃里安》ix，42；《索里诺》xii 等。《柏里尼》谓：博斯福鲁海峡，亚洲岸边海底有大白石，金枪鱼至此，为其白色反光所惊，均趋欧洲海岸那边进行，故渔捞皆在拜占庭那边施网。

△须奴族(θυννοί)为古代色雷基居民，色雷基海多产此鱼，因称"须奴鱼"(θύννος)。"金枪鱼"为中国俗名，(旧属鲭科，今另立金枪鱼科，Thunidae)，林奈学名 Thunnus thynnus L，"原种金枪"(或称"色雷基金枪"或"黑海金枪")。体呈纺锤形，肥硕，细鳞，青背白腹有黄斑，脊鳍臀鳍下有角刺，尾为新月状。依水温洄游于海洋上中层。夏季北游，泳于上层，冬季南行，泳于水中层；逢暗礁则滞留其间。沿海岸产卵。上文 570[b]19 称之为"竞游者"。其洄游路线详见巴维西：《金枪鱼之洄游》(P. Pavesi：*Le Migrazioni dal Tonno*)，米兰，1887 年印本。

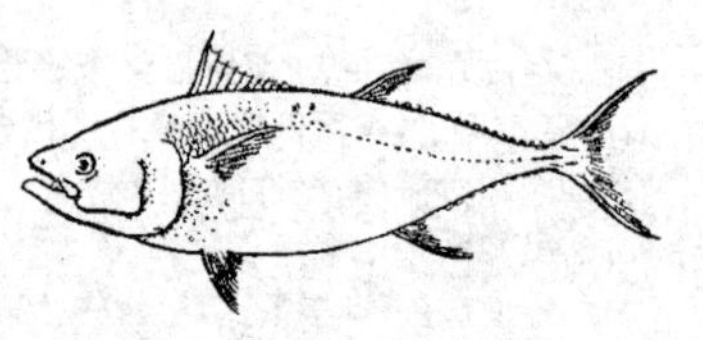

注释图 10. 原种金枪鱼
(即黑海金枪)

② 《埃里安》ix，46。

③ 福培斯谓"渔民习知鱼群在黑海中经一个夏季，到这时回归外海，每条鱼增加了多少体重"。

内海时，凡靠近岸边[①]，捉到的都很肥，远离海岸的都很瘦。当花鲭与鲭鱼出外海时，如遇南风，常在拜占庭以南比在拜占庭附近海面，渔获得较多。这里关于鱼类洄游的情况已说得这么多了。 599a

现在说到“隐蛰”这种现象，在鱼类中所见者，与在陆地动物中 5 所见略同：冬季，鱼类隐伏到大家所不知道的地方，待暖季复临，它们再从那蛰处出来；[②]但动物之隐蛰实际不仅为避严寒，也有为避炎暑而隐伏的。有时是整个属类的动物都伏蛰，另些属类，则是其中某些品种隐去，某些又不行蛰伏。譬如介壳类，凡住在海里的例 10 如紫骨螺、法螺以及类此各种螺贝，均无例外地进行隐伏；但这里有一些分别，凡属能自由活动的介壳类，如海扇，或在开口处有厣的如陆蜗，这种隐伏是可以明显地发现的，——至于那些不能移动的介壳类，这种隐伏现象就不很分明。它们实行隐伏的季节与时 15 间不全相同；蜗一冬全蛰，紫骨螺与法螺在天狼星上升后隐伏三十日，海扇的蛰期与之略同。大多数的介壳类总是在极冷或极热的时日实行隐伏。

章十四

虫类（有节动物）几乎全部是要实行伏蛰的，惟生活于人类住 20 宅中的或寿命不到一年的那些虫豸则在例外。虫蛰是在冬季，有些隐伏若干日，有些只在最冷的日子隐伏，例如蜜蜂。蜜蜂也有它

① 贝本 αἰγιαλοῦ，“岸边”，依威廉、斯各脱、伽柴各拉丁译本，应为 αἰγαίον，“在爱琴海内”。

△② 鱼类适应温度变化的性能有广有狭，本书内所涉及鲤科鲶科中某些种属可为冬蛰鱼类之例示，此类鱼群入冬即聚处水底泥穴休眠，以黏液包围身体，凭微量氧维持生机。参看下文 599b4—600a10。

25 的蛰期:事实是这样,蜜蜂在某时期内,任何在它面前的食物均不摄食,它在蛰后钻出蜂窠时是很衰弱①的,腹内空虚;它的休息与隐伏期自昴星降落时起至春季而止。

动物的伏蛰在暖处,或在它们常去隐伏的地方进行。

章十五

30 若干有血动物实行这种睡眠方式,例如棱甲(棱鳞)类中的蛇、599ᵇ 石龙子、守宫、河鳄均在冬季进行四个月的蛰伏,在这期间它们什么都不吃喝。蛇一般是潜在地下,以行冬眠;蝰则就石块底下藏身。

好多种鱼类也实行这种睡眠,②而鲯鳅与鸦鱼(鹃鸮)的冬眠5 尤为显著。一般的鱼全年各季都能或多或少地渔获一些,但这两种鱼只在每年某一期间可得渔获,在这期外便绝不能渔获,人们因此注意到这特点。海鳗鲡也有它的隐伏期,巨鮨(海鲈)与康吉鳗也隐伏。岩鱼雌雄成对地一同隐伏[恰如在去进行生殖那样]③;于〈鲀属诸鱼如所谓〉"鸫"鲀和"黖"鲀④以及鲈属诸鱼,也见

① 贝本 διαφανής(透明)费解:此字系斯卡里葛从梅第基抄本、加尼斯抄本及伽柴译本的 ventre translucente(腹部透明)所揣拟,加谟斯、施那得均采用此字。此与下文文义相符,但与蜜蜂腹部实况不尽符。P 抄本等作 ἀφανής("消失","不见");依汤伯逊揣作 ἀφαυρά,"衰弱",但其英译文仍取"透明"字样。

② 《柏里尼》ix,24;《埃里安》ix,57。

③ 这短语似赘,照奥-文校订加[]。

④ 此处以鸟命名的两种鱼当属隆头总科中隆头鱼科(Labridae)与鹦嘴鱼(鲀)科(Scaridae)。近代鱼学家考察地中海隆头总科约共 24 种,多数皆以"鸫"称,而拼音殊异。今希腊所称 κίχλα(鸫)为 Coricus rostratus,"鹦嘴鲀"(参看 505ᵃ17 注)。今所称 κότσυφος(黖鸫)者为 Ctenilabrus pavo(Heldreich),"黑氏雉形鲀"。《雅典那俄》vii,305ᵇ 引及亚氏记述谓黖鲀是有"黑斑的"(μελανόστικτος),这就与雉鲀相异。地中海有数种黑斑鲀,未知孰是。黑斑鲀另见于《亚氏残篇》283。

到了这种现象。 10

金枪鱼到冬季也进入深水处睡眠，而且在眠后长得特肥。金枪鱼的渔捞季节开始于昴星上升时，拖得最长的，到大角星降落时终止，每年其余时期，它们均在隐伏，总是捞不着的。在冬眠季节的初起与将终时，偶会有三三两两的金枪鱼或其他冬眠鱼类，在浮 15 游中被捞获；这情况多在特暖的地区和特佳的晴天或月盈的皓夜发现，这些鱼为光与热所诱导，自它们的蛰伏处浮出水面来觅食。

大多数的鱼类在夏眠与冬眠时最为肥美。

"贝里麦"鱼[①]藏身于泥中；这是由这样情况推论的：在某期间 20 这鱼总捞不到，过此以后可以捞到，而最初渔获的总是身蔽泥土，鳍带损伤。春季[②]，这些鱼开始活动，游向近岸处，交配并繁殖，此时所获雌鱼均充满着卵。人们认为这时候它们最为肥美，秋冬间味逊；这时节雄鱼也充满着精液。卵尚小的时候这鱼不易捕取，迨 25 卵既长大，而且这时它们又染上了"虻"（寄生虱），[③]便易于捕取。有些鱼冬眠时潜入沙中，又有些潜于泥中，只有鱼嘴露在沙泥之外。

于是，这可知道大部分鱼只在冬季休眠，而甲壳类，和有鳍鱼类之岩鱼，魟鳐与软骨鱼属则只在气候极冷的日子休眠，这些鱼在 30

① "贝里麦"（πριμάδεs），生后第一年的幼金枪鱼（primas tunny，头年金枪），即 571^a20 的"贝拉米鱼"（πηλαμύs）。《大字源》（*Etym. M*）依此节释"贝拉米"字源出于 πηλόs（泥土），其义应为"泥鱼"。

② 贝本 ἐαρυνήν，"在春季"，与伽柴译文相符。有些抄本与威廉译本相符为 εἰρημένην，解作"昴星上升时"（599^b11）。

③ 另见本书卷五，557^a27；卷八，602^a28。依亚尔培脱拉丁译文应为"这时它们急于进行交配"，便易于捕取。

气候极冷的日子是捞不着的。但另有些鱼,例如灰背鱼,在夏季休眠;这种鱼在天热时约隐伏六十天,[①]"驴鮈"(叉髭鮈)[②],与金鲷亦然;"驴鮈"须间隔一个长时期后才能渔获,我们因此推论这种鱼的隐伏期较长。我们也可凭下述情况推论有些鱼类的夏眠:某些鱼只在某些星宿升降期间可得渔获,天狼星的升降期间尤为显著,在这期间大海似乎从底翻起。[③] 这现象在博斯福鲁最为分明;这里的泥泛上了水面,鱼也跟着上泛。渔人们说当用爬网捞取水底鱼类时,第二网常比第一网所获为多。又经极大的秋霖暴雨之后,常发现许多鱼类,其中好些品种往往是平日所不可得见或只偶尔一现的。

600a 5 10

章十六

好多种鸟也实行隐伏;它们并没有像一般人所猜想的,转徙到别处暖和地区。这样,某些鸟如鸢与燕离它们所常栖息的暖地不远,它们便依时而徙翔;另些离暖处较远,它们便就地隐伏,以免远飞。于燕而言,常发现它们隐身于岩穴中[④],羽毛脱落殆尽;至

15

① 《柏里尼》ix,25。

② "驴"(ὄνος),另见于《雅典那俄》vii,315 所引亚氏记述;自来诠释均指为虾虎科鱼类(hake);今意大利渔民所称 assinello,其义亦为"驴"鮈。依卷九,章三十七,这鱼唇边有髭,当是 Phycis blennicide,"叉髭鮈"(依种名本义可译蝴蝶鮈)或 P. Mediterranea,"地中海鮈"。

③ 本书卷八,602b22;《柏里尼》ix,25;ii,40;xii,68。天狼星升降期间谓盛夏至初秋。

④ 原文 ἐν ἀγγείαις,"在容器内",威廉拉丁译文"vasis"与之相符。奥-文译本 löchern,汤译本 in holes,"在洞穴内"。施那得从伽柴译文 in angustiis convallium,校订原文应为 ἄγκεσι,"在岩谷间"。燕类藏身岩窟以越寒冬,古有此说。近代怀埃脱(1720—1793):《色尔尔自然史与其掌故》(G. White: *Selborne, Natural Hist. and Antiquities*)一书中谓十八世纪的人犹信此说。

于鸢在冬眠醒来，初次从它的隐身处飞出也是有人见过的。关于这种周期酣眠现象，钩爪或直爪鸟类之间并无差别；譬如鹳、鸫（黖鸟）、雉鸠、与鹨（百灵）[①]一例都行隐伏。雉鸠于此最为著名，谁说他曾在冬季见到过一只雉鸠，我们知道他必然在撒谎。雉鸠开始隐伏特为丰肥，隐伏时脱毛，但依然肥好。有些斑鸠隐伏；另些不隐伏而与群燕同时转徙。鸫与椋鸟隐伏；钩爪鸟如鸢与鸮隐伏期为日不多。

章十七

胎生四脚兽中，豪猪与熊[②]退入隐蔽处蛰伏。熊[③]确乎蛰伏，但其蛰伏由于避寒抑另有目的，还未能明了。约在这期间雄熊与雌熊都胖得几乎不便行动。雌熊就在这期间生产小熊，继续留在隐处，直到小熊长得相当大了，才带着小熊一同出穴；这时已在冬至后三个月，正当春暖了。熊的伏蛰期最少要四十日；其中有十四日完全不动，以后若干日便会欠身并时时醒来。雌熊在孕期全没有或绝少被猎获的。它们既绝不外出，而且这时若被猎获，它们的肠胃总是空的：在这期间它们确乎全不进食。[④]又，据说因为久不进食，熊肠就几乎闭塞，所以当它初出蛰穴时先觅取一种"白星芋"

△① "鹨"（κορυδάλος），中国见于《尔雅》"释鸟篇"郭注："大如鷃雀，好高飞作声"，故称"天鸽"或"天鹨"。俗以其善效百鸟鸣音，故称"百灵"。

② 本书卷六，579ª18—30；普卢塔克：《动物智巧》974页等。

③ ἄγριοι ἄρκτοι，"野熊"，从汤译本删"野"字。

△④ 现代实验动物学所得记录，真正冬眠的动物，蝙蝠、刺猬、土拨鼠、黄鼠、绢鼠、跳鼠、山鼠等，至冬眠季节，虽以丰富食料饲养之于温暖室内，仍然入眠。旅鼠、欧鼹等在冬季如食料丰富，即不入眠。休眠时体温下降，消化停顿，脉搏呼吸低缓。熊、獾、狸与某些松鼠冬眠时可因喧吵而苏醒，脉搏呼吸并不特缓。

（延龄草）[①]，吃着以开解肠胃。

13 睡鼠实际是躲在树洞中，它在休眠期间长得很肥胖；滂都白鼠亦然。

17 在论述陆地胎生动物至熊的蛰伏原因时，我们曾申明这是一个未决的问题。现在我们进而研究棱甲动物。棱甲动物大多数实行冬蛰，

20 倘为软皮棱甲动物，在蛰醒时便蜕去它们的“颓龄”。[实行休眠或一

14 时进入沉睡状态的动物，有些跟着就蜕去了它们的所谓“颓龄”。[②] 这

15

16 名称所指即外皮或包围它们整个生机体的外壳。][③] 如为硬壳棱甲动

21 物如龟，便不蜕壳——顺便说明，龟与淡水龟均属棱甲动物。这样，守宫、石龙子，还有更应注意到的各种蛇类，均行蜕皮；它们在春季蛰起

25 时蜕皮，到秋季再蜕一次。蝰也在春秋季两次蜕皮，有些人说蛇类中蝰这品种是例外地不蜕皮的：此说不确。蛇蜕皮时从两眼开始，因此不明这现象的人，误谓这蛇将变成一条盲蛇；随后蜕出头部，继续着一

30 节节蜕褪，直到最后看来这动物只是一张全白的皮[④]。“蜕皮”过程，从头至尾，历时一天一晚。蜕后，内层〈新〉皮变成了外皮；而蜕出的动物

601^a 恰也像从胞衣内新生的幼体。

一切虫类之实行蜕皮者，方式均属相同；蜚蠊（负盘）[⑤] 与摇蚊

---

① “白星芋”（ἄρον），天南星科延龄草属。《柏里尼》xxiv，92；《加仑全集》xi，839，K；第奥斯戈里特《药物志》ii，157 等均载有此药草。

② 本书卷五，549^b26。

③ 这两句似属下文 600^b20—601^a1 行间的边注，本为解释“颓龄”（γῆρας；old age）的语句，被后人误抄入此处正文。

④ 贝本，καὶ λευκὴ φαίνεται πάντων，这一子句含混，未明其所指为蛇之本体抑或遗蜕；原文或有漏误。λευκὴ，A^a，C^a 抄本作 κελυφή，译文便应为“看来这整个动物只是一空壳了”，参看加谟斯：《各抄本对勘劄记》（Not. du Mss，452）。

⑤ σίλφη，未能直接由希腊古虫名确定为今何虫。但依《柏里尼》xi，28 等章，可知

(蚋)[1]以及一切鞘翅类,如金龟子(粪甲虫)等,均有蜕皮过程。它们都在发育完成时蜕皮;恰像胎生动物的幼体破裂了"胞衣"而诞生那样,蛆生动物的幼体也脱弃那"原壳"而问世,这于蜜蜂与蚱蜢(蠱螽)等例,方式均属相同。蝉经蜕变后,[2]踩在一油榄枝或一苇梗上。脱壳的新蝉,溺遗一两滴水,稍息一会儿,便振翅飞鸣。

于海洋动物而言,蝲蛄与龙虾[3]的蜕壳有时在春季,有时在秋季分娩以后。偶有渔获的龙虾胸部尚软,旧壳才脱,而下身的壳没有脱去,还是老硬的;这可见虾类的脱皮方式异于蛇类。蛰虾隐伏期约为五个月。蟹也脱壳;软甲蟹固然一般要脱壳,据说具有硬壳的蟹类,例如昴女蟹,〈以及祖母蟹〉[4],也要脱壳,方蜕后,它们的身体是软的,那新蜕出的蟹几乎不能爬行。这些动物〈的蜕壳,不同于虫类的变态〉不是一蜕便了,它们一生要屡次蜕壳。

关于动物的隐伏或蛰眠,其时间与方式,已说得这么多了;关于动物的脱皮和进行蜕皮的季节也已说得这么多了。

章十八

各种动物在各季不是同样兴旺的,在气候极寒极热的两时期

其拉丁名为 blatta,相当于今 cockroach,直翅类(蟑螂)蜚蠊科的负盘,例如"日耳曼负盘"(Blatta germanica)。(Δ李时珍:《本草纲目》列举负盘有卢蜰、滑虫、石薑等别名。)

① ἐμπίs,照上文 490^a21 及 551^b27 应为蚋(摇蚊),但此节所言生态与蚋科虫不尽符合。孙得凡尔拟为蜉蝣科的小种,与卷五,552^b21 所言"一日虫"相似;蜉蝣之遗蜕为常俗所共见。

② 本书卷五,556^b7。

③ 本书卷五,549^b25。又,亚德米杜罗:《详梦》(Artemidorus: *Oneiro-critica*)ii,14。

④ 贝本 τὰs μαίαs,"昴女蟹";以下,P,E^a 抄本有 τὰs τεγρα θs,"以及祖母蟹"数字。两蟹同物异名,似属衍文。

25 也不是同样繁盛的。又，在某一季节，不同品种或正秀发或较病弱，或盛或衰，各不相同；实际上，动物对于气候变化的感应各有其苦恼，不同的属类于此总是互不相同的。鸟类喜晴，天气久旱，则
30 它们体魄康健，育雏增多，斑鸠[①]于此尤为明显；可是鱼类便乐有
601b 雨天，水大则鱼盛，因旱而得益的鱼是少有的。反之，鸟类厌苦雨季——久雨使它们浸水并饮水太多。而鱼类伤旱。猛禽，如前曾言明，[②]一般是不饮水的，——希萧特[③]叙述尼诺围城的故事，说巫
5 师以一只正在饮水的鹫鹰占卜军情，从这里看来，希萧特是谬于鹫不饮水这一事实的——其他的鸟类饮水，但所饮甚少，这于所有具备海绵状肺的卵生动物都是如此。鸟病可凭其羽毛为诊断，羽毛
10 光润者健康，凌乱者有病。

章十九

大多数的鱼类，如上曾言及，在多雨季节最为兴旺[④]。这时它们不仅食料较丰富，而且雨水又有助于鱼体的健康——这恰像在
15 园艺方面，[⑤]蔬菜虽经人灌溉而生长，但一沾霖雨，常分外青葱，沼泽间的芦苇亦然，不受到霖雨，芦苇便不茁长。[⑥] 大多数的鱼类于

---

① 贝本 ταῖς φάτταις(φάσσαις)，“斑鸠”；有些抄本作 τιθασσαί，“家养动物”或“家禽”。

② 本卷章三，594a1。

③ 现代所传“希萧特”书中无此故实。有些抄本，此处为“希罗多德”。尼诺城(Nῖνος)见于希罗多德《历史》，为公元前第七世纪亚述国铁格里河(在今伊拉克国境)上市镇。斯各脱指为荷马史诗中故实，误入希肃特名下。

④ 贝本 εὐθηνεῖ，“兴旺”；Da 抄本 εὐθεγεῖ，“敏锐”；P，Aa，Ca，Ea，抄本 ἐυσθενεῖ，“强健”。

⑤ 色乌弗拉斯托：《植物志》v，2。

⑥ 《柏里尼》ix，23。

夏季洄游而入滂都海中，这一事实可由以推论雨水之有益于鱼类；因为若干江河的积水流入了这海中，这里的海水便特殊地清淡，而且这些水流中还带有大量食料。又，好多种鱼，有如弓鳍鱼、鲱鲤等均会上溯河流，而在河湖沼泽之间生长得甚为良好。[①] 海鮈鲤到了淡水河流中也会长肥，而常例是饶有湖泊的水乡总出产特为肥美的鱼类。讲到有益鱼类的雨水，夏雨尤佳；实际的情况是这样：在春夏秋季鱼喜雨水，而在冬季则鱼宜晴天。作为一般的规律，凡适宜于人类的气候也适宜于鱼类。 20 25

鱼类在冷处不会繁盛，凡头内有石的鱼类和契洛鲵、鲈、石首鱼[②]、鲷等于严冬时尤觉困苦；由于这石[③]，它们遇寒易冻，便因而衰病了。 30

雨水对于大多数鱼类有益健康，但对于鲱鲤、头鲱鲤以及所谓米里诺[④]鱼却是不利的，雨水于这些鱼中的大多数会引起目盲，骤雨淫潦则影响更甚。头鲱鲤(鲻)在严冬中尤易沾染这种疾患；它们眼睛发白，捞起来时常显见有病态，这种病患有时竟使它们死亡。似乎这病的起因由于严寒之故者较重于雨水之故；例如，在许 602a 5

① 本书卷六，569a7。

② 石首鱼(σκίαινα)(Δ中国称“黄花鱼”)即鲵。爱琴海石首鱼科(Sciaenidae)三种：(1)鸢鲵(aquila)，(2)橙黄翁布里那鲵，(Umbrina cirrosa，黄鲵)以及(3)乌鸦鲵(Corvina niger，黑鲵)，常混称翁布里那鱼。黑鲵今希腊称 σκίος 或 σικυός(据埃尔哈特)；翁布里那黄鲵今希腊称 σκίον(据隆得勒)。依埃尔哈特，爱琴海中实无鸢鲵。依居维叶，约翰·谟勒等考证，本书卷四，534a10 之“契洛鲵”，卷五，543b1“鸦鱼”均为此处所举石首鱼类中之品种。

③ 石首鱼内耳石(otolith)特大，颇为晶莹(居-梵：《鱼史》v，43 页)。贝隆《水族》(Belon：*de Aquat*)1553 年印本，118 页：“海滨居民把鲵鱼头内白石挂于项间，谓可预防并治疗肚腹绞痛。”

④ μύρινος，“米里诺”本书卷六，章十七，570a33 作 μάρινος“麦里诺”。

多地方，特别是亚尔咯地区，那伯里亚城[1]海外的浅水中，凡严寒
10 时，渔民出海所获这样目盲的鱼尤多。金鲷也不耐严寒；猛鲌苦暑，在夏季便多病瘦。于鱼群中这是特殊的，天愈旱鸦鱼愈活跃，实际上天旱必热。〈鸦鱼当是不怕热的。〉

15 各种不同的水区，适宜于各种不同的鱼；有些天然是近岸的浅滩鱼，有些是深海（远洋）鱼，又有些常处于深海而偶亦浮泳到浅滩，另有些则能两都适应，两处都可见到它们。有些鱼只繁盛于某
20 一区域，它处便不见这种鱼类。一般而论，多藻（水草）的水区是适于鱼类生活的；凡生活于各个区域的鱼类，倘从多藻处渔获，总是特别丰腴的。实况是这样，草食性的鱼于此既可有富饶的水藻，肉食性的鱼于此也可觅得特多的小鱼虾。风向或南或北也影响鱼的
25 生活：较长的鱼利于北风；在夏季当吹着北风的日子，在同一水区，渔获的长身鱼往往比[2]扁体鱼多些。

约在天狼星上升的季节，金枪鱼和剑鱼染上一种寄生虫；在这两种鱼的鳍上，这时附带有一种绰号为"虻"的蛆虫[3]。这种寄生

---

① 那伯里亚在伯罗奔尼撒半岛上，滨近亚尔咯湾，为亚尔咯中立城邦之一。

② 照亚尔杜本"ἤ"译；若照贝本"καὶ"译，则文义变为"在夏季吹着北风的日子，渔获的长身鱼与扁体鱼较〈那些吹着其他风向的日子〉多些"。

③ 见于本书卷五，557^{a}27，并本卷 599^{b}26；《柏里尼》ix，21；奥璧安《渔捞》ii，506；《雅典那俄》vii，302 页。Δ 这些俗称"鱼虱"的寄生虫为节肢动物甲壳纲的桡脚类（copepods）；依分类名词应该用虾蟹名称翻译。现代所知剑鱼寄生虫为"絛鲺"（Penella filosa L.），其成虫已由甲壳桡脚的原形态（蜘形或蝎形）退化成蠕虫状。（参看 602^{b}28 称鱼寄生虱为"蠕虫"）。金枪鱼寄生虫有数种，居维叶谓金枪鳃鲺（Brachiella thynni）为金枪鱼虱的主要品种。米怜·爱德华（Milne-Edwards）谓"拉特来伊氏独眼水虱"（Cyclops latraillii）亦常寄生于金枪鱼体。

注释图 11. 絛鲺

虫形态似蝎而大小如蜘蛛。剑鱼所受于这种寄生虫的痛苦甚重，它常因疼痛而跃出海面，跃到有一条海豚跃水时那么高；有时竟跃过船舷，落到了甲板上面。金枪鱼比其他任何的鱼类更喜欢暖日。它会游到近岸的浅滩，潜居沙中以取暖，也会浮上海面，嬉游于阳光之下。

小种鱼类的幼鱼易于逃生，大种鱼只注意并追食小种已成长的鱼群。大部分的鱼卵与鱼苗是被雄鱼[①]吃了的，雄鱼到达之处，鱼卵与鱼苗都遭殃。

渔捞在日出前与日落后，或泛说在晨曦与夕阳时，所获最多。[②] 渔人都在这时候撒网，他们称这时候起网为“及时网”，实际是鱼类在这时视觉特弱；夜间它们静息，而白日的阳光渐强时，它们也看得较清楚了。

我们尚未见鱼类感染过任何一种像人类与四脚胎生动物中的马和牛，以及其他属类中某些家养和野生动物所感染而流行的那些瘟疫；但鱼类中确也有疾病，渔人们一网捞起大批形态多属良好的同种鱼中，有些却失态而且变色，他们由此推论这是一些病鱼。关于海洋鱼类就说这么多。

章二十

河鱼与湖鱼也不染瘟疫性的疾病，但某种鱼会患某些特殊的疾病。譬如大鲶鱼恰在天狼星上升之前，由于在水面游泳之故，便

① διὰ τὰς ἀλέας，“被太阳的热度”毁坏了的。兹照奥-文校订 διὰ τοὺς ἀρρένος，“被雄鱼”吃了的。伽柴译本与两语皆不符。现存抄本或有误失。

② 《柏里尼》ix，23。

易于中暑,并在迅雷轰击声中突然麻痹。鲤也发生同样的病症,但
25 较鲶鱼为轻。鲶鱼在浅水中为龙蛇①所伤残者为数甚巨。巴来卢
鱼与蒂隆鱼②,约在天狼星上升时发生寄生"蠕虫",罹此疾苦的鱼
常浮起水面,由是受热过度致于死亡。嘉尔基鱼③患有一种剧烈
病症;这种鱼的鳃下发生大量的虱,这种虱病肇致死亡;但其他品
30 种的鱼不患此病。

药草(毛蕊大戟)④放入水中可引致一个水区鱼类的死亡;这种
603a 捕鱼法曾用于溪河与池塘;腓尼基人在海上捕鱼,也应用这方法。

另有两法应用于捕鱼。因为鱼在冬季会从河中深水处游出
5 [或因为那里的河水相当清冷],于是人们便在河边挖掘一条沟,在
河水出口处用石块与苇梗构成栅栏,留一漏洞,让河水由此引出;
迨严霜来到,人们便从那沟渠间预设的洼潭中取出鲜鱼。另一法
10 在夏季和冬季两可应用。人们在河流中用条柴与石块筑成堤坝,

---

① δράκοντος τοῦ ὄφεως 当是"[名称为]龙的蛇",兹译"龙蛇"。汤伯逊注:犹太文史中以龙蛇为地震之象征(《以赛亚》xxi,9);希腊神话中是否以龙蛇为雷电之象征未敢断言。《柏里尼》ix,25,谓鲶鱼有中暑及雷震致痹现象而未言及此种龙蛇。原文若为βροντῆς τῆι φλογί(闪电迅雷)则《柏里尼》文句便与之相符。

② "蒂隆"(τίλων)鱼名甚稀见。希罗多德书中(v.16)曾见此字,为马其顿湖边居民用语。汤伯逊谓此名称可能是"大鲶鱼"(γλάνις,拉丁名 silurus,南德意志名 Seile)的别名。

③ "嘉尔基"为海鲂,见于本书卷四,535b18;《柏里尼》ix,71。现代鱼学中所知鲂鳃寄生虫为 Chondracanthus zei,桡脚类鱼虱科的软棘鲂虱;未能确断此处所述就是这种桡脚虫。

Δ④ τῶι πλόμωι 旧译本多从音译,未能确定为何种毒鱼药草。伽柴本作"Verbasco herba"应为元参科毛蕊花属药草。汤伯逊从伽柴作 mullein(毛蕊大戟)。今亚得里亚渔民所用毒鱼草为甘遂,大戟科大戟属(Euphorbia cyparissias)。大戟科十一属多毒草,其中巴豆属,大戟属,中国医师用为泻剂,渔民也有用以毒鱼的。

豁开一处，在这开通处，设置篱阱(鱼簖)；于是大家把鱼拦向这里，当群鱼游过开豁处，便落入阱内了。[①]

常例，雨季有利于贝蛤(介壳类)。惟紫骨螺为例外；倘将紫骨螺置于河水出口附近的岸边，它在尝到淡水以后一天之内死亡。 15
紫骨螺在被捞出后能继续存活五十天；在这期间，它们互相喂食，[②]因为它们的壳上各附留着些海藻或海苔；这时如投以食物，仅能增加紫骨螺的重量，不会延长它们的生命。

干旱对于贝蛤总是不利的。[③] 在旱季它们体小而味劣；红海扇 20
在此时特多[④]。在比拉海峡，海扇业已绝迹，灭种的原因不仅由于人们所用扒网甚密，也由于长期的干涸。多雨，一般地，有益于贝蛤，因为这时海水变得特别甜些。在滂都海中，气候寒冷，故不见贝蛤 25
类；那里的河流中也没有，仅能偶尔捡到零落的少数两瓣贝。至于单瓣贝是极易在严寒时冻死的。关于水生生物已讲述了这些。

章二十一[⑤]

现在该讲到四脚动物，猪病[⑥]有三，其一称为“气管病”，[⑦]凡患 30

---

① 此节原文简涩，可能有些漏误，故各译本稍有违异，但全节大意是可以明了的。关于捕鱼用篱阱或鱼簖(serragli de grigiuoli)可参看法布尔：《亚得里亚海的渔业》123；严霜时鱼簖得鱼最多。

② 普卢塔克：《动物智巧》980c。

③ 齐诺克拉底：《营养》(*de Alim.*)xix；《雅典那俄》90所引第菲卢(Diphilus)语。

④ 依伽柴译本应为“海扇此时转为红色”。

⑤ 本章以下数章类似古代兽医书籍，依其内容及文笔推揣，盖非亚氏原著。关于古希腊畜病著作可参看葛里纽(Gryneus)辑《马科医书》(*Hippiatrica*)，1537年；尼克拉(J. H. Niclas)辑《农艺》(*Geoponica*)，1781年。近代著作可参看巴朗斯基：《古代兽医》(A. Baranski：*Thiermedicin im Alterthum*)维也纳，1886年印本。

⑥ 魏尔吉尔《农歌》iii，497：《柏里尼》viii，77；《哥吕梅拉》vii，10。

⑦ 此节述“气管病”(βράγχος)混叙了三种不同的猪病：(1)普通喉炎或牙龈炎

此病者，气管①与牙床（颔）皆发炎而肿胀。炎肿也可在身体上任何部分发生；这常使脚上溃烂，偶亦发生于耳朵；肿胀由初起处发展，蔓延至肺部时，猪便死亡。这病进行极速，一旦染上了这病症，猪便停止进食。牧猪者只知道有一个治疗方法，这就是在最初发现这病象时，立即施行割除手续，此外便没法挽救。还有两种病症，都称为克拉朗病②。一种病象较为普通，苦痛见于头部，猪头像是感觉特重而下垂，另一种病象见于下痢。跟着有下痢现象的克拉朗病是不治之症；前一种病可用酒温熏猪鼻孔，并用酒洗濯鼻孔。但这一种病也是很难治疗的；有些猪就因感染了这病，在三四日之内死亡。当天气炎热，无花果盛熟③之时而猪又长得极肥，这要预防气管病。治疗方法是喂以压碎的桑葚，用热水为之洗澡，并针刺其舌的底面。

肌肉松弛的猪易生丘疹，④疹斑多在腿、颈与肩部发生并蔓

(inflammation)，(2)急速致死的炭疽病(anthrax)，(3)腐坏猪蹄的口蹄病(footand-month disease＝epizootic aphtha)。下文603b13—16所云可治疗的气管病当为(1)与(3)两种。Δ口蹄病，牛羊猪均可沾染，患者口与蹄发炎生疱，流涎，以足踢地，体温颇高；消瘦，母畜乳量减少。壮者多可痊愈，幼畜多致死亡。欧洲较盛（布拉克：《兽医词典》〔Black:*Veterinary Dict.*〕1956年）。

① 此处 βράγχια 作“气管”，与亚氏常用 ἀρτηρία 字样有异。此字另见于《精神》(de Spiritu)(5)483a22；校勘家论本章与《精神》皆出于伪撰，或系误收他人著作，此字亦为一证。

② τὸ κραυρᾶυ（克拉朗）或 κραῦρος（克拉卢）病，《里-斯字典》谓“猪牛之瘰疬病”。依此处所述病状，难以确定为何症。猪患任何疾病时都有头下垂现象。猪痢疾(διάρροια)为普通病症，异于致命的炎症。《修伊达辞书》猪病三种为气管病、克拉朗、下痢。梵罗《农事全书》ii,4：“出售猪只的人须保症其未染炎症与下痢。”

③ 贝本 ἐνέγκηι ὗ费解；依璧校 ὑκαρπίαν 译。参看《哥吕梅拉》vii,10。

④ 此节前后文不相符，似有错简。所云“丘疹”(χαλαζώδεις)实际盖为绦虫(tape worm)幼体的胞囊(Cysticercus-cysts)。猪绦虫(Taenia Echinococcus)胞囊(丘疹)多在舌下面。绦虫卵在猪、牛等肠中育成幼虫，幼虫潜入肌肉组织间，长成二三分

延。[①] 如果疹斑为数不多,猪的肌肉还好;倘为数甚多,肌肉便多水 20
而松软。丘疹的征象是明显的,因为疹斑大部分出现在舌的底面,
再则,你如从颔下拔出一根毛来,皮下便见到有血渗出,而且病猪
的后脚将不能保持安定。在哺乳期间的小猪均不染此病。饲以第 25
茀(粗小麦)[②] 可治愈猪疹;这种粗小麦作为日常饲料也是很好的。
于喂猪并肥育,最好的饲料为山藜豆与无花果,但当注意到饲料宜
常更换,猪和其他动物一般都是喜欢变更食物的。[③] 据说有些饲料 30
宜于皮骨,使猪长大,另些有利于肌肉,又另些能转成脂肪,使猪长
膘,至于橡实或硬果虽为猪所喜食,却使猪肉松软。又,倘母猪吃 **604[a]**
硬果太多,会引起流产,母绵羊吃橡实也会引起流产;这于母绵羊
而言,较之母猪更为确实。猪是唯一易患丘疹的动物。

章二十二

狗病有三:犬狂、喉炎与脚疮。狂病使犬发疯,凡为狂犬所 5
咬伤的动物,[除了人类以外,]也就染上这狂病;这
病于狗本身及被狂犬所咬的动物均属致命[惟人除外][④]。喉

长的胞囊。患此寄生虫的猪、牛无显著病象,但肌肉弛缓而失味。此处所述病理现象不尽似绦虫病。《柏里尼》viii,77 谓"患有瘰疬(struma)与喉炎(angina)以及其他某些疾病的猪,从它背上拔出的鬃,根部带血,走路时,头垂于一边"。

① 参看《渥里巴修医学辑存》(*Oribasius collection*)iv,2 所录以弗所医学家卢夫斯文。又参看亚里斯托芳《骑士》374 与诠疏。

② 贝本 τιφαῖs(第茀),P,D[a],E[a] 抄本 στιφαῖs(斯第茀),可能都是 Triticium monococcum,粗小麦。参看色乌茀拉斯托《植物志》viii(1)1;《柏里尼》xviii,19。

③ 与上文 595[b]1 相异。

④ "惟人除外",有些抄本无此短语。但安底戈诺《异闻志》102 存有此短语。人为狂犬所咬而得狂犬病(rabies)者皆致死,直至十九世纪巴斯德发明治疗此病之方法,才得挽救。古籍记有狂犬病者甚多:《浦吕克斯》v,53;爱琴那岛保罗医师(Paulus

10 炎[1]于狗也是致命的；还有患脚疮而得痊愈的狗也为数不多。骆驼，像狗那样，会发生狂病。象以不染任何疾病著称，但偶也患有胃肠气胀。[2]

章二十三

15 牛群容易流行两种疾病，脚疮与克拉卢病。[3]患有前一病症者，牛蹄溃烂，但能痊愈，且蹄上角质外壳也不至于脱落。把温热的沥青涂抹角质部分具有疗效。[4]染上了克拉卢病的牛呼吸急促

20 而发热；实际，牛的克拉卢病与人的热病相符。其征象为垂耳，与不进食。牛很快致死，死后解剖尸体时，见到肺部是腐烂了的。

章二十四

25 放牧的马，除了“脚疮”外，不患其他任何疾病。患脚疮者有时蹄要脱落；但新蹄迅速重生，代替了旧蹄。[5]这病的征象是鼻孔下马唇中部皱缩，于牡马则右睾丸[6]发生痉挛(搐搦)现象。

Aegineta)：《医学提要七卷》v，3；《柏里尼》xxix，5；葛拉修：《狩猎诗篇》(Gratius，Cyneg)386 等。

① κυνάγχη，里-斯《辞典》解作“喉炎”(quinsy)；汤注，此字可能为“精神失常”(distemper)症。

② 另见下文 605ª23。

③ 此处所记“脚疮”(ποδάγρα)，实际为“口蹄病”。“克拉卢”(κραυρος)病，实际为各种炎症；垂耳，不食，气喘，皆炎症常态，未能凭以辨明病原；“肺部腐坏”一语可证知为肋膜炎(pleuro-pneumonium)。

④ 参看上文章七，595ᵇ15。

⑤ 马脚患溃疡及麦角菌中毒，均可肇致脱蹄。

⑥ 参看《马科医书》164 页。睾丸痉挛应为另一病症，不关“脚疮”。

厩养的马所患疾病却有好多种。它们可能感染“埃留斯” 30
病[①]。患这病的马尽把后腿在腹下向前践踏，全身后仰，几乎要跌 604b
翻而使臀部着地；倘这马几天不进食，而转成狂躁，可试为抽血或阉割雄马。还有强直痉挛（破伤风）[②]：血管硬化，头与颈也僵直，行走时腿也不能弯曲。马也会染脓疡。另一种苦恼的病是所谓 5
“大麦滞食”。这种病的征象是口盖（上颔）发软，嘘气发热；[③]滞食病，可凭动物自身的生理机能恢复正常消化，并无确实有效的药方。

[④]还有一种马狂症称为“宁菲亚”，据说那病狂的马站着不动[⑤]， 10
垂首而听管乐；此时若试乘骑，它就奔驰直到被拉住才止。患狂病的马即便症候正当剧烈的时期，它的神态也总是沮丧的；还有些征象是这样，耳朵时向后倾，又向前竖起，高度疲乏，呼吸急促。
“心痛”也是无可救治的，这种病的征象是两胁紧收[⑥]；于是膀胱被 15

① “埃留斯”（ἔλειυς）可能为肠病之疝痛或绞肠（colic）；文中所叙类似所谓“昏迷”（coma somnolentum）病，此种马病于南欧较为流行。犯此病者后脚扭转，出乎常态。十二小时以内能恢复常态者无恙，过此无救。Δ参看布拉克：《兽医词典》，“马昏迷病”。

② “强直痉挛”（τειτάνος），见于《马科医书》119 页。

③ 《马科医书》卷一，章七，引亚伯须托（Apsyrtus）述“大麦滞食病”（κριθίασις）一节中有“上颔高张”现象，但此类古医书用语或别有义理。依维季修：《罗马军制与战术》（Vegetius：*De Re Militaria*）iii，44，大麦滞食病即普通消化不良症，无上颔软化征象。

④ 本章多费解处，此节尤晦涩。

⑤ κατέχεσθαι，依斯卡里葛译文 inhiberi 为“约制”或“不动”。施那得《校注》iv，473 改作 κάτοχος ἐῖναι，“神志昏迷”。

⑥ λαπαρὸς ὤν ἀλγεῖ，“两胁痛疼”，照奥-文校改 τὰς λαπάρος ἀνέλκει，“两胁紧收”（向上搐缩）。依《构造》卷四，677^b4，心脏是不受疾病的；此处所举“心痛”（καρδιᾶν）不符合亚氏生理学。

挤压[1],而泌尿不畅,蹄与臀也跟着向上抽搐。马如吞下葡萄甲虫也是没法救的,这虫同斯丰第里甲虫(关节甲虫)大小相仿。[2] 马倘为鼩鼱(鼷鼠)[3]咬伤,也是有危险的,其他力畜亦然,都要引起
20 疮疱。倘这鼠类正当孕期,这种咬伤所引起的病症更烈,疮疱旋即溃烂,非孕鼠所咬的不致溃烂。有些人称为"嘉尔基"另些人称为"齐格尼"[3]的那种蜥蜴,咬伤了马,马或因而致死,至少要患剧烈的疮痍;这种蜥蜴像一条小小的石龙子,颜色则像蟒蛇。由精于兽
25 医的人们看来,实际上,马与绵羊有好多疾病和人类颇为相似。有一种素以"桑达拉基"(鸡冠石)这名称著闻的药,对于马以及一切力畜均能致伤害;[4]这药用做兽病疗剂时,先制成水溶液,经滤器
30 滤过后,给予动物服食。牝马在妊娠期间可能因嗅到烛灭时所发
605a 的气息而流产。[5] 对于孕妇,这也偶可造成相似的事故。关于马病就说这些。

所谓"马狂"[6]药,如上曾言及,是生长在胎驹身上的,当母马
5 舐驹时,它就把这吃了。所有关于"马狂"的离奇故事都是一些痴

① 牝马牝牛确有尿囊翻入尿道这种病症(invagination)。

② 《马科医书》266 页。

③ "鼬鼠"(μυγαλῆ),应为鼩鼱科的鼷鼠。第奥斯戈里特:《有毒动物》章八。

③ "齐格尼"(ζιγνίs)为一种蜥蜴,萨第尼亚岛人今仍称石龙子为"齐格那"(Cicigna)。参看尼康徒:《有毒动物赋》817;奥铿:《埃伊雪斯》(Oken: *Isis*)623 页,1829 年。

④ σανδαράκη(桑达拉基)(据《柏里尼》xxxiv,54 及第奥斯戈里特《药物志》v,122)为砒素药剂,即中国药店所售红砒(二硫化砷);微量服食砒剂可使马皮毛光润,并有发汗作用。διαφθείρεται(致伤害,或致死)可能为 διαφορεῖται(发汗)之误;砒剂服食过量则必然致死。

⑤ 另见《埃里安》ix,54 引亚氏记述;《马科医书》58 页引希洛克里(Hierocles)语。

⑥ 已见上文卷四,章十八,572a21;章二十二,577a10。

迷的老妇以及卖药的术士们编造出来的。那个称为“布里翁”的驹膜,照各种记载说到的,是母马在产驹前先行脱出的。

马于曾与厮斗过的任何马,随后无论何时,均能认知其嘶声。马喜草地与泽原,并喜喝浑水;事实上,倘水澄清,马[①]会践浑了再喝,饮水后,它会在水中打滚。[②] 马总是爱水的,或是饮用或是洗澡;而河马的特殊体构更是离不了水的。关于水,牛的习性与马相反;倘水不洁或寒冷或混有杂物,牛便不肯饮这水。

章二十五

驴病中最严重的是那称为“茉里”的一种特殊症候。[③] 这病症起于头部,一种色红而稠的黏液流出鼻孔;倘这种疾患限于头部则驴能恢复健康,倘向下蔓延,到达肺部时,驴便死亡。于马属各品种中,驴最缺乏耐寒能力。所以滂都海滨没有驴,斯居泰也没有。[④]

章二十六

象患有胃肠气胀病,病时固体与液体排泄两都没有(大小便不

① 依薛及施校 οἱ ἵπποι,“群马”。若依狄校,拟作 πιόντες,则译文应为:“它们饮水时”便把水践浑了。

② 本卷 595^b30;《埃里安》xi,36;xvi,24。

③ 贝本 μάλιστα νόσον μίαν,“最严重的一种病症”,可能原文是由 μαλιασμόν(茉里亚斯谟,马鼻疽病)字样讹转而成的。《修伊达辞书》“茉里亚斯谟”条所叙病状与此节相符。《希茜溪辞书》“μαλίη”条,谓“茉里为力畜的通病”;《维季修》i,10—20 所叙“茉里”(malleus)病与之相符。对校这数书的相应章节,可知此处所述的病症为驴马的“马鼻疽病”(glanders)。

④ 《生殖》卷二,章八,748^a22。

通)。[①] 象如偶一吃着霉土,[②]它会泻肚;但继续吃着并不致病。象会时时吞食一些石子[③]。象也有患泻痢的;这可饮以微温的水,以清洁肠胃,或喂以浸过蜂蜜的饲料;这两疗法均能止泻。它们如患失眠,可用盐、橄油与温水摩擦其肩膀,而使之正常入睡;它们肩膀如有所伤痛,贴上烤猪肉是很有效的治疗法。[④] 有些象喜欢橄油,有些象不喜欢。倘小块的铁件被误吞入象腹,饮以橄油可使铁块泻出;[⑤]倘象不肯喝橄油,他们便把植物块根[⑥]浸过了油,让它吃这块根。

30

605b

5

到这里,关于四脚动物已说得这么多了。

章二十七

虫类(有节动物)常例,总是在每年中繁盛于它们各自出生的季节,〈如某些虫春季出生也就盛于春季,另些出生于夏季便盛于夏季,〉倘这季节,适值天气暖和而润湿有如春季,则它们尤为兴旺。[⑦]

10

---

① 《柏里尼》viii,10;《埃里安》ii,18。

② 贝本 καὶ ἢ ἐὰν γῆν ἐσθίῃ…,"倘象吃着霉土";A^a,C^a 抄本无"霉土"字样,汤伯逊因此揣测下文 μαλακίζεται(泻肚)当为 μαλάχην(锦葵,或木槿)之误,谓象于大小便不通时,便吃些锦葵。锦葵科植物有通便效能,见于《柏里尼》xx,21;第奥斯戈里特《药物志》ii,144等书。但此一校订,与"偶一吃着"及"继续吃着"语,不能通贯。

③ 贝本 λίθους,"石";汤注,揣为某一药草如 ἀλθαίας,"野葵",之误。

④ 亚里安:《印度志》(Arrianus:*Indica*)xiv;《埃里安》xiii,7。

⑤ 居维叶谓橄油实不会有泻出"铁器"的功效。原文可能为"毒物"(如毒箭)之误,由毒箭而讹箭镞,再讹而为铁件。桂橄油古代用为解毒剂。

⑥ 各抄本互异,兹照奥-文校订文释。《亚里安》与《埃里安》书中均谓象服饮酒类。依加谟斯所见伽柴译文的一个巴黎抄本翻译,则应为"象若不饮桂橄油,他们就把薄荷的根浸了酒给它吃"。

⑦ 此节,斯卡里葛论为文句破碎,其他校译者亦多见其芜昧。但伽柴译文确全

蜂窠中有些生物于蜂群为害甚烈；譬如有某一种蛆（蛴螬）在蜂窠中结网，破坏许多蜂窝；[1]这种虫蛆名为"克里卢"（毛鳖）。这 12 蛆产生（转成）一种［与之相类的］[2]形似蜘蛛的虫，使蜂群染上疾 13 病。另一种虫似那扑火的飞蛾，名称"比姥斯底"[3]：这种虫产生一 14 伙满身细毛的幼虫。蜂不去刺这种虫，只能用烟熏法把它们逐出 15 蜂窝。还有一种蠋也出生于蜂窝之中，它绰号叫"凿虫"，蜜蜂对于这种虫是永不去干涉的。花期发霉或天旱而植物枯槁，这时于蜜蜂最为困恼。

所有各种虫类，倘用油周身涂抹，均致死亡，绝无例外；[4]倘涂 20 抹头部[5]而置之日光之中，则它们死得更快。

相符，足见古抄本恰正如此。汤伯逊揣拟以 μετοπώρου 更换"出生季节"字样，则全句："虫类常例多盛于秋季，倘逢这年的秋季，暖和润湿有如春季者，则它们尤为兴旺。"

① 本书卷九，626^b15；《柏里尼》xi，16，21；《哥吕梅拉》ix，7，13。

② "与之相类"，于此处文义不通，从狄本删。

③ 原文 πυραύστη（比姥斯底）在12行间，为 κλῆρος（克里卢）之异名，或同一虫在变态前后的不同名称。依施那得移入此行而成为另一虫名。施那得与孙得凡尔均指证克里卢为"蜂虱"（Trichodes apiarius，蜜蜂窠毛鳖）属鞘翅类郭公虫科（Cleridae）；比姥斯底为蜡蛾或蜡螟（属鳞翅目螟蛾科，Pyralidae）。蜡螟的幼虫即下句之"凿虫"（τερηδόνας）。蜡螟于《柏里尼》xi，21 泛称为 papillo（蛾）；魏尔吉尔《农歌》iv，246，与哥吕梅拉《农鉴》ix，19 中称 tinea（縠蛾）。蜡蛾毛蠋噬食巢脾成隧道，或"通廊"，故学名作 Galleria cereana，"巢脾廊道虫"。毛蠋于廊内吐丝，网罩蜡粒，制成圆管套，蛰居其中。

△ 蜡蛾（中国养蜂家俗称"棉虫"）有大小两种，大蜡蛾色彩不匀，体有暗斑；小蜡蛾色匀无暗斑。大蜡蛾每年繁殖三代至四代，每次产卵约200粒，每一幼虫至成蛹吃蜡0.6—0.7克，为害甚烈。小蜡蛾繁殖较少，为害较轻。意大利蜂种对蜡蛾抗力较大，常能驱出蜡蛾幼虫。他种蜜蜂群常因巢脾被破坏过甚，不得不飞离原巢。本节所记烟熏法可驱蜡蛾，但不能灭卵，故无大效。

④ 《柏里尼》xi，21；《埃里安》iv，18。

△⑤ 昆虫由体上各节肢间气门与气管呼吸供氧，故油抹后即不能呼吸而死；但头部有气门之昆虫不多，头部涂油更易致死的原因不明。

章二十八[①]

随地区的不同,动物生活也会发生变化:这样,某一动物就绝
25 不见于某一地区,在另一地区它就变成小种或短命,或繁殖不旺。[②] 有时这种动物生活的区域性差异就显见于两相邻近的地方。在米里都那里,一处有蝉,紧邻处无蝉;又在启法里尼岛上,有
30 一条河,此岸有蝉,彼岸无蝉。[③] 在布尔杜色里尼岛上有一条大
606ᵃ 路,路这边有伶鼬,那边无伶鼬。[④] 在卑奥西亚境内奥柯梅诺附近,鼹鼠[⑤]特繁,但近邻的勒巴第亚[⑥]竟全然没有;倘一只鼹鼠从邻近移来,它就不肯在这里挖洞栖息。兔到绮石佳[⑦]境内即不能存活;它一登此岛遽尔尽命,临死时头总是朝向那着陆的海滩。西西里
5 岛上没有骑兵蚁[⑧];塞勒尼附近,直到近代才听到蛙的呱呱声。[⑨] 整个利比亚无野彘,无鹿,无野山羊。[⑩] 又在印度,[⑪]根据克蒂西亚的记载——他不算是最精确的作家——无猪,野彘与家豕都没有,但那里

---

① 狄脱梅伊揣测此章实出色乌弗拉斯托著作《动物之地区差异》(Περὶ τῶν κατὰ τόπους διαφορῶν)。

② 《柏里尼》viii,83。

③ 启法里尼岛在伊雄(爱奥尼亚)海(Mare Ionia)内。依《柏里尼》xi,32,岛上那河流一岸树木稀少,故无蝉。另见《埃里安》v,9;《安底戈诺》3。

④ 布尔杜色里尼为邻近累斯波大岛的一个小岛。参看《亚氏残篇》(324)1532ᵇ6。

⑤ 《埃里安》xvii,10;伪亚氏书《异闻志》(124)842ᵇ3;安底戈诺《异闻志》11。

⑥ 奥柯梅诺在卑奥西亚的柯贝特湖边,今名斯克里浦(Skripu)。勒巴第亚为卑奥西亚近海城市,即今里伐迪亚(Livadia)。

⑦ 绮石佳为启法里尼邻岛,今名纤亚季(Thiaki)。

⑧ "骑兵蚁"(ἱππομύρμηκες);《柏里尼》xi,36 谓"西西里岛上无'有翼蚁'(pinnatae)",故加尔契与狄校本作"翼蚁"(οἱ πτερωτοὶ μύρμηκες)。

⑨ 《异闻》(68)835ᵃ33。

⑩ 《希罗多德》iv,192;《埃里安》xvii,10。

⑪ 《埃里安》xvi,37;又 iii,3;福修斯《书录》xiii 引克蒂西亚记述。

有无血的动物以及那些实行昏眠或蛰伏的动物[①]，体型都甚为巨 10
大。在滂都海(黑海)中没有小种软体动物(头足类)，也无贝蛤，零

图 19. 印度瘤牛(Box Indicus)(牛肩上隆起如骆驼者)

零落落，偶一出现者为例外；但在红海中，各种螺贝都特别巨大。[②]
在叙利亚，绵羊有扁尾阔至一肘者；[③]山羊有耳长至一掔(约七寸)
与一掌(约三寸)[④]者，又有山羊耳朵下垂至地者[⑤]。又有牛肩上隆 15
起如骆驼者[⑥]。在吕基亚，[⑦]人们剪取山羊毛恰如其他国度中剪取

① 原文 φωλοῦντα，“冬眠或蛰伏的动物”，奥-文校本拟为 φολιδωτά，“棱甲动物”，指印度的爬虫类如“鳄鱼”(克蒂西亚称之为“印度虫”)。

② 《埃里安》xvii，10。

③ 本书卷九，596^b4；《柏里尼》viii，75。

④ σπιθαμή，一指拃，拇指与小指尖间对伸的距离，中国称“掔”，作为量度，约当今七寸。παλαιστῆs，一掌，等于四指宽，约当今三寸。两者合计约当中国一尺。

⑤ 曼姆勃里卡“长耳羊”(Capra mambrica)。

⑥ οἱ βόες ὥσπερ αἱ κάμηλος，汤注“当指印度与西南亚洲之瘤牛”。《柏里尼》viii，70；叙利亚牛喉间无垂肉(牛胡，palearia)而背上有峰(gibber)。Δ《尔雅》“释畜”犦牛即犎牛条注谓，“领上肉高二尺许如橐驼，今交州合浦徐闻县产此牛。”据此，古代瘤牛不仅限于西南亚洲，其分布实及东南亚洲。

⑦ 小亚细亚南部吕基亚地区居民剪取山羊毛，见于《埃里安》xvi，30；《梵罗》ii，11；《柏里尼》viii，76。

绵羊毛。在利比亚有如荷马的诗语[①],不但长角小雄羊[②]生而有
20 角,小雌羊[③]亦然;濒临斯居泰边境内的滂都国中,则雄羊无角。

在埃及的动物,如牝牛与母绵羊等,一般都较在希腊的同种动物为大;[④]但也有些出乎常例而反要小些,例如狗、狼、野兔、狐,大乌与鹰;另些则两处大小相仿,例如鸦与山羊。凡同种而体型有大
25 小之差者,其故在于食料,食料丰富的体增大,不足者减小,埃及的狼与鹰小于希腊的同种,可作为这规律的例示;那里可供肉食动物
606b 捕猎的小鸟是稀少的[⑤];"毛脚"(野兔)与非肉食动物的食料也是稀少的,因为那里生长着硬果与浆果的时季不长。[⑥]

于好多地方,其区域特征在于气候;这样由于气候寒冷之故,
5 在伊利里亚、色雷基、埃比罗[⑦]三处的驴体型皆小,在斯居泰与克尔得地区[⑧] 则竟然找不到一匹驴。[⑨]在阿拉伯,石龙子超过一肘

---

① 荷马《奥德赛》iv,85。

② κριῶν,"小雄羊";狄校本依《希罗多德》iv,29,揣拟为 κτηνῶν,"牛"或"牛羊"。

③ 贝本 τἆλλα,"其他";依伽柴及亚尔培脱译文为"雌羊",则原文应为 τὰ θήλεια。依《希罗多德》,此句应为"在利比亚,不但牛羊皆生而具角,其他有角兽亦然"。

④ 《希罗多德》ii,67。

⑤ 贝本 ὀλίγη,"稀少";D^a 抄本 ἡ ὕλη,"作为物料",两皆有所缺漏。施那得从伽柴译本校补为 ὀλίγη ἡ τῆs ἁρπαγῆs ὕλη,"可供捕猎之物稀少"。

⑥ 汤注:此句有三点可疑:1.小鸟何故稀少,未言明;2.上文用 λαγῷσι(野兔),下文另用 δασύποσι(毛脚兔),未作说明,而同物应用异名,书中不常有;3.狼狐少则野兔易繁殖。δασύποσι 可能为 δαψιλήs(繁盛)之误。由此疑义,校订原文,这可能为:食肉动物如狼与鹰稀少,故非肉食动物繁多。因为硬果与浆果时季短促,故小鸟也稀少。

Δ⑦ 伊利里亚在马其顿与亚得里亚海之间,今阿尔巴尼亚境;埃比罗,邻近帖撒利地区,均在希腊半岛之北,故云较冷。

Δ⑧ "克尔得地区"(Κελτική),希腊人所指"西北地区",即日耳曼、高卢诸族所居地区。

⑨ 本书卷三,522^b20,卷八,605^a20;《生殖》卷二,章八,748^a25。

长，①那里的鼠类②比我们这里的田鼠大得多，后腿有一掔长，前腿有第一指节那么长。③ 根据各种记载，在利比亚的蛇长得骇人；漂洋船上水手的故事说到这样离奇，有些人登陆时看到若干只牛的骨骼，想到这必然是被蛇吃了的，立即逃回海上，蛇已跟着尽快的追来，把一艘大划船掀翻，吞了不少人。又，在利比亚④，狮较多，在欧洲地区，则阿溪罗河与纳索河之间狮较多。⑤ 豹繁殖于小亚细亚而全不见于欧洲。通例，在小亚细亚的野兽最为野性，欧洲的最为强凶，在利比亚的形态最多变异；有一句古谚是确实的："利比亚常多怪异。"⑥

在利比亚境内，由于那里常年缺雨，各不同种的动物都聚集到有水泉处，并在那里交配；这样，凡体型相仿而发情期恰相同者便成了配对。据说那里各种动物由于各自极度口渴，到了水泉处的时候，不发作凶性，不互相搏噬。又据说那里的野兽，比之他处的同种，均在冬季饮水多些，在夏季饮水少些，因为这地方夏季常是全不见水的。而且〈那里的〉⑦鼠，倘在夏季饮水，会引起死亡。另有些地方，杂交种动物便习于杂交生殖；这样在塞勒尼，狼和母狗

10 15 20 25 607a

① 《埃里安》xvi，41。

② 本书卷六，581a3；《埃里安》xv，26。

③ 原文ἔμπροσθεν σκέλη… …ὀπίσθια，"前腿…后腿…"；兹照奥-文校订改为ὄπισθεν σκ… …πρόσθια翻译。后腿长于前腿倍余的鼠符合于"埃及跳鼠"或其同属。

④ 原文Εὐρώπῃ，"欧洲"，与下文重复，当有误。狄本依《朴里布史记》xii，3，校改为Λιβύῃ，利比亚。

⑤ 此语源出《希罗多德》vii，126。但希氏史中只言其地有狮，无"较多"语。该处狮实际不多。璧校为ἔρρωσται μᾶλλον，"较强"，符合于《柏里尼》viii，17，"欧洲狮较非洲狮与叙利亚狮为强"。参看本书卷六，579b5；色诺芬《狩猎》11。

⑥ 此谚并见《生殖》卷二章七，746b7；《柏里尼》viii，17。

⑦ 依本书卷六，595a8鼠类须饮水；狄校认为夏季不饮之鼠应限于利比亚鼠，故加〈那里的〉。

就交配而育儿;[①]拉根尼亚(斯巴达)猎犬是狐与狗的杂交种。[②] 他们
5 说印度狗是虎与母狗的杂种,但不是第一代杂种而是第三代杂种;照
他们说,第一代杂种还是一只犷悍的野兽。[③] 他们把一牝狗带到旷野
的僻地,拴住在那里:倘遇到正当发情的雄虎,它会与母狗交配;倘不
在发情期,那虎便吃掉牝狗,这样被吃掉的事故是常遭逢的。

章二十九

10 区域地理的差别也引起动物习性的变异:譬如生活在崎岖的
高地上的动物性情就不同于坦易的低原上的动物。高地兽类,例
如亚索山上的豕,看来比低原兽类为勇猛;一只低原雄猪斗不过一
只山地雌猪。

15 又,关于动物的"咬伤"或"螫刺",地区差别也是一个重要因
素。这样,在法洛岛[④]以及他处,被蝎咬伤并无危险,但其余地方,
例如在加里亚[⑤],那里的蝎既多且大,又有毒,人或畜被螫刺后,是
可以致命的,即便是一只猪,甚或是一只黑猪[⑥]——据说,猪一般
20 地最能忍受任何生物的咬伤——也受不了蝎刺。倘一猪被加里亚

① 《柏里尼》viii,61。

② 《埃里安》viii,1。参看《生殖》卷二,746^a33。

③ 《柏里尼》viii,61:"印度育狗家认为这种虎狗杂交种第一第二代犷悍难驯,他们只收养那第三代杂种为猎犬。"Δ 实际可能为狼狗杂交种,虎狗不能杂交。希腊古无虎,希腊人直至亚历山大引军远征到达印度后,从征将士方见此兽。

④ 法洛为邻近埃及亚历山大城的岛屿。

⑤ 贝本 Καρία(加里亚),尼康徒《有毒动物赋》804,及《亚氏残篇》562,与此相同。A^a,C^a,D^a 抄本,作 Σκυθία(斯居泰),《柏里尼》及伽柴译文与之相符。

⑥ τὰs μελαίνοs,"黑动物"应为"黑猪",《柏里尼》xi,30 与之相符。但照《尼康徒》775,则此"黑动物"应指下文的蝎为一"'黑'蝎"。

蝎所伤而又走入水潭，它必死无疑。

蛇咬所引起的后果也大不相同。利比亚有角蝰；被角蝰咬伤[①]的只有一种解毒剂，这种解毒剂就用这种蛇体制成。在“薛尔菲蓊丛生之地”（塞勒尼）[②]还有一种蛇，被这种蛇咬伤的，只有某种矿石可治疗：这种石在一个古王的墓地内，取以投入水中，喝这水就可消 25 解这种蛇毒。在意大利某些地区，被守宫咬伤是致命的。[③] 一毒物咬过另一毒物后，再咬他物时，这种创伤最为危险；例如一条蝮蝰咬过一只毒蝎后，又来咬人。对于这类生物中大多数的毒液，人的唾液可与对抗。[④] 有一种很小的蛇，虽最大的蛇也怕它，有些人称之为 30 “神蛇”[⑤]‘，这种小蛇约一肘长，看似多毛；一个动物苟被咬伤，创口周围的肌肉立即溃烂。在印度有一种小蛇，于毒害而论，无与敌比，世上没有任何药物或方法可解消这种蛇毒。

章三十

动物于妊娠期间的健康情况也各异。 607[b]

介壳类，如海扇以及一切蠔蛎属与甲壳类（软甲类），如龙虾属

---

① 参看《安底戈诺》19；《柏里尼》xi，30。

Δ② “薛尔菲蓊”（σιλφίον）为一种伞形花科鞭参（Ferula）属植物，可作食品及药用，（见于亚里斯托芳《群岛》534，《骑士》895 等）。这种植物盛产于塞勒尼，为其地重要出口药材。故古称塞勒尼为“薛尔菲蓊丛生之地”。Ferula，中国古称“阿魏”，似胡萝卜，其乳液入药，见于《酉阳杂俎》及《本草纲目》。

③ 《柏里尼》viii，49，引色乌弗拉斯托记述谓“在希腊，守宫咬伤多不治”。参看《异闻》（148）845[b]4。

④ 参看《柏里尼》vii，2；尼康徒《有毒动物赋》86。

⑤ 参看《异闻》（151），845[b]16；色乌弗拉斯托《性格》（ἠθικαὶ χαρακτῆρες）xxviii.“神蛇”（ἱερόν），当即《埃里安》xv，18 与《尼康徒》320 所记之“色贝屯”毒蛇（σηπεδίον），凡被此蛇咬伤，肌肉溃烂，故名之曰“烂蛇”。

均在怀卵时期情况最佳。于介壳类而言,我们在这里也说[①]它们在妊娠;但于甲壳类所可见到的交配与产卵等过程,在介壳类均不见。[②] 软体动物如枪鲗(鱿)、乌贼与章鱼均于妊娠中为最佳。

繁殖季节开始时几乎一切鱼类均属美好;但怀卵既久,则有些雌鱼尚佳,另有些便失味了。举例言之,小鳁于繁殖季节甚佳。这种鱼,雌体浑圆,雄体较长较扁;当雌鱼开始生殖,雄鱼便〈自白〉转黑而发色斑,[③]这样的雄鱼便不堪餐食;这时期它便被称为"山羊"。

名称为"黕鸟"与"鸫"〈画眉〉的鉠属鱼以及斯麦利鱼[④]在不同季节作不同颜色,有如鸟类羽毛的季节变色。这些鱼在春季变黑,过了春季又转回白色。菲句鱼(鲄)也变换其体表颜色:平常是白色,但入春以后便有花斑;据说海鱼中惟有这一种鱼会铺床或筑巢,雌鱼在这床上或巢中产卵。[⑤] 人们曾已注意到,小鳁的色变略如斯麦利鱼,在夏季由灰白色变作黑色,这种变色在鳍与鳃部最为显著。[⑥]鸦鱼,类乎小鳁,繁殖季节最为肥美;鲱鲤、鮨鲈与一般有

---

① 贝本 λέγεται,"我们说";P,D^a,E^a 抄本 βλέπεται,"我们注意到"。

② 参看《生殖》卷三,章十一,763^b4;本书卷四,529^b1;卷五,544^a17。

③ 参看《柏里尼》ix,42;《埃里安》xii,28;奥璧安:《渔捞》诗篇 i,107。又《柏里尼》xxxii,引奥维得语。

④ 原文 καρίs(虾)各抄本相同,但虾无色变。《埃里安》xii,28 所列举变色诸鱼中,亦不见此名。汤校为 σμαρίs(斯麦利鱼)。奥璧安:《渔捞》i,109 所及鱼类中有此鱼名,与 μαίνιs(小鳁)等同列,盖即今 Smaris vulgaris(小梭鱼)。

⑤ 《柏里尼》ix,42;奥维得《渔捞》122;普卢塔克《动物智巧》981。参看本书卷九,621^b7 注。

Δ⑥ 鱼类之色变:(一)如鲽、鲉(Scorpaena scrofa)、鲛鱇,能随所处环境变换其颜色,成为"保护色",使他鱼不易认见。参看下文 622^a8 所叙之"变色章鱼"等。(二)本章所言交配季节的变色为各鱼引诱异性之变色,所变色较本色为显著,今称"婚装"。

鳞鱼[1],在这季节却情况不佳。少数的鱼类,例如灰背鱼四季咸 25
宜,无论在它有卵或无卵时一样肥硕。

又,老鱼味都不佳;老金枪鱼即便加以腌渍也不好吃,它大部分的肌肉跟着年龄而消耗了,这种消耗现象在一切老鱼均可见到。有鳞鱼的年龄可凭它鳞片的大小与软硬而得知。曾有人渔获一条 30
老金枪鱼重达十五太伦[2](共约750斤),尾长二[3]肘,阔一掌。

河鱼与湖鱼在雌体产卵、雄体洒精后为最佳。这是说,它们在 **608**[a]
所经生殖过程的疲困业已恢复了生理健康的时期。有些则在繁殖季节颇为肥腴,例如沙贝尔狄鱼[4];有些,此时情况不佳,例如鲶鱼。常例,雄鱼都较雌鱼味美;但鲶鱼恰相反。所称之雌鳗鳝素被 5
视为佳肴:但它们虽看似雌性,实非雌性。[5]

---

① 贝本 λοιποὶ πλωτοί,"其余漂游鱼类"(参看卷九,621[b]3);P,D[a],E[a] 抄本作 λεπιδωτοὶ,"有鳞鱼"。

② 《柏里尼》ix,17。太伦(Τὰλαντον),重量单位;Δ 雅典衡制,一太伦约当中国今五十市斤。

③ 贝本 πέντε,"五";C[a] 抄本 δύο,"二"。

④ 沙贝尔狄鱼(σαπερδίs)未能确定为何种属鱼类。

⑤ 本书卷四,538[a]10。

卷　九

608^a 章一

于稀见而又短命的动物，它们的习性（性格）[1]不易像长寿动物的性情那么容易认明。于寿长动物则显见有在生理上的各种自
15 然（天赋）性能各相符于其精神（心理）上的情操：机巧或坦率，勇敢或怯懦，驯顺或暴躁，以及其他类此的品德（情操）。

有些动物又能设教或受教——动物间互相受教或由人类方面领受教训：例如具有听觉的动物便是能施教或领教的动物；至于听
20 觉，这不限于能辨认明晰的语言，也包括仅能示意的不同声响。[2]

在动物的一切属类中，凡在生理上具有雄雌之别者，（心理）精神上也显现有两性之别。这种分化，于人类最为明显，挨次则为较
25 大的兽类以及一般胎生四脚兽。于兽类而论，雌兽性情总较柔和，易于受人抚摩，并乐于领受教训；譬如拉根尼亚种的狗，雌狗便较雄狗聪明。[3] 狗属各品种之应用于狩猎者，莫洛细亚[4]狗与他处的

---

① τὰ ἤθη，动物“生活诸习性”，狭义而言专指精神或心理方面诸习性（性格）。参看卷一，488^{b}12；卷八，588^{a}18；本卷 610^{b}20 等。亚氏“伦理学”ἠθική，原意为人类的“性格研究”；本卷主题亦可释为动物的“性格研究”。动物皆赋有求生、觅食、繁殖的自然性能（δυνάμεις），相应而见其喜爱恶惧的情趋（παθή）或精神表征（παθημάτων τῆς ψυχῆς）。动物或人类各凭其勇怯、智愚、驯暴之不同品德（ἕξεις），以操持其欲念与情趋。动物性情为亚氏伦理学与政治学的基础，可参看《尼哥马可伦理学》卷七，章一等，《欧台谟伦理学》卷二，章一等，《政治学》卷七，章十五，《修辞学》卷二，章二十二。

② 参看《灵魂》ii(8)420^{b}32；《形而上学》i(1)980^{b}3。

③ 本书卷六，574^{a}16，574^{b}29。

④ 莫洛细亚为埃庇罗境内地区名，在安勃拉基（Ambracium）海湾。上句论动

猎狗殊不相异;但莫洛细亚的牧羊狗却体型既较大,而且在应付野兽对羊群的侵袭时也较他种为勇敢,这就优于他种了。[①] 30

拉根尼亚与莫洛细亚这两种狗的杂交种以勇敢与耐劳著称。

除了熊与豹外,[②]各种雌性动物均于精神上弱于雄性;而雌熊与雌豹则出乎常例,勇猛过于雄性。其他一切动物总是雌性较柔 608[b] 和,较多机诈,较不率直,较易兴奋,于幼儿的饲育较为注意;反之,雄性比之雌性总是精神较旺,较狂野,较率直而少机诈。性情上的这些分化,各种动物无不或强或弱或显或隐地有所表现,而性 5 情发展得较高的动物就较为分明,至于两性分化得最显著的自属人类。

实际上,人类的禀赋最为圆熟而完备,因此人类于上述各种性能或情操达到最高的境界。于是,女人比之男人,较富于恻隐之 10 心,较易下泪,同时也较嫉妒,较易怨尤,较易吵闹和打架。又,她比之男人,易于颓废,易于失望,羞耻(或自尊心)较为缺乏,谎话较多,诈伪较甚,记忆也较好。她也较为警觉,较为畏葸,她也不像男人那么容易起来活动,所需食物也较少些。 15

如上曾述及,雄性动物比之雌性总较勇敢,也较易于作同情的援助。虽卑微如软体动物,一雌乌贼倘为三齿渔叉所戳中,近旁

物性情(品德)有雌雄之别;此句所言为品种之别,实不相承,奥-文并指出原文措辞亦异于亚氏笔调。希腊其他古籍中迄未见有莫洛细亚猎狗,拉丁古籍中亦仅见于卢堪《法撒里亚》(Lucan: *Pharsalia*),iv,440。莫洛细亚牧羊狗仅见于修伊达《辞书》。

① 奥璧安《狩猎》i,373。

② 《柏里尼》xi,110。

的雄乌贼总要设法救她；但雄乌贼若中了渔叉，雌乌贼就逃开了。[①]

20　居住于同一区域，或吃同样食物的各种动物，相互间常存有"敌忾"。倘生活的资料缺乏，同种的生物也会打仗。据说常栖于同一区域的海豹们就会在这样的时候厮打起来，雄与雄斗，雌与雌斗，直到有一方被咬死或逐走而止；〈当它们厮杀时〉，甚至小海豹

25　也照样同小海豹作战。

一切生物均对肉食动物存有敌忾，而每种肉食动物则对其他一切肉食动物存有敌忾，因为大家都要靠生物为自己的营养。"凭动物为占卜的巫师"注意到动物有各自分居与合群聚居之别；日常互斗，独立营生者，他们称之为"非社会性动物"（不群动物），和平

30　同居者则称之为"社会性动物"（合群动物）。[②] 人们可由这些识见有所引申。倘食物丰裕，那些怕人的动物或野性素著的动物皆可得驯养而与人相亲媵，而且相互间也可互相和好，不用互斗。这可由那些在埃及豢养的动物为之作证，因为各能获得食物的经常

609[a]　供应，虽最残暴的动物也就和平地聚居于一窟。事实上，它们竟因受到这些供养与照顾而驯服了，在某些寺庙中，鳄鱼对于那些喂饲它们的僧侣确乎是驯服的。其他地方也曾见到同样的一些情况。[③]

---

① 另见《雅典那俄》vii，323C 引亚氏文。

② 参看《欧伦》v(2)1236[b]10；埃斯契卢：《被锁缚的普罗米修斯》(*Prometheus vinetus*)488；《埃里安》iii，9；卜费里：《汇要》iii，243 等。

③ 贝本，以下有 *και κατὰ μόρια τον́των* 数字，义无着落，当属赘语，伽柴译本没有与此相符的语句。奥-文与汤译均删。

[①]鹫与蛇是仇敌，因为鹫是吃蛇的。[②]姬蜂与毒蜘亦相仇，因为姬蜂（猎户蜂）捕食毒蜘（甲兵蜘）。[③] 在鸟类而言，布基留、冠鹨、啄木鸟、克卢留（翠鹟）之间是互存敌意的，它们互相啄食对方的巢卵；鸦与鸮之间亦复如此[④]；鸮在白日睁不开眼，鸦便在中午攫食鸮卵，鸮则在夜间去攫食鸦卵，这样随着昼夜的流转，它们互占对方的上手。

鸮与鷦鷯[⑤]之间也有仇恨；鷦鷯也会吃鸮卵。白日间所有各

① 以下所述动物互斗与共处情况，其中有些是神话，有些是寓言，有时行文不似亚氏手笔。参看《埃里安》i，32；ix，5； v，48； vi，22；《柏里尼》x，95，普卢塔克《青年应习诗歌论》（*de Od et Inv.*）；拜占庭十四世纪初诗家菲尔（Phile）《诗篇》675—730等。

亚氏此处所举动物间敌忾实例约四十事，其中半数见于柏里尼、埃里安与菲尔三家书中；普卢塔克与自由人安东尼书中偶见数事。但这些书籍中所记述事例之总数则较亚氏此书所列叙者为多，汇合而去其重复者可得互相敌斗的鸟兽约一百对。古代巫师（οἱ μάντεις）取鸟兽征象以行占卜，于动物生活各有所默识，可能别有《社会与非社会动物》（διεδρίαι καὶ συνεδρίαι）这类专篇笔录或鸟兽谱等书秘相传授。后世作家各得其片段，或就原篇各剟取了一部分；故上述各书所举敌友辄有同有异，而行文属意则又似出一源。亚氏此章中好多鸟兽名不见于常引诸书，其字义亦不易捉摸，可能为古代埃及、波斯、印度等外来名词，迄今无由考订。

Δ② “高卢鶚鹫”（Circaetus gallicus）类似中国所称“短趾雕”，喜吃蛇。

③ 此节“猎户”，异于612^{a}16之“猎户”为一猫鼬；这里是一种胡蜂，例如细腰蜂科之玳瑁蜂（Pompilus）属或螫甲蜂（Calicurgus）属。由《柏里尼》x，95：ichneumones vespae与phalangia aranei，证知此处“猎户”（ἰχνεύμον）为蜂与“甲兵”（φαλάγγας）为蜘。《埃里安》x，47所记埃及寓言：“姬蜂与他虫斗争，他虫败后，姬蜂即强迫之为育幼虫。”实际情况为猎户蜂捕取蜘或其他昆虫而产卵于其活体中。此虫受蜂螫毒而麻醉，遂成为姬蜂幼虫的食料。参看法布尔《昆虫故事》1882年印本，206页。

④ 印度《摩呵婆罗多》（*Mahabharata*）以枭与鸦间的斗争代表黑暗与光明（即月与日或夜与昼）间的斗争。鸦鸮之斗，另见于《埃里安》iii，9，v，48；《安底戈诺》57。修伊达《辞书》引古谚鸦鸮互斗，以喻人之不相谐和者。

⑤ 莎士比亚剧本《麦克培司》（*Macbeth*）iv，（2）9：“可怜的鷦鷯，最孱弱的小鸟，在恶鸮到它窠内攫食其雏儿时，它也奋起相抗。”

种小鸟都围着夜鸮扑翅飞翔——人们把这事情称为“百鸟朝
15 鸮”①——掴它的颊,啄下它的羽毛;捕鸟者利用它们这一习性,就
用鸮做诱鸟,可以猎获各种小鸟。

所谓“长老”鸟②与伶鼬和鸦相仇,因为鼬与鸦攫食它们的卵
与雏。雉鸠与比拉里斯相仇,因为它们住在同一地区而又以同样
20 食物营生;绿啄木鸟与里比奥斯也这样相仇。鸢比大乌③爪更锐
利,飞行更捷,前者常抢走后者已掠获的东西,所以两者相仇也是
为了食料之故。在海上营生的群鸟,如伯伦索、鸥与苍鹰④之间也
因争食而相斗。蟾蜍和蛇与鵟(鹈鹕)⑤相仇,因为鵟攫食那两动
25 物的卵。雉鸠又与克卢留(翠鹨)相仇,克卢留啄杀鸠;鸦啄杀所谓

① “向鸮朝拜”(θαυμάξειν)为小鸟群起围攻之嘲笑语,参看《希腊讽刺文集》(*Greek Sillographs*)凡赫斯默司(Wachsmuth)编印本117页。依《伊索寓言》(韩姆编,106页)谓群鸟佩服枭多智巧,故行朝拜,则“朝拜”非嘲笑语。关于利用夜枭诱捕小鸟,另见第雄《群鸟》(Dion:*de Avib*);《埃里安》i,29;《菲尔》468等。 Δ异于中国之自古以枭为凶鸟,希腊人以为益鸟,雅典城且以为市标,雅典币刻有鸮像。

② “长老”(πρέσβυς)或“王”,指“鷦鷯”(τρόχιλος)(参看下文章十一,615a19)。《柏里尼》viii,37,亦指鷦鷯(trochilos)为“鸟王”(res-avium)。《柏里尼》x,95,列举鸟类中之相敌对者有鹫与鷦鷯(aquila et trochilos);其下又举鸟类与地面动物相仇者为伶鼬(mustela)与乌鸦(cornix),雉鸠(turtur)与“比拉里斯”(pyrallis)。由此可知本书此节“长老”前漏失“鹫与”字样;又,可知比拉里斯(πυραλλίς)为一兽类,但仍不能考知其为何兽。

③ 西塞罗《神性论》(*Nat. Deor.*)ii,49:“鸢与乌之为敌若出天性。两鸟互相残食,或毁伤其对方之卵。”

④ 《伯里尼》x,95:“水鸟白伦索(brenthos)与鸥[相斗];苍鹰与鵟(鹈鹕)[相善]。”由此揣测,《柏里尼》所依凭的亚氏《动物志》原文可能为:βρένθος καὶ λάρος... ἅρπη καὶ τριόρχης...,即四鸟分两组,前两鸟相斗,后两鸟相善;此处漏失一“鵟”字。下文雕、蟾蜍、蛇三物一组则与《柏里尼》文相符。参看蔡采斯《千行诗篇》(Tzetzes:*Chiliad*)v,413行;《埃里安》v,48等。ἅρπη见于《伊利亚特》xix,35;依孙得凡尔为埃及墨鸢(Milnus ater);依本卷617a10为一鱼鹰。

⑤ “鹈鹕”(τριόρχης):鹰科鸢属,或译“雕”,或译“鵟”(Buzzard,学名Buteo vulgaris)羽褐,翼缘赤褐,腹部黄白色。高飞,目锐,常自空中下袭蛇蝎。

"鼓手"鸟[①]。

埃古鹡鸮与一般猛禽均捕食加拉里鸟，这样加拉里自然与它们为仇。守宫常吃蜘蛛，蜘蛛自然与守宫为仇。啄木鸟常窃食鹭卵与鹭雏，故鹭与啄木鸟相仇。[②] 埃季索雀与驴之间也存着敌意；30 衅隙的由来是这样，驴路过金雀花树丛，它顺便挨着枝棘擦痒；它擦着痒而且还大声嘶鸣，枝间埃季索的卵既被晃动，全窠翻出巢外，鸟雏也被吓得跌落下来，母鸟因此怒恨，便飞上驴身，啄它正在生疮作痒的皮肉。[③] 609[b]

狼与驴、公牛和狐相斗，狼本为一肉食兽，它就想袭食这些动物。狐与鹞的仇恨原因也是这样，食肉性的鹞具有利爪，它常突袭而伤残狐类。大乌尝与牛和驴作战，它飞上兽头，啄它们的眼睛。5 鹫与鹭亦相仇恨，具有钩爪的鹫常袭鹭，鹭每被伤残，鵟隼与兀鹰也是相斗的；克勒克斯（山鹬）与埃鹡鸮，鴥鸟和黄鹂也相斗（照神话的传述，典鹂原先是从火葬的灰烬中诞生的）：它们与克勒克斯 10 战争的起因是克勒克斯常伤害它们的卵和雏鸟。鳾（五十雀）[④] 和鷦鷯与鹫为敌；鳾窃食鹫卵，故鹫在侵袭一般鸟类中，特急于追逐鳾雀。马与花鹨间有仇，[⑤]马在它自己的牧场总要赶走花鹨：花鹨 15

---

① τύπανον 原意为"鼓"，不知何鸟。《菲尔》688，相仇之鸟，列举乌鸦（κόραξ）残食鸢（ἰκτίνων）之雏与卵……，白伦索（βρένθos）之于鸥（πάγρον）雏，比拉里斯（πυραλλίδα）之于雉鸠（τρυγόνα），雉鸠之于翠鹨（κλωρεὺs），乌鸦（κόραξ）之于鸠雏亦然。（此处"比拉里斯"与上文 609[a]18 注所揣拟者有异。）

② 《自由人安东尼文集》xiv，引尼康徒语。

③ 《安底戈诺》58(63)；《埃里安》v，48；《第雄》i，12；《菲尔》696；《柏里尼》x，95。

Δ④ 鳾（σίττα），别名"五十雀"，另见下文 616[b]20；体型如山雀，稍肥，嘴似啄木鸟。善缘树木，脚短爪强。营巢树枝间，春夏食树虫，秋季啄果为生。由体型及生活习性而言为山雀与鸳的中间种属。

⑤ 马与花鹨为仇之说，另见于《埃里安》v，48；vi，19；及《柏里尼》x，57。《自由

喜吃牧草，却不想马会袭击，它学着马的嘶声飞鸣，扑向马身，试想吓走它；但结果却被马赶走了，若一不留意为马啼所及，花鹨便被
20 践死了。这种鸟全身羽毛美丽，生活于河边或沼泽地区，在那里不难得食。驴恶蜥蜴，蜥蜴躺在驴的刍槽之中，妨碍驴的进食，甚至于钻入它的鼻孔。

鹭有三种：灰鹭、白鹭与星鹭。灰鹭不乐交配与繁殖；它在交
25 配时作悲鸣，据说眼中滴下血泪；[①] 产卵的姿势亦异常态，似乎是在熬着剧痛。动物之为鹭敌害者有鸷、狐与鹨，鸷掠杀它们，狐常夜扰鹭群，而鹨则窃食鹭卵。[②]

蛇与伶鼬及猪为敌；蛇与伶鼬失和由于两动物共处一地而所
30 争取的又是相同的食料；至于猪则是要咬蛇类的。鵟隼时与狐战；[③] 鵟隼于翺翔中下袭，常抓住狐，它的钩爪尽够扼杀小狐。大乌与狐相友好，狐敌如鵟隼便也是大乌的仇敌；这样，倘隼出击狐，大乌就飞来援救它的朋友。兀鹰与鵟隼同为猛禽，各具钩爪，亦复
610a 互斗。兀鹰与鹫鹰作战；鸿鹄（天鹅）也与鹫鹰作战，鹄常胜；又，在各种鸟类中，鸿鹄最是互相亲善[④]。

于动物而言，有些种属，一组与另组，在任何境地，任何时候总

人安东尼文集》卷七引波亚氏（Boios）语谓：奥托奴与希朴达梅亚之子安索（ἄνθος，“花”），为马所践死，死后化为鹨，此鸟遂以“安索”为名，故本书译作“花鹨”。《菲尔》705 所述与马为仇者为安茜亚鱼（ἀνθίας，神鱼），与此处所述相异。

① 《柏里尼》x，79：灰鹭交配时雄鹭痛楚，产卵时雌鹭痛楚。薛尔堡编订《大字源》（*Etymologicum magnum*）ἐρωδιός（鹭）字条亦有此说。

② 普卢塔克：《动物智巧》981[b]。

③ 《埃里安》ii，51；《安底戈诺》61；《柏里尼》x，95。

④ 贝本 ἀλληλοφάγος，“互食”；《雅典那俄》ix，393，ἀλληλοκτονεῖ，“互相屠杀”；埃里安《杂志》i，14 ἀλλήλους ἀπέκτειναν，“互杀”。鸿鹄非自相残杀之鸟，群书所误盖出一源；汉译依孙得凡尔校订作 ἀλληλοφίλοι，“互爱”。

是互斗的：另有些种属例如人类，则这一组人与那一组人只在某一时期，某一偶发的事机中互斗。驴与朱雀属（蓟雀）为敌；朱雀栖身于蓟荆丛中，而驴却喜啮食蓟荆的嫩枝。花鹨，朱雀，与埃季索雀互为仇雠；据说花鹨的血与埃季索的血不能相混合。[①] 鸦与鹭相友好；苇边鹡鸰与鹨，勒度斯与绿啄木鸟[②]亦相友好；啄木鸟随处栖息于河畔与丛薮，而勒度斯则寄居山岩之上，固守着老巢。璧芬克斯（冠鹨）[③]、苍鹰与鸢相友好，〈狐与蛇同为地下穴居的动物而相友好，〉黑鸫与雉鸠亦相友好。[④] 狮与香猫（灵猫）[⑤]相仇，这两种肉食兽的食物相同。 5 10

这样，我们从上述各种动物看来，可知它们之间的为敌为友，取决于食料问题以及与食料相关的生活方式。 33 34

象互斗时甚猛，各以其獠牙相刺；斗败的象是完全被慑服了的，以后一听到那胜象的声音，它就着慌。群象或勇或怯，相差悬殊。[⑥] 印度人把象应用于战阵，不分雄雌；可是雌象体型既较小，勇气也远逊于雄象。[⑦] 一只象用它的獠牙冲撞墙壁，墙壁会被撞坍；它也会用前额柢触一支枣棕，把它压倒，再用脚践着枣棕，使之横 15 20

① 《柏里尼》x，95；《安底戈诺》114。《埃里安》x，32，血不相混者为“红鹨”（ἄκανθος）与“山雀”（αἰγίθαλός）；普卢塔克《青年应习诗歌论》537^b 为“山雀”（αἰγίθαλος）与“丛雀”（ἀκανθυλλίς）。

② 勒度斯（λαιδὸς）不知何鸟。《埃里安》v，48 与此节相符处为：“名称为‘鸦’的海鸥与鸢及苍鹰相友好。”参看 609^{a}23 及注。

③ πίφυγξ（璧芬克斯）依《希茜溪辞书》，即 καρύδαλος，有冠毛的云雀。

④ 《柏里尼》x，95，96。

⑤ 参看本书卷二，507^{b}17；卷六，580^{a}27。

⑥ 《宇宙》ii(14)298^a 曾言及非洲象；里维（Livy）《史记》xxxvii，39，朴里布（Polybus）《史记》v，84 等均述及战争中之象阵，谓非洲象较印度象为大而力强。参看《柏里尼》vi，24，viii，9；《埃里安》xvi，18。

⑦ 《柏里尼》viii，9。

躺在地上。[①]

象是这样被猎获的：人们骑着勇敢可靠的驯象，出寻野象；发
25 现野象时，人们就使驯象同野象相斗，直至野象精疲力竭而止。于是猎人骑上一只野象，用象棒[②]教导它；野象不久变驯，听从驯象者的指挥。象在有人骑在背上时一般都听使唤，但在人下了象背
30 以后，有些依旧驯顺，有些又会发作野性；碰着这样的象就得用绳索拴住它们的前脚，以保持安静。这动物，无论在幼年或已成长，均可猎取。[③]

章二

610b 于鱼类而言，凡群聚而泳游的皆相亲善；凡不合群而独游的皆相敌视。有些鱼在产卵季节群聚；另些在产卵后群聚。说得明确些，我们可以列举以下各种鱼为成群鱼：金枪鱼、小鳁、海鮈、"波
5 葛斯"（牛鮨）[④]、蜴鲭（扁鲹）[⑤]、鸦鱼、合齿鱼、红鲱鲤、鲌（梭鱼）、安西亚角、爱勒琴鱼、银矶鱼、沙季诺鱼、颚针鱼[⑥]、[鱿鱼]、虹

---

① 《柏里尼》viii，8—10，谓象压倒枣棕树取食树顶的棕实。参看《埃里安》v，55 与 xvii，29 引及克蒂西亚语。

② δραπάνωι（ankus），"象叉"或"象棒"，其上有刺。

③ 捕象与驯象各法见于《埃里安》x，10，17；xii，44；《柏里尼》viii，8—9；斯脱累波《地理》xv，（1）42。

④ "波葛斯"（βῶς）今希腊称"波巴"（βοῦπα），意大利称"波葛"（bogu），学名"牛鮨"（Box boops），形似鲈科小鮨。《雅典那俄》vii，286 所引亚氏语"花背鮨"（νωτόγραπτα）应即此鱼，两侧有三或四条狭长金色条纹。

⑤ "沙洛斯"（σαῦρος），今希腊沿称"沙里地"（σαυρὶδι）；学名粗尾筴鲹（Caranx trachiurus）；中国称竹筴鲹或扁鲹。《柏里尼》xxxii，28 译作"爬虫鱼"（saurus），其他拉丁书籍（如朱味那尔〔Juvenal〕xiv，131 等）作"蜥蜴鱼"（lacerta），均从希腊本名。汤译作 horse-mackerel，兹译蜴鲭。

⑥ "管鱼"（βελόνη），卷六章十三等均经指认为海龙科杨枝鱼（Syngnathus）；此

鲀[1]、贝拉米鱼、鲭、花鲭。[2]于这些鱼类中有些种属经常聚成大群，而且在全群中又必两两成对；另些种属只在某些季节成群，而聚游时也必成对：这些鱼类的集合季节就是它们的产卵时期。 10

鲻鲈与鲱鲤间敌忾甚重，但在某些时期它们也会聚于一处；倘某一地区食料特为丰饶，则不仅同种鱼群聚游而来，异种而邻近的鱼群，或觅食区域正相同的鱼群，便一时聚集了。常见到灰鲱鲤缺少尾鳍，康吉鳗自肛门以下一段全没有；鲱鲤尾是被鲻鲈咬掉的，康吉鳗的下身是被海鳗鲡咬掉的。[3]小鱼是仇视大鱼的：因为大鱼常吃小鱼。关于海洋动物这题目就说这些。 15

章三

如曾述及，动物的性情（品德）异于勇、怯、驯、暴与智、愚[4]。绵羊，据说，天然是愚骙的。在所有各种四脚兽中，绵羊最 20

处依其群聚习性而言应为颚针科鱼种，学名“尖嘴鱵”（Belone acus）。今希腊称此鱼为“沙尔葛诺”（σαργάννοs）；此节前列一鱼名“沙季诺”（σαργῖνοs）可能是颚针鱼的别名。

① ἰουλίs，照英译 rainbow-wrasse 作“虹鲀”，当即隆头鱼科学名“虹遍罗”（Coris iulis）这一品种；今希腊仍称之为“虹鱼”（ἰυλοs）。参看奥璧安《渔捞》ii，434；iii，186；《埃里安》ii，44；雪第城麦色卢（Marcellus Sidetes）《医家诗篇》15。　Δ“遍罗”属鱼，体椭圆而侧扁，头部圆锥形，脊鳍九棘甚长，背鳞青色而多红点；自头至躯体又有直贯的条纹，尾鳍有红纹，群栖岸礁间，食海藻，其色与海藻珊瑚等相映相混，奇丽如虹彩。雄鱼名青遍罗，雌焦名赤遍罗。

② 本句中鱿鱼（枪鲗）非群游鱼类，实误列其中。爱勒琴鱼（ἐλεγινοs）不见于本书他节，亦不见于他书，无可考订。

③ 《柏里尼》ix，88 引尼季第奥（Nigidius）记述，谓常见大群鲱鲤均被狼鱼（Lupum 狼鲈）咬去尾鳍而仍活着。又参看《埃里安》v，48。

④ 原文六德：δειλίαν 怯、πραότητα 柔、ἀνδρίαν 勇、ἡμερότητα 驯、νοῦν 智、ἄνοιαν 愚、不成三对，当有错字；兹依奥-文校改 πραότητα“柔”为 ἀγριότητα“暴（野）”，并依伽柴译本变更其序次而译为品德三对成。

蠢[①]:它常会无所用心地游离而迷入荒僻之处;遇到暴风雨,它常

25 迷失回栏的归路;放牧途中倘逢大雪,如牧人不赶着它走回,它就站着不动,等待冻死;牧羊人只得把公羊引来,它才跟着公羊回栏。

你倘拉住一只山羊的胡梢——羊胡有如须发——同群的其他山羊便会站着,呆看这一山羊,大家噤不作声。[②]

30 你在羊栏中晚眠时,若栏中为山羊,则你的床铺将较栏内是绵羊时为暖和;因为山羊较绵羊畏寒,它们都不声不响地挤到你的铺下。[③]

牧人教练羊群,使它们听到他的拍掌声时便围聚成一团,因为

611a 如逢雷击,散落的有孕母羊易被震死[④];绵羊群既熟习于这种教

2 练,它们在栏内一听到噼啪或其他响亮的声音,便挤着围拢在一起。

4 绵羊与山羊各依其族类相聚,绵羊与绵羊在一起,山羊与山羊

5 在一起。据说,当太阳行将西下的时刻,山羊便不面对面地躺着而

---

① 《柏里尼》viii,75 亦云绵羊最蠢,但所记蠢相则不同。 Δ希腊罗马习俗都以绵羊为懒散而愚昧之动物。

② 此句中"羊胡"(ἤρυγγος)常用以指称类似毛发的"羊须草"(goat's beard=aruncus,棣棠,升麻属)。拉丁及近代各译本往往因此异解:凡依据抄本之由 ὅταν τις μιᾶς λάβηι 开始(如贝本)者,解作人拉羊胡;另校订为 μία τις 行文者(如萨尔马修[Salmasius],狄脱梅伊等)则解作"'其一山羊吃羊须草时',其他山羊便站着呆看"。古籍中,安底戈诺《异闻志》(贝克曼校订本)115 等与"吃羊须草"这一解释相符。参看《色乌弗拉斯托残篇》175(福修斯《书录》278,8 所引)等。《柏里尼》viii,76 两事并录。

③ 原文当有错字,拉丁译本多相歧异。威廉本:"与绵羊同住较冷。"伽柴本:"绵羊较烦扰,山羊较安静,故与绵羊同住较为困恼。"斯卡里葛译文:"因为绵羊更勤于啮刍,而喜趋近人身。"另些译本及古籍所述山羊与绵羊的体质与习性恰与贝本此节相反,即山羊体质较热而绵羊较为安静。

④ 《柏里尼》viii,72:"散落的羊易于因雷震而流产。"

背对背地躺着。①

章四

牛在放牧时常紧随着日常习熟的同伴，一头牛走入歧途，别头牛都会跟去；因此牧人倘遗失了某一头牛，他就得分外注意其余各牛。②　8

虽是雄牛，若离群而独游，也易为野兽所杀伤。③　9

母马们与小驹们苟在同一牧场放牧，倘一母马死，其他的母马　10
都乐于哺育那失母的小驹。实际上，母马的本性是富于母爱的；有时一匹不育的牝马会偷偷地领走别马的子驹，像本生母亲一样抚爱着这子驹，但它既无乳，这匹被抚爱的子驹便不得不饿死了。　15

章五

在四脚野兽中，牝鹿（麀）特富机巧；譬如她产麑多在路边，野兽便不敢迫近。③ 又在分娩以后，它先吞下胞衣，于是寻找鹿蒿④，吃过这蒿草再回去哺儿。母鹿时时带着小麑到它的洞窟，让　20

---

① 《安底戈诺》65 所言与此相反："夕阳时，山羊是互相面向的。"《柏里尼》viii，76："雌山羊在日落时背对背躺着，不相顾视；在其他时刻则常面对面互相顾视。"此节所述可能出于埃及古代动物传说，如云山羊在早晚朝礼天狼星，羚羊在早晚朝礼太阳。西背落日，即东朝方升之天狼星座。参看《埃里安》vii，8 等。

② 原文简晦，兹依斯卡里葛译文翻译。若依璧校本则为"一牛走失，便当寻找这牛"。

③ 本书卷六，572^{b}18"拒群"（ἀτιμαγαλεῖυ）之牛，即此节之"独游牛"。此句依斯卡里葛校订，由上章移入此处。

③ 本书卷六，578^{b}17。《柏里尼》viii，50 与此句大意相符而措辞略异。参看普卢塔克：《动物智慧》971E；《安底戈诺》35；奥璧安：《狩猎》ii，207。

④ "色色里"（σὶσελι），里得勒编《希氏医学全书》中药物考证，指为"鹿蒿"（Tor-

小鹿知道在遇到危险时可以向这里逃避;[①] 这种鹿洞常在巉岩之间,只有一条进路,它就在这里坚持着以抗拒所有侵入的野兽。牡鹿到了秋季长得甚为肥硕,这时凡它常到之处便不见它的行踪,显然,它知道自己的肥硕容易被猛兽追上,因而躲藏起来了。[②] 它们蜕角于崎岖僻塞,人迹不到之处,谚语称荫蔽地为"牡鹿蜕角处";[③] 实际是这样,当它们脱去了两角,这就失却抵抗的武器,所以蜕角要拣取特为隐蔽的地方。一向说是谁都没有见到过鹿所遗下的旧角;这动物知道这具有医疗价值,故而自行珍藏起来。[④]

雄鹿初生之年无角,但在头上将来出角之处起一芽疣(鹿茸),这芽疣矮短而被有厚绒,第二年它们才生新角,角作直枝如挂衣服的壁钉;因此这就被称为"钉角"。第三年的鹿角分叉为两枝;第四 611b 分三枝[⑤];逐年生长而角叉愈增,直至六岁而止[⑥]:此后鹿角继续

---

dylium officinale)。参看《希氏医书》"妇女生理篇",i,572,587;"妇女病篇"i,603,626;第奥斯戈里特《药物志》iii,60;西塞罗《神性论》ii,50。《柏里尼》viii,50,谓鹿产后吃薄荷(tamnus)与色色里蒿两种药草,初乳有益于小麑。参看埃里安《杂志》xiii,35 所记草名略异:"色里能。"(σέλινον) Δ 鹿蒿羽状复叶,开伞形小花。根叶皆可茹,即中国《嘉祐本草》所列之"邪蒿",李时珍谓此蒿叶纹皆邪,故名"邪蒿"。

① 《柏里尼》viii,50:"母鹿带着小麑练习逃跑,以避敌兽,并带它们上巉岩,教之下跳。"索里诺《史丛》xix:"使在巉岩间习于跳跃。"

② 《柏里尼》viii,50:"牡鹿秋肥,藏身鹿洞。"又参看普卢塔克:《动物智巧》971F;《埃里安》vi,11 等。

③ 齐诺比俄:《箴言集录》(Zenobius:"*Cent.*")v,52。

④ 《柏里尼》viii,50:每年春季牡鹿蜕角,蜕换时,像失落武器的人,匿不外出,蜕下的角则被掩埋于地下。《色乌弗拉斯托残篇》175;《埃里安》iii,17;《安底戈诺》24,均述及牡鹿蜕角,各章节于遗角之不易发现,均谓被鹿"掩埋"(希腊古籍中作 κατορύττειν,拉丁古籍中作 defodere),故施那得认为现行抄本及印本中"珍藏"(ἀποκρύπτειν)字样当为"掩埋"之误。

⑤原文 τραχύτερον,"较粗硬",当为错字;兹依伽柴译本 quadrimis trifida 翻译。

⑥《柏里尼》viii,50,《索里诺》xix。

增长，分叉则不复加多，因此你不能凭分叉多少确知鹿的年龄。但鹿群中的长老可由这两征象来识别：第一它们剩齿已少，或竟已全无齿牙，第二鹿角向前的尖端已失去锋锐。生长中的鹿角（鹿角第一分枝）上端尖硬，牡鹿用以对抗他兽的侵犯者，称为“防御角叉”，这种利器老鹿业已缺失，它们的角只是直向上长着。牡鹿在每年的柴琪里月（五月）内，或这月的前后蜕角；据说，蜕后它们白日匿于丛薮，以避蝇虻[①]，而夜出吃草，直至新角长成而止。鹿角初生时类于皮膜，慢慢坚硬起来；[②]角既长足后，鹿便曝之于阳光，俾使干实。当它们不再需要挨着树干擦角时，它们自觉已具备攻防的武器，便从隐匿处走出来。曾有一只被猎获的亚嘉奈牡鹿，角上生长有若干青绿的常春藤，这藤当是在鹿角还稚嫩的时期附生上去的，好像附生在一棵活树上一样。[③] 一牡鹿倘为一毒蜘或类似的毒物所咬刺，它采集一些薄荷[④]吃下；据说这种草汁，人喝些也属有益，其味不佳。牝鹿分娩后即行吞食胞衣，胞衣尚未落到地上，她已吃掉，所以人们没法找到：现在人们认为鹿胞衣确有医疗价

① 贝本 μυίας，“虻蝇”；亚尔培脱译文为 Iupos，“狼”；奥-文校为 ἀγυία，“大路”。参看亚氏《异闻志》21 页，贝克曼注。

② 本书卷二，500^a9；卷三，517^a25；《异闻》5。又，公元后第七世纪拜占庭史家雪谟加太人色奥菲拉克托：《史书》（Theophylactus Simocatta：*Historiae*）i，5，等。

③ 参看《雅典那俄》viii，353 页；色乌弗拉斯托：《植物原理》ii，17。鹿在树丛中吃树叶，角上带些青藤，似属常事，而迭见于古籍，或古人以常春藤为酒神的象征而以“鹿角青藤”为占卜某种吉凶之兆，故特加记录。罗得岛亚浦隆尼（Apoll. Rhod.）iv，174 诠疏谓亚嘉奈鹿（ἀχαιΐνην ἔλαφον）有三异解：（1）以亚嘉奈为取义于克里特岛上之地名“亚嘉亚”（’Aχαΐα）；（2）以亚嘉奈为品种名称；（3）生未及一年之幼鹿称为亚嘉奈鹿。依希茜溪《希腊辞书》ἀχαΐ条释文，应为“幼鹿”。

④ 原文 τοὺς καρκίνους，“蟹”。鹿以吃蟹解毒，当属谬误，但《柏里尼》viii，41；埃里安《杂志》xiii，35；以及伽柴译文均沿袭此误。兹依《柏里尼》同一章内另节及 xxv，53，所记 dictamnum，校作 τὸ δίκταμον，“薄荷”。

25 值。狩鹿时,猎人唱歌或吹笛,群鹿便恬然躺下草地,倾听音乐;这样遂被猎获。[①] 倘猎人有二,一人便在鹿眼前歌唱或吹笛,另一人则躲藏在鹿不能见到的地方,待作乐者发出信号,他的箭就射向鹿30 身了。倘鹿耳竖张,听觉甚敏,你的动静必难免被检察;倘鹿耳弛垂,你就可能避过他的听觉。

章六

当熊被追逐而逃走时,他们把小熊赶在自己前面,或衔起小熊,带着逃跑;[②]正被追到时,它们就爬上一棵树。当它们从冬窟612a 中睡醒出穴,如曾述及[③],它们先吃白星芋(延龄草),随后再咀嚼些树梗,似乎是在磨练齿牙。

许多其他四脚兽各具有些自助(自救)的机巧。据说,克里特5 的野山羊受到箭创时,觅食白蘚(薄荷?),人们因而设想白蘚(薄荷?)能使箭镞脱出肌肉。[④] 狗患疾病,会吃某种草以引起呕吐。[⑤]豹吃到了"豹毒"(τὸ παρδαλιαγχές)这药饵时,便搜寻人粪尿,据

---

① 鹿因听乐而被猎获,另见于《柏里尼》xiii,50;普卢塔克:《动物智巧》31;《农艺》xix,5,引色诺芬语;《安底戈诺》35。用音乐诱鹿亦见于近代动物学书籍。加谟斯校本,贝本 καταλίνονται,"它们躺下",与威廉译本 inclinantur 相符。但鹿躺下来听笛,似未必属实。施,璧,奥-文从 A^a 抄本作 καταηλοῦνται,"它们着迷",《柏里尼》viii,50"mulcentur"相符。

② 《埃里安》vi,9。

③ 本书卷八,600^b11;《柏里尼》viii,54。"延龄草"(ἄρον),汤译"杜鹃红"(cuckoopint)。

④ 参看亚氏《异闻》(4)830^b20;色乌蒂拉斯托:《植物志》ix,16;安底戈诺《异闻》30(36);埃里安《杂志》i,10,等。魏尔吉尔:《埃尼特》xii,415:"山羊识此草,嚼之疗箭创。"

⑤ 见上文卷八,594^a28;《埃里安》v,46 等;《柏里尼》xxv,51。

说人粪尿能为之解毒。[①] 这种毒药也能毒杀狮。猎人们〈放了“豹毒”以后〉把人粪置入容器，挂于枝头，使中毒的豹不致远蹿；豹既中毒尽向枝上跳跃，试欲抓取这解毒药剂，最后毙命于树下。猎人们说豹身所发气息为野生动物所喜爱，[②]故豹在出猎时，躲在丛条茂草之中；等待其他动物渐渐走近〈而后蹿出〉，它用这方法能捉到捷足如牡鹿那样的动物。 15

埃及猫鼬在见到那名为角蝰的毒蛇时，不立即进行攻击，它先呼唤其他猫鼬来相助；猫鼬们先走下溪涧浸水，于是在地上打滚，涂上满身泥浆，它们就用这层泥垩抵挡角蝰的反咬。[③]

正当鳄鱼张开了大口，鸻鸟[④]便飞进去，替它剔牙。鸻从鳄牙 20 的罅缝饱餐了那里的残余，鳄鱼则因清洁了口齿，颇感舒适；它从

① 另见于亚氏《异闻》(6)831^a4，又，《柏里尼》viii，41；xx，23 等，《埃里安》iv，49；色诺芬《狩猎》ii，等；尼康徒：《解毒赋》(*Alexipharmaca*)38 及诠疏。

② 《集题》xiii，(4)907^b35。又，色乌弗拉斯托：《植物原理》vi(5)2；《柏里尼》viii，23 等。

③ 《柏里尼》viii，36；《埃里安》iii，22；普卢塔克：《动物智巧》966D；尼康徒：《有毒动物赋》190；《菲尔》133；奥璧安：《狩猎》iii，407；斯脱累波：《地理》xvii(1)39；(2)4 等书。

④ τροχίλος，(特洛基卢)，经圣提莱尔《埃及志》(G. St. Hilaire: Desc. de l'Egypto)2，xxiv，440 页，最先考定这是埃及鸻(玙)，学名“黑头鸻”(Charadrius melanocephalus)或“埃及雨鸟”(Pluvianus aegyptiacus)。鸻科(Charadriidae)为沙滩涉禽。黑头鸻亦称小鸻，体长只四寸。但近代鸟学家别论所谓“鳄鱼鸟”(crocodile-bird)实较旧所拟之“黑头鸻”为大，该鸟翅上有距，为鸻科之距翅麦鸡属，学名 Hoplopterus spinosus。“鳄鱼鸟”先见于《希罗多德》ii，68，谓“特洛基卢”在尼罗河鳄的口中啄食喉间水蛭。另见于亚氏《异闻》(7)831^a11；《安底戈诺》33；《埃里安》iii，11 等；普卢塔克：《动物智巧》980D；亚密安(Ammian)：《罗马史》xxii，15，19；《菲尔》97，(82)。《埃里安》xii，14，“特洛基卢”为鸻类的一个属名，不专指一种鸻。《柏里尼》viii，37 与 x，95 因希腊文原名相同，误混“鳄鱼鸟”为意大利所称“鸟王”，即鹪鹩。(Δ现代分类用“特洛基卢”这字称鸟类之最小种类，即“蜂鸟”，实与鳄鱼鸟无关。)

不想伤害它的小友，它要闭口时，先摇动颈项[①]，作为警告，促使鸻飞出，免得它被咬死。

25 龟吃了蛇后就吃薄荷；事情的经过曾有人做了实际考察。[②]这人见到一龟屡次采集一些薄荷，屡次去吃蛇；于是他便把薄荷都连根拔除，结果是这龟〈中着蛇毒〉死亡。伶鼬在斗蛇之前，先吃[③]些野芸香，这草的药气为蛇所忌。龙蛇吞下果实时，便吃些苦菜

30 （茅莴）[④]汁；曾有人实地观察了这过程。狗感到肠蠕虫的烦扰时，便吃田野中的青黍。[⑤] 鹳与其他鸟类互斗而受伤时，把薄荷贴在创口。[⑥]

许多人见到蝗虫[⑦]斗蛇时，紧紧咬住蛇颈。伶鼬具有克制鸟

---

① 原文 αὐχένα（颈项），奥-文拟为 σιαγόνα（颚）之误。参看《普卢塔克》980 F。

② 《柏里尼》viii，41；亚氏《异闻》(10)831^{a}27；安底戈诺：《异闻》40；普卢塔克：《自然质疑》(*Q. Nat.*)918c；《农艺》xv，1；巴雪留，《创世六日》(Basilius：*Hex.*)ix，115，等书。

③ ἐπεσθίειν（吃），斯卡里葛凭《安底戈诺》41，揣为 προεσθίειν（抛出）之误。蛇忌“芸香”，另见《柏里尼》viii，41 等。

④ 另见《埃里安》vi，4；“苦菜”(πικρίς)如菊苣(endive)等的药效，见于色乌弗拉斯托《植物志》vii(11)4。(柏里尼)viii，41 记动物之自疗方法较详。蛇于春间蛰起时先吃些莴苣，以止晕眩。

⑤ 《埃里安》v，46。

⑥ 《安底戈诺》42。

⑦ （一）贝本 ἀκρίδα，（蝗）；D^a 抄本 ἀσπίδα，（角蝰）。奥-文拟为 ἰκτίδα，（“貂”，伶鼬近属）。施那得校勘谓“亚尔杜印本、加谟斯本等均作‘角蝰’，依伽柴译本及多马·亚规那译文应为‘蝗’，斯各脱与亚尔培脱译文节删此句”。施那得认为原文应是“蝗”；《柏里尼》xi，35 云：“一只蝗虫，倘与蛇斗，能咬住蛇颈，直制那蛇的死命”，正与此节相符。犹太菲洛：《宇宙的创造》(Philo Judaeus：de mundi opificio)39 页亦叙及蝗虫为蛇敌。又《希茜溪辞书》ὀφιομάχος（蛇敌）条，以蝗与伶鼬同列。（二）波嘉尔，《圣经动物》ii，449 页引西蒙·马犹罗(Simon Majolous)《第十对话》谓“蛇由田野间闯入菜园，为蝗所见，咬住蛇颈，坚持一回，竟把蛇扼杀”。《圣经》拉丁通俗本(Vulgate)“利末记”xi，22 所列动物名单中 ophiomachos（蛇敌），原希伯来文音译应为chargol，照利维逊《犹太教律书“太尔谟”中之动物》(Levysohn：*Zool. de*

类的技巧；它像狼咬绵羊那样，直撕破鸟喉。伶鼬与捕鼠蛇相斗极 612b
烈，因为它们狩猎同样的动物。①

许多地方的人们注意到了刺猬（篱獾）的本能，风向自北转南与自南转北时，它们会改变地穴的朝向，至于那些饲养在室内的刺 5
猬则从这一墙边移向另一墙边。② 在拜占庭有一人认明了刺猬这一习性，因凭以预言气候变化，由是著名于当地。

貂（雪鼬）③ 躯体略等于马尔太狗的较小种属。④ 其皮毛浓厚， 10
腹白，形态和习性则全如伶鼬，它擅使小计，作弄其他动物。貂不难驯养。由于它喜食蜂蜜，实为蜂窠的一种害兽；它捕鸟如猫。貂的生殖器官，曾已言及，内部有骨：⑤ 雄貂生殖器被引用为治疗尿 15
滴沥症的药物；医师研之成粉，给病人服食。

章七

在动物一般生活中，可得见到许多相似于人类生活的情况。

Talmud）290 页，考证此“蛇敌”为“真蝗”（Locusta virridissima，现行汉文《官话本圣经》径译为“蝗”）。但波嘉尔又说明此所谓蛇敌之蝗应是其名为“蝗”而其实亦为一“蛇”；此蛇本名应为“亚尔咯蛇”（ἀργόλαι）。亚尔咯蛇以他蛇为食，故亚历山大征埃及时由亚尔咯地移入，使灭当地的角蝰。参看亚氏《异闻》(130)844b23。（三）汤伯逊详考历代有关此字的记载，认为此节亦可能为由东方传入希腊的动物故事，辗转积讹，而后成为ἀκρίδα（蝗）字，原文或为犹太文音译之 χασίδα(chasida)即“鹳”（ἄσιδα）。

① 本书卷六，580b26。

② 普卢塔克：《动物智巧》979A；《柏里尼》viii，56；巴雪留：《创世六日》ix，115。

③ 《柏里尼》xxix，4。荷马：《伊利亚特》x，335，欧斯太修诠释；尼康徒：《有毒动物赋》196。原文 ἴκτις 为鼬鼠科（Mustelidae）之貂属，此处所叙或为矮脚貂（marten），体长约二尺，或为鸡貂（polecat），体长约一尺五寸；与卷六 580b26 的松貂（野鼬 ferret）同属。照《自然研究汇报》（Arch. f. Naturg）1858 年 121 页，“貂”篇所论，此处应为波加米貂（Mustela boccamela Cetti）。

④ 《集题》x(12)892a11，21。

⑤ 本书卷二，500b24；《异闻》(12)831b1。

20 在小动物方面，较之在大动物方面可见到更多特殊的智巧，譬如群鸟各有才能，而燕于筑巢尤为擅长。[①] 它像人们造屋那样，混合着草茎与烂泥[②]，倘无现成的烂泥，它就浸湿羽毛，用湿羽拌结尘土。25 又，这也正像人类的设施，它用干草做床铺，硬梗放在下面，软梢安置在上，而且大小总适合自己的体型。它们于育雏总是双亲合作；父燕与母燕对于雏燕挨次喂食，使它们各吃一份，不让谁多得双 30 份。[③] 开始，亲鸟随时清除巢内的雏粪；迨雏渐长，便教它们在排泄时移转身体，使粪便落到巢外。[④]

鸽在另一方面表现着人类的生活方式。鸽的成对，雄雌常终 613ª 身相守；它们两相结合，必待其一死亡而后另行择偶。[⑤] 雌鸽产卵时，雄鸽作出异常同情的照顾；倘雌鸽怕分娩的苦痛，迟不进窠，雄鸽会啄它，迫促它快快进窠。鸽雏诞生后，它便携取适宜的食物，5 嚼碎了[⑥]，拨开雏嘴，喂饲它们，这样总使雏鸽及时得到饱食。[当诸雏成长，雄鸽就赶它们出窠，它不[⑦]与它们同居。]常例，鸽皆贞

---

① 《埃里安》iii,24,25;《安底戈诺》43;普卢塔克:《动物智巧》996D;奥维得:《节令》(Ovidius:*Fasti*)i,157;《巴雪留》viii,104。善于筑巢之燕当为家燕或厘燕(Hirunda urbica)。《柏里尼》x,49,述燕巢并及厘燕与穴砂燕(sand martin)等。

② 原文 ἄχυρωσις,依维羯卢维俄:《建筑》(Vitruvius:*de Architectura*)所述 lutem paleatum 作解,当为古代版筑时“拌和草茎与泥”这一手续。参看《柏里尼》vii,57 以及《哥吕梅拉》v,6;xii,43。

③ 《柏里尼》x,49;《埃里安》iii,25;《安底戈诺》37 等。

④ 普卢塔克:《动物智巧》962F;《集录》(*Quaest. Symp.*)viii,7。

⑤ 《柏里尼》x,52;《埃里安》iii,44;《安底戈诺》38;《雅典那俄》ix,394;《霍拉普罗》i,57;ii,33 等。

⑥ 好些抄本此处均作 ἁλμυριζούσης γῆς,“有盐味的泥”,《柏里尼》与之相符。兹从威廉译本 quodcum masticavit 翻译,依此校订原文,应为 ἧς διαμασησάμενος,这与《雅典那俄》ix,394,埃里安:《杂志》i,15 相符,两书中并附加有 ὡς μὴ βασκανθῶσι“免得鲠吐”语。

⑦ 照原文应为“雄鸽‘全’(πάντας)与子女同居”;兹照奥-文所揣改的 πάλιν 翻译。与子女交配的为雄鹧鸪(卷六,564ª24),与鸽无涉。

节自持，但偶也有一二雌鸽与非配偶的雄鸽同居。[①] 鸽会吵闹，互斗，而且偶然也有闯进了旁的鸽巢；远隔的鸽巢这些情况不易见 10
到，但于紧邻的鸽巢这会发生剧烈的斗争。家鸽、雉鸠、斑鸠有一个相同的习性：它们饮水时，不立刻仰起头来下咽，要待饮足以后，才仰起头来。雉鸠与斑鸠均为一夫一妇的单配，不让第三者来纠 15
缠；孵卵时两性合作。两性只能在检查其内部器官时分别出来，谁雄谁雌，外表难以认明。

斑鸠寿长；某些地方曾知有二十五岁的老斑鸠，又还有三十岁以至四十岁的老鸠。[②] 它们随年龄增长，而趾爪加大，养鸽者 20
常修剪它们的趾爪；此外，人们从外表上，看不出鸠鸽其他老耄的征象。雉鸠或家鸽为养鸽者用作诱鸟而经盲障的可活八年。鹧鸪约活十五年。斑鸠与雉鸠年年常在同一地点构巢。常例雄 25
鸠较雌鸠为寿长；但于家鸽而言，由养鸽家喂饲诱鸟的经验作证，则有些人确认雄鸽常先雌鸽死亡。有些人宣称雄麻雀只活一年，他们指出了这样的事实：早春雄雀均无黑髭，随后长出了 30
黑髭，看来所有具备了黑髭的去年的雄雀统统先已死亡；他们另又说明雌麻雀确较寿长，老雌雀常在新雀群中捕得，她们的年龄 613b
可由雀嘴的软硬来识别。

雉鸠夏季栖于凉爽地区，〈冬季漂移到温暖地区〉[③]；碛鹨夏季习于暖处，冬季守着寒处。 5

① 参看《雅典那俄》ix，394。

② 本书卷六，563^{a}2。又，《柏里尼》x，52；《雅典那俄》ix，394。

③ 照亚尔杜印本增入〈τοῦ δὲ χειμῶνος ἐν τοῖς ἀλεεινοῖς〉，伽柴译本正与相符。P，A^{a}，C^{a}，D^{a}，E^{a} 抄本均无此语。

章八

"重身鸟类"如鹌鹑、鹧鸪等不筑巢；[1]实际上，凡不能飞翔的鸟类苟筑起鸟巢也是没用的。它们在一块平整的地上扒出一个洞——就在这样的洞内产下它们的卵——上面覆盖一些棘刺与梗枝以防鹰鹫；[2]它们就地产卵，也就地孵卵。孵成了[3]雏鸟，它们既不能远飞高翔，为之觅食，便把它们领出来[3]随同饮啄。鹌鹑与鹧鸪像家鸡那样在休息或入睡时把群雏覆蔽在自己的翼膀之下。常在一个地点，便容易为他动物所发现，因此它们在一处产卵后又换一地点孵卵[4]。倘有人偶尔碰上这么一群雏鸟，母鸟便在猎人面前假装跛子，拐着腿步行；[5]这人时刻意谓可以捉到它了；就这样被它一步步引开，直到它的雏鸟全已脱逃而止：于是她还归窠内，唤回群雏。鹧鸪产卵不少于十枚，常连产至十六枚之多。如曾见到的，这鸟有骗人与恶作剧的习性。春季一阵喧鸣声[6]中，每只雄鸟都各自拥有了他的雌偶。这些雄鸟，由于生性放荡，不愿雌鸟去待着孵卵，见到任何卵便把它滚动起来，直至滚碎才歇；故雌鸟产卵必远离雄鸟，在走避雄鸟途中，常已临当分娩，有时迫不及待，只能在任何遭遇到的地点放下它的卵；[7]又，雄鸟倘靠近在她身

① 本书卷六，558^b31。

② 《柏里尼》x，51；《埃里安》iii，16；x，35；奥维得：《变形》viii，258。

③ 原文 ἐκλέψαντες，"离去"孵处，兹作孵卵完成解。照亚规那译文 furantes 则原文应为 κλέψαντες，"隐秘地领出来"。鹧鸪常窃邻鸟之雏为己雏，古有此说（参看波嘉尔：《圣经动物》ii，84 页）。

④ 依亚尔培脱译文"它们今年明年（或这时期与另一时期）不在同一地点孵卵"。欧斯太修：《奥德赛诗笺》（*Hex. ad Od.*）24 页所叙斑鸠习性相同。

⑤ 普卢塔克：《动物智巧》971C；亚里斯托芳：《群鸟》768 及诠疏。

⑥ 原文 δι᾽ ᾠδῆς，"为了歌唱"；亚规那译文 propter partum"为了繁殖"，则所本原文应为 δὶ ὠδῖνος。

⑦ 本书卷六，564^a21 所述与此相异。

边[①]，为了避免雄鸟跟去损坏它的卵，它就不去顾视那些卵。在它引领雏群的时候，若被谁发现，它便自己暴露在那人的近边，把他逐渐带离雏群。当雌鸟们隐蔽起来，各去孵卵时，雄鸟们便吵闹成一团，胡乱地打架；对于这样叫着斗着的雄鹧鸪，人们称之为"鳏夫"。[②] 被打败的鸟顺从战胜者，让它踩到背上，自己作成雌伏的姿态；这只打败的鸟甚且虚伪地瞒着那战胜者，让第二只雄鸟或任何其他雄鸟踩上；这些情况，鹌鹑正与鹧鸪相同，[③]只在一年间某一时节发生，并不能常常见到。在家养公鸡间，偶尔也可见到这种景象：在有些以公鸡为献礼的庙宇中，那里就全无雌鸡，[④]于是这里的雄鸡凡见到新来的公鸡，都把它当作雌鸡踩上。

30 614a 5

驯养的鹧鸪踩上野鹧鸪，啄它们的头[⑤]，施以种种无礼暴行。野鹧鸪的首领发出一声战斗的吭鸣，便冲向那诱鸟[⑥]，迨它既落入了网罗[⑦]，另一只发出同样的鸣声，跟着又扑向前去[⑧]。凡那诱鸟

10

---

① 照汤伯逊校订：κἂν παρῇ，"在她身边"；照贝本 ἂν μὴ παρῇ…应为：倘雄鸟"不在她身边"，她就在任何地点放下她的卵。

② 关于鹧鸪的叙述似受埃及寓言影响，参看《霍拉普罗》ii，95。

③ 《埃里安》iv，16。

④ 《埃里安》xvii，46 所记赫拉克里（Heracles）与希白（Hebe）神庙，有以雄鸡为献礼的定例。今亚索山上神庙仍沿袭此例。参看宝萨尼亚斯：《希腊风土记》ii，148。

⑤ 若干抄本均作 ἐπικορίξουσι，"轻拍"（抚爱之意），与上下文不符。兹照波嘉尔《圣经动物》ii，89，解为 ἐπὶ κόρρης πύπτουσι，"啄它们的头"。

⑥ 捕鸟者用"诱鸟"（θηρευτήν，媒鸟）诱致同类而异性的鸟，参看《雅典那俄》ix，389；《柏里尼》x，51。色诺芬《回忆录》ii，14 亦言及鹧鸪诱鸟。据说西班牙人今仍用此法诱捕鹧鸪。

⑦ 原文 τούτον δὲ ἁλόντος，"它因此被捕获"，《雅典那俄》ix，389 与之相同；《柏里尼》x，51 亦符合。威廉译本 hoc antem cantante，"它由此被迷住了"，则原文应为 ᾄδοιτος。捕鸟的网或笼（πηκταῖς）可参看亚里斯托芳：《群鸟》528；第雄：《群鸟》iii，7。

⑧ 《埃里安》iv，6 略异。

是一雄性时,情形便是这样。倘属雌性作诱鸟而发出一声呼唤时,
15 野鹧鸪的首领也发出他的应声,这时其他的雄鸟认为它不该舍弃野鹧鸪而同别族求偶,便围攻它,把它赶离那雌诱鸟;因此,雄鸟投向雌诱鸟时便不发鸣声,免得他鸟听到而前来寻衅;有经验的捕鸟
20 者还说那雄鸟,当他接近雌鸟,有时还示意要它也不作声。鹧鸪不但有上述的作为战斗讯号的叫声,另还有轻清而尖锐的鸣呼以及其他一些音调。[①] 时常有些雌鹧鸪正当抱卵,看到雄鸟在注意那
25 雌诱鸟时,便从它的隐伏处显露出来;它发出相应的鸣声而留在原地,引使雄鸟前来就配,俾他放弃那另一雌鸟的诱惑。鹌鹑与鹧鸪皆色情强烈,他们常是直扑诱鸟,时或踩在它们的头上。[②] 关于鹧
30 鸪的色情状态以及它们被捕猎的情况和一般卤莽的习性已说得这么多了。

如曾述及,鹌鹑与鹧鸪就地为窠,另有些〈不〉[③] 能高飞的鸟类亦复如此。又,如鹨(云雀)、山鹬[④] 以及鹌鹑这样的鸟类,不栖息于枝头,它们蹲在地上。

614b 章九

啄木鸟不蹲在地上,它剥啄树皮,找寻皮下的蛆或蛴螬与树

---

① 本书卷四,536^b14;《雅典那俄》ix,390;普卢塔克:《集录》727D。

② 贝本 ἐπὶ τὰς κεφαλάς,“在头上”。《柏里尼》x,51:鹧鸪在色情狂中,直扑诱鸟,毫不瞻顾,有时竟踩到了“捕鸟者的头上”,依此则原文应补 τοὺς θηρεύοντας,“捕鸟者”字样。

③ τῶν πτητικῶν,“能飞的鸟类”或有误;依狄校增〈μὴ〉“不”字;但下句所列就地产卵的鹨实为能高飞的鸟。

Δ④ σκολόπαξ,依里-斯《辞典》,与下文 617^b23 之 ἀσκαλώπας,同为“树鹬”(woodcock)。此节所云“蹲在地上”,可能为不善于飞行的“粗颈山鹬”(Scolopax

蠹；[1]发现了这些虫豸，它就用它大而扁[2]的舌舐着吃掉。它能在树身上四面八方行走，还能像蝘蜓那样，头朝向下面行走。[3]啄木 5 鸟的爪比慈乌更适宜于爬树；这些爪能挖进树皮。啄木鸟的一个品种较黖鸫为小，羽毛有红斑；第二种较黖鸫为大；第三种只较一只家养母鸡稍小些[4]。啄木鸟在树上构巢，如曾述及，[5]在油橄树 10 也在其他树上构巢。它吃树皮下层的蛴螬与蚁：它找寻虫豸这么勤快，据说有时竟啄空了树干，树木因此折断。在驯养中的一只啄木鸟，有人看到它把一个杏子放在一块木材的隙缝中，使之稳定，15 然后啄这杏核；啄到第三下，核壳便开裂，它就吃杏仁。

章十

许多情况显见玄鹤具有高度智巧。它们飞行很远并高翔霄汉，俾可得寥廓的视野[6]，它们若见到云雾与气候变化的征兆，就 20 敛翼而下，静栖在一隅。[7]又，它们集合作迁徙飞行时，有一个领队鹤巡行于全队的周遭，全队都能听到它的唳声。当它们休憩或晚

rusticola)。下文闯入园囿而被捕获的树鹬则可能为较小的青鹬即“独居山鹬”(Scolopax solitaria)，或称“独居鸡鹬”(Gallinago solitaria)。

① 《异闻》(13)831^{b}5；《柏里尼》x，20；普卢塔克：《罗马质疑》269A。

② 啄木鸟舌尖长，原文 πλατεῖαν，“阔”，当有误。兹照汤英译本作 flat 译。

③ 《柏里尼》x，20：“像猫那样，在树干上直上直下。”

④ 啄木鸟品种已见卷八，593^{a}5。此处所叙三品种，相当于(一)斑啄木，(二)绿啄木，(三)大黑啄木。

⑤ 本书他处涉及啄木鸟者，未言及构巢情况。

Δ⑥ 鸟类飞行高度，自二十世纪航空事业发展后始得详确记录。一般鸟类迁徙中，长途飞行的高度不超过 1500 公尺，大多数在 1000 公尺以下；惟鹤群飞行常在 5000 公尺高度。中国古诗“鹤鸣于九皋”也早已注意到鹤飞的高度超乎他鸟。

⑦ 本书卷八，597^{a}4。又，欧里庇得剧本《海伦娜》(*Hel.*)1478；《柏里尼》x，130；《埃里安》iii，14；西塞罗：《神性论》ii，49；《霍拉普罗》ii，49 等。

息时，群鹤各自扭转头颈，掩在翼下入睡，一脚站着，停一回再更换
25 另一只脚，领队鹤仍昂首注视着四方，见到任何有关重要的事物，
它就发出警戒的长唳。①

鹈鹕② 在河边营生，吞下光壳的大贻贝：在膝囊中闷煮了一
回，它们又把贻贝吐出，这时贝壳自然张开，它们就啄食壳内的贝
30 肉。③

章十一

各种野鸟的巢式均各求适应其所处自然环境中可得遭遇的危
难，并保持雏鸟的安全。有些野鸟爱护雏鸟，悉心照顾它们的子
女；另有些恰正相反。有些野鸟觅食的方法颇为聪明，另些却拙于
615a 谋生。有些野鸟栖息深谷，就石罅与悬崖为窠，例如所谓谷鸻（或
岩鹬）；这种鸟羽毛与鸣声均不足道；白日见不到它们的踪迹，入夜
它们才出现。

鹰巢也筑在人迹不能到达的地方。鹰虽是一只饕贪的鸟，它
却不吃所掳获任何鸟类的心脏；④ 这于鹌鹑、鸫和其他被抓起的各

Δ① 鹤属多在西伯利亚与中亚细亚过夏而在赤道附近或北温带各地度冬。近代凭借十分发达的全球交通与通讯方法，于群鸟的迁徙途径，飞行速度，迁徙季节，已应用脚圈标志，逐年积累了广泛而明确的记录。飞行时鸟的方位识别能力，这一问题尚未完全阐明：(一)多种鸟类的幼鸟群常较老鸟先到目的地；(二)杜鹃、戴胜等之单独飞行者亦各能循守一般迁徙路线，到达越冬地点；(三)把麻醉而昏睡的欧椋鸟运离 150 公里，其半数能于醒后飞回原巢。此节所述"领队鹤"亦只言其对全群之顾视，不关飞行路线的引导。

② πελικᾶνες(鹈鹕)，拼音与 πελεκᾶντες(啄木鸟)易混淆，故加"河边营生"为识别。参看亚里斯托芳：《群鸟》1155 等行。

③ 《异闻》(14)831a10。又《埃里安》iii，23；v，35；《安底戈诺》47；第雄：《群鸟》ii，6；《柏里尼》x，56，等书。

④ 所述盖出于埃及神话。另见《柏里尼》x，10；《埃里安》ii，42。

种鸟都见到了实例。它们及时改变狩猎的方式,[①]在夏季行猎时便异于其他各季。

关于兀鹰,据说从没有人见到过它的雏与巢;[②]诡辩家勃吕孙的父亲希洛杜罗看到大批兀鹰常是突然出现,谁都不能指明它们的来处,他因此就说兀鹰来自远方异国的高地[③]。实际,兀鹰只在少数地区存在,它的巢筑在人迹不到的巉岩。雌鹰常例只产一卵,最多两卵。

有些鸟,例如戴胜与伯伦索[④]生活于山林;伯伦索善于觅食,鸣声亮雅。鹪鹩托身丛薮,就罅穴以栖,人们不易得见,也甚难捕取;它善于营生,且颇有技巧。鹪鹩尝以"长老"或"王"这些绰号闻名世间;[⑤]在鸟史上讲来,这就是鹫鹰要与鹪鹩寻衅的缘由。[⑥]

章十二

有些鸟生活在海滨(水边),例如鹡鸰;鹡鸰富于机巧,很难捕

---

① 贝本 περὶ τὸ θηρεύειν μεταβάλλουσιν,"变换狩猎方式"。古籍中所涉鹰的"变换",均指夏季之鹰变杜鹃(卷六,563^b24);此处附加有"狩猎方式"字样,特异。亚尔培脱译文中所"变换"者为 praedam,"猎获物",谓"鹰于夏季所猎者异于冬季"。这一句原文疑有错字或缺漏。

② 埃及神话以兀鹰入于迈脱(Maut)女神(代表母亲)故事:兀鹰感东风而孕,不产卵而产小鹰,出世即具羽毛。参看《希腊鸟谱》48 页。此节实为卷六章五之重复,行文略异,或后人依据前章于此卷中别增此节。

③ ἑτέρας μετεώρου γῆς,"别处高地";参看卷六,章五为 ἑτέρας γῆς(异国,别处),无"高"字。汤伯逊拟"高地"为 μέτοικον(居留地)之误。

④ 伯伦索(βρένθος)曾见于 609^a23,依《希茜溪辞书》应即鸫类(κόσσυφος,黓鸟)。

⑤ 汤伯逊:《希腊鸟谱》126,171 页,谓鹪鹩(τροχίλος)之称"王鸟"在希腊典籍中不见其出处,或由埃及传入。上埃及土著民族郭伯脱语(Coptic),"乌拉"(oura)之义,为"鸟"(avis)亦为"王"(rex),因而相混。

⑥ 参看《柏里尼》x,95。本书本卷 609^a12,ὄρχιλος 亦为"鹪鹩",与之相仇者为"鸮",不是鹫鹰。

捉,但一经猎获,便能完全驯服;它的下体纤弱,可算是一个跛鸟[①]。

“蹼足鸟类”(游禽)绝无例外,均在海边或河流池沼间生活,依照身体的构造,它们自然地该在这样的地区游息。[②] 可是有几种分趾的鸟(涉禽)却也在池塘或沼泽附近居住,花鹨[③]便可举为一例;这种鸟羽毛美丽,善于营生。瀑鸥[④]栖于海边;它自空中疾下,潜入海中,可长时间保持在水下,够让一个人走一伯勒斯隆[⑤](约一百尺)那么远;它的体型比普通鹰为小。天鹅(鸿鹄)是蹼足鸟类,依湖沼为生;它们善于觅食,性情和易,爱护子女[⑥],寿长,且老而愈健。倘鹫鹰袭击它们,它们会加以还击,并力能制胜,但它们从不先行侵犯他鸟。[⑦] 天鹅知音能鸣,而只在临终的时刻才作生命的哀歌;将死的天鹅必飞向海上,航行经过利比亚海外的人们常遇到许多天鹅唱着悲凉的丧曲,又目睹其中有些在曲终时便葬身大海。[⑧]

---

① κίγχλος,依《希茜溪辞书》,常摇动其尾,当为“鹡鸰”或“河乌”;但所云“后身(下体)纤弱”,而“跛”,虽《埃里安》xii,9,语意正与相符,却不合于鹡鸰科(Motacillidae,摇尾科)或河乌科(Cinclidae)鸟类形态。桑得凡尔等推论此弱足鸟应为雨燕目(Apodiformes,弱足目)蜂鸟科(Trochilidae)一类的小鸣禽。

② 动物构造各自适应其生活地区的情况这论旨,亦见于色乌弗拉斯托《植物原理》vi(4)6。

③ 本书卷八,592^{b}25,卷九,609^{b}14。

④ 本书卷二,509^{a}4。拜占庭作家亚里斯托芳:《亚氏动物志略》i,24;第雄:《群鸟》ii,2;《柏里尼》x,61。

⑤ 希腊长度,以 6 个伯勒斯隆(πλέθρον)合一斯丹第(στάδιον)(一“跑道”或一“径”),约当今 625 英尺。

⑥ εὔτεκνοι,字意不甚明确,或为“善于育雏”之意。埃里安《杂志》i,14 谓“鸿鹄子雏既多且美”。

⑦ 《埃里安》v,34;xvii,24;《雅典那俄》ix,393 页;第雄:《群鸟》ii,19 等。

⑧ 《埃里安》x,36 引及此节。关于天鹅的临终哀鸣,古籍涉及者甚多,可参看《希腊鸟谱》108 页。

岭鸢[①]栖息高山之上，是一种稀见的鸟；色黑，大小与所谓猎鸽鹰相仿；体型颀长[②]。爱奥尼亚人称这鸟为“巨敏第斯”；荷马的诗篇《伊利亚特》中也提到了它[③]：——

群神呼作“嘉尔基”的这鸟，　　10

“巨敏第斯”是它在人间称号。

许白里（间种）鸟照有些人的论说，应即“鹫鸮”（鹓），这鸟视觉晦蒙，白日永不出现，但在夜晚，它像角鸮[④]那样行猎；鹫鸮与角鸮会作剧烈的厮斗，有时竟至于两败俱伤，同为牧童活捉住了。它每　　15
窠产两卵，它的窠有如曾已言及的他鸟那样，筑在崖嶂与岩壑之间。鹤群间也有自相剧斗的，因为两不罢休，终也为人所获。[⑤] 鹤每窠产二卵。

章十三

樫鸟的鸣声能作种种变调：人们几乎可说它在全年中每天换　　20
一套唱腔。[⑥] 它产约九卵；用乱毛与絮绒筑巢树上；当枝头的橡实

---

① 贝本 κύμινδις（巨敏第斯），P^a，D^a，E^a 等抄本作 κύβινδις（巨宾第斯），亚尔杜本作 χαλκίς（嘉尔基）。此鸟可能为一鸢，如印度之“高山鸢”（govinda）。嘉尔基为人名或地名，本书中屡用为动物名，卷四章九，卷六章十四为一鱼，卷八章二十四为一蜥蜴。参看施那得诠疏与汤伯逊《希腊鸟谱》108页。

② 贝本 λεπτός，“瘦长”；P，A^a，D^a，E 等抄本为 λευκôs，“白”。

③ 《伊利亚特》xiv，291。

④ ἀετοί，ἀετόν，鹫，狄脱梅伊校为ὦτοι，ὦτον（角鸮）依字义为耳鸮（the eared owl）。参看本书卷八，597^b18，22。

⑤ “罢休”分句，原文词意模糊，这里从伽柴拉丁旧译作解。依斯加里葛应是“人们想乘机捉住它们，它们力行抵抗”。若从施校本，依威廉古译本所拟订的原文，则应是“当它们厮斗不休时，牧童们便乘机把它们活捉住了”。

⑥ 《埃里安》vi，19；普卢塔克：《动物智巧》973C；第雄：《群鸟》i，18；卜费里：《汇要》iii，4。

已逐渐稀少时[①],它拣隐秘的地方储藏起一些。

25 鹳的反哺习性为众所熟知的故实,老鹳皆由它们孝顺的子女喂食[②]。有人叙述蜂虎也有这种习性,而且反哺更早,父母还未衰老,蜂虎子女辈便让它们留在窠里,尽力所及的喂饱亲鸟。[③]蜂虎

30 两翼下面灰黄,上面深蓝有如翠鸟;翼尖红色[④]。约在初秋[⑤],蜂虎产六或七卵于泥土松软的悬崖;在悬崖中蜂虎潜入土穴至四肘深。

绿莺由于它们腹部的颜色而得名,与鹨(云雀)大小相仿,产卵

616ᵃ 四或五枚;它用一种名为紫草的植物造巢,把它连根拔起,作为巢底的席垫,上边再铺些绒毛。[⑥]山鹪与樫鸟的巢式与之相同。悬巢

5 山雀所构的悬巢显见有高度技巧;这巢外形如麻制的球,进口很小。[⑦]

某处有"肉桂鸟",那里的居民说这种鸟不知从何处衔来了肉

10 桂,用以造巢[⑧],它们的巢构在大树最高枝的嫩条上。居民于箭镞上缚着铅块,射落这高巢,就中拣取肉桂断枝。

Δ 樫鸟(κίττα)亦名槠鸟(《脊椎动物名称》译蓝鹊)为小群漂徙鸣禽,居山林,以橡、槠等坚果为食。鸣声与溪水相应和,在山林中颇有风致。

① ὅταν ὑπολίπωσι,"当残存时";依伽柴译本为 dificiant,"稀少";依亚尔培脱译文 cum cadunt glandes,"当橡实脱落时",则原文当为 ὑποπίπτωσι。

② 索福克里:《埃勒克羯拉》(Sophocles: *Electra*)1058:亚里斯托芳:《群鸟》1355;《埃里安》iii,23;《霍拉普罗》ii,55 等。

③ 《柏里尼》x,51;《埃里安》xi,30。

④ τὰ δ' ἐπ' ἄκρων τῶν πτερυγῶν ἐρυθρά,"翼尖红色",实误。依威廉译文 circa alas rubra 应为"翼的周边红色"。实际上,蜂虎尾筒与腹部有橙红色。

⑤ ὑπὸ τὴν ὀπώραν,"在初秋"产卵,有误;依卷六,559ᵃ4 应为 εἰς τὰς ὀπὰς,"在地穴中"产卵。

⑥ 《埃里安》iv,47。

⑦ 《柏里尼》x,50。

⑧ 《希罗多德》iii,111;《埃里安》ii,74 等;《安底戈诺》49;《柏里尼》xii,42;第三四世纪间生物地理学诗人第雄尼修:《生物所居的世界》(Dionysius: *Perigesis*,

章十四

翡翠(翠鸟)只比麻雀大一些。有深蓝、绿与浅紫(或轻红)色 15 的羽毛；全身与两翼，尤其颈项间，由这些色羽混成美艳的纹彩；嘴狭长，作淡绿色①：翡翠就是这样的相貌。它的巢②像"海球"，海球别称为"海沫"③，但颜色则两者相异。巢色淡红，形状又像一个 20 长颈胡瓜。巢或大或小，一般较最大的海绵还大些；巢有盖顶，空实两部分常相当。④这巢即便用利刃切割，也不易破开，但既经割开，再用手捣舂，则又像海沫那样可捣得粉碎。巢口小，仅能出入，25 即便倾覆⑤，海水也不会进入；其中的沟管有如海绵。不能确知这巢是用什么构成的；可能是用的管鱼(颚针鱼)脊骨⑥，因为翠鸟原来以鱼为食。翡翠除了常在海边营生外，也有住在江河之间淡水 30 地区的。一般约产五卵，自它长足四个月龄起便开始产卵，以后终

Περιήγησις τῆς γῆς τῆς οἰκουμένης)939,949 等行。后世作家时以此鸟与"火凰"(phoenix)相混(例如奥维得:《变形》xv,399)。波嘉尔疑此处 κιννάμων 并非肉桂树名，而实为希伯来文"巢"字的音译 kinnim,"肉桂"之说出于附会。

① 参看《柏里尼》x,47,与此节所述毛色不符；与翠鸟实况相较，柏里尼文多误。

② 翡翠巢筑于岸边，入土甚深，内部颇大，多遗留有残剩的鱼骨。此节所述似另为一海中产物，而其中有些句读，却又是在说翡翠巢。《埃里安》亦有与此相应的章节，多作神话语调。

③ ἁλοσάχναις,依字义为"海沫",《柏里尼》x,47 称 spuma arid maris,"干海沫"；其他典籍中或谓是一种海洋生物，或海产物品。参看第奥斯戈里特:《药物志》v,136；色乌弗拉斯托:《臭》iv,8 等书。

④ 此句晦涩，各译本互异；兹依伽柴译文作解。汤伯逊揣测句中 τὸ στεριόν(实)字有误，依行文语气，此处应叙巢内情况。

⑤ "倾覆"(ἀνατρέπεσθαι),各译本互异而全句皆不能符合于一鸟巢的情况。此句盖另述某种漂浮于海面的物件而被误录入此节中，依奥-文校译，应为："当海水上升时。"

⑥ 翠鸟以各种鱼为食，何以独取颚针鱼骨为巢，其义不明。颚针鱼(βελόνη)骨色淡绿，异于他鱼；但此节上文言翠鸟巢作淡红色。《柏里尼》x,47 谓翠鸟用"鱼棘刺"(Spinis aculeatis)造巢；或译 aculeatis 为"刺鱼"，即颚针鱼。

生年年产卵[①]。

章十五

616[b]　戴胜常用人粪构巢。[②] 它冬夏色彩不同,[③]实际上大多数野鸟都随寒暑更替而变换色彩。[据说山雀产卵为数甚多:有些人认为黑头山雀产卵之多仅次于利比亚的鸵鸟;曾有人见到它产卵积至十七枚;可是更多的还在二十以上;据说它每窠的卵总是奇数。我们曾已言及,它像其他鸟类筑巢树上。它吃幼虫与毛蠋。]这鸟(戴胜)与夜莺都有这么一个特点,舌端不尖。[④]

10　埃季索雀[⑤]善于觅食,育雏众多,两脚软弱,跛行。黄鹂能受教而学习,富有谋生的智巧;但不能高飞[⑥],羽毛也不美。

章十六

苇莺觅食能力不弱于任何鸟类,顺性乐生,夏季敛翼于阴凉的

---

① 原文各抄本多为 λοχῶται(产卵);施与璧校作 ὀχεύεται(交配)。

② 参看本书卷六,559[a]8;《埃里安》iii,26,戴胜造巢不用人粪;但戴胜的排泄物有奇臭而巢内常有遗秽(参看《自然研究汇刊》1852 年,i,11 页)。又,这鸟常在坑厕与兽栏间觅食(《柏里尼》x,44),故各国多称戴胜为"臭鸟"(例如 Coq-puant, Kothhahn, Mistvogel, Stinkvogel 等)。

③ 本卷下文 633[a]19。

④ 《柏里尼》x,43,"它们舌端不像他鸟那样尖削",专指莺属鸟,施那得指明,"舌端不尖"在本节内只适合于戴胜,与山雀及黑头山雀无关,可见上文"山雀"数句为后人另行楔入的文句。

⑤ 安底戈诺《异闻》21 与《柏里尼》x,9 均以"埃季索"为鹰之一种,与此章列为鸣禽不符。

⑥ 参看《埃里安》iv,47。此句内 κακοπετής(不良于飞行),施那得揣为 κακοπαθής(体弱)之误。

枝头，让清风微拂着羽毛，冬令则就芦荡间向阳而避风[①]之处以为栖止；它形体殊小，而有嘹亮的歌喉。称为语雀[②]的那种鸟，歌声悦耳，羽毛悦目，风姿十分动人怜爱，它巧于营生；这种鸟不产于我们本国；而且它也不远离自己常日的居处，我们很难见到它。

章十七

秧鸡[③]喜吵闹，巧于谋生，但在其他方面而论，它是一只不幸的鸟[④]。称为鸸雀（五十雀）的那种鸟也习于啅喈，但聪明而健康，善于营生，由于它的狡黠，大家认为是一只不安分的鸟；它育雏众多，[⑤]爱护子女，常啄树皮觅食。埃古鹛鸮（小鸮）白日不易见到，它在夜间飞行；它像我们曾已说到的其他鸟类，居住岩谷之中；吃两种类的食物[⑥]；它善于谋生，富有生活的机巧。旋木雀是一只

---

① 贝本 ἐπισκεπεῖ，“择地而处”。色乌弗拉斯托：《植物志》iv，1，《植物原理》i，15 作 εὐσκεπής（有屏蔽处）与 εὐήλιος（多阳光处）两词，“苇莺”（ἐλέα）旧译“苇滨雀”。

Δ② γνάφαλος，依《里-斯字典》为布希米（Bohemia）地区的“多语连雀”（Ampelis garrulus）。脚短嘴小，头有冠羽，大覆雨羽有黄白斑纹并赤点，暖季栖山林，冬季至平原，食虫果。

③ κρέξ（克勒克斯）一般均考定为“秧鸡”，但凭《希罗多德》ii，76 所述此鸟体型及亚氏《构造》卷四 695^a21 所述的后趾情况而论，可能为高跻涉禽中的“红趾长脚鹬”（Himantopus rufipes）。参看本书本卷 609^b9；《埃里安》iv，5。

④ “不幸的鸟”（κακόποτμος ὄρνις），参看亚里斯托芳：《群鸟》1138 及诠疏与《希茜溪辞书》中有关“仳儷鸟”（ὄρνεον δυσοιώνιστον τοῖς γαμοῦσιν）的释文。古巫师于夫妇离异者，为之缚一鹟鸡（ἴυγξ）于转轮而咒之，谓能使出走的爱人回心转意。此处以秧鸡代鹟鸡，似属谬误；但《吕可弗隆诗》513 所举亦为秧鸡（参看蔡采斯：《吕可弗隆诗诠》，Tzetzes，ad Lycophron）。

⑤ 鸸雀每回产卵六至八枚。

⑥ δίθαλλος（吃两种类食物），符合于伽柴译本。威廉译本作 divaricata（双分趾），施校凭此拟原文为 δίχηλος。璧校揣为 δύσθυμος，谓鸮是“凄凉的”；奥-文揣为 δειλός，“怯懦的”；狄揣为 δυσόφθαλμος，“视觉不良”。

30 无所怖畏的林居小鸟，以虫豸为食，易于饱足，鸣声清亮。红鹨艰于得食；羽毛疏陋，但它嘤嘤而歌，饶有情韵。

章十八

于鹭属中，如曾言及，灰鹭与雌性交配时，不免作痛；[①]它具有617a充分的谋生能力，整个白日觅食甚勤，常带着食物飞回巢中；羽毛不美，粪便常是稀湿的。其他两品种——鹭共三种——白鹭毛美，与雌性交配雄性不至发生痛苦，它筑巢树上，产卵[②]其中；它常至5 沼泽湖泊与平原草地。星鹭，绰号叫“懒鸟”，在俗传的故事中总说它出身卑贱，而且名副其实地是三鹭种中最懒的一种。[③] 鹭的习性就是这样。

称为浜格斯[④]的那种鹭有这样一种特性，它对于攻击它的动10 物或它所啄食的动物总先啄它的眼，其他鸟类也有这习性，而这种鹭于此最为显著；它与苍鹰为敌，因为两者均以水族为食料。

章十九

山鸫有两种；其一黑色（黖鸫），各处都有，另一雪白（皅鸫），[⑤]

---

① 本卷609b21。参看《〈伊利亚特〉威尼斯诠疏》（Schol. Venet. Il.）x，274。

② 原文 καλῶς ἐπὶ τῶν δένδρων，卵“整齐地产在树上”；汤伯逊揣为 ὅλως ἐπὶκλάδοις，“全产在树桠间”。

③ 鹭的品种可参看第雄：《群鸟》ii，8。本书所述灰鹭与星鹭并出于寓言或传说。罗得岛亚浦隆尼诗 i，176 涉及此两鹭名，“贝洛斯”（Πελλὸς）与“亚斯替里亚”（Ἀστερίας）均作人格化的专名应用。一般译本凭此章所述毛色为别，以“贝洛斯”为灰鹭或苍鹭（Ardea cinera），即普通鹭；“亚斯替里亚”为“星鹭”（Botaurus stelluris），即麻鳽。

④ φῶϋξ（浜格斯），《希茜溪辞书》、《大字源》等作 πῶυγξ，所释字义均不详明，似为一外国鹭名。

⑤ 鸫科（Turdidae）之山鸫，雄鸟色黑，雌鸟色暗褐，故名“黖鸟”（blackbird）

大小与前者相仿，鸣声亦同。后者只在亚卡第亚的巨里尼山上可得见到，他处绝无。蓝鸫（或褐鸫），如黑鸫而体型略小[①]，居岩壁间，或就人家瓦檐以栖；所异于黑鸫者，其喙不作红色。　15

章二十

鸫有三种。[②]其一为槲鸫；它吃槲寄生树的果实与树脂，体型与樫鹊相仿。第二种为歌鸫；其声尖脆，体型与黑鸫相仿。另一种称为伊拉鸫[③]，是最小的一种，羽毛色较净而少杂斑。　20

章二十一

有一种住居在岩右间的鸟，由于全身羽毛的颜色被称为“蓝鸟”（旋壁雀）[④]。这在尼修卢岛上比较的多，体型略小于黑鸫，略　25

（Δ中国以其眉有白纹名为“画眉”），全白者实稀见。鸫科中“灰鸫”（Turdus pallidus）腹尾灰白，但本书所言巨里尼山（希腊伯罗奔尼撒最高山岭）之皛鸟（ὁ λευκος），另见《自由人安东尼文集》5；《埃里安》ii，47；《宝萨尼亚斯》viii（17）3 等书；以及亚氏《异闻》（15）831^{b}14。生物学家于巨里尼山之鸫有全白品种曾经聚讼一时。林徒梅伊：《希腊鸟类》（Lindermeyer：*Vögel Griechenlands*）1860 年印本，86 页，谓彼曾在雅典附近射得一白鸫，而巨里尼山上尤多。

① 威廉译本谓“此鸟（Laios）似鶪而色褐”，无体型较小字样；依此，λαιός 应称“褐鸫”。里-斯《辞典》指为环鸫（T. torquatus）。汤译 blue-thrush（蓝鸫）。

② 参看《雅典那俄》ii，65 页引亚氏记述。　Δ“槲鸫”（Turdus viscivorous）为欧洲大鸫，专吃槲寄生果。

③ “伊拉”鸫（ἰλλας）或作“伊里亚”鸫（ἰλιάς），谓其取名于荷马诗篇。汤伯逊注谓此字原文可能为与 κίχλη（河乌或“溪鸫”）声音相近的变体字 ἴχλας。

④ “蓝鸟”（κύανος），据桑得凡尔与汤伯逊均指为旋壁雀（Tichodroma muraria）。这小鸟只生长在少数地区，为稀有品种；羽毛光彩甚佳，并非全蓝。其他诠疏家与动物学家或谓此即“蓝鸫”（λαιός）。

尼修卢（Nίσυρος），古岛名。通俗本（Vulg.）作斯居卢（Σκύρος），今称斯卡潘托（Scarpanto）岛，在爱琴海东南区卡尔巴阡海中，克里特岛与罗得岛之间。

大于碛鹨。蓝鸟趾爪粗大[①],能在石壁上爬行。它全身铁蓝,嘴狭长;腿短,与啄木鸟腿相似。

章二十二

30 鹂[②](黄鸟)全身金黄;冬季不见,约在夏至前后出现,大角星617[b] 上升时又复离去(漂鸟),大小与雉鸠相仿。所谓"软头鸟"(伯劳)[③]飞出飞回经常栖在同一枝条,捕鸟者于是可以守株以待。它的头大,由软骨组成;体型略小于鶇;具有坚强的小圆喙;全身灰5 色;脚快,翼慢。捕鸟者常借助于鸮来捕取这种鸟。[④]

章二十三

还有巴尔达卢(鶇属)。常例,这种鸟总是群飞而不独行的;全身灰色,大小与上述的鸟相仿。捷足而且健翮,鸣声洪亮,多高音。10 戈吕林鶇(野鶇)与山鶇食料相同;与上述诸鸟体型相仿;常在冬季被猎获。所有这些鸟均四季常见(留鸟)。[⑤] 又,还有些通常依傍市镇居住的鸟类,乌与鸦,这些鸟也四季常见,从不搬家,也没有冬季避寒的去处。

---

① μεγαλόπους,"大脚";亚尔培脱译文为 nigrum pedum,施与璧校本据以修改原文为 μελανόπους,"趾爪色黑"。

② 《柏里尼》x,45;《埃里安》iv,47。

③ 依桑得凡尔,亚氏所称"软头鸟"(ὁ μαλακοκρανεύς)为(Lanius minor),是意大利种"小伯劳"(Italian shreike)。

④ 本卷,609[a]15。

⑤ 原文 πάντα διὰ παντός,实义不甚明确;似此章述留鸟的习性异于上章黄鹂之为漂鸟习性,姑译为"四季常见"。戈吕林(κολλυρίων),里-斯《辞典》拟为丰羽鶇(Turdus pilaris)。

章二十四

鸦有三种。其一为戈拉季亚鸦(红脚鸦),与慈鸦大小相仿,但嘴作红色。另一种称为“狼鸦”[①];还有一种小鸦,被称为“嘲鸦”。在吕第亚与茀里琪亚,还有一种蹼足鸦[②]。 15

章二十五

鹨(百灵)有两种。其一栖于地面,头有冠毛;[③]另一,异于前者之散处,是群居的;两种鹨羽毛色泽相同,但后者体型较小,而无冠毛。有些人捕猎无冠鹨为食。 20

章二十六

树鹬常落入果园中所张的捕网。这鹬有家养雌鸡那么大;长喙,羽毛与雉鸪[④]相似。它步趋迅捷,颇易驯养。椋鸟[⑤],体有斑;与黑鸫大小相仿。 25

---

① ὁ λύκος,“狼”;依《希茜溪辞书》λύκως条,释为“鸦的一种”(κολοιοῦ εἶδος)。照亚尔培脱译文应改作 λευκός(白鸦)。

② “蹼足鸦”(ὁ στεγανόπουν)盖为小鸬鹚(Phalacrocrax pygmaeus),今另属鹈形目(Pelicaniformes)鸬鹚科;鸦科属雀形目。意大利大鸬鹚亦称“海乌”(Corvo marino),即本书卷八,593^{b}18 的“水乌”(κόραξ)。　Δ 中国渔民用以捕鱼的驯养鸬鹚俗称“水老乌”,古人以鸬鹚为乌之属类,中西相似。

③ 参看雪蒙尼得(Simonides)诗篇残句:“全群的云雀(鹨)都戴着天生的冠盔出场。”

Δ④ ἀτταγῆγι,汤译 francolin-partridge,“雉形鹧鸪”;古代盛产于南欧,罗马人视为珍馔,故捕猎者多,近代已消减,渐为稀有品种。里-斯《字典》释为松鸡(grouse),即东方雷鸟(Tetra orientalis)。

Δ⑤ 椋鸟(ψάρος)属白头翁科(Sturnidae,或椋鸟科)多巢于槠属树干中,以槠实或椋实为食,故名槠鸟或椋鸟。羽色棕黑,作金属紫绿反光,能学舌,易驯养。欧洲椋鸟(starling)羽有白斑;啄食豕羊牛马背上蛆虱及蛇莓等,欧洲人以为益鸟。

章二十七

埃及彩鹳有黑白两种[①]。全埃及除了贝卢新以外，到处都有30白鹳；黑鹳则仅见于贝卢新，全埃及别处均无。

章二十八

618a 小角鸮[②]有两种。其一四季可见，因此被题名为"常年鸮"；这种鸮味不甚佳。另一种，有时在秋季出现，只一天或至多两天；这5种鸮被视为餐桌珍品；它与前一种没有多大差别，只是较肥；它不鸣，但前一种能鸣。没有任何实地观察足资说明它们的来源；所已确知的事实只是这样，西风初起，我们忽然见到了这种角鸮。

章二十九

10 杜鹃，如在别章讲过，[③]是不构巢的，它产卵于他鸟的窠内，一

① "彩鹳"(ἴβις)，《动物学大辞典》作"鹮"或称"鹭"，属篦鹭科。另见于《希罗多德》ii，75；《柏里尼》x，40，45；《斯脱累波》xvii，(2)4；第雄尼修：《生物所居的世界》262；《埃里安》ii，38。此章所云白彩鹳，白罗司(Bruce)最先考定为"神鹳"(Ibis religiosa Cuv.)；黑彩鹳为镰尾鹳(I. falcinellus)。参看居维叶：《博物院年鉴》(*Ann. du Museum*)iv，103页。

② 参看本书卷八，592b13。依《雅典那俄》ix，391所录亚历山大·明第奥(Alex. Myndius)述小角鸮的特征，这可确认为林鸮科(Strigidae)的蛇鸮或蚌鸮(Ephialtes scops)。《埃里安》xv，28亦录存此鸮。本书本章不如亚历山大所述者明确。《雅典那俄》同章又引有加里马沽(Callimachus)关于鸮类识别记录。下文"常年可见"鸮(ἀείσκωπας)即普通褐鸮(γλαῦξ)。现代希腊鸮类中，雅典小鸥鸮(Athene noctua)为鹛，略可符合于"常年可见"品种；其鸣声作 κουκουβαΐα，雅典人即以此鸣声(禽言)"苦苦罢哑"为鸟名。蛇鸮为一候鸟，不鸣；符合于"偶可见"鸮。此角鸮在希腊产卵育雏者甚少，大多数皆经过希腊至匈牙利、日耳曼地区繁殖。两种角鸮除肥瘦与语默之异外，其角羽(耳羽)亦有明显分别。此章于形态要点未详。 Δ中国于鸮之有耳羽者，俗称"猫头鹰"；依《尔雅》释鸟篇为"鵅"，郭注"木兔"。

③ 本书卷六，563b14。

般是在斑鸠窠内，或产于地上的许朴拉伊[1]与百灵(鹨)的巢中，或产于树上的绿莺巢中。杜鹃每回产一卵，[2]自已不抱卵，上述那些巢中的母鸟孵出了它的雏并为之哺育：据说，一窠新雏生长起来，母鸟看到小杜鹃已大，便把自己亲雏抛出窠外，让它们死去；另有些人说，母鸟喜爱小杜鹃漂亮：把亲雏啄死，让小杜鹃吞食了。[3] 做过野外观察的人们于这些讲法认为大体无误，但于亲雏的灭亡，则各人所持相异。有些人说这正是那杜鹃母鸟飞来偷噬了本巢母鸟的亲雏；另些人说，小杜鹃体大力强，抢吃了母鸟衔来喂饲的食料，同巢较小的亲雏都因饥饿而死亡；另有些人则说小杜鹃强悍，同巢的亲雏实际是它啄死的。杜鹃对于自己子女的安排显示了深远的机巧；她自知卑怯，没有给养与保护雏鹃的能力，为雏鹃的安全起见，她就让它在异族鸟巢中做一个嗣儿。杜鹃在群鸟中确乎是以

15

20

25

① 许朴拉伊(“似鵪”)，当为鹨属，曾见于本书卷六，564^{a}2，及《安底戈诺》100(109)，色乌弗拉斯托：《植物志》ii(17)9：各书均只言杜鹃在彼窠内产卵，不详其形态。《埃里安》iii，30与上述各书章节，内容相符，但所举鸟名则为“巴朴”(πάππος)。两名均未能确认其种属。桑得凡尔拟之为石鵰(saxicola)，即欧洲的麦穗鸟(wheatear)。但石鵰营巢石下，杜鹃不易闯入。

本句内又谓在斑鸠巢内产卵，另见于《异闻》(3)830^{b}11；《柏里尼》x，11。现代鸟学家考察所知杜鹃在希腊，常产卵于歌莺(Orphean warbler)巢中。“歌莺”拉丁名curruca，见于朱味那尔：《讽刺诗集》(*Juv.*, *Sat.*)vi，275。

② 《生殖》卷三，750^{a}16：“鸟类除了杜鹃以外，没有只产一卵的，杜鹃有时亦产二卵。”

③ 参看《异闻》(3)830^{b}11；《柏里尼》x，11。 Δ杜鹃(Cuculus)属之寄孵实况至十九世纪以后才完全明了，其中郭公(canoros)一种，尤为著名。郭公产卵四或五枚(须经6—8天产一卵)，卵与其体型相较，甚小。郭公能产颜色不同的卵于地上，然后依其颜色衔入卵色相似之鸟类(例如莺)的巢中。卵发育迅速，常先巢内亲卵而出壳。一鹃雏需五六莺雏的食料。郭公雏的争食本能特强，常挤入他卵或他雏体下，负之于肩胛间，然后起立而抛之于窠外。参看培比(W. Beebe)：《自然学家名著选录》，12—18页，“亚氏动物志”摘译并注。

30 卑怯著名的；小鸟们聚起来啄它时，它就逃走。

章三十

曾已述及鸟之弱足者有所谓“居柏色卢”[①]（穴砂燕），与燕相618b 似。事实上两者颇难分别，所异者只居柏色卢胫上有羽毛。这些鸟在长长的泥窠中育雏，巢口狭小，仅能出入；它们在屋椽下或在崖下或在岩洞中，筑这泥巢以防动物与人类的侵犯。

所谓“山羊乳鸟”（夜鹰）[②]生活于山林中，较山鸫略大，较杜鹃为小；它产两卵，最多三卵；它的习性是懒散的。它飞到母山5 羊身上，吸它的乳，因此获得了那样的名字；据说山羊的乳头被喝吸后乳汁涸竭而乳房干瘪。这鸟白日视觉晦蒙，但夜里却看得清楚。

章三十一

10 凡居住范围以内食料供应有限，只够两只吃饱时，大乌（渡乌）总是成对而散居的；[③]当雏乌长到能够飞行时，老乌先把它们赶出窠，再逐渐从邻近处赶它们远离。大乌产卵四或五枚。约在米第

---

① 参看本书卷一，487b25。此章所述居柏色卢（κυψέλος）似为燕科（Hirunidae）的穴砂燕（sandmartin），又似为雨燕科（Cypselidae）的褐雨燕。《柏里尼》x，55，述此鸟作长途候迁而筑巢岸石之间，依此当为捷雨燕（swift）。但依本节所记巢式而论，桑得凡尔与汤伯逊均主张为穴砂燕。所云胫有羽毛，则又与雨燕跗蹠无鳞片而有羽毛相符。

② αἰγοθήλας，《柏里尼》x，56 译为“caprimulga”（吸山羊乳鸟）。《埃里安》iii，39；《安底戈诺》51。所述相似，盖皆出于此书。　Δ 现世所谓“山羊乳鸟”（夜鹰科，Caprimulgidae），百余种，多以虫蛾为食。例如欧洲夜鹰体长约八寸，上嘴边有可拂动的刚毛，黄昏时出觅食。目能于暗夜见物，昼伏林中。欧洲人以为益鸟。

③ 《埃里安》ii，50；《柏里尼》x，15；《安底戈诺》15 等。

奥率领下的雇佣兵队在法撒罗被大屠杀时,[①]雅典与伯罗奔尼撒附近地区的大鸟全都不见了,从这事件看来,这些鸟具有互相通报[②]的方法。 15

章三十二

鹫有数种。[③] 其一为白尾鹫,栖于低原疏林与城市附近;有些人称之为“捕鹭鹫”。白尾[④]鹫是敢于飞入山谷与丛林的。而其他鹫却很少来到低原与疏林地区。另一种叫伯朗戈鹫,于体型与强健而言,这挨为第二;这种鹫栖于峰顶与岩谷以及湖边,别名捕雁鹫,又名褐鹫[⑤]。荷马诗[⑥]于叙述伯里亚姆至亚溪里的营幕时,曾提到这鹫。另一种羽毛黑色的鹫,体型最小,但勇猛为全鹫属之最。它栖于山林,称为黑鹫或捕兔鹫;群鹫中,惟有黑鹫能全始全终地育雏,及其成长,与之一同出猎。黑鹫健翮,飞行迅捷,习于整洁,傲然自足,无所怖畏,而好斗;亦复沉静,既不高鸣,也不低吟。 20 25 30

① “米第奥的雇佣兵”(οἱ Μηδίου ξένοι),《柏里尼》x,15 作“米第的外客”(Mediae hospites),与史实不符。参看色诺芬:《希腊史》(*Hellen.*)ii,(3)4,及第奥杜罗《史存》xiv,82。

② δηλώσεως,“说明”或“指引”;E[a] 抄本作 δηδώσεως。拉丁各译本于此句稍互异:伽柴:“它们把事变‘互相通知’而后飞去。”斯卡里葛:“它们具有某些感觉,能凭以‘认见事变的征兆’。”斯各脱:“它们好像‘见到了某些伤害的讯号’,知道该即离开它们的住处了。”又,《柏里尼》x,15:“在被用作鸟占中的群鸟,似乎惟有大鸟是真对世事的演变有所预感的。”

③ 《埃里安》ii,39;普卢塔克;“人与动物对话”,《多情的人》(Amat.)750F;《柏里尼》x,3 等。

④ 参看埃斯契卢剧本:《亚加米农》(*Ag.*)115。

⑤ μόρφνος,各译本均作 ὄρφνος(暗褐)解,汤伯逊注,此字可能出于埃及兀鹰(mer)。

⑥ 《伊利亚特》xxiv,316;参看希萧特:《赫拉克里之盾》(Scut.)134。

还有另一种褐翼鹫[①],体型甚伟,头白,翼短,尾羽长,形态有似一只兀鹰。它被称呼为“山鹳”或“半鹫”(假鹫)[②]。半鹫住在山林619a 中;它全备了其他鹫属的一切坏品性,而好品性则一样也没有;它常被大鸟或其他鸟类所追逐,以至于被它们捉住了。它行动笨拙,得食甚难,只好吃死动物的尸体,平生时常在饥饿之中,早晚常可5 听到它在叫喊或啼咕。还有另一种,名称海鹫(鹗)[③]。这鹫颈项粗大,翼弯曲,尾羽宽阔;它住在海滨,用爪抓住捕获物,却不能紧握,每被挣脱,落下大海。还有一种是“真鹫”;[④]人们说群鹫群鹰10 以及各种鸟类都不免因杂交而混种,惟有此鹫独保持了纯种。真鹫于诸鹫中体型最大;较费尼鹫还大些,较普通鹫大一倍,羽毛黄色[⑤]:真鹫像所说的“巨敏第斯”那样,是很稀见的。

15 自日午至日夕为鹫出猎而翱翔的时间;早晨至上市[⑥]这时间它留在巢内。鹫鹰既老,上喙增长而弯曲更甚,最后这鸟必然因饥饿而死;[⑦]有一种民间故事说鹫原是一个人,异方来了乞食的客

Δ① 桑得凡尔指褐翼鹫(περκνόπτηρos)为“髭鹫鹰”(Gypaetus barbatus)。但照下文所述似非猛禽鹫鹰,而实为一“山鹳”。

② 《自由人安东尼文集》xx。

Δ③ 海鹫(ἁλιάετos)为“鹗”(osprey),亦名“鱼鹰”,似鸢而翼长,嘴短边沿蓝色,中央开卵状鼻孔。鹗多营巢水边高树,巢大,横径至四尺。今另立鹗科(Pandionidae)。

④ γνήσιos,《柏里尼》x,3 称为“惟一纯真的原种”,故译“真鹫”。

⑤ χρῶμα ξανθός,“羽毛黄色”。此处倘如上数品种以毛色题名,当称 χρυσάετos,“金鹫”;但此名不见于亚氏书中。鹰隼目内亦无黄羽者。埃及神话中霍卢鹰(Horus)代表“太阳”,亦称“金鹰”,此节所云“真鹫”若出神话,则“真”字便失去分类及遗传的生物学意义。

⑥ “上市时间”,依古希腊习俗,在巳初至午刻(上午 9—12 时)。参看《希罗多德》iv,181;色乌弗拉斯托:《性格》xiii(11)等。

⑦ 此说出于埃及神话,参看《霍拉普罗》ii,96;《安底戈诺》52 等。

人,他拒不予以供给;因此被惩罚,转变而为一只终必饿死的荒鹫〈作为它前生饿死旅客的报应〉。鹫把多余的食物留置着以供雏鸟;每天出巢觅食本是相当艰难,有时竟然空爪而回。鹫若见到有人在巢边张望,它会扑向这人;用爪抓他,用翼打他。① 鹫巢不筑于低地,它常觅悬崖峭壁的突出处安家,一般总在一个特别高耸的地点;可是也有在树顶上的鹫巢。鹫雏受到喂饲至能飞而止;这时候亲鸟便把它们撵出巢外,并赶离这一生活地区。事实上维持一对鹫鹰的生存需要广阔的区域,所以不能让别鸟栖息在它们住处的附近。② 它们并不在窠边觅食,行猎时飞出很远。当鹫捕获了一只野兽,它把它放下③,不立即带去;倘这兽太重,它带不了时,就弃置在那里。当它瞥见了一只野兔,并不立即下击,要等到它走上了空地,这才飞下;它俯冲时也不是直下的,在空中盘旋,一圈一圈地降落:异于猎人的直捷动作,它宁取稳当方法。由平地翱翔到高空需费很大的劲,所以它常停趾于高处;它翔于高空,故能远瞩;于高飞而言,这可说是鸟类中惟一近似于群神的了④。常例,猛禽不会站在石上,它们的钩爪走上硬石块是不稳便的。鹫所猎取的是兔、麑、狐以及一般它所能抓住的动物。一个鹫巢在一地点常维持着很多年岁,这足证鹫是长寿的鸟。

20 25 30 619b 5 10

① 《埃里安》ii,40。

② 《柏里尼》x,4;《埃里安》ii,39。

③ τίθησι,“放下”;有些抄本作 κινήσι,“拨动”;狄校本揣为 'ίστησι,“试试重量”。

④ 以“高”为“神”亦属埃及神话观念;参看《霍拉普罗》i,6。

章三十三

在斯居泰[①],有一种鸟与大鸨[②]大小相仿。雌鸟产二卵而不抱,它藏卵于一野兔或狐的毛皮之中,就此放置着;它猎食回来站在大树上,看守着这卵包;任何人试想爬上这树,它就同他打架,像鹰那样用翅膀扑击这人。

章三十四

鸮与夜乌以及各种白日视觉不良的鸟类均在夜间觅食,但不是通夜行猎,只限于黄昏[③]与黎明。它们所捕捉的是鼠、蜥蜴(石龙子)、甲虫(蚑)以及类此的小动物。

所谓费尼鹫(髭兀鹰)是爱护其雏鸟的,喂食丰饶,时时带回食物,性情慈和。它哺育自己的雏鸟,也哺育他鹫的雏;他鹫有扔出其雏者,费尼就当它们的弃雏自巢中下落时,拾起来并喂它们。这里讲到鹫的育雏,它在雏鸟尚未能飞行或自己猎食的时候[④],就撵出它们。鹫的本性是贪狠而嫉妒的,攫取食物时尽抓大块,显着一副凶鸷相。雏鸟行将长成,食量日增,老鸟也心怀嫉妒,便用脚爪挖苦它们。雏鸟相互间也有嫉妒,常因争取巢中位置,抢吃食物而互斗,母鸟于是啄它们,并把它们撵出巢外;雏鸟被啄,便急叫,费尼听到这叫声,便在它们落出巢外时,抢着衔回自己的窠里。

---

① 《柏里尼》x,50。

Δ② ὠτίος,大鸨属鸨目,外形似鸡而足三趾,非洲较多。大鸨(Otis tarda)重达十六公斤;小鸨即雷鸟鸨(Otis tetrao),与鸡大小相仿。此处及 $563^{a}28$ 所举皆为大种。

③ 施那得校本作 ἀκρέσπερον,“夕间”;《雅典那俄》viii,353 引亚氏记述,为 ἀρχέπερον,“黄昏开始时”。

④ ἔτι βίου δεόμενα,照汤英译本作解;施那得揣这分句有缺漏或错字;照伽柴译文,其义当为“尚需母鸟照顾其生活的时候”。

费尼眼上有一层薄膜，视觉不良，但海鹫（鹗）视觉极为锐利，在雏鸟长出翼羽之前，亲鸟便教它们向太阳注视[①]，雏鸟有不肯朝阳的，便挨一顿揍，并被扭回了朝阳的方向；其中如发现有眼中滴出泪水的，亲鸟便啄死它，专哺另些雏鸟。海鹫生活于海边，如曾述及，[②]以海鸟为食；捕猎时，它伺守着海鸟们由水下潜泳而浮上水面，一只一只地把它们抓去。海鸟浮上水面，看到海鹫，便惊慌地重行下潜，想另在他处浮出；但鹫目敏利，它翱翔上空，伺守着海面的动静，海鸟或是溺死或是在任何处出水总被抓住。当海鸟聚集成群时，海鹫不袭击它们，海鸟们一齐用翼拍水，激起一阵暴雨般的水点，溅得海鹫没法接近它们。

620a 5 10 15

章三十五

季伯芙鸟（海鸠）是用海水泡沫捕获的；[③]这种鸟喜欢在浪花上飞跃〈抢食〉，于是渔民便泼上一阵海水，淋湿了它的羽翼。这些鸟长得肥胖，肉味腴美，只尾部不佳，带有些海藻气。

章三十六

于鹰属而言，鹫（雕）最强；于勇敢论，鵟隼为第二；鹞为第三；其他诸品种有星鹰、捕鸽鹰、伯特尼；阔翼鹰[④]别名为“弱鹫”（假

20

① 《柏里尼》x，3；《安底戈诺》46；《埃里安》ii，26；《菲尔》i，14 等。鹫鹰能“向太阳注视”，亦出于埃及神话，参看《霍拉普罗》i，6。

② 本书卷八，593^{b}23。

③ 尼康徒：《解毒赋》165。 Δ“季伯芙”（κέπφος）另见《吕可弗隆诗》（Lyc.）76，拟为海燕科之远洋海鸠（procellaria pelagica）“暴风雨海鸠”，参看蔡采斯诠疏。

④ πλατύτεροι，依施校作 πλατύπτεροι，“阔翼鹰”，符合于威廉译本的“Latarum…alarum accipitres”。

雕);另有些品种分别称为家鹘(儿隼)或捕雀鹰、光羽鹰[1]或捕蟾
25 鹰。末一种鹰就地鼓翼而行,易于得食。有些人说鹰有十种[2],各
不相同。他们说一种鹰专袭击并捉取歇在地上的鸽,从不捕捉飞
行中的鸽;另一种鹰专袭击枝上的或栖在高处的鸽,从不捕捉地上
30 或飞行中的鸽。又一种鹰便专逐飞鸽。他们说鸽能识别这些鹰
种:于是看到有鹰正欲捕鸽时,如其为一专逐飞鸽的品种,鸽便歇
着不动;如其为一专捉息鸽的品种,鸽便起身飞走。

35 色雷基,有一处曾被称为启特勒浦里(杉城)的地区,那里的人
620b 借助于鹰,在沼泽间捕猎小鸟。[3] 人们手持棍棒,拍击芦苇与丛
枝,把小鸟赶出,群鹰临空威吓着它们,它们又只得回入芦丛。于
是人就用棒扑击而捉住了小鸟。这些猎人把所获小鸟抛几只到空
5 中,群鹰就会在空中接取;就这样它们两伙共分着赃物。

在迈奥底斯湖[4]附近,据说狼与渔人协力捕鱼,倘渔人不分一
些鱼给狼,群狼便把晾在湖边的渔网咬成碎块。

关于鸟类的习性就说这么多。

章三十七

10 于水生动物,人们也可见到它们各具有适应其生活环境的智

---

① οἱ λεῖοι,“光羽鹰”;斯卡里葛揣拟原文应为 οἱ δ’ ἕλειοι,“另些为沼泽鹰”。“泽鹰”见于《希茜溪辞书》。汤注此字亦可能出于外国鸟名,与希腊字义的“光滑”或“沼泽”两无关系。

② 《加里马古残篇》(*Callim. Fr.*)本脱里(Bentley)编校本 468 页,(《大字源》引之以释鹰种)谓“不少于十种”。《柏里尼》x,3,“鹰共十六种”,或校“十六”为“十”字之误。参看《埃里安》xii,4 等。

③ 《异闻》(118)841^{b}15;《柏里尼》x,10;《埃里安》ii,42;《安底戈诺》28(34)等。启特勒浦里(κεδρείπολις),“杉城”或“杉树镇”,今未能考定为何地。

④ 迈奥底斯湖(Μαιῶτις)即今亚速海。

巧。常俗所传鮟鱇的故事是完全确实的；所说麻醉鱼（电鳐）的情形也不虚。鮟鱇在眼睛前伸出若干根须条（τριχοειδές 钓线）；这些须条细长，两边分披；须的末梢是圆的；这圆端就成为它的钓饵（δέλεατος）。① 鮟鱇伏在水底，搅动泥沙，自己便隐身在浑水中，伸出钓线，当小鱼触动这些须梢，它便把它们拖进口内。麻醉鱼（电鳐）②于它所要捕捉的生物先使用它身上③所具有的震动性能，使之麻木，然后吃掉它；它也隐身于泥沙的浑水中，捞取所有游近而进入它能使麻震范围以内的生物。

15

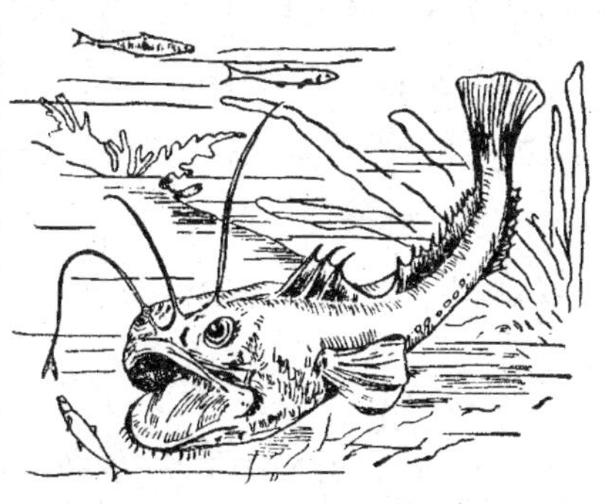

图 20. 鮟鱇钓鱼 （以"钓鱼鮟鱇"〔Lophius piscatorius〕作图）

20

① 《埃里安》ix，24 所述较此节为详。又《安底戈诺》52；西塞罗：《神性论》ii，49；普卢塔克：《动物智巧》978B；奥璧安：《渔捞》ii，86。

Δ 鮟鱇（Lophius），学名"钓鱼者"（piscatores），中国别称"琵琶鱼"，亦名华脐鱼。头上有骨质弹性棘三枚，其第一枚尖端有小瓣。鮟鱇以两腹鳍徐徐匍行，振动头刺以及悬垂于其末梢的小瓣，诱致小鱼，待小鱼游近，便迅行吞食。

② 《埃里安》ix，14；《安底戈诺》53；《柏里尼》ix，67；普卢塔克：《动物智巧》978B；奥璧安：《渔捞》ii，62 等。νάρκη，依本义应为"麻醉"鱼或"麻痹"鱼，现代名称为"电鳐"（torpedo，板鳃亚纲，电鳐目）。渥尔希（Walsh）最先确定此鱼麻醉他动物的能力出于电能（《哲学通报》〔Philo. Trans.〕1774 年）。近代著作可参看奥尔培斯：《现代电鳐实况与古代电鳐记述通释》（V. Olbers：*Die Gattung Torpedo in ihr naturh. u. antiq. Bezeihung erlautert*）柏林，1831 年印本。以后的生物学文献，陆续记载了尼罗河有电鲶，美洲有电鳗等若干具备发电器官的鱼类。参看下页注释图 12。

《雅典那俄》vii，314 谓"麻醉鱼并非全身均能麻醉其他动物，只身上某一部分具备此种性能"。 Δ 现代鱼学已确定其发电器官在头与胸鳍间，类于串联的若干蓄电池，为蜂窝状肌肉组织；电压约 70—80 伏特，盛怒的电鳐曾有发生 650 伏特电压的记录。近年生物物理学迅速发展，生物电流的研究已遍及各种动物的各个组织与官能。

③ 原文 ἐν τῶι στόματι，"在它口中"；依加谟斯与施那得从伽柴古译，校改为 ἐν τῶι σώματι，"在它身上"。

于它们这种渔捞情况，曾已做过实地观察。刺魟也隐身，但方式不同。[①] 这些动物用这种方法谋生，可由这样的情况为之证明，它们原都是异常迟缓的鱼，可是被渔获时，却常见到它们腹中正饱食了游泳最迅速的鱼类，即鲱鲤。又，凡失却那种须丝末梢(钓饵)的鮟鱇被捞获时，看来都很瘦〈它已没法捕食小鱼了〉。人类触及电鳐，也要发生一阵麻震。又，髭鮈、魟、鳊鱼(鳊鲽或鳊魟)、角鲛〈皆〉潜伏沙中，用生长在口边的髭条[②]钓取食物，渔人就说这种髭条是它

① 原句未将不同方式说明，似抄本有缺漏。《柏里尼》ix，67：“刺魟用它的刺作武器，自其隐身处伸出，截住经过它身边的鱼类。”下文与此节相同。《埃里安》viii，26；奥璧安：《渔捞》ii，470；安白罗修：《创世诗篇》ix，48等均述及“刺魟之刺”，参看附图。

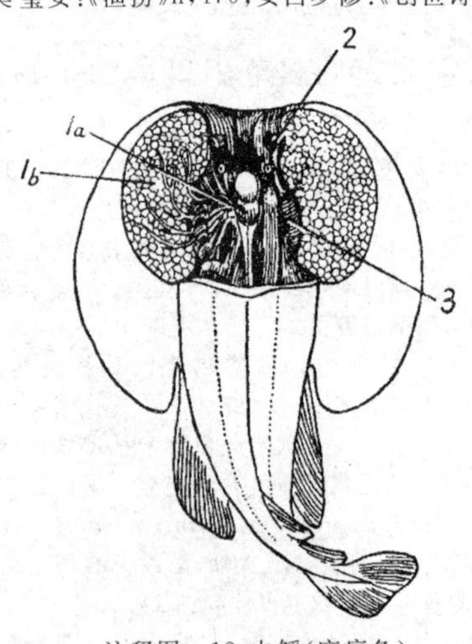

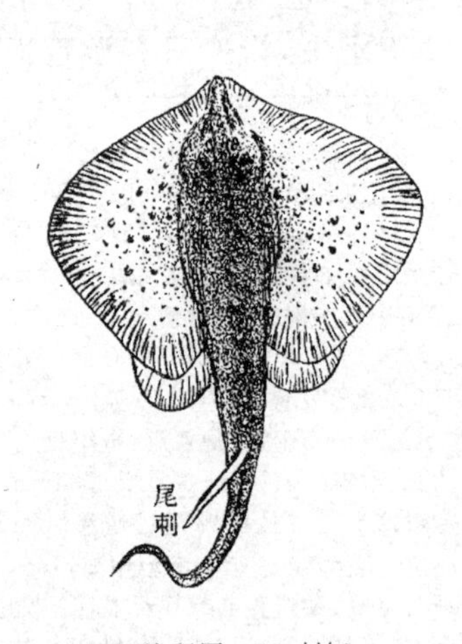

注释图 12.电鳐(麻痹鱼) 注释图 13.刺魟

$1_a 1_b$. 发电器官 2.喷水孔 3.鳃裂

Δ现代鱼学注意到刺魟的刺特坚硬而且有毒。刺魟，中国俗名“黄貂鱼”，属板鳃亚纲，下孔总目(Hypotremata，魟科)。

② 此句所列四种鱼，除ὄνος原意为“驴”鮈，即叉髭鮈(fork-beard hake)，确有髭条外，另三鱼实无此髭或口边触手这类器官。《柏里尼》ix，67，与此相符的章节，谓

们的钓竿，那些被诱获的小鱼错看了这种髭条，当作是它们所常吃的海藻枝叶。

任何水区，倘见到有安茜亚鱼，这里附近就必然没有危害的生物，采集海绵的潜水夫便可放心下水，他们称呼这种标志安全的鱼类为"圣鱼"。[①] 这与陆上另一事例全相符合：任何地点，倘见到蜗螺存在，你便可断定那里绝无猪和鹧鸪；因为猪和鹧鸪若在附近，蜗螺必被吃光。[②] 35 621[a]

海蛇（游蛇）[③]，颜色与形状似海鳗（康吉）而体型较小[④]，行动较速。海蛇若被捞获而又被摔出[⑤]，它会用它的尖嘴在沙滩钻出一洞，迅速潜入；它的嘴就比普通的蛇嘴较为尖锐，所谓"海蜈蚣"[⑥]，在吞下钓钩以后它会翻转那着了钩的器官，脱出钓钩，然后再翻回体内；海蜈蚣，像陆蜈蚣一样，对于一个好吃的诱饵是会上 5

"角鲛，大鲽均像魟鱼那样摇荡其鳍，使像游动的蠕虫"；不言口边有"髭"。又此句动字为单数，似原为说明鮟鱇捕捉小鱼之情况，而后人妄为增入上列三鱼名。

① 《雅典那俄》vii，282；普卢塔克：《动物智巧》981D。《柏里尼》ix，70；所述作为安全标志的鱼名柏朗诺（planos），居维叶认为即"安茜亚"鱼。

② 《埃里安》x，5。

③ "海蛇"（ὄφις ὁ θαλάττιος，Draco marinus）即《柏里尼》ix，43 的游蛇（enhydris s. colubra），属黄颔蛇科或称游蛇科。《埃里安》xvi，8 所叙"真海蛇"异于此节所述。居维叶谓《柏里尼》所云"海蛇"当为 δράκαινα，即本书卷八，598[a]12 之"龙头鱼"。汤伯逊注，此"海蛇"列于鳝类可能实指"蛇鳗"（Ophisurus colubrinus）。

④ 贝本及若干抄本作 ἀμαυρότερος，"较暗黑"；依奥-文，从 D[a] 抄本，作 μυουρότερος，"较小"。

⑤ 原文 φοβηθῇ，"被恐吓"或"威迫"；依伽柴译本及《柏里尼》ix，43，加谟斯与施那得校为 ληφθῇ，"被摔出"。

⑥ 海中"蜈蚣"（σκολόπενδρα），未能确言为何科目。《柏里尼》ix，67 中之"海蜈蚣"，居维叶诠释为环节动物（Annelid），如沙蚕科（Neridae）的"沙蚕"（Eunice veridis）。今常俗于好多种沙蚕犹统称之为"海蜈蚣"。沙蚕嘴在颈下，能伸长，或由此而被误解为能翻转。嘴边齿状黑鳃能咬物，但沙蚕无刺。参看普卢塔克：《道德文集》567D；《埃里安》vii，35；奥璧安：《渔捞》ii，424；第奥斯戈里特：《药物志》ii，16。

钓的。这动物,又像所谓"海荨麻"(刺冲水母)不用齿咬而用全身
10 的棘刺戳刺他动物。所谓狐鲨(长尾鲛)[①]发现自己着了钓钩,就
像海蜈蚣那样试图挣脱这钓钩,但它另用不同的方法:它追逐着钓
线游上去,径行把它咬断。在有些海区的深水急流中,用多钩钓线
15 〈夜钓时〉[②]钓获了狐鲨。

弓鳍鱼(鲣)窥见有危害动物来临时,便群聚成团,[③]最大的弓
鳍鱼在外围周游,这外来动物触及大群中任何一尾,全群便合力抗
20 争;它们具有尖锐的齿[④]。曾见有一条拉米亚鲛(蛇形鲛)落在弓
鳍群中弄得遍体剧伤,其他大鱼也在所不免。

于河鱼中,雄性的大鲶鱼特别用心照顾鱼苗,[⑤]雌鱼在分娩后
25 便游离产卵场;雄鱼看守在鱼卵最多的地区,赶走所有想来偷吃卵
或鱼苗的小鱼们,它这样照顾着它的子女们,历经四十或五十日,
那时幼鱼已长大,力能应付其他鱼类了。渔人能知道大鲶鱼的所
在;因为它驱逐小鱼时,常在水中泼剌,因而发出一些轻微的声响。
30 有时鲶鱼卵附在水草的根上[⑥],渔人们把水草自深处尽拖向浅滩,
雄鲶鱼就这样认真于尽它的父职而跟着籽卵进入了浅水处,碰到
这种情形他就在吞食游来的小鱼时,吞下了钓钩;可是它若获得了

① 《柏里尼》x,67,xxxii,53;埃里安:《杂志》i,5;普卢塔克:《动物智巧》977B;《安底戈诺》21;《奥璧安》iii,144。

② 夜钓施放"多钩钓线"(πολυαγκίστροις),可参看奥璧安:《渔捞》iii,78。

③ 弓鳍鱼遇敌而一时群聚,另见《雅典那俄》vii,277C(引亚里斯托芳《残篇》)。

④ 居维叶与梵伦茜恩《鱼史》viii,154页谓"此鱼每一牙床,各具一列密排着的圆锥形尖长齿"。《柏里尼》ix,19:"弓鳍金枪齿锐,惟鲭属鱼(如 Scombre sarda,沙第尼亚岛鲭鱼)可与匹敌"。但普卢塔克《动物智巧》977A则谓弓鳍鱼是"小口鱼"。

⑤ 参看本书卷六,568^b13。

⑥ 原文 τὰ φαπροσῆ,语意不明;依威廉译本为"籽卵附着在水深处的草根上";施校据此。

关于钓钩的一些经验，就会用它的利齿把钓钩咬碎，而后继续看守 621b
着他的籽卵。

所有各种鱼类，无论是漂游或居留的鱼类各占领着它们出生所在的地区或与之恰相似的地区，因为正在这些地区它们各可找 5
到适宜的食物。食肉鱼多远游；而鱼类多食肉，只少数种属不食肉，例如鲱鲤、萨尔帕、红鲱鲤与嘉尔基。所谓芙里斯鱼（刺鱼）[①]
分泌黏液，造成窠样的包围物而托身其中。于螺贝以及无鳍的鱼 10
类而言，海扇凭它内在的某种性能，发出最大的力量，做最远距离的活动；紫骨螺以及与之相似的螺贝便绝少移动。到冬季所有在比拉礁湖[②]内的鱼类，除了虾虎（鲄鲤）之外，全行外徙；这里浅狭，
水较外海冷些，它们因此离去，待孟夏渐热，它们又都回来。在这 15
礁湖中，斯卡罗鱼（绿鲀）是没有的，司力太鱼（聪耳鳎或感音

Δ① “芙里斯”（φωλίs），今用此字称“锦鳚”，但锦鳚科鱼鳗形，未见有造巢的记录。黑海、亚速海中刺鱼（或作“鬣”，亦称棘鱼或丝鱼，Gastrosteus）形似青花鱼，以造巢著名。六七月间产卵时，刺鱼上溯淡水河中，雄鱼集藻类，分泌黏液为丝，制成圆形巢，使雌鱼产卵其中。产后雄鱼守护于巢边。刺鱼脊鳍臀鳍及腹面有硬棘刺，故以为名。汤伯逊谓卷六，567b20 所举“黑鲄”，也是一种造巢鱼。

Δ② “比拉海峡”，亦称比拉礁湖。依《斯脱累波》xiii(2)2，累斯波岛与密替利尼岛之间为比拉海峡。比拉城在累斯波岛上，濒临海滨（参看 544a21 注）。

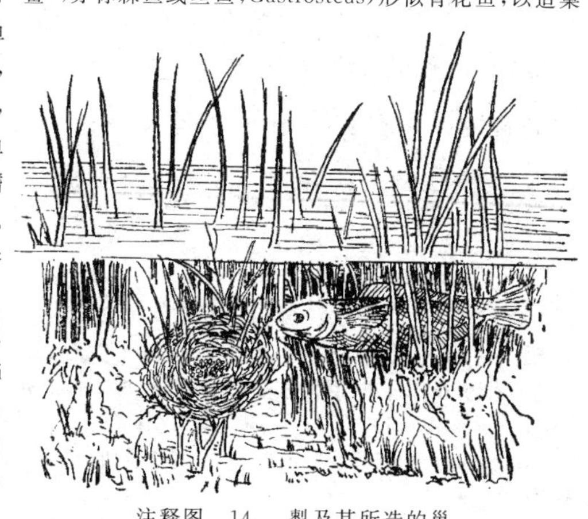

注释图　14.　鬣及其所造的巢

鲱[①])也全无,也没有任何有棘鱼,斑鲨与棘鲨均无,海生螯虾也没有,章鱼,无论普通品种与有臭品种,两皆不见,其他某些鱼类这里
20 也是没有的;而且在这礁湖内所发现的白鮈鲤(白杨鱼)却不是海生鱼。卵生鱼类自初夏至产卵时期最为旺盛;胎生鱼类则盛于秋季,鲱鲤,红鳞鲤以及一切与之相类的鱼也以秋季为壮硕。在累斯波附近,外海和礁湖内的各种鱼均在礁湖内产卵育鲕;秋季交配,
25 春季分娩。软骨鱼类到了秋季就雌雄聚集,以行交配;初夏,它们成对地泳入内海至分娩后散开;被捕获的软骨鱼,有时雌雄正在交尾。

软体动物中,乌贼最为狡黠,运用墨汁来隐身,或遇险时凭以
30 脱逃,这是在海洋生物中独一无二的:章鱼与枪鲗只在有所恐惧时才放射墨汁。这些动物泄墨时不全泄尽;泄后不久这些墨汁又积聚起来。乌贼,如曾言及,常用它的有色物料染黑一块海水作隐身
622a 之用;它一会儿现身在这些黑水前面,一会儿又隐入黑水之中;[②]它用它的长触手不仅捉些小鱼,常常还攫住了鲱鲤。章鱼有时未
5 免糊涂,人们若把手放入水内,它也会抓住;但它习性整洁而节约:它把食物带回自己巢中储存起来,[③]在一切吃光之后把蟹壳贝壳以及小鱼硬骨扔出巢外。章鱼在捉取游鱼时,自身颜色变得像所

---

① “司力太”(θρίττα)一向被考证为鲱鱼中的“感音鲱”(Alosa sapidissima)。霍夫曼则谓现代希腊人所称“司力沙”(θρίσσα)鱼实为“聪耳鳎”(Sardinella aurita)。《埃里安》vii,32 引亚氏记述,谓特里嘉鱼(τριχίας,沙丁鱼或鬒)喜听音乐。参看《埃里安》v,32,及施那得注疏 197 页,关于“司力太”之诠释。

② 参看《雅典那俄》vii,323;《构造》卷四,章五,679a5;普卢塔克:《动物智巧》978A 等。

③ 《柏里尼》ix,29;《安底戈诺》55。

在的石块颜色一样；[①]遇到任何危险，它也立即改变颜色。有些人说乌贼也会弄同样的狡狯；他们说乌贼能使自己颜色变得与所在场合的颜色一模一样。其他鱼类能变色如章鱼者惟有角鲛。章鱼，常例，寿命不超过一年。它的躯体有一种自然的液化趋向；若把章鱼敲打并压挤[②]，它逐渐缩减，最后〈几乎〉消失了。雌章鱼在分娩后尤易于消失；它落入了昏沉状态，随着波浪簸荡，迷懵若失；这时倘有人潜水，他尽可顺手把它带上；它满身泥污，不复努力觅取食物。雄章鱼也消瘦得只剩皮层，遍体冷湿。在夏季或秋初小章鱼诞生之后，大章鱼便绝难见到，而在这以前〈夏季〉所见的章鱼恰又都是最大的章鱼，这样的事实正可用以证明章鱼是活不上第二个年头的。[③] 人们说章鱼，无论雄雌，一经产卵便骤然衰老，[④]小鱼们竟然可以轻易地把它们从住处拖出，作为大家的食料；在先，这迥然不同；人们又说起，当它们年轻而是小章鱼的时候要强得多，小鱼们绝不敢任意触惹。乌贼也活不上第二个年头。章鱼是惟一能上陆的软体动物；在粗糙的地面上，它优于行走；你试紧握它一下，可知它周身除了颈项以外都是充实的。这里于软体动物已说得这么多了。[⑤]

622b

---

① 《色乌弗拉斯托残篇》171—173；《雅典那俄》vii，317；普卢塔克：《动物智巧》978D。《雅典那俄》在上举章节中曾提及亚氏有 Περὶ ζωϊκῶν καὶ ἰχθύων《关于动物与鱼》一专篇（今失传），把章鱼（πολύποδες，多足鱼）分成“蛸鱆”（ναυτίλος，舡鱼）与“变色鱆”（τρεψίχρως）两类属。

② πιλούμενος 可解作“使之软化”。参看《柏里尼》xxxii，42。

③ 《柏里尼》ix，48；《埃里安》vi，28。

④ 《埃里安》ix，45；《奥璧安》i，305，535。

⑤ 亚氏这种套语，照例用以结束上一章，或上一论题而承启下文另章或另题。此处下文“舡鱼”作章鱼类属的软体动物而论，仍为原题，原文或有缺漏，或这句该移下至622b19 行。

这里还得说到它们也会制作一个粗糙而单薄的壳，为自己的硬外套，而且当它们长大时，这壳也造得更大，这样在出壳时，就好
5 像从住屋内①走出。

舡鱼（船蛸）原是一条章鱼，但它的身体与习性两皆特异。②它从水深处升起，浮游于水面；上升时壳口向下，壳内空洞，比较容易浮起，但到水面以后，它就把壳倒转过来。在它的触手之间，具
10 有一些相联结的组织③，像蹼足鸟类的趾间组织；只是鸟蹼厚实，而舡鱼这组织则薄如蛛网。当轻风起处，它就应用它这样的结构作为船帆，并且放下〈两支〉④触手作为舵桨。它若受惊，便把水灌
15 满壳内而下沉。关于这外壳的发生与长大，实地观察的知识还不够；似乎在它诞生时并无外壳，这像其他螺贝的壳那样，是随后长成的；这动物，倘被剥除了这外壳，是否能存活亦尚未能确断。⑤

章三十八

20 在所有各种虫类之中，也可能在一切生物之中，蚁、蜜蜂、黄蜂、胡蜂以及与这些相近的种属，是最勤兢的生物；至于蜘类，其中

---

① ἠ οἰκίαις，“从住屋内”；威廉译本 in latibulo，“藏身处”；施那得凭以校订原文为 ἠ κοιλίας，“从洞内”。

② 《雅典那俄》vii，317 引亚氏语；《柏里尼》ix，47；《安底戈诺》56；《埃里安》ix，34；《奥璧安》i，338。

③ ἐπί τι συνυφές 在这短语中，依薛尔堡从伽柴译文 membranulam，用 λέπος 代替 ἐπί，则汉文可译为“一些相联结的皮膜”。

④ 依施、璧、狄校本增〈δύο〉。

Δ⑤ “船蛸”（ναυτίλος），头足类，二鳃，属舡鱼科（Argonautidae），形似章鱼。雌体八支触脚中，二支末端扩大而成翼状。舡鱼能分泌白色液质，造成半透明螺壳（故中国译名称之为“鹦鹉螺”）。肉体与壳不相连属；出壳时，以翼状脚携带此壳。雄体小于雌体，无翼状脚及壳；其第三长触脚（触手）为生殖交接肢。5—19 行所述船蛸之运动情况颇为翔实。

有些较另些为更整洁而富于技巧。[①] 蚁类怎样工作是习常可见的;它们在搬走食物并把它们储藏起来时,一个跟着一个列队行进;这些情况都可共同观察,它们虽在夜间,若有明亮的月光,也会继续工作。[②] 25

章三十九

蜘蛛[③]与法朗季蜘(兵蜘)有许多品种。法朗季毒蜘[④]有两种;其一相似于所谓"狼蜘"(λύκοις)体小而有斑,尾端作锥尖;移动时作跃进,因此获得了"跳蚤"(ψύλλα)的绰号;另一体大色黑,前肢长;行动稳重,前进缓慢,不很强健,从不跳跃。(毒物贩子所供应的其他品种,有些颚钳弱,另有些竟全不咬人。)还有另一品种,即所谓"狼蜘"。这些蜘类的小种不会结网,大种在地上或颓垣残壁间[⑤]结一粗疏而不成样的网。它所张网处常有一空洞,它自己就躲在洞内,守着网丝的末梢,待有某一生物粘上了网,开始挣扎时, 30 623a 5

---

① 此句内原文 λαγαρώτεροι 一字不可解,但各抄本均相同,依奥-文校订,删去。汤揣为缮书人重复抄录 γλαφυρώτεροι("较整洁而工巧")而又抄错了些字母,遂成此赘疣而不可解之字。

② 《埃里安》iv,43。

③ 有些抄本作 ἀραχνίων,"蜘网"或"小蜘";依奥-文校本为 ἀραχνῶν,"蜘蛛"。《柏里尼》xi,28 所述蜘类为此节之译文,另 xxix,27 章所述则较此节为详,系尼康徒《有毒动物赋》715 以下各行之译文。参看本书卷五,章二十七。

Δ④ φαλάγγιον 依字义可译"兵蜘"或"斗蜘"。此句称为 δηκτικῶν,"毒蜘"(venom-spider),现代蜘形纲分类用 phalangium 这字称"盲蜘"。盲蜘体型圆,头胸间无缢线,无毒腺与纺绩器,与此处所记相异。盲蜘科代表品种为"获节雇工"(harvest-man),亦称"长脚蜘"(long-legs)。

⑤ 原文 αἱμασιαῖς,无确解。或古抄本互异,各拉丁译本因而相殊:威廉本为 lapidum congeries,"颓垣残壁间";伽柴本 sepes,"篱落间"。《柏里尼》xi,28 作 cavernis,"石洞间"。

它就蹿出洞来。花蜘在树下结有些破烂的小网。[1]

这类生物的第三种特为聪敏而工巧。[2] 它先放出一条长线经
10 纶,那正待编结的网围;[3]接着,它很精确地投入了中心点,安排
"经线";在经线上再施"纬线",随后织成了全网。[4] 它在网中央伺
守投来的生物,但睡眠时离开这中心,捕获物也另处安顿。当任何
15 生物触及蜘网,网中心就受到震动,蜘蛛就用丝去拴住,并把它缠
缚起来,直到它不能动弹,于是把它衔去放置,如适值饥饿,蜘蛛便
吮吸这生物的体液——这就是蜘蛛进食的方式;但蜘蛛那时若不
饥饿,它先行修补任何破坏了的网眼,然后继续伺守。凡生物着网
20 时,蜘蛛必先进入网中央,而后由这一起点进袭那被粘住了的生
物。谁若毁坏一部分蜘网,蜘蛛必在日出或日没时重新编织,因为
生物投网多在这些时刻。织网与行猎的都是雌蜘,但雄蜘分享着
一份猎获物。[5]

25 能织良好蛛网的巧蜘(园蜘)有两种,其一较大,另一较小。大
种具有长肢,它伺守生物时,倒悬在网下:这因为它体大,踞在网上

---

① 所述"花蜘"或"有斑蜘",与上文小种有斑及小种不结网语相歧;似另为一品种,或大种中的有斑或有纹蜘。

② 依下文所述网式而言,此所谓"巧蜘"(γλαφυρώτατον)当为真蜘蛛类(Aranea)无腹节亚纲(Sphaerogastra)中的"图案蜘蛛"(geometric spider)例如园蜘属(Epeira)中的"络新妇"。

③ 《埃里安》vi,57。

④ 关于蛛网,古籍可参看奥维得:《变形》v,55;色讷卡,《短篇集》(Epigrams)90等。近代著作可参看芮第:《昆虫》(Redi:de Insecta);白朗加诺(Blancanus):《亚里士多德评述》;寇尔培与斯宾司:《生物讲稿》xiii 等。蜘蛛结网,(1)先经营挂网的几个据点;(2)由中心发出放射线(radii),即本书所称"经线"(ἰκανῶς);(3)在放射线上粘着一条条的同心线圈(subtegmina),即本书所称"纬线"(κρόκας)。《柏里尼》xi,28 于此句译文,缺第一分句,即结网程序的第一步。

⑤ 《柏里尼》xi,28;魏尔吉尔:《农歌》iv,246。

便太暴露，可能吓走正将投网的小虫，所以它在网下隐藏；形状较不可怕的那种则躲在网上面一个小洞内伺守。蜘蛛诞生后就能结网，网丝由身上一个“像树皮样的组织”（σώματος οἷον φλοιόν）纺 30 出，有如豪猪身上发射[①]鬃毛那样，这不是像德谟克利特所说，由体内的液汁分泌制成的。[②]蜘蛛能攻击比它大的动物，用蛛丝把它们束缚：这是说，一条小蜥蜴来到网上，蜘蛛丝竟然绕生了它的 623b 嘴，[③]缚得它张不开来；于是蜘蛛爬在蜥蜴身上，尽力咬它。

章四十

关于蜘蛛，这已说了这么多。关于虫类，有一属，组成这属的 5 各品种形态大体相似，但没有一个共通的属名；这一属包括一切营造蜂窠（蜜窝）的昆虫：即蜜蜂以及形态与之相类的诸品种。这一属共计九种，六种“群居蜂”——即蜜蜂、王蜂、懒蜂、年胡蜂，还有 10 大黄蜂与坦司利屯蜂（地蜂）；三种“独处蜂”——小仙女蜂，[②]

① 贝本 βάλλονται，“发射”或“发出”；Da 抄本 μεταβάλλονται，“变成”或“化生”。“豪指射棘（鬃毛）”古代流传甚久。参看克劳第安：《豪猪》（Claudianus：*de Hystrice*）15；《埃里安》i，31；奥璧安《狩猎》iii，400；《菲尔》59。　Δ 近代动物学家解释“豪猪射棘”为：豪猪在急遽自卫中欲将棘刺抖向敌兽，受到地面阻碍，往往脱落而且弹出一些距离。波勃林斯基等著《动物学教程》下卷章七，汉文译本 433 页。

Δ② 蜘蛛尾部有丝腺，分泌黏液，经过四至六个“疣状纺绩突起”（即此处所云“树皮样的组织”）而外出的黏液，一触空气就成细丝。德谟克利特所说不误。（参看诺屯斯季奥特：《生物学史》（Erik Nordenskiold：*Hist. of Biol.*）第五章，有关德氏与亚氏生物学比较一节）。

③ 贝本等 στόμα，“嘴”；狄本，从孙得凡尔所论，校为 σῶμα，“身体”。　Δ 蜘蛛用上腮毒钩致死入网的生物。

② σειρήν，“撒伦”，依原字义译为“仙女蜂”，此名不见于亚氏著作之其他章节。依其独居习性及颜色而言当为黄蜂科（Vespidae）的铃蜂属（Eumenes）或树蜂科（Sirenidae）的蜂种。依《埃里安》v，42，撒伦蜂与王蜂、工蜂同列，当即雄蜂（“懒蜂”）。

黄褐色，大仙女蜂黑色有斑，以及第三种，即最大的一种，嗡嗡蜂（大野蜂）。蚁从不出猎，它们就尽力收集近处的物品；蜘蛛专行捕
15 猎，它不制造也不储藏；至于现在说到的蜂——我们依次叙述那九个品种——它不出猎，而由所收集的物品制成食料而储藏起来，"蜜"（μέλι）就是蜂粮。蜜为蜂粮可由养蜂者搬取巢脾情况为之示
20 明；受到喷烟过程的蜜蜂经历一番苦痛，于是它们就大量地吃蜜，在其他时候，它们绝不贪吃，经常履行节约，以供日后的需要。①它们另还有一种粮食称为"蜂粉"②，蜂粉较蜜为少，有无花果那样的
25 甜味；粉像"蜡"（κηρόν）一样是蜜蜂在股间带回的。

它们工作的方法与一般的习性显见有很大的差别。当一群蜜蜂获得一具干洁的空蜂房时，它们便在内构筑蜡窝③，把[各种花
30 卉的蜜汁以及]④榆柳等特易于渗出的胶汁或浆泪带进窝内⑤，它们用这种材料涂抹巢基而为之弥缝，以防他虫的侵入；养蜂家称弥缝蜡为底蜡（封盖蜡）⑥。倘蜂房的进口太大，它们也用这材料构筑
624a 边墙而使之缩小。它们（工蜂）先各造自己的窝；再为所谓"王"（蜂

《柏里尼》xi，16 亦以"仙女蜂"（sirens）与"懒蜂"（cephenes）为同种之异名。其他古籍如《修伊达辞书》等涉及此字者皆语焉不详，未能确切有助于品种之考订。

① 《柏里尼》xi，15；《安底戈诺》57。

② 《柏里尼》xi，7；梵罗：《农事全书》iii，16。

③ 《柏里尼》xi，15；xxiii，3；xxiv，32。

④ 依狄校本加[　]。

⑤ 参看魏尔吉尔：《农歌》iv，40。以蜂蜡为出于树浆树胶，古人沿误甚久。直至近代小胡培尔（Huber Jr.）始阐明蜂蜡非树胶，而是蜂体腹节间蜡腺所分泌的物质。

⑥ 若干抄本及贝本作 κόνισιν，"泥灰"。威廉译本作 gommosen，《柏里尼》xi，6 作 commosin，施那得据以校订为 κόμμωσιν，"底蜡"或"封盖蜡"。参看《希茜溪辞书》κόμμωσις条释文。奥-文校本仍取"泥灰"字样，实误。参看下文 624a18 注。

后)与"懒蜂"(雄蜂)造窝;[①]它们自己的住窝是经常在增筑的,王窝只在幼虫繁多的时候增筑,至于懒蜂窝则须待蜜汁过剩才构筑。它们所筑王窝与自己的窝相毗邻,[②]容积较小,懒蜂窝也筑在自己毗邻,容积较自己的窝为小。它们筑巢时自房顶开始,一脾一脾地往下添造,直到房底为止。储蜜与培育幼虫的窝两面开口,因为两窝的底筑在同一巢脾之上,一窝与另一窝就成为对向,好像一只双酒杯。第一层系属在房顶的巢脾约有两圈或三圈小窝是不储蜜的;凡储满了蜜的窝均用蜡密封。进入蜂房的门口涂抹着"蜂漆"(μιτυί),这种物质颜色深黑,像是蜡的残渣;蜂漆具有强臭,可用以治疗刀创与脓疮。其次的油性物质为"脂蜡"(πισσόκηρος),这较漆的臭气为轻,疗效也较逊。[③] 有些人说懒蜂在蜂房内的巢脾上会自行造窝;但它们不会酿蜜(采蜜),同窠内的幼虫一样,吃着工蜂们制成的蜜。常例,懒蜂(雄蜂)老不出门;偶尔出窠时,便嗡嗡作声[④],高飞空中,盘旋又盘旋,像是在操练;操练完毕,回进蜂房,就饕餮一阵。[⑤] 诸王(雌蜂)从不离蜂房,偶有为觅食或任何其

5 10 15 20 25

---

① 本书卷五,章二十一;《生殖》卷三,章十;《柏里尼》xi,10;哥吕梅拉:《农艺宝鉴》xi,15。

② 此句原文简晦,亦不符实况。蜂后之窝,现代养蜂家称"王台",较一般工蜂窝为大。下文 624^b18"懒蜂窝比他窝为大"与此处下句相反,似原文缮抄错漏。《柏里尼》xi,12:"工蜂为它们将来的统治者构筑大而堂皇独立的住窝",符合蜂群"育王"(繁殖新蜂后)的实况。此节 κηρία 一字若不作"窝"(cells)解,而作"巢脾"(combs)解,则雄蜂窝及后蜂窝为数既少,所占巢脾面积与容积自较工蜂为小:依此解释全句勉强可通。

③ 《柏里尼》xi,6 述制造蜂房的蜡分三种:(一)底蜡(commosis),(二)脂蜡(pissoceros),(三)皮蜡(propolis)。《柏里尼》巴尔麦印本(Parma ed.)用 mytin 代替 commosis,似 μυτυί,"蜂漆"或称"蜂胶",即"底蜡"。蜂蜡辨析可参看芮乌缪尔(Reaumur,R. A. F. de)《柏里尼评述》v,437 页。

④ ῥυβδη,里-斯《辞典》释为"嗡嗡声";汤伯逊英译本解作"川流不息地"。

⑤ 《柏里尼》xi,22。

他原因而离窠者必与全群同行。[1] 他们说，倘一群新蜂出门迷失，它们会沿来路折回，凭气息找到它们的首领。[2] 倘蜂王不能飞行，30 全群会把它抬着飞行；蜂王若死，全群亦亡；这蜂群纵然还在筑巢，继续活上一些时候，但窠中不复产蜜，群蜂不久均归死灭。[3] 蜜蜂们爬遍花朵，用前肢迅速地采集蜂粉[4]，前肢所集括移于中肢，最 624b 后移集于后肢的膝凹；[5]装儎好了，它们便飞行回家，显然每只蜂都是重儎而回的。蜜蜂每次出去〈采蜜〉，不由这一种花草换上别种花草，只由这一朵紫堇换上另一朵紫堇，不去沾惹异种花朵，要 5 待再一次出去，它才另换别种花草。回窠时便卸下它们的装儎；它们常是三只四只结伴归来。[6] 人们未能精确说明它们所采集的究为何物，也不详悉它们采集的方法。蜜蜂逗留在枝叶浓密的油橄 10 树上为时甚久，因此，曾经有人仔细观察了它们在那里采集蜂蜡〈与蜂粉〉的过程。采集工作完毕后，它们就饲养幼虫(蜂蛆)。没法禁止懒蜂挤上幼虫与蜜窝之间。据说在蜂王存活的时期内，懒 15 蜂总是和蜜蜂(工蜂)一同产生的；蜂王若死亡，据说蜜蜂就把懒蜂养在自己的窝内，这时候它们似乎精神旺盛一些；因而人们称之为“有刺懒蜂”，这不是说它们真已具有螫刺，只是它们的尾节活动着

① 《柏里尼》xi，17。　Δ蜜蜂每群只一蜂后(雌蜂)；新雌蜂育成后即与“老王”(原群蜂后)“分封”(分巢)，率领部分工蜂(即生殖器官发育不全之雌蜂)及雄蜂离开旧巢，别营新巢。

② 《埃里安》vi，10。

③ 《埃里安》v，11。

Δ④ 原文 κηρὸν，“蜂蜡”；实际应为 κήρινθον，“蜂粉”。

⑤ 《柏里尼》xi，10。　Δ工蜂出入花丛，全身沾有花粉，用前中肢上的集粉器与花粉刷，括入后肢膝凹间的“花粉篮”(pollen baskets)，篮内有细毛，能保持那括集在一起的花粉球。

⑥ 魏尔吉尔：《农歌》iv，163。

像在运用这样的武器。懒蜂窝比他窝为大;通常是混在蜜蜂们自己的窝列之内,但有时蜜蜂为它们专造隔离的窝;这样,养蜂家便可把这些懒蜂窠割除。 20

如曾言及,蜜蜂有若干品种;"王蜂"有二[①],较好的一种色赤,另一色黑而有斑纹,比工蜂大一倍。工蜂体小而圆,有斑;另有一种则体长而似黄蜂;[②]又有一种,色黑腹扁,即所谓"盗蜂";[③]更还有懒蜂,躯体最大而性懒,无螫刺。蜜蜂族裔之居于农田与居于山林者相异:山林蜜蜂体较小而多毛,并较勤奋,较强悍。[④] 工蜂造巢匀整,窝沿窝盖都很光洁。每一巢脾住一种蜂;或都是蜜蜂,或都是幼虫,或都是懒蜂;倘一脾上这几种蜂窝都有,则每种各为一列,直到末端。[⑤] 长型蜂造巢不匀整,窝沿窝盖参差凹凸像黄蜂窠;幼虫及一切事物无定位,随处安置;这类蜂群中所产生的蜂王是劣种,并产生很多懒蜂与所谓盗蜂;它们或全不制蜜或只制成微量的 25 30 625^a

---

① δύο μὲν ἡγεμόνων"王蜂有二",历代诠疏有两解:(一)蜂种凭王蜂为识别;两种王蜂代表普通蜜蜂(Apis mellifica)与里古哩蜜蜂(Apis ligustica,中国称"意大利蜂")。魏尔吉尔:《农歌》iv,93:"王蜂二种,各领有其臣民。"《柏里尼》xi,16 所述"王蜂二种"与此节相似,而造语含混;但 xi,19 则颇已详明:"驯蜜蜂两种,其佳者,体短硕,形圆而有斑纹;其劣者体长似胡蜂,若身上有毛者尤劣。"所叙略可与黄条纹的里古哩蜂及普通黑蜂相符。奥-文译本从此说。(二)寇尔培与斯宾司:《生物讲稿》,xix,认为亚氏与魏尔吉尔均误认雄蜂(懒蜂)为蜂群中的另一首领,故云"王蜂有二"(624^b14—20 所叙懒蜂情况不符实际之处似即出于此种误会)。寇-斯又谓胡培尔(Huber P.)曾述尼特亨(Needham)发现过蜂群偶可有两蜂后,一大一小;其父亦曾数次见到这样特异的情况。

② 本书卷五,553^b8。

③ 《柏里尼》xi,18。《梵罗》iii,16:"据说蜜蜂们的领袖有三品种,黑种,红种,杂色种;依梅尼克拉底(Menecrates)所记则为两种,黑种与杂色种。"

④ 《柏里尼》xi,19;《梵罗》iii,18。

⑤ 原句晦涩,依汤译本索解。δι᾽ ἀντλίας不可解,照璧校为διανταίως,"一直延展到尽处"。

5 蜜。

蜜蜂以翼覆被巢脾而使之"成熟",据说它们若不这么做着,巢脾上会生长蛛网样的覆被,而巢脾便因此毁损。[①] 倘它们在巢脾未损坏的部分加以护持,则这部分可得保全,只让已损坏的部分蚀
10 掉;它们如不从事护持,整张巢脾便归消灭;在损坏的巢脾上会发生小蠕虫,待长有翅翼便飞走。当巢脾消损时,蜜蜂补修其表面,在底下增加支柱,留些空道;[②]倘无空道,它们就没法覆被巢脾而那些网便蔓延上来了。

15 当蜂房内出现盗蜂与懒蜂,它们不仅自己不做工作,实际竟还破坏他蜂的工作;这种行为若被见到,工蜂们就把它们当场咬死。工蜂们惟恐王太多了分散蜂群,引起蜂房的解体,[③]因此它们还会
20 毫不怜惜地咬死多数的王蜂,尤其是那些劣种的王蜂;[④]苟蜂房中幼虫稀少,蜂群不宜分封的时候,工蜂们更急于杀死王蜂,这时候倘已造有若干王窝,它们也必毁除这些王窝,因为窠内若另有王蜂,它总是要带走一些蜂群的。苟蜂房中储蜜短绌,蜂群有缺粮的
25 顾虑,工蜂们也就要毁除懒蜂窝;遇到这样的情况,它们会同任何试想取食它们储蜜的生物进行剧斗,并把住在房内的懒蜂一齐撵出。小型蜂(里古哩蜜蜂)与长型蜂(普通蜜蜂或野蜂等)剧斗,[⑤]
30 力图把它们逐离巢区;它们如能获胜,蜂房内便产蜜丰饶;如

① 《柏里尼》xi,16;《哥吕梅拉》ix,13。参看本书卷八,605^b13 蜡蛾幼虫注释。

② 《柏里尼》xi,10。

③ 胡培尔:《生物观察纪实》(Observ.)i,169 等页。

④ 《柏里尼》xi,16,18。　Δ这里所云"王蜂"似指雄蜂,即懒蜂;参看 624^b22 注释所引寇-斯评述。

Δ⑤ 参看 624^b22 注。里古哩蜂移入中国后,与中国山野原有蜂种相斗事常见;因养蜂者培养的蜂群中工蜂数多,故斗常胜;中国野蜂只能回避里古哩蜂。

竟失败，长型蜂占领着郊野，它们便不能出勤，闲散度日到了秋季，即将饿死。工蜂杀敌时，总想在巢外进行，①〈不让敌人进巢〉，工蜂们如果有死在巢内的也即被搬出巢外。所谓盗蜂，先毁坏自己 625[b] 的巢窝，一有机会便钻进别蜂的巢窝进行破坏；这种行为若被见到，总被当场咬死。蜂房的每一进口都有护巢的蜂在伺守，盗蜂想偷进蜂房实属不易；即便偷进了巢内，又因吃蜜太多，饱胀得飞不 5 起来，在蜂房前面尽爬，这样它们获得脱逃的机会也是很少的。

王蜂(蜂后)们寻常绝不走出蜂房，只在全群飞行时才得在外 7 面见到它(她)们：这时，所有的蜜蜂全都簇拥在王蜂(蜂后)的周 28 遭。当一个飞行蜂群歇息时，有些蜜蜂就出去觅食，旋即归还大 29 群。这种出窠飞行临当发生前若干天，蜂房内的蜜蜂全都会作出一种特殊而单调的声音，出飞前的两天或三天又可见到少数的蜜 10 蜂在蜂房四围绕飞；识别蜂种本是很难，王蜂(蜂后)是否在这少数蜂内，迄今未能确定。② 它们出窠之后，各依其王(后)，簇聚成团，于是分群飞行。一个小群有时歇在大群旁边常会并入大群，那个被遗弃了的王蜂(蜂后)若跟进大群就被它们处死。蜂群的出窠和 15 分封飞行就是这样。

蜜蜂们各依其职司被分遣以从事不同的工作；有些去采集花卉产物，另些去取水，另些则在修葺并整理巢窝。③ 在饲育〈幼虫〉蜂蛆时，蜂需汲水。从未见有蜜蜂停翅于任何动物的肉类之上，它 20 绝不吃肉。它们每年何时开始工作，不先订定确期，但当百花盛开

---

① 安底戈诺：《异闻志》57。

② 《柏里尼》xi，17；《梵罗》iii，(16)29。

③ 《柏里尼》xi，10；《安底戈诺》47；魏尔吉尔：《农歌》iv，54；《埃里安》v，11。

的日子，它们也都轻盈活泼，正好出勤，夏季尤适宜于它们从事野外的工作；当天气晴朗，它们个个都孜孜不息地飞在花丛叶底。一

25 只经过良好培育的蜜蜂，正在稚龄，实际蜕掉蛹皮才只三天，便会

27 参加工作。① 在情况良好的蜂房中，只在冬至后的四十天内没有

30 新蜂（或籽卵）② 产生。幼虫已经长足时，蜜蜂在它们身旁放置些食料；加制蜡盖，为之封窝；迨幼虫强大〈成虫〉，便自行破盖而出。

在蜂房内出现有破坏巢脾的生物均由工蜂予以清除，其他蜂

626[a] 则对这种破坏现象视若无睹，懒得干预。当养蜂者取出巢脾，他留下足够让蜂群过冬的食粮；倘所剩的食料够量，窠内群蜂便可存活；如果为量不足，那么倘天气恶劣，它们就死在窠内，倘逢天晴，

5 它们就离弃蜂房，全群飞走。它们在夏季与冬季均以蜜为食；但它们另还储存一种同蜡差不多那么硬的食料，有些人称之为“桑得拉季”（σανρδάκη，蜂粉）。它们最凶恶的敌对生物②是胡蜂与名为

10 “埃季柴罗”（αἰγίθαλοι，山雀）的鸟，还有燕与“蜂虎”。倘蜜蜂们路过水边，池沼间的蛙也会吞食它们，因此养蜂家总要赶走蜂去取水的水塘中的蛙类；他们也得把蜂房附近的胡蜂窠与燕窠，以

15 及蜂虎悉数消灭。〈养蜂者既将蜂敌歼除，〉蜜蜂就只要防备本属的侵掠了。蜜蜂们与胡蜂相斗，本属间也会相斗。离各自蜂房远

---

① 《柏里尼》xi，16。

② 原文 ὁ γόνος τῶν μελιττῶν，“蜜蜂的子女”，即籽卵与幼虫。《哥吕梅拉》ix，14 于与此相符之章节为“冬至后，蜜蜂安息 42 日”；《柏里尼》xi，15，“自冬至至大角星上升，蜜蜂休眠不食者六十日”；亚氏《异闻》64 及《埃里安》v，12 文句与上相似：施那得与璧哥洛依此揣拟，用 ὁ πόνος，（工作）改正 ὁ γόνος，原句便应改译为“蜜蜂只在冬至后四十日间停止工作”。

② 魏尔吉尔：《农歌》iv，13，245；《埃里安》i，58；v，11；《菲尔》650；《农艺》xv，2等。

处，蜜蜂不与同种相斗，也不斗其他任何生物，但在蜂房近边，任何生物来到，就会被它们捉住而杀死。蜜蜂施其螫刺时，因螫刺连肠，若未能拔出，就得死亡〈但这不是常发生的〉。[①] 实际，被刺的 20 人常挤出它们的螫刺，它们就能恢复；[②]苟失其刺，蜂就必死。它们能用螫刺刺杀大动物；事实上曾知有一匹马为蜂群所螫，竟至死亡。[③] 王蜂（蜂后）们最不容易发怒，绝难见到王蜂（蜂后）施用螫 25 刺。死蜂均被搬出蜂房，[④]从各方面看来，这生物具有特别整洁的习性；因为排泄物有臭，它们常飞至远处遗秽；又，如曾言及，蜜蜂厌闻恶臭，也不喜香料，它们竟然会螫刺身上施用香料的人。[⑤] 好些偶然事故可以引起蜜蜂的死亡，而王蜂（蜂后）增多时又各要带 30 走蜂群的一部分。蟾蜍也吃蜜蜂；它来到蜂房门口，鼓起肚皮，坐在那里守候着蜜蜂飞出，便一只只吞下；蜜蜂对它无法报复，[⑥]但 626b 养蜂家就因此必须杀死蟾蜍。

至于那些曾说是劣等而造巢粗陋的蜂种，有些养蜂家认为是缺乏工作经验的年轻新蜂；新蜂就是当年成虫的蜂。新蜂螫人不 5 如他蜂，故管理新蜂组成的蜂群较为安全。当储蜜短绌时，它们就逐出懒蜂，养蜂家则以无花果与甜味食品补给它们。[⑦]较老的蜂由

---

① 《柏里尼》xi，19；魏尔吉尔：《农歌》iv，237，色讷卡：《论仁慈》（do Clem.）i，19等。依狄校本增〈ἀλλ' οὐκ ἀεί〉。

② 汤伯逊谓此句似后人掺入。

③ 《柏里尼》xi，19；《埃里安》v，11。

④ 《柏里尼》xi，10。

⑤ 《柏里尼》xi，19；《安底戈诺》57；《农艺》xv，3；《埃里安》i，58；色乌弗拉斯托：《植物原理》vi，4；巴拉第奥：《农牧作业》i，37 等。

⑥ 原文 φρῦνος，"蟾蜍"。《柏里尼》xi，19："据说'蟾蜍'对于蜂螫不感痛苦"，这与此节"蜜蜂对它无法报复"语相符。威廉译本作 syrinis。《埃里安》i，58 的 γύρινος，"蝌蚪"，当属谬误。

⑦ 《柏里尼》xi，12；《埃里安》i，11；v，12 等。

于专做室内工作,躯体毛糙;新蜂专做户外采运工作,全身比较有
10 光泽。它们工作时若感觉巢窝不够,也会咬杀懒蜂;懒蜂的住窝正
在蜂房的最内层。有一回,一个蜂房内粮食发生恐慌,有些居民
(蜜蜂)就去袭击邻封;一仗打胜,它们就搬取那一蜂房中的储
蜜;[1]养蜂者出来试欲扼杀外来蜂群,本房蜂也群起而驱逐敌群,
15 谁都不去刺人。

侵袭兴旺的蜂房之各种疾病中,第一当为"克里卢"病[2]——
这是从蜂房底层出生的一些小蠕虫,这种虫发育时整个蜂房就长
起一种蜘网样的障蔽;而巢脾就此腐毁;另一种病症[3]是群蜂都显
20 见疲困现象而蜂房中则发生臭气。

蜂以百里香为食;[4]白百里香较红者为佳。[5]夏季蜂房宜安置
于清凉处,冬季迁在暖处。它们正在采集的花草若发生霉枯,蜜蜂
25 也就容易发生病患。风大时它们带一粒石子用来镇定它们的飞
行。[6]倘近边有泉流,它们就饮这些水,饮水前必先卸去它们的装
载;倘近边无水,而需在别处饮水时则吐出花蜜而后去饮水,饮后
30 立即又去工作。春季与秋季是两个采蜜季节;[7]春蜜较甜较白,各

---

① 《柏里尼》xi,18;《埃里安》v,11。

② 参看本书卷八,605^{b}13与注。

Δ③ νόσημα,"病",当实指"蜂疫"(fool-brood幼虫腐臭病)。凡传疫的幼虫在成蛹期均死于封盖窝内,蜂房发生腥臭。现代养蜂家所知蜂疫有五种;其中由蜂房芽孢杆菌(Bacillus plutoni)所引起者称"欧洲幼虫腐臭病",亚氏所记古代蜂疫当即此病。

④ 色乌弗拉斯托:《植物志》vi(2)3。

⑤ 参看卷六,554^{a}11。《柏里尼》xxi,12与魏尔吉尔《农歌》iv,30各记录,有蜜蜂采蜜的花卉详单。又,参看《梵罗》viii,9;《哥吕梅拉》ix,8;第奥斯戈里特:《药物志》iii,123等。

⑥ 魏尔吉尔:《农歌》iv,194;《柏里尼》xi,10;《埃里安》v,13。

⑦ 本书卷五,553^{b}25,谓秋蜜胜于夏蜜。

方面都胜于秋蜜。新巢脾以及鲜花枝可酿佳蜜；红色蜜较次，这由于巢脾不佳，储蜜沾上了颜色，有如坏桶盛酒损害了酒味；因此巢脾应常检查，保持干洁。当百里香开花时，蜜就满脾，这种蜜不会硬凝。[①] 蜜作金黄色者最为优良。白蜜不是单纯地由百里香一种花采来的；眼痛和创伤均可用白蜜敷治。劣蜜常泛在浮面，可以泌除；清湛的好蜜常在下层。当群芳最为繁盛的季节，它们开始制蜡；所以你该乘此时刻从蜂房取蜡，它们立即生产应用的新蜡。它们常去采蜜的花卉如下列：桃叶卫茅、樨苜蓿、百合、长春花、荻芦、蔓荆[②]与彗豆[③]。当它们采集百里香的花蜜时，在封窝以前混合进一些清水。如曾言及，它们或是飞至远处遗秽，或是遗之于房内某一窝中。如曾言及，小种蜂较大种蜂为勤恳；小种蜂翅薄，色深，像是饱经风吹日晒的样子。虚华而堂皇的蜜蜂，像虚华而堂皇的妇女，是闲散的。蜜蜂似乎喜听戛戛轧轧的吵声；[④]人们因此说，敲击瓦器或石块[⑤]便能集合蜂群；可是它们究属能否听到这种声响，以及它们的集合是由于来此倾听，抑或出于有所惊慌，我们实际都无从确知。它们把闲荡和浪费的蜂都逐出蜂房。如曾言及，它们全体分工；有些制蜡[⑥]，有些酿蜜，有些采粉，有些造窠，有些

627[a] 5 10 15 20

① 《柏里尼》xi，15；《农艺》xv，7。

② ἄγνος，绢柳；依《柏里尼》xxiv，9 即 vitex(λύγος)，蔓荆或“箒草”(马鞭草科)；参看《第奥斯戈里特》i，196 页等书。

③ σπάρτον，依《柏里尼》xxiv，9，“彗豆(genistae)为蜜蜂所最喜爱的花草”。《第奥斯戈里特》iv，158 作 σπαρτίον。彗豆为开黄花之豆科灌木(学名 G. Scoparia L.)，与 522[b]28 的可底苏(金雀豆)同属。参看斯伯伦格尔:《草木志》(Sprengel: *Hist. rei herbariae*)i，80 页。

④ 魏尔吉尔:《农歌》iv，64；《柏里尼》xi，22；《梵罗》iii，16。

⑤ 贝本 ψήφοις，用“石块”作声；若干抄本 ψόφοις，“作吵闹声”。威廉译本 testis et ensibus，用“陶片(破罐)与铁器”作声，则原文当为 ὀστράσι τε καὶ ξίφεσι。

⑥ 原文 κηρία，“窝”或“巢脾”；依奥-文校本为 κηρόν，“蜡”；狄校揣为 γόνον，幼

吸水入窝拌蜜，有些从事于户外工作。黎明，蜂房内本寂然无声，某一蜂先作二次或三次的嗡嗡，于是大家醒来；全群立即飞动，个
25 个都忙着工作。日暮，它们都已回来，巢内颇为嘈杂；继而声响渐低；最后某一蜂绕巢周飞，又作一番嗡嗡，显然它是在招呼大家歇夜入睡；于是骤然间全房又归寂静。[①] 蜂房中若声音高响，群蜂出入皆扑翅有力，这就可知蜂群兴旺，它们正在忙着增筑幼虫的住
30 窝。它们忍受最久的饥饿，度越了冬令，又开始工作。养蜂家在秋季取蜜时若剩得太多，那么蜂群就显示着有些懒意；[②] 但应该依据蜂房的蜂数留与足够的巢脾〈与蜜〉，若取去太多巢脾，蜂群觉得所
627^b 剩太少，便也精神低落了。倘蜂房太大，这也使它们精神涣散而引起懒意。养蜂家从每一蜂房可获得一夸奥[③] 或一夸奥又半的蜜；一个兴旺的蜂群则可得两夸奥或两夸奥又半的蜜，至于特殊良好
5 的蜂群竟也有分蜜多至三夸奥的。绵羊[④] 与曾已述及的胡蜂为蜜蜂之敌。[⑤] 养蜂家在地上放一扁碟，内置肉块，待若干胡蜂集在肉上时，他们便用一笼罩把它们罩在碟内，投之火中。在蜂房内留有少数懒蜂也未尝不是一件好事，有懒蜂在群内，工蜂们就得格外勤
10 奋些。蜜蜂能预知天气有变或行将下雨；这时它们便不肯出窠；即使天气还好，它们却只在蜂房近处飞行，谁都不想远离：养蜂家凭

虫。依施与壁校此句应调整为 αἱ μὲν ἐργάζονται μέλι αἱ δὲ γόνον αἱ δ᾽ ἐριθάκην，“有些酿蜜，有些喂饲幼虫，有些采粉……”

① 《柏里尼》xi，10；《埃里安》v，11。参看魏尔吉尔：《农歌》iv，186—190。

② 《柏里尼》xi，14；《哥吕梅拉》ix，15。

Δ③ 夸奥（ὁ χόος）合 12 量杯（戈底里，参看 573^{a}7 注②），约当今三公升余。

④ 绵羊（πρόβατον），不合为蜂敌，故奥-文加[ ]。《柏里尼》xi，19：“蜂上羊身后，迷于蜷毛中而不能自脱，故绵羊为蜂敌。”

⑤ 《埃里安》i，58。

这情况知道蜂是在等着风雨来临了。[①]蜂在房内若簇拥成团，这是蜂群行将离去的征兆；[②]养蜂家一见此兆，就用甜酒洒遍蜂房。蜂 15 窝边种植下列植物均属有益：梨、豆、波斯草（紫花苜蓿）、叙利亚苜蓿、黄豆、常春藤、罂粟花、百里香蔓与扁桃。有些养蜂家在他们的蜂体上洒一些面粉，俾在户外工作时可与别家的蜂相识别。倘春 20 天来迟，或气候失常或干旱，蜂房中的幼虫数必然较少。[③]关于蜜蜂的习性就说这么多。

章四十一

胡蜂属[④]有两种。这两种之一是野胡蜂，[⑤]较为稀见，生活于山地，繁殖幼虫不在地下，而在橡树上，这种胡蜂比另一种较大，较 25 长，较黑，有斑而具有螫刺，特为勇敢。它的螫刺在比例上说来又比它的体型为大，于被刺者所引起的痛楚比别种蜂刺为剧烈。这些野蜂能活到第二年，到冬季橡叶萎落，这就可见到它们从枝间出 30 来，飞开去了。它们冬季隐伏，躲在树干或断木的内部。

如以较驯的那些而言，其中有些是母胡蜂，有些是工胡蜂；但人们只能于驯养了的胡蜂群中观察并识别母胡蜂与工胡蜂各异 **628[a]**

---

① 魏尔吉尔：《农歌》iv,191；色乌弗拉斯托：《季节气象》(*de Sign Temp.*)（残篇）iv,46；《柏里尼》xi,10；亚拉托：《神兆与物象》298；《埃里安》i,11 等。

② 《梵罗》iii(16)29。

③ 本书卷五，553[b]20。

④ σφῆκες，一般译作 vesps，“胡蜂”或“黄蜂”；《柏里尼》xi,24 作 crabrones，细腰蜂。常俗于胡蜂科(Vespidae)与细腰蜂科(Crabronidae)群蜂辄混称胡蜂。本章与下章所叙“大黄蜂”(ἀνθρήνη，安司利尼)性状亦时有混淆处。柏拉脱译《生殖》卷三章十注亦谓亚氏所叙 ἀνθρήνων καὶσφηκῶν，迄今未能各别确指其种属。

⑤ 627[b]24 οἱ ἄγριοι“野”胡蜂与 628[a]1 τῶν ἡμέρων“驯胡蜂”相对，所云“驯野”实不能为胡蜂之种别。627[b]25“树居”，628[b]10“土居”，巢法相异，可为种别之征。

的特性。于驯胡蜂的实例上，也可分为两类，其一为首领，被称为
5 “母蜂”，另一为工蜂。首领们较他蜂为大，性情也较温和。工蜂们
活不上第二年，时入冬令，便全数死亡；这可予以证明：冬初这些工
蜂就入于昏睡状态，到冬至，一只都看不见了。所谓母蜂，即首领
们，则一冬均可得见，它们蛰在地下的洞穴中；人们在冬耕或挖土
10 时，常碰到母胡蜂，却从不遇见工胡蜂。胡蜂们的生殖方式如下。
夏季来临，首领胡蜂们找到了一个避风[①]地点，便开始造窠，这种
小窠共有四窝[②]或略多略少些，这就是所谓“胡蜂窝”，在这些窝中
产生工蜂，不产母蜂。这些工蜂长成后，它们就在原窝四围及下面
15 增构新窝，新窠中孵出新工蜂再事增筑；这样到了秋末蜂窠既大，
窝又多，那个称为母蜂的首领便专产若干母蜂，而不再生产工蜂。
这些行将育成为新母蜂的幼虫，体型特大，住在窠内的高处，四窝
20 为一簇或更多些为一簇的若干窝列内，培育情况很像〈蜜蜂〉窝[③]
中“王蜂”（蜂后）幼虫的培育情况。在工胡蜂幼虫成长以后，首领
便不再做工，由工蜂们供养；实况是这样，[工作胡蜂的][④]首领这
时静息在窠内，不再飞出去了。上年的首领在生产了新首领后是
25 否为当年的新裔所咬死，或是它们当年必死或是还能继续活到下
年，没有翔实的观察记录，足资说明；母亲胡蜂或野种胡蜂的寿

① εὔσκοπον，作 εὐσκεπῆ解，“良好的掩蔽”（即避风处）。此字为色乌弗拉斯托的熟用字，屡见于《植物志》iv，1，《风向》（Vent.）24 等篇章。

② 原文 οἷον τετραθύρους，“有如四个门”；依汤伯逊，θύρους（门）作 θυρίδες（窝）解。

③ 此句原文含混，经施那得指明，此处 κηρία 为蜜蜂蜂房中的“窝”，并非胡蜂窠中的“窝”，而 ἡγεμόνες 跟着也当解作蜜蜂群中的“王蜂”而不是“胡蜂首领”，于是全句可得通晓。

④ τῶν ἐργατῶν，“工作胡蜂的”，奥-文认为是衍文。

命或其他相似的问题,我们也没有实际材料可据以确断。[①]母亲胡蜂体宽而重,较普通胡蜂为肥大,凭它的重量而言,翅不很强健;这 30 些胡蜂不能远飞,因此常留在窠内造巢并管理内务。大多数的胡蜂窠内均有所谓"母亲",[②]它们是否具刺尚属疑问;很可能像蜜蜂 628b 群的王蜂(蜂后)那样,实际具刺,但从不伸出来刺人刺物。于普通胡蜂而言,有些无刺如懒蜂,而有些具刺。无刺的胡蜂体较小,精神较弱,从不打架,具刺者体较大而勇敢;人们称有刺者为"雄",无 5 刺者为"雌"。[③]临近冬令,似乎许多有刺胡蜂失却螫刺;但这现象未经实证。

在干旱年岁及旷野地区,胡蜂较为繁盛。它们住在地下;[④]用断梗碎屑和泥造窠,各窠由一点发展,像草根那样蔓延。它们以某 10 些花果为食,但大部分的食料为动物。有些驯胡蜂曾经有人观察其交配情况,但未能辨明两蜂是否皆有刺或皆无刺,或其一有刺而另一无刺;野胡蜂也曾在交配时经过观察得知其一只有刺,而另一 15 只则未能确言其有无螫刺。胡蜂幼虫似乎不是由亲体分娩的,幼虫一开始就具相当大的身体,不像是一只母胡蜂体内所能孕持。你倘执持一只胡蜂的脚,让它振翼作声,无刺之蜂会作对向飞动, 20

Δ① 胡蜂科过冬繁殖方法有两类,(一)Polistes,"群居属"或"社会属"胡蜂,至秋季造窝较大,母蜂此时所产卵育成雌蜂及雄蜂;交尾后,雌蜂蛰伏过冬,成为明年的母胡蜂,雄蜂于冬季死亡。蜜蜂科中之圆花蜂属越冬亦循此方式。(二)Eumenes,独居之铃蜂属或蜾蠃属,则捕取螟蛉等虫携入巢内,产卵其体内,越冬孵化后即以螟蛉体为食,不另由母蜂或工蜂哺育。本章所叙者为第一方式。

② 《柏里尼》xi,24。

③ 无刺胡蜂实为雄性,参看下文628b20。

④ 原文连绵叙述,不分段落,实际已转入了另一种属的地居蜂,如"红蜇"(Vespae rufae),"日耳曼胡蜂"(V. germanica)等;这些胡蜂均穴居地下,筑泥室。

而有刺之蜂则不然;[①]有些人就凭这一实况推论胡蜂群中一组为雄性而另一组为雌性。在冬季,从地下穴内找到的胡蜂有些具刺,有些无刺,有些所造窠,窝小而为数少;另些窝大而且为数好多。25 所谓"母亲"多在榆树上被捕获,当季节更始,她们常到榆树上采集一些黏稠的胶质物。去年若胡蜂繁盛而又气候阴湿,今年当得大批母亲胡蜂。坡崖边或地层的垂直裂缝中可以捉到这些母亲,她30 们均显见有刺。关于胡蜂的习性就是这些。

章四十二

安司利尼(大黄蜂)[②]不以采集花蜜营生,它们的食料大部分 629^a 为动物:因此它们常在粪秽边活动,追逐大蝇,捕获后咬掉它们的头,带着尸体飞回;又,它们也爱吃甜水果。它们的食料就是这些。它们也像蜜蜂与胡蜂那样,群内有首领[③];首领们较其他黄蜂为5 大,而且相互间的大小比例还较甚于胡蜂王与胡蜂和蜜蜂王与蜜蜂之间的比例。黄蜂王(雌黄蜂),有如胡蜂王(雌胡蜂),生活于窠内。黄蜂像蚂蚁那样扒出泥土,在地下筑窠;黄蜂与胡蜂两者都不

① 安底戈诺:《异闻志》57。

② "安司利尼"蜂,依《柏里尼》xi,24 应为"胡蜂"(Vespae,或"黄蜂")类属。亚里斯托芳剧本《云》(Nubes)947 行所叙 ἀνθρήνη 为一"大黄蜂"(hornet)。依此章所叙生态似属细腰蜂科(Crabronidae)的"尖嘴窒泥细腰蜂"(Bembex rostrata),为南欧洲一种大蜂。它常吃掉大牛虻的头,把尸体抱回巢中,埋入土内。但此种属为独居蜂,与本章所述群居情况不符。可能(一)希腊有此类群居性而生态似窒泥属的蜂种,为现代昆虫学家所未详悉者;(二)或亚氏于本章将群居的红蜇(V. rufa)与独居的窒泥蜂混成了一种蜂的记载。

③ ἡγεμόνες,"首领蜂"(王蜂):依《柏里尼》xi,24,"细腰蜂与胡蜂均不群居,也无首领"。居维叶于《柏里尼》此节诠注谓"胡蜂无行政首领,而一窠内同时有好些雄蜂与雌蜂";这样,胡蜂亦可说有群或小群(参看 628^a28 注)。

像蜜蜂那样在分封时成群地飞去，一批一批小黄蜂出生就住居在同一窟内，所以它们不息地扒出更多泥土，而日益扩大它们的窠穴。这样，黄蜂窠便会发展到好大的范围；事实上，一个特别兴旺的黄蜂穴，从中取出的蜂窠曾装满了三篮以至于四篮。它们异于蜜蜂群，不储藏食粮，而以蛰眠状态越冬；越冬期间大多数死亡，但是否可说它们全体死亡，这不敢率断。蜜蜂房可产生几个王，这些王各领走一部分蜂群；但在黄蜂窠中，总只见一个王。

个别的黄蜂们迷失了老窠时，它们就簇拥在一棵树上并构成了些蜂窝，这些窝在地面之上，大家可得常见，①而且在这窠中生产一个蜂王；迨蜂王长成，它就领着它们飞走。②关于它们的交配，②以及繁殖的方法尚无实地观察的记录。如曾言及，蜜蜂群中，懒蜂与王蜂均无刺，某些胡蜂也无刺；黄蜂显见全部有刺：但这仍该说明，黄蜂王（雌黄蜂）是否真的有刺还值得另作一番考察。

章四十三

大野蜂③生产幼虫于盖有石块的地面之上，常为两窝或稍多一些；在这些幼虫窝中可见到有些试制的劣等蜂蜜。坦司利屯蜂④类似大黄蜂，而有斑，身宽略等于一蜜蜂。这种蜂贪馋，它们

① 这里所述实际应为另一黄蜂种。同一蜂种不能既筑地下巢，又筑树上巢。

② 原文有错字；施那得依威廉译本校改为 ἐπὰν αὐξηθῇ ἐξελθὼν ἀπάγει λαβών，“迨蜂王长大，它就领它们出去一起定居”。兹照汤伯逊校订本 ἐπὰν αὐξηθῆι，ἀπάγει 翻译。

② 《生殖》卷三，761a2。

③ οἱ βομβύλιοι，从“嗡嗡”声取名之大野蜂，参看本书卷五，554b22，本卷 623b12。

④ τενθρηδὸν（坦司利屯），未能确定其种属；在第40章623b11，列于群居蜂内，

629b 有时一只一只飞进了厨房，踩上鱼片或类似的肴馔上。坦司利屯蜂像胡蜂那样培育幼虫于地下，其种族颇为繁盛；它的窠远较胡蜂窠为大而且长。关于蜜蜂，胡蜂与其他一切类似昆虫之工作方法和生活习性就说这些。

章四十四

关于动物的性情，如前曾注意到的[①]，人们可在诸动物间看到很大的勇怯之别，而且即便在野动物中，其间仍还有很大的驯野差异。狮在进食时[②]是最凶暴的；但已得饱餐并不饥饿时，它是颇为和顺的。它全无疑忌或恐惧心理，对于同它一起养大而相熟识的动物，它乐与游嬉，并显得十分亲昵。在狩猎中，[③]它若暴露在旷野而为人所见时，从不表现惊恐的意态，也不奔跑，即便为大群的猎人所迫而退避时，它也一步一步，从容不迫地却行而去，还时时掉首回顾那些追逐它的猎人。可是，它一进入有所荫蔽的丛林，随即疾驰，迨穿过林区重入旷野，它又回复慢步的退却。在空旷处若为许多猎人迫到不能不全力奔跑的时候，它还是只跑不跳。这种奔跑持续着匀整的步趋，像一只狗的步趋；但它在追逐野兽而迫至临近时，就会突然地一跃而扑上那动物。有两种有关狮的记载均属确实：其一谓狮特怕火，荷马的诗句[④]有云：

次于胡蜂、黄蜂之后；此处列于独处的大野蜂之次，当为独居蜂；前后不符。孙得凡尔认为此节系后人撰入。

① 本书卷八，588a15；本卷，610b20。

② 依《埃里安》iv，34：“狮，适逢其饿，最为凶暴；若已饱食，就很和顺。”行文较此节为简净；施、璧校本从《埃里安》。参看《柏里尼》viii，19。

③ 参看《伊利亚特》xi，545。

④ 《伊利亚特》xi，553；xvii，663。

狮虽猛悍,而畏夫炬火。

另一谓狮注视于那个出手攻击它的猎人,纵身扑向这一猎人。倘这猎人虽向它刺枪,而未曾刺中,[①]那么狮虽跃起而抓住了这猎 25 人,它也不抓伤他,只是把他摇晃几下,吓唬一阵,便又放开他了。狮既年老力衰,齿牙渐渐消磨,已不能逐取它们惯常攫食的野兽时,[②]就不免侵袭牛栏[③]而攻击人类。它们寿命颇长。一只因腿跛 30 而被猎获的狮,许多齿牙业已残缺;有些人引用这一事例证明狮必寿长,指说它若非高龄,就绝不衰损如此。[④] 狮有两种,[⑤]以矮胖卷鬃与长身直鬃[⑥]为别;项鬃直者勇猛,卷者较欠勇敢;有时它们会 630a 像狗那样夹着尾巴逃走。曾见有一狮正要扑向一只野彘,但当那野彘竖起项鬃准备抵抗时,它就跑开了。狮惟胁腹部容易受伤,全身其他部位可耐任何次数的打击,它的头颅尤为坚硬。若被狮伤, 5 无论是由于齿牙或趾爪,创口总要流出苍黄的脓血,绷带与海绵均不能止息;处理这种狮伤与治疗狗咬创口相同。

---

① 此处依斯校与狄校本逗点“,”置 μή(“未”)字前译。若依施、璧、奥-文校本,逗点在 μή 后,则译文应为“虽未刺伤,却扰动了他”。

② 《朴吕布史记》v,35;《埃里安》iv,34;《柏里尼》viii,18。

③ 依施校及其他校本为 ἐπαύλεις,“牛栏”;若干抄本作 τὰς πόλεις,“市镇”,实误。

④ 《柏里尼》viii,18,“许多猎获的狮齿牙多残缺,由是推知他们已年老。”

⑤ 《柏里尼》viii,19;《埃里安》iv,34。奥璧安:《狩猎》iii,18 所作狮种分类多杂入寓言。历代诠疏均未能确实指证所谓项鬃卷曲的狮种。奥-文拟之为印度古耶拉脱(Gujerat)之无项鬃狮。汤伯逊揣测古亚述人雕刻,狮像之鬃多作波状卷曲,此节可能出于雕像,并非山林间实际观察的记录。参看诺克:《动物备志》(Noack: Zool. Anzeiger)1968 年,403—406 页。

⑥ 贝本 εὐθύτριχον,“直鬃”或“直毛”。依 P,A[a],C[a],E[a] 抄本 ἔυτριχον,“鬃盛”或“毛密”,则相对的另一形容字(亦即分类名词)应为“鬃少”或“毛稀”;奥璧安诗谓“里此亚狮毛鬃较稀,美索不达米亚(河间)狮项鬃最为蓬茸”。

10 香猫(灵猫)喜与人类为伴;[①]它不害人亦不怕人,但与狗和狮为敌,故不与狮或狗同处一地。香猫以小种为最佳。有些人说这动物有两品种,有些人则说有三品种;它的差异像某些鱼鸟与兽15 类,大概不会超过三种。它的毛色冬夏不同;[②]夏季毛发光润,冬季被有绒毳。

章四十五

在贝雄尼亚与迈第卡分界的梅萨比雄山上,[③]有野牛[④];贝雄20 尼亚人称之为"漠那朴"。野牛与家畜公牛大小相仿,全身不长而体格较为壮硕;野牛皮若用架子撑开,宽广足供七人的坐位。它大体全像牛畜,只是它的颈项直至肩膀生长着类似马的项鬃;野牛鬃内25 夹杂有毛,这毛比较马鬃内毛为软并较细密。野牛毛色棕黄;项鬃

---

① 《埃里安》i,7。本书卷二,507^{b}17;卷六,580^{a}27。

② 《埃里安》xii,28。

③ 贝雄尼亚(Παιονία)为马其顿及伊利里亚以北多瑙河间地区,在今南斯拉夫境内。梅萨比雄(Μεσσάπιον),今科恰耶(Khtya)山。

④ ὁ βόνασος(野牛),《柏里尼》viii,16 音译"bonasus";亚氏《异闻》(1)830^{a}5 作μονάπος,"独脚兽"(漠那朴);安底戈诺《异闻》(58)53 称 μόνωτος,即 μόνωπος;《埃里安》viii,3,称 μόνωψ,"独眼兽";独眼独脚之义不明。 Δ《柏里尼》viii,15:"日耳曼产野兽不多,但有几种著名的野牛,'被鬃的比松'(jubatos bisontes,'鬃犎')与体强而跑得快的'乌罗斯'(uros=aurochs),不识这野兽的群众就称之为'勃巴卢'(bubalorum),但勃巴卢应是非洲那种类似小犊与鹿的一种兽名。"日耳曼(条顿)语"乌罗斯"即"牛"(现代 ox=ochs,可能出于 aurochs)与拉丁语"比松"同指"原牛"(Bos primigenus,或译"欧洲野牛")。"欧洲野牛"古代分布甚广,遍及欧亚与北美。亚述、巴比伦、埃及、希腊等古代艺术,如石刻、壁画均可见及狩猎野牛的情状。先民穴居时代的石窟中,迄今犹屡见有赭石画之野牛遗图。狩猎既久,至亚里士多德时,南欧所有野牛已不多。北欧、南俄则其族类犹繁多。然人类足迹日广,野牛被捕猎亦日甚。离今三百年前,波兰境内的野牛群最后被人消灭。零星野牛之残存于立陶宛与高加索山中者亦在二十世纪死亡殆尽。现各国动物园中分别保存的原牛可数十头,多已老耄不能生育。此后动物界中,除书籍画本之外,已不易复见此野牛之真相。

披及眼部，颇为浓重。项鬃色灰红，[①]像[②]所谓栗壳色的马鬃，但欠光润。毛发下层被有绒毳。未见有深黑色或全红色的野牛。鸣

图 21. 〔欧洲〕野牛(Bison jubatus，鬃犎)

声如公牛，角弯曲，两相对向而内旋，故不适用于攻防；角间宽一掔(约七寸)或稍宽些，每角可容纳半夸奥的水；角质有漂亮的黑色光泽。前额的一绺毛鬃既披及眼睛，它正面所见物象不如两边斜视[③]时为明晰。它像一般牛类与其他有角兽那样，上颌齿列缺少数枚，腿上多毛；偶蹄，尾如牛尾而小得与其体型不相称。它像公牛用蹄在地上扬起并簸散尘土。它的皮耐击，不易受伤。由于肉味佳美，故被狩猎。受伤后，它亡命奔逃直至力竭才止。野牛对于侵

30 630b 5

① τοῦτριχώματος…，"项鬃的颜色…"一短语依施、狄校本由上句拆出，移补于此。

② 原文 οὐχ οἷον，"不像"；依奥-文与狄校，从拉丁古译及葛斯纳考订删 οὐχ("不")字。

③ 各抄本及贝校本与奥-文校本作 παρορμᾶν，"激动"；近代其他各校订本均改为 παρορᾶν，"斜视"或"透视"。

10 袭者的防御方法是脚踢和喷粪,它的粪能喷出四呎(约二丈余)之远;这一回击法,它能一再应用,而所喷的粪剧臭,猎狗为所玷污者皮毛溃烂。它的粪必在被扰或受惊以后才具此性能,在它安静的
15 时候,所泄粪污不会令人起疱。这动物的形状与生活习性就是这些。母野牛到了分娩季节结队上山产犊。在产前,它们于四围撒遍粪污,造成一道圆形的粪圈,作为堤防;这动物具有积储大量粪污而后排泄的生理机能。

章四十六

20 一切野兽中,性情最为和顺而最易于驯养的是象。人们可教以若干技巧,它能领会其要旨并识得其作用;譬如,它可以教使在王前下跪。[①] 它感觉灵敏,智慧较其他动物为高。雄雌交配而雌性受孕后,雄性就不再与她作第二次交配。[②]

25 有些人说象寿至二百岁;另些人说一百二十岁;[③]雌象寿命略与雄等。他们又说象约在六十岁前后最为盛壮;又说到象不耐霜雪,于寒冷颇为敏感。象常至河岸,但它不是一只水兽。只要象鼻伸出在水面上,它就能渡过大河深水,它用鼻呼吸并在河中喷
30 水;[④]由于身体笨重,象究竟不是一个优良的游泳家。

---

① 《埃里安》xii,22,引公元前第六世纪米利都史家希加太阿(Hecataeus)记载。

② 参看本书卷五,546^{b}10。贝克曼指出安底戈诺《异闻志》(58)53,野牛章中亦有此一句,实由此处移植。

③ 《柏里尼》viii,10:"象寿二百岁,间或有至三百岁者";与本书卷八,596^{a}12 相符。参看《埃里安》iv,31;ix,58;xvii,7。

④ 本书卷二,497^{b}30。

章四十七

雄骆驼不肯与其母亲交配；倘养驼主人欲加强迫，它会坚拒。有一回，小驼既拒不配种，主人便蒙被了母驼而使小驼与之交配；但配种完毕后，被覆揭开，小驼知道事情已无可挽救，它竟在日后 631a 咬死了这主人。[①] 还有这样的故事，[②]斯居泰王畜有一牝马，品种特优，凡所生驹，均为上驷；他想用它最好的子马与母马配种，因此把那子马带进母马厩内；但子马拒不交配；以后母马的头被蒙了起 5 来，子马无从认明，率然与之配种；迨揭开包幞，子马看到母亲的面貌，它狂奔而去，自投于一个悬崖之下。

章四十八

于海洋鱼类中许多有关海豚的故实均指陈它本性善良，在太拉[③]与加里亚附近以及其他地方均流传有海豚对于孩童特见亲爱 10 的事迹。[④] 故事又说起，[⑤]一条海豚在加里亚外海受伤而被渔获，一群海豚跟进了港内，尽是守候在那里，直等到渔人们放走了那被捞住的海豚，大群才离去港口。[⑥] 小海豚群后面常跟着有一条大海 15 豚保护着它们。有一回，人们见到一群大大小小的海豚，其中有两条相隔不远[⑦]，它们由于怜悯，共同扛着一条死了的海豚游泳，免

---

① 《异闻》(2)830b5；《埃里安》iii,47。

② 《埃里安》iv,7；《安底戈诺》59；《柏里尼》viii,64；《索里诺》45；《梵罗》ii(7)9；《马科医书》173。

③ 太拉(Τάρας)今意大利太伦托(Tarento)。

④ 《柏里尼》ix,8；小柏里尼：《书翰》ix,33；《索里诺》12 等。

⑤ 《柏里尼》ix,10；《埃里安》v,6 等节；《安底戈诺》60 等。

⑥ 《柏里尼》ix,10："一条海豚被加里亚王在港内捕获。"施那得谓柏里尼将一普通渔夫(ὁ ἁλιεύς)渲染成"王"(ὁ βασιλεύς)。

⑦ 原文 οὐ πολύ，"不多"，姑作"相隔不多远"解。

得它下沉而为某些贪暴的鱼类所残食。关于海豚的行动之迅速,有
20 些故事简直难以令人置信。这似乎是一切海生与陆地动物中最迅

图 22. 海豚下潜

捷的动物,而且能跃过大船的桅杆。[①] 在觅食而追逐一条游鱼时海豚特别显见它的速度;游鱼倘力图脱逃,它们既在饥饿之中,便
25 直赶下了深水;但它们上浮的回程已骤然拉得过长,于是它沉住气,好像计算好了时间与距离,集中精神体力[②],以快得像箭那样的速度,一鼓而上,俾可在水面上重行呼吸;就在这样上冲的时机,
30 倘有船正驶在附近,它们竟会跃过了桅杆。这种情景,于它们潜入深水以后,已经屡次见到;这时它们总是聚精会神,全身有多少力
631[b] 量就迸发多快的速度。海豚,雌雄成对,在水中共同生活。它们有时游上了沙滩,为何上陆的原因迄未明了;而实际上这样无故发生的海豚上陆的奇事总是时有所闻的。

① 《柏里尼》ix,7;《埃里安》xii,12。

② συστρέψαντες ἑαυτούς,"集中自己的力量";依《埃里安》xii,12:συστείναντες τὸ πνεῦμα,应为"进气"。 Δ海豚游泳速度高达每秒十五公尺,超过一般机轮的航速。近代潜水艇发展后已知海豚潜航较潜艇为速。海豚皮肤富于弹性,并有毛细管组织,这种表面与水的摩擦阻力甚小。最近的潜艇制造者正想仿造这种表面,俾能增加航速。

章四十九

动物跟着“环境”(τὰ πάθη συμβαίναι)的变化而变更其“行动”(行为 τὰs πράξεις),又复跟着“行动”(行为)的变化常致发生某部分“生理构造”(τῶν μορίων)的变化以及相应的“性格”(τὰ ἤθη)的变化;这种变化可在鸟类中见到若干实例,也可在一切动物中发生。举例言之,雌鸡若斗败了一只雄鸡,会像雄鸡那样长啼,并试踩到雄鸡背上;鸡冠在头上竖起,尾羽在后臀翘起,这就难复认明它们原是雌鸡了;在有些实例中,它们脚上还生长了小距。[①] 一只母鸡死了,曾见一只雄鸡代替着母亲的哺育责任,带领鸡雏来往各处,给它们觅食,它十分尽职,竟至于停止了报晓报午的鸣啼,并忘了雄性的情欲活动。有些雄鸟生来就带些柔靡的雌性,别的雄鸟踩在它背上时,它也不以为忤,而自甘雌伏。 5 10 15

章五十

有些动物不仅在某些“年龄”,并在某些“季节”变换“形态”与“性格”,也会在被阉割后发生形态与性格的变化;而一切具有睾丸的动物均可施行“阉割”。鸟类的睾丸在体内,卵生四脚动物的睾丸在腰部,步行的胎生动物睾丸均在腹部下端,但有些藏在体内而大多数露于体表。阉割鸟类施之于尾筒的两性交尾部分。阉割的 20 25

① 参看《埃里安》v,5。母鸡啼,并变雄性羽状,中国称“牝鸡司晨”为时代不祥之兆;希腊拉丁古人亦有此类迷信。西方古籍如忒棱斯剧本《富尔米奥》(Terentius:*Phormio*)iv(4)30;里维《史记》xii,6 等均曾著录。霍柏夫《动物占卜》(Hopf:*Thierorakel*)164—165 页汇集有此类记载。近代著作论述动物性变之生理情况者可参看圣·提莱尔:《体被雄羽之雌鸟》(St. Hilaire:*Femelles du faison à plumage des mâles*),巴黎,1826 年;耶勒尔:《若干雌锦鸡之羽毛性变》(Yarrell:*On the Change of Plumage of Some Hen Pheasants*),伦敦,1827 年。

程序是用烙铁灼炙睾丸部位二次或三次，这程序倘施行于已长成的雄鸟则它的冠毛随即失却鲜艳的颜色，不复作雄鸣，而且消歇了30 性欲；倘这施行于幼鸟则在那幼鸟长大时，这些雄性禀赋就全不表现。人类于此亦然：倘男人在孩童期被阉割，他的后生毛，胡须等632a 便不会茁长，语声亦保持童音而不变；倘在成年初期被阉割，则后生毛自行脱落，生长在鼠蹊部上的那些毛除外，而那些毛会得稀减，但不会落尽。胎生毛此后便永不脱落，宦侍全不秃头。一切被5 割除睾丸的雄性四脚兽鸣声皆变雌腔。一切四脚兽，除却公彘，只能在幼年阉割，过了幼年而行割除程序者必死；惟公彘可不问年龄而行割除。一切动物经在幼年阉后，长成时较未阉者为大而美观；10 若既长而后阉则体型不复增大。牡鹿之受阉割者，以年龄作别，凡未茁角而行之者，阉后不复生角；若既茁角而行之者，角虽不脱落，但不复增长。牛犊在一岁时割除睾丸；不阉的牛长得既丑且小。阉15 犊法如下：人们把犊翻身，背着地，腹向上，在阴囊上割开一些[①]，从中挤出睾丸，再挤回睾丸的根部，尽可能挤回到阴囊底部，于是用毛发扎结割破之处，如有脓血就让在这里流出而为之拭净；如随20 后发炎，人们便烙炙阴囊，贴上一张膏药。一只长成的牡牛倘施行了阉割，在外表看来仍能与牝牛交配。[②] 为使雌猪遏止性欲转而增大其体型，并使适于肥育，人们就割除它们的卵巢。雌猪先经两天25 禁食，然后吊起后腿，使之悬垂而施行割除手续；阉猪者在相当雄猪的睾丸部位，切开这雌猪的下腹，卵巢就在这部位，系属于子宫

---

① 依狄校本删〈一些〉，成为“割开阴囊”。

② 参看本书卷三，510^b3；又《生殖》卷一，717^b3。此处述成年牡牛可阉割，违异上文6—7行的阉割通例。

的两个角叉上面；他们在这里切除了一小块，随即缝好切口。用于战争中的雌驼，为防止它们受孕，亦施行阉割。上亚细亚有些居民畜驼之数多至三千头：当它们奔跑时[①]，因为它们腿长，步武跨得 30 阔，所以远比尼撒亚[②]的马队还跑得快。常例，经过阉割的动物均较未阉者长得高大一些。

一切"反刍动物"均在反刍时，像进食时一样，愉快而得益。动物之反刍者，例如牛、绵羊与山羊之类，其上颌的齿列皆有缺失。632[b] 野生动物在这方面未易实地观察；这只有在偶尔驯养了的野生动物中可得见到，例如鹿类，我们知道鹿会反刍。一切反刍动物均躺在地上重行咀嚼瘤胃中翻出的食物。冬季反刍最甚，厩养的牲畜 5 全年中约有七个月常躺着反刍；在厩外觅食而成群放牧于郊野的畜类反刍时间较短，咀嚼也较少。有些上下颌齿牙全备的动物，例如滂都鼠，[③]也会反刍，而鱼之有此习性者，有些人就称之为"反刍鱼"[④]。 10

"长腿动物"粪屎多稀烂，而"宽胸动物"较易呕吐，这些征象，可一般地适用于四脚兽、鸟与人类。

---

① 贝本 ἐάν θέωσι，"当它们奔跑时"；奥-文校为 ἀκμάζωσι，"长成时"；璧校为 ἀγαθαὶ ωσι，"被好好地赶着"；狄校为 θέλωσι，"经过教练"，均较原文为通达。

Δ② 尼撒亚草地为米第亚（波斯西北地区）夸拉桑（Khorassan）著名牧场，见于《希罗多德》vii，40 及亚里安：《亚历山大远征记》（*Exp. Alex.*）vii，13 等。其地邻近今之寇曼夏（Kermanschah）。

③ 《柏里尼》viii，82；x，73。

④ 鲑属之克里特岛种（Scarus cretensis）会反刍。参看本书卷二，505[a]14 等。若干抄本在 μήρυκα（反刍鱼）下尚有 ἄλλοι ἰχθύες（还有其他的鱼），实为衍文，贝本删去。

章四十九，续

鸟类中，相当多的种属随季节更替而变换“羽毛颜色”并变换
15 “鸣声”；譬如黖鸫在冬季，叫声不成腔调，到了夏季便有合节的乐
音，这时的羽毛也不复全黑而转成了亮黄。① 鸫（画眉）也会变毛
色；在冬季，它喉部的小斑类似椋鸟，到了夏季就显见鲜明的鸫斑；
20 可是它的鸣音冬夏相同。当山坡草绿枝青的时节，夜莺连续地歌
鸣十五个昼夜；以后它仍作歌，但非复昼夜不息的了。② 及既晚
夏，林深叶密，它的音节就没那么婉转，也没那么动人，这已变得有
25 些单调；它的毛色也跟节令变换，因此，在意大利，这鸟夏季就不叫
夜莺，另取了别的名字。它冬季隐伏，匿处岩谷，人们仅能在短期
间见到。③

“埃利柴可”（红胸鸲）与所谓“腓尼古卢”（红尾鸲）互变；④ 前
30 者为一冬季鸟，后者为一夏季鸟，两鸟只是毛色有异，此外并无分
别。同样，无花果莺与黑头山雀互变。⑤ 无花果莺约在秋季出现，
633^a 而黑头山雀（鹎鹀）则在秋尽冬来时出现。这些鸟也仅在毛色与鸣
音方面相异；曾经有人亲证了两者名异而实同，他们见到了两鸟各
5 自在变换过程中的未全转变状态。在这些鸟类发生鸣声与羽色的

① 《柏里尼》x，42；《埃里安》xii，28。

② 《柏里尼》x，43。

③ 本书卷五，542^b27。

Δ④ 埃利柴可（ἐρίθακος，erithacus）为鸫科的欧洲鸲；学名“赤颈鸫”（Turdus rubiculis），俗名“红胸鸲”（red breast）；头与背绿，喉颈与胸玫瑰红，或栗赤色，居林薮，善鸣。腓尼古卢（φοινίκουρους，红尾鸲）亦鸫科鸣禽，同属有“晓霞红尾鸲”（Phoe-nicurus auroreus，俗名火燕），“照耀红尾鸲”（Ph. fuliginesus，俗名溪红）等种。两鸟同科异属，此处云互变，类于鹰与杜鹃，为古诗人之狡狯。参看《柏里尼》x，44；《农艺》xv，(1)22；又参看本书 592^b22。“埃利柴可”，英译 robin，汉译“嘤鸲”。

⑤ 《雅典那俄》ii，65 引敏度人亚历山大（Alex. Myndius）语。

变改也不是特为奇异的事例,即便是一只斑鸠也在冬季停止了咕咕,要待来春才重行叫晴;可是,正当冬令,若风寒之后,接着有晴暖的日子,人们久习于斑鸠寒季静默之后,也忽然会听得一两声的咕咕。常例鸟音于交配季节最响亮而多风采。 10

杜鹃变换羽毛,而它的鸣声则在离去之前的一个短时期内已不易得闻。它约略在天狼星上升的前后离去,它在明春再出现,到天狼星再上升的时期又离去。这一星座上升时,有些人所说的“岩鵰”也就不见,迨这星座下落,它重又出现:[①]这样它在极冷的时候避离,一直过了极热的伏天才再来。戴胜也变换颜色与形态,[②]埃斯契卢的诗句[③]曾说到了这些: 15

戴胜见到自己的卑微,

大神却令穿上多样的花衣: 20

① 《柏里尼》x,45;xviii,69。 Δοἰνάνθη 实义不明;《里-斯字典》释为鹡鸰属的岩鵰(Saxicola oenanthe)。

② 《柏里尼》x,44。

③ 挪克(Nauck)编《埃斯契卢残篇》297。首句 τοῦτον δ' ἐπόπτην ποπα τῶν αὑτοῦ κακῶν 显然在运用同音异义的双关语,今未能尽识古文的语妙,只能依现代所知字义翻译。此节神话的寓意相当复杂,亦相当古奥。于动物学而言,这几行诗句以两种实况为依凭:(一)戴胜与杜鹃鸣声相似,(二)杜鹃与鹰形态相似。 Δ'ἔποφ“唉卜伯”戴胜以其鸣声为鸟名,林奈分类重复此禽言作 Upupa epops“呃卜巴·唉卜伯”(即中国所称“禽言”)以为“戴胜”的品种名称。《霍拉普罗》i,55,戴胜称 κουκούφας 则所拼禽言与杜鹃之名 κόκκυξ 相似。κόκκυξ 则与中国禽言“郭公”相似。于形态而论,戴胜属佛法僧目(Coraciiformes),与翠鸟等同目,甚为美丽,故云“花衣”与“盔缨”。

注释图 15. 戴胜

有时是一只戴着盔缨的山鸟，

有时又换上了苍鹰的白毛；

跟着节序的变易，

脱掉银灰的羽翼，

正当春光来到林荫，

他就重新打扮全身。

这套冠履显得他年轻又且美丽，

而那银灰的古装正合老成的旨趣；

25　等到坡上黍黄的时候，

还得配些秋色的文绣。

然而世事总不能尽如鸟意，

他从此深隐到何处的山里。

鸟类有些在尘沙中翻滚而行沙浴，有些作水浴，而有些则既不浴沙亦不浴水。① 常在地面行走而不飞的群鸟，例如家鸡、鹧鸪、633b 雉形鹧鸪、有冠天鹨、锦鸡、均行沙浴；某些直爪鸟类以及那些生活于河岸、沼泽或海滨的鸟类均作水浴；有些鸟类，例如鸽与麻雀并行沙浴与水浴；钩爪鸟类则大多数既不浴沙亦不浴水。这里所举5 示的鸟类情况就是这么多，——但有些鸟类还有一个特殊的习性，它们用下体作声，例如雉鸠②；当它们的尾羽作剧烈的摇动时，这就发出这种特殊的声响。③

① 《雅典那俄》ix，387。

② 修伊达《辞书》有 τρυγόνος λαλίστερος（扑翅雉鸠）之称。又参看《埃里安》xii，10 引米南徒（Menander）语。

③ 以下 634a—638b 五页，旧编为卷十，确定为伪撰，且内容芜杂，无补于全书，故一般译本皆予删除。

附　　录

甲、书目

一、本书抄本、印本及译本简目

（一）　旧抄本

		编号	符号	抄录年代
Laurentianus	劳伦丁本	874	C^a	12—13 世纪
Marcianus	麦尔基诺本	200	Q	
Marcianus	麦尔基诺本	207	F^a	
Marcianus	麦尔基诺本	208	A^a	
Mediceus	梅第基本		Med.	
Oxon. Collegii Corp. Christi W. A.	牛津基督院本	27	Z	12 世纪后期
Parisinus regius	巴黎王室本	1853	E	10—15 世纪
Parisiensis	巴黎本	1921	m	14 世纪
Richardinus	里加第本	13	O^b	14 世纪后期
Urbinus	乌尔比诺本		n	
Vaticanus graecus	梵蒂冈希腊抄本	262	D^a	
Vaticanus graecus	梵蒂冈希腊抄本	506	E^a	
Vaticanus graecus	梵蒂冈希腊抄本	1339	P	12 或 15 世纪

(二) 亚氏全集印本

Aldus Manutius	亚尔杜在威尼斯1495—1499间印行的《亚氏全集》五卷，为近世最初印本，内缺《修辞学》、《诗学》、《经济学》下半部。以后有埃拉斯谟(Erasmus)增订本，1531,1539,1550年与加谟斯(Camus)增订本，1552年，为之补充。
Sylburg	薛尔堡校印本，1587年，法兰克府。
Casaubonus,Issac	加撒庞校印本，1590年，里昂。
Weise,C. H.	梵埃斯辑印合订"一卷"本，应用《亚氏全集》已行世的前期印本，如薛尔堡本，加撒庞本，通俗本(Vulgata)等编纂。
Bekker,I.	柏林研究院，贝刻尔校印本，五卷，1831—1870年，柏林(牛津翻印本《动物志》，1837年)。
Didot	第杜印行第白纳尔(Dübner)等合校本，五卷，1848—1874年，巴黎。

(三) 《动物志》校印本及译本

(甲)Ibn Al-Batrig	巴格达(Bagdad)医师伊本·亚拉巴脱里葛阿拉伯文译本，813—833年。(不列颠博物院藏有13—14世纪间旧抄本，编号B. M. Add. 75111。)
(乙)Scottus,Mich.	苏格兰数学家斯各脱，依据阿拉伯文《动物志》，于西班牙之托来杜(Toledo)城，在1217年最早完成一拉丁文译本，附有阿拉伯亚维罗埃士(Averroës)等诸家的诠疏。
Guilielmus	弗兰徒斯的弥尔培克(Moerbeke)人，教士威廉，依据希腊文本，于1260年完成亚氏全集的拉丁译本，包括《动物志》在内。
Theodore	伽柴(Gaza)人赛奥多尔，在罗马，1450年开始，依据阿拉伯本翻译《动物志》，后由梵蒂冈刊行为拉丁文

	标准译本。
(丙)Taylor,T.	泰劳英译本,1808 年,伦敦。
Schneider,I. G.	施那得校订本(校订文依重伽柴本),1811 年。
Coraes	顾莱校订本,1821 年,在巴黎印行。
Dittmeyer, G. A.	狄脱梅伊校订本(不重伽柴本)1907年,莱比锡,戴白纳(Teubner)。
Cresswell, Richard	克里斯威尔英译本(布恩 Bohn's 丛书)1848,1862 年,伦敦。
Aubert and Fr. Wimmer	奥培尔脱与文默尔修士,希德对照本,二卷,1868年,莱比锡。
St. Hilaire, J. B.	巴多罗缪・圣提莱尔,校订本及法文译本,1887 年,巴黎。
Piccolos	壁哥洛校订本。
Thompson,D. Wentworth	汤伯逊英译本(牛津《亚氏全集》译本卷四),1910年,牛津。

二、本书注释中所引著者其他著作的篇目

Categoriae	范畴篇	(简称)范畴
De Anima	灵魂论	灵魂
De Caelo	宇宙论	宇宙
De Generatione et Corruptione	成坏论(生灭论)	成坏
De Generatione Animalium	动物之生殖	生殖
De Incessu Animalium	动物之行进	行进
De Juventute et Senectute	说青春与老年	青老
De Memoria	记忆	记忆
De Motu Anlmalium	动物之活动	活动
De Partibus Animalium	动物之构造	构造
De Physiognomy	相法	相法
De Respiratione	呼吸	呼吸

De Sensu	感觉	感觉
De Somno et Vigilia	说睡与醒	睡醒
De Vita et Morte	生死	生死
Ethica Eudemia	欧台谟伦理学	欧伦
Ethica Nicomachea	尼哥马可伦理学	尼伦
Metaphysica	形而上学	形上
Meteorologica	气象学	气象
Physica	物理	物理
Poetica	诗学	诗学
Politica	政治学	政治
Rhetorica	修辞学	修辞

以下伪亚氏书(Pseudo-Aristotle)

De Coloribus	颜色论	颜色
De Mirabilibus Auscultationibus	异闻志	异闻
De Plantis (Phytologioe Fragmenta)	植物志(植物学残篇)	植物
Magna Moralia	道德广论	道德
Problemata	集题	集题

三、本书注释中所引古籍简录

本简录以作家的拉丁名的首字为序,著作叙述于人名之下。

(一) 希腊古籍

Aelianus Claudius, Grammaticus(公元后第二世纪) 埃里安,文章家,意大利伯里纳斯忒(Praeneste)人,以希腊文著书:《杂志》(*Varia Historia*)、《动物本性》(*De Natura Animalium*)。

Aeschylus, Tragicus(公元前 525—?) 埃斯契卢,生于埃琉雪斯(Eleusis),雅典第一悲剧作家。今存 7 篇,本书注释引及《波斯人》(*Persae*)、《被锁缚的普罗米修斯》(*Prometheus vinctus*)等篇。

Aesopus,Fabularum,Scriptor(盛年,约公元前 570) 伊索,希腊寓言作家。原书散逸;世传《伊索寓言》系后人重编(今有韩姆〔Hahm〕校订本)。

Aetius, Medicus(盛年,公元后 500) 埃底奥,希腊医学家:《医诫》(*Sermons*)。

Alcaeus,Comicus(盛年,公元前 338) 阿尔柯,雅典喜剧作家,残篇见于迈恩纳克〔Meineke〕辑《希腊喜剧家残篇汇编》(*Com. Fragm.*)。

Alexanderus Aphrodisias, Philosophus(盛年,公元后第二世纪末) 亚历山大,哲学家,小亚细亚的加里亚(Caria)亚芙洛第人,中年至雅典,后为吕克昂学院主持人,注释亚氏著作,世称之为"诠疏家"。今犹存亚氏书《解析前编》、《命题》、《形而上学》、《气象》等书的诠疏。

Anacreon,Lyricus(盛年,公元前 540) 亚那克里雄,德奥岛(Teos)抒情诗人,其诗致颂于艺神、爱神、酒神:《伊雄之光》(*Gloria Ionia*)仅存残页,现有贝尔克(I. Bergk)编校本,1854 年。另有费歇尔(Fischer)1703 年编印《亚那克里雄诗存》(*Anacreontica*),其中杂收有伪作。

Anaxippus,Comicus(盛年,公元前 303) 亚那克雪浦,希腊喜剧作家,残篇见于迈恩纳克《喜剧残篇汇编》。

Antigonus Carystius(盛年,公元前 250) 安底戈诺,欧卑亚的加里斯托人。所作学者列传佚失。今所存《异闻志》(*De Mirabilibus*)许多章节皆出于亚里士多德与加里马沽(Callimachus)旧文。

Antonius,Liberalis(盛年,公元后 147?) 安东尼为赎身奴隶,故称"自由人",以作家传,著有神话故事(Metamorphoseon synagoge)41 篇,见于威斯得曼(Westerman)所编《希腊神话作家汇编》(*Mythographi Graeci*),1843 年。

Apollonius Rhodius,Epicus(盛年,公元前 200) 亚浦隆尼,罗德岛史诗作家。中年到埃及的亚历山大城,师事加里马沽,后继埃拉托斯叙尼(Eratosthenes)为亚历山大城图书馆馆长。所著《亚尔咯远航队》(*Argonautica*)4 卷,于罗马共和国时代传诵甚广。另有《列邑建置考》(*Ktiseis*)。

Apollonius,Grammaticus(盛年,公元后 138) 亚浦隆尼,文学家:《文章句法》(*De Constructione*)等数篇,见于薛尔堡(Sylburg)所辑《希腊文法家汇编》(*Grammatici Graeci*),后世称之为文法之祖,或称之为"拗体作家"(Dyscolus)。另有《史诠》(*Historiae Commentitiae*)。

Apuleius(生平失考) 阿波来奥,所作神话故事诗《变形》(*Metamorphoses*),即《金驴记》。

Aratus,Poeta physica(公元前 315—245) 亚拉托,自然诗人,生于小亚细亚的基里季亚(Cilicia),卒于马其顿。所作《神兆》(*Diosemeia*)与《物象》(*Phainomena*),第二世纪间传至罗马,为当代诗家所重,西塞罗等各迻译之为拉丁诗,魏尔吉尔仿其体为《农歌》。

Aristophanes, Comicus(盛年,公元前 427) 亚里斯托芳,雅典滑稽剧(喜剧)作家;上演及传世的剧本很多,本书注释引及《群鸟》(*Avibus*)、《胡蜂》(*Vespae*)等篇中有关动物的诗句。

Aristophanes,Grammaticus(公元前 257—185/180) 亚里斯托芳,拜占庭文学家,著书评述希腊诸家之作,有《亚氏动物志略》(*H. A. Epitome*)等。

Arrianus,Historicus(公元后约 96—?) 亚里安,尼哥米第亚(Nicomedia)史家。受罗马皇哈德良(Hadrian)委任,服官于加巴陀阡(Cappadocia)。亚里安本埃壁替托(Epictetus)弟子,著有《埃氏辨难录》(*Dissertatione*),《埃氏手册》(*Encheiridion*);又著有《亚历山大远征记》(*Expeditione Alex.*)与《印度志》(*Indica*)。

Artemidorus,Oneirocrites(盛年,公元后 160) 亚德米杜罗,详梦家。著有《详梦》(Oneiro-critica)。

Athenaeus,Grammaticus(盛年,公元后 228) 雅典那俄,文学家,生于埃及尼罗河口那克拉底(Naucrates)镇。所著《硕学燕语》(*Deipnosophistae*)引及古诗文约 2500 篇,所涉古希腊与拉丁作家约 800 人;后世广泛引用之以考订古籍。

Basilius Magnus(盛年,公元后 370) 巴雪留,该撒里亚(Caesarea)主教:《创世六日》(*Hexameron*)。

Cassius, Iatrosophista(盛年,公元后 100) 加修斯,医药理论家:《医药问题》(*Prob. Med.*),见于伊第勒(Ideler)所辑《希腊自然名家(医学名家)著述汇编》(*Physici Gr. Minores*)。

Ctesias,Historicus(盛年,公元前 401) 克蒂西亚,史家,加里亚的克尼杜(Cnidus)人。所著《波斯志》(*Persica*)与《印度志》(*India*)往往与希罗多德等诸史家相异。亚里士多德谓克氏之作非信史。其残篇今有斯蒂芬(Stephans)编校之巴黎印本,1575—1594 年。

Dio Chrysostomus, Rhetor(公元后约 40—115) 第奥·契利索笃姆,修辞学家,比茜尼亚(Bithynia)的柏罗撒(Prusa)人。今存《讲演辞》(*Orationes*)80 篇。

Diodorus Siculus(盛年,公元前 8) 第奥杜罗,西西里岛人,希腊史家:《史存》(*Bibliotheca Historica*)40 卷,大部分散逸;其残余今有魏色林(P. Wesseling)校印本,1746 年。

Dionysius Areopagita(盛年,公元后 171) 第雄尼修,雅典人,生平不明,或谓是雅典天主教首任主教。所著《宇宙体制》(*Peri tès ouranias hierachïas*)与《教会体制》(*Peri tēs Ecclesiasticēs hierachīas*)等四种混合希腊、东方、犹太与初期基督教思想。

Dionysius, Perigetes(盛年,公元后 300) 第雄尼修,生物地理学家。所著《生物所居的世界》(*Perigesis*)六步体长诗,第四世纪下半叶有两拉丁古译本(亚维恩 Rufus Festus Aviennes 与伯里斯季安 Priscian),为罗马当时盛行传习的生物地理著作。

Diophantus, Comicus(盛年,公元前?) 第奥芳托,喜剧作家,生平不详;其残篇见于迈恩纳克《喜剧残篇》。

Dioscorides, Physicus(盛年,公元后 60) 第奥斯戈里特,希腊自然学家(医药学家),基里季亚人。从役于罗马军中,采集并记录各地药用植物 600 种与动物制药若干种,著成《药物志》(*Materia Medica*)。

Epicharmus, Comicus Syracusanus(盛年,公元前 477) 爱璧嘉尔谟,叙拉古喜剧作家,遗作见于亚伦斯(Ahrens)编《杜哩语》(*de Dialecto Dorica*)。

Etymologicum Magnum《大字源》古希腊辞书,今有薛尔堡校印本。

Euripides, Tragicus(公元前约 487—407) 欧里庇得,雅典第三悲剧作家。共作悲剧 67 本,讽刺剧 7 本,今存 12 本;又挪克(Nauck)辑得《残篇》1132 节。

Eustathius, Grammaticus(公元后? —1193) 欧斯太修,文学家,在中古间为希腊典籍如荷马史诗,第雄尼修《生物世界》等笺注,于近代读者颇有裨益。另著有若干短篇,太法尔(L. F. Tafel)辑录为《欧氏短篇集》(*Opuscula*),1832 年。

Galenus Claudius, Medicus(公元后 130—200) 加仑,医学大家。生于米细

亚(Mysia)的贝伽蒙城(Pergamus),行医于罗马、威尼斯等地。世传加仑文达500篇,包括哲学、名学及医学论说,近世考订其中98篇为加仑原作,19篇为彼所作希朴克拉底医书的注释。全集今有库恩(Kühn)校本,20卷,莱比锡,1822—33年。另见于《希腊医书集成》(*CorpusMedicorum Graecorum*)。

Geoponica《农艺》 不知古希腊何人所作;其纸卷出现于第十世纪,经加西安·巴苏(Cassianus Bassus)编校行世。

Harpocration Valerius,Lexicographus(盛年,公元后350?) 哈朴克拉底翁,辞典编纂家。著有《十演说家词汇》(*Lexicon tôn déca rhetóron*)。

Hecataeus Milesius,Historicus(盛年,公元前520) 赫加太阿,史家,米利都人。其残篇见于缪勒(Müller)所辑《希腊史家残篇汇编》(*Fragm. Historicorum*)。

Herodorus Ponticus(盛年,公元前400) 希洛杜罗,黑海南岸赫拉克里史家,著有《赫拉克里城志》(*Hist. Heraclea*)。

Herodotus Harlicarnassus,Historicus(公元前484?—?) 希罗多德,哈里加那苏人,史家,移居萨摩岛(Samos),旅游各国,卒于瑣里伊(Thurii),或云卒于马其顿。所著《历史》(*Historiae*)为古希腊史书中最早而完整的著作,所叙事迹自第六世纪至第五世纪的478年止,于希腊-波斯战争所闻独详,故后世常视为《希波战史》。

Hesiodus,Epicus(盛年,公元前800?) 希萧特,希腊古诗人。著名诗篇:《时令与作业》(*Op. et dies*)为记述希腊农业社会四季生活的最古典章。另有《神谱》(*Theogonia*)等篇。

Hesychius,Lexicographus(公元后?) 希茜溪,亚历山大城辞典编纂家,生平不详。著有《希腊辞书》(*Lexicon*)。

Hippiatrica《马科医书》 不知作者姓名。今有葛里纽(Gryneus)校订本,1537年。

Hippocrates,Medicus(公元前460—?) 希朴克拉底,柯岛人,世称"医祖"。行医柯斯岛(Cos)、色雷基、帖撒里、雅典等城,高寿87岁,或云过百岁,死于拉里撒(Larissa)。公元前第三世纪,亚历山大城已流传有《希氏医学集成》之巨编,但其后散逸。后世学者收集各时代各地所出现的抄本,陆续增辑,往往纯驳兼取。今有库恩编校本(莱比锡)与里得勒(Littrè)

编校本(巴黎),并行于世。里本10卷,并有法文翻译《希氏医学全书》(*Ouvres Completes d'Hippocrates*)。所存录87篇中,考定13篇为希氏原作,余或出希氏学派手笔,或为伪作,故通称这种合编为《希氏医学集成》(*Hippocratic Collection*)。全书所言或精或粗,有正有误;然《要理篇》(Aphorism)开章语云"人生短促而学术悠长",具见尚实精神。本书卷七妇孺生理各章多有与现世所见希氏医书相符章节;卷一卷二卷三、生理解剖各章或符或异,相应章节不多。

Homerus,Epicus(盛年,公元前900?) 荷马,希腊最古诗人。长篇史诗:《伊利亚特》(*Ilias*)与《奥德赛》(*Odysseia*)。本书注释并引及维罗埃孙(Villoison)1788年编校之《威尼斯诠疏》。

Horapollo(Horus),Grammaticus(公元后第四世纪) 霍拉普罗,文章家,希腊族裔,出生并居留于埃及的巴诺浦里(Panopolis)。兼通埃及与希腊学术。所作荷马、索福克里诸诗家诠疏,以及《圣地》(*Temenica*)、《亚历山大城志》(*Alexandria*)等书皆失传。今仅存杂论《埃及象形文》(*Hieroglyphics*)两卷,为第十五世纪菲力浦(Philippus)所译希腊文本,原作为埃及文。

Isidorus Hispanensis(公元后?—636) 伊雪杜罗,西班牙犹太教父。所著《百科词源》(*Origines*)20卷为中古重要辞书。另有短篇《物性论》(*De Natura Rerum*)等。

Menander,Comicus(公元后343/2—291/0) 米南徒,希腊新喜剧时代主要作家。原著失传,残篇见于谷赫(Koch)编《雅典喜剧残篇汇编》卷三,及迈恩纳克《希腊喜剧残篇汇编》之四。

Menander,Rhetor(公元后?) 米南徒,修辞学家,生平不详。遗辞见于渥尔兹(Walz)辑印《希腊修辞家汇编》(*Rhetores Graeci*)。

Nemesius,Philosophus(盛年,公元后400?) 尼梅修,叙利亚,爱梅沙(Emesa)主教:《人性论》(*De Natura Hom*)。

Nicander,Poeta physicus(盛年,公元前160) 尼康徒,哥罗封(Colophon)日神庙祭司,自然诗人:《有毒动物赋》(千行诗篇)(*Theriaca*),《解毒赋》(六百行诗篇)(*Alexipharmaca*)。

Oppianus,Poeta physicus(盛年,公元后180?) 奥璧安,罗马帝国盛世的希腊自然诗人。生于基里季亚的哥里克斯(Corycus),30岁,死于瘟疫。所作动物诗篇三种:《狩猎》(*Cynegetica*)、《渔捞》(*Halieutica*)与《捕鸟》(*Ixeutica*)。或云《渔捞》作者为另一奥璧安,叙利亚的亚巴米亚(A*pamea*)人,盛年在公元后211年;《捕鸟》则为另一名第雄尼修(Dionysius)者所作。

Oribasius,Medicus(盛年,公元后355) 渥里巴修,医学家,编集各家医学论文,今通称之为"渥氏医学辑存"(Oribasius Collection)。其中所录以弗所医师卢夫斯(Rufus Ephesus Medicus)的生理与解剖著作颇见精诣。

Paulus Aegineta(公元后第四世纪人) 保罗,爱琴那岛著名外科医师:《医学提要》(*Epitomes Iatrices*)7卷。

Pausanias,Archaeologus(盛年,公元后180) 宝萨尼亚斯,罗马帝国盛时,小亚细亚之吕第亚人,典故学家。在希腊古典时代五百年后,旅游希腊半岛诸旧城,记其山川古迹,宗风遗韵,后世学者凭以考证古典著作中有关风俗社会之语:《希腊风土记》(*Helladus Perigesis*)。

Philemon,Comicus(公元前约361—263) 菲勒蒙,基里季亚人,居雅典。在希腊新喜剧时代剧本比赛中,菲勒蒙数胜米南徒。一生共著成97本,今无完本,仅知57篇名,其残余片段见于迈氏《汇编》。

Philetas,Elegiacus(公元前第四世纪末) 菲勒太,本生柯斯岛,为亚历山大城诗人。所作诗歌,见于贝尔克(Bergk)所编《希腊抒情诗人汇编》(Lyrici Gr.)。另有《奇僻字汇》(*Atácta*)。

Philo Byzantinus,Mechanicus(盛年,公元前153) 菲洛,拜占庭工艺家:《制箭》(Belopoiicá)、《七奇》(*de vii Mirabilibus*)。

Philo Judaeus(公元前20/10—?) 菲洛,亚历山大城犹太人,以文哲闻名,有"犹太柏拉图"之称。所著《关于宇宙的创造》(*De Mundi opificio*),阐释《旧约》"摩西五书"的创世要义。

Philostratus,Sophista(盛年,公元后237) 菲洛斯特拉托,智者,生于勒姆诺(*Lemnos*),至雅典受学,留居雅典。著《智者列传》(*Vit. Soph.*),另有《推亚那人亚浦罗尼传》(*Apollonius Tyanaus*);又有《体育家》(*Gymnasticus*)等篇。

Phocylides,Eligiacus(盛年,公元前540) 福色里特,古希腊诗歌作家;遗篇见于盖斯福(Gaisford)所纂《希腊名家诗集》(*Poetae Minores Gr.*)。

Photius Ecclesiasticus,Lexicographus(盛年,公元后850) 福修斯,教会文学

家并辞典编纂家。著作三种:《辞典》(*Lexicon*)、《书录》(*Bibliotheca*)与《翰札》(*Epistolae*)皆传世。近人常从《书录》考查希腊逸书,并检点现存抄本残缺情况。

Phrynichus Arabius, Grammaticus(盛年,公元后 180) 弗里尼可,文学家,阿拉伯比茜尼亚(Bithynia)人,擅雅典语文。所著《集论》(*Titheménon synagogé*)与《辞辩初阶》(*Sophisticé paraskemé*)失传;今存《雅典字语选录》(*Eclogé*)。

Pindarus, Lyricus(公元前约 522—443) 宾达尔,抒情诗人,生于卑奥细亚的居诺塞法里(Cynocephalae)。今所存《雅颂》(*Epinicia*)四种均为节庆、祠祭、赛会之作。另有残篇见于布克(Böckh)所辑《宾达尔残篇》。

Plato, Philosophus(公元前 429—347) 柏拉图,雅典哲学家,始创亚卡台米学院,为亚里士多德等师承,著《对话》(*Dialogues*)30 余篇。柏拉图文中有关生物者不多,本书注释引及《蒂迈欧》(*Timaeus*)等数篇。

Plutarchus Charoeneus, Philosophus(公元后 46? —126) 普卢塔克,嘉隆尼亚人,文史哲学著作很丰富。《希腊罗马名人并行列传》(*Parabállein*)46 篇,传译甚广。哲学及道德论文,经克茜兰徒(Xylander)1570 年汇编得 69 篇,近代陆续发现逸失篇章,已增至 100 篇,通称《道德文集》(*Opera Moralia*),其中如《水生动物与陆地动物孰为智巧》(*Terrestriane au aquatilia animalia sint callidiora*)篇摘取亚氏《动物志》章节特多,本书卷八卷九注释屡引及。

Pollux, Archaeologus(盛年,公元后 180) 浦吕克斯,埃及,那克拉底镇人,希腊典故学家:《词类汇编》(*Onomasticon*)10 卷。

Polybus, Historicus(盛年,公元前 167) 朴里布,希腊墨伽洛浦里人:《史记》(*Historiae*)40 卷,现存 5 卷。

Porphyrius, Philosophus(公元后 233—304 ?) 卜费里,生于叙利亚的推罗城,希腊新柏拉图派哲学家,兼史家。所著《可认识事物的要理》(*Aphormaiad intelligibilia ducentes*),传述柏洛底诺(Plotinus)的生平与其学术。又有《编年》(*Chronica*),叙特洛亚战争起至公元后 270 年之间大事。研习亚氏著作,今存《亚氏学汇要》(*Eisagogé*〔*Abstracts*〕)与《亚氏名学诠疏》(*Exégesis*)。

Simonides Ceius, Lyricus(公元前 556—?) 雪蒙尼得,居克拉得群岛的启奥

岛(Ceos)人,古诗家;篇章见于贝尔克编《希腊抒情诗人汇编》。

Solinus Gaius Iulius,Grammaticus(公元后第三世纪上叶)　索里诺,文章家。所辑《历代史实备考》(*Collectionea rerum Memorabilium*),至第六世纪后简称《史丛》(*Polyhistor*)。

Solon,Elegiacus(盛年,公元前594)　苏伦,雅典诗人,以武功于594年任雅典执政,创制立法,为城邦政治的大立法家。所作诗歌Elegeia见于贝尔克编《希腊抒情诗人汇编》;其遗语见于波埃逊那(Boissonade)所编《希腊先贤名言集》(*Gnomici graeca*)。

Sophocles,Tragicus(公元前495—406)　索福克里,雅典第二悲剧作家。本书注释引及《埃勒克羯拉》(*Electra*)等篇。

Strabo,Geographus(盛年,公元前24)　斯脱累波,希腊族裔,生于滂都国之亚马细亚(Amasia)城。早年在罗马从推兰尼奥(Tyrannio)习知亚里士多德学术;其后旅游,足迹甚广。所著地理本于亚历山大城埃拉托斯叙尼(Eratosthenes)之学,共17卷,遍及当时所知地界各国,卷七不全。

Suidas,Lexicographus(盛年,公元后1100?)　修伊达,辞典编纂家:《辞书》(*Lexicon*)。

Synesius,Ecclesiasticus(公元后第四—五世纪)　辛内修斯,教会哲学家,曾任里比亚,五城(Pentapolis)地区主教;遗有杂著《说梦》(*de Insomniis*)等五种,书翰157篇,赞颂诗12章。

Theocritus,Poeta Bucolicus(盛年,公元前280)　色乌克里图,叙拉古渔牧诗人;所作《渔牧诗篇》(*Bucolicae*[*Idylls*])多咏西西里岛林谷与海滨的渔夫牧子。

Theophrastus,Philosophus(公元前373/368—288)　色乌弗拉斯托,累斯波岛,埃勒苏城(Eressus)人,本名推尔太谟(Tyrtamus)。与亚氏同学于柏拉图学院中;自后终身相共,322年继承亚氏主特吕克昂学院,历35年。生徒人数多至二千。所作以自然科学为主,有《物理》(*Physica*)、《植物原理》(*Peri phytōn aitiōn*)、《植物志》(*Peri phytōn historias*)等篇。伦理著作有《性格》(*Charctores*)。另有短篇多种。

Thucydides,Historicus(公元前460—395)　修色第得,雅典将军兼史家。424年领雅典军与斯巴达名将勃拉雪达(Brasidas)战于色雷基,失利,被放逐。由是著当代《历史》(*Historiae*),详叙伯罗奔尼撒战争本末,故后世称其书为“伯罗奔尼撒战争史”。

Tzetzes, Grammaticus(盛年,公元后 1150) 蔡采斯,中古拜占庭文章家。所著《千行诗集》(*Chiliades*)杂述史事、神话、典实,共 10 卷,12674 行;又有《吕哥费隆诗笺》(*Scholia ad Lycophron*)、《伊利亚特诗笺》(Illiaca)等。

Xenocrates Chalcedonius, Philosophus(公元前 396—314) 齐诺克拉底,嘉尔基屯人。57 岁继承斯泮雪浦主持亚卡台米学院(339—314),为人方正,死时穷困,遗文不多。其残篇见于穆拉赫(F. W. A. Mullach)编《希腊哲学家残篇汇编》(*Frag. Philosophiis Graecorum*)。另有齐氏短篇汇编,称《集锦》(*Anthologia*)。

Xenophon, Historicus(公元前 430—355 ?) 色诺芬,史家,雅典士族,从役波斯军中,43 岁(401 年)返希腊,著书广涉,而以史学为主。本书注释引及有关动物者,如《骑术》(de Re Eq.)、《狩猎》(*Cynegeticus*)等。

(二) 拉丁古籍

Albertus Magnus(公元后 1206—1280) 亚尔培脱,日耳曼科伦(Cologne)(?)人,以博学盛称于当代天主教会,故誉之为“大”(Magnus)。其学综合教会经典与以亚氏为本的世俗智识,实为经院哲学的先导。1651 年耶米神父(Pierre Jammy)编印其全部著作(Corpus)为 21 卷,卷一至卷六及卷廿一皆为亚氏各门学术的研究。1890 年,波尔叶方丈(Abbè Borgnet)又扩编之为 36 卷本。亚尔培脱述亚氏著作所据亚氏集原本应早于现世所存诸抄本,故近人也当它是一种参考译本,引为校勘之助。

Ambrosius, St. (公元后约 340—397) 安白罗修,罗马人,生于高卢,后为米兰(Milan)主教:《创世六日》(*Hexaemeron*)为旧约诠疏,本于巴雪留之作而有所增充。

Ammianus Marcellinus(公元后 325/330—391) 亚密安,罗马史家,裔出希腊族,生于安提阿(Antioch),卒于罗马。所著《罗马载记 31 卷》(*Rerum Gestarum Libri xxxi*)叙 96—378 年间事,今仅存卷 14—31(353—378 年间)。

Aquinas, St. Thomas(公元后 1225—1274) 托马斯·阿奎那,意大利人,天

主教神父。所著《反异教论》(*Summa contra Gentiles*,1259—1264)、《神学大全》(*Summa Theologica*,1265—1274)传为经院哲学基础课本。《亚氏诸书诠》(*Commentarii*)内有《物理》、《形而上学》、《政治》、《伦理》、《气象》、《解析》等不少译文,有助于后世亚氏著作的校订。

Augustine,St.(公元后354—430) 奥古斯丁,奴米第(Numidia)人,希朴主教(396—430):《天国》(*de Civitas Dei*)22卷。

Cato,M. Porcius(公元前234—149) 老伽图,罗马检查官,以严正著称:有《讲演词》(*Orationes*)150篇;《罗马史源》(*Origines*)7卷;《农业典范》(*de Re Rustica*)等书行世。

Celsius,Cornelius(第一世纪) 赛尔修,罗马医学家:《医药》(De Medica)。柏里尼《自然统志》,于植物方面抄取赛尔修书特多。

Cicero,Marcus Tullus(公元前106—43) 西塞罗,罗马世族,以才学品德,久任军政要职。朱理该撒独裁时,退隐托斯可兰(Tusculania)庄园。该撒死后,重问政治,被杀。所为演讲,散文,及哲学与政治对话皆传世。本书注释引及《神性论》(*de Natura Deorum*)等数篇。

Claudianus Claudius(公元后?—408) 克劳第安,拉丁诗人:主要诗篇为《柏洛色比娜的被劫》(*Raptus Proserpina*)。本书注释引及其动物短章《豪猪》(*de Hysterice*)。

Columella,L. J. Moderatus(第一世纪) 哥吕梅拉,生于加第兹(Cadiz),旅游甚广,后定居罗马。在比伦尼山麓(Pyrenes)有庄园,习于农事,著《农艺宝鉴》(*de Re Rustica*)12卷,述稼穑、园艺、畜牧,为古代完备之农艺经典。

Gellius Aulus(第二世纪下半叶) 季留,拉丁文学家。所作《雅典夜记》(Noctes Atticae)为读书及见闻杂录,虽仅存1卷,却保存了好些古希腊失传作家的剩语。

Gratius Faliscus(公元前后) 葛拉修,与奥维得同时代罗马诗人。本书注释所引《狩猎》(*Cyneg*)诗篇现存535行,见于波尔曼(Burmann)所编《拉丁名家诗集》(*Poetae Latini Minores*)及韦白尔(*Weber*)所编《拉丁诗人总集》(*Corpus Poetarum Latinarum*)。

Horatius,Q. Flaccus(公元前65—8) 贺拉修,罗马诗人。《全集》有短章4卷,歌谣1卷,讽刺诗2卷,书翰若干。本书注释所引亦为有关动物的

《狩猎》(*Canidia*)。

Juvenalis, D. junius(公元后 60? —140 ?) 朱味那尔，罗马讽刺诗作家。中晚年因诗句触犯显要，遣戍至埃及，80 岁死于戍所。今存《讽刺诗集》(*Satires*)5 卷，共 16 篇。

Lucanus, M. Annaeus(公元后 39—65) 卢堪，罗马青年诗人，因谋杀尼禄皇未成，被命自杀。所著《法撒里亚》(*Pharsalia*)为纪该撒与庞彼内战史诗。

Lucretius, T. Carus(公元前 98—55) 卢克莱修，罗马诗家，生平不详，据传他有狂疾，43 岁自杀。著有《物性论》(*De Rerum Natura*)。

Macrobius, Ambrosius Theodosius(第四—五世纪) 麦克洛比奥，曾任 414 年非洲总督。所著《农神节会语》(*Conviviorum Saturnaliorum*)杂论历史、神学、文学，共 6 卷，卷二残缺。

Martialis, M. Valerius(公元后第一世纪) 马夏里，生于西班牙之比白里(Bilbilis)，拉丁短章名家：《短篇诗集》(*Epigrammata*)。

Ovidius, Publius Naso(公元前 43—后 17) 奥维得，生于苏尔谟(Sulmo)，拉丁诗家：本书注释引及《变形》(*Metamorphoses*)、《罗马节令》(*Fasti*)、《渔捞》(*Halieutica*)。

Palladius, R. T. A.(公元后，第四世纪) 巴拉第奥，拉丁农业诗家；所作《农牧作业》(*de Re Rustica*)14 卷，按月令编述，末卷叙种树，其内容多出于哥吕梅拉。

Plautus, Titus Maccius(公元前 254/251—184) 柏赖托，古罗马喜剧作家，所作多取材于希腊之米南徒，现存完整及残缺剧本共 22 篇，本书注释引及《米内契尼》(*Menaechini*)。

Plinius Secundus C.(公元后 23—79) 老柏里尼，生于哥谟(Como)，曾任罗马帝国之西班牙财务官，死于维苏威火山的大爆发中。所著《自然统志》(*Historia Naturalia*)，综合希腊与拉丁先代博物知识，为古籍选译或杂抄，共 37 卷，其中卷七至卷十一，实以亚氏《动物志》为蓝本。

Seneca, L. Annaeus(公元前 4 ? —后 65) 色讷卡，罗马世族，修辞家老色讷卡次子。生长于西班牙的哥杜华(Corduva)。为尼禄皇师，竟为所杀。诗文传世者很多，本书引及其哲学论文《自然质疑》(*Q. Nat.*)等。

Suetonius, Tranquillus Caius(第一二世纪间) 修意通尼斯，为罗马皇哈德良记室，尝从小柏里尼于比茜尼亚总督任中。以所著《十二该撒本纪》著称，本书注释引及者为《尼禄》(*Nero*)。另有《名人逸事》(*De Viris illustrius*)与《集锦》(*Prata*)10 卷。

Terentius，P. Afer(公元前三至二世纪) 忒椟斯，与柏赖托同时代罗马喜剧作家，本书注释所引《富尔米奥》(*Phormio*)这一剧本亦出于米南徒。

Varro，Marcus Terentius(公元前 116—27) 梵罗，以博学著称于罗马。自述所著书 490 卷，三类，诗文、史书、杂艺。今仅存第三类的《农事全书》(*de Re Rustica*)及《拉丁语》(*de Lingue Latina*)残卷。梵罗与哥吕梅拉若干相符章节皆取材于亚氏书。

Vegetius，Flavius Renatus(第四世纪) 维季修，罗马军事学家：《罗马军制与战术》(*De Re Militari*)。

Velleius Paterculus(第一世纪) 维勒奥，拉丁史家：《希腊简史》(*Compendium*)，叙事始于古希腊，至罗马帝国当代事迹(公元后 29 年)而止。

Virgilius，P. Maro(公元前 70—19) 魏尔吉尔，意大利北方山区安得斯(Andes)人，拉丁诗家。早年作有《牧歌选集》(*Eclogues*)与《意大利农歌》(*Georgics*)。农歌的第三篇咏及家畜家禽，第四篇咏蜂，本书注释屡引及。其后成之史诗即《埃尼特》(*Aneid*)。

Vitruvius，Marcus V. Polleo(第一世纪) 维羯卢维俄，罗马建筑家，为奥古斯都皇的建筑总监。著有《建筑》(*de Architectura*)12 卷，久逸失。十八世纪在圣高尔(St. Gall)道院重行发现，今有罗司(Rose)1899 年校印本。

乙、索引

一、动物分类名词

本索引所列本书动物分类名词大多相当于现代分类之门、纲或目；次一索引“动物名称”所列各动物则大多既为种名，亦可为代表其科属的类名，例如 πίθηκος 为“猿”，而 πιθηκοειδή（“猿式”）就相当于今之猿科，Pithecidae，另些动物名，相当于今科属名，则-ειδή 语尾就相当于今之纲目。

（一） 发生（胚胎）分类

（二） 生活分类

（三） 性情分类

（四） 居处（呼吸方式）分类

			$590^{a}15$ 等。
τῶν θαλαττίων	marine anim.	海洋动物	$488^{b}6$ 等；远洋深海动物，浅滩动物，岩礁动物 $488^{b}7$ 等。
2. χέρσαια, τὰ	terrestrial anim.	陆生动物	$487^{a}15$, $589^{a}13$, $590^{a}5$ 等(即 τὰ πεδὰ 有脚动物，并及蛇类)。
3. ἀμφίβια, τὰ	“the amphibious”	两栖动物	$566^{b}27$, $589^{a}21$ 等。
4. πτηνά, τά	aerial animals	空中动物	$490^{a}6$, $589^{a}22$ 等(空中动物均有脚，同时类列于陆地动物中)。
甲、πτερωτά	with feathered wings	羽翼类	$490^{a}6$ 等(例如鸟)。
乙、δερμάπτερα	leathern wings	皮翼类	$490^{a}8$ 等(例如蝙蝠)。
丙、πτιλωτά	membbraneous wings	膜翅类	$490^{a}7$ 等(昆虫)。

(五) 食物分类

παμφάγα, τὰ	omnivorous anim.	全食性动物	$488^{a}15$ 等。
ποηφάγα	grammivorous anim.	蔬食性动物	$488^{a}15$ 等(＝καρποφάγα 粒食性动物)。
σαρκοφάγα	carnivorous anim.	肉食性动物	$488^{a}14$, $556^{b}21$, $563^{a}12$ 等。
ἰδιότροφα	anim. of peculiar diet	专食性动物	$488^{a}16$—19 等。

(六) 行动分类

1. μόνιμα, τά	stationary anim.	固定动物	$487^{b}6$ 等(例如海绵)。
μεταβλητικά	erratic	漂移动物	$487^{b}6$ 等。
ἐκτοπιστικά	nomadic	游牧动物	$488^{a}14$ 等。
2. οἰκητικὰ	anim. with a dwelling	有窠动物	$488^{a}11$ 等。
ἄοικα	a. without one	无窠动物	$488^{a}20$ 等。

(七) 级进分类

(依形态、解剖、胚胎等差异之综合分类)

ἔναιμα ζῷα	sanguineous anim.	红血动物	$490^{a}21$, $496^{b}3$, $502^{b}28$ 等(约略相当于今脊椎动

			物）。
ἄναιμα ξῷια	non-sanguin. anim.	无红血动物	490^{a}21等（卷iv章1—7）（约略相当于今非脊椎动物）。

1. 无红血动物

(1)σπογγιά	“sponge”	海绵	卷v章16等(代表多孔动物门)，别称“动植间体”zoophytae。
(2)ἀκαλήφη	“acalephae”	海葵	卷iv章6，卷v章16等(代表腔肠动物门)。
(3)ἐλ ι νος	“sea-urchin”	海胆	卷iv章5等(代表棘皮动物门)。
(4)ἕλμινθος	helminthes	蠕虫类	551^{a}7—13(环节动物门)。
(5)ὀστρακόδερμα	ostracoderma or testeceans	函皮类，或介壳类	490^{b}10，491^{b}27，523^{b}9，527^{b}35，590^{a}19—^{b}1，599^{a}10—20等。
甲、στρομβοειδή	stromboid	螺蜗类	492^{a}17，528^{a}11，530^{b}21；解剖528^{b}18—529^{a}25，531^{a}1；行动528^{a}33；其他（相当于今软体门腹足纲与直神经纲）。
乙、κογχ ὑ λια	conchylia	贝蛤类	529^{a}25—^{b}6，547^{b}8（相当于今瓣鳃纲）。
(子)δίθυρα	bivalves	两瓣贝	528^{b}2，11等。
(丑)μονόθυρα	monovalves	单瓣贝	528^{a}12，529^{a}25—^{b}6，603^{a}27。
(6)μαλακία	mollusca	软体动物	487^{b}16，523^{b}20等(相当于今Cephalopods软体门头足纲)。
(7)ἔντομα，τὰ	animals with nicks	节体动物（虫豸类）	类属界释487^{a}33；生殖，卷v章19—32(相当于今节肢动物门，甲壳纲除外)。
甲、ἀράχνια	spiders	蜘蛛	555^{a}26—^{b}16，622^{b}27—623^{b}2等(代表蜘形纲)。
乙、σκολόπενδρα	scolopendra	蜈蚣	489^{b}22等(代表多足纲)。
丙、ἔντομα	insects	昆虫	490^{b}14，523^{b}12，531^{b}19—532^{b}18，534^{b}15，550^{b}

22—557^{b}31,601^{a}1;交配 542^{a}1—17,550^{b}22;食料 596^{b}10;虫季 605^{b}6;伏蛰 599^{a}20;其他。

(子)κολεόπτερα	coleoptera	鞘翅类	490^{a}14,552^{b}30,601^{a}3 等。
(丑)δίπτερα	diptera	双翅类	490^{a}16—20,532^{a}20 等。
(寅)τετράπτερα	tetraptera	四翅类	490^{a}16,532^{a}21 等。
(8)μαλακόστρακα	malacostracea or crustacea	软甲类,或甲壳类	487^{b}16,490^{b}11,523^{b}5,525^{a}30,528^{a}3;呼吸 589^{b}20;游泳 490^{a}1;食料 590^{b}10;隐伏 599^{b}29;繁殖 541^{b}19,549^{a}14—^{b}30,550^{a}32(于虾蟹等外,涉及蔓足桡脚亚纲,参看"动物名称"索引,节肢门甲壳纲)。

2. 红血动物

(9)ἰχθύες, οἱ	fishes	鱼类	486^{a}23,487^{b}16,490^{b}8,505^{b}28;胚体发育 564^{b}26 等;生活区域 601^{b}15;洄游 597^{a}14 等;时令 601^{a}28,607^{b}6;感觉器官 505^{a}32;生殖器官 509^{b}16,540^{b}30;鱼病 602^{b}12 等;其他,渔捞,卷 viii 章 20 等。
甲、οἱ θαλάττιοι	marine fish	海鱼	488^{b}7 等。
οἱ ποταμίοι	river fish	河鱼	602^{b}20,607^{b}34 等。
οἱ λιμναῖοι	lake fish or marsh fish	湖鱼或池鱼	568^{a}10,602^{b}20,607^{b}34 等。
乙、ῥυάδες	migrants	洄游鱼	543^{b}14,570^{b}21 等(=δρομάδες 竞游鱼,或 ἀγελαῖα 群聚鱼)。
丙、οἱ λεπίδωτοι	scaly fish	有鳞鱼	567^{a}21 等。
οἱ λεῖοι.	smooth fish	无鳞鱼	567^{a}21 等(=光滑鱼)。
丁、τῶν προμήκων	lanky fish	细长鱼	504^{b}34 等(相当于今鱼纲之鳗目)。
(10)ἀμφίβια	the amphibious	两栖类	例如蛙 589^{a}29;其他。
(11)σαύρων, τῶν	saurians	爬虫类(蜥蜴)	508^{a}10,540^{b}4 等(相当于今蜥蜴亚目)。
ὀφιώδεις, οἱ	serpents	蛇类	490^{b}24, 505^{b}5—20, 508^{a}8—^{b}8,600^{b}23—601^{a}1 等(代表爬虫纲)。
(12)ὄρνιθες, οἱ	birds	鸟类	类属界释 490^{a}12—^{b}8, 505

亦即“兽”类,包括猿与人。依 $490^{b}20$—26 兽类应称胎生被毛动物,而鲸类则为胎生无毛动物)。

甲、τὰ ζῶα μηρυκαζουσιν	ruminants	反刍类	$522^{b}26$,$507^{a}32$—$^{b}12$,$519^{b}12$ 等(= τὰ κερατωδη 有角兽类)。
乙、διςχιδ ἡ	cloven-footed anim.	分趾(偶蹄)类	$499^{a}2$,23,$^{b}14$,$502^{a}10$,$630^{b}4$ 等。
μόνωχα	solid-hoofed anim.	实趾(奇蹄)类	$499^{b}11$ 等。
丙、οἱ λαφοῦροι	bushy-tailed anim.	丛尾动物	$491^{a}1$,$495^{a}4$,$501^{a}6$(相当于今马属)。
丁、πολυσχιδων	fissipeds		$580^{a}5$(指有胎盘食肉兽类如熊、虎、狼等)。
戊、τὰ ἀμφώδοντα	anim. of symmetrical dentition	齿列俱全动物	$495^{b}30$,$501^{a}11$,$507^{b}29$ 等。
μη ἀμφώδοντα	of unsym. d.	齿列不俱全动物	$501^{a}12$,$507^{b}29$ 等。
己、ἐμπροσθουρητικά	emprosthuretic anim.	前尿向动物	$509^{b}3$ 等。
ὀπισθουρητικά	opisthu. anim.	后尿向动物	$500^{b}15$,$509^{b}3$,$539^{b}21$,$540^{a}24$,$546^{b}1$,$579^{a}33$ $^{b}32$。

(八) 其他分类

(I) 脚数分类

δίποδα, τὰ	bipeds	两脚类	$489^{a}32$,$490^{a}10$,$498^{a}29$ 等(鸟纲)。
τετράποδα, τὰ	quadrupeds	四脚类	$488^{a}22$,$490^{a}29$ 等(爬虫,两栖,兽纲)。
πολυπόδα, τὰ	multipeds	多脚类	$488^{a}17$,$^{b}5$,$531^{b}29$ 等(节肢动物门)。

(II) 表皮分类

φολιδωτά, τὰ	tessellates	棱甲动物	$490^{b}24$,$492^{a}26$ 等(即爬虫类,与被毛动物即鸟兽,

二、动物名称

本索引依现代分类编订，各门、纲内动物依字母次序排列。

（一） 多孔动物门

（二） 腔肠动物门

ca fixa，即红海葵）与大水母（未能揣拟其种属），531^{b}11；浮游水母（Urtica errans）531^{b}8。

“ζῶα περιττά”	animalia extraordinarii	海中“怪物”	532^{b}23（其中之一，拟为珊瑚纲的海鳃 pennatula）。

（三） 棘皮动物门

’Αστήρ	Stella	海星	548^{a}7（Asteroidea 海盘车或海百合纲）。
“πλεύμονες”	“pulmones”	“海肺”	548^{a}11（已见前，与海绵并举，或是一棘皮动物）。
ἐχῖνος	echinus	海胆	528^{a}2，530^{a}32－531^{a}7；繁殖 544^{a}23；感觉 535^{a}24；品种

490^{b}30；食用海胆 530^{b}1（例如圆胆，球胆 Strongylocentrotus，sphaerechinus）。（以下海胆纲）

ἐχινομῆτρα	echinometra	母海胆	530^{b}6（Echinometridae 母海胆科，例如 E. melo 瓜胆）。
σπάταγγος	spatangus	猬团海胆	530^{b}4，12（歪海胆类的猬团科 Spatangidae）530^{b}9 头帕猬胆（Cidaris hystrix）。
βρύσσος	bryssus	白吕苏海胆	530^{b}5（不明科属）。
ὁλοθούρια	holothuria	沙巽	487^{b}15。（以下海参纲 Holothuroidea）
“ζῶα περιττά”	anim. extrao.	海中“怪物”	（532^{b}17 － 28）532^{b}25（Idalia laciniosa 拉齐尼伊达海参）。

（四） 蠕虫各门

’Ελμινθία	Vermes	肠蠕虫	551^{a}8（兽肠蠕虫）；570^{a}14，602^{b}26（鱼肠蠕虫）；548^{b}15

（海绵蠕虫）。551^{a}10 ’ἀσκαρίς 拟为一种线虫 Nematod；603^{b}16πλατεῖα 拟为绦虫科 Taeniadae 诸“扁虫”；551^{a}10στρογγύλα “圆蠕虫”，拟为线虫类中的蛔虫科诸蛔。

γῆς ἔντερον	lumbricus	“地肠”	570^{a}16（拟为 1. earth worm 蚯蚓，或 2. Gordius 戈尔第圆蠕虫）。

(五) 软体动物门

1. 腹足纲

			氏腹翼螺)。

直神经亚纲

希腊名	拉丁名	汉名	出处
κοχλίοι	cochleae ad terram	陆蜗	523^{b}11, 527^{b}35, 528^{a}1; 解剖(拟为一"食用蜗"Helix pomatia) 529^{a}2—25; 为豕与鹧鸪所噬食 621^{a}1; 蟹寄居 530^{a}27; 蛰伏 599^{a}16; 孱 599^{a}15; 齿 528^{b}28; 时令 544^{a}23; 壳 525^{a}27, 557^{b}18。
κοχλίοι, οἱ θαλάττιοι	cochleae ad mare	海蜗	528^{a}1。

2. 瓣鳃纲

希腊名	拉丁名	汉名	出处
γάλακες	Lactea	乳贝	528^{a}23(例如马珂乳贝 Mactra lactea)。
κόγχοι οἱ μύες	conchae(mussels)	贻贝(淡菜)	528^{a}15, 22, 29; 卵 547^{b}11 (贻贝科 Mytclidae)。κόγχ. λέιας 光滑贻贝,即淡水贝 614^{b}28。τὰ ῥαβδωτά 有垄蛤(cockles) 528^{a}24,547^{b}13,548^{a}5,622^{b}2(Cardidae 鸟蛤科)。
κτένες	pecten(scallop)	海扇(扇贝)	525^{a}22,528^{a}15,531^{b}7, 547^{b}14,24;卵529^{b}1—7; "飞行"528^{a}30, 535^{b}26, 621^{b}10; 习性 547^{b}31; 蛰伏 599^{a}14; 与"江珧卫士"共栖 547^{b}29; 时令 603^{a}20; 感觉 535^{a}18; 产卵 607^{b}2。
αιμνόστρεα	lacustriae	礁湖蛎,池蠔	528^{a}23,30,547^{b}11,29。
ὄστρεον	ostrea	蠔,蛎	487^{a}26, ^{b}9, 15, 490^{b}11, 523^{b}12, 528^{a}1, 531^{a}16,^{b}5, 547^{b}20,548^{a}16,568^{a}9,590^{a}30,607^{b}1。
πίννα	octraceum pinna	江珧(江瑶)	528^{a}23, 33,547^{b}15,548^{a}5, 588^{b}14。
σωλήν	solen	蛏(刀蛏)	528^{a}18, 547^{b}13, 548^{a}5, 588^{b}15; 感觉 535^{a}14(或译管贝)。

3. 头足纲

希腊名	拉丁名	汉名	出处
βολίταινα	Bolitaina	"海葱"(臭鱆)	525^{a}19, 26, 621^{b}17(=bolbidia)。
ὄζολις	ozolis	臭鱼(臭鱆)	525^{a}19。
ἐλεδόνη	eledone	埃勒屯尼	523^{b}27(棕黄种臭鱆)。
ἑλεδόνη	heledone	希勒屯尼	525^{a}17(亚尔特望第氏种)。

(六) 节肢动物门

1. 甲壳纲

属软甲亚纲 Malacostracae。）

κάραβος	palinurus(crawfish)	蝲蛄	487b16，489a33，523b8，525a30，525b33—526a10，529b22，541b19，621b17；眼，突起，触角等526a31—b4；捕捞534b26；食料590b13—21；游泳490a3；性别526a1，527b33；脚525a15；蜕壳601a10；产卵529a19，549a15—b28（蝲蛄或龙虾，属Palinuridae龙虾科）；多棘蝲蛄490b11（拟即龙虾）。
καρίς	caris	斑节虾，或褐虾	525a33，b1，33，526b27，527a9，607b15；为黑鮈所噬食591b15；怀卵549b12（斑节虾或褐虾属斑节虾科）。
		共栖小虾	547b17（参看"江珧卫士"）。
κράγγον	squilla	虾蛄	525b2，29；小种虾蛄，525b2。
κυφός，καρὶς ἡ	"kuphus"	驼背虾	525b2，18，28，31，549b12（拟为"长臂锯虾"）。
ψύλλος	pulex(sea-flea)	"海蚤"	537a5（沙滩小跳虾 Gamarus，属端足目 Amphipod）。
ἄρκτος	arctus	熊蟹	549b23。
Ἡρακλεωτις	Heracleotis	赫拉克里托蟹	525b5，527b12（拟为 Calappa 馒头蟹）。
ἱππεῖς	equites	骑兵蟹	525b8（拟为 Cancer cursor 捷足黄道蟹，或 Ocyp. curs. 捷足矶蟹）。
καρκίνιον	carcinium	小蟹	529b20—530a17，547b17，548a14—21（即寄居蟹）。
καρκίνος	cancer	蟹	527b4—33；螯爪590b26；眼526a10，529b29；为章鱼所噬622a7；呼吸526b20，527b16；蜕壳549b27，601a17；品种525b1—10；交配541b25—33。
	c. fluv.	淡水蟹	525b6（色尔费撒属淡水蟹）。
κύλλαρος	cyllarus	"蜷曲动物"	530a12（拟为一种蜒壳寄居蟹）。

2. 蜘形纲

σκορπιώδεις ἐν τοῖς βιβλίοις	biblio-scorpiones	蟹蜘（书卷蝎）	532a17，557b10（Chelifer cancroides 属拟蝎目 Pseudo-scorp. 恶蜘科 Chernelidae）。

3. 多足纲

Ἴουλος	Iulus	马陆	523b18（Diplopoda 倍足亚纲唇颚目）。
σκολόπενδρα	millipedes	蜈蚣	489b22，523b18，532a5，621b9（chilopoda 唇足亚纲整形目）。

4. 昆虫纲

Ἀκρίδες	Acrides (Grylli, locustae)	蝗，螽蠡，或蚱蜢	550b32，612a34；（？）肠 532b11；习性与繁殖 555b10，18—556a8，601a7；发声方式 535b11。"蛇敌" 612a33—34（拟为真蝗，参看爬虫纲蛇敌条）。
ἀνθρήνη	anthrene	安司利尼（黄蜂或胡蜂）	551a30，553b9，622b21，623b10，624b25；总述 554b22—555a12，628b32—629a27；巢式之别：穴居 629a9；树居 629a20。 安司利尼蜂，拟为下列诸品种：（一）554b22 注，（1）某种独居或"小群胡蜂"Polistes，（2）普通胡蜂 Vespae vulg.，日耳曼胡蜂 V. germanica 或红塱 V. rufa。（二）628b32 注，南欧"尖嘴室泥蜂"Bembex rostrata，属细腰蜂科。
ἀνωνύμος	"anonymous"	无名小虫	552b32（拟为蜂窠毛蟹 Trichodes alvearius）。
ἀσκάρις	ascaris	阿斯加里，血蠕虫＝孑孓	摇蚊（双翅目）之幼虫 551b27—552a8；孑孓（？）滋生之处 552a9—14。
ἀττέλαβος	attelabus, locusta	飞蝗	550b32；繁殖 556a9—b1（555b17 注，卷 v 章 28—29 所拟飞蝗品种：1. Acridium peregrinum 游蝗，2. Pachytulus migratorius 远飞流蝗，3. P. cinerascens 灰褐高飞流蝗，4. Caloptenus italicus 意大利健翅蝗）。
ἀχέτας, ἠχέτης	cicada (chirper)	"鸣"蜩	532b17，556a21（清贫蝉）。

			蠹);534^{b}19(与蜜蜂同列,应为瘿蜂 Cynipid)。
κορε ι s	coreis	虱	556^{b}27 (Anophura 虱目)。
κρότωνος	ricinus	扁虱,壁虱	552^{a}15－20(虱目,兽虱科 Haematopinidae);557^{a}15 牛扁虱 557^{a}16 猪扁虱。
κυνορα ι στη	cynoroeste	“狗锥”	557^{a}18(拟为 Ixodes ricinus 扁虱或兽虱,不专为狗虱)。
κώνωψ	conops,culex (gnat)	眼蝇(或蚊蚋)	刺吻 532^{a}14;感觉 535^{a}3。
kώνωψ	conops (vinegax fly)	醋蝇	535^{a}3, 552^{b}5 (Mosillus cellaris 槽坊蝇)。
μελίττη	apis	蜜蜂	品种与习性:采蜜,集粉,泌蜡,造巢,繁殖,分封及蜂房管理综述 553^{b}9－554^{b}21, 623^{b}7－627^{b}22; 翼 490^{a}7,519^{a}27, 532^{a}24;脚 489^{b}22; 螯刺 532^{a}16; 感觉 534^{b}19, 535^{a}2; 伏蛰 599^{a}24; 声(蜂衙)535^{b}6, 10; 食料 488^{a}16, 596^{b}16; 疾病 605^{b}9, 622^{b}16; 发生与变态 551^{a}29, 553^{a}17, 554^{b}21, 601^{a}6; 睡眠 537^{b}8; 其他 487^{a}32, ^{b}19, 488^{a}9, 489^{a}32, 523^{b}19, 531^{b}22, 532^{a}24, 555^{a}5; 蜂群三性 βασιλούs“王蜂”＝雌蜂, ἐργατόs 工蜂＝中性蜂, κηφ ή ν 懒蜂＝雄蜂 553^{a}23 , 554^{a}22 , 623^{b}10 等 ; 两品种 624^{b}22(拟为 1. Apis ligustica 意大利里古哩种与 2. A. mellifica 普通蜜蜂)。
μηλολόνθη	melolonthus	小金虫	552^{b}16,523^{b}19,25;翼 490^{a}15,532^{a}23(拟为金龟子科之粉蛂或黄蛂)。
μύρμηζ	formica	蚁	583^{b}19,614^{b}12;习性 488^{a}10, 21,542^{b}30,622^{b}20,623^{b}13; 繁殖 555^{a}19;驱蚁方法 534^{b}22;为熊所噬 594^{b}9;骑兵蚁(ἱππομύρμηζ,F. Herculeana)606^{a}5。
μύωψ	myops	虻	发生与变态 552^{a}30;食料 596^{b}15;刺吻 490^{a}20; 马虻(Tabanus trigonus)528^{b}31,532^{a}9;死于眼肿 553^{a}15(拟为 Tab. caecuticus 盲虻)。
νεκύδαλυs	necydalus	尼可达卢蛾	551^{b}10－18(拟为鳞翅目

习性（生态综述）$627^{b}23-35$；螫刺$532^{a}16$，$628^{b}3-24$，$629^{a}26$；部分被切割$531^{b}31$；繁殖$551^{a}30$，$554^{b}22-555^{a}12$，$628^{a}1-632$；与蜜蜂为敌$626^{a}8$，15，$627^{b}5$（参看“姬蜂”与“黄蜂”）。

των ἡμέρων		“驯”胡蜂	$628^{a}1$（拟为小群地蜂 Polistes）。
οἱ ἄγριοι		“野”胡蜂	$627^{b}23$（拟为细腰树蜂 Crabro. silvestres）。
ὁ ἐπέτειος		“年”胡蜂	$623^{b}10$。
ὑπὸ γῆν		“地下”胡蜂	$628^{b}10$（参看“黄蜂”$628^{b}32$注）。
σφονδύλη	sphondyle (knuckle-bettle)	关节甲虫	$542^{a}11$，$604^{b}19$，$619^{b}22$（属蛷螋或天牛科）。
τενθρηδῶν	tenthredon	坦司利屯蜂	$623^{b}11$，$629^{a}30$（未知是何品种）。
τερηδόνας	teredo	凿虫	$605^{b}16$（蜂窠害虫）。
τέττιξ	cicada	蝉	概述$556^{a}15-{}^{b}20$；习性$605^{b}27$；舌与食料$532^{b}11$；繁殖$550^{b}32$；发生与蜕化$601^{a}7$；品种$556^{a}15-17$（1. Cicada orni 富丽蝉，2. C. plebeia 清贫蝉）。
τεττιγόνια	cicadelle	小蝉（蛁蝉）	$532^{b}18$，$556^{a}19$。（富丽蝉）
ὕπερα (πηνίον)	hypera penia	“捧杵”（“纺锤”）	$551^{b}6$（拟为1. 尺蠖蛾科 Geometridae 之蛹，或2. 梅雨蛾 Abraxas grossulariata 之蛹）。
φθείρ	pediculus	虱	$556^{b}28-557^{a}28$；食料$556^{b}22$；繁殖$539^{b}10$；“野虱”$557^{a}5$（品种不明）。疥癣虫$556^{b}29-557^{a}4$（Sarcoptes scabiei）。人虱$557^{a}2-10$（1. Pediculis capitis 头虱，2. P. corporis 身虱，3. Phthirius inguinalis 致病阴虱）。食毛虱（Ricinus）$557^{a}10-14$（鸡羽虱 Menopon gallinae 与兽毛虱 trichodectes）。
ψῆν	psen	无花果小蜂	$557^{b}26-31$（没食子蜂或瘿蜂 Cynips psen，L.）。
ψύλλος	pulex	蚤	自发生成$539^{b}12$，$556^{b}23$；食料$556^{b}22$。
ψυχή	psyche	仙女蝶	$532^{a}27$，$550^{b}26$（例如 P. Brassicae 苞菜蝶）。

（七） 脊索动物：被囊亚门

海鞘纲

（八） 脊索动物：脊椎亚门

1. 鱼纲

ἀφύη	aphye	亚菲伊	$569^{a}30-^{b}28$,$602^{b}2$(1. 小鳁小鳀等鲱科幼鱼,或 2. 专指沙滩香鱼 osmerus)。
αὐξίδες	auxii	速生长鱼(鲣)	$571^{a}18$(拟为金枪鱼目中之 Auxis vulgaris 普通舵鲣)。
βάλαγρος	balagrus	巴拉格罗	$538^{a}15$(某种中性鱼,可能为 1. 亚得里亚海之布尔培罗 bulbero, 或 2. Carassius vulg. 普鲁士鲫,或译雌雄同体鲋)。
βάλερος	balerus	巴来卢鱼	$568^{a}28$,$602^{b}26$(未知是何种鱼)。
βάτος	batis(ray)	魟,鳐	$567^{a}13$;鳃 $489^{b}6$,$505^{a}4$;胆 $506^{b}8$;习性 $620^{b}30$;繁殖与胚胎发生 $565^{a}15-29$, $565^{b}28$, $566^{a}27-32$; 游泳 $489^{b}32$。
βάτραχος ὁ θαλάττιος	lophius fishing-frog	鮟鱇,"海蛙"	$508^{b}24$,$540^{b}18$,$564^{b}19$。(Lophius piscatorius 钓鱼鮟鱇)习性 $620^{b}11-28$;鳍 $489^{b}33$; 胆 $506^{b}16$; 鳃 $505^{a}6$, 产卵 $505^{b}4$, $570^{b}32$; 苗鱼 $565^{b}29$。
βελόνη	belone (syngnathus)	"管"鱼或"针"鱼	参看 $610^{b}7$ 注(或拟为杨枝鱼或拟为鱵)。生殖 $506^{b}10$, $567^{b}23$, $571^{a}2-5$, $543^{b}11$, $610^{b}9$,$616^{a}32$(颚鍼鱼目)。
βός, ὁ	bos	"牛魟"	胎生 $566^{b}4$;性别 $540^{b}17$(拟为 Notidanus griseus 灰脂鲛)。
βῶξ	box	波葛	$610^{b}4$(拟为 Box boops 金线小鲋)。
γαλεώδες (σελαχοειδῆ)	galeodes (selachii)	鲨,鲛	$540^{b}19$;鳃 $489^{b}6$,$505^{a}5$;胆 $506^{b}8$;肝 $507^{a}15$;子宫 $511^{a}4$;性别 $540^{b}27$;卵 $505^{a}21$;繁殖 $543^{a}16$,$566^{a}16$,31;智巧 $621^{a}11$。
ἀλώπεξ	fox-shark	狐鲨	$565^{b}1$,$566^{a}31$。
ἀστερίας	spotted	星鲨	$543^{a}17$,$566^{a}17$(Scyllium stellare,真鲨科星狗鲨)。

			属 Eteliscus)。
ἐχενηίς	remora	鲫("持舟")	505^b19-22 (Echenoidedae 鲫科,棘鳍亚目)。
ἔψητος	epsettus	埃伯色托	569^a21(小白鱼,未知其种属)。
ζύγαινα	zygaena	双髻鲛	506^b10 (鲨目,双髻鲛科,Sphyrna zygaena L.)。
ἥπατος	hepatus	希伯托	508^b20。
θρίττα	thritta	司力太	621^b16(拟为 Alosa Sapidissima 感音鲱,或 Sardinella aurita 聪耳鳎)。
θύννος	thynnus	金枪鱼	506^b10(鲔);习性 488^a6,598^a17,602^a31,610^b4;眼 598^b21;皮 505^a27;生长 571^a10-22,繁殖 543^a1-12,$^b2$,5,12,571^a8;食料 591^a11,$^b18$;隐蛰 599^b9;洄游 597^a23,598^a26,$^b19$;寄生生物 557^a28,602^b25;年龄与大小 607^b28;用作钓饵 533^a33;渔捞 537^a20。
ἰουλίς	iulis	"虹"鲀	610^b7(隆头鱼科之青赤匾罗 Coris iulis)。
ιππούρος	hippurus	"马尾"鱼	隐蛰 599^b3;繁殖 543^a22(即 Coryphaena hippurus 马尾鲯鳅)。
καλλιώνυμος	Callionymus	鲔("鼠鲔")	居处 598^a11;胆 506^b10 (螣总科之 Uranoscopus scaber 粗皮螣)。
κάνθαρος	cantharus	黑鲷	居处 598^a10(拟为 Cantharus lineatus 黑条纹鲷)。
καπρίνος	caprinus	鲤	鳃 505^a17;舌 533^a29;鲤病 602^b24;产卵 568^b28,569^a5 (Cyprinoidae 鲤科)。
		中性鲤	538^a15(参看"巴拉格罗"鱼及"阉鱼")。
κάπρος	"aper"	"彘"(豚鼻鱼)	鳃 505^a13;发声 535^b18(拟为一鲶科鱼 Silurus)。
κεστρεύς	mugil	鲱鲤,灰鲱鲤	居处 598^a10,601^b21;盲囊 508^b18;听觉 534^a8;

			黑鮈鲤 Gobio niger $567^{b}20$。
λάβραξ	labrax(basse)	鲈	耳 $534^{a}9$(拟为 Labrax lupus 狼鲈);头内石 $601^{b}30$;鳍 $489^{b}26$;时令 $607^{b}26$;食料 $591^{a}11$,$^{b}18$;产卵 $543^{a}3$,$^{b}4$,11,$567^{a}19$,$570^{b}21$;渔捞 $537^{a}28$。
λάμια	lamia	拉米亚(真鲨)	$540^{b}17$,$621^{a}20$(拟为鼠鲨目的 Carcharias glaucus 蓝灰真鲨或 carcharadon rondetti 锥齿噬人鲨)。
λύρα	lyra	琴魴鮄	$535^{b}17$(参看"海鸤鸠"Trigla lyra)。
μαινίς	maenis	小鲲	$570^{b}28$;变色 $607^{b}21$;时令 $607^{b}24$;性别 $607^{b}10$;幼鱼 $569^{a}19$,$^{b}28$(Maena vulgaris。参看"亚菲伊")。
μάρινος	marinus	麦里诺	怀卵 $570^{a}33$;目盲 $602^{a}1$(未知是何种鱼)。
μελάνουρος	melanurus	"黑尾"鱼	食料 $591^{a}15$(与鲑科同列,拟为 Oblata melanura 黑尾扁圆鲑)。
μήρυξ	ruminatis	"反刍鱼"	$508^{b}12$,$591^{b}23$(拟为 Scarus cretensis 克里特岛绿鲑)。
μουρμύρος	mormyrus	谟米卢鱼	产卵 $570^{b}22$(拟为 Pagellus mormyrus 谟米卢叶片鱼)。
μύξων(σμύξων)	myxon	米克松鲱鲤(斯米克松)	繁殖 $543^{b}15$,$570^{b}3$(拟为 Mugil auratus 金鲻,或 M. saliens 跃鲻)。
μυραῖνα	muraena	鳗鲡(海鳗)	居处 $598^{a}14$;鳃 $505^{a}16$;鳍 $489^{b}28$,$504^{b}34$;胆 $506^{b}17$;食料 $591^{a}12$;隐蛰 $599^{b}6$;卵 $517^{b}7$;交配 $540^{b}1$;繁殖 $543^{a}20$—29;与康吉为敌 $610^{b}7$。
νάρκη	torpor	麻醉鱼,电鳐	$540^{b}18$;麻痹(电震)$620^{b}19$—29;鳃 $505^{a}4$;胆囊 $506^{b}9$;繁殖 $543^{b}9$,$566^{a}23$,32;苗鱼 $565^{b}25$(Torpedinidae 电鳐科)。
ξιφίας	xiphias	旗鱼,或"剑"鱼	鳃 $505^{a}19$;胆 $506^{b}17$;寄生虱 $602^{a}26$—30(Xiphiidae 剑鱼科)。

33;繁殖 543^{a}7,^{b}8, 15(570^{a}33,591^{b}19 与鲻、鲱鲤同列,543^{a}7 与金枪鱼同列,拟为 Sargue rondeletti 隆得勒氏沙尔古鱼;535^{b}17 注,拟即嘉尔基鱼——鲂)。

σαῦρος	lacerta (horse-mackerel)	"蜥蜴"(鲹) 马鲭	610^{b}5(拟为鲈目鲹科之 Caranx trachurus 刺鲅或竹筴鲹)。
σκάρος	scarus	鲦(鹦鹉鱼)	505^{a}14,632^{b}11;居处 621^{b}15;鳃 505^{a}15;胃 508^{b}11;齿 505^{a}28;食料 591^{a}15(例如 Scaridae 鲦科鲦属之绿鲦)。
σκόμβρος	scombre	鲭	产卵 571^{a}13;洄游 597^{a}22, 599^{a}2,610^{b}7(Scombridae 鲭科)。
σκορπίος	scorpaena	海"蝎"(鲉)	居处 598^{a}3;盲囊 508^{b}17;繁殖 543^{a}7(拟为 Sc. scrofa 母猪鲉,或 Sc. porcus 彘鲉)。
σμαρίς	smaris	斯麦利鱼	变色(婚装)607^{b}15,22(拟为 Smaris vulgaris 普通小梭鱼)。
σμῦρος	smyrus	斯米卢鱼	543^{a}24,26(拟为海鳗鲡科之树皮鳗)。
σπάρος	sparus	鲷	盲囊 508^{b}18(Sparidae 鲷科)。
σφύραινα	sphyraena	鲌,梭鱼	610^{b}5(鲻目,Sphyraenidae 鲌科)。
συναγρίς	synagris	辛那葛里	鳃 505^{a}16;胆 506^{b}16(Dentex vulgaris 普通合齿鱼)。
συνόδων	synodon	"合齿"鱼	610^{b}5;食料 591^{a}11,^{b}5,10(Synodontidae 合齿鱼科)。
ταίνα	taenia	鲦(带鱼)	504^{b}33(例如 Taenia cobitis 带鳅,T. cepola 赤刀鱼)。
τίλων	tilon	蒂隆(鲶?)	568^{b}26,602^{b}26。
τρίγλη	triglia	魴鮄 (红鲱鲤)	610^{b}5;居处 591^{b}20,598^{a}10,610^{b}5;盲囊 508^{b}17;

			之一种）。
χρομίς σκίαινα	chromis(sciaena)	鮸（契洛鮸）石首鱼	耳 534^{a}9；头内石 601^{b}30；发声 535^{b}17；繁殖 543^{a}2（地中海诸鮸 Sc. aquila 鸢鮸，或 Umbrina cirrhosa 棕黄鮸，或 Corvina nigra 黑鮸）。
χρύσοφρυς	sparus auratus	金鲷，或乌颊鱼	489^{b}26，508^{b}20；居处 598^{a}10；食料 591^{b}10 隐蛰 599^{b}34；时令 602^{a}11；睡眠 537^{a}29；产卵 543^{b}4，570^{b}21。
ψῆττα	psetta	伯色大（"鳊鱼"）	习性 620^{b}30；繁殖 5643^{b}2（拟为扁魟或鲽，即比目鱼）；雌雄同体 538^{a}20（鮨属鱼中之 πέρκα 贝尔加鮨）。

2. 两栖纲

βατράχος	Rana	蛙	两栖 487^{a}28，589^{a}29；舌 536^{a}8；子宫 510^{b}35 等；黑色体 530^{b}34；脾 506^{a}20；蛙声 536^{a}8—19；性别 538^{a}28；交配 540^{a}31；产卵 568^{a}24；敌对动物 626^{a}9（Anura 无尾目，蛙科 Ranidae）。
κορδύλος	triton palustris	水蜥	487^{a}28，490^{a}4，589^{b}26（拟为有尾目 Urodela 的 Triton alpestris 高山鲵，或 Salamandra atra 黑蝾螈）。
ὀλολυγύν	rana ololygona	喧蛙（树蛙）	536^{a}15（类似 Rana aurora 等）。
σαλαπάνδρα	salamandra	[灭火]蝾螈	552^{b}16（传说动物）。

3. 爬行纲

᾿Ασκαλαβωτης	stellio(lacerta gecko)	守宫（蝘蜓）	609^{a}28；习性 614^{b}4；蛰伏 599^{a}31；蜕皮 600^{b}23；咬伤 607^{a}27；敌对动物 609^{a}29；性别 538^{a}28（Lacertilia 蜥蜴目，Geckonidae 守宫科）。
ἀσπὶς	aspis	角蝰	607^{a}22，612^{a}16（蛇目的角蝰 Cerastes cornutus，或另拟为眼镜蛇属 Cobra 的 naja haje）。
δράκον	draco	"龙"蛇	612^{a}30。
ἔχιδνα	echidna	蝰（蝮蛇）	胎生 490^{b}25，511^{a}16，558^{a}25—^{b}4；剧毒 607^{a}26，612^{a}24；

			$619^{b}22$，$623^{a}34$；颜色 $503^{b}5$；棱甲 $504^{a}28$；舌 $508^{a}25$；胃 $508^{a}5$；脾 $506^{a}20$，$508^{a}35$；睾丸 $509^{b}8$；子宫 $510^{b}35$；尾 $508^{b}7$；四肢 $498^{a}14$，$503^{a}22$；食料 $594^{a}4$；伏蛰 $503^{b}28$，$599^{a}31$；蜕皮 $600^{b}23$；交配 $540^{b}4$；卵 $558^{a}15$；在埃及 $606^{b}6$。
χελώνη	testudo	龟	肠 $508^{a}5$；黑色体 $529^{a}23$，$530^{b}34$；脾 $506^{a}19$；睾丸 $509^{b}8$；膀胱 $519^{b}15$，$541^{a}9-12$；子宫 $510^{b}35$；嘘声 $536^{a}8$；行动 $503^{b}9$；蜕壳 $600^{b}22$；交配 $540^{a}29$；产卵 $558^{a}4-7$。
ἑμὺς	hemys	淡水龟，沼龟	壳 $600^{b}23$；脾 $506^{a}19$；呼吸 $589^{a}29$；卵 $558^{a}8$。
χελώνη ἡ θαλαττία	chelonia(turtle)	海龟，玳瑁	两栖 $589^{a}27$；膀胱 $506^{b}27$；胃 $568^{a}5$；食料 $590^{b}4-10$；交配 $540^{a}29$；卵 $558^{a}11-14$（Chelonidae 蠵龟科）。

4. 鸟纲

Ἀετός	Aquila	鹫	$592^{b}1$，$613^{b}11$；爪 $517^{b}2$；翼 $490^{a}7$；饮水 $601^{b}3$；卵 $563^{a}17$；育雏 $619^{b}25-620^{a}1$；敌对动物 $609^{a}4$，${}^{b}7$，26，$615^{a}19$，33，${}^{b}13$；生活习性与品种之别 $618^{b}18-619^{b}12$（Falconiformes 鹰目猛禽）。 μορφνός swart eagle 褐鹫 $618^{b}25$（即 νηττοφόνος 捕雁鹫）。 μελανάετος black eagle 黑鹫 $563^{b}6$（即 λαγωφόνος 捕兎鹫）。 γνήσιος true bred 真鹫 $619^{a}8-14$（拟为埃及神鹰 Horus）。 πύγαργος white-tailed 白尾鹫 $563^{b}5$（即 νεβροφόνος 捕鹭鹫）。 ὀφεισοφόνος snake-killer 吃蛇鹫 $609^{a}5$（拟为 Circaetus gallicus 短趾鹏—高卢鹞鹫）。
ἀηδονίς	Sylvia(luscinia)	莺（夜莺）	舌 $536^{a}29$；莺歌与其生活习性 $536^{a}18$，29，$632^{b}21$；繁殖 $542^{b}26$（Sylviidae 莺科）。
αἰγιθαλός	aegithalus	山雀	品种 $592^{b}17-21$；卵 $616^{b}3$；蜂敌 $626^{a}8$（拟为悬巢山雀 A. pendulinus）。

			之 Pandion haliaetus 鱼鹗)。
ἄνθος	anthus	“花”鹨	592^{b}25,609^{b}14,610^{a}6,615^{a}27(Alaudidae 鹨科)。
ἅρπη	miluus	苍鹰,鸢	609^{a}24, 610^{a}11, 617^{a}10(鹰目)。
ἀσκάλαφος	ascalaphus	阿斯加拉夫	509^{a}22(鸮科鸟)。
ἀσκαλίοπας (σκολόποζ)	scolopax	树鹬,山鹬	617^{b}23 (拟为 Scolopax solitaria 独居山鹬);614^{a}23(拟为 Scolopax rusticola 粗颈山鹬)。
ἀστερίας	asterias	星鹰	620^{a}18。
ἀστερίας	asterias	星鹭	609^{b}22(Botaurus 麻鳽); 神话 617^{a}5。
ἀτταγήν	attagen(tetrao)	雉形鹧鸪	617^{b}25,633^{b}1(南欧鹧鸪,或 Tetrao orientalis 东方雷鸟属鸡目, Tetraomidae 雷鸟科)。
βασίλευς ὁ	“rex avium”	“王”(鹪鹩)	492^{b}18, 609^{b}17, 615^{a}19 (ὁ πρέσβυς presbyter 亦称“长老”)。
βατίς	“raja”	巴的斯“鳐”	592^{b}17(未知是何种鸟)。
βοσκάς	anas crecca	小凫	593^{b}19。
βρένθος	brenthus	伯伦索	609^{a}23,615^{a}16(或即黖鸫)。
βρύας(ὕβρις)	strix bubo (eagle-owl)	鹫鸮(鹏鸮)	592^{b}9,“间种”615^{b}12 (今鸺属 bubo,别称 πτύνξ)。
γέρανος	grus cinerea	鹤(玄鹤)	群居 488^{a}4,10;羽毛 519^{a}2;徙翔 597^{a}4—^{b}30;交配 539^{b}31;智巧 614^{b}18—26(Grui. 鹤目,鹤科之 Grus cinerea)。
γλαύξ	glaucus	鸮,枭	生活习性 488^{a}25 ,592^{b}9 ,614^{b}18—23; 眼睑 504^{a}27; 膝囊 509^{a}3; 盲囊 509^{a}22; 脾 506^{a}17; 故事 609^{a}8 — 16; 隐伏 600^{a}28;捕鸮 597^{b}25;用鸮诱捕小鸟 609^{a}15,617^{b}5(Strigidae 枭科)。
ὁ ὦτος	otus	耳鸮	597^{b}18, 617^{b}31 (鸺属,参看 506^{a}17)。
σκῶψ	scops	鸺鹠(角鸮)	592^{b}11,617^{b}31(角鸮属之小

卷 ix 章 36；生活习性 615^{a}4—8；脾 506^{a}16；胆 506^{b}24；巢 564^{a}4；杂交 619^{a}11；孵卵 563^{a}30；敌对动物 613^{b}10；与杜鹃相混 563^{b}14—28（拟为 Falcon aesalon 鵟隼）；在埃及 606^{a}24；品种 592^{b}1，620^{a}17—32。

ὁ ἀστερίας 星鹰 620^{a}18。

ὁ φασσοφόνος 猎鸽鹰 592^{b}2，615^{b}7，620^{a}18。

ὁ πτέρνις 伯特尼鹰 620^{a}19。

ὁ πλαύπτερος 阔翼鹰 620^{a}19（即“半鹏”）。

ὁ λεῖος 光羽鹰 620^{a}21（即捕蟾鹰）。

ἴλλας	illas	伊拉斯	617^{a}22（小红鸫）。
ἰκτῖνος	milvus regalis	鸢	592^{b}1；胆 506^{b}24；脾 506^{a}16；隐伏 600^{a}11，28；孵卵 563^{a}30；敌对动物 609^{a}20，610^{a}11；饮水 594^{a}2。
ἴυγξ	iynx torquilla	鹟鸮	504^{a}12—19（Picidae 啄木鸟或鴷科）。
κάλαρις	calaris	加拉里	609^{a}27（未知何鸟）。
καταρράκτης	catarrhactes	“瀑”鸥	509^{a}4，615^{a}28（Larus catarrh）。
Κέγχρις (κερχνῆις)	Kenchris (kestrel)	小隼（褐隼）	594^{a}2；膝囊 509^{a}7；卵 558^{b}28，559^{a}26（Falcon tinnunculus）。
κελεός(κολεός)	celeus	绿啄木鸟	593^{a}8；爪 504^{a}19；友好动物等 609^{a}19，610^{a}9（即青鴷）。
κέπφος	cepphus	季伯芙（海鸠）	593^{b}17，620^{a}13（Procellaria pelagica 远洋飓鸠）。
κήρυλος	cerylus	季吕卢（鸿）	593^{b}12（鸿科）。
κέρθιος	certhius	旋木雀	593^{a}12，616^{b}28（Certhidae 旋木雀科，别称 κνιπολόγος 除蠹鸟）。
κίγκλος	cinclus	河乌（鹡鸰）	593^{b}5—7，615^{a}20（别名 τὸ οὐραῖον κινοῦσιν 摇尾鸟，Cinclidae 河乌科）。
κ. πύγαργος	albicilla	白尾鹡鸰	593^{b}5（或为 Totanus ochropus 灰黄脚鸡鹬）。
κιννάμωμον	“cinnamon”	肉桂鸟	616^{a}6（神话鸟）。

κόρυδος	alauda cristata	天鹨,冠鹨	615b33，617b20—23；习性 614a33,633b2;隐伏 600a21;敌对动物 606a7,b27,610a9(Alaudidae 鹨科)。
κορώνη	corvus corona (cornix)	腐肉乌鸦，白颈老鸦	609a8，17，26；食料 593b15;繁殖 564a16；育雏 563b11；贞操 488b5；友好动物 610a8；在埃及 606a25。
κόττυφος	turdus merula	山鸫,"黓鸟"	618b3；巢 616a3；繁殖 544a27;隐伏 600a20；敌鸟 609b9，610a13；变态 632b16；品种 617a11—25。 ὁ μέλας 黓鸫 617a11(Merula nigra)。 ὁ ἔκλευκος　黓鸫 617a12(拟为灰鸫 Turdus pallidus)。
κρέζ	crex	秧鸡	609b9,616b20(可能为鹤目，Rallidae 秧鸡科之秧鸡，亦可能为鹬目之 Himantopus rufipes 红趾高跻鹬)。
κύανος	cyanus	蓝鸟	617a23—28(拟为知更鸟科之 Tichodroma muraria 旋壁雀)。
κύκνος	cygnus(swan)	鸿鹄(天鹅)	习性 488a7，593b16，615a31;哀歌 615b5；盲囊 509a22;徙翔 597b30;敌对动物 610a1(Anseriformes 雁目,Cygninae 鹄科)。
κύμινδις	cymindis	巨敏第斯	615b6—10，619a14（拟为 govinda 岭鸢)。
κυπσέλος	cypselus	雨燕	487b25，29；巢 618a3—b2(Cypselidae 雨燕科，或指为穴砂燕 sand-martin,Hirunidae 燕科)。
κύχραμος		花秧鸡	597b18(可能为草原秧鸡之别名)。
λαίδος	laedus	勒度斯	610a9(与青鸳友好之鸟类)。
λαιός	laius	蓝鸫	617a15 (拟为 Turdus torquatus 环鸫)。
λάρος	gavia	海鸥	593a4,14,609a24;膝囊509a4;卵 542b17,19(Charadri,鹬目,鸥科)。
λευκερωδίος,ὁ	leucerodia	白篦鹭	593b1 (Platalea leucero-

			鹡鸰）。
πάρδαλος	pardalus	巴尔达卢鸫	617^{a}6。
πέρκος	percus	家鹘（儿隼）	620^{a}20（拟为鹰科隼属之小种 Falco subuteo，别称 ὁ σπιζίας 捕雀鹰）。
πελαργός	ciconia	鹳	593^{b}3，19，612^{a}34；隐伏 600^{a}21；智巧（自疗）612^{a}32；反哺 615^{b}23。
πελεία	columba oenas	岩鸠（野鸠）	544^{b}2；漂徙 597^{b}4。
πελικᾶνος	pelicanus	鹈鹕	食料 614^{b}27；迁徙 597^{a}9—14，^{b}30。
πέρδιξ	perdix	鹧鸪	488^{b}4，564^{b}13；习性 613^{b}6—614^{a}32，633^{b}1；膝囊 508^{b}28；盲囊 509^{a}21；睾丸 510^{a}6，564^{b}12；食料 621^{a}1；受孕 541^{a}27，560^{b}13；巢 559^{a}1，564^{a}20—24；卵 559^{a}23；风蛋 559^{b}29；鸣声 536^{a}27，^{b}14，614^{a}2；年寿 563^{a}2，613^{a}24；用为诱鸟（媒鸟）614^{a}10（拟为希腊小鹧鸪 Poliocephalus graeca 或灰鹧鸪 P. cinerea——参看 536^{b}14）。
περκνόπτερος	percnopterus	褐翼鹫	618^{b}32（Gypaetus barbatus 髭鹫鹰）。
περιστερά	columba domestica	家鸽	习性 488^{a}5，560^{b}10，25，612^{b}31—613^{a}13，620^{a}25，633^{b}4；膝囊 508^{b}28；胆 506^{b}21；脾 506^{a}16；食料 593^{a}16，24；卵 558^{b}13—27，599^{a}23，560^{b}21，562^{b}5；风蛋 559^{b}29；孵卵 564^{a}8；育雏 544^{b}8—12，562^{b}3—563^{a}4；迁徙 597^{b}5；品种 544^{b}1—8。
πηνέλοψ	penelops	紫花雁	593^{b}23（Anas penelops）。
πίπα (δρυοκολάπτας)	picus	"毕剥"鸟（食树蠹鸟）	617^{a}21；习性 614^{b}1—18；敌对动物 609^{a}8，30；品种 593^{a}3—14（1. 青鴷，2. 斑鴷，3. 大黑鴷——参看 614^{b}1 注）。
πίφιγξ	piphinx	壁芬克斯	610^{a}11（拟即 κορύδαλος 鹨属鸟，如 alauda cristata 冠鹨）。
πλάγγος	plangus	伯朗戈鹰	618^{b}23。
ποικιλίς	poecilis	布基留鸟	609^{a}6（鹨属之敌鸟）。

τριόρχης	triorchis(accipter)	鵟(鵟鹛)	592^{b}3，609^{a}24，620^{a}17(Buteo vulgaris)。
τροχίλος	trochilus“regulus”	鷦鹩(鸟王)	习性 615^{a}17;敌对动物 609^{a}12,^{b}12(Troglodytes europaeus 欧洲鷦鹩)。
τροχίλος	trochilus	某种沙滩鸣禽	593^{b}11。
τροχίλος	trochilus	鳄鱼鸟	612^{a}20—24。为鳄鱼剔牙的小鸟,经考证为 1. Charadrius melanocephalus 黑头鸻，即 Pluvianus aegyptiacus 埃及雨鸟，2. Hoplopterus spinosus 距翅棘麦鸡——两鸟均属鸻科(参看 612^{a}20 注)。
τρυγών	turtur(columba)	雉鸠	544^{b}7，593^{a}9，617^{a}32；习性 613^{a}13;居处 613^{b}2;隐伏 600^{a}20—25；漂徙 593^{a}17，597^{b}5—8，600^{a}20—25；食料 593^{a}16;繁殖 558^{b}23,562^{b}4,28,613^{a}14—25;敌对动物 609^{a}18，25，610^{a}13；用尾羽作声 633^{b}7；作为诱鸟 613^{a}22。
τύπανον	typanum	鼓手鸟	609^{a}26(未知是何种属)。
τύραννος	regulus	红金冠鷦鹩	592^{b}24(Regulus cristatus“冕旒王鸟”)。
ὑπάετος	hypaetus	“半鹫”	618^{b}33(实为 ὀρειπέλαργος 山鹳 mountainstork 之别名)。
ὑπολαΐς	hypolais	许朴拉伊	564^{a}2,618^{a}10(鹨属鸟？或“似鸫”,或 Sylvia orphea 歌莺,或 saxicola rubicola 红项岩鵰)。
ὑποτριόρχος	sub-buteo	弱鵟(半鹏)	620^{a}19。
φαλαρίς	fulica	大鹬	593^{b}16(Fulica atra 黑鹬)。
φασιανίς	phasianus	锦鸡	习性 633^{b}2;卵 559^{a}25;鸡虱 557^{a}12(Phasianidae 雉科)。
φάσσα(φάττα)	palumbis(columba)	斑鸡,或环鸽	544^{b}6；膝囊 508^{b}28；习性 488^{b}2，593^{a}16，601^{a}30，613^{a}14—21；饮水 613^{a}12；构巢与繁殖 510^{a}5,558^{b}22,562^{b}3—563^{a}2,613^{a}25;叫晴 633^{a}7;漂徙 597^{b}4,8;杜鹃寄卵于鸠巢 563^{b}32,618^{a}

ὠτὶς	otis(bustard)	鸨	619^{b}13；膝囊 509^{a}4，盲囊 509^{a}23；交配 589^{b}30；孵卵 563^{a}29(专指 Otis tarda 大鸨,或泛指鸨目)。

5. 哺乳纲(兽纲)

Αἴλουρος	Felis domesticus	猫	习性 580^{a}24，612^{b}15；交配 540^{a}10。
αἴξ(τραγός)	caper(hircus)	山羊(雄山羊)	习性 574^{a}11—15，596^{b}6，611^{a}4；羊髫 610^{b}29；眼 492^{a}14；蹄 499^{b}10，18；乳 522^{a}23，28，618^{b}5；尿 573^{a}19；咩叫 536^{a}15；食料 522^{b}34，596^{a}14；反刍 632^{b}3；梦 536^{b}30；成年 545^{a}24；繁殖 567^{a}5，572^{b}32，573^{b}20；野羊 488^{a}31；羊虱 557^{a}16；在埃及 606^{a}25(Ovidae 羊科，Capra 山羊属)。 滂都之无角羊 606^{a}21。吕基亚之毛用山羊 606^{a}16。长耳垂地山羊 606^{a}15(拟为 Capra mambrica 曼姆勃里加山羊)。
ἀλώπηξ	vulpe	狐	619^{b}10，15(Canidae 犬科，Canis vulpes)；性情 488^{b}20；繁殖 580^{a}6；敌对动物 609^{b}1—32，610^{a}12；以狐灭鼠 580^{b}25；生殖器官 500^{b}23；交杂种 607^{a}3；在埃及 606^{a}24(埃及小狐为 Canis niloticus 尼罗狐)。
ἀλώπηξ，ὁ δερμόπτερος	vulpe dermopterus	狐蝠(“皮翼狐”)	490^{a}7(拟为埃及犬蝠 Cynonycteris aegyptiaca)。
ἄνθρωπος	homo	人	486^{a}18，488^{a}8，489^{b}1，等，卷 i 章 7—17；解剖 491^{a}20，494^{b}22；血 521^{a}3；心 506^{b}33；头颅 516^{a}17；齿 501^{b}2，21，507^{b}16；胃 507^{b}21；乳房 500^{a}17，521^{b}23；毛发 498^{b}16；生殖器官 500^{a}34，509^{b}15；成年 545^{b}27；上下身比例 500^{b}26—501^{a}3(Homo sapiens)。 οἱ νάννοι Pygmaei 矮侏人 557^{b}27。
ἄρκτος	ursus	熊	性情 571^{b}27，608^{a}32；生活习性，繁殖，蛰伏等 539^{b}33，579^{a}18—30，580^{a}7，600^{a}31—^{b}13，611^{b}32—612^{a}1；齿 507^{b}16；胃 507^{b}20；脚蹠 498^{a}34，499^{a}29；毛 498^{b}27；乳房 500^{a}23；食料 594^{b}5—16；饮水 595^{a}10(Ursidae 熊科)。
ἀσπαλάκος	talpa	鼹	488^{a}21；眼 491^{b}28，533^{a}3；居处 605^{b}31(Spalax typhlus

25；睾丸 500^b1，509^b10，510^a8；胆 506^b5；发声 535^b32；听觉 492^a30，533^b10；睡眠 537^a32；食料 591^a9，25；交配 540^b22；在黑海中 598^b2（Cetacea 鲸目，Odontoceti 齿鲸亚目，海豚科）。

δορκάδος　dorcas　瞪羚　499^a9（Antelopé dorcas）。

ἔλαφος　cervus　鹿　490^b33，499^a3；性情 488^b15；生活习性 578^b6—579^a18，611^a15—$^b31$；角 500^a6，517^a25，538^b19；血 515^b34，516^a1，520^b24；无胆囊 506^a22，32；尾 498^b14；偶蹄 499^b10，17；捷足 501^a34，612^a15；呦鸣 545^a1；反刍 632^b4；为熊所袭 594^b10；交配 500^b23，540^a5，8，578^b6；阉鹿 632^a11（鹿科，例如 Cervus elaphus 赤灰鹿）；利比亚无鹿 606^a7。

ἔλ. 'A χα ι ναι 亚嘉奈牡鹿 506^a23，611^b18。

ἐλέφας　elephas　象　性情 488^a28，$^b22$；生活习性 630^b19—31；头颅 507^b35；齿 501^b30，502^a2；鼻 492^b17，497^b25—31；四肢 497^b22；脚 497^b23，517^a31；胆 506^b1；乳房 498^a1，500^a17；生殖器官 500^b6—19，509^b11；精液 523^a27；毛 499^a9；食料 596^a3；发声 536^b22；睡眠 498^a9；象病 604^a11，605^a23—$^b5$；繁殖 540^a20，546^b7，578^a18—25；年龄 596^b3—13，630^b23；捕象与驯象 497^b27，610^a15—34（Proboscidea 长鼻目，象科，例如 Elephas indicas 印度象）。

ἐνυδρίς　lutra（otter）　"水獭"　497^a22，594^b32—595^a4（鼬科之普通水獭 Lutravulgaris）。

ἐχῖνος　erinaceus　刺猬（篱獾）　581^a2；棘 490^b29，517^b24；睾丸 509^b9；交配 540^a3；智巧 612^b4（Insectivora 食虫目，猬科之 Erinaceus europaeus 欧洲猬）。

ἡμίονος ὄρευς　hemionus，mulus　"半驴"（骡或驘）　488^a27，490^a2，498^b30，499^b12；齿 501^b3，无胆 506^a22；经血 573^a16，578^a2；骡驘之育成 577^b5—578^a5；雅典一老骡 577^b29。

ἡμίονος ἐν Συρίαι　hemionus syriacus　叙利亚半驴　580^b1（野驴或原驴 Equus onager）。

θῶς　civet　灵猫　507^b17，580^a27，630^a10—

611^{a}2；血 516^{a}6；毛色 519^{a}13，17；脂 520^{a}10；齿 501^{b}21；蹄499^{b}10；肾520^{a}32；乳522^{b}34，523^{a}5，585^{a}32；乳头500^{a}24；尿573^{a}19；食料596^{a}12—^{b}9；成年545^{a}24，^{b}31；梦536^{b}30；蜂敌627^{b}5；反刍632^{b}3；羊虱557^{a}16；羊病604^{a}2，^{b}27；繁殖572^{b}31，573^{a}26，578^{b}10；遇雪610^{b}33；驯羊与野羊488^{a}31；在埃济奥伯513^{b}29；欧卑亚之无胆羊496^{b}26；利比亚长角羊606^{a}19；叙利亚扁尾羊596^{b}6，606^{a}12；卷毛羊596^{b}6。

σατύριον　satyrium　萨底狸　524^{b}31(水狸属)。

τίγρις　tigris　虎　501^{a}28，607^{a}4（Felis tigris）。

ὗs(σῦs)　Sus scrofa　猪　546^{a}7，607^{a}18，609^{b}28，621^{a}1；公猪性情 573^{b}11；脑 520^{a}27；肉 520^{a}29；蹄 499^{b}12；毛 498^{b}27；口 502^{a}8；齿 501^{b}4，21，507^{b}16，538^{b}21；公猪獠牙501^{a}15；髓521^{b}15；胃 507^{b}20，508^{a}8；肝脾507^{b}35；睾丸509^{b}14；尾502^{a}12；距骨 499^{b}21；子宫 510^{b}17；叫声 536^{a}15；食料 595^{a}14—^{b}5，621^{a}1；繁殖 542^{a}29，545^{b}1，546^{a}7—28，572^{a}7，573^{a}32—^{b}17，577^{b}28；阉公猪 632^{a}8；卵巢割除 632^{a}22；猪虱 557^{a}17；猪病 603^{a}30—604^{a}3；为狮所袭 630^{a}2；被蝎螫 607^{a}18；敌对动物 609^{b}28。

σῦs ἄγριοs　Sus indomitus　野彘　488^{a}30，^{b}15，499^{a}5，594^{b}10；习性 571^{b}13—21，578^{a}25—^{b}6；生殖器官 500^{b}6；利比亚无野彘 606^{a}7(偶蹄目 Suidae 猪科)；奇蹄野猪 499^{b}13。

ὕαινα　hyaena　鬣狗　579^{b}16—30，594^{a}31—^{b}5(食肉目鬣狗科)。(经考订为 Hyaena striata 条纹鬣狗即笑猿：与 H. crocuta 斑鬣狗，即缟猿)。

ὕστριξ　hystrix　豪猪　棘 490^{b}29，623^{a}33；蛰伏 579^{a}31，600^{a}29（啮齿目，Hystricidae 豪猪科）。

φάλαινα　balaena　须鲸　喷水孔 489^{b}4，566^{b}2；呼吸 589^{b}2；乳头 521^{b}24；睡眠 537^{a}32；繁殖 566^{b}2—7(鲸目中 Mystacoceti 须鲸亚目)。

φώκαινα　porculus marinus　豹形海豚　习性 566^{b}9—16；乳头 521^{b}24；在黑海 598^{b}1（Dolphi-

三、解剖与组织名词

本索引各名词下，页行数不悉举，可兼看"动物名称"索引各动物。

βραγχίον	gill	鳃	489^{b}5，504^{b}28，506^{a}8，507^{a}5，524^{b}22。
ἐπικαλύμματα	coverings	鳃盖	505^{a}2 等。
ἀκαλύπτα	uncovered gills	裸鳃	489^{b}5。
βύσσος	byssus	足丝	547^{a}15(贝蛤足部分泌)。
γάλα	milk	乳	487^{a}4，521^{b}18，573^{a}42；妇乳 585^{a}29；驼乳 578^{a}14；其他。
τὸ πρῶτον	colostrum	初乳	573^{a}22 等。
γαστρός	stomach	胃	人胃 495^{b}24；反刍胃 507^{a}33—^{b}12；鱼胃 507^{a}29；虫胃 531^{b}27；其他。
κολίος ὁ μεγάλος	paunch	瘤胃	507^{b}1(反刍第一胃)。
κεκρύφαλος	reticulum	蜂窝胃	507^{b}4(反刍第二胃)。
ἐχῖνος	manyplies	(“多棘”)重瓣胃	507^{b}7(反刍第三胃)。
ἤνυστρον	abomasum	皱胃	507^{b}9(反刍第四胃)。
γένειον	chin	颔	492^{b}22。
γένυς	cheek	颐颊	492^{b}22。
γῆρας τὸ	“old-age”	“颓龄”	600^{b}21(蛇蜕 slough)。
γλῶτταν	tongue	舌	492^{b}27，502^{b}35，533^{a}24 等；鸟舌 504^{b}1；鹈鸮舌 504^{a}14；蛙舌 536^{a}8；螺舌 547^{b}5；鱼舌(ἀκανθώδη 骨舌)505^{a}29；蛇舌(ἐσχισμένην开叉舌)508^{a}22；鳄舌 503^{a}1；象舌 502^{a}3；蝉之舌状器官(γλωττοειδές)532^{b}13。
γλουτός	buttock or rump	臀	493^{a}23，504^{a}32，525^{a}13，525^{b}32；鸟之尾筒 ὀρροπύγιον 560^{b}10。
γονάτος	knee	膝	494^{a}5，18 等；驼膝 499^{a}19；其他。
δέρμα	skin	皮，肤	487^{a}6，511^{b}8，517^{a}14 等。
δεσμοί	ligaments	韧带	495^{b}21，514^{b}33，515^{b}21。
διαύφσις	diaphysis	“骈体”	567^{b}23，571^{a}3—5(雄管鱼之 brood-pouch 孵卵皮囊)。
ἐγκεφάλος	brain	脑	494^{b}25，514^{a}15 等。
παρεγκεφαλίς	cerebellum	小脑	494^{b}32。
μήνιγξ	meninx	脑膜	514^{a}17 等。

ἰχώρ	ichor	依丘尔	521^{a}13，33 等（或译 serum or lymph 血清或淋巴液）。
καμψίς τῶν κώλιον	flexion of limbs	四肢弯曲方式	494^{b}3，498^{a}2－^{b}4；鸟肢 503^{b}32；驼肢 499^{a}20；其他。
καρδία	heart	心	506^{a}5，^{b}33，507^{a}1,513^{b}28；心脏内血液 520^{b}15，521^{a}10;其他。
κοιλίας	cavities	窍	496^{a}4,20(心房,心耳)等。
καταμηνίον (κάθαρσις)	menstruation	月经（血液排泄）	521^{a}26，572^{b}29，582^{a}33,585^{b}2 等。
κέλοφος	husk	外壳,外皮	乌贼之外套囊 523^{b}23；虾壳 549^{b}26；虫蜕 601^{a}5；其他。
κέντρον	sting	刺	虫豸尾刺 532^{a}15,^{b}13,蜜蜂尾刺 553^{b}5 等；胡蜂尾刺 628^{b}3－24;其他。
κεφαλός	head	头	491^{a}28,498^{b}18 等。
βρέγμα	sinciput	颅前部	491^{a}31,495^{a}10。
ἰνίον	occiput	颅后部	491^{a}33。
κεραία	antennae	触角,触须	532^{a}27 等（例如昆虫触角 feelers）。
κέρας, πολυσχίδη	antler	叉角	鹿角 500^{a}6－13,517^{a}24,611^{a}34 等。
κέρατα	horns	角	牛羊角 487^{a}8,517^{a}8,20;野牛角 499^{b}32 等;其他。
κεράτια	horns(feelers)	触角	529^{a}27（例如介壳类之触角）。
κέρκος(οὐραῖον)	tail	尾	498^{b}13；鸟尾 504^{a}31；鱼尾 504^{b}16；蜥蜴断尾重生 508^{b}4；驼尾 499^{a}18;其他。
κνήμη	tibia	小腿	494^{a}5。
ἀντικνήμιον	shin	胫	494^{a}6。
γαστροκνημία	calf	腓	499^{b}5。
κοιλίαν	gizzard	砂囊	508^{b}34 等(鸟之前胃)。
κορυφή	crown	颅顶	491^{a}34。

织)，τὰ ἀνομοιομερῆ不匀和部分(构造)$486^{a}5$，$487^{a}2$，$489^{a}26$，τὰ ἐντὸς体内各部分＝内脏，τὰ ἐκτὸς体表各部分＝器官 $497^{b}1$ 等；动物器官之再生 $508^{b}4$－8(例如割去蜥蜴尾)。

νυελὸς	marrow	髓	$487^{a}3$，$516^{b}6$，$517^{a}3$，$521^{b}5$。
μυξώδης γλίσχρότης	mucus	黏液	$515^{b}16$，$517^{b}25$，$518^{b}10$ 等(例如皮肤黏液，发根黏液，肌肉黏液等)。
μύτις	mytis	米底斯	$524^{b}15$，$526^{b}32$ 等(假肝或拟肝)。
νεῦρον	sinew(tendon)	筋，肌(肌腱)	$487^{a}6$，$511^{b}8$，$515^{a}27$ 等；$515^{b}21$ 注"神经"。
νεφρὸς	kidney	肾	$496^{b}34$，$506^{b}25$，$507^{a}20$；肾内脂肪 $520^{b}27$；肾脉 $514^{b}16$ 等；牛肾与龟肾 $506^{b}29$；其他。
νῶτος	back	背，背部	$493^{b}11$，$498^{b}20$ 等。
ὀδόντες	teeth	齿，牙	$493^{a}2$，$501^{a}9$，$516^{a}25$；鱼齿 $505^{a}28$；有角兽之齿 $507^{a}35$；马齿 $576^{a}7$；虾齿 $526^{a}30$ 等；茁牙 $587^{b}14$；易齿 $576^{a}7$－16(马)；$575^{a}5$－10(狗)等；其他。
τοὺς προσθίους	incisors	门牙	$499^{a}23$ 等。
κυνόδοντες	canines	犬牙	$501^{b}6$，17，$575^{a}5$ 等。
χαυλίοδοντες	tusks	獠牙	$501^{a}15$　$^{b}32$，　$533^{a}15$，$538^{b}16$ (＝ eyeteeth 眼齿)。
τούς γομφίους	molars	臼齿	$501^{b}24$ 等。
κραντῆρας	wisdom teeth	智齿	$501^{b}24$(后生臼牙)。
τὸ γνῶμον	gnomon	仪齿	$577^{a}21$，$^{b}3$(年龄齿)。
οἰσοφάγος	oesophagus	食道	$495^{a}19$，$505^{b}32$，$507^{a}25$，$514^{b}14$；鱼之食道 $507^{a}10$；其他。
ὁμοιομερῆ καὶ ἀνομοιοπερῆ	homogeneous and heterogeous parts	匀和(同质)与不匀和(异质)部分	$486^{a}5$－$487^{a}13$，$489^{a}24$－29 等。
ὀμφαλὸς	navel	脐	$586^{a}30$；猿脐 $502^{b}13$；其他；脐带 $587^{a}7$ 等。
ὄνυξ	nail	爪，指甲，趾甲	$486^{b}20$，　$487^{a}6$，　$511^{b}8$，

			1，589^b1；乌贼喷水孔 541^b15。
οὐλόν	gum	牙龈	493^a2。
οὐρητήρ	ureter	输尿管	497^a13 等。
οὐρήθρα	urethra	尿道	493^b4 等。
οὖρον	urine	尿	573^a15 等。
ὀφθαλμος (ὀμματον)	eye	眼	491^b18，495^a11，503^a31，520^b4，533^a19；眼睛颜色 492^a1；避役之眼 503^b20；蟹之硬眼（σκληρόφθαλμα）520^b3；鸟类眼角之肉阜 caruncula 491^b25 注；瞬膜 504^a26；鼹眼 533^a8；其他。
κόρη	pupil	瞳	491^b21，520^b3。
ὀφρύς	eyebrow	眉	491^b15，518^b16。
βλεφαρίδες	eyelashes	睫毛	491^b20，498^b22，518^b10；504^a24。
βλέφαρον	eyelid	眼睑	493^a29，518^a2；猿之眼睑 502^a31。
πάνκρεας	pancrease	胰	514^b11。
παρίσθμιον	tonsil	扁桃体	593^a1。
περίνεος	perinaem	会阴	493^b9。
περιττώματα	excretions	分泌物	487^a5，511^b9 等；胎生分泌如尿、汗等，与后生分泌如乳、精液等 521^b17。
πίον（πιμελή）	fat（lard）	油脂（脂肪）	487^a3，511^b9，520^a6，521^b10 等。
πλεκτάνος	tentacle，feeler	触腕或触脚	头足类 523^b30，524^a3；水母 591^a5。
πλεκ. ὁ μεγάλος	hectocotylus	“大触腕”	524^a7，541^b9（＝化茎腕或称交接脚）。
πλῆκτρα	plectrum	“琴拨”	516^b1（鸟之距骨）。
πόρος ὁ θορικός	sperm duct	输精管	人 510^a34；鱼 510^a1，566^a2—14；其他。
πόρος τῆς ἀκοῆς	passage for hearing	听孔	卵生四脚动物与鱼鸟之听孔 492^a29，503^a5。
πνεύμονα	lungs	肺	495^a31，496^b1，506^a1，507^a18，513^b16。
πούς	foot	脚，足	486^a10，497^b25，499^b1，502^b18 等。

viii 章 11;鸟兽口,卷 viii 章 6;动物口牙构造与饮水方式,卷 viii 章 6。

οἰρανός τοῦ στ.	palate	口盖	492^{a}20 等(上颌盖)。
σφαγή	throat	喉管	493^{b}6,512^{a}20 等。
συνεχῆ μέλανα	black formations	黑色体	529^{a}22(海胆)等。
τένων	tendon	腱	515^{b}8 (指 tendo achillis,即腓踵间十字韧带或 ligamentum nuchae 后颈韧带)。
τράχηλον	neck	颈	491^{a}28, 493^{a}5; 狮颈 497^{b}16 等。
τρίχος(θρίξ)	hair	毛发	487^{a}6, 511^{b}8, 517^{b}3; 白发 518^{a}6; 发旋 (τὸ ἑλισσωμα)

491^{b}5;棘毛(刺猬)581^{a}1;其他。τριχάν αἱ συγγενεῖς καὶ ὑστερογενεῖς 胎生毛与后生毛 518^{a}18,632^{a}1 等。

τριχώδη	hair-growth	须状体	529^{a}34 等 (例如贝鳃,蟹鳃等)。
ὕβον	hump	驼峰	499^{a}13 等。
ὑμέν	membrane	膜	511^{b}8,519^{a}30 等;脑膜 514^{a}17,519^{b}3;卵膜 561^{b}16;骨膜 519^{a}33;其他。
ὑμένα	membranes	蝉之发声器	532^{b}17("鸣膜")。
ὑπογλουτίς	hypoglottis	尻筋	493^{b}10(下臀肌)。
ὑπόζωμα	diaphragm	横膈膜	496^{b}12, 506^{a}5, 514^{a}30 (= midriff)。
φάρυγξ	pharynx	咽	535^{a}28。
φλέγμα	phlegm	黏液(体质)	487^{a}5,511^{b}10。
φλέψ	blood vessel	血管,血脉	487^{a}6, 489^{a}22, 495^{a}5, 496^{a}4,497^{a}5,(卷 iii 章 2-4) 511^{b}1-515^{a}25 等。
τὸ μεγάλος φ. καὶ ἀορτή	the great vein and artery	"大血管"与"挂脉"	510^{a}15, 513^{b}5, 23,514^{a}24 等(=大静脉与大动脉)。
σφαγίτιδες	jugular v.	颈总静脉	512^{b}20,514^{a}4,10。
ἡπατ ι τις	heptitis	肝脉	512^{a}5,30 等。
σπλην ι τις	splenitis	脾脉	512^{a}5,30 等(其他血脉分支涉及者可参看卷 iii 章 2-4 各注)。
φλοιόν τὸ σώματος	bark-like body	蜘蛛纺绩器	623^{a}32(直译"树皮样组

四、胚胎、生态、生理、心理名词

各题如习性、居处、寿命、饮食、敌友等多已分见“动物名称”各条,
本索引不详列各题之页行数。

			497^{b}22。
ἀναπνευστικός	respiration	呼吸	呼吸空气(鸟、兽、虫)487^{a}27—34,492^{b}5—13,589^{a}10—^{b}28;水中呼吸(鱼)589^{a}10—^{b}27 等;鲸类呼吸 537^{b}1,566^{b}13,589^{a}31;其他。
ἀντιτεκτρέφονται	fed by[their young]	反哺	鹳 615^{b}23;蜂虎 615^{b}25(filial love"乌孝")。
ἀποταύρους	the unbulled kine	处子牝牛	595^{b}18。
ἀράχνιον	cobweb	蜘网	结网 623^{a}7—^{b}2 等。
ἀτιμαγελεῖν	herd-spurning	"拒群"	572^{b}19。
αὐτόματα, τὰ	spontaneouly generated anim.	自发生成动物	539^{a}22, ^{b}12, 548^{a}23, 556^{b}23,569^{a}10。
ἄφεσις	swarm-flight	分封飞行	蜂群"分封"625^{b}7—11。
ἀφύη	froth	"泡沫鱼"	569^{a}30("无亲鱼"nonanti 参看注释)。
βομβύκιον	cocoon	茧	551^{b}13。
γένεσις	generation, propagation	创生,生殖	生殖器官 509^a—511^{a}34;人类生殖器官 497^{a}24;人类生殖卷 vii;各种动物之繁殖方式,卷 v—vi 各章;田鼠之高速繁殖,卷 vi 章 37,繁殖季节,卷 v—vi 各章。
γένεσις ἁπλῶς ἢ οὐk ἁπλῶς	reproduction, duality or not	单性或两性生殖	537^{b}22—538^{b}24,546^{b}15;雄与雌 489^{a}11 等。
γύρινος	tadpole	蝌蚪	568^{a}1(蛙类幼体)。
διάμετρόν, κίνησις κατὰ	diagonal movement	点角行进	498^{b}5 等(四脚与多脚动物);κατὰ σκέλος βαυ ίζουσιν 溜蹄 498^{b}9。
σιαφόρα	differentiations	差异(种类分化)	各种动物形态、习惯、性格之差异,486^{a}5—488^{b}27,588^{a}15—589^{a}30,605^{b}22—607^{a}34。
δίδυμα, τὰ	twins	双胞儿	584^{b}32,586^{a}8。
δ. τῶν ὠῶν	t. eggs	双胚蛋	562^{a}24。
δυνάμεις	natural capacities	自然性能	608^{a}10—20。
ἐκδύνειν	sloughing	蜕皮	蛇蜕 601^{a}10—20;软甲类蜕壳(τὸ κέλυφος)549^{b}25;虫蜕 600^{a}1—9。
ἐκτεμνόμενα	castrated anim.	阉割动物	阉法及阉割所引起之生理变化,卷 iv 章 50;阉禽

μεταβαλλοῦσι	"transform"	昆虫变态	昆虫之发生与变态(metamorphoresis)卷 v 章 19 等:
κονία	nits	"微尘"(小虫卵)	$539^{b}11$,$556^{b}23$。
σκωλῆκες	grubs, maggots	蛆,蛴螬	$489^{b}9$,16,$539^{b}14$,$550^{b}26$,$614^{b}2$ 等。
ἐχάδονας	larvae	幼虫	$554^{a}16$ 等。
καμπων	caterpillar	蠋,蠖,蚕	$551^{a}14$,$605^{b}16$ 等(蝶蛾幼虫)。
ἀσκαρίδων	water worms	淡水蠕虫	$487^{b}5$ 等(=孑孓,即蚊科幼虫)。
κρυσαλλίς	chrysalis	蛹	$551^{a}19$,26,$^{b}2$,$555^{a}3$,557^{b} 23(别名水仙 νύμφα)。
πηνίον	penia	"纺锤"	$551^{b}6$(尺蠖蛹)。
ὑπερά	hypera	捣杵	$551^{b}6$(尺蠖蛹)。
μεταβαλ τὸ κρωμα καὶ τὸ φωνήν	change of colour and note	变色与变音	鸟类发情变色与变音(婚装)$632^{b}14$—$633^{a}11$;章鱼之保护变色 $622^{a}8$;鱼类之季节变色(婚装)$607^{b}15$—24;其他。
μετάχοιρον	after-pig	畸零猪儿	$573^{b}6$,$577^{b}28$(畸形动物)。
μνήμη	memory	记忆	$589^{a}2$。
ὀχείαν	pairing	交配	卷 v 章 1—2($539^{a}16$—546^{a} 14)。
χρόνον ὁ ὀχ	rutting season	发情季节	卷 v 章 8—15。
νεοττίαν ἐπώασεως	hatching of egg (incubation)	孵卵	亲鸟孵化与自然孵化 $559^{a}29$—$^{b}5$;他鸟代孵 $618^{a}8$—30(杜鹃卵)。
νεοττίαι	nests	巢,窝	鸟巢 $559^{a}1$—14,$562^{b}2$—$564^{b}13$,$612^{b}18$—$620^{b}8$;虫窝 $552^{b}27$,$556^{b}5$,$628^{b}9$—$629^{b}1$;章鱼窝,$591^{a}2$,$622^{a}5$。
νόσημα	disease	疾病	卷 viii 章 20—27。
παιδων, ἡλικίαν των	childhood	动物幼年期	$588^{a}32$ 等。
παλευτής	decoy bird	媒鸟,诱鸟	$560^{a}15$ 等(猎鸟时用);诱猎鹧鸪 $614^{a}9$—30。
πόλεμος	enmity	敌忾	动物相互间之敌忾皆出于争食 $608^{b}19$—$610^{b}19$(卷

			ix 章 1—2)。
πράξεις τοῦ βίου	habits of anim. life	生活习性(行为)	营生方式 487^{a}11,^{b}1 等。
πτερορρυεῖν	moulting	换毛,毻毛(鸟)	孔雀等 564^{b}1(参看卷 viii 章 16 鸟之隐蛰)。
σμῆνος, τὸ	beehive	蜂房	卷 v 章 22,卷 ix 章 40;蜂房产物 μέλι 蜜 488^{a}18,553^{b}32,623^{b}29,626^{a}5 等;κηρὸν 蜡 553^{b}28,624^{a}13;蜂粉 ἐριθάκη 或蜂粮 623^{b}23 等;μιτυΐ蜂漆 624^{a}18 等。
συγγενής (ὁμοιότης)	heredity (resmblance)	遗传	539^{a}26 等(亲子相肖);先天与后天遗传 585^{b}29 —586^{a}14;隔代遗传 586^{a}4。
τελειωθείς	maturity	成年期	各种动物成年与幼年期之差别 500^{b}26—501^{a}23;各种动物之成熟期,卷 v 章 14;人类之性成熟期,卷 vii 章 1—2;其他。
τόκος, ὁ	parturition	生产	胎生动物"产儿"ζωοτόκος 489^{b}12 等;妇女分娩,卷 vii 章 9;卵生动物"产卵"ᾠοτόκος 卷 v, vi, viii, ix 分见各种动物本题。
ζωοτόκος	living foetus	胎儿	489^{b}12 等;胎婴 587^{a}6;婴孩 587^{a}9—^{b}17。
ὕπνου καὶ ἐγρηγόρσεως, περὶ	sleeping and waking	睡与醒	卷 iv 章 10 等。
χορίων	afterbirth	胞衣	见"解剖名词"索引。
χρόαν(χροιά)	colour of skin, or plumage	体色,(皮色或毛色)	鱼鸟季节变色,卷 iii 章 12,卷 viii 章 3,卷 ix 章 49 等;羊因饮水而变色 519^{a}11—19。
φαλακρότης	baldness	秃头	518^{a}27,632^{a}3;秃额 ἀναφαλαντίασις518^{a}28。
φύσις	nature	本性	491^{a}6,589^{b}29。
φωλεία	hibernation and aestivation	伏蛰(冬、夏)	虫、鱼、鸟、棱甲动物之冬眠与夏眠,卷 viii 章 13—17, 542^{b}3, 599^{a}5, 600^{a}11。
ᾠόν	egg	卵	卵 489^{b}6 等;鸟卵成熟过程 558^{b}8 — 561^{a}3;孵化过

程 561ª4－562ª20；鱼卵之发育 564ᵇ29 等；爬虫类之卵 558ª4－ᵇ4；其他。

ἀρχή	primal element	卵原	561ª10。
ἔμβρυο	embryo	胚体	589ᵇ7，561ª6。
χάλαζα	"hail-stones"	"雹珠"	561ª10（＝treadle 卵内系带）。
λευκόν	white	白	559ᵇ12，561ª12。
ὠχρὸν	york	黄	559ᵇ11，561ª10，26。
νέων	chick	雏	560ᵇ17，561ᵇ26－562ª20。
ὠ̑ια ὑπηνέμια	wind-eggs	"风蛋"	539ª31，559ᵇ21，560ᵇ18 等。

五、人名

Αἰσχύλος	Aeschylus	埃斯契卢	633ª19。
'Αλκιβίαδης	Alcibiades	阿尔基巴德	578ᵇ29。
'Αλκμαίων	Alcmaeon	阿尔克梅翁	492ª14，581ª16。
'Αλκμάν	Alcman	阿尔克曼	557ª2。
'Αντιλόχος	Antilochus	安底洛戈	513ᵇ26。
'Αχιλλεύς	Achilles	亚溪里	618ᵇ26。
Βρύσων	Brysson	勃吕孙（诡辩家）	563ª7，615ª13。
Δημόκριτος	Democritus	德谟克利特	623ª32。
Διογένης 'Απολλωνιάτης	Diogenes	第奥根尼（亚浦罗尼亚人）	511ᵇ30，512ᵇ12。
'Ηρα	Hera	希拉	580ª18。
'Ηρακλῆς	Hercules	赫拉克里	585ª14。
'Ηρόδοτος	Herodotus	希罗多德	523ª17。
'Ηρόδωρος	Herodorus	希洛杜罗	563ª7，615ª9。
'Ησίοδος	Hesiodus	希萧特	601ᵇ2。
Θεμιστοκλῆς	Themistocles	色密斯托克里	569ᵇ12。
Θῶον	Thoon	索洪	513ᵇ26。
'Ιφικλῆς	Iphicles	伊菲克里	585ª14。
Κτησίας	Ctesias	克蒂西亚	501ª25，523ª26，606ª8。
Λετῶ	Leto	丽多	580ª18。
Μήδιος	Medius	米第奥	618ᵇ14。
Μουσαῖος	Musaeus	缪色奥	563ª18。
'Οδυσσεύς	Odysseus (Ulysses)	奥德赛	575ª1。

六、地名

图书在版编目(CIP)数据

动物志/(古希腊)亚里士多德著;吴寿彭译.—北京:
商务印书馆,2010(2019.12 重印)
(汉译世界学术名著丛书)
ISBN 978-7-100-06895-6

Ⅰ.①动… Ⅱ.①亚… ②吴… Ⅲ.①动物学 Ⅳ.
①Q95

中国版本图书馆 CIP 数据核字(2009)第 228938 号

汉译世界学术名著丛书
动　物　志
〔古希腊〕亚里士多德　著
吴寿彭　译

商　务　印　书　馆　出　版
(北京王府井大街 36 号　邮政编码 100710)
商　务　印　书　馆　发　行
北京艺辉伊航图文有限公司印刷
ISBN 978-7-100-06895-6

2010 年 10 月第 1 版　　　　开本 850×1168　1/32
2019 年 12 月北京第 3 次印刷　　印张 17⅞

定价:49.00 元